VMware vSphere 7.0 虚拟化架构实战指南

何坤源 著

人民邮电出版社
北京

图书在版编目（CIP）数据

VMware vSphere 7.0虚拟化架构实战指南 / 何坤源著. -- 北京 : 人民邮电出版社, 2021.12（2024.2重印）
ISBN 978-7-115-56982-0

Ⅰ. ①V… Ⅱ. ①何… Ⅲ. ①虚拟处理机－指南 Ⅳ. ①TP317-62

中国版本图书馆CIP数据核字(2021)第144714号

内 容 提 要

本书针对 VMware vSphere 7.0 虚拟化架构在生产环境中的实际需求，分 8 章详细介绍了在生产环境中如何部署 VMware vSphere 7.0。全书以实战操作为主，理论讲解为辅，通过搭建各种物理环境，详细介绍了如何在企业生产环境中快速部署网络和存储，同时针对 VMware vSphere 的特点给出了专业的解决方案。通过学习本书，读者可以迅速提高自己的实际动手能力。

本书语言通俗易懂，具有很强的可操作性，不仅适用于 VMware vSphere 7.0 虚拟化架构管理人员，也适合其他虚拟化平台管理人员参考。

◆ 著　　　何坤源
　责任编辑　王峰松
　责任印制　王　郁　焦志炜
◆ 人民邮电出版社出版发行　　北京市丰台区成寿寺路 11 号
　邮编　100164　　电子邮件　315@ptpress.com.cn
　网址　https://www.ptpress.com.cn
　天津画中画印刷有限公司印刷
◆ 开本：787×1092　1/16
　印张：22.75　　　2021 年 12 月第 1 版
　字数：534 千字　　　2024 年 2 月天津第 9 次印刷

定价：99.80 元

读者服务热线：(010)81055410　印装质量热线：(010)81055316
反盗版热线：(010)81055315
广告经营许可证：京东市监广登字 20170147 号

前　　言

作为云计算、大数据等技术的底层应用，服务器虚拟化起着不可替代的作用，虽然近些年 Docker、Kubernetes 等容器技术大规模使用，但并不能说就可以取代虚拟化，特别是服务器虚拟化的部分。

为了适应市场环境的变化，经过不断探索改进，VMware 公司于 2020 年 4 月发布了 VMware vSphere 7.0，特别增加了软件定义网络 NSX-T 及对 Kubernetes 容器的支持。作为一套成熟的虚拟化解决方案，VMware vSphere 7.0 通过整合数据中心服务器、灵活配置资源等方式降低了运营成本，同时还可在不增加成本的情况下为用户提供高可用、灾难恢复等高级特性。

本书一共 8 章，采用循序渐进的方式带领读者学习 VMware vSphere 7.0 虚拟化架构、软件定义网络 NSX-T 3.0、软件定义存储 vSAN 7.0 如何在企业中部署。同时，本书在每章最后增加了“本章习题”板块，帮助读者巩固每章所学习的知识。希望本书能够让 IT 从业人员在虚拟化的部署中得到一定的指导。

本书涉及的知识点很多，加之作者水平有限，书中难免有疏漏和不妥之处，欢迎广大读者批评指正。有关本书的任何问题、意见和建议，可以发邮件到 heky@vip.sina.com 与作者联系交流。

以下是作者的技术交流平台。

技术交流 QQ：44222798。

技术交流 QQ 群：240222381。

技术交流微信：bdnetlab。

何坤源

2021 年 6 月

资源与支持

本书由异步社区出品，社区（https://www.epubit.com/）为您提供相关资源和后续服务。

配套资源

本书提供资源：书中彩图。

要获得以上配套资源，请在异步社区本书页面中单击 配套资源 ，跳转到下载界面，按提示进行操作即可。注意：为保证购书读者的权益，该操作会给出相关提示，要求输入提取码进行验证。

如果您是教师，希望获得教学配套资源，请在社区本书页面中直接联系本书的责任编辑。

提交错误信息

作者和编辑尽最大努力来确保书中内容的准确性，但难免会存在疏漏。欢迎您将发现的问题反馈给我们，帮助我们提升图书的质量。

当您发现错误时，请登录异步社区，按书名搜索，进入本书页面，单击“提交勘误”，输入您认为错误的信息，单击“提交”按钮即可。本书的作者和编辑会对您提交的信息进行审核，确认并接受后，您将获赠异步社区的 100 积分。积分可用于在异步社区兑换优惠券、样书或奖品。

扫码关注本书

扫描下方二维码，您将会在异步社区微信服务号中看到本书信息及相关的服务提示。

与我们联系

我们的联系邮箱是 contact@epubit.com.cn。

如果您对本书有任何疑问或建议，请您发邮件给我们，并请在邮件标题中注明本书书名，以便我们更高效地做出反馈。

如果您有兴趣出版图书、录制教学视频，或者参与图书翻译、技术审校等工作，可以发邮件给我们；有意出版图书的作者也可以到异步社区在线投稿（直接访问 www.epubit.com/contribute 即可）。

如果您所在的学校、培训机构或企业，想批量购买本书或异步社区出版的其他图书，也可以发邮件给我们。

如果您在网上发现有针对异步社区出品图书的各种形式的盗版行为，包括对图书全部或部分内容的非授权传播，请您将怀疑有侵权行为的链接发邮件给我们。您的这一举动是对作者权益的保护，也是我们持续为您提供有价值的内容的动力之源。

关于异步社区和异步图书

“异步社区”是人民邮电出版社旗下 IT 专业图书社区，致力于出版精品 IT 图书和相关学习产品，为作译者提供优质出版服务。异步社区创办于 2015 年 8 月，提供大量精品 IT 图书和电子书，以及高品质技术文章和视频课程。更多详情请访问异步社区官网 https://www.epubit.com。

“异步图书”是由异步社区编辑团队策划出版的精品 IT 专业图书的品牌，依托于人民邮电出版社数十年的计算机图书出版积累和专业编辑团队，相关图书在封面上印有异步图书的 LOGO。异步图书的出版领域包括软件开发、大数据、人工智能、测试、前端、网络技术等。

异步社区

微信服务号

目　　录

第 1 章　部署 VMware ESXi 7.0

2020 年 4 月 24 日，VMware 发布了 VMware vSphere 7.0，这是一个全新的版本。新版本简化了生命周期管理，使用以应用为中心的管理方法，将策略应用于整组虚拟机、容器和 Kubernetes 集群等。本章将介绍 ESXi 7.0 新增功能、如何部署及升级至 VMware ESXi 7.0。

【本章要点】

- VMware vSphere 7.0 新特性
- 部署 VMware ESXi 7.0
- 升级其他版本至 VMware ESXi 7.0

1.1　部署 VMware ESXi 7.0

1.1.1　VMware vSphere 7.0 新特性

新发布的 VMware vSphere 7.0 引入了很多新的特性，特别是新增加了对 Kubernetes 的支持。下面进行简要介绍。

（1）vSphere Lifecycle Manager

这是新一代基础架构镜像管理器，使用预期状态模型修补、更新或升级 ESXi 集群。

（2）vCenter Server Profile

其适用于 vCenter Server 预期状态配置管理功能，可以帮助用户为多个 vCenter Server 定义、验证、应用配置。

（3）vCenter Server Update Planner

其针对升级场景管理 vCenter Server 的兼容性和互操作性，能够生成互操作性和预检查报告，从而帮助用户针对升级进行规划。

（4）内容库

内容库添加了管理控制和版本控制功能，支持简单有效地集中管理虚拟机模板、虚拟设备、ISO 镜像和脚本。

（5）借助 ADFS 实施联合身份验证

该特性用于保护访问和客户安全。

（6）vSphere Trust Authority

该特性用于对敏感工作负载进行远程认证。

（7）Dynamic DirectPath IO

该特性用于支持vGPU和DirectPath I/O初始虚拟机。

（8）DRS

重新设计的DRS采用以工作负载为中心的方法，可以平衡分配资源给集群。

（9）vMotion

无关虚拟机的大小，vMotion 都能提供无中断操作，这对大型负载和关键应用负载非常有用。

（10）vSphere 7.0 with Kubernetes

该特性基于VMware Cloud Foundation服务，通过Kubernetes API为开发人员提供实时基础架构访问权限。它使用与Tanzu Kubernetes Grid服务完全兼容且一致的Kubernetes来加速开发；使用单个基础架构体系消除开发团队与 IT 团队之间的孤立小环境；允许管理员使用以应用为中心的管理方法，将策略应用于整组虚拟机、容器和Kubernetes集群；简化了生命周期管理，并为混合云基础架构提供原生安全性；提供了跨公有云、数据中心和边缘环境部署的统一平台。它使用受支持的硬件（如NVIDIA GPU）调配硬件资源池，以实施人工智能/机器学习（AI/ML）。

（11）VMware Cloud Foundation Services

这些服务由vSphere 7.0 with Kubernetes中的创新技术提供，通过Kubernetes API提供自助式体验，包括Tanzu Runtime Services和Hybrid Infrastructure Services两个服务。

（12）Tanzu Runtime Services

该服务使开发人员可以使用标准的Kubernetes发行版构建应用。

（13）Hybrid Infrastructure Services

该服务使开发人员可以调配并使用计算资源、存储资源和网络资源等基础架构。

（14）Tanzu Kubernetes Grid服务

Tanzu Kubernetes Grid服务使开发人员可以管理一致、合规且符合标准的Kubernetes集群。

（15）vSphere Pod服务

vSphere Pod服务使开发人员可以直接在Hypervisor上运行容器，以提高其安全性、性能和可管理性。

（16）存储卷服务

存储卷服务使开发人员可以管理永久磁盘，以与容器、Kubernetes和虚拟机配合使用。

（17）网络服务

网络服务使开发人员可以管理虚拟路由器、负载均衡器和防火墙规则。

（18）镜像仓库服务

镜像仓库服务使开发人员可以存储、管理及保护Docker镜像和OCI 镜像。

1.1.2 部署VMware ESXi 7.0系统的硬件要求

目前市面上主流服务器的CPU、内存、硬盘、网卡等均支持VMware ESXi 7.0安装，需要注意的是使用兼容机可能会出现无法安装的情况，VMware官方推荐的硬件标准如下。

（1）处理器

VMware ESXi 7.0对CPU提出了新的要求，VMware ESXi 7.0不再支持Intel型号2C

(Westmere-EP)或 2F (Westmere-EX)之类的 CPU，推荐使用 Intel Xeon E5 V3/V4 系列 CPU 进行部署。

（2）内存

ESXi 7.0 要求物理服务器至少具有 8GB 或以上内存，生产环境中推荐使用 128GB 以上的内存，这样才能满足虚拟机的正常运行。

（3）网卡

ESXi 7.0 要求物理服务器至少具有 2 个 1Gbit/s 以上的网卡，对于使用 Virtual SAN 的环境推荐使用 10GE 以上的网卡。需要注意的是，ESXi 6.X 支持的网卡在 7.0 环境下可能不支持。

（4）存储适配器

存储适配器可以使用 SCSI 适配器、光纤通道适配器、聚合的网络适配器、iSCSI 适配器或内部 RAID 控制器。

（5）硬盘

ESXi 7.0 支持主流的 SATA、SAS、SSD 硬盘安装，同时也支持 SD 卡、U 盘等非硬盘介质安装。需要说明的是，使用 USB 和 SD 设备部署，安装程序不会在这些设备上创建暂存分区，同时需要重新指定日志存放位置。

对于硬件方面的详细要求，可以参考 VMware 官方网站的《VMware 兼容性指南》。

1.1.3 全新部署 VMware ESXi 7.0 系统

在 VMware 官方网站可以下载 VMware vSphere 7.0 ISO 文件，未获授权时可以使用评估模式（60 天评估时间具备完整功能），下载好相关文件后，就可以开始部署 VMware ESXi 7.0。本节操作在 DELL 物理服务器上部署 VMware ESXi 7.0 系统。

第 1 步，用虚拟光驱挂载 ISO 文件并启动，启动完成后进入部署向导，按【Enter】键开始部署 VMware ESXi 7.0，如图 1-1-1 所示。

第 2 步，进入“End User License Agreement（EULA）”界面，如图 1-1-2 所示，也就是“最终用户许可协议”界面，按【F11】键“Accept and Continue”，即接受许可协议并继续下一步操作。

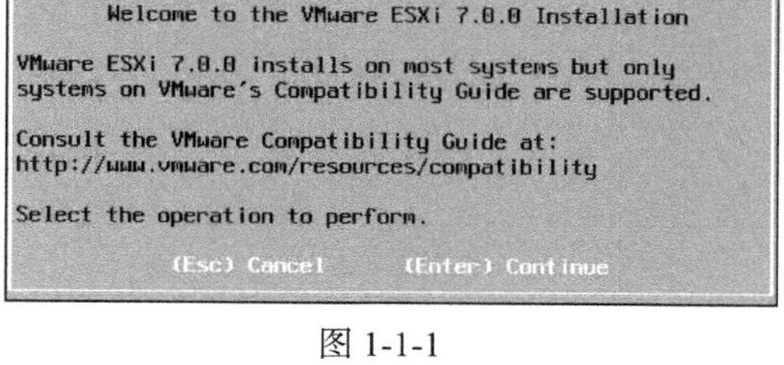

```
Welcome to the VMware ESXi 7.0.0 Installation

VMware ESXi 7.0.0 installs on most systems but only
systems on VMware's Compatibility Guide are supported.

Consult the VMware Compatibility Guide at:
http://www.vmware.com/resources/compatibility

Select the operation to perform.

(Esc) Cancel        (Enter) Continue
```

图 1-1-1

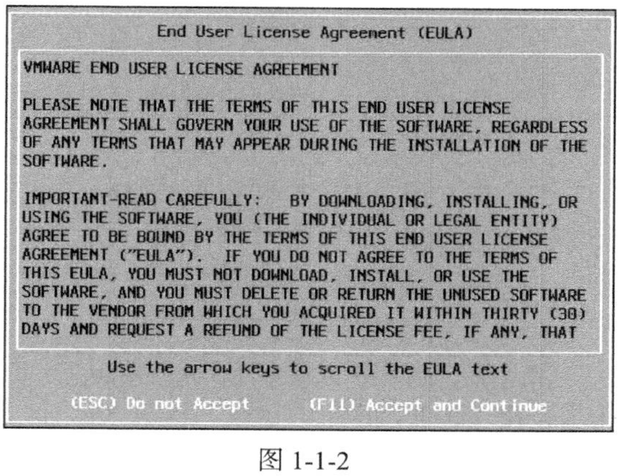

```
End User License Agreement (EULA)

VMWARE END USER LICENSE AGREEMENT

PLEASE NOTE THAT THE TERMS OF THIS END USER LICENSE
AGREEMENT SHALL GOVERN YOUR USE OF THE SOFTWARE, REGARDLESS
OF ANY TERMS THAT MAY APPEAR DURING THE INSTALLATION OF THE
SOFTWARE.

IMPORTANT-READ CAREFULLY:  BY DOWNLOADING, INSTALLING, OR
USING THE SOFTWARE, YOU (THE INDIVIDUAL OR LEGAL ENTITY)
AGREE TO BE BOUND BY THE TERMS OF THIS END USER LICENSE
AGREEMENT ("EULA").  IF YOU DO NOT AGREE TO THE TERMS OF
THIS EULA, YOU MUST NOT DOWNLOAD, INSTALL, OR USE THE
SOFTWARE, AND YOU MUST DELETE OR RETURN THE UNUSED SOFTWARE
TO THE VENDOR FROM WHICH YOU ACQUIRED IT WITHIN THIRTY (30)
DAYS AND REQUEST A REFUND OF THE LICENSE FEE, IF ANY, THAT

Use the arrow keys to scroll the EULA text

(ESC) Do not Accept      (F11) Accept and Continue
```

图 1-1-2

第 3 步，选择安装 VMware ESXi 时所用的存储，ESXi 支持 U 盘及 SD 卡安装，本节操作安装在本地硬盘上，如图 1-1-3 所示，按【Enter】键继续下一步操作。

```
Select a Disk to Install or Upgrade
(any existing VMFS-3 will be automatically upgraded to VMFS-5)

* Contains a VMFS partition
# Claimed by VMware vSAN

Storage Device                                                   Capacity
--------------------------------------------------------------------------
Local:
 * ATA      WDC WD5000LPCX-2 (naa.50014ee606443c55)             465.76 GiB
 # ATA      HGST HTS721010A9 (naa.5000cca7dce2ea89)             931.51 GiB
 # ATA      SanDisk SD8SBAT1 (naa.5001b444a49065b2)             119.24 GiB
Remote:
   (none)

(Esc) Cancel    (F1) Details    (F5) Refresh    (Enter) Continue
```

图 1-1-3

第 4 步，服务器硬盘如果安装有其他版本的 ESXi 系统，系统会进行检测，提示升级安装还是全新安装，本节操作选择全新安装，如图 1-1-4 所示，按【Enter】键继续下一步操作。

其中，各参数解释如下。

- Upgrade ESXi，preserve VMFS datastore：升级安装，保留 VMFS 存储文件及配置。
- Install ESXi，preserve VMFS datastore：全新安装，保留 VMFS 存储文件及配置。
- Install ESXi，overwrite VMFS datastore：全新安装，清空 VMFS 存储文件及配置。

第 5 步，选择键盘类型，选择“US Default”，默认为美国标准，如图 1-1-5 所示，按【Enter】键继续。

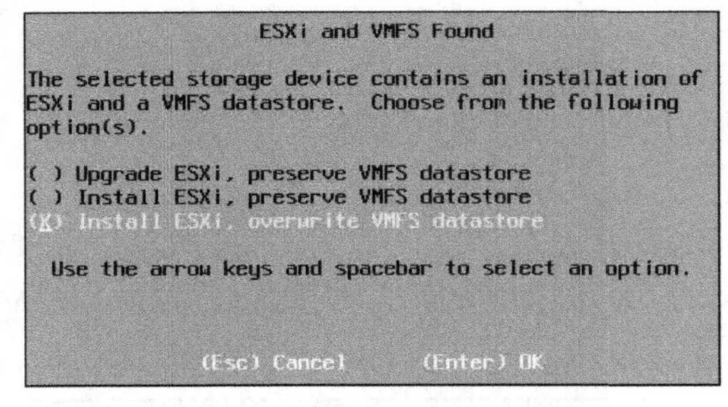

图 1-1-4

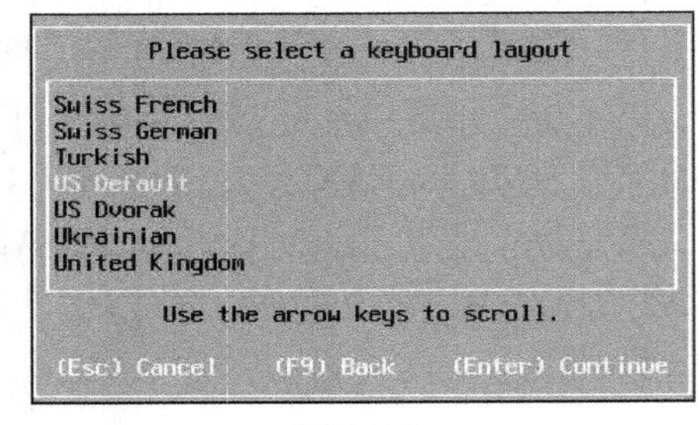

图 1-1-5

第 6 步，配置 root 用户的密码，根据实际情况输入，如图 1-1-6 所示，按【Enter】键继续下一步操作。

```
Enter a root password

   Root password: ***********
Confirm password: ***********_

        Passwords match.

(Esc) Cancel    (F9) Back    (Enter) Continue
```

图 1-1-6

第 7 步，物理服务器使用的是 Intel Xeon E5 2620 CPU，系统出现一些特性不支持警告提示，但可以安装部署，如图 1-1-7 所示，按【Enter】键继续下一步操作。

第 8 步，确认开始安装 ESXi，如图 1-1-8 所示，按【F11】键开始安装。

第 9 步，安装 ESXi，如图 1-1-9 所示。

第 10 步，安装的时间取决于服务器的性能，等待一段时间后即可完成 VMware ESXi 7.0 的安装，如图 1-1-10 所示，按【Enter】键重启服务器。

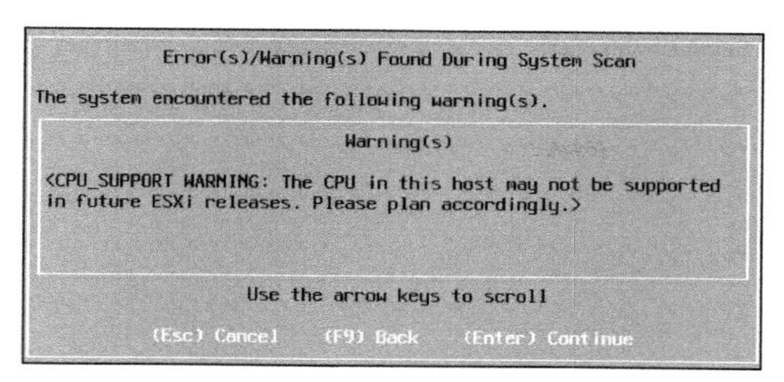

图 1-1-7

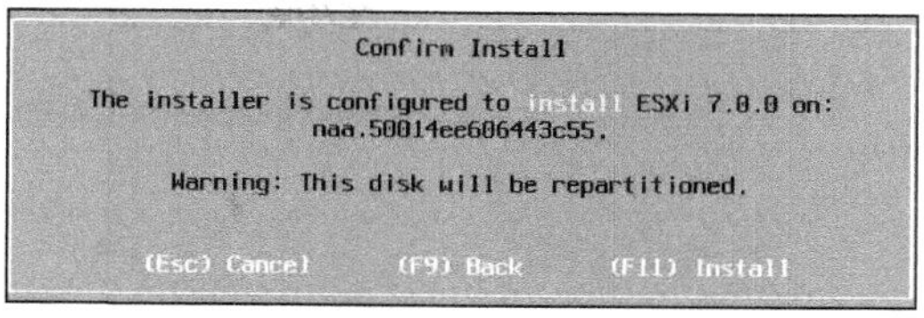

图 1-1-8

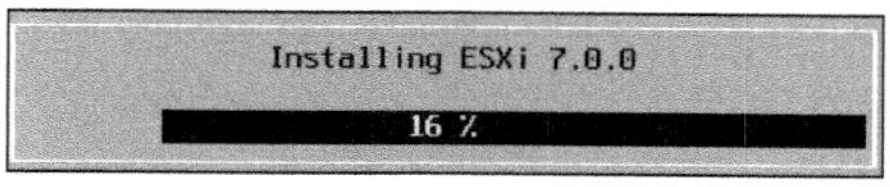

图 1-1-9

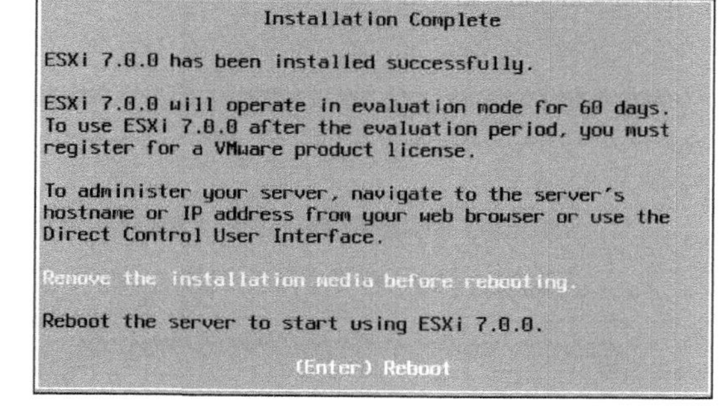

图 1-1-10

第 11 步，服务器重启完成后，进入 VMware ESXi 7.0 正式界面，如图 1-1-11 所示，按【F2】键输入 root 用户密码进入主机配置模式。

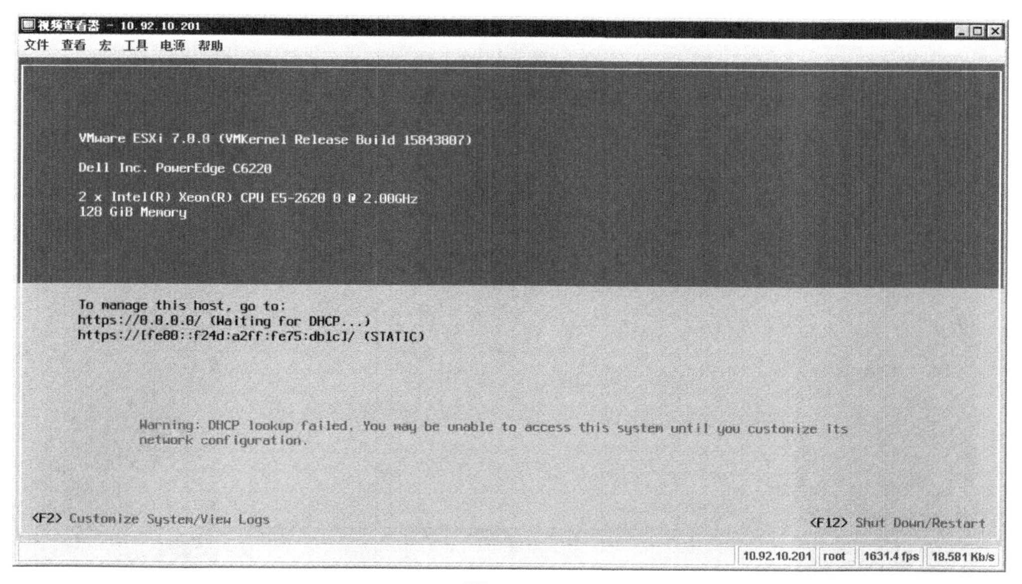

图 1-1-11

第 12 步，选择“Configure Management Network”选项，配置管理网络，如图 1-1-12 所示。

第 13 步，选择“Network Adapters”选项，配置网络适配器，如图 1-1-13 所示。

第 14 步，选择“IPv4 Configuration”选项，手动配置 IP 地址，如图 1-1-14 所示，配置完成后按【Enter】键确定。

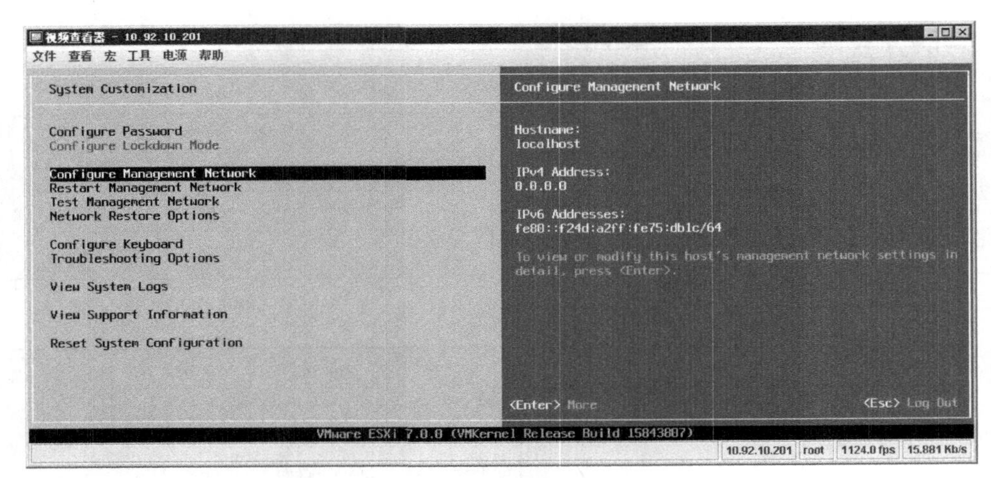

图 1-1-12

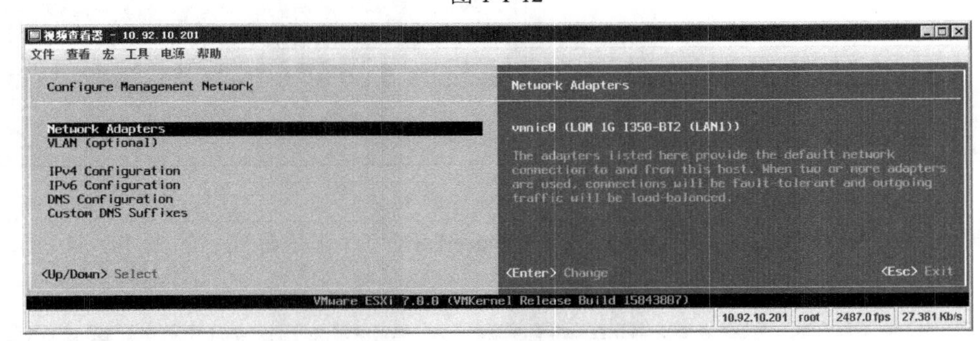

图 1-1-13

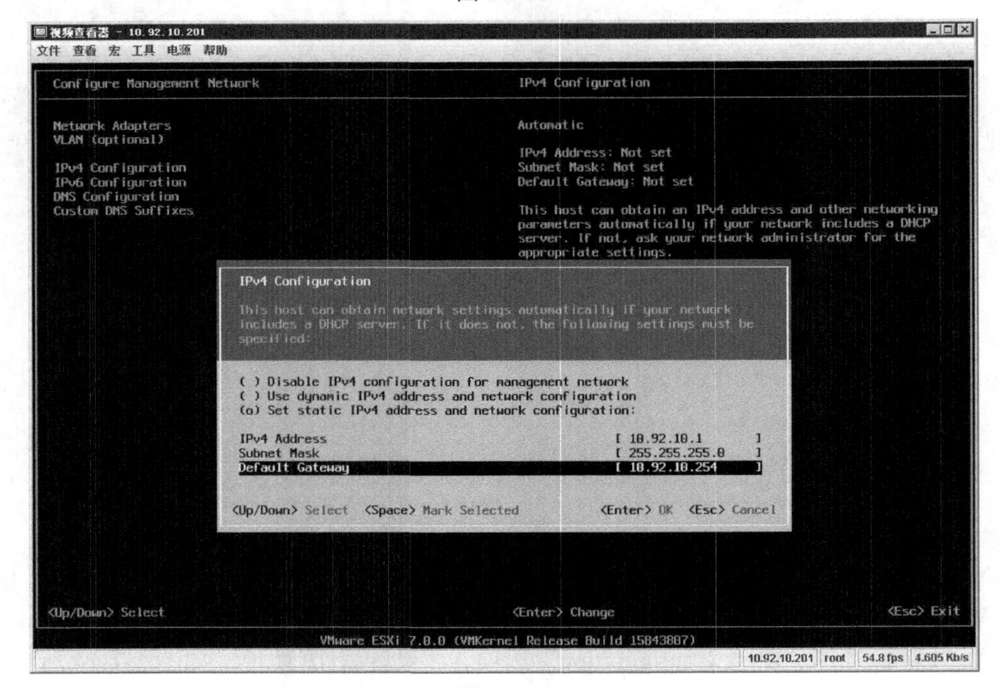

图 1-1-14

第 15 步，完成主机 IP 配置，如图 1-1-15 所示。

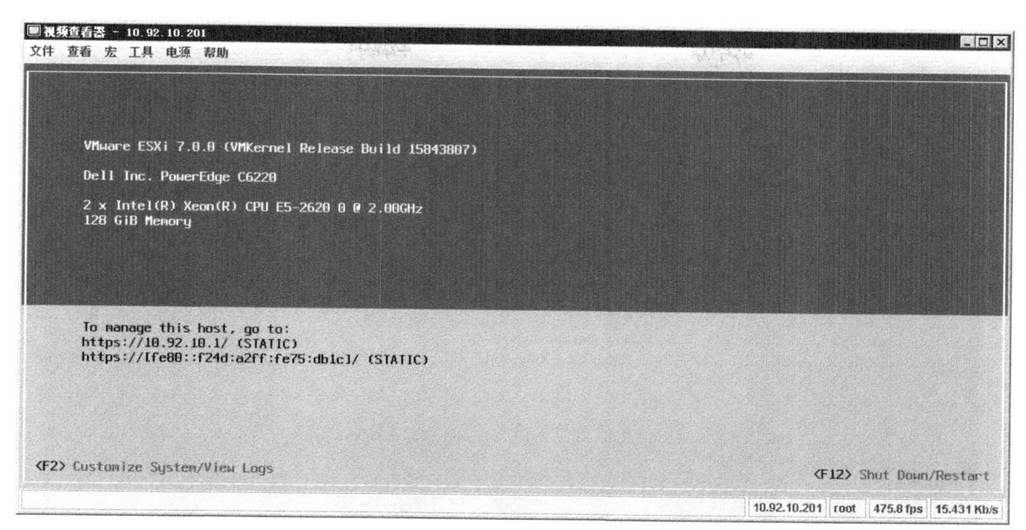

图 1-1-15

第 16 步，使用浏览器登录 ESXi 7.0 主机，如图 1-1-16 所示。需要说明的是，从 ESXi 6.7 版本开始，VMware 官方已经不再提供软件客户端工具访问，仅能通过浏览器方式进行管理。

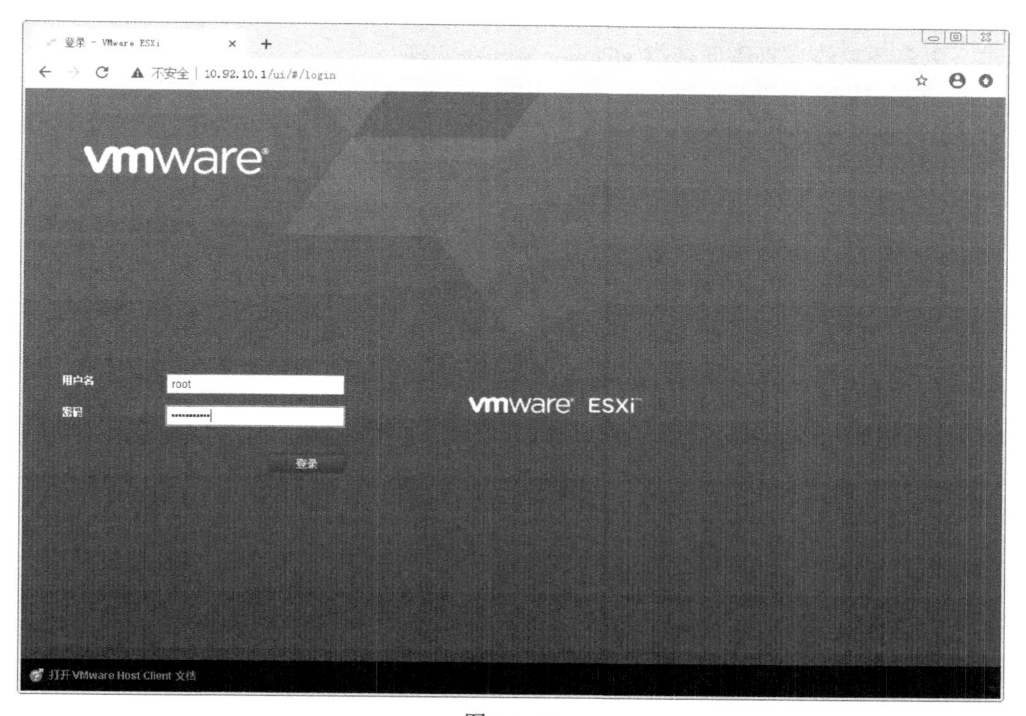

图 1-1-16

第 17 步，弹出“加入 VMware 客户体验改进计划”提示框，如图 1-1-17 所示，根据实际情况勾选是否加入该计划。

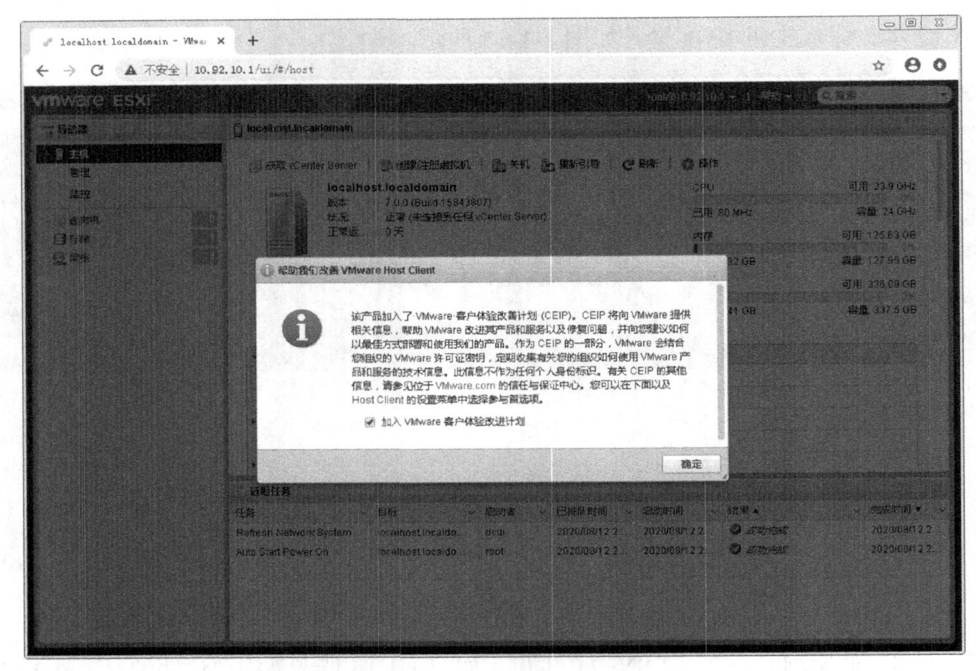

图 1-1-17

第 18 步，进入 ESXi 7.0 主机操作界面，如图 1-1-18 所示，在此可以进行基本的配置和操作，更多的功能实现需要依靠 vCenter Server 实现。

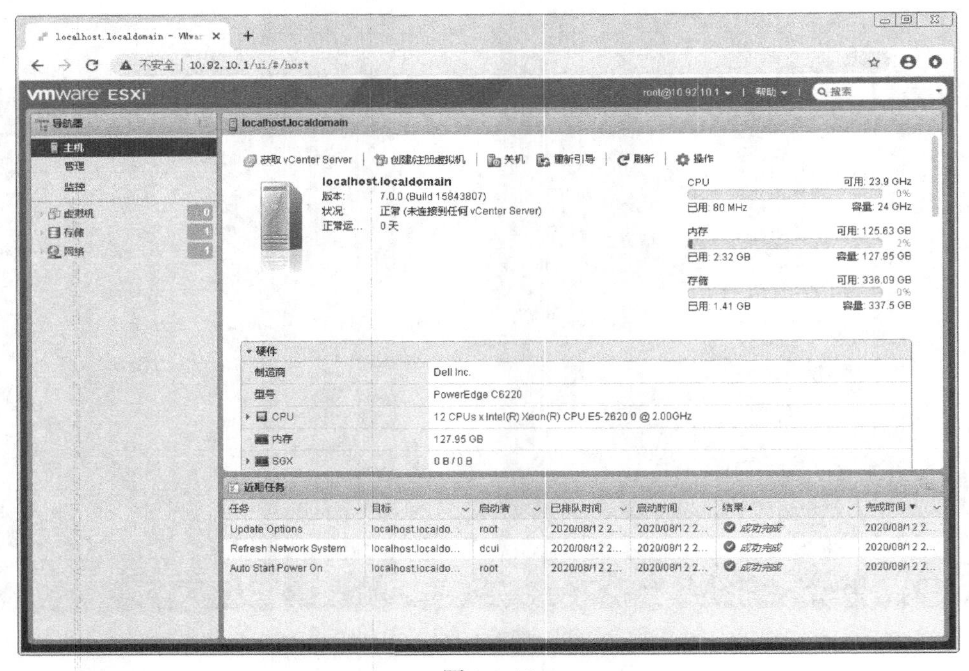

图 1-1-18

第 19 步，查看 ESXi 7.0 主机许可情况，如图 1-1-19 所示，目前使用评估版本。

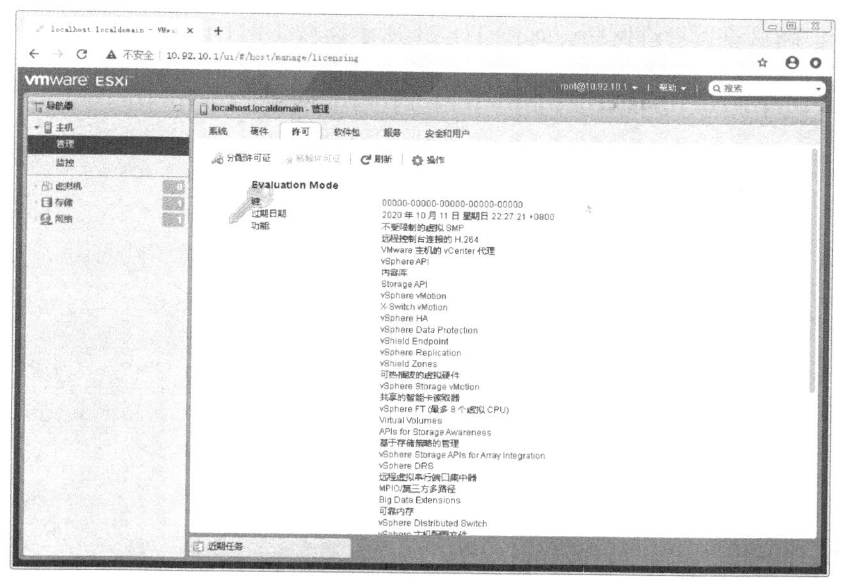

图 1-1-19

至此，使用物理服务器部署 ESXi 7.0 系统完成，整体来说和 ESXi 其他版本部署相同。部署过程中需要注意物理服务器 CPU 是否支持，目前不少企业的生产环境服务器仍在使用比较老的 CPU。

1.1.4 ESXi 7.0 控制台常用操作

部署完 ESXi 系统，可以通过浏览器进行管理操作。如果浏览器无法管理 ESXi 主机，则需要登录到控制台进行操作。本节将介绍控制台常用的操作。

1. 重置管理网络

在某些情况下，会对 ESXi 主机网络进行调整，但调整后可能会出现问题，导致无法访问 ESXi 主机，这时可以尝试重置管理网络。

第 1 步，进入主机配置模式，选择“Restart Management Network”选项，如图 1-1-20 所示。

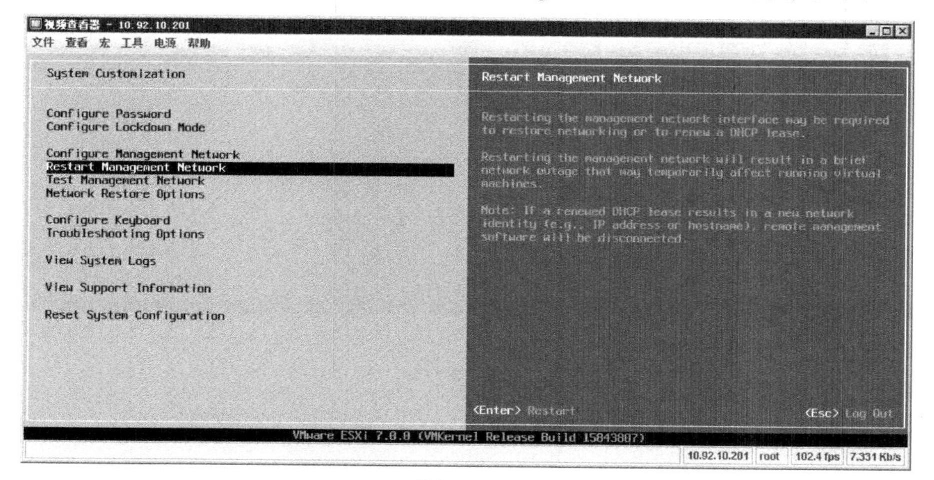

图 1-1-20

第 2 步，确认重置管理网络，如图 1-1-21 所示，按【F11】键进行重置。

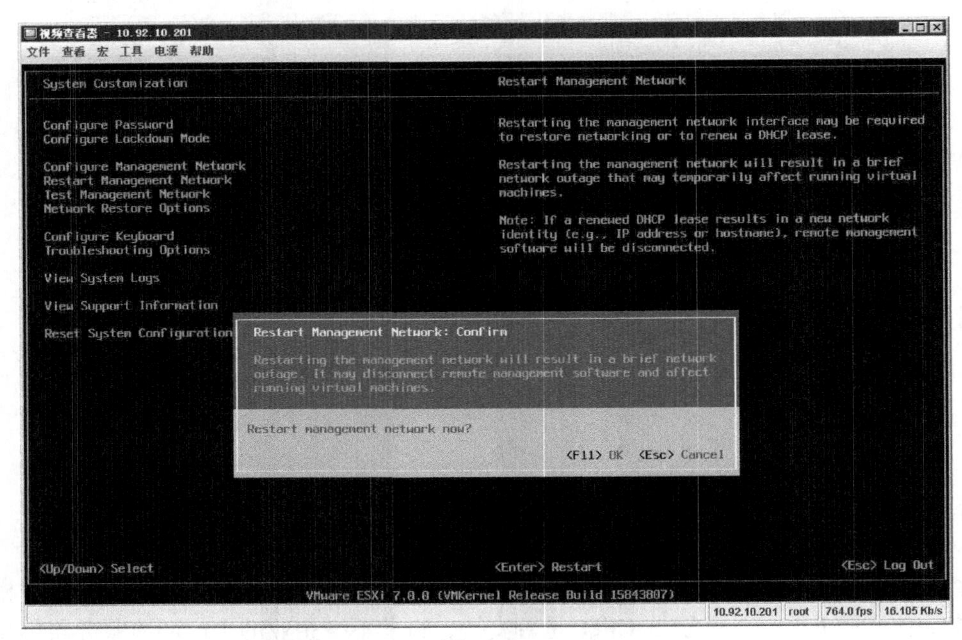

图 1-1-21

2. 测试网络连通性

配置完网络后，可以对网络的连通性进行测试，主机配置模式提供了相应的测试界面。

第 1 步，进入主机配置模式，选择“Test Management Network”选项，如图 1-1-22 所示。

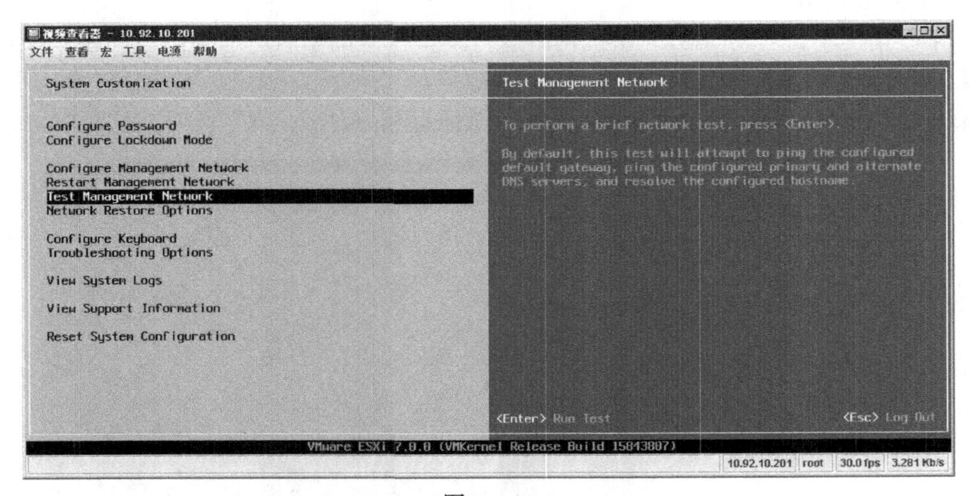

图 1-1-22

第 2 步，输入需要 ping 的地址，手动输入测试的 IP 地址，如图 1-1-23 所示，按【Enter】键开始测试。

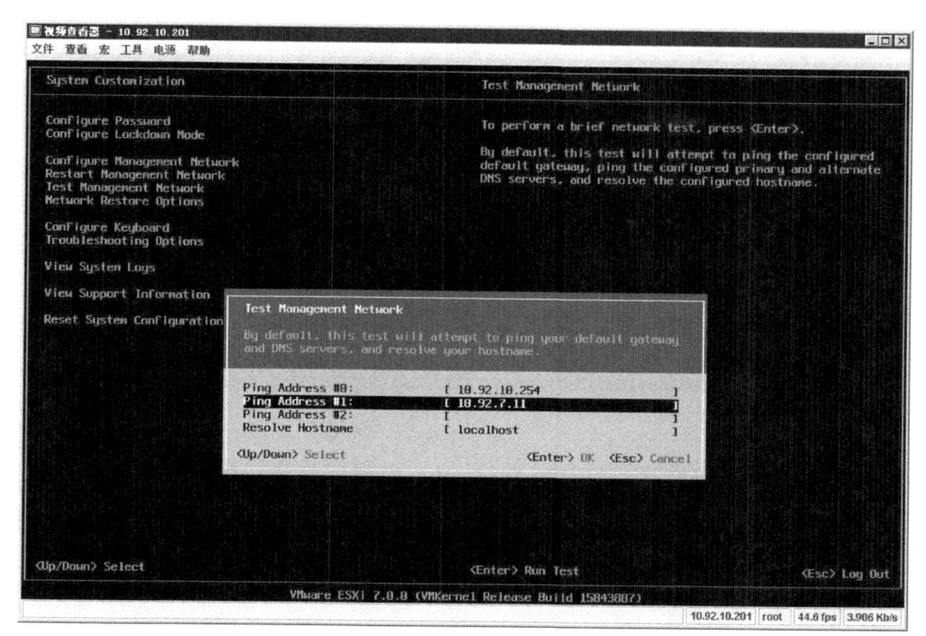

图 1-1-23

第 3 步，两个地址的测试结果如果为“OK”，说明网络没有问题，反之网络则有问题，需要进行排查，如图 1-1-24 所示。

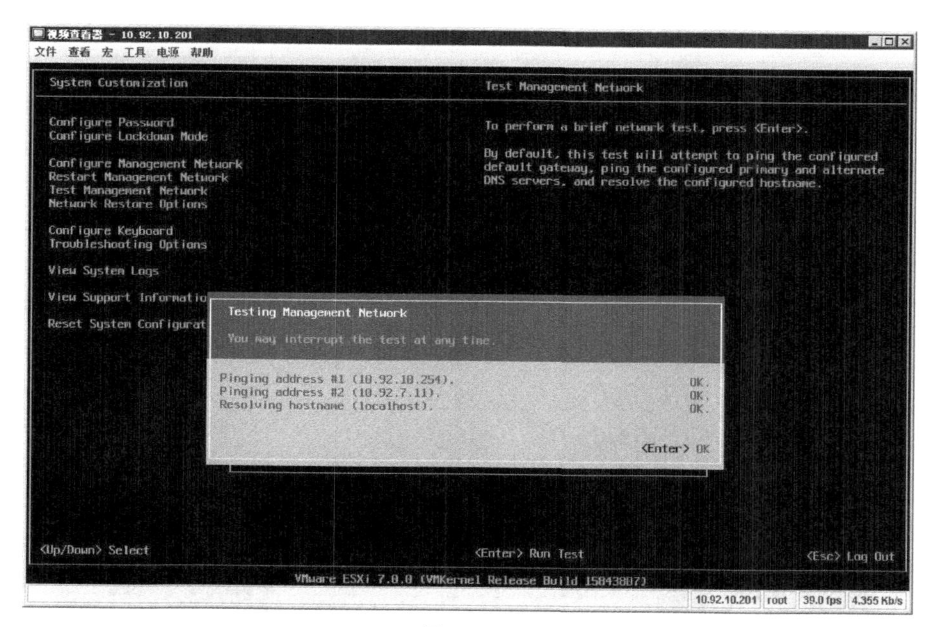

图 1-1-24

3. 网络配置恢复

在主机配置模式可以将网络配置恢复到出厂状态。

第 1 步，进入主机配置模式，选择“Network Restore Options”选项，如图 1-1-25 所示。

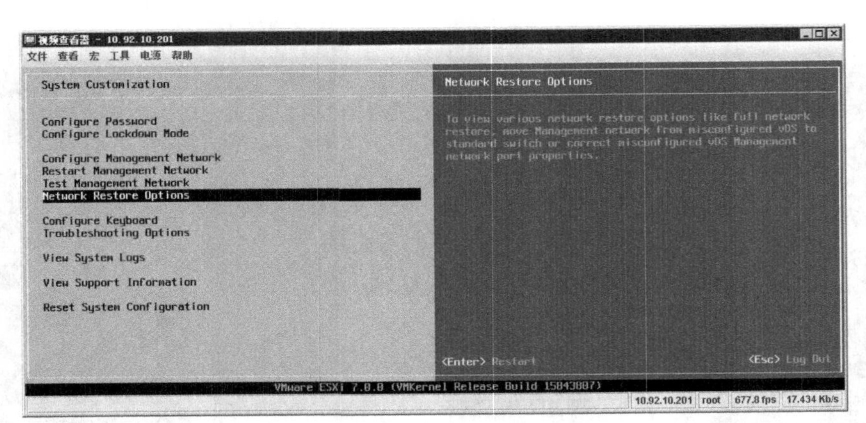

图 1-1-25

第 2 步，Network Restore Options 一共有 3 个选项，分别为“Restore Network Settings”（恢复网络设置）、“Restore Standard Switch”（恢复标准交换机）、“Restore vDS”（恢复分布式交换机），如图 1-1-26 所示，用户可以根据实际需要进行选择，本节操作选择“Restore Network Settings”选项。

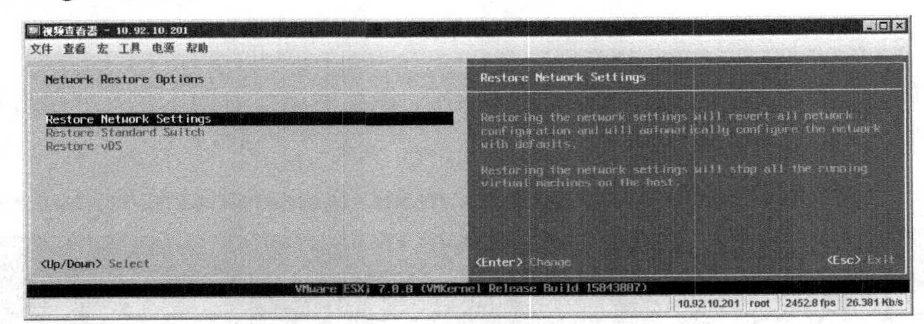

图 1-1-26

第 3 步，系统弹出提示框，确认是否要将网络设置恢复到出厂状态，如图 1-1-27 所示，按 F11 键确认恢复。

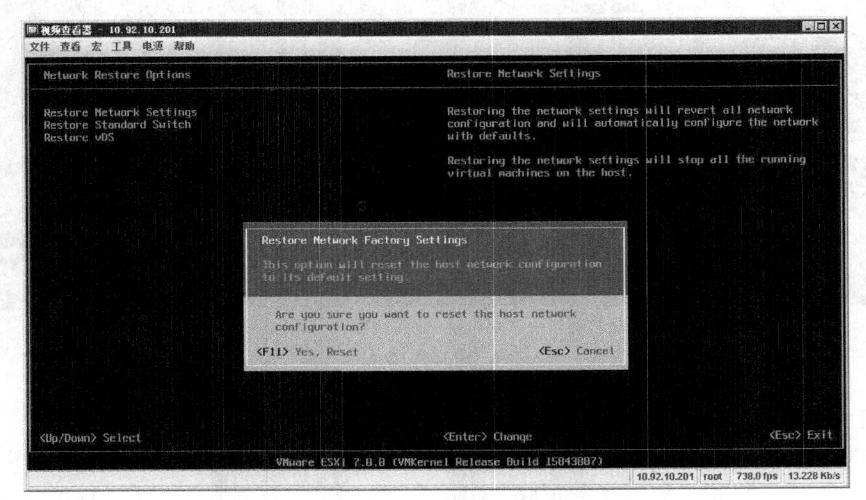

图 1-1-27

4. 重置系统配置

用户有时会由于一些误操作将 ESXi 主机配置弄混乱，这种情况下可以对 ESXi 主机配置进行重置。重置后的 ESXi 主机所有配置全部清除，恢复到初始化状态（注意，重置后密码为空）。

第 1 步，进入主机配置模式，选择“Reset System Configuration”选项，如图 1-1-28 所示。

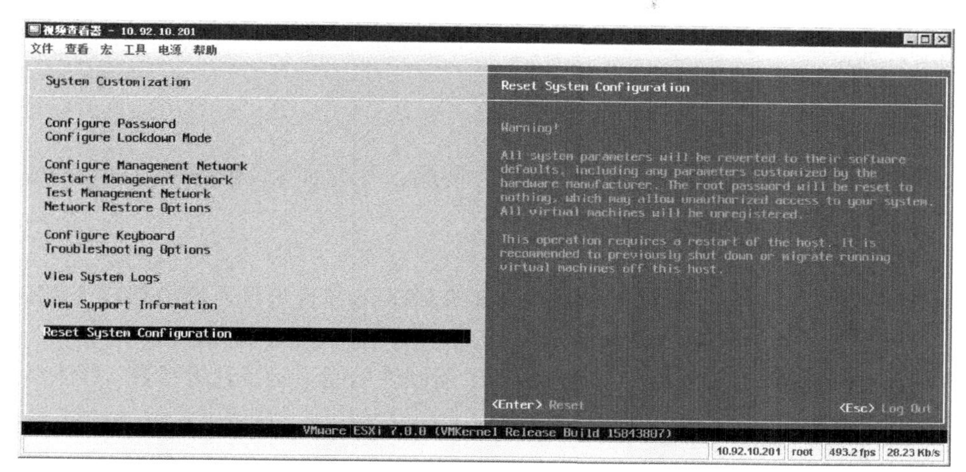

图 1-1-28

第 2 步，确认进行系统配置重置，如图 1-1-29 所示，按【F11】键进行重置。

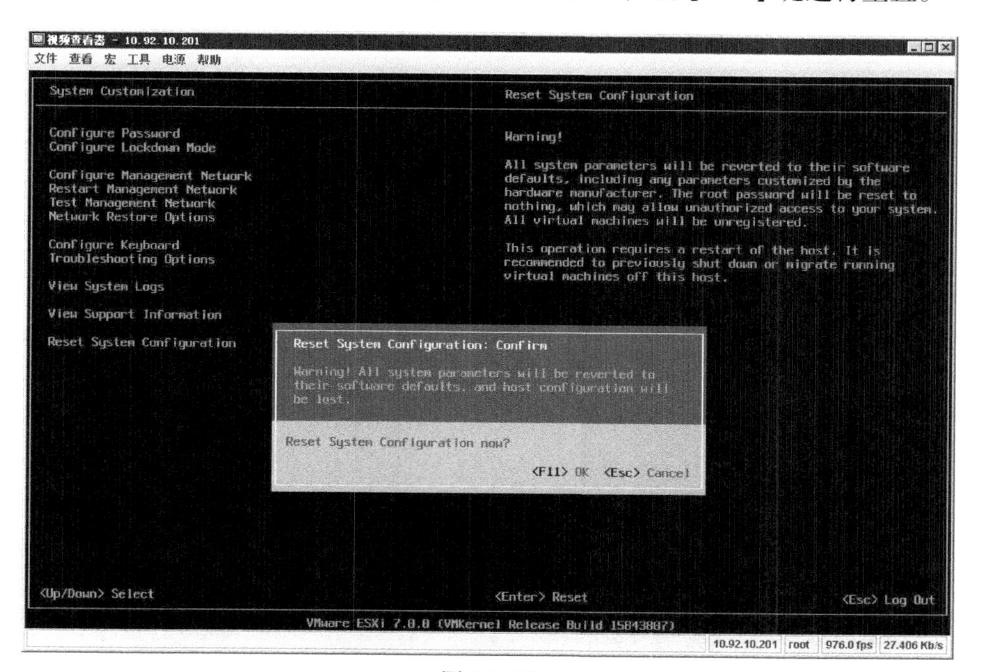

图 1-1-29

以上介绍的是 ESXi 7.0 控制台常见的操作，在生产环境中，如果 ESXi 主机出现不能使用浏览器进行管理的情况，可以考虑通过控制台排查原因进行处理。

1.2　升级其他版本至 ESXi 7.0

系统升级对于生产环境来说是最常见的操作之一，任何的升级操作都存在一定的风险，需要注意源 ESXi 主机版本，并不是所有版本都能够直接升级。本节操作将介绍如何从 ESXi 6.7 升级到 ESXi 7.0。

1.2.1　升级注意事项

从其他版本升级到 ESXi 7.0 需要注意多个问题，升级前建议做好虚拟机备份或将虚拟机迁移到其他 ESXi 主机。

1. 许可问题

升级前必须确认是否有新的许可证，现有的 ESXi 6.X 许可证不能直接用于 ESXi 7.0。

2. 硬件问题

ESXi 7.0 对硬件提出了新的要求，老的服务器硬件可能不支持升级部署，具体参考 1.1.2 节中的内容。

3. 版本问题

ESXi 5.X 及 ESXi 6.0 任何版本均无法直接升级到 ESXi 7.0，如果此类主机需要升级，必须先升级至 ESXi 6.5 或 ESXi 6.7 版本。

1.2.2　升级 ESXi 6.7 至 ESXi 7.0

本节升级操作是将 ESXi 6.7 升级到 ESXi 7.0，ESXi 6.7 使用的版本号为 13006603。

第 1 步，登录物理服务器控制台，查看 ESXi 主机版本为 6.7，如图 1-2-1 所示。

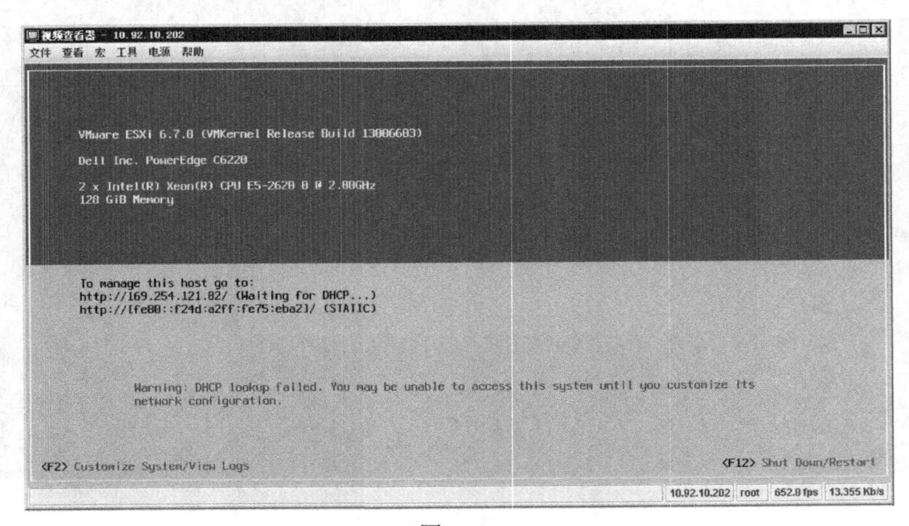

图 1-2-1

第 2 步，重新启动物理服务器，进入引导模式，选择“ESXi-7.0.0-15843807-standard Installer”选项，如图 1-2-2 所示，按【Enter】键开始升级部署 VMware ESXi 7.0。

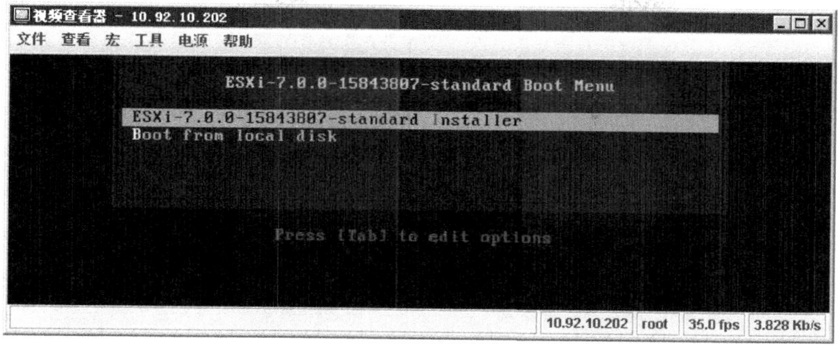

图 1-2-2

第 3 步，开始加载安装文件，如图 1-2-3 所示。

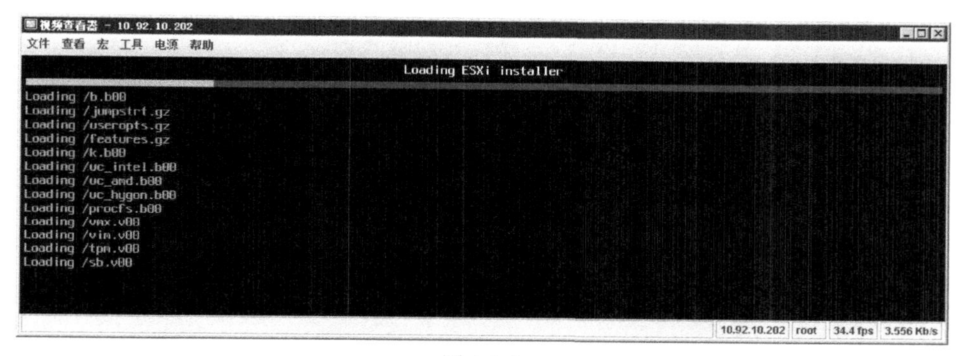

图 1-2-3

第 4 步，进入 VMware ESXi 7.0 文件加载界面，如图 1-2-4 所示。

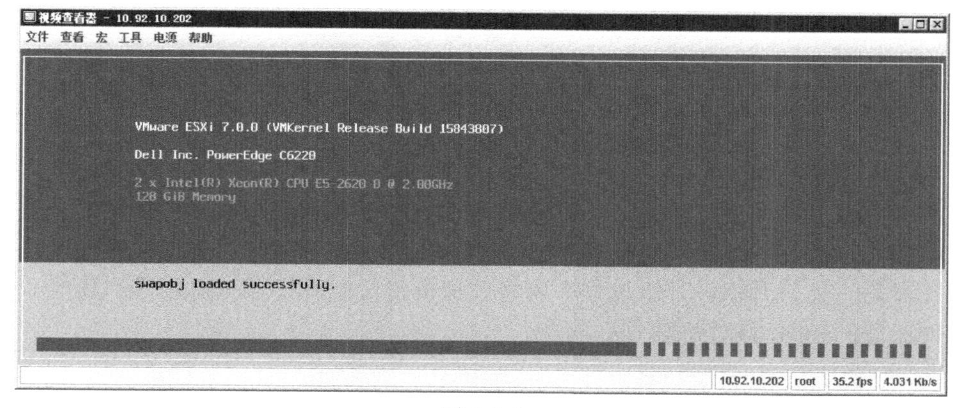

图 1-2-4

第 5 步，系统进行自检。因为服务器已部署 ESXi 6.7，所以系统提示是升级还是全新安装，如图 1-2-5 所示，选择“Upgrade ESXi，preserve VMFS datastore”选项，进行升级安装，同时保留 VMFS 存储及配置。

第 6 步，升级的时间取决于服务器的性能，如图 1-2-6 所示，完成升级操作后按【Enter】键重启服务器。

第 7 步，进入服务器控制台，可以看到版本已经升级至 ESXi 7.0，如图 1-2-7 所示。

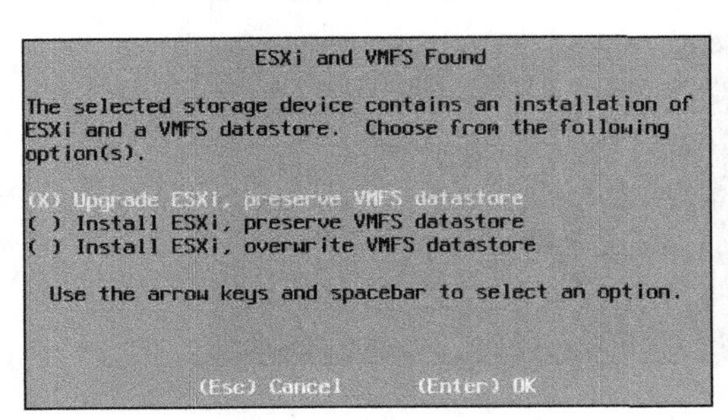

图 1-2-5

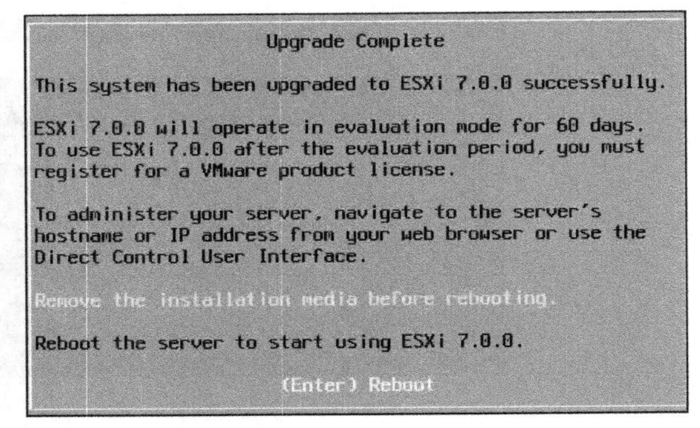

图 1-2-6

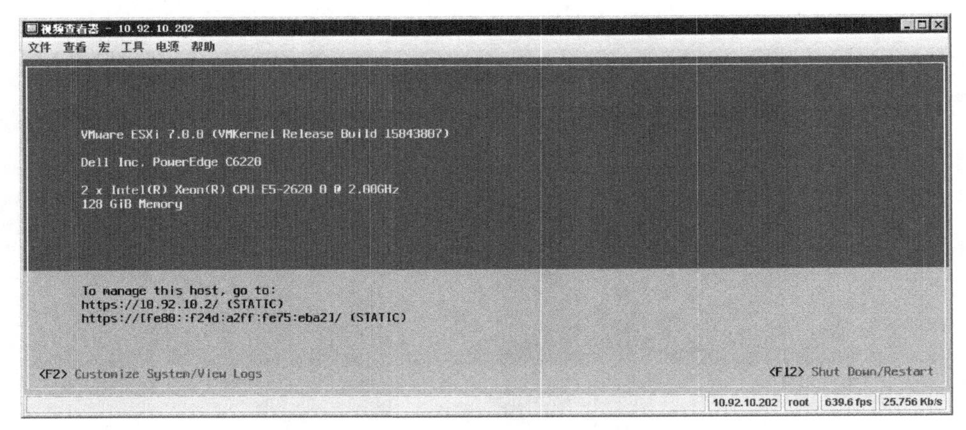

图 1-2-7

至此，升级 ESXi 6.7 至 ESXi 7.0 完成，该操作可以理解为覆盖安装。

1.3　本章小结

本章介绍了全新部署 ESXi 7.0，以及其他版本升级至 ESXi 7.0 的操作，对于有虚拟化使用基础的用户来说，整体部署是比较简单的。生产环境进行部署升级时，需要注意一些老的服务器是否支持升级，升级过程中要将虚拟机备份或者将虚拟机迁移到其他 ESXi 主机，以便出现问题时可以快速回退。

1.4　本章习题

1. 请详细描述 VMware vSphere 架构。
2. 请列举 VMware vSphere 7.0 新增功能（3 个以上）。
3. 部署 ESXi 7.0 对硬件有什么要求？
4. 从 ESXi 6.X 升级到 ESXi 7.0 需要注意什么？

第2章　部署 vCenter Server 7.0

vCenter Server 是 VMware vSphere 虚拟化架构中的核心管理工具，是整个 VMware 产品体系的核心，后续的云计算、监控、自动化运维等产品基本上都需要 vCenter Server 的支持。vCenter Server 7.0 正式取消了 Flash，全面支持 HTML 5，整体的操作界面、效率和之前版本相比较得到大幅度提高。本章将介绍如何部署、升级 vCenter Server 7.0。

【本章要点】

- vCenter Server 介绍
- 部署 vCenter Server 7.0
- 升级及跨平台迁移至 vCenter Server 7.0
- vCenter Server 7.0 增强型链接模式
- vCenter Server 7.0 常用操作

2.1　vCenter Server 介绍

利用 vCenter Server，可以集中管理多个 ESXi 主机及其虚拟机。安装、配置和管理 vCenter Server 不当可能会导致管理效率降低，或者致使 ESXi 主机和虚拟机停机。

2.1.1　vCenter Server 概述

在 VMware vSphere 架构中，可以在 ESXi 主机上部署 vCenter Server Appliance（简称 VCSA）。VCSA 是预配置的基于 Linux 的虚拟机，已针对运行 vCenter Server 及其组件进行了优化。VCSA 可以实现多个高级功能，如 DRS、HA、Fault Tolerance、vMotion 和 Storage vMotion。

vCenter Server 体系架构依赖于以下组件。

（1）vSphere Client

使用客户端连接 vCenter Server，可以集中管理 ESXi 主机。

（2）vCenter Server 数据库

vCenter Server 数据库是 vCenter Server 最重要的组件。数据库用于存储 vCenter Server 清单项、安全角色、资源池、性能数据及其他重要信息。

（3）托管主机

托管主机可以使用 vCenter Server 管理 ESXi 主机和在这些主机上运行的虚拟机。

2.1.2　关于 SSO

vCenter Single Sign On，中文翻译为单点登录，简称 SSO，本质上是一个在 vSphere 应用和 Authentication 源之间的一个安全交互组件。在过去的版本里，当用户尝试登录基于 AD 授信的 vCenter Server 时，用户输入用户名、密码后，会直接进入 Active Directory 进行校验。这样做的好处是优化了访问速率，但 vCenter Server 之类的应用可以直接读取 AD 信息，可能导致潜在的 AD 安全 leak；另外，由于 vSphere 构建下的周边组件越来越多，每个设备都需要和 AD 通信，因此，带来的管理工作也较以往更大。在这个背景下，SSO 出现了，它要求所有基于或和 vCenter Server 有关联的组件在访问 Domain 前，先访问 SSO，这样一来，不但解决了逻辑安全性问题，还降低了用户的访问零散性，加强了访问的集中转发，变相保障了 AD 的安全性。它通过和 AD 或 Open LDAP 之类的 Identity Sources 的通信来实现 Authentication。

2.1.3　增强型链接模式

使用增强型链接模式，可以登录单个 vCenter Server，管理组中所有的 vCenter Server，但无法在部署 vCenter Server 后创建增强型链接模式组。需要注意的是，vCenter Server 7.0 已弃用外部 Platform Services Controller。增强型链接模式提供以下功能特性。

- 可以通过单个用户名和密码同时登录所有链接的 vCenter Server。
- 可以在 vSphere Client 中查看和搜索所有链接的 vCenter Server 的清单。
- 角色、权限、许可证、标记和策略在链接的 vCenter Server 之间复制。

要在增强型链接模式下加入 vCenter Server，可以将 vCenter Server 连接到同一 vCenter Single Sign-On 域。另外，增强型链接模式需要 vCenter Server Standard 许可级别，vCenter Server Foundation 或 Essentials 不支持此模式。

2.1.4　vCenter Server 可扩展性

vCenter Server 7.0 具有很高的可扩展性，具体如表 2-1-1 所示。

表 2-1-1　vCenter Server 7.0 可扩展性

指标	支持数量
每个 vCenter Server 支持的主机数	2500
每个 vCenter Server 支持的启动虚拟机	40000
每个 vCenter Server 支持的注册虚拟机	45000
每个集群支持主机数	64
每个集群支持的虚拟机数	8000

2.2　部署 vCenter Server 7.0

2.2.1　部署 vCenter Server 7.0 准备工作

vCenter Server 7.0 不再发布基于 Windows 的版本，仅发布基于 Linux 的版本。整体来说，其部署难度非常小，但也有不少的用户在部署过程中出现各种问题，因此在部署前必须认真检查准备工作是否做好。主要有以下几点。

1. 检查是否从正规渠道下载安装文件

推荐从官方网站下载安装文件，这样可以保证文件不被修改及不存在隐藏病毒等，不推荐使用不明来源的文件部署。

2. 关于 DNS 服务器问题

生产环境推荐使用 DNS 服务器，但如果环境中没有 DNS 服务器，可以在部署过程中使用 IP 地址，但可能会有报错提示。

2.2.2 部署 vCenter Server 7.0

Linux 版的 vCenter Server 人们习惯上称之为 VCSA，不需要安装 Linux 操作系统，在部署过程会创建深度定制的 Linux 系统虚拟机。

第 1 步，下载 VMware-VCSA-all-7.0.0-15952498 文件，用虚拟光驱挂载或者解压运行，单击“安装”图标，如图 2-2-1 所示。

图 2-2-1

第 2 步，安装过程分为两个阶段，如图 2-2-2 所示，每一个安装阶段都不出现问题才能保证正确安装，单击“下一步”按钮。

第 3 步，勾选“我接受许可协议条款。”复选框，如图 2-2-3 所示，单击“下一步”按钮。

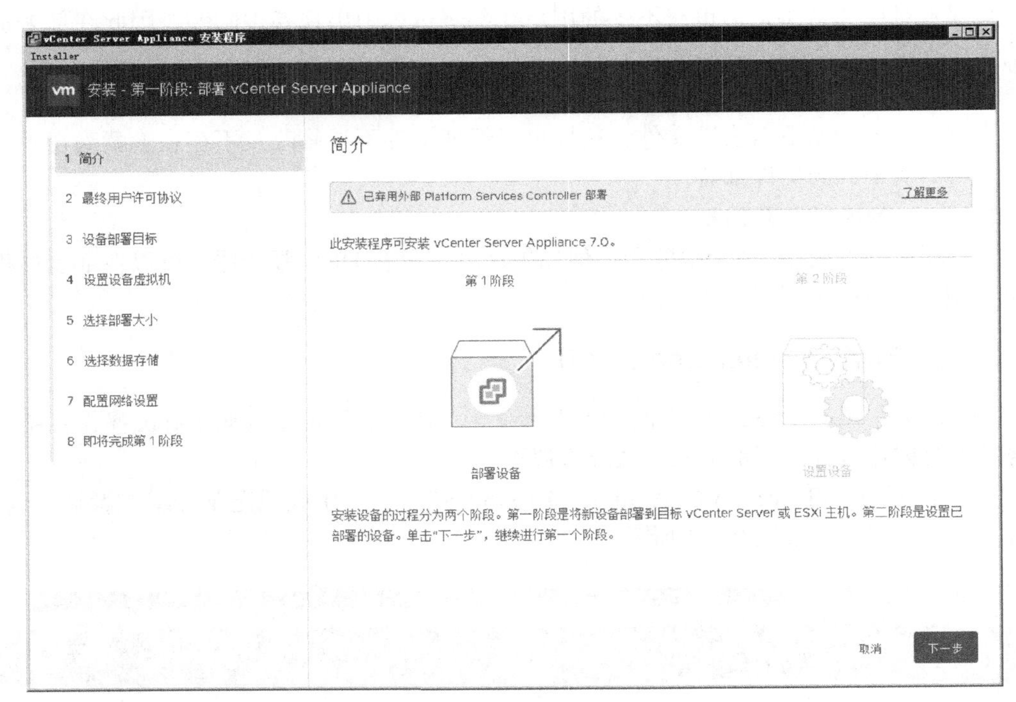

图 2-2-2

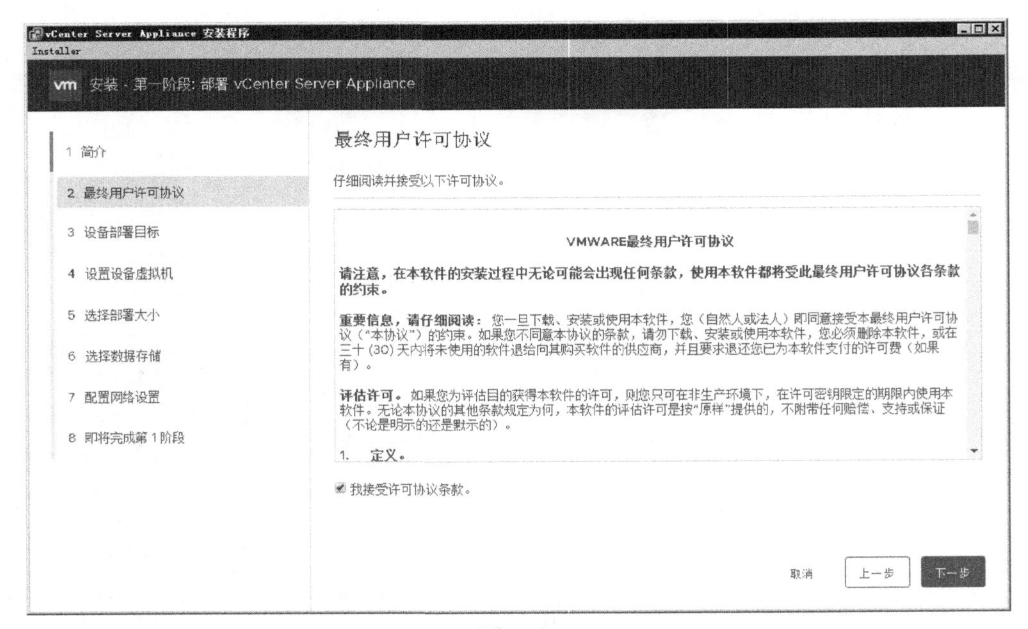

图 2-2-3

第 4 步，选择 VCSA 虚拟机运行的 ESXi 主机或 vCenter Server，输入 HTTPS 端口、用户名、密码，如图 2-2-4 所示，单击“下一步”按钮。

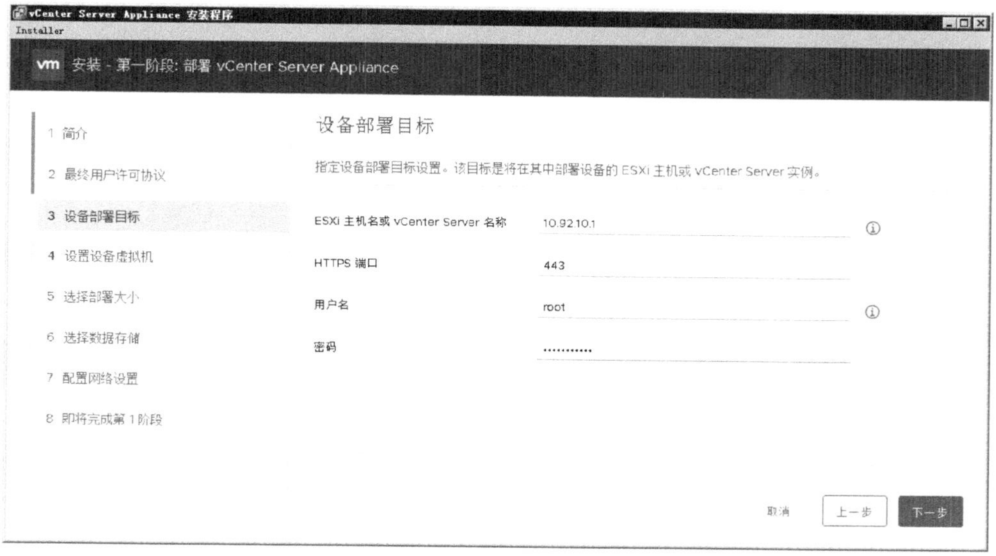

vCenter Server Appliance 安装程序

Installer

vm 安装 - 第一阶段: 部署 vCenter Server Appliance

1 简介

2 最终用户许可协议

3 设备部署目标

4 设置设备虚拟机

5 选择部署大小

6 选择数据存储

7 配置网络设置

8 即将完成第 1 阶段

设备部署目标

指定设备部署目标设置。该目标是将在其中部署设备的 ESXi 主机或 vCenter Server 实例。

ESXi 主机名或 vCenter Server 名称 10.92.10.1

HTTPS 端口 443

用户名 root

密码 ············

取消 上一步 下一步

图 2-2-4

第 5 步，弹出“证书警告”提示框，如图 2-2-5 所示，单击“是”按钮接受证书并继续下一步操作。

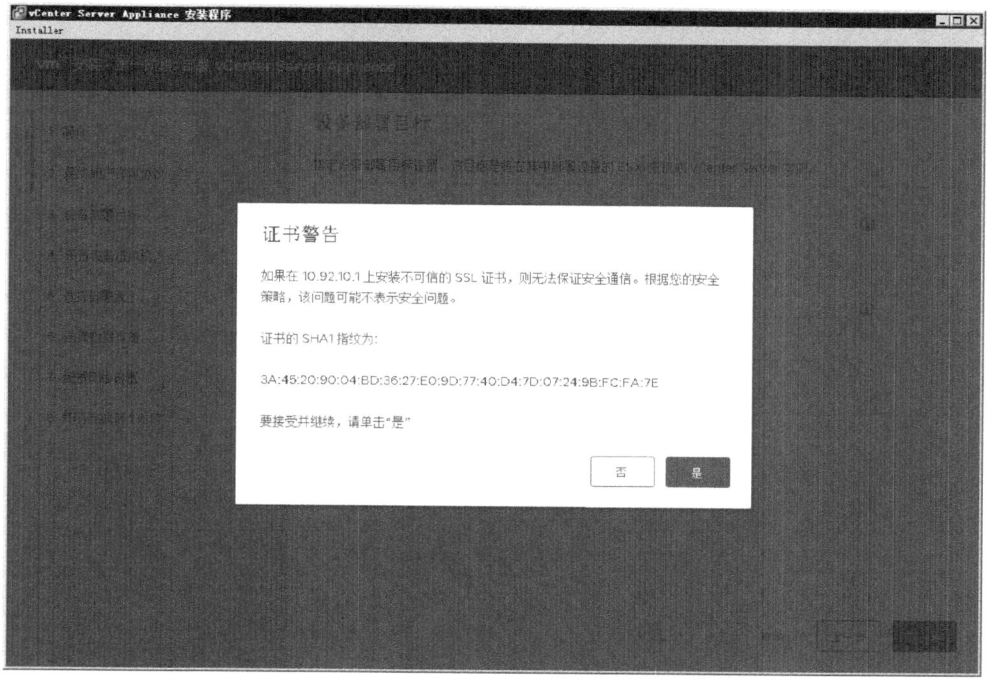

vCenter Server Appliance 安装程序

Installer

证书警告

如果在 10.92.10.1 上安装不可信的 SSL 证书，则无法保证安全通信。根据您的安全策略，该问题可能不表示安全问题。

证书的 SHA1 指纹为:

3A:45:20:90:04:BD:36:27:E0:9D:77:40:D4:7D:07:24:9B:FC:FA:7E

要接受并继续，请单击“是”

否 是

图 2-2-5

第 6 步，配置虚拟机名称、root 用户密码，如图 2-2-6 所示，单击“下一步”按钮。

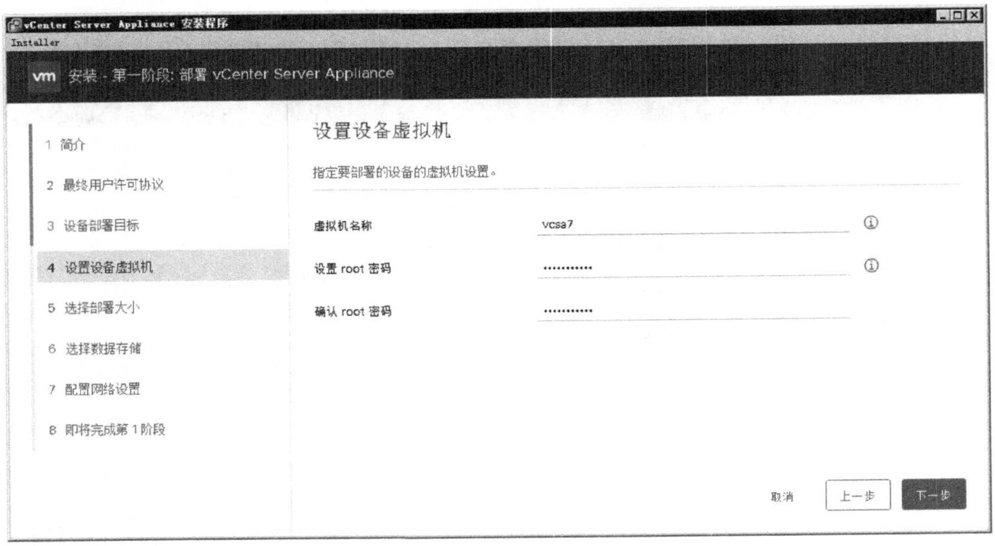

图 2-2-6

第 7 步，选择 VCSA 虚拟机部署大小，系统会根据选择配置虚拟机 vCPU、内存、存储等资源，如图 2-2-7 所示，单击“下一步”按钮。

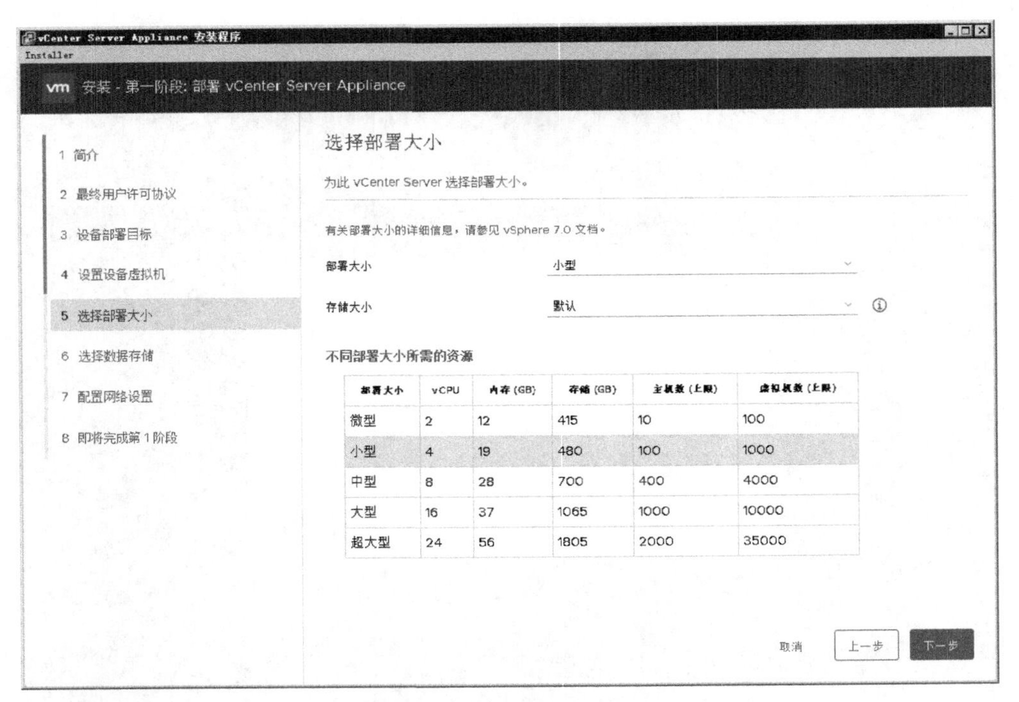

图 2-2-7

第 8 步，选择虚拟机使用的数据存储，如图 2-2-8 所示，单击“下一步”按钮。

第 9 步，配置虚拟机网络相关信息，如图 2-2-9 所示，单击“下一步”按钮。

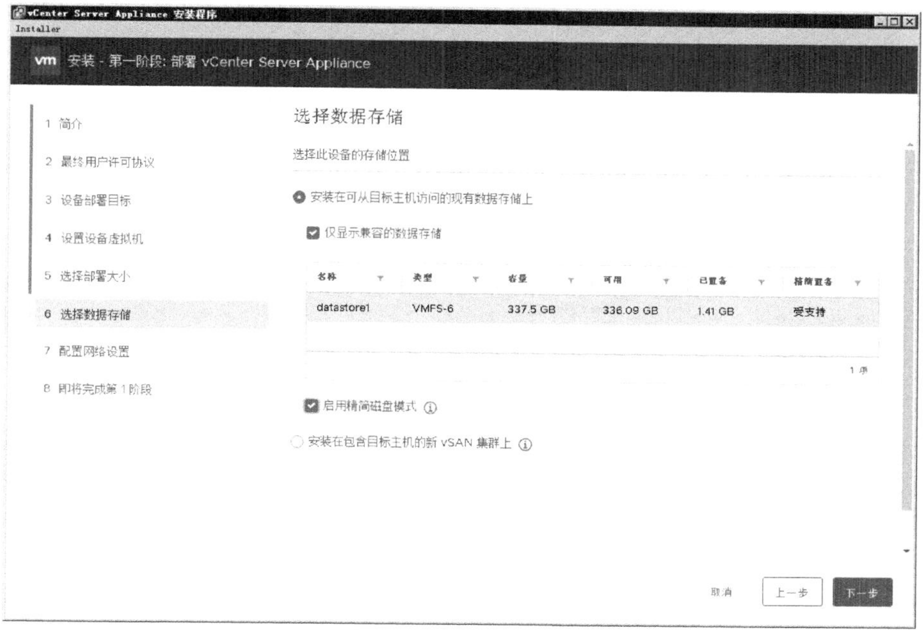

vCenter Server Appliance 安装程序

Installer

vm 安装 - 第一阶段: 部署 vCenter Server Appliance

1 简介
2 最终用户许可协议
3 设备部署目标
4 设置设备虚拟机
5 选择部署大小
6 选择数据存储
7 配置网络设置
8 即将完成第 1 阶段

选择数据存储

选择此设备的存储位置

安装在可从目标主机访问的现有数据存储上

仅显示兼容的数据存储

名称	类型	容量	可用	已置备	精简置备
datastore1	VMFS-6	337.5 GB	336.09 GB	1.41 GB	受支持

1 项

启用精简磁盘模式

安装在包含目标主机的新 vSAN 集群上

取消 上一步 下一步

图 2-2-8

vCenter Server Appliance 安装程序

Installer

vm 安装 - 第一阶段: 部署 vCenter Server Appliance

1 简介
2 最终用户许可协议
3 设备部署目标
4 设置设备虚拟机
5 选择部署大小
6 选择数据存储
7 配置网络设置
8 即将完成第 1 阶段

配置网络设置

配置此设备的网络设置

网络 VM Network

IP 版本 IPv4

IP 分配 静态

FQDN vcsa7.bdnetlab.com

IP 地址 10.92.10.80

子网掩码或前缀长度 24

默认网关 10.92.10.254

DNS 服务器 10.92.10.51

常见端口

HTTP 80

HTTPS 443

取消 上一步 下一步

图 2-2-9

第 10 步，完成第一阶段参数配置，如图 2-2-10 所示，单击“完成”按钮。

图 2-2-10

第 11 步，开始第一阶段部署，如图 2-2-11 所示。需要注意的是，不少初学者第一阶段部署至 80%卡住，此时要检查正在部署的 VCSA 虚拟机是否能够访问网络。

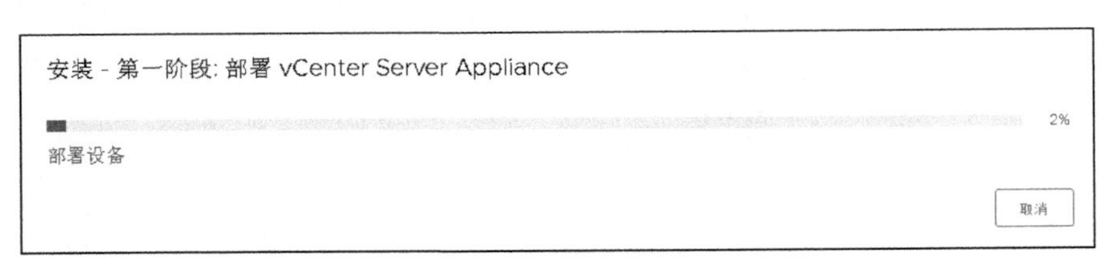

图 2-2-11

第 12 步，完成第一阶段部署，如图 2-2-12 所示，查看提示信息，单击“继续”按钮。注意，第一阶段如果出现报错提示信息要根据提示进行处理，否则不能进行第二阶段配置。

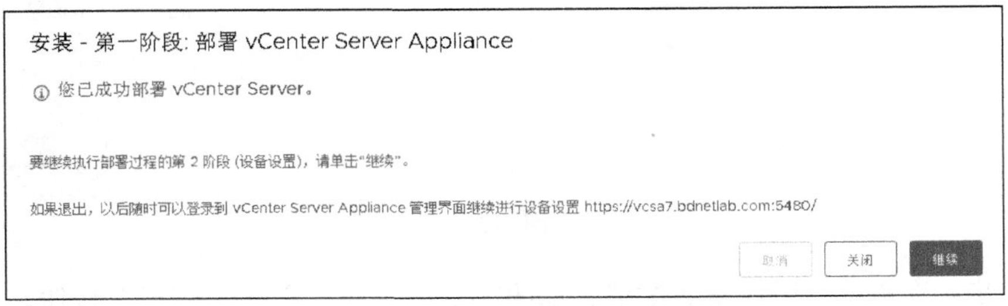

安装 - 第一阶段: 部署 vCenter Server Appliance

ⓘ 您已成功部署 vCenter Server。

要继续执行部署过程的第 2 阶段 (设备设置)，请单击“继续”。

如果退出，以后随时可以登录到 vCenter Server Appliance 管理界面继续进行设备设置 https://vcsa7.bdnetlab.com:5480/

取消　关闭　继续

图 2-2-12

第 13 步，进行第二阶段的参数配置，如图 2-2-13 所示，单击“下一步”按钮。

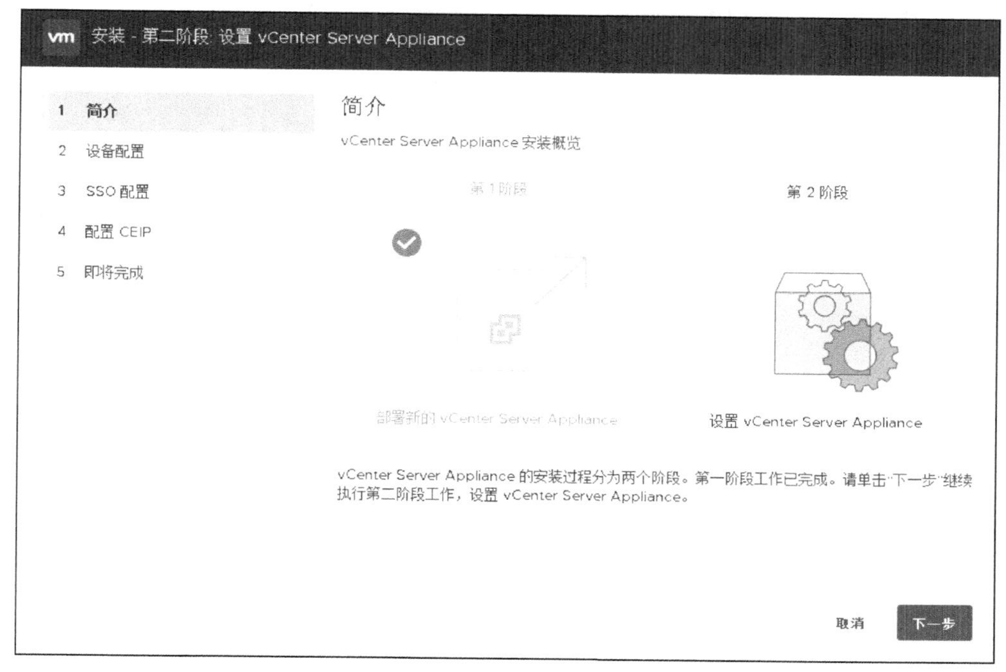

图 2-2-13

第 14 步，配置 vCenter Server 7.0 的时间同步模式，以及是否启用 SSH 访问，如图 2-2-14 所示，单击“下一步”按钮。

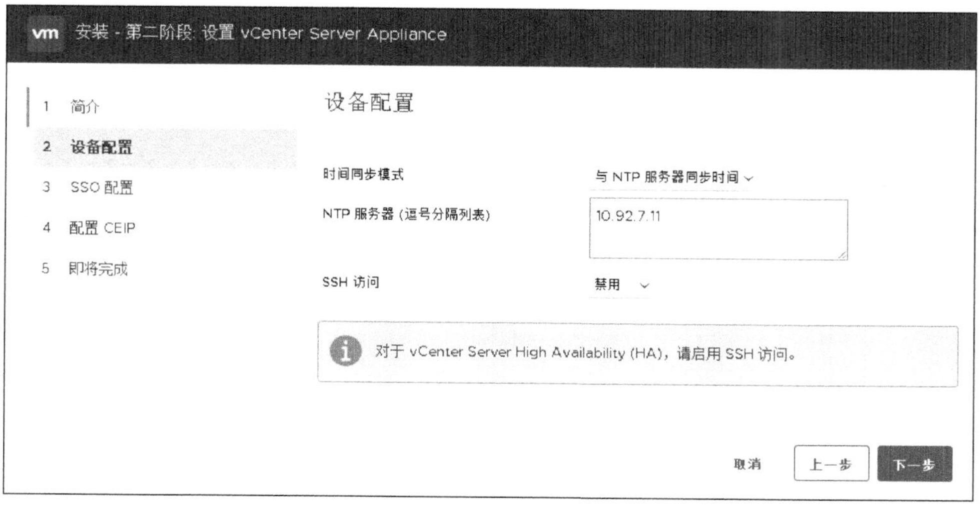

vm 安装 - 第二阶段: 设置 vCenter Server Appliance

1 简介
2 设备配置
3 SSO 配置
4 配置 CEIP
5 即将完成

设备配置

时间同步模式 与 NTP 服务器同步时间

NTP 服务器 (逗号分隔列表) 10.92.7.11

SSH 访问 禁用

对于 vCenter Server High Availability (HA)，请启用 SSH 访问。

取消 上一步 下一步

图 2-2-14

第 15 步，配置 SSO 域名、用户名及密码，如图 2-2-15 所示，单击“下一步”按钮。

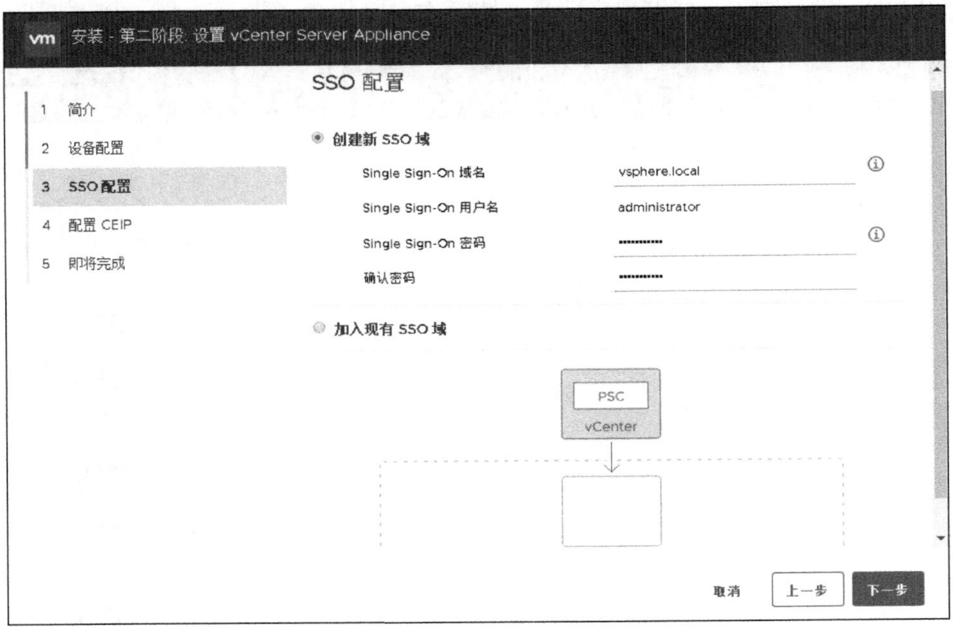

图 2-2-15

第 16 步，根据实际情况确定是否加入 VMware 客户体验提升计划，如图 2-2-16 所示，单击“下一步”按钮。

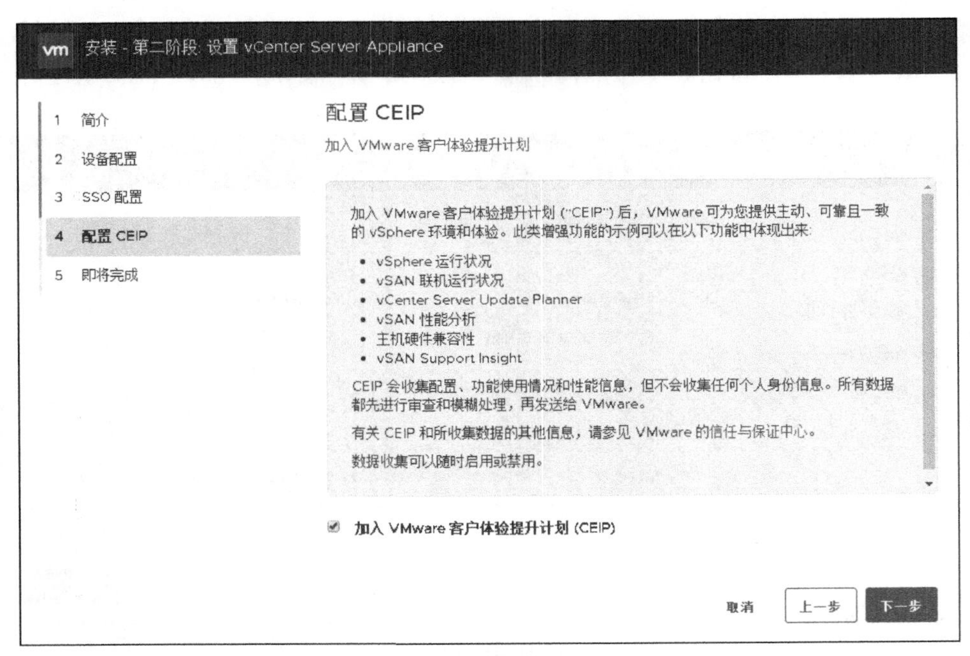

图 2-2-16

第 17 步，完成第二阶段参数配置，如图 2-2-17 所示，单击“完成”按钮。

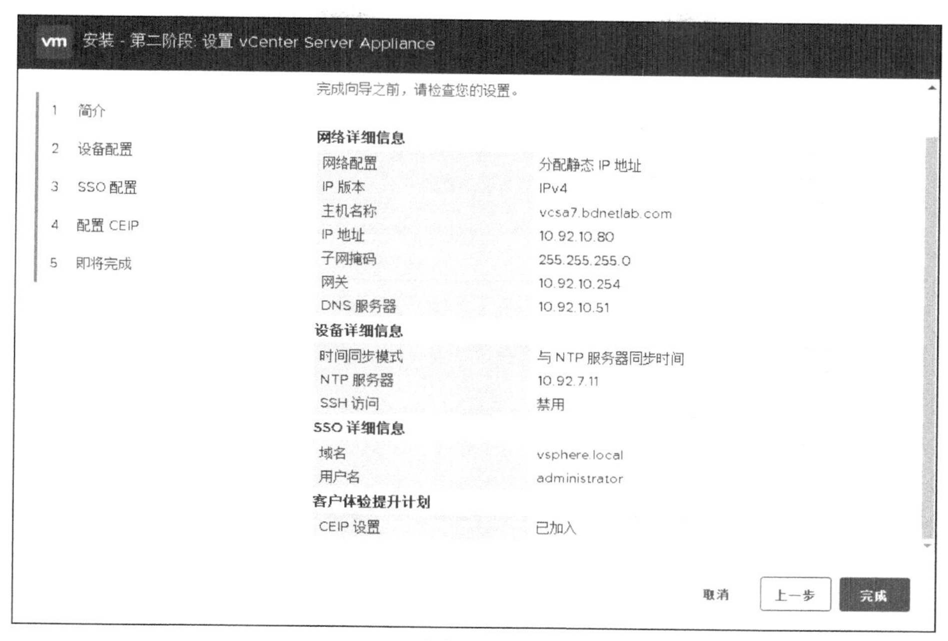

图 2-2-17

第 18 步，弹出“警告”提示框，提示第二阶段开始后将无法停止，如图 2-2-18 所示，单击“确定”按钮。

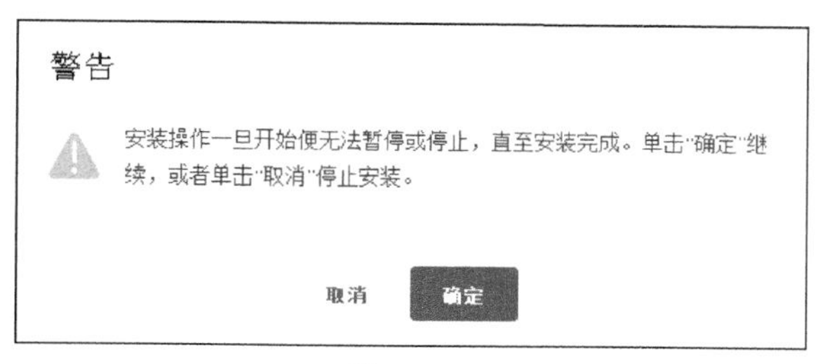

图 2-2-18

第 19 步，开始第二阶段部署，如图 2-2-19 所示。

图 2-2-19

第 20 步，完成第二阶段部署，如图 2-2-20 所示。

第 21 步，使用浏览器打开 ESXi 主机查看 VCSA 虚拟机部署情况，如图 2-2-21 所示。

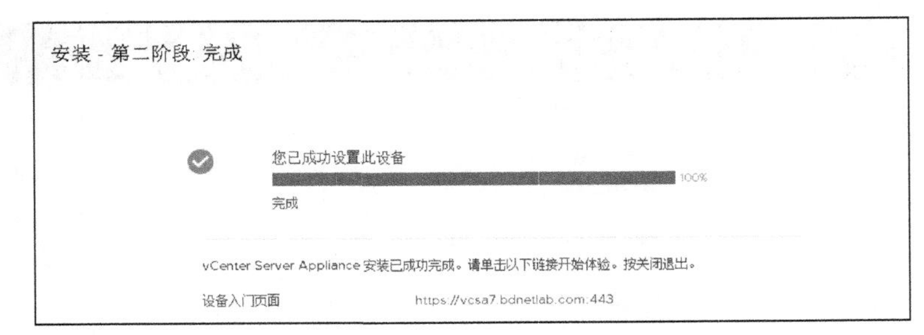

图 2-2-20

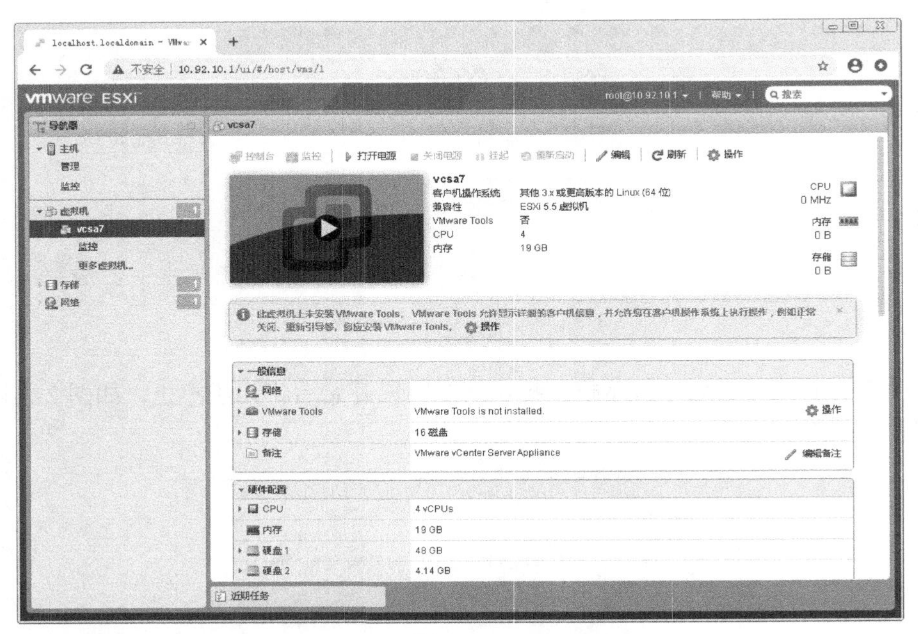

图 2-2-21

第 22 步，使用控制台打开 VCSA 虚拟机，如图 2-2-22 所示。

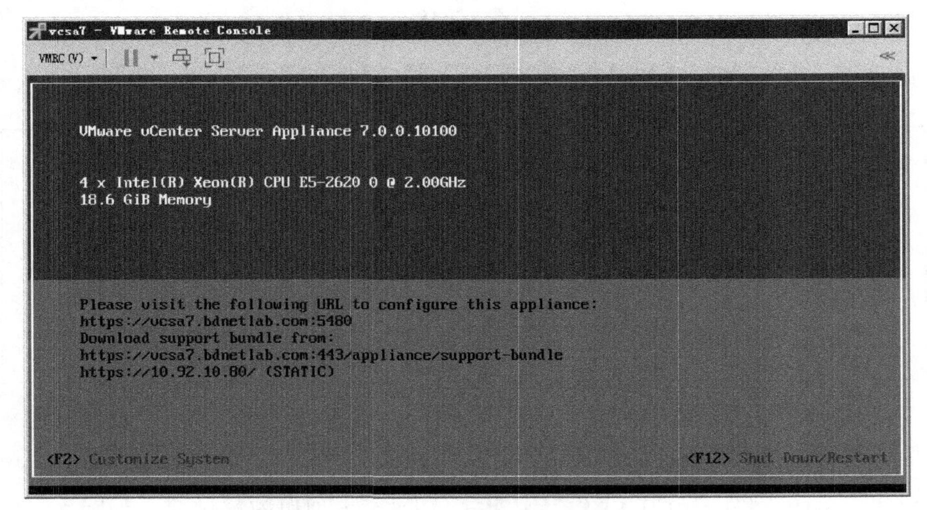

图 2-2-22

第 23 步，使用浏览器登录 VCSA，如图 2-2-23 所示。

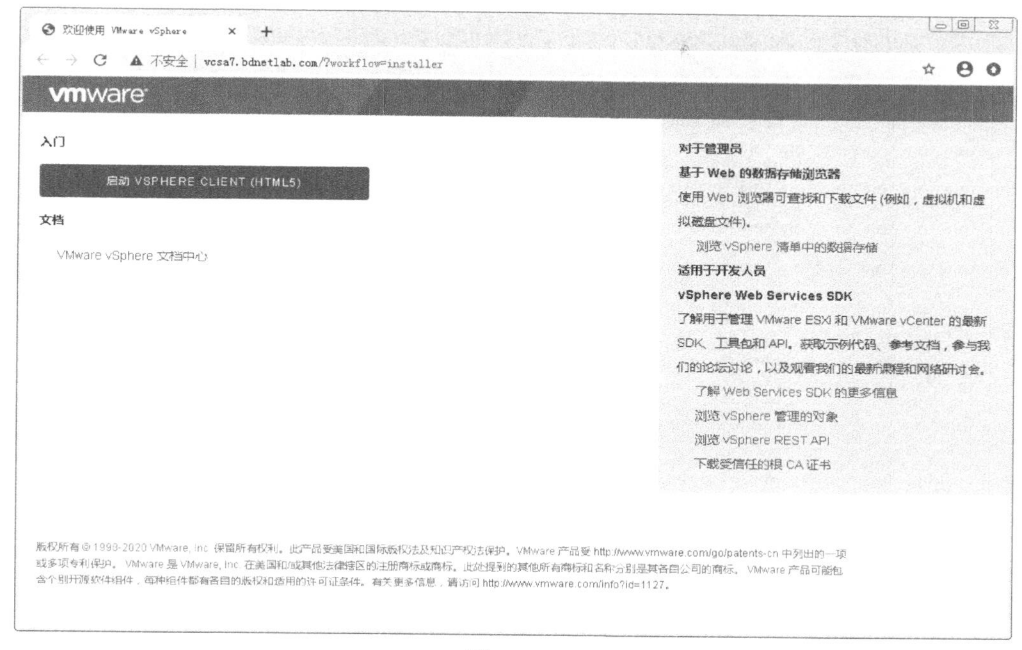

图 2-2-23

第 24 步，输入用户名和密码，单击“登录”按钮，如图 2-2-24 所示。

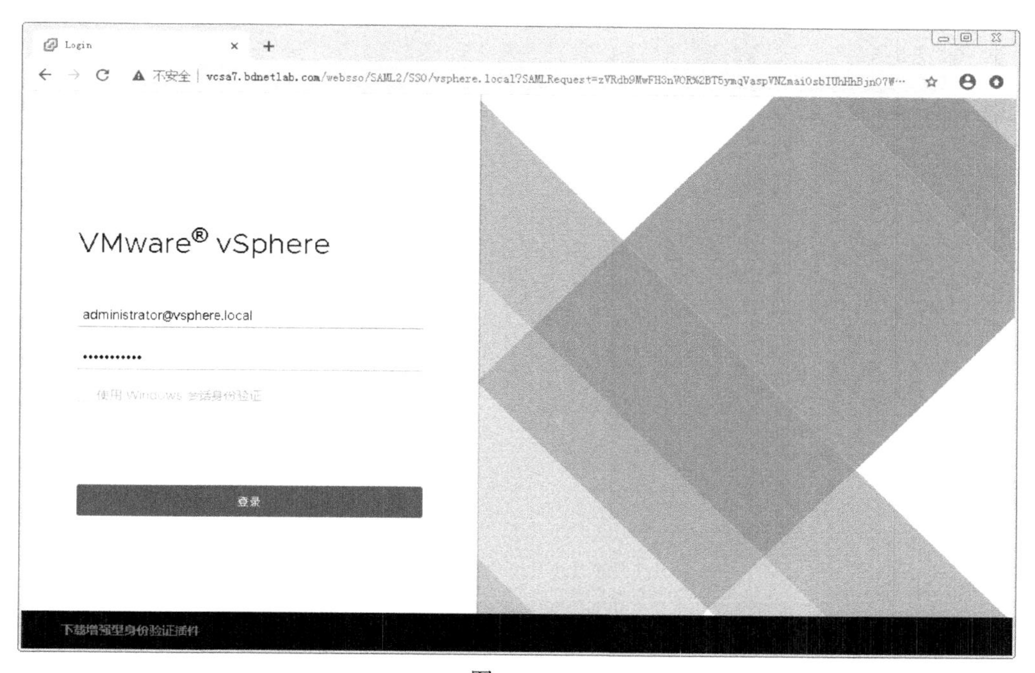

图 2-2-24

第 25 步，成功使用 H5 模式登录 VCSA，如图 2-2-25 所示。

图 2-2-25

第 26 步，将 ESXi 主机添加到 VCSA 需要创建数据中心，在 vcsa7.bdnetlab.com 上用鼠标右键单击，在弹出的快捷菜单中选择“新建数据中心”选项，如图 2-2-26 所示。

图 2-2-26

第 27 步，在弹出的对话框中根据实际情况对数据中心进行命名，如图 2-2-27 所示，单击“确定”按钮。

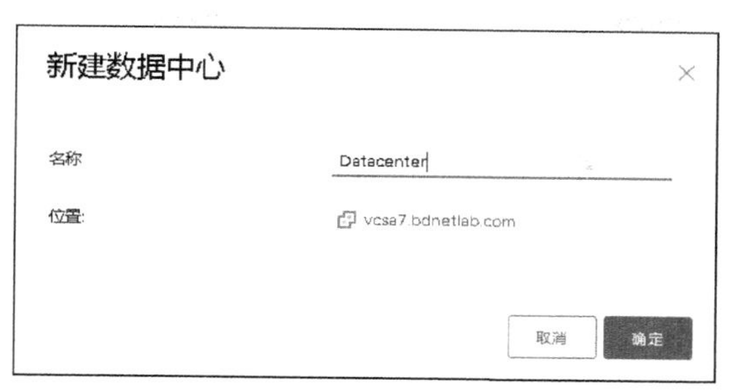

图 2-2-27

第 28 步，在 Datacenter 上用鼠标右键单击，在弹出的快捷菜单中选择“新建集群”选项，如图 2-2-28 所示。

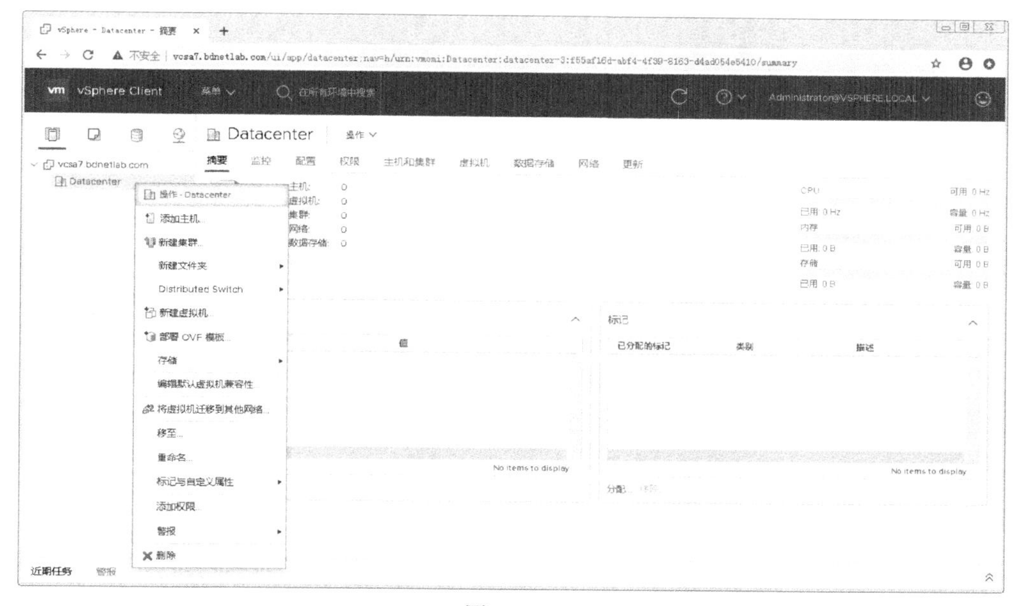

图 2-2-28

第 29 步，在弹出的对话框中输入集群的名称，vSphere DRS、vSphere HA、vSAN 等特性均不开启，如图 2-2-29 所示，单击“确定”按钮。

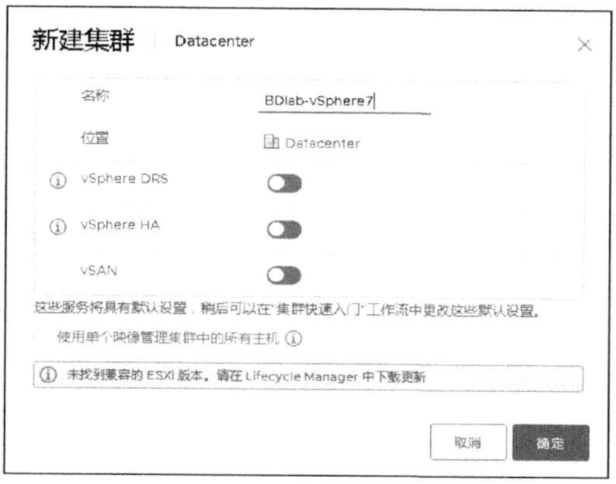

新建集群 Datacenter
名称 BDlab-vSphere7
位置 Datacenter
vSphere DRS
vSphere HA
vSAN
这些服务将具有默认设置，稍后可以在“集群快速入门”工作流中更改这些默认设置。
使用单个映像管理集群中的所有主机
未找到兼容的 ESXi 版本。请在 Lifecycle Manager 中下载更新
取消 确定

图 2-2-29

第 30 步，创建集群完成，如图 2-2-30 所示。

图 2-2-30

第 31 步，将 ESXi 主机添加到集群，可以同时添加多个 ESXi 主机，输入主机 IP 地址、用户名、密码，如图 2-2-31 所示，单击“下一页”按钮。

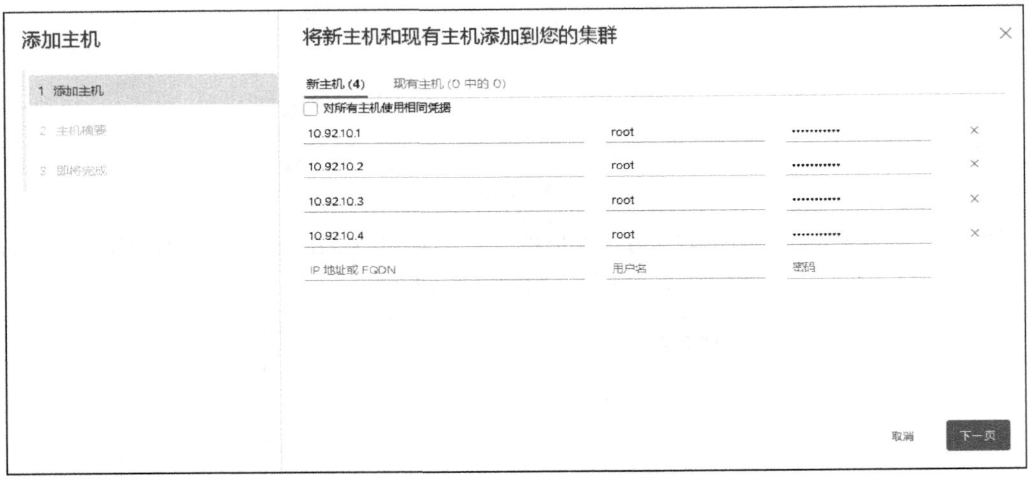

图 2-2-31

第 32 步，弹出“安全警示”提示框，需要勾选主机接受证书，如图 2-2-32 所示，单击“确定”按钮。

第 33 步，主机摘要提示具有警告，建议查看警告原因并进行处理，如图 2-2-33 所示，虚拟机打开电源不影响操作，单击“下一页”按钮。

第 34 步，确认 ESXi 主机加入集群，如图 2-2-34 所示，单击“完成”按钮。

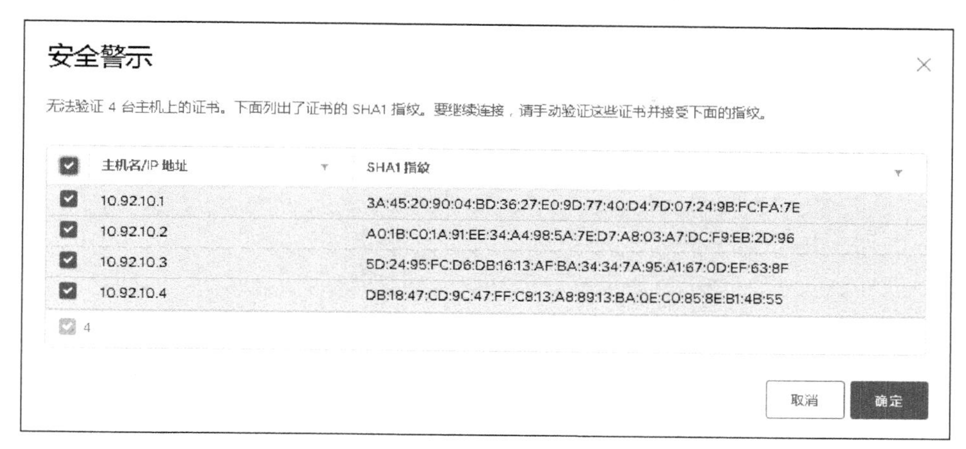

图 2-2-32

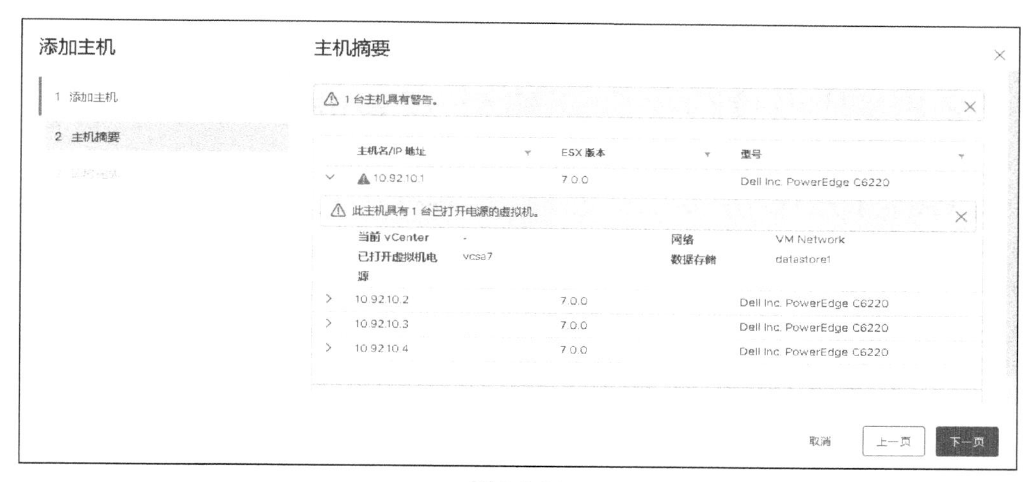

图 2-2-33

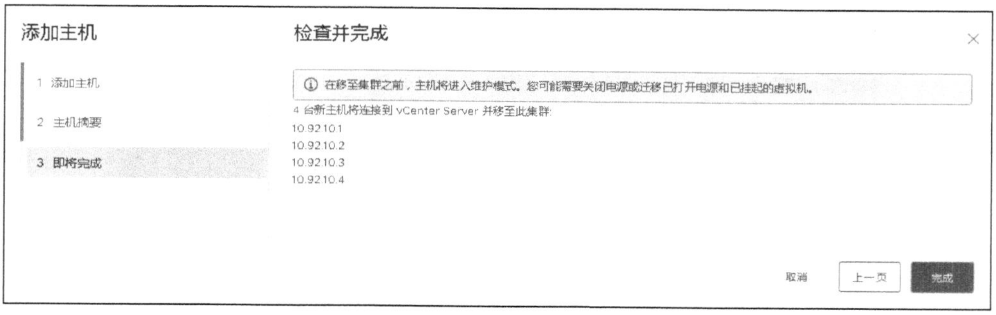

添加主机
检查并完成
1 添加主机
2 主机摘要
3 即将完成
在移至集群之前，主机将进入维护模式。您可能需要关闭电源或迁移已打开电源和已挂起的虚拟机。
4 台新主机将连接到 vCenter Server 并移至此集群:
10.92.10.1
10.92.10.2
10.92.10.3
10.92.10.4
取消 上一页 完成

图 2-2-34

第 35 步，成功将 ESXi 主机加入集群，如图 2-2-35 所示。

至此，基于 Linux 版本的 vCenter Server 7.0 部署完成。整体而言，只要事前做好准备工作，基本上不会出现报错，如果用户在部署过程中出现报错，可以通过查看日志进行处理后重新部署。

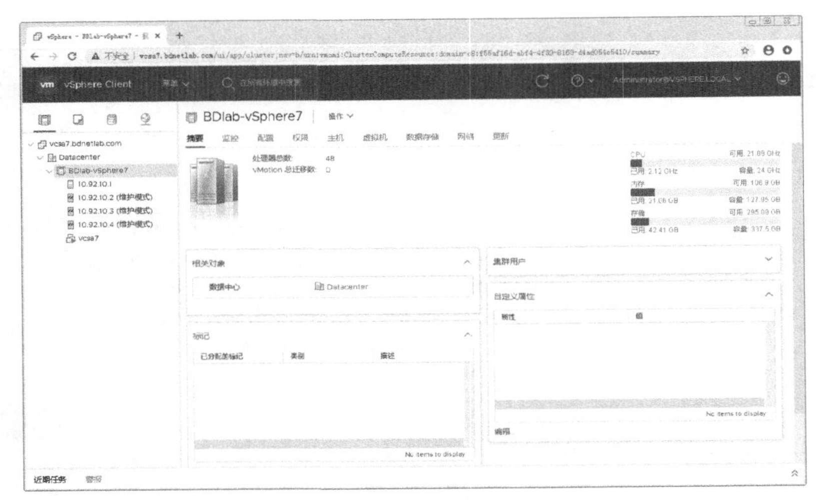

图 2-2-35

2.3　升级及跨平台迁移至 vCenter Server 7.0

VMware 花了大量精力开发 Linux 版本的 vCenter Server，从早期的功能不全到后续的全功能，vCenter Server 7.0 已正式取消 Windows 版本，从 VMware vSphere 6.5 版本开始提供跨平台迁移工具帮助用户从 Windows 平台的 vCenter Server 迁移到 Linux 平台。本节将介绍如何升级及跨平台迁移至 vCenter Server 7.0。

2.3.1　升级 vCenter Server 6.7 至 vCenter Server 7.0

虽然是使用 VMware 官方提供的工具进行跨平台迁移操作，但还是存在一定风险，建议在操作前对源 vCenter Server 进行备份，以便出现问题后可以快速恢复。这里以 VCSA 虚拟机控制台为例进行介绍

第 1 步，打开 VCSA 6.7 虚拟机控制台，查看版本信息，如图 2-3-1 所示。

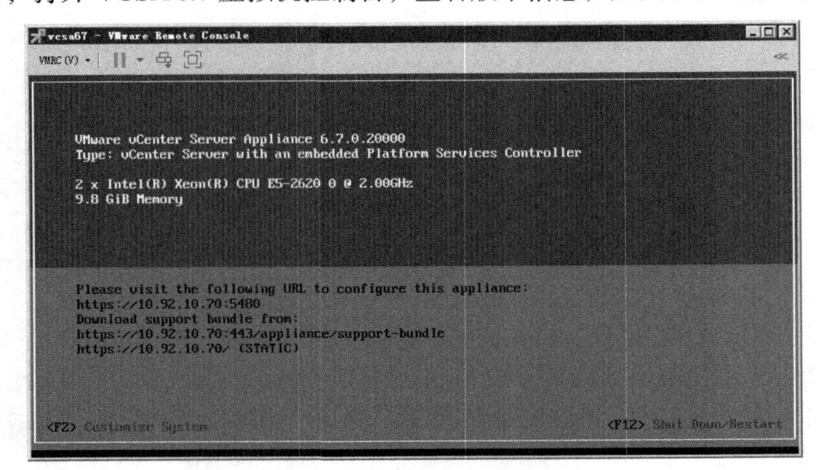

图 2-3-1

第 2 步，运行 VCSA 7.0 安装程序，如图 2-3-2 所示，单击“升级”图标。

图 2-3-2

第 3 步，VCSA 升级分为两个阶段，先进行第一阶段部署，如图 2-3-3 所示，单击“下一步”按钮。

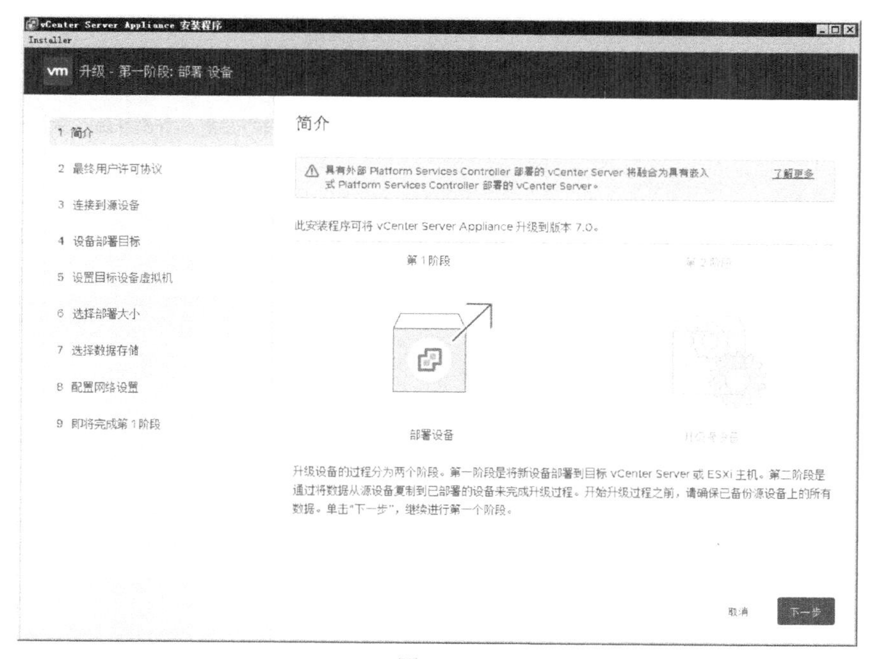

图 2-3-3

第4步，勾选“我接受许可协议条款。”复选框接受最终用户许可协议，如图 2-3-4 所示，单击“下一步”按钮。

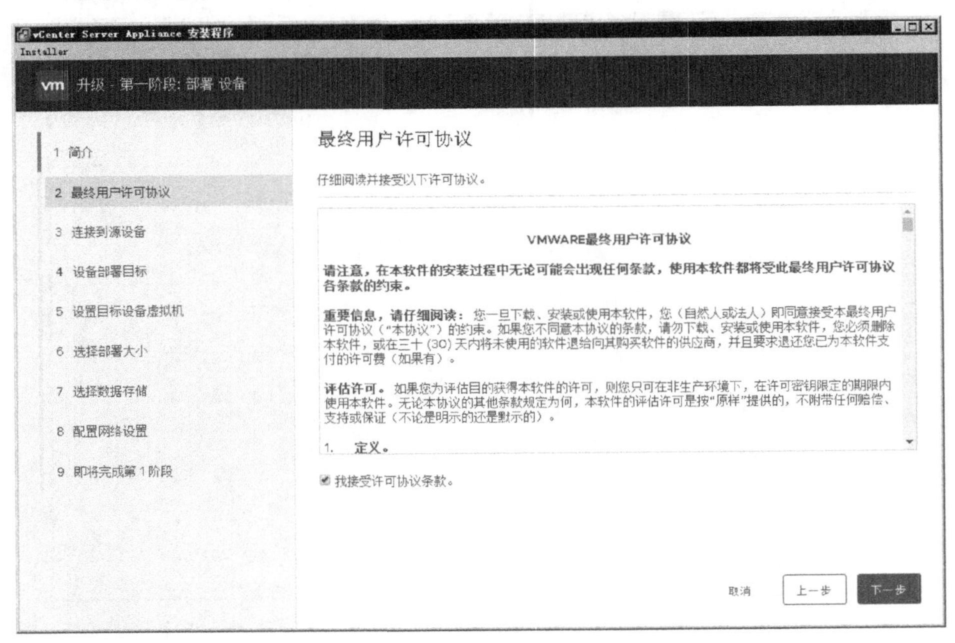

图 2-3-4

第5步，升级需要连接到源设备，输入源 VCSA 的相关信息，如图 2-3-5 所示，单击“连接到源”按钮进行验证。

图 2-3-5

第 6 步，验证通过后输入源 VCSA 的相关信息，如图 2-3-6 所示，单击“下一步”按钮。

图 2-3-6

第 7 步，弹出“证书警告”提示框，如图 2-3-7 所示，单击“是”按钮接受证书并继续下一步操作。

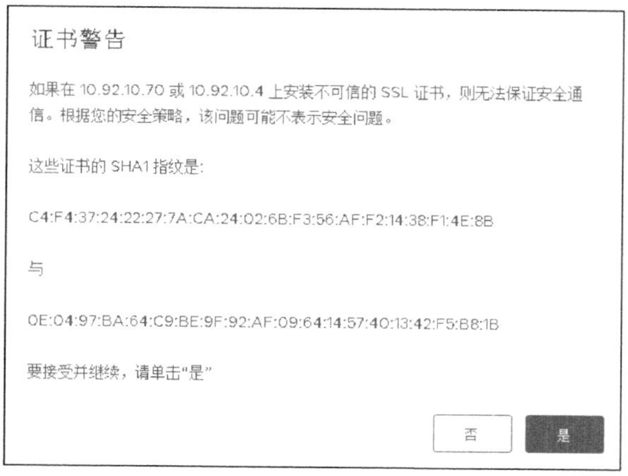

图 2-3-7

第 8 步，指定设备部署的 ESXi 主机或 vCenter Server，此处输入的是 ESXi 主机相关信息，如图 2-3-8 所示，单击“下一步”按钮。

vCenter Server Appliance 安装程序
Installer
vm 升级 - 第一阶段: 部署 vCenter Server Appliance
1 简介
2 最终用户许可协议
3 连接到源设备
4 设备部署目标
5 设置目标设备虚拟机
6 选择部署大小
7 选择数据存储
8 配置网络设置
9 即将完成第 1 阶段
设备部署目标
指定设备部署目标设置。该目标是将在其中部署设备的 ESXi 主机或 vCenter Server 实例。
ESXi 主机名或 vCenter Server 名称 10.92.10.4
HTTPS 端口 443
用户名 root
密码 ••••••••••••
取消 上一步 下一步

图 2-3-8

第 9 步，弹出“证书警告”提示框，如图 2-3-9 所示，单击“是”按钮接受证书并继续下一步操作。

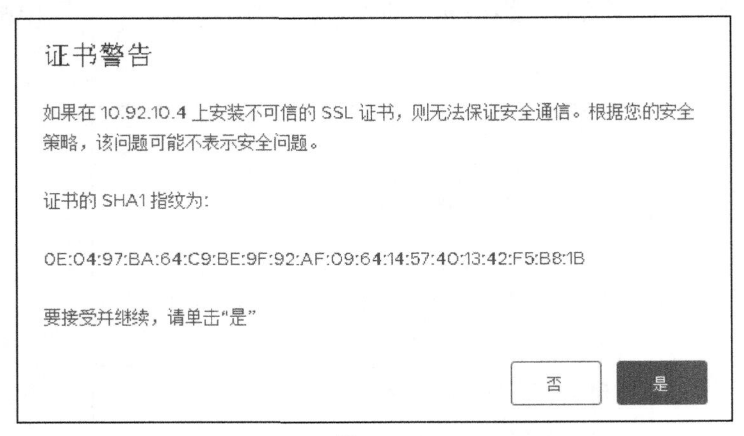

证书警告
如果在 10.92.10.4 上安装不可信的 SSL 证书，则无法保证安全通信。根据您的安全策略，该问题可能不表示安全问题。
证书的 SHA1 指纹为:
0E:04:97:BA:64:C9:BE:9F:92:AF:09:64:14:57:40:13:42:F5:B8:1B
要接受并继续，请单击“是”
否
是

图 2-3-9

第 10 步，设置目标虚拟机相关信息，如图 2-3-10 所示，单击“下一步”按钮。

第 11 步，选择目标虚拟机部署大小，不同的部署大小对虚拟机硬件资源要求不同，可根据生产环境的实际情况进行选择，如图 2-3-11 所示，单击“下一步”按钮。

vCenter Server Appliance 安装程序

Installer

vm 升级 - 第一阶段: 部署 vCenter Server Appliance

1 简介

2 最终用户许可协议

3 连接到源设备

4 设备部署目标

5 设置目标设备虚拟机

6 选择部署大小

7 选择数据存储

8 配置网络设置

9 即将完成第 1 阶段

设置目标设备虚拟机

指定要部署的设备的虚拟机设置。

虚拟机名称 vcsa67-update-vcsa7

设置 root 密码 ••••••••••••

确认 root 密码 ••••••••••••

取消 上一步 下一步

图 2-3-10

vCenter Server Appliance 安装程序

Installer

vm 升级 - 第一阶段: 部署 vCenter Server Appliance

1 简介

2 最终用户许可协议

3 连接到源设备

4 设备部署目标

5 设置目标设备虚拟机

6 选择部署大小

7 选择数据存储

8 配置网络设置

9 即将完成第 1 阶段

选择部署大小

为此 vCenter Server 选择部署大小。

有关部署大小的详细信息，请参见 vSphere 7.0 文档。

部署大小 微型

存储大小 默认

不同部署大小所需的资源

部署大小	vCPU	内存 (GB)	存储 (GB)	主机数 (上限)	虚拟机数 (上限)
源计算机	--	--	290	0	0
微型	2	12	415	10	100
小型	4	19	480	100	1000
中型	8	28	700	400	4000
大型	16	37	1065	1000	10000

取消 上一步 下一步

图 2-3-11

第 12 步，选择目标虚拟机使用的数据存储，如图 2-3-12 所示，单击“下一步”按钮。

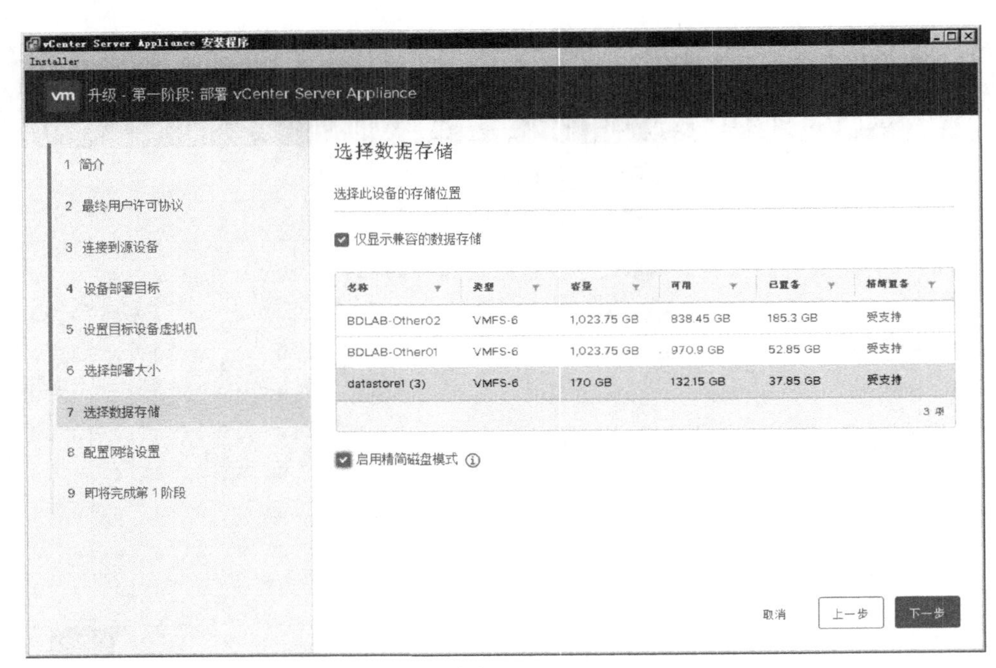

图 2-3-12

第 13 步，设置虚拟机临时网络，如图 2-3-13 所示。需要注意的是，临时网络必须能够访问源 VCSA 虚拟机，单击“下一步”按钮。

vCenter Server Appliance 安装程序
Installer
升级 - 第一阶段：部署 vCenter Server Appliance
1 简介
2 最终用户许可协议
3 连接到源设备
4 设备部署目标
5 设置目标设备虚拟机
6 选择部署大小
7 选择数据存储
8 配置网络设置
9 即将完成第 1 阶段
配置网络设置
配置此设备的网络设置
网络 VM Network
临时网络设置
IP 版本 IPv4
IP 分配 DHCP
FQDN FQDN (可选)
取消
上一步
下一步

图 2-3-13

第 14 步，完成第一阶段相关参数配置，如图 2-3-14 所示，单击“完成”按钮。

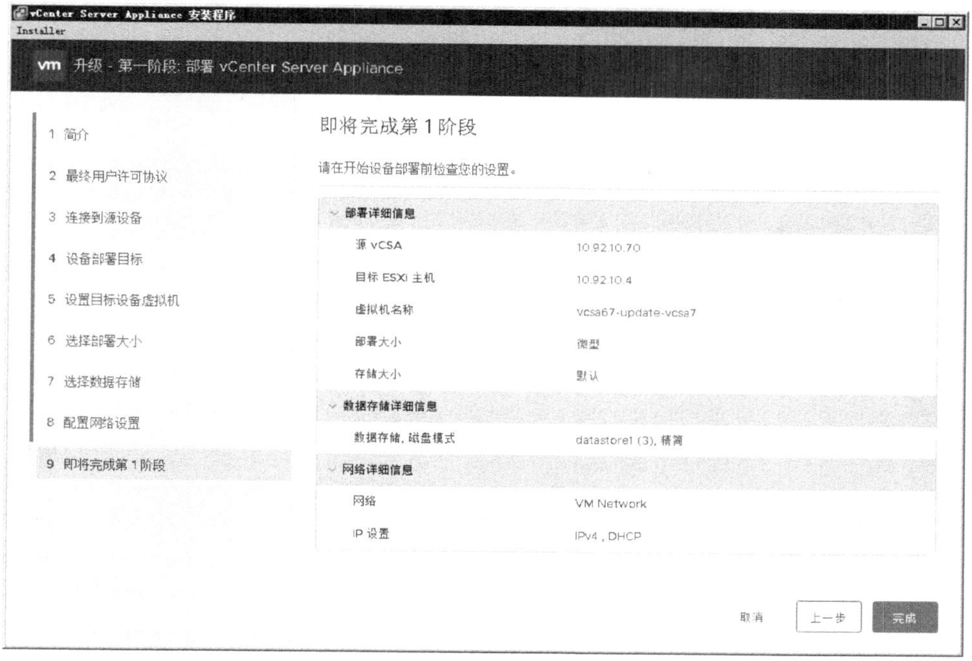

图 2-3-14

第 15 步，开始第一阶段升级部署，如图 2-3-15 所示。

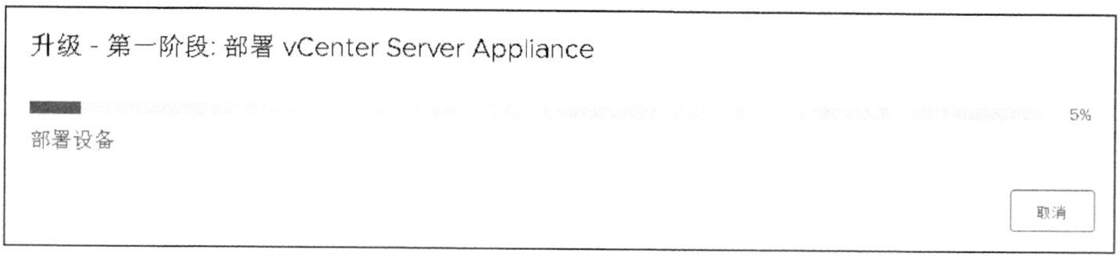

图 2-3-15

第 16 步，完成第一阶段升级部署，如图 2-3-16 所示，单击“继续”按钮进行第二阶段部署。需要注意的是，如果第一阶段部署出现问题，第二阶段部署将无法进行。

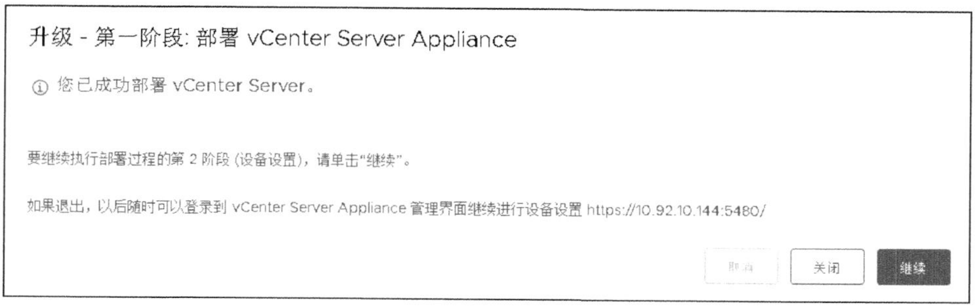

图 2-3-16

第 17 步，进行升级第二阶段参数配置，如图 2-3-17 所示，单击“下一步”按钮。

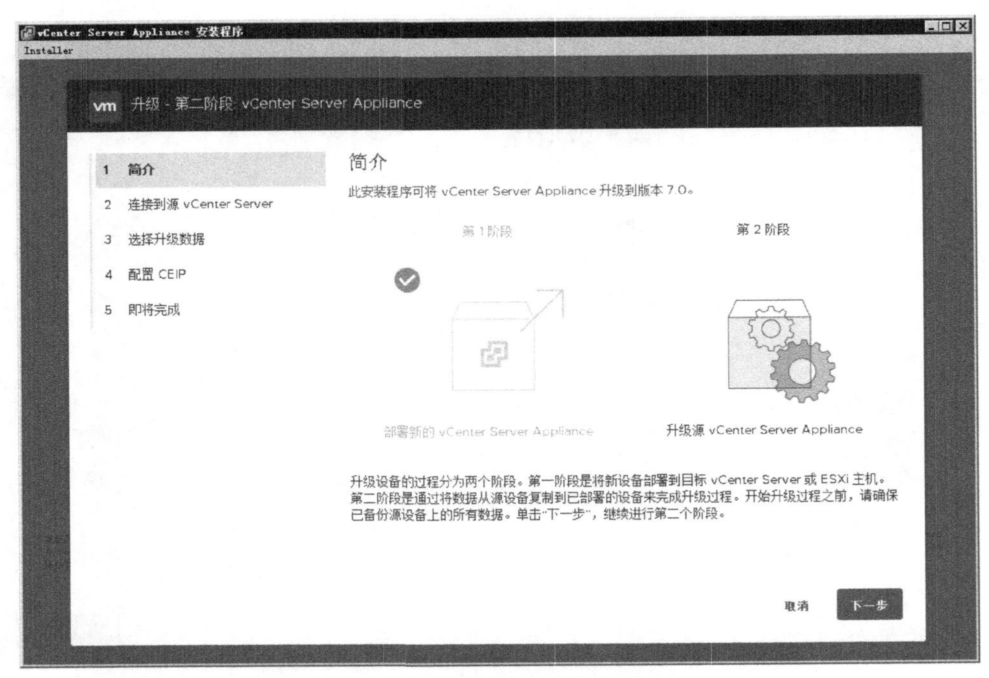

图 2-3-17

第 18 步，系统会进行升级前检查并将检查结果进行提示，如图 2-3-18 所示，本次检查结果不影响升级，单击“关闭”按钮。

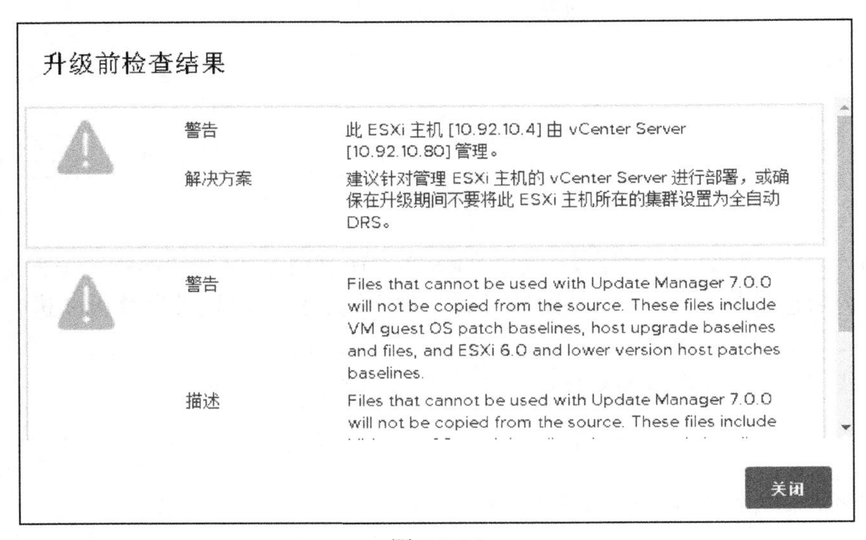

图 2-3-18

第 19 步，选择需要复制的数据，如图 2-3-19 所示，生产环境推荐保留所有历史数据，单击“下一步”按钮。

第 20 步，根据实际情况确定是否加入 VMware 客户体验提升计划，如图 2-3-20 所示，单击“下一步”按钮。

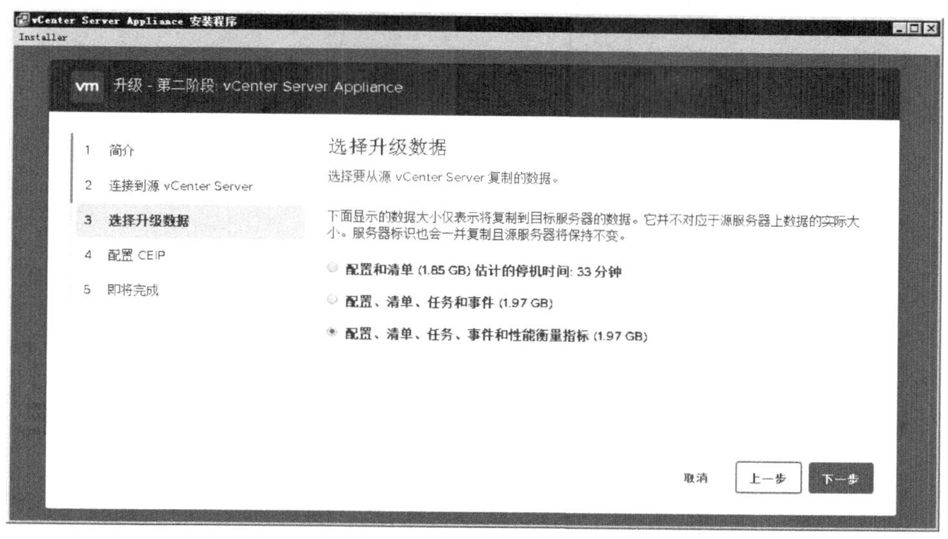

图 2-3-19

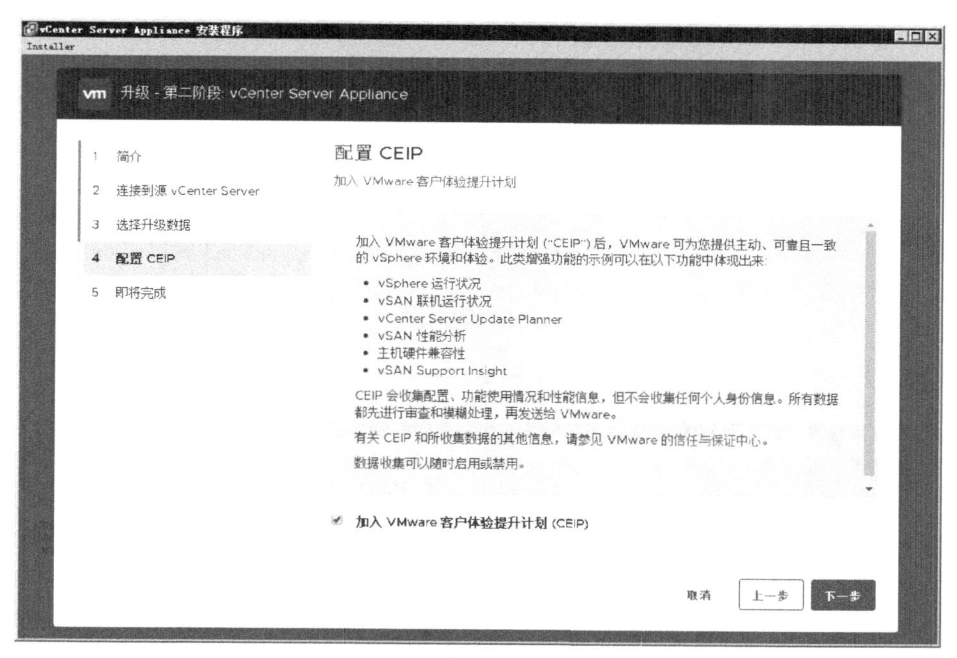

图 2-3-20

第 21 步，确认升级参数配置是否正确，勾选“我已备份源 vCenter Server 和数据库中的所有必要数据”复选框，如图 2-3-21 所示，单击“完成”按钮。

第 22 步，提示升级过程中源 VCSA 虚拟机会关闭，需要注意升级过程中 VCSA 无法提供服务，如图 2-3-22 所示，单击“确定”按钮。

第 23 步，数据传输有 3 个步骤，每一个都不能出现报错，图 2-3-23 所示是将数据从源 VCSA 复制到目标 VCSA。

图 2-3-21

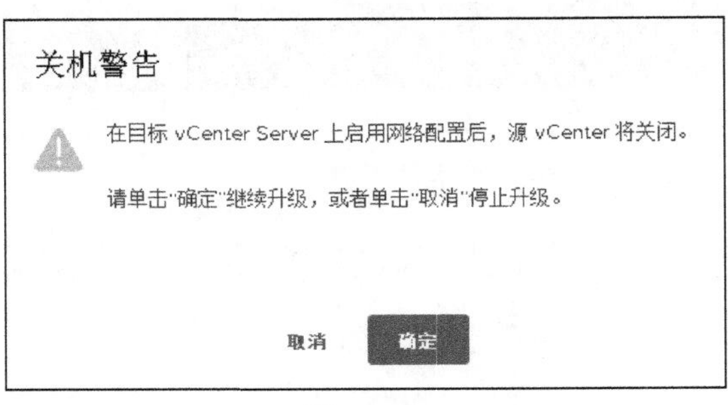

图 2-3-22

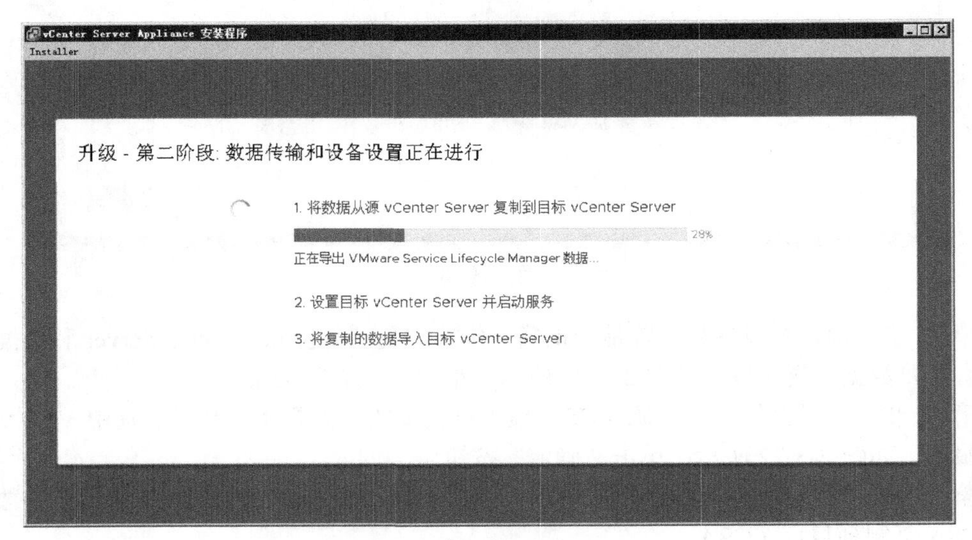

图 2-3-23

第 24 步，设置目标 VCSA 并启动服务，如图 2-3-24 所示。

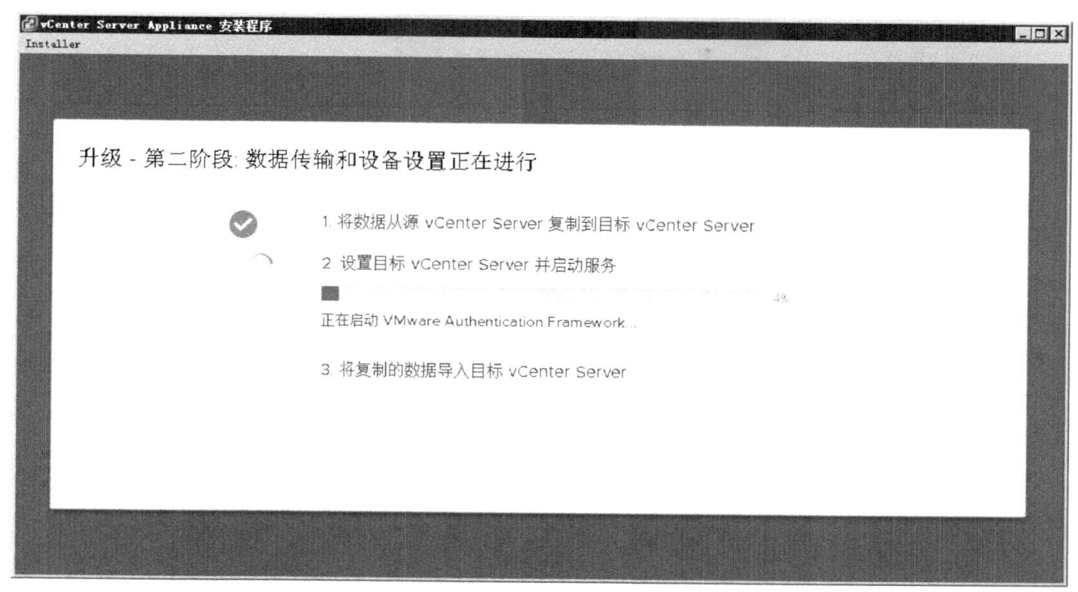

图 2-3-24

第 25 步，将复制的数据导入目标 VCSA，如图 2-3-25 所示。

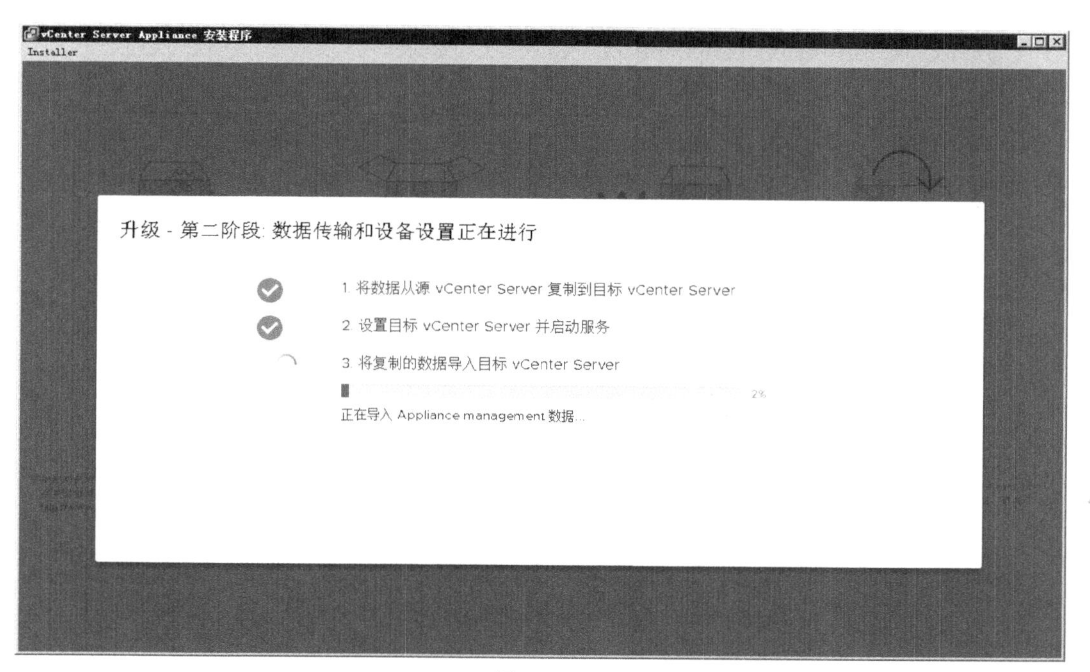

图 2-3-25

第 26 步，导入数据过程会提示“如果使用 Auto Deploy，请更新 DHCP 设置并使用新 Auto Deploy 服务器中的新 tramp 文件组更新 TFTP 设置”，该提示不影响升级，如图 2-3-26 所示，单击“关闭”按钮。

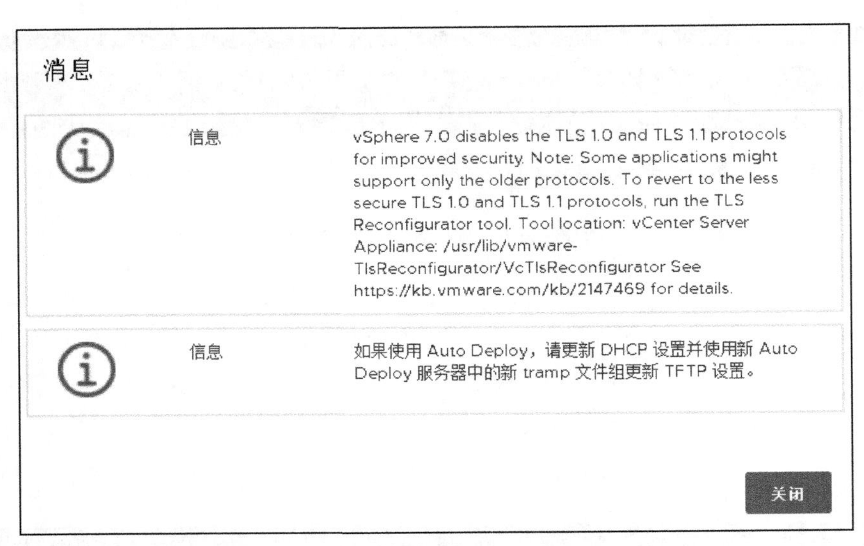

图 2-3-26

第 27 步，完成第二阶段升级部署，如图 2-3-27 所示，单击“关闭”按钮。

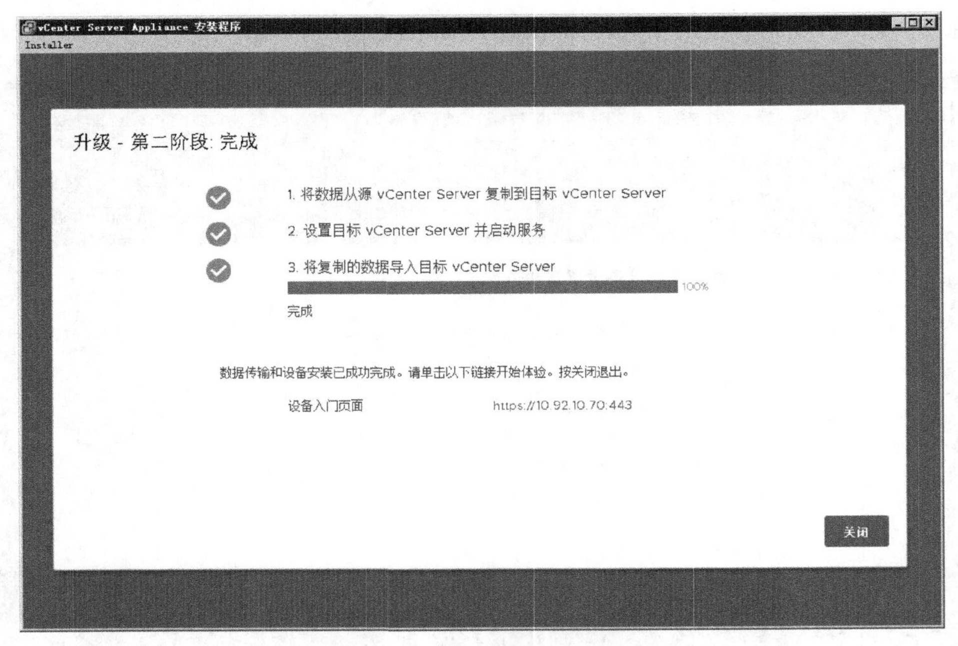

图 2-3-27

第 28 步，使用浏览器登录 VCSA，登录界面仅支持 HTML 5 方式，说明已经升级到 7.0 版本，如图 2-3-28 所示。

第 29 步，查看 VCSA 相关情况，源 vcsa67 虚拟机已处于关闭电源状态，升级后新的 vcsa67-update-vcsa7 虚拟机处于运行状态，如图 2-3-29 所示。

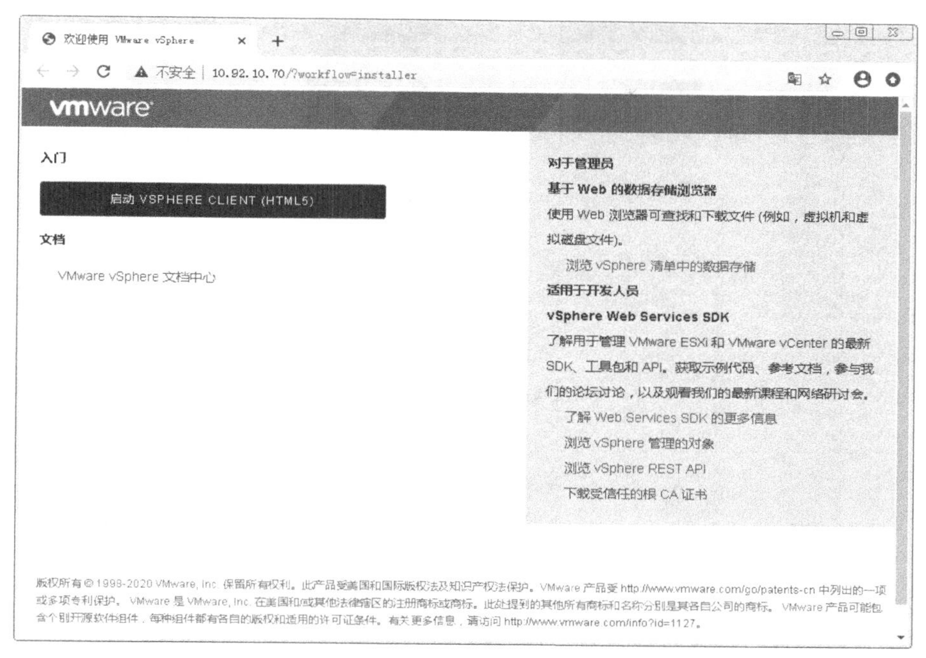

图 2-3-28

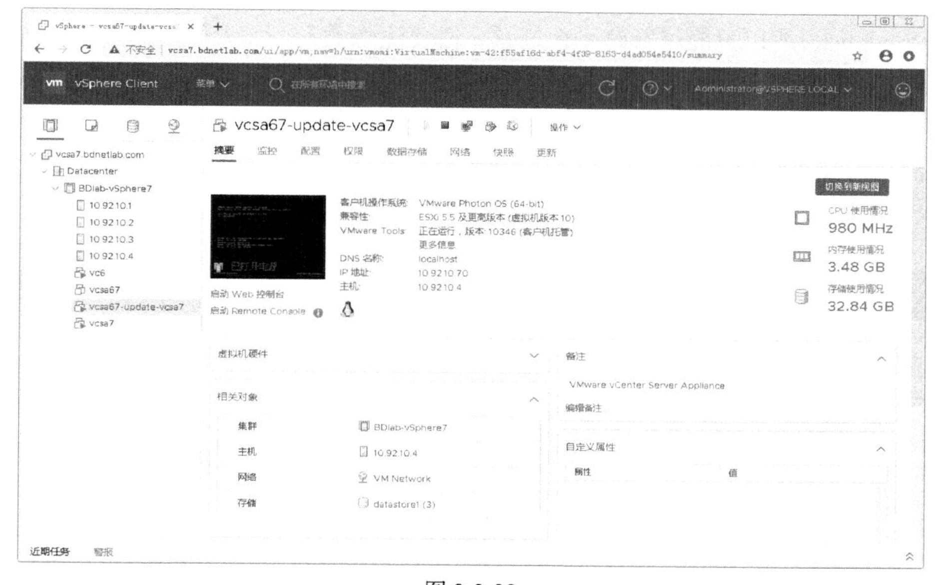

图 2-3-29

第 30 步，打开虚拟机控制台，可以看到虚拟机的运行版本及 IP 地址等信息，如图 2-3-30 所示。

至此，升级 VCSA 6.7 至 VCSA 7.0 完成，整体来说难度系数并不大。需要注意的是，VCSA 升级本质上是新建 VCSA 虚拟机，然后导入源 VCSA 数据，升级过程中源 VCSA 虚拟机会关机，无法提供服务。升级完成后，源 VCSA 虚拟机建议保留一段时间再删除。

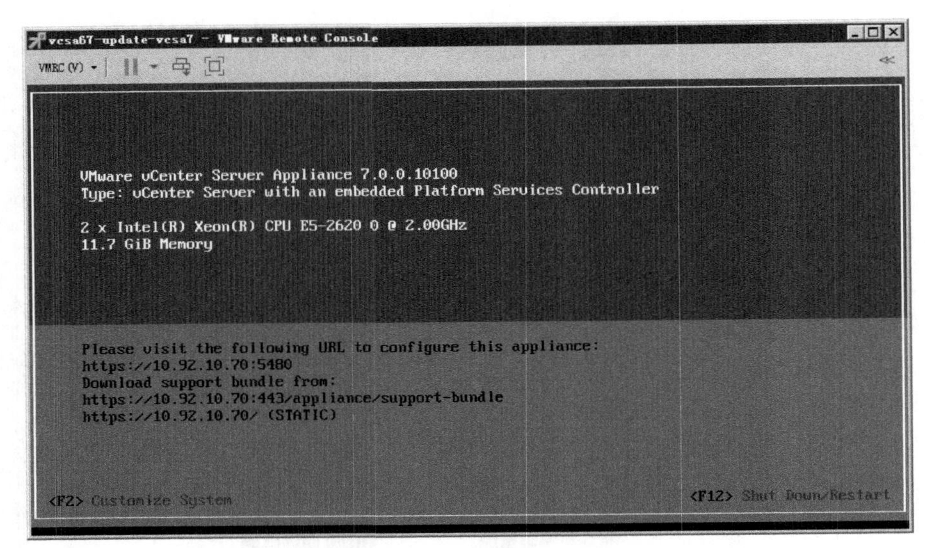

图 2-3-30

2.3.2　跨平台迁移 vCenter Server 6.5 至 vCenter Server 7.0

生产环境中不少用户使用 Windows 版本的 vCenter Server，而 vCenter Server 7.0 已经不再支持 Windows，所以只能进行跨平台迁移。需要注意的是，如果使用的是 vCenter Server 6.0，必须先升级到 vCenter Server 6.5 或 6.7，再进行跨平台迁移操作。本节操作以从 vCenter Server 6.5 跨平台迁移到 vCenter Server 7.0 为例进行介绍。

第 1 步，查看源 vCenter Server 6.5 相关信息，如图 2-3-31 所示。

图 2-3-31

第 2 步，运行 vCenter Server 7.0 安装程序，如图 2-3-32 所示，单击“迁移”图标。

图 2-3-32

第 3 步，迁移分为两个阶段，先进行第一阶段参数配置，如图 2-3-33 所示，单击“下一步”按钮。

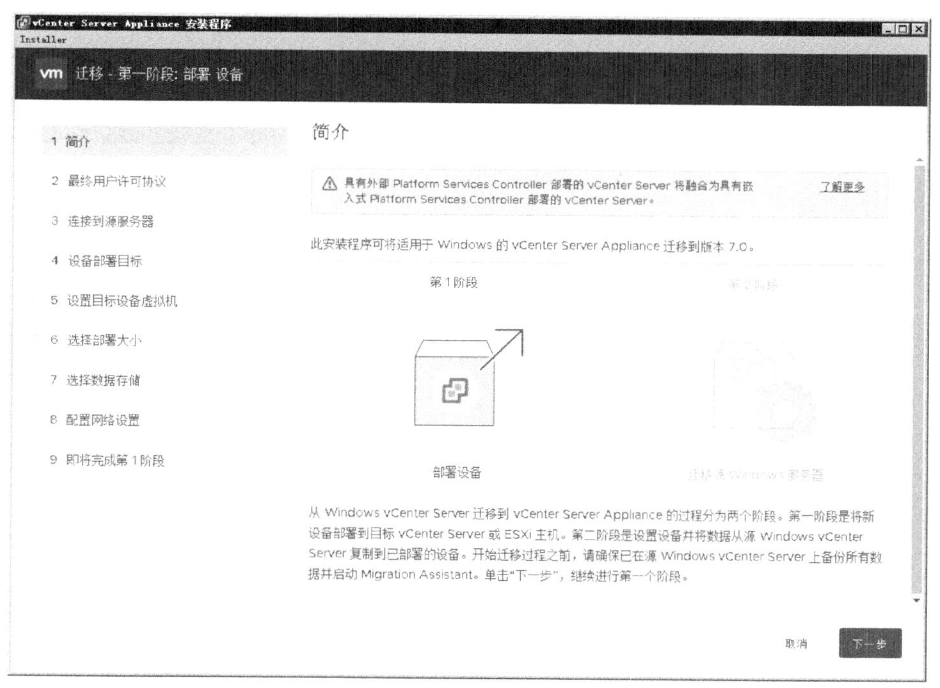

图 2-3-33

第 4 步，勾选“我接受许可协议条款。”复选框接受最终用户许可协议，如图 2-3-34 所示，单击“下一步”按钮。

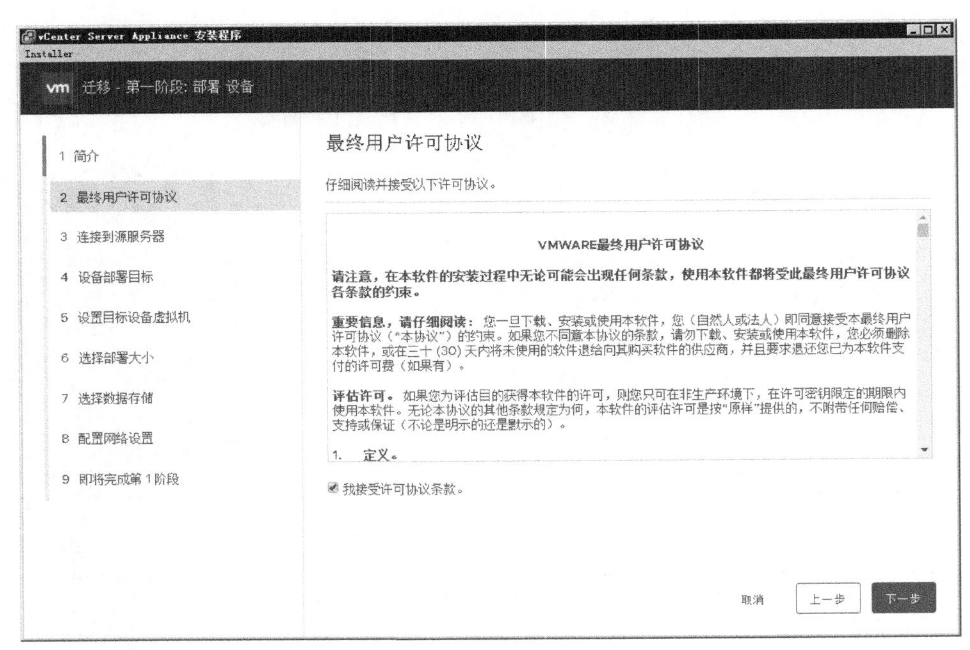

图 2-3-34

第 5 步，连接到源 vCenter Server 6.5，输入相关信息，如图 2-3-35 所示。

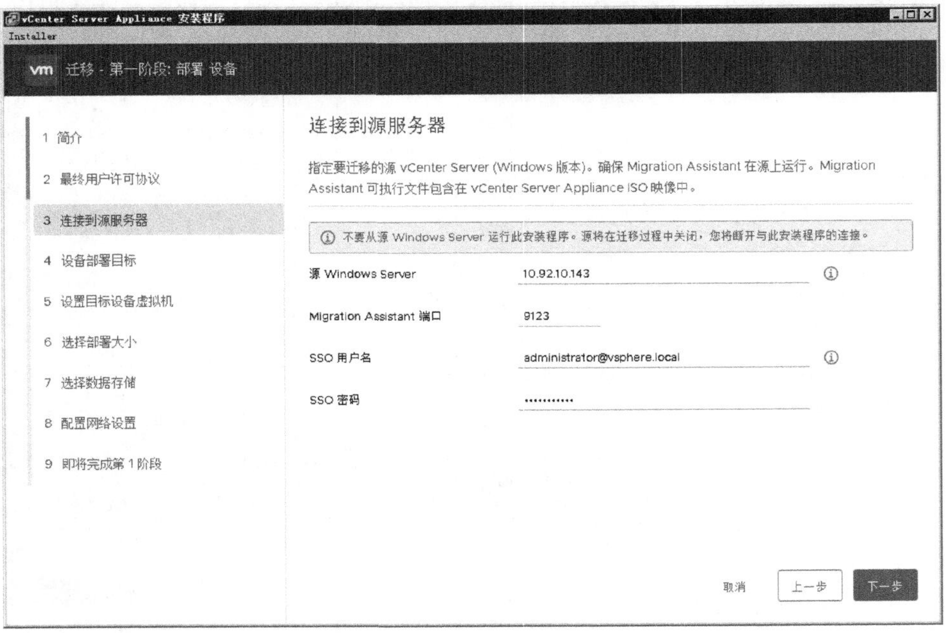

图 2-3-35

第 6 步，在源 vCenter Server 上运行 VMware-Migration-Assistant 程序，如图 2-3-36 所示，该程序位于 vCenter Server 7.0 ISO 安装文件中。

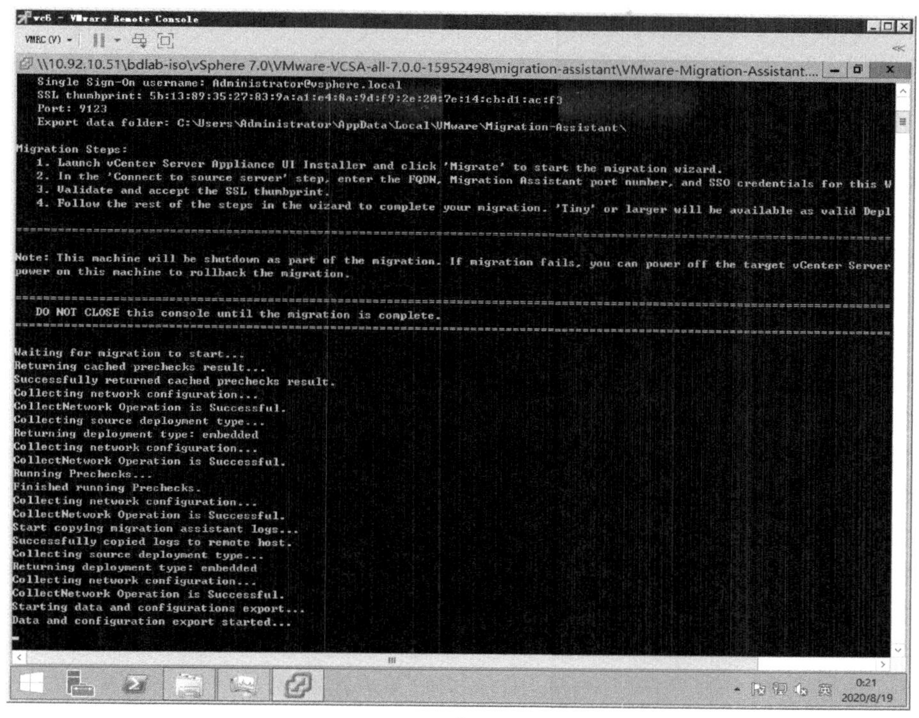

图 2-3-36

第 7 步，对迁移程序与源 vCenter Server 上的 VMware-Migration-Assistant 程序进行验证并进行提示，如图 2-3-37 所示，单击“是”按钮。

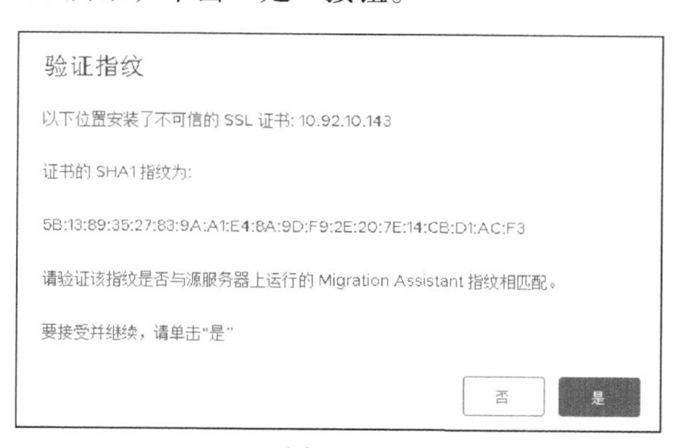

图 2-3-37

第 8 步，设置目标 VCSA 虚拟机部署的 ESXi 主机或 vCenter Server，此处输入的是 ESXi 主机相关信息，如图 2-3-38 所示，单击“下一步”按钮。

第 9 步，弹出“证书警告”提示框，如图 2-3-39 所示，单击“是”按钮接受证书并继续下一步操作。

第 10 步，设置目标虚拟机相关信息，如图 2-3-40 所示，单击“下一步”按钮。

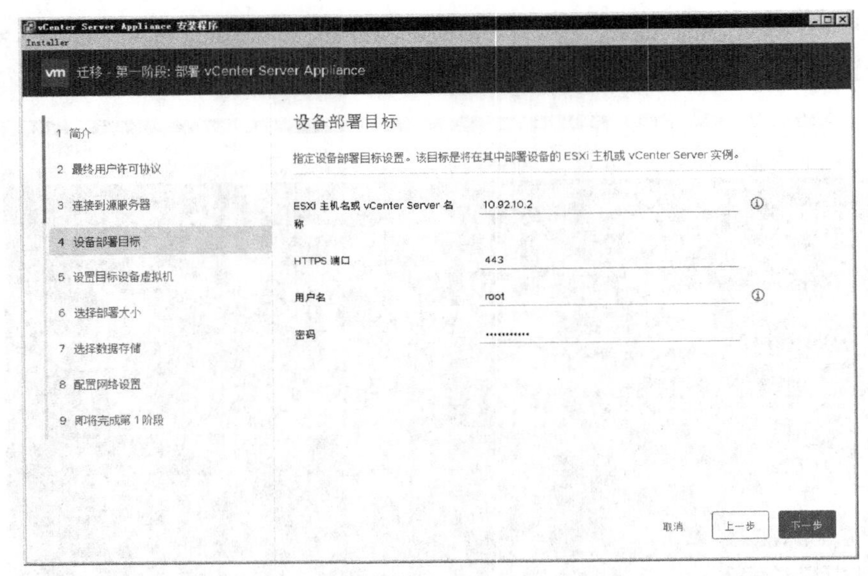

图 2-3-38

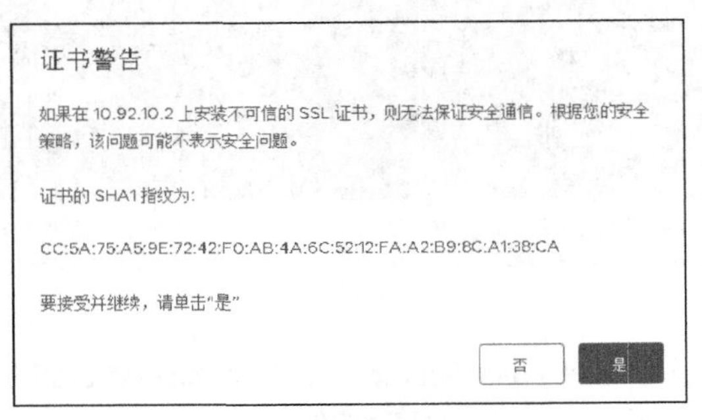

图 2-3-39

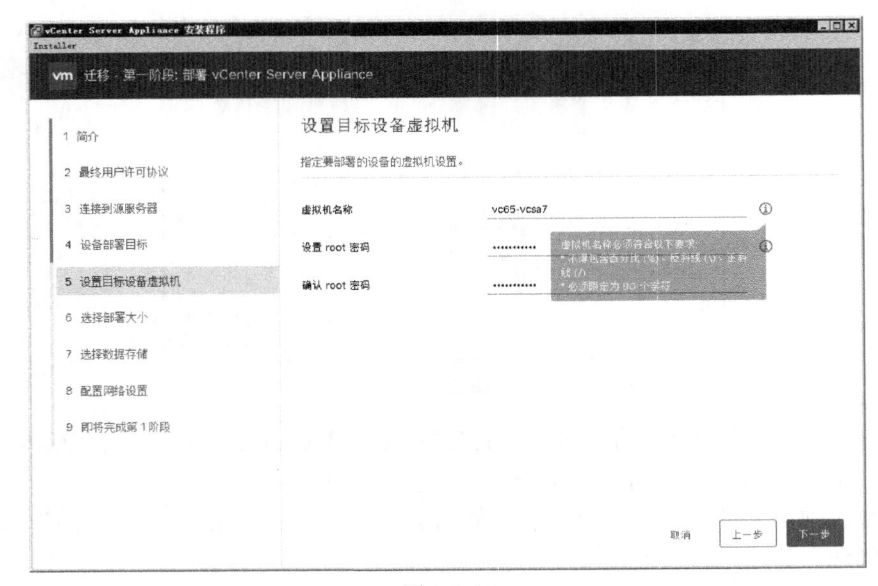

图 2-3-40

第 11 步，选择目标 VCSA 虚拟机部署大小，不同的部署大小对虚拟机硬件资源要求不同，可根据生产环境的实际情况进行选择，如图 2-3-41 所示，单击“下一步”按钮。

图 2-3-41

第 12 步，选择目标虚拟机使用的数据存储，如图 2-3-42 所示，单击“下一步”按钮。

图 2-3-42

第 13 步，配置虚拟机临时网络，如图 2-3-43 所示。需要注意的是，临时网络必须能够访问源 vCenter Server 6.5 虚拟机，单击“下一步”按钮。

图 2-3-43

第 14 步，完成第一阶段相关参数配置，如图 2-3-44 所示，单击“完成”按钮。

图 2-3-44

第 15 步，开始第一阶段迁移部署，如图 2-3-45 所示。

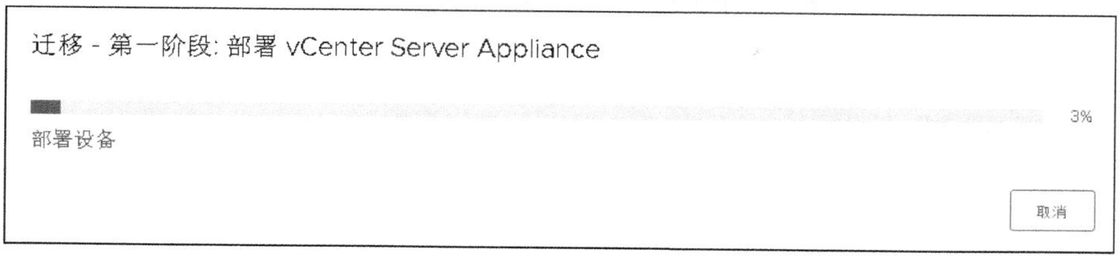

迁移 - 第一阶段: 部署 vCenter Server Appliance
3%
部署设备
取消

图 2-3-45

第 16 步，完成第一阶段迁移部署，如图 2-3-46 所示，单击“继续”按钮进行第二阶段迁移部署。需要注意的是，如果第一阶段迁移部署出现问题，第二阶段迁移部署将无法进行。

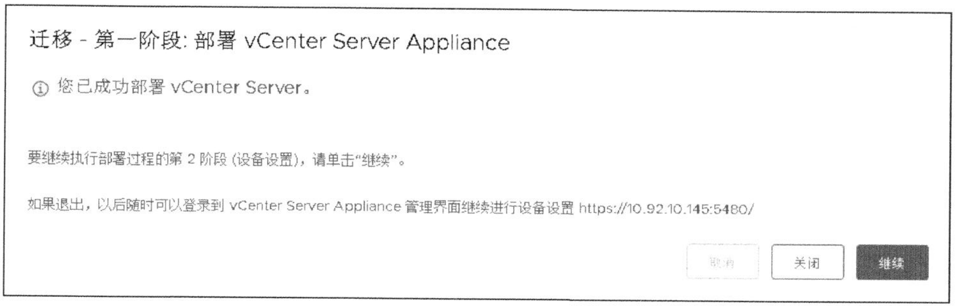

迁移 - 第一阶段: 部署 vCenter Server Appliance
您已成功部署 vCenter Server。
要继续执行部署过程的第 2 阶段 (设备设置)，请单击“继续”。
如果退出，以后随时可以登录到 vCenter Server Appliance 管理界面继续进行设备设置 https://10.92.10.145:5480/
取消
关闭
继续

图 2-3-46

第 17 步，进行迁移第二阶段迁移部署，如图 2-3-47 所示，单击“下一步”按钮。

vCenter Server Appliance 安装程序
Installer
迁移 - 第二阶段: vCenter Server Appliance
1 简介
2 连接到源 vCenter Server
3 选择迁移数据
4 配置 CEIP
5 即将完成
简介
使用此向导可将具有嵌入式 Platform Services Controller 部署且适用于 Windows 的 vCenter Server (6.5 或 6.7) 迁移到版本 7.0。
第 1 阶段
第 2 阶段
部署新的 vCenter Server Appliance
迁移源 适用于 Windows 的 vCenter Server Appliance
从 vCenter Server (Windows 版本) 到 vCenter Server Appliance 的迁移过程分为两个阶段。第一阶段工作已完成。第二阶段是将数据从源 vCenter Server (Windows 版本) 复制到已部署的设备。继续执行迁移过程之前，请确保已在源 Windows 计算机上备份所有数据且已启动
取消
下一步

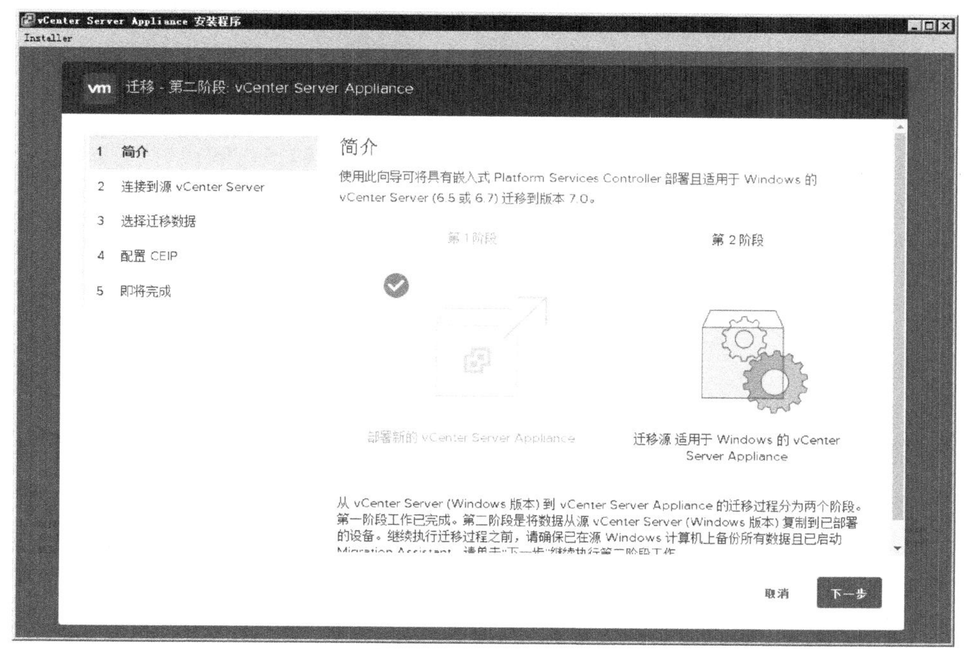

图 2-3-47

第 18 步，系统会进行迁移前检查并将检查结果进行提示，如图 2-3-48 所示，单击“关闭”按钮。

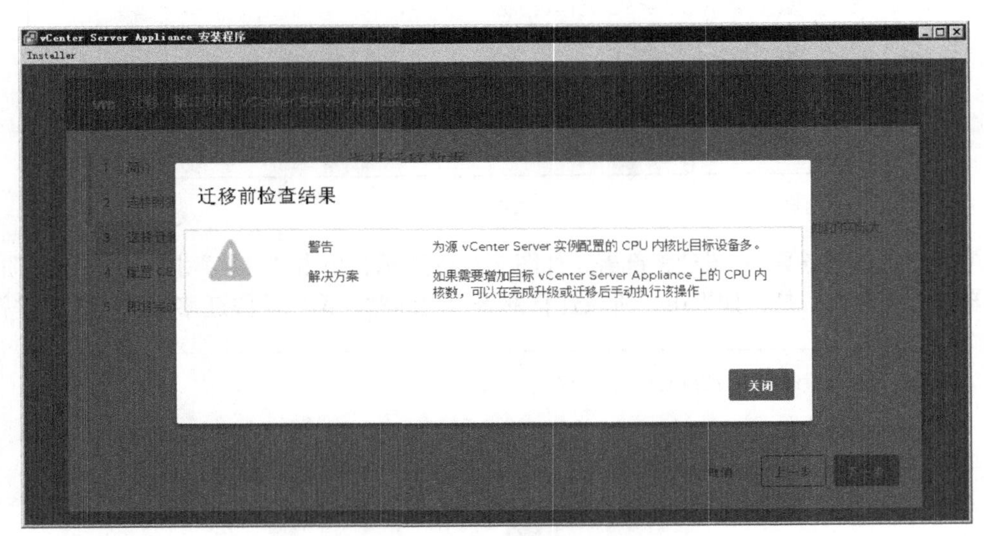

图 2-3-48

第 19 步，选择需要复制的数据，如图 2-3-49 所示，生产环境推荐保留所有历史数据，单击“下一步”按钮。

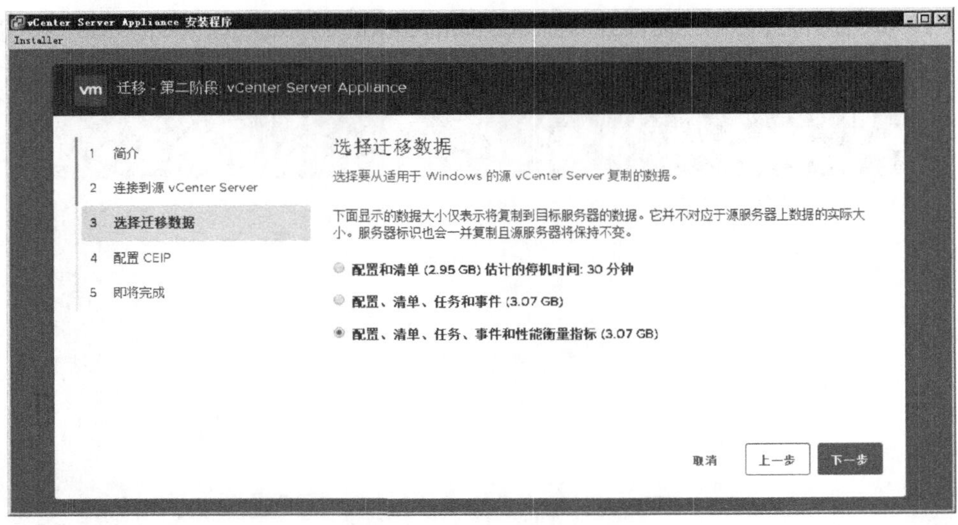

图 2-3-49

第 20 步，根据实际情况确定是否加入 VMware 客户体验提升计划，如图 2-3-50 所示，单击“下一步”按钮。

第 21 步，确认迁移参数配置是否正确，勾选“我已备份源 vCenter Server 和数据库中的所有必要数据。”复选框，如图 2-3-51 所示，单击“完成”按钮。

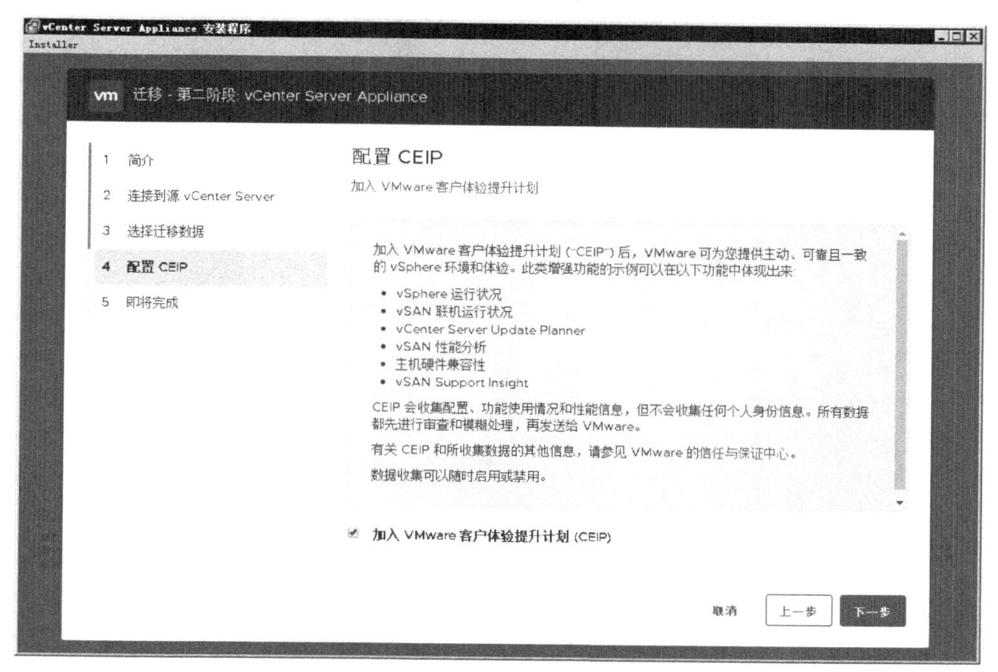

图 2-3-50

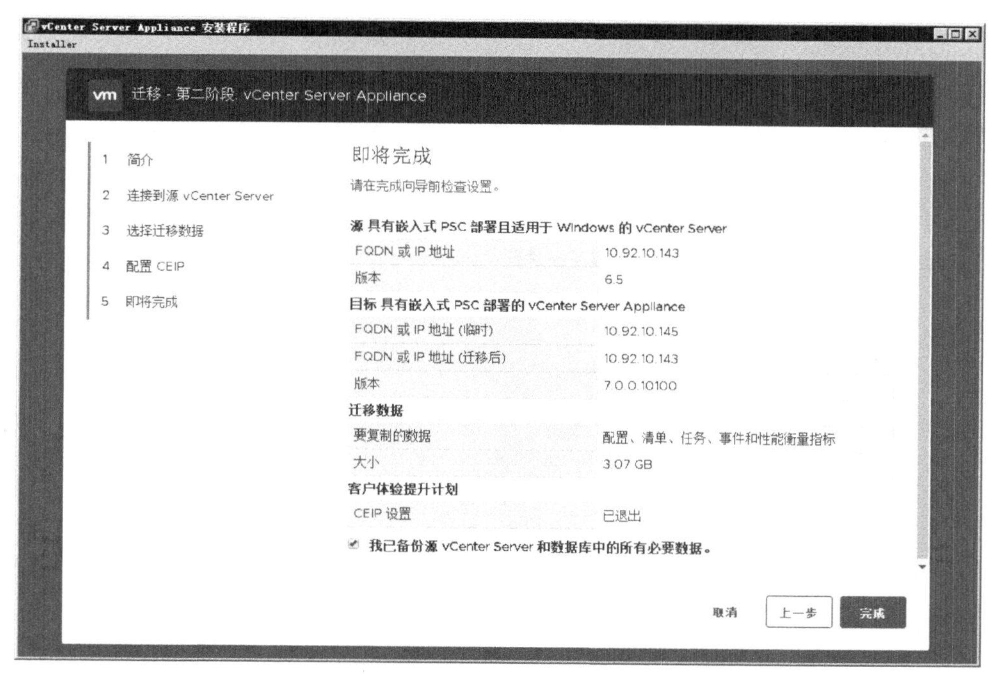

图 2-3-51

第 22 步，迁移过程中源 vCenter Server 虚拟机会关闭，此时会弹出“关机警告”提示框，如图 2-3-52 所示，单击“确定”按钮。

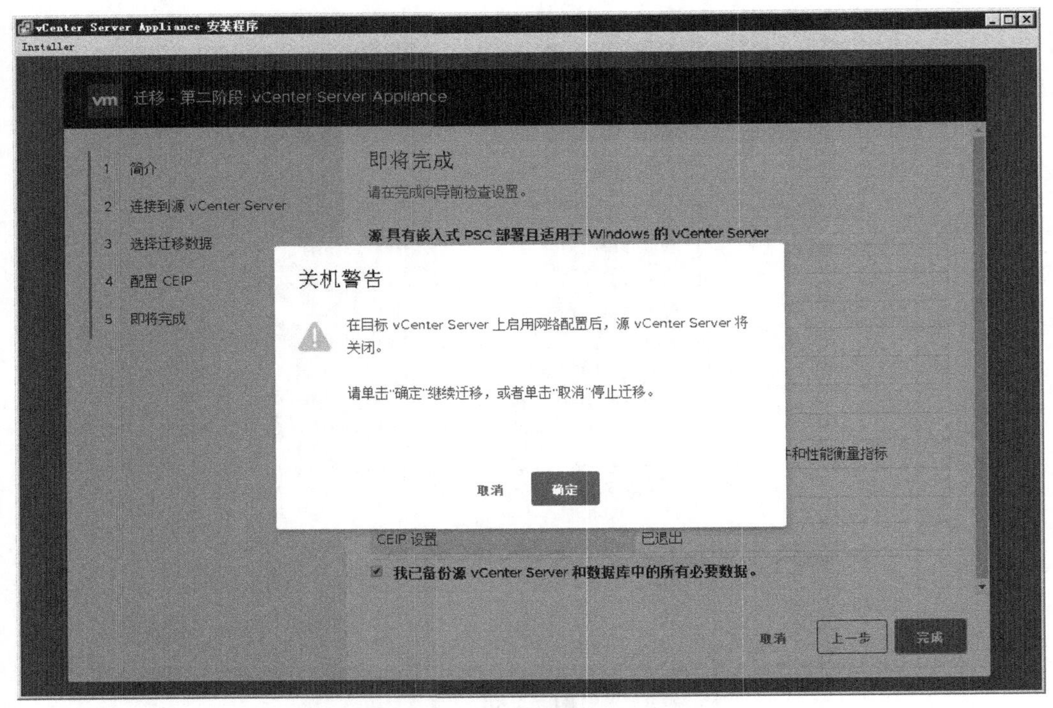

图 2-3-52

第 23 步，数据传输有 3 个步骤，每一步都不能出现报错，图 2-3-53 所示是将数据从源 vCenter Server 复制到目标 vCenter Server。

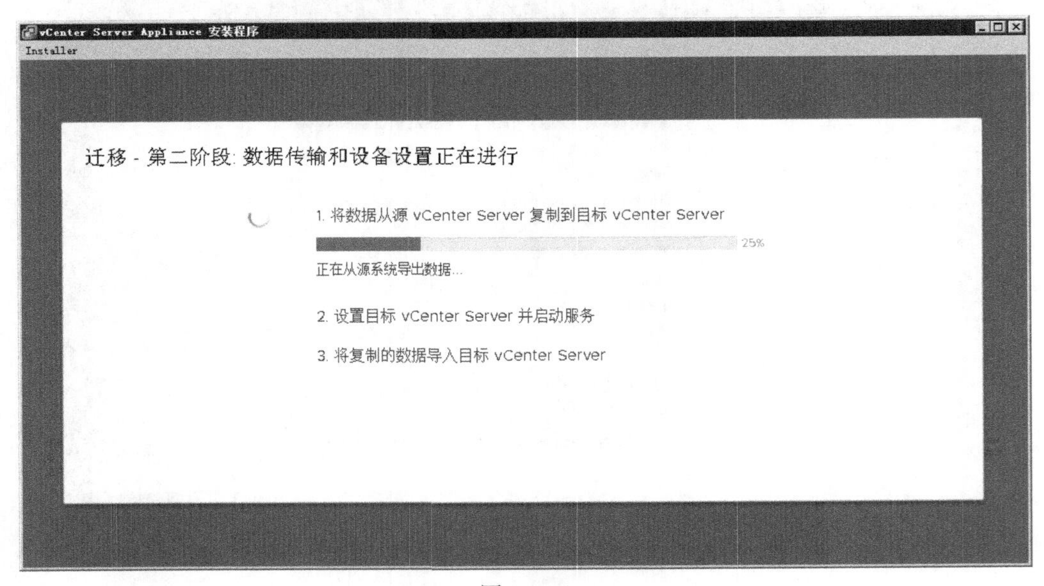

图 2-3-53

第 24 步，导入数据过程会提示"如果使用 Auto Deploy，请更新 DHCP 设置并使用新 Auto Deploy 服务器中的新 tramp 文件组更新 TFTP 设置"，如图 2-3-54 所示，该提示不影响迁移，单击“关闭”按钮。

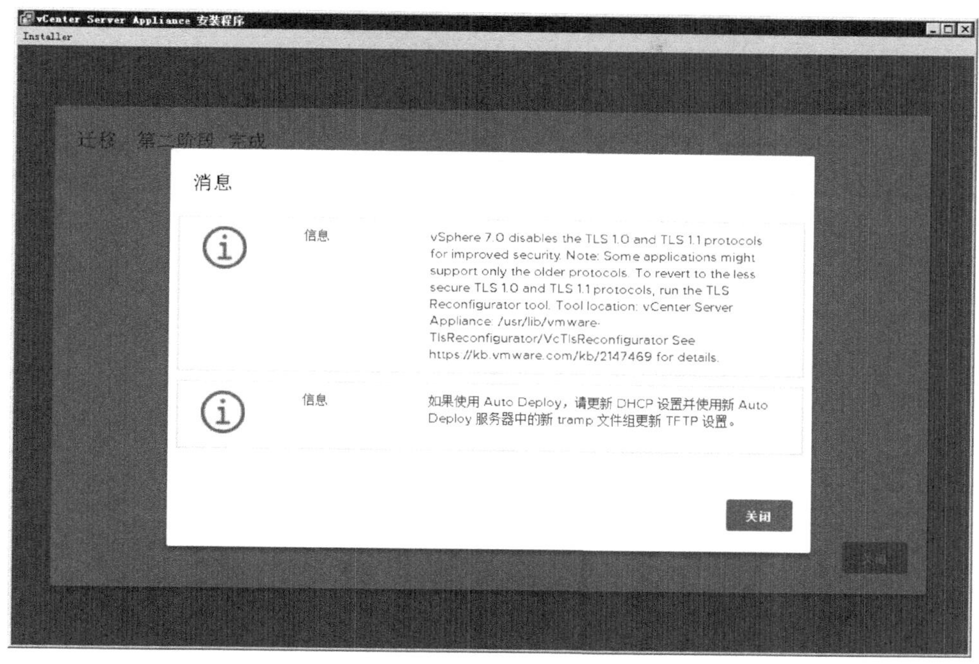

图 2-3-54

第 25 步，完成第二阶段迁移部署，如图 2-3-55 所示，单击“关闭”按钮。

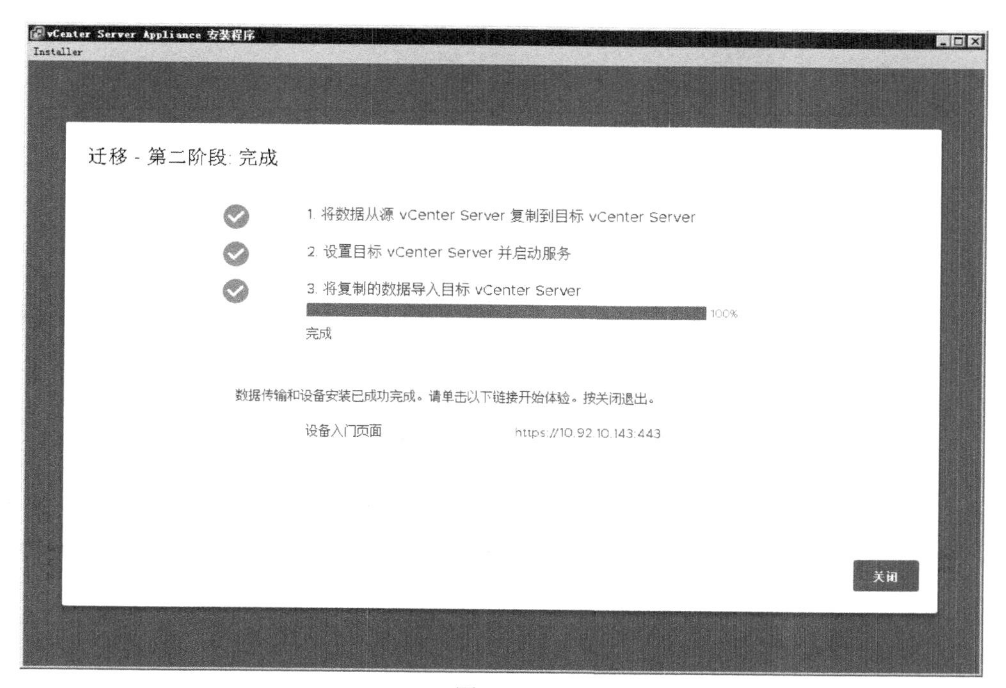

图 2-3-55

第 26 步，查看 VCSA 版本，可以发现已经迁移到 7.0 版本，如图 2-3-56 所示。

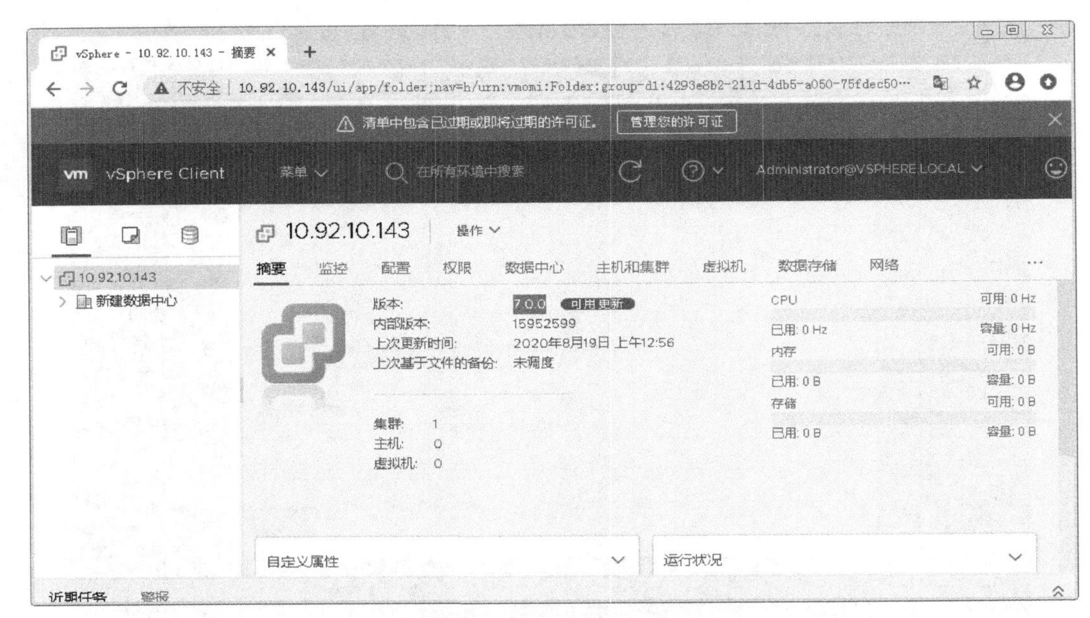

图 2-3-56

第 27 步，打开 VCSA 虚拟机控制台，迁移完成后的界面如图 2-3-57 所示。

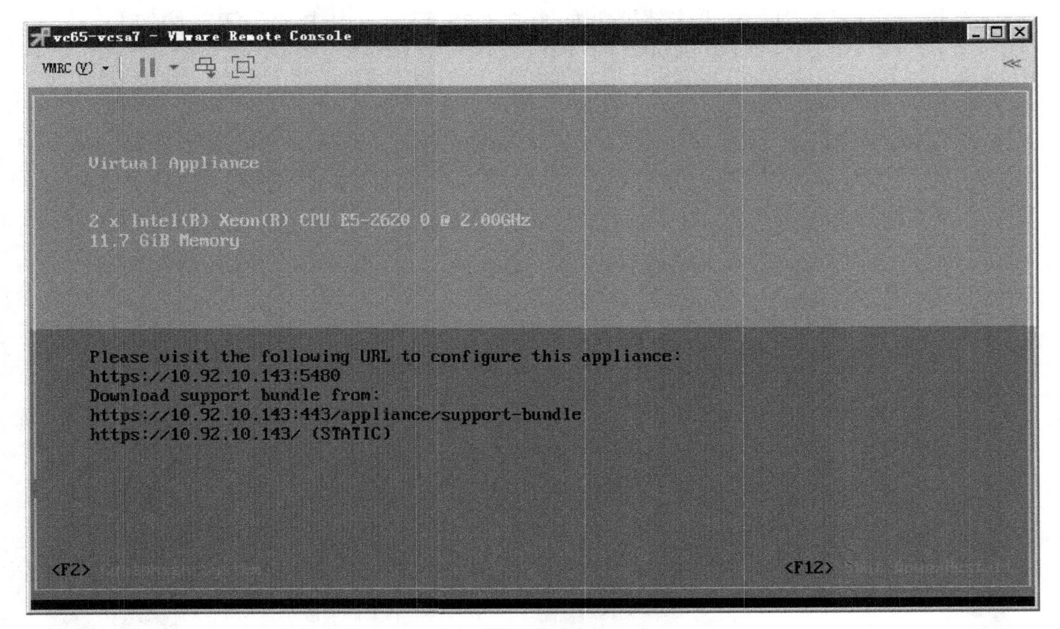

图 2-3-57

至此，跨平台将 vCenter Server 6.5 迁移到 vCenter Server 7.0 完成，只要做好准备工作，迁移过程不会出现问题。需要注意的是，vCenter Server 7.0 安装程序不能运行在源 vCenter

Server 上，因为源 vCenter Server 需要运行 VMware-Migration-Assistant 程序，并且在迁移后期虚拟机会关闭。

2.4 vCenter Server 7.0 增强型链接模式

增强型链接模式从 VMware vSphere 6.0 开始引入，主要用于一些大型环境，特别是一些跨国企业，可以通过登录一个 vCenter Server 管理所有已链接的 vCenter Server。

2.4.1 增强型链接模式应用场景

对于中小企业来说，通常部署一个 vCenter Server 用于管理生产环境中的 ESXi 主机及虚拟机。一个 vCenter Server 可以管理大量的设备，但对于一些大型企业或者是特殊应用来说，一个 vCenter Server 无法满足其需求，如果单独部署多个 vCenter Server，因为不能统一管理又会给管理带来很多问题，VMware vSphere 提供了增强型链接模式来解决这个问题。通过增强型链接模式，用户登录任意一个 vCenter Server 就可以查看和管理所有 vCenter Server。

由于 vCenter Server 7.0 已弃用外部 Platform Services Controller 部署，所以增强型链接模式的部署也和之前发现了变化，原来外部独立的部署方式就不适用了。

vCenter Server 7.0 的增强型链接模式可以理解为嵌入链接模式，不依赖 Platform Services Controller。对于新的增强型链接模式，其新增功能主要如下。

- 无须外部 Platform Services Controller 支持，简化了部署。
- 简化的备份和还原过程，不需负载均衡器。
- 最多可将 15 个 vCenter Server 链接到一起，并在一个清单视图中显示。
- 对于 vCenter HA 集群，三个节点视为一个逻辑 vCenter Server 节点。一个 vCenter HA 集群需要一个 vCenter Server 标准许可证。

结合上面的介绍，可以理解嵌入链接模式适用于已经部署好 Linux 版本 vCenter Server 的生产环境，可以在不修改基础架构的情况下进行扩展。

2.4.2 使用增强型链接模式部署 VCSA

使用增强型链接模式部署 VCSA 与前面部署 VCSA 7.0 基本相同，只是在配置上有一些差别。本节操作不做具体介绍，只介绍关键操作，如何部署 VCSA 请参考本章其他小节。

第 1 步，在前面的章节中，已经部署好一台 VCSA 7.0，如图 2-4-1 所示。

第 2 步，使用 VCSA 7.0 安装程序新部署一台 VCSA，完成第一阶段安装部署，如图 2-4-2 所示，单击“继续”按钮。

第 3 步，重点在于第二阶段安装部署，选择加入现有 SSO 域，输入环境中已部署好的 VCSA 7.0 相关信息，如图 2-4-3 所示，单击“下一步”按钮。

第 4 步，确认参数是否正确，如图 2-4-4 所示，单击“完成”按钮。

第 5 步，完成新的 VCSA 7.0 部署，如图 2-4-5 所示，单击“关闭”按钮。

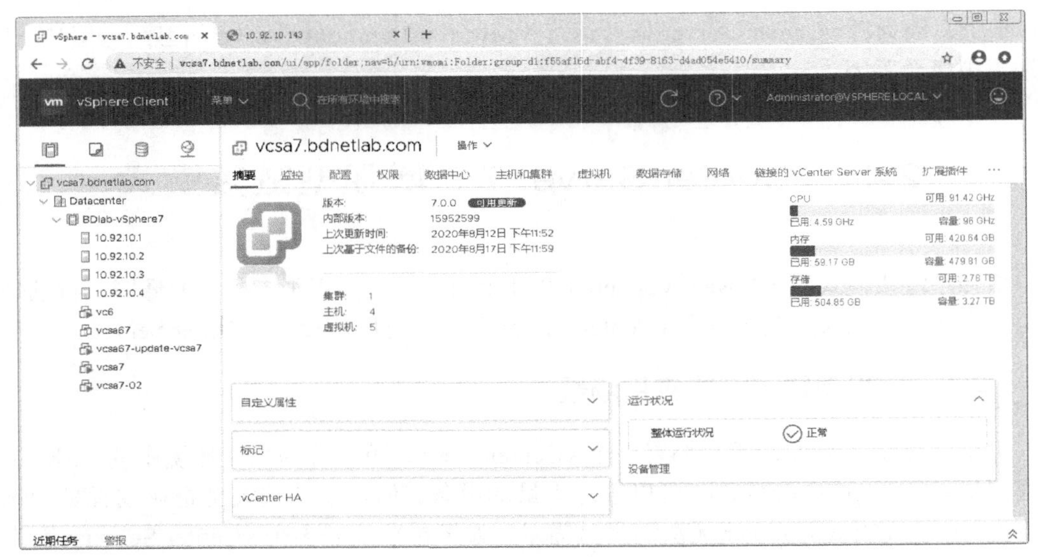

图 2-4-1

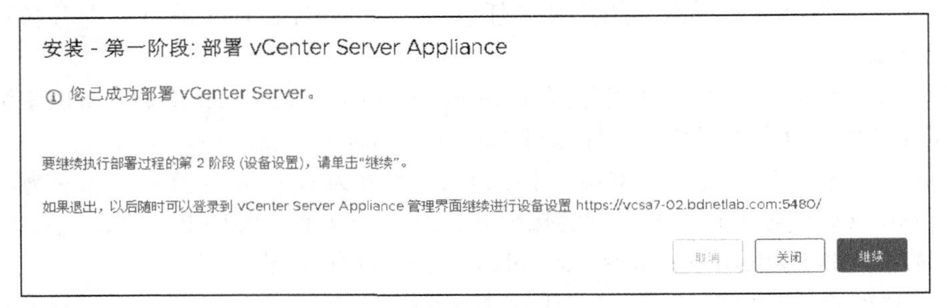

图 2-4-2

图 2-4-3

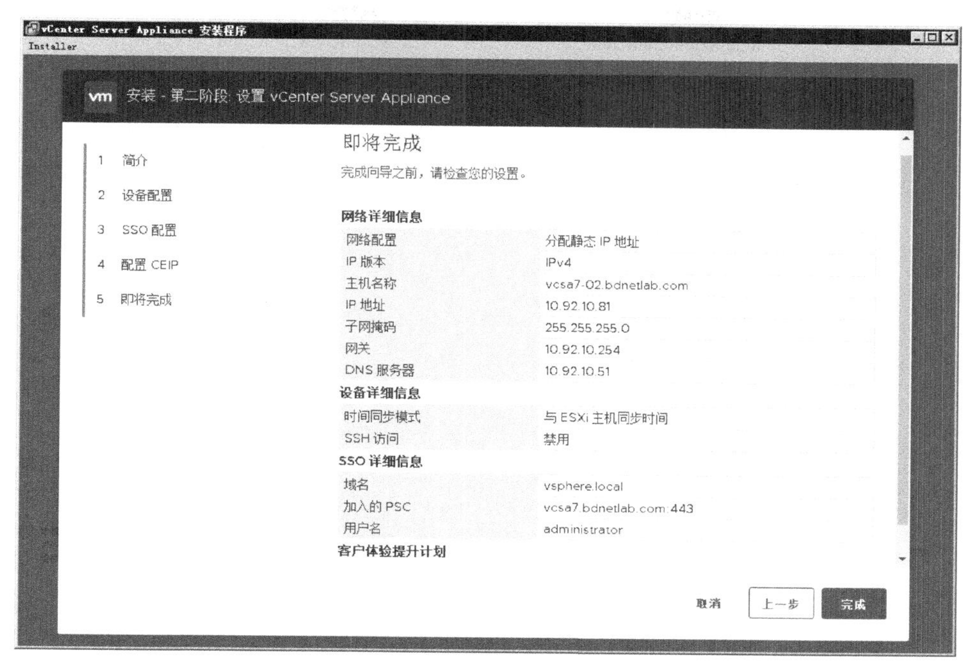

图 2-4-4

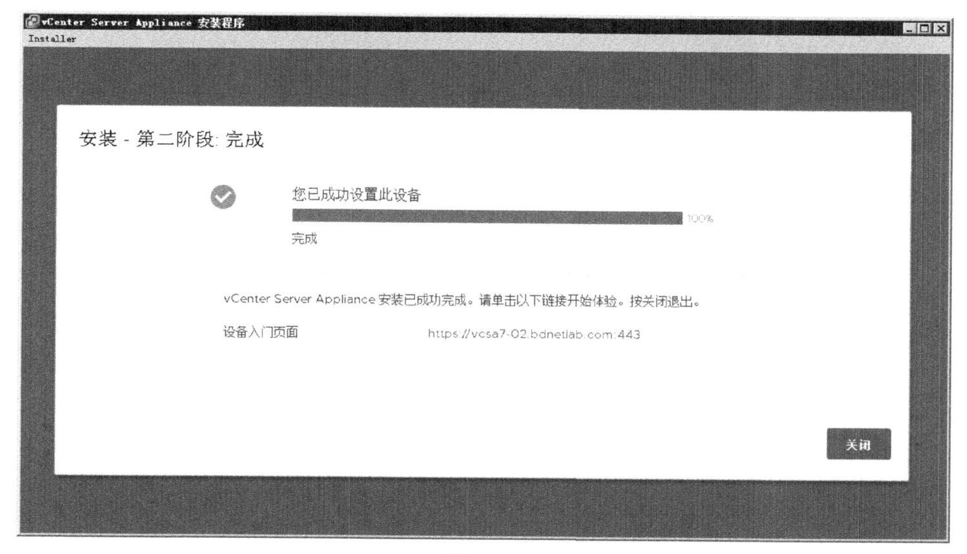

图 2-4-5

第 6 步，登录新部署的 VCSA，清单中可以看到两台 VCSA，如图 2-4-6 所示。

第 7 步，登录源 VCSA 7.0，清单中也可以看到两台 VCSA，说明使用增强型链接模式部署 VCSA 成功，如图 2-4-7 所示。

至此，增强型链接模式部署 VCSA 完成。与之前的版本相比较，其取消了外部独立 Platform Services Controller 部署，在一定程度上减少了故障点，更利于增强型链接模式的配置使用。

图 2-4-6

图 2-4-7

2.5　vCenter Server 7.0 常用操作

VMware vSphere 7.0 部署完成后，在日常的维护过程中还涉及授权添加、SSO 相关配置，以及通过管理后台进行修改等操作。本节将介绍 VMware vSphere 7.0 的常用操作。

2.5.1 vCenter Server 授权添加

在生产环境中有时需要对 VMware vSphere 及相关产品进行授权。注意，VMware vSphere 6.X 的授权不适用于 VMware vSphere 7.0，具体情况可以参考购买合同。

第 1 步，登录 VMware vSphere 7.0，授权操作位于“系统管理”菜单，如图 2-5-1 所示，单击“添加新许可证”按钮。

图 2-5-1

第 2 步，输入许可证密钥可以批量添加多个产品的授权，如图 2-5-2 所示，添加完成后单击“下一步”按钮。

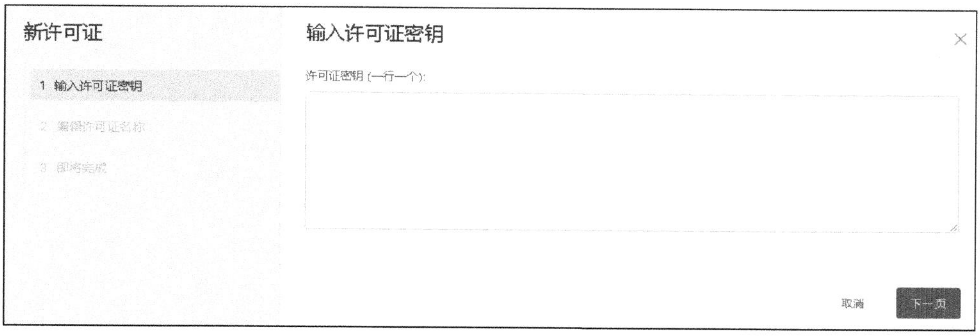

新许可证
输入许可证密钥
1 输入许可证密钥
2 编辑许可证名称
3 即将完成
许可证密钥（一行一个）:
取消
下一页

图 2-5-2

第 3 步，添加完许可证密钥并不代表产品已经授权，需要将许可证分配到具体的产品，如图 2-5-3 所示，单击“分配许可证”按钮进行分配。

图 2-5-3

至此，VMware vSphere 授权添加完成，未购买授权可以使用评估许可证。评估许可证具有全功能，但有 60 天的时间限制，必须在评估结束前分配正式许可证。

2.5.2 SSO 相关配置

VMware vSphere 7.0 用户和组管理基于 SSO，允许与第三方标识源进行对接。本节将介绍 SSO 相关配置。

第 1 步，访问“系统管理”菜单中的 Single Sign On 配置，可以看到身份提供程序支持多种标识源，如图 2-5-4 所示。用户可以根据实际情况进行选择，单击“添加”按钮可以配置标识源。

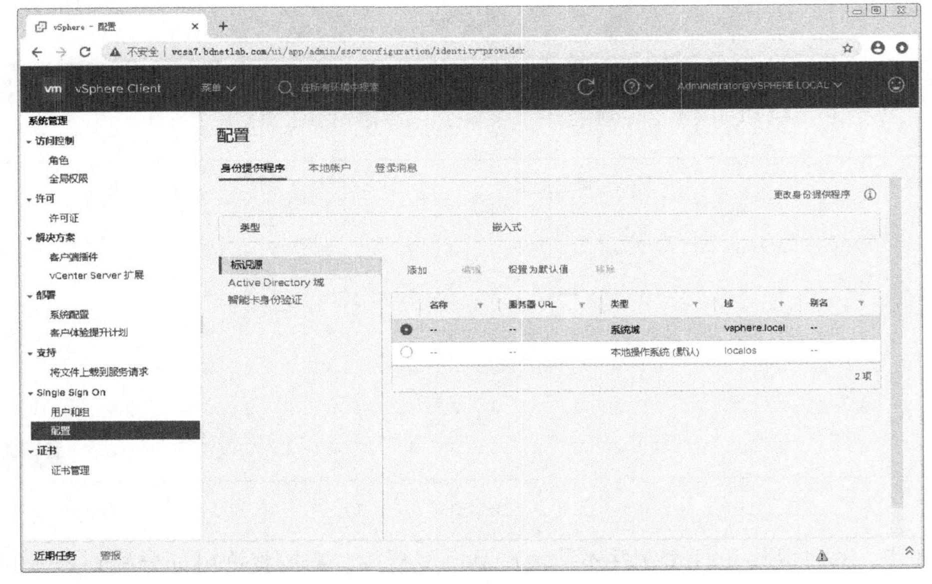

图 2-5-4

第 2 步，标识源支持多种类型，包括 Active Directory（集成 Windows 身份验证）、基于 LDAP 的 Active Directory、Open LDAP、SSO 服务器的本地操作系统，如图 2-5-5 所示。

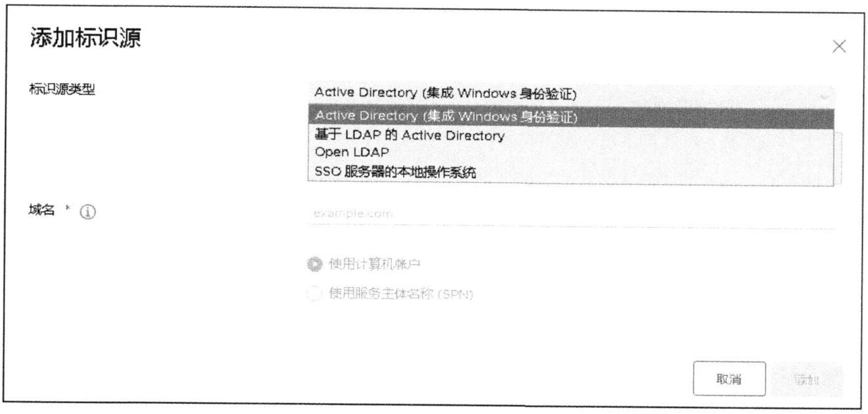

添加标识源

标识源类型　Active Directory (集成 Windows 身份验证)

Active Directory (集成 Windows 身份验证)
基于 LDAP 的 Active Directory
Open LDAP
SSO 服务器的本地操作系统

域名 *　example.com

使用计算机帐户
使用服务主体名称 (SPN)

取消　添加

图 2-5-5

第 3 步，如果生产环境中部署有 Active Directory 域，可以将 vCenter Server 加入 Active Directory 域中，使用域用户进行管理，如图 2-5-6 所示，单击“加入 AD”按钮。

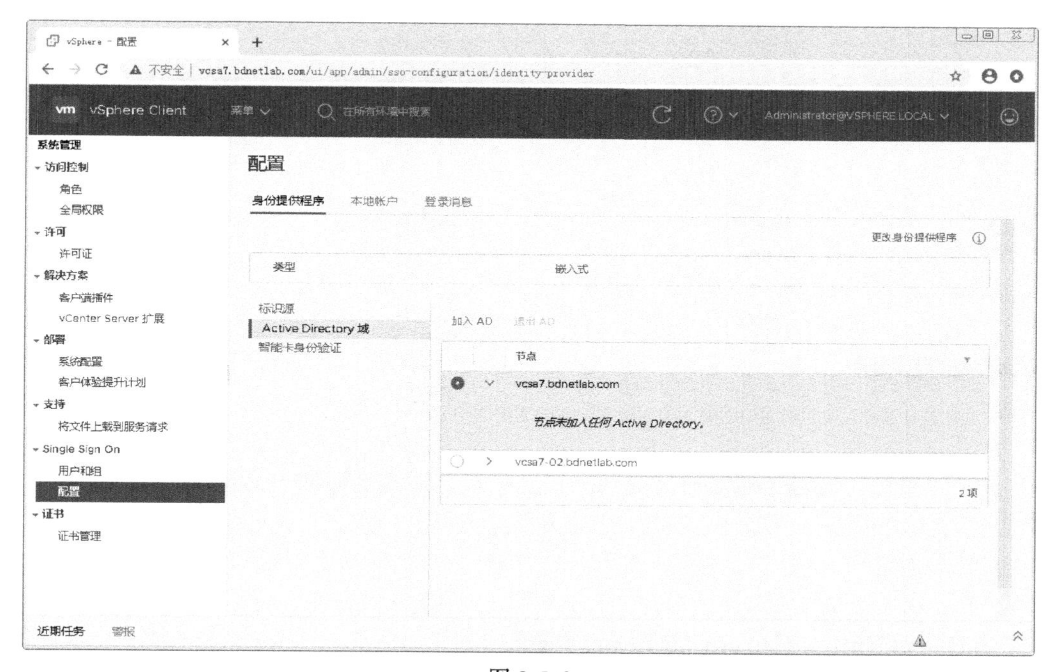

图 2-5-6

第 4 步，输入加入 Active Directory 域需要使用的域相关信息，根据实际情况进行输入，如图 2-5-7 所示，完成后单击“加入”按钮。

第 5 步，Single Sign On 配置还可以用于调整本地账户的密码策略，如图 2-5-8 所示，可以根据实际情况进行调整。

加入 Active Directory 域

域

组织单位 (可选)

用户名

密码

重新引导节点以应用更改。

取消　加入

图 2-5-7

图 2-5-8

2.5.3　vCenter Server 管理后台操作

vCenter Server 除了通过浏览器进行日常的管理外，还可以通过添加端口号 5480 进入后台管理界面进行其他操作。

第 1 步，通过添加端口号 5480 访问 vCenter Server 管理后台，如图 2-5-9 所示，vCenter Server 运行状况正常。

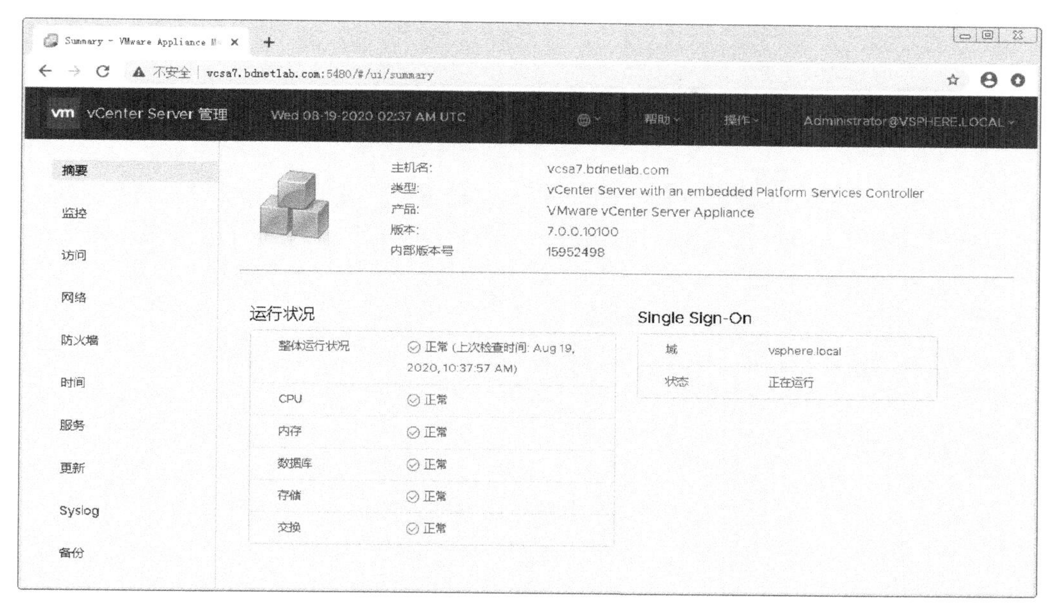

图 2-5-9

第 2 步，通过“监控”菜单可以查看 CPU 和内存、磁盘、网络、数据库的使用情况，如图 2-5-10 所示。

Monitor - VMware Appliance M

不安全 | vcsa7.bdnetlab.com:5480/#/ui/monitor/disks

vCenter Server 管理 Wed 08-19-2020 02:39 AM UTC 帮助 操作 Administrator@VSPHERE.LOCAL

摘要 监控 访问 网络 防火墙 时间 服务 更新 Syslog 备份

CPU 和内存 磁盘 网络 数据库

磁盘	分区	利用率
硬盘 1	root	19.3%/45.9 GB
硬盘 2	none	不可用
硬盘 3	swap	1.8%/26.0 GB
硬盘 4	core	0.5%/49.0 GB
硬盘 5	log	14.8%/9.8 GB
硬盘 6	db	1.5%/9.8 GB
硬盘 7	dblog	0.6%/14.7 GB
硬盘 8	seat	0.5%/24.5 GB
硬盘 9	netdump	0.3%/984.0 MB

图 2-5-10

第 3 步，通过“访问”菜单可以对 SSH 登录、DCLI、控制台 CLI，以及 Bash Shell 进行配置，如图 2-5-11 所示。

图 2-5-11

第 4 步，通过“网络”菜单可以对 vCenter Server 网络进行修改，如图 2-5-12 所示。需要说明的是，早期的 vCenter Server 部署完成后不支持对网络进行修改。单击“编辑”按钮。

图 2-5-12

第 5 步，进入编辑网络设置界面，对主机名和 DNS 进行调整，如图 2-5-13 所示。

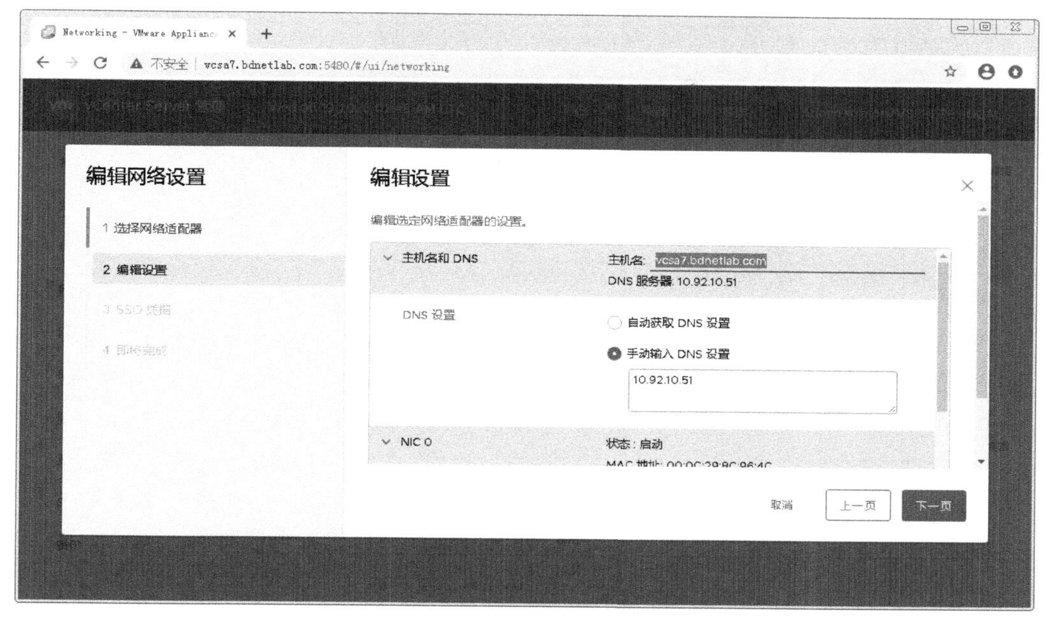

图 2-5-13

第 6 步，对 vCenter Server 的 IP 地址进行修改，如图 2-5-14 所示。

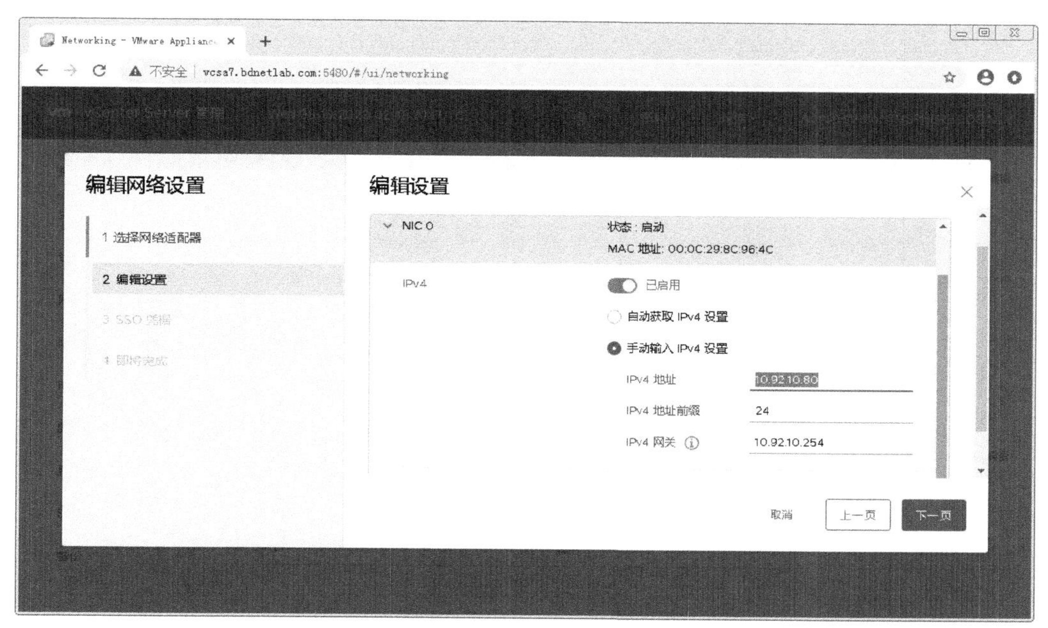

图 2-5-14

第 7 步，通过“时间”菜单可以对 vCenter Server 的时区及时间进行配置，如图 2-5-15 所示，生产环境中强烈推荐配置 NTP 服务器用于同步时间。

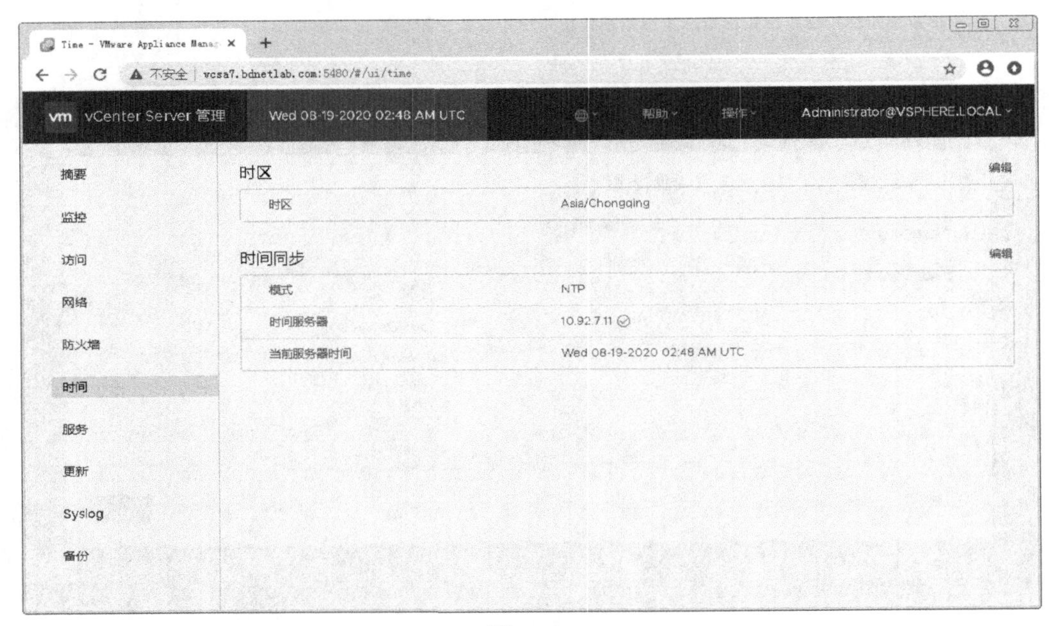

图 2-5-15

第 8 步，通过“服务”菜单可以对 vCenter Server 服务进行重新启动、关闭等操作，如图 2-5-16 所示。

图 2-5-16

第 9 步，通过“更新”菜单可以在线升级 vCenter Server，如图 2-5-17 所示。

图 2-5-17

第 10 步，通过“Syslog”菜单可以配置将日志转发给专用的日志服务器，如图 2-5-18 所示，单击“编辑”按钮。

图 2-5-18

第 11 步，输入远程 Syslog 服务器地址，如图 2-5-19 所示，单击“保存”按钮。

编辑转发配置

为远程Syslog 服务器 (不超过 3 个) 指定转发配置。

服务器地址	协议	端口
10.92.10.51	TCP	514

+ 添加

取消　保存

图 2-5-19

第 12 步，对远程 Syslog 服务器发送测试消息，确保 Syslog 服务器能够接收到该消息，如图 2-5-20 所示。

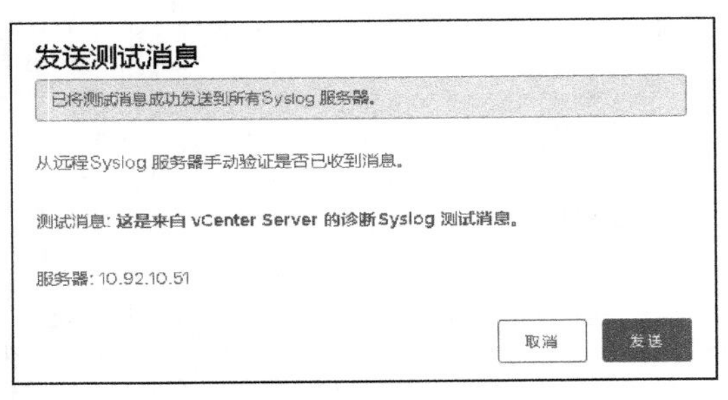

图 2-5-20

至此，vCenter Server 管理后台基本操作介绍完毕。日常使用过程中，如果 vCenter Server 主界面无法访问，可以通过管理后台检查 vCenter Server 是否正常工作，或者通过“服务”菜单重新启动 vCenter Server。

2.5.4　配置和使用 vCenter Server 备份

vCenter Server 管理后台内置有备份功能，通过日常的备份，可以快速重新部署 vCenter Server。需要说明的是，vCenter Server 内置的备份并不是完整的虚拟机备份，其仅备份了 vCenter Server 的数据库、配置等信息，然后通过这些信息重新部署 vCenter Server。

第 1 步，进入备份界面。如图 2-5-21 所示，备份操作需要配置备份服务器，vCenter Server 支持 FTP、HTTPS 等多种备份传输协议，单击“编辑”按钮。

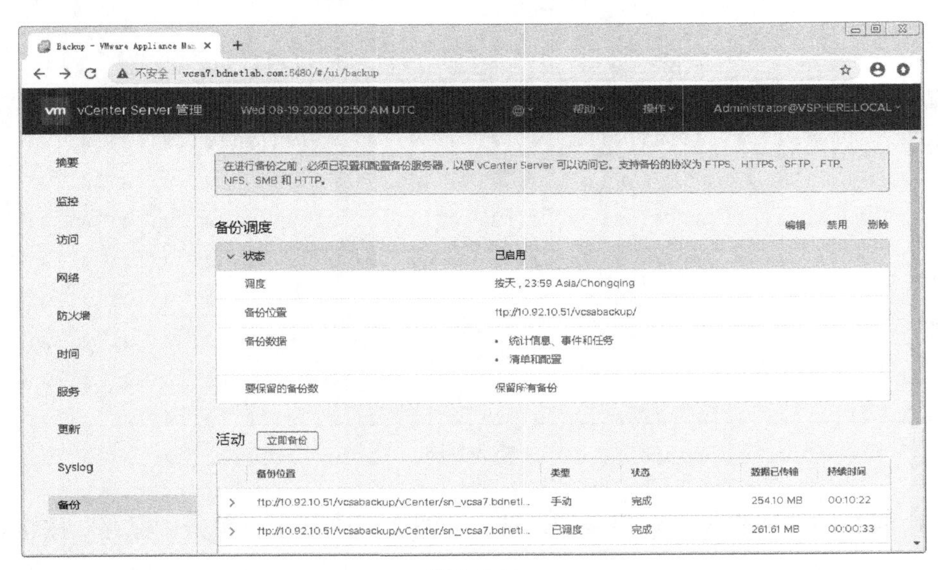

图 2-5-21

第 2 步，实验环境中已经建好 FTP 服务器，输入备份调度相关信息，如图 2-5-22 所示，单击“保存”按钮。

编辑备份调度

备份位置 ftp://10.92.10.51/vcsabackup/

备份服务器凭据 用户名 vcsabackup

密码 ••••••••••••

调度 按天 11 : 59 P.M. Asia/Chongqing

加密备份（可选） 加密密码

确认密码

数据库运行状况检查 启用

要保留的备份数 保留所有备份

保留最后一个 备份

取消 保存

图 2-5-22

第 3 步，配置完成后，可以立即进行备份或按调度时间进行备份，如图 2-5-23 所示。

图 2-5-23

第 4 步，访问 FTP 服务器可以查看 vCenter Server 备份成功的文件，如图 2-5-24 所示。

第 5 步，如果 vCenter Server 出现故障，可以通过还原的方式重新部署，如图 2-5-25 所示，单击“还原”图标。

Backup - VMware Appliance Ma... | /vcsabackup/vCenter/sn_vcsa7

不安全 | ftp://10.92.10.51/vcsabackup/vCenter/sn_vcsa7.bdnetlab.com/S_7.0.0.10100_20200818-155908_/

/vcsabackup/vCenter/sn_vcsa7.bdnetlab.com/S_7.0.0.10100_2

[上级目录]

名称	大小	修改日期
backup-metadata.json	6.3 kB	2020/8/19 上午8:00:00
backup_label_file_data.tar.gz	307 B	2020/8/19 上午8:00:00
config_files.tar.gz	245 MB	2020/8/19 上午7:59:00
database_full_backup.tar.gz	16.7 MB	2020/8/19 上午8:00:00
full_wal_backup_meta.tar.gz	182 B	2020/8/19 上午8:00:00
imagebuilder.gz	1.7 kB	2020/8/19 上午7:59:00
lotus_backup.tar.gz	2.5 MB	2020/8/19 上午7:59:00
rbd.gz	126 kB	2020/8/19 上午7:59:00
statsmonitor_db_backup.gz	4.6 MB	2020/8/19 上午7:59:00
vpxd.gz	55 B	2020/8/19 上午7:59:00
vtsdb_globals_data.gz	346 B	2020/8/19 上午7:59:00
vtsdb_init.gz	7.9 kB	2020/8/19 上午7:59:00
vtsdb_revision_history_data.gz	749 B	2020/8/19 上午7:59:00
vtsdb_schema.gz	3.8 kB	2020/8/19 上午7:59:00
vum.gz	12.6 MB	2020/8/19 上午7:59:00
wal_backup_1.tar.gz	343 kB	2020/8/19 上午8:00:00
wal_dir_struct.tar.gz	185 B	2020/8/19 上午8:00:00

图 2-5-24

图 2-5-25

第 6 步，输入备份详细信息，必须确保 FTP 服务器能够正常访问，否则无法读取备份文件，如图 2-5-26 所示，单击“下一步”按钮。

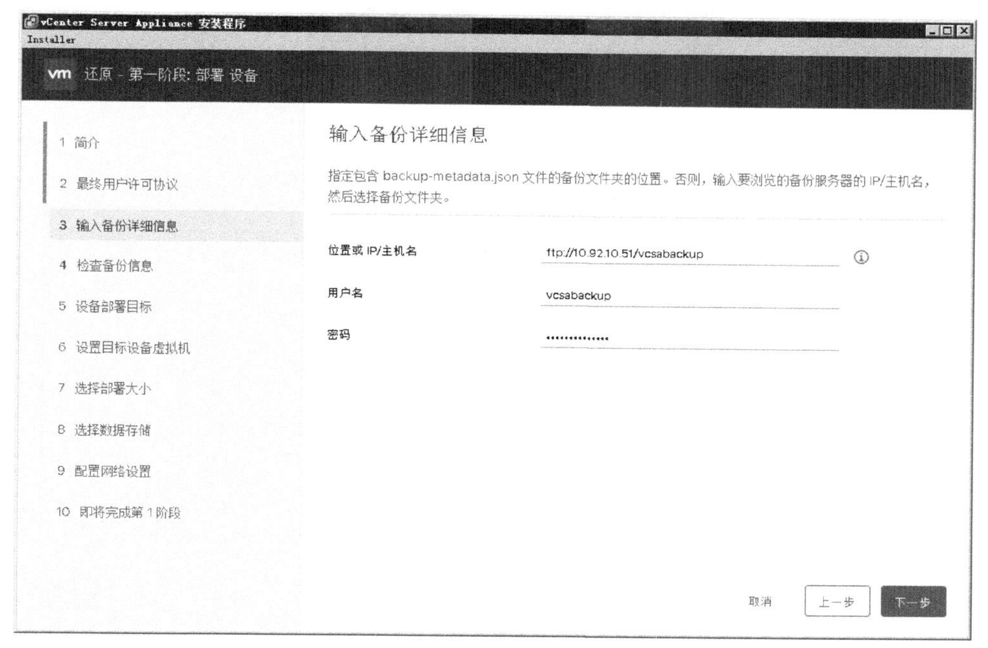

图 2-5-26

第 7 步，如果有多个备份文件，可以根据备份时间选择需要恢复的文件，如图 2-5-27 所示，单击“选择”按钮。

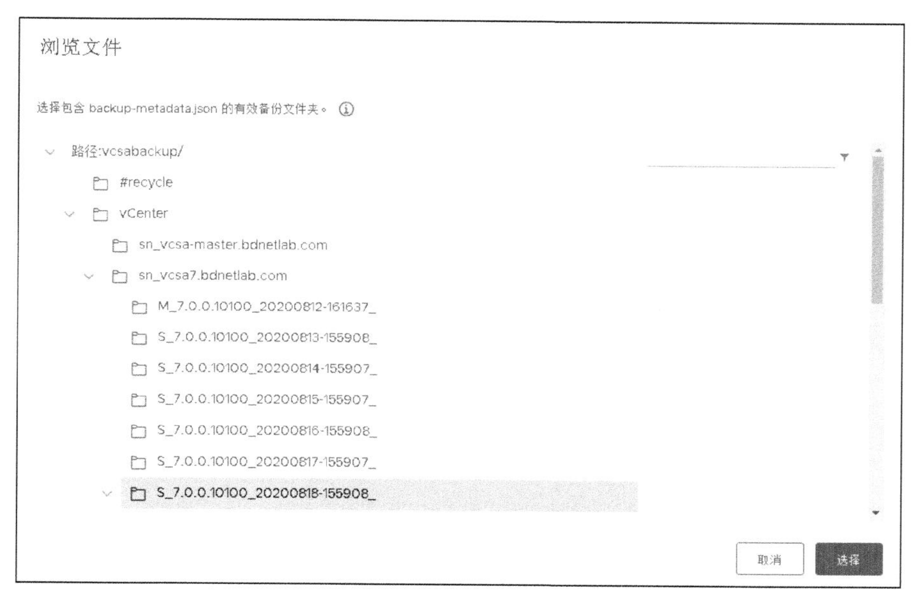

图 2-5-27

第 8 步，确认选择的备份文件，如图 2-5-28 所示，确认无误后单击“下一步”按钮。

第 9 步，系统会对备份信息进行检查，如图 2-5-29 所示，单击“下一步”按钮。

图 2-5-28

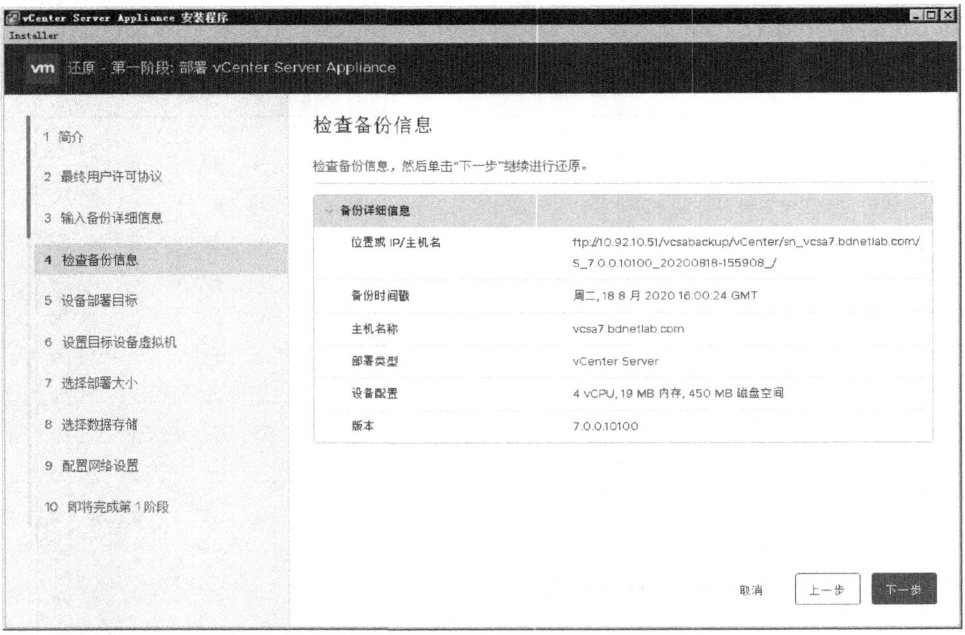

图 2-5-29

第 10 步，备份文件检查完毕后，就可以进入“设备部署目标”界面，如图 2-5-30 所示，单击“下一步”按钮，余下操作与部署 vCenter Server 7.0 相同，此处不做演示，可以参考前面章节中的内容。

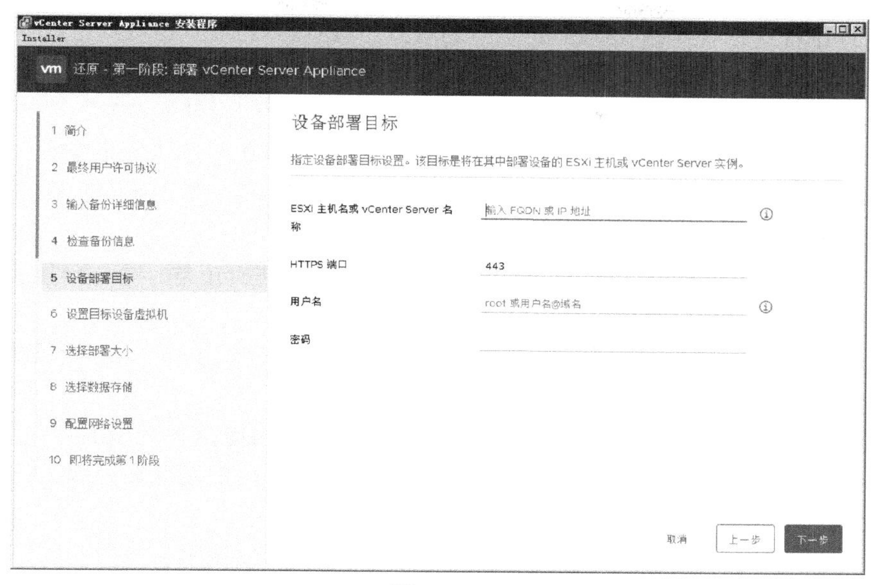

图 2-5-30

至此，使用 vCenter Server 备份还原完成。这是内置的备份工具，对于生产环境来说，使用相当简单实用。如果 vCenter Server 出现问题，可以通过还原重新部署的方式进行恢复。

2.6 本章小结

本章详细介绍了 vCenter Server 7.0 的部署、升级过程，还介绍了如何跨平台迁移。此外，作者针对 vCenter Server 7.0 版本再做如下说明。

1. vCenter Server 7.0 部署

vCenter Server 7.0 不再支持 Windows 版本，全面支持 Linux 版本。对于运维人员，作者推荐学习一些 Linux 的基础知识。

2. vCenter Server 7.0 升级

并不是所有 vCenter Server 6.X 版本都可以升级到 vCenter Server 7.0，同时也要注意源 vCenter Server 操作系统版本，如 vCenter Server 6.0 已不再支持直接升级到 7.0 版本，升级前可参考 VMware 官方文档。

3. 跨平台迁移至 vCenter Server 7.0

跨平台迁移操作存在风险，生产环境建议操作前对源 vCenter Server 进行备份，这样如果迁移出现问题时可以快速恢复。

2.7 本章习题

1. 请详细描述 vCenter Server 在 VMware vSphere 架构中的作用。

2. 请详细描述增强型链接模式的使用场景。

3. 部署 vCenter Server 7.0 需要注意什么?

4. 从 vCenter Server 6.X 升级到 vCenter Server 7.0 需要注意什么?

5. 跨平台从 vCenter Server 6.X 迁移到 vCenter Server 7.0 需要注意什么?

6. 部署 vCenter Server 7.0，环境中有 DNS 服务器，解析正常，第一阶段至 80%卡住，可能是什么原因?

7. 部署 vCenter Server 7.0，环境中有 DNS 服务器，解析正常，第一阶段完成，第二阶段配置 IP 后部署失败，可能是什么原因?

8. 无 DNS 环境部署 vCenter Server 7.0，第一阶段部署成功，但第二阶段失败，应该如何处理?

9. vCenter Server 7.0 无法登录，但可进入管理后台，可能是什么原因?

10. vCenter Server 7.0 虚拟机正常启动，但无法访问，可能是什么原因?

11. vCenter Server 7.0 虚拟机能否修改 IP 地址?

12. vCenter Server 7.0 虚拟机硬件是否能够在部署完成后调整?

13. vCenter Server 7.0 虚拟机硬盘空间使用 100%如何处理?

14. vCenter Server 是否能使用第三方认证?

15. 无备份服务器如何对 vCenter Server 7.0 进行备份?

第 3 章　创建和使用虚拟机

构建好 VMware vSphere 基础架构后，就可以创建和使用虚拟机了。作为企业虚拟化架构实施人员或者管理人员，必须要考虑如何在企业生产环境构建高可用的虚拟化环境。本章将介绍如何创建和使用虚拟机，以及虚拟机模板和快照。

【本章要点】

- 虚拟机介绍
- 创建虚拟机
- 管理虚拟机
- 虚拟机常用操作

3.1　虚拟机介绍

3.1.1　什么是虚拟机

虚拟机与物理机一样，都是运行操作系统和应用程序的计算机。虚拟机包含一组规范和配置文件，并由主机的物理资源提供支持。每个虚拟机都具有一些虚拟设备，这些设备可提供与物理硬件相同的功能，并且可移植性更强、更安全且更易于管理。虚拟机包含若干个文件，这些文件存储在存储设备上。文件包括配置文件、虚拟磁盘文件、NVRAM 设置文件和日志文件等。

3.1.2　组成虚拟机的文件

从存储上看，虚拟机由一组离散的文件组成。虚拟机主要由以下文件组成。

（1）配置文件

其命名规则为<虚拟机名称>.vmx。这个文件记录了操作系统的版本、内存大小、硬盘类型及大小、虚拟网卡 MAC 地址等信息。

（2）交换文件

其命名规则为<虚拟机名称>.vswp。其类似于 Windows 系统的页面文件，主要用于虚拟机开关机时进行内存交换。

（3）BIOS 文件

其命名规则为<虚拟机名称>.nvram。为了与物理服务器相同，用于产生虚拟机的 BIOS。

（4）日志文件

其命名规则为 vmware.log。它是虚拟机的日志文件。

（5）硬盘描述文件

其命名规则为<虚拟机名称>.vmdk。它是虚拟硬盘的描述文件，与虚拟硬盘有差别。

（6）硬盘数据文件

其命名规则为<虚拟机名称>.flat.vmdk。它是虚拟机使用的虚拟硬盘，实际所使用的虚拟硬盘的容量就是此文件的大小。

（7）挂起状态文件

其命名规则为<虚拟机名称>.vmss。它是虚拟机进入挂起状态时产生的文件。

（8）快照数据文件

其命名规则为<虚拟机名称>.vmsd。它是创建虚拟机快照时产生的文件。

（9）快照状态文件

其命名规则为<虚拟机名称>.vmsn。如果虚拟机快照包括内存状态，就会产生此文件。

（10）快照硬盘文件

其命名规则为<虚拟机名称>.delta.vmdk。使用快照时，源.vmdk 文件会保持源状态同时产生.delta.vmdk 文件，所有的操作都是在.delta.vmdk 文件上进行。

（11）模板文件

其命名规则为<虚拟机名称>.vmtx。它是虚拟机创建模板后产生的文件。

3.1.3 虚拟机硬件介绍

创建虚拟机时必须配置相对应的虚拟硬件资源。VMware vSphere 7.0 虚拟机使用发布的虚拟机硬件 17 版，下面来了解虚拟机对虚拟硬件资源的需求。

1. 虚拟机硬件资源支持

VMware vSphere 7.0 对虚拟机硬件资源的支持非常强大，单台虚拟机最大可以使用 128 个 vCPU 及 6TB 内存。VMware vSphere 7.0 与其他版本支持的虚拟机硬件资源对比如表 3-1-1 所示。

表 3-1-1 VMware vSphere 7.0 与其他版本支持的虚拟机硬件资源对比

最大支持	VMware vSphere 版本			
	6.0	6.5	6.7	7.0
vCPU per VM	128	128	128	256
vRAM per VM	4TB	6TB	6TB	6TB

2. ESXi 主机与各个版本的虚拟机硬件兼容性

ESXi 7.0 主机上虚拟机使用的是 17 版本的虚拟硬件。表 3-1-2 是 ESXi 主机不同版本对应的虚拟机硬件版本。

表 3-1-2 ESXi 主机不同版本对应的虚拟机硬件版本

ESXi 版本	虚拟机硬件版本
VMware ESXi 7.0	17
VMware ESXi 6.7 U2	16
VMware ESXi 6.7	14

续表

ESXi 版本	虚拟机硬件版本
VMware ESXi 6.5	12、13
VMware ESXi 6.0	11
VMware ESXi 5.5	10
VMware ESXi 5.1	9
VMware ESXi 5.0	8
VMware ESXi 4.X	7

3. ESXi 主机及虚拟机支持的存储适配器

ESXi 支持不同类别的适配器，包括 SCSI、iSCSI、RAID、光纤通道、以太网光纤通道（Fibre Channel over Ethernet，FCoE）和以太网。ESXi 通过 VMkernel 中的设备驱动程序直接访问适配器。虚拟机能够支持的存储适配器如下。

- BusLogic Parallel：与 Mylex (BusLogic) BT/KT-958 兼容的最新主机总线适配器。
- LSI Logic Parallel：支持 LSI Logic LSI53C10xx Ultra320 SCSI I/O 控制器。
- LSI Logic SAS：LSI Logic SAS 适配器具有串行接口。
- VMware "半虚拟化" SCSI：高性能存储适配器，可以实现更高的吞吐量并降低 CPU 占用量。
- AHCI SATA 控制器：可访问虚拟磁盘和 CD/DVD 设备。SATA 虚拟控制器以 AHCI SATA 控制器的形式呈现给虚拟机。AHCI SATA 仅适用于与 ESXi 5.5 及更高版本兼容的虚拟机。
- 虚拟 NVMe：NVMe 是将闪存存储设备连接至 PCI Express 总线并对其进行访问的 Intel 规范。NVMe 可替代现有基于数据块的服务器存储 I/O 访问协议。

4. 虚拟机磁盘类型的说明

在创建虚拟机的时候，会对虚拟机使用的磁盘类型（Disk Provisioning）进行选择。

- Thick Provision Lazy Zeroed：厚置备延迟置零。创建虚拟机磁盘时的默认类型，所有空间都被分配，但是原来在磁盘上写入的数据不被删除。存储空间中的现有数据不被删除而是留在物理磁盘上，擦除数据和格式化只在第一次写入磁盘时进行，这会降低性能。阵列集成存储 API（vStorage API for Array Integration，vAAI）的块置零特性极大地减轻了这种性能降低的现象。
- Thick Provision Eager Zeroed：厚置备置零。所有磁盘空间被保留，数据完全从磁盘上删除，磁盘创建时进行格式化。创建这样的磁盘花费时间比延迟置零长，但增强了安全性，同时，写入磁盘性能要比延迟置零好。
- Thin Provision：精简置备。使用此类型，.vmdk 文件不会一开始就全部使用，而是随数据的增加而增加，例如，虚拟机设置了 40GB 虚拟磁盘空间，安装操作系统使用了 10GB 空间，那么.vmdk 文件大小应该是 10GB，而不是 40GB，这样做的好处是节省了磁盘空间。可以通过 UNMAP 命令对未使用空间进行回收操作。

对于需要高性能的应用建议使用厚置备，因为厚置备能够更好支持 HA、FT 等特性，如果已经使用了精简置备，可以将磁盘类型修改为厚置备。

5. 虚拟机磁盘模式

在创建虚拟机的时候，除了虚拟机磁盘类型外，还存在对虚拟机磁盘模式的选择。

- Independent Persistent：独立持久。虚拟机的所有硬盘读写都写入.vmdk 文件中，这种模式提供最佳性能。
- Independent Nonpersistent：独立非持久。虚拟机启动后进行的所有修改被写入一个文件，此模式的性能不是很好。

6. 虚拟网络适配器

对于虚拟机使用的网络适配器，ESXi 7.0 版本推荐使用 VMXNET3。虚拟机支持的网络适配器如下。

- E1000E：Intel 82574L 以太网网卡的仿真版本。E1000E 是 Windows 8 和 Windows Server 2012 的默认适配器。
- E1000：Intel 82545EM 以太网网卡的仿真版本，大多数较新版本的客户机操作系统中均配备该网卡的驱动程序，其中包括 Windows XP 及更高版本和 Linux 2.4.19 及更高版本。
- Vlance：AMD 79C970 PCnet32 LANCE 网卡的仿真版本。它是一种早期版本的 10Mbit/s 网卡，32 位的旧客户机操作系统可提供它的驱动程序。配置了此网络适配器的虚拟机可以立即使用其网络。
- VMXNET2（增强型）：基于 VMXNET 适配器，但提供了一些通常用于新式网络的高性能功能，如巨型帧和硬件卸载。VMXNET2（增强型）只适用于 ESX/ESXi 3.5 及更高版本上的一些客户机操作系统，不支持 ESXi 6.7 及更高版本。
- VMXNET3：专为提高性能而设计的半虚拟化网卡。VMXNET3 可提供 VMXNET2 中的所有可用功能并新增了几种功能，如多队列支持（在 Windows 中也称为“接收端扩展”）、IPv6 卸载和 MSI/MSI-X 中断传递。
- SR-IOV 直通：在支持 SR-IOV 的物理网卡上提供虚拟功能。此适配器类型适用于需要更多 CPU 资源或延迟可能导致故障的虚拟机。如果虚拟机对网络延迟敏感，SR-IOV 可提供对受支持物理网卡的虚拟功能的直接访问权限，从而绕过虚拟交换机并减少开销。有些操作系统版本可能包含某些网卡的默认虚拟功能驱动程序。对于其他操作系统，必须从网卡或主机供应商提供的位置下载驱动程序并安装。
- vSphere DirectPath I/O：允许虚拟机上的客户机操作系统直接访问连接到主机的物理 PCI 和 PCIe 设备。直通设备能够高效利用资源和提高性能。可以使用 vSphere Client 在虚拟机上配置直通 PCI 设备。
- PVRDMA：允许多个客户机通过使用行业标准接口 Verbs API 来访问 RDMA 设备。现已实施一组此类 Verbs 来为应用提供支持 RDMA 的客户机设备（PVRDMA）。应用可使用 PVRDMA 客户机驱动程序与底层物理设备通信。

3.2　创建虚拟机

完成 ESXi 及 vCenter Server 安装后，就可以创建和使用虚拟机了。VMware vSphere 7.0

对 Windows 操作系统的支持非常完善，从早期的 MS-DOS 到最新的 Windows Server 2019，几乎覆盖了整个 Windows 操作系统。当然，VMware vSphere 7.0 对 Linux 系统的支持也非常完善，Redhat、CentOS、SUSE 等主流厂商各个版本的 Linux 都能够运行。本节将介绍如何创建虚拟机，以及安装 VMware Tools。

3.2.1 创建 Windows 虚拟机

第 1 步，选中集群或主机并用鼠标右键单击，在弹出的快捷菜单中选择“新建虚拟机”选项，如图 3-2-1 所示。

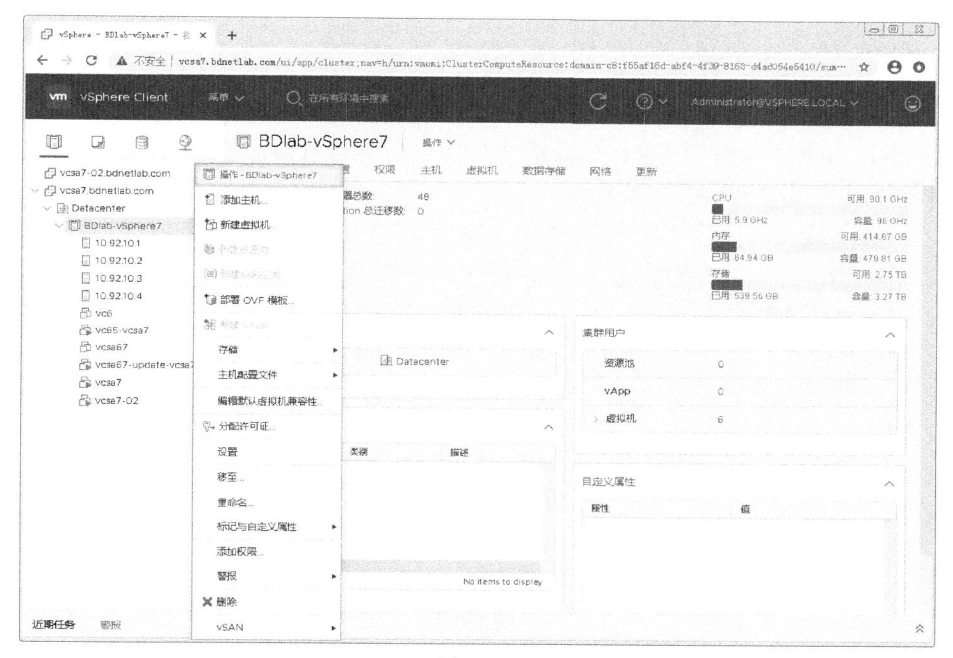

图 3-2-1

第 2 步，进入“新建虚拟机”界面，选择创建类型为“创建新虚拟机”，如图 3-2-2 所示，单击“NEXT”按钮。

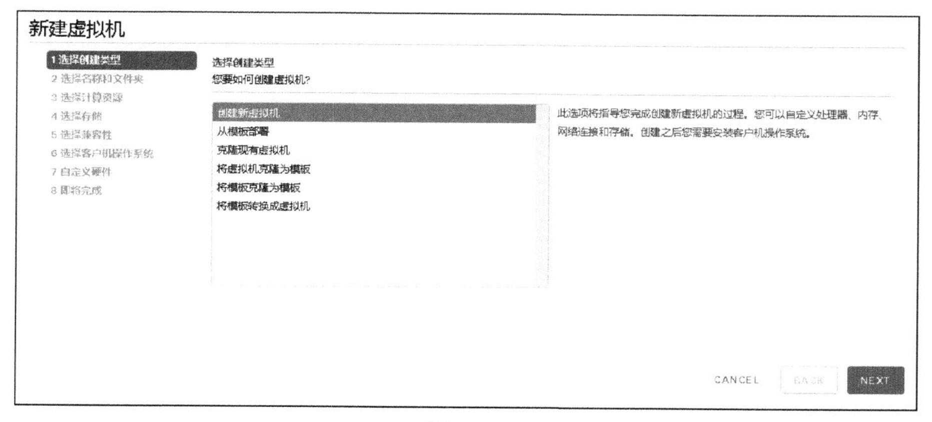

图 3-2-2

第 3 步，设置虚拟机名称及其位置，如图 3-2-3 所示，单击“NEXT”按钮。

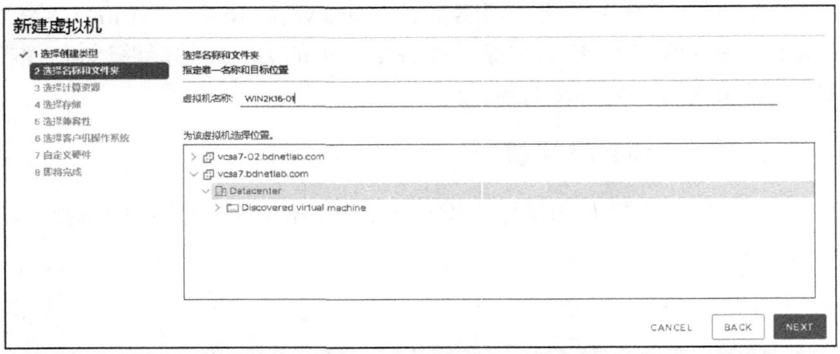

图 3-2-3

第 4 步，由于还未启用 DRS 高级特性，所以必须选择虚拟机运行的 ESXi 主机，如图 3-2-4 所示，单击“NEXT”按钮。

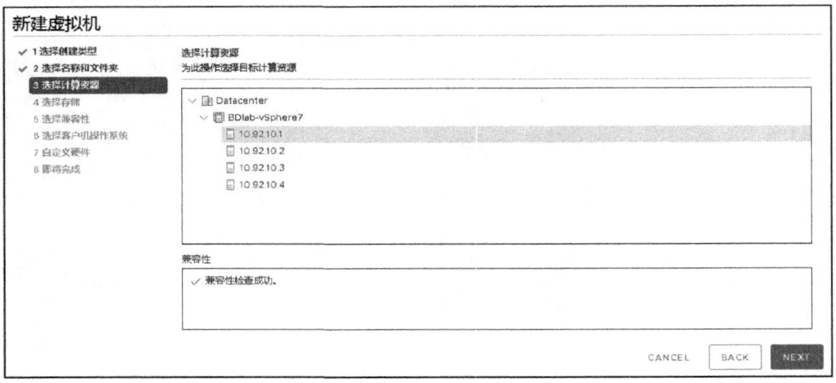

图 3-2-4

第 5 步，选择虚拟机使用的数据存储，如图 3-2-5 所示，单击“NEXT”按钮。

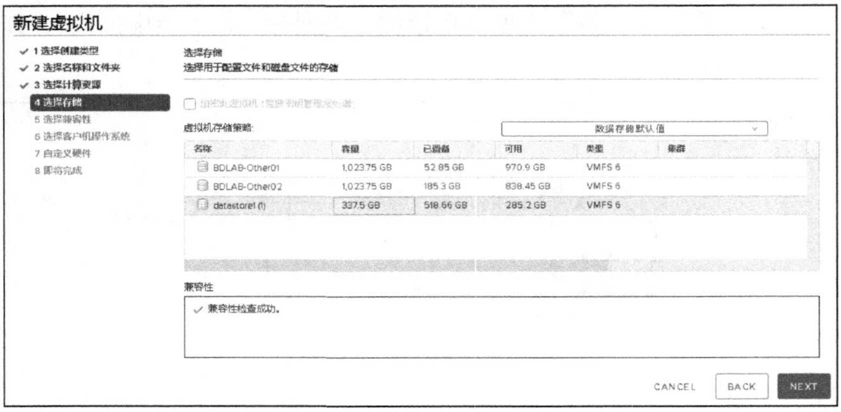

图 3-2-5

第 6 步，选择虚拟机使用的硬件版本，如图 3-2-6 所示，单击“NEXT”按钮。需要注意的是，如果集群中有非 7.0 版本的主机，需选择低硬件版本，否则可能出现虚拟机无法启动的情况。

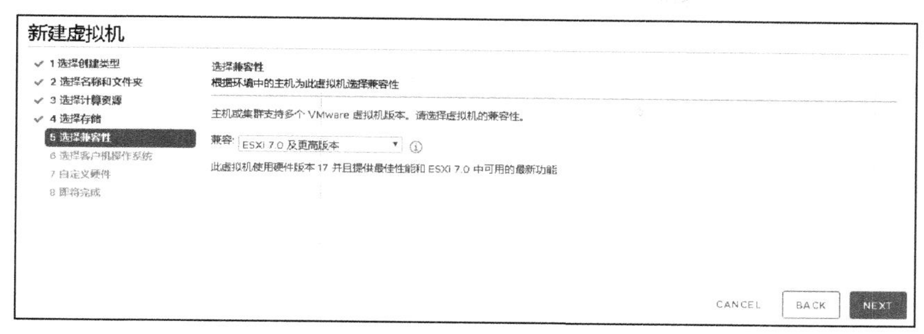

图 3-2-6

第 7 步，选择虚拟机运行的操作系统，根据实际情况进行选择，如图 3-2-7 所示，单击“NEXT”按钮。

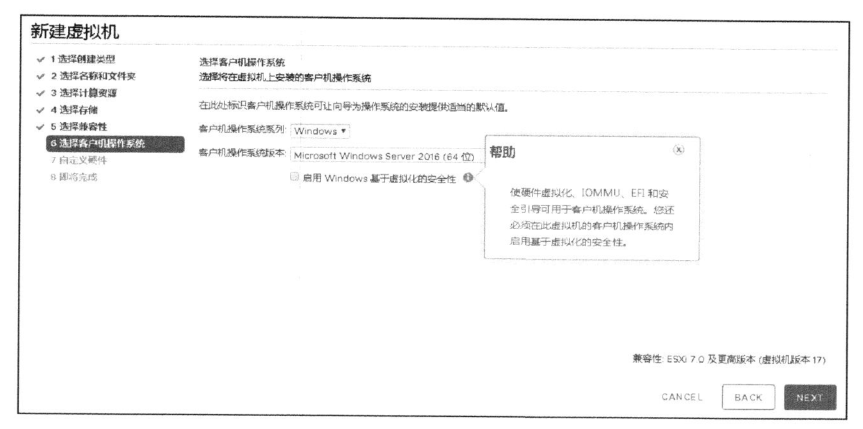

图 3-2-7

第 8 步，系统会给出虚拟机推荐使用的硬件配置，可以现在调整也可以安装后调整，如图 3-2-8 所示，单击“NEXT”按钮。

图 3-2-8

第 9 步，确认虚拟机参数是否正确，如图 3-2-9 所示，若正确则单击“FINISH”按钮。

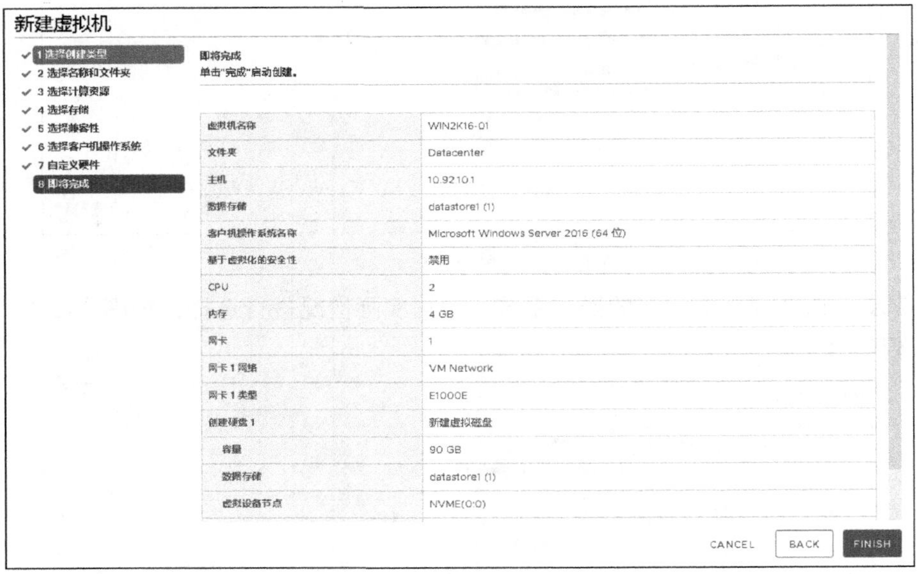

新建虚拟机

- ✓ 1 选择创建类型
- ✓ 2 选择名称和文件夹
- ✓ 3 选择计算资源
- ✓ 4 选择存储
- ✓ 5 选择兼容性
- ✓ 6 选择客户机操作系统
- ✓ 7 自定义硬件
- 8 即将完成

即将完成

单击“完成”启动创建。

虚拟机名称	WIN2K16-01
文件夹	Datacenter
主机	10.92.10.1
数据存储	datastore1 (1)
客户机操作系统名称	Microsoft Windows Server 2016 (64 位)
基于虚拟化的安全性	禁用
CPU	2
内存	4 GB
网卡	1
网卡 1 网络	VM Network
网卡 1 类型	E1000E
创建硬盘 1	新建虚拟磁盘
容量	90 GB
数据存储	datastore1 (1)
虚拟设备节点	NVME(0:0)

CANCEL　BACK　FINISH

图 3-2-9

第 10 步，完成虚拟机创建，如图 3-2-10 所示。

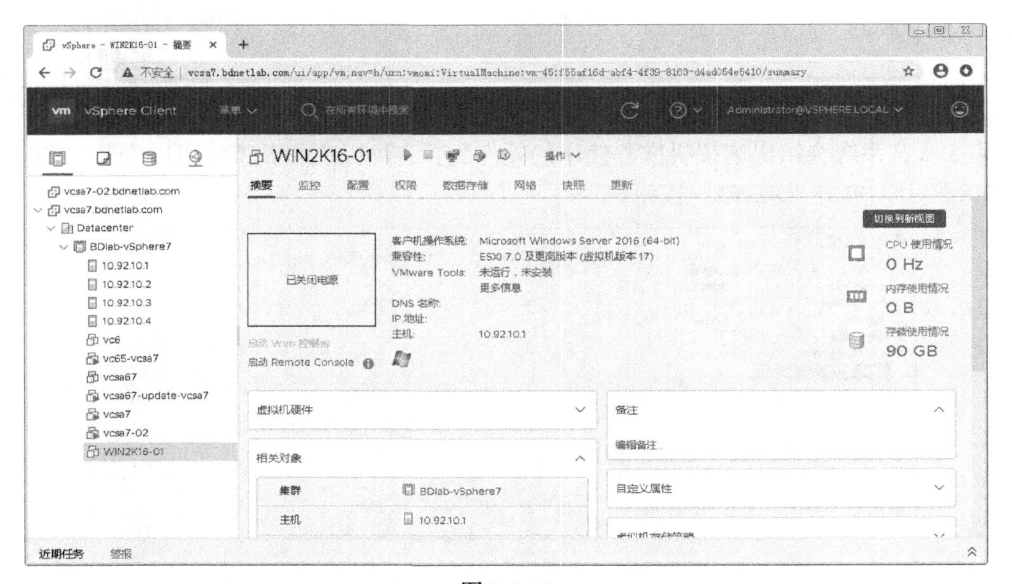

图 3-2-10

第 11 步，使用 VMware Remote Console 控制台连接到虚拟机，开始安装操作系统，如图 3-2-11 所示，单击“下一步”按钮。

第 12 步，其安装过程与物理服务器相同，安装完成后的虚拟机如图 3-2-12 所示。

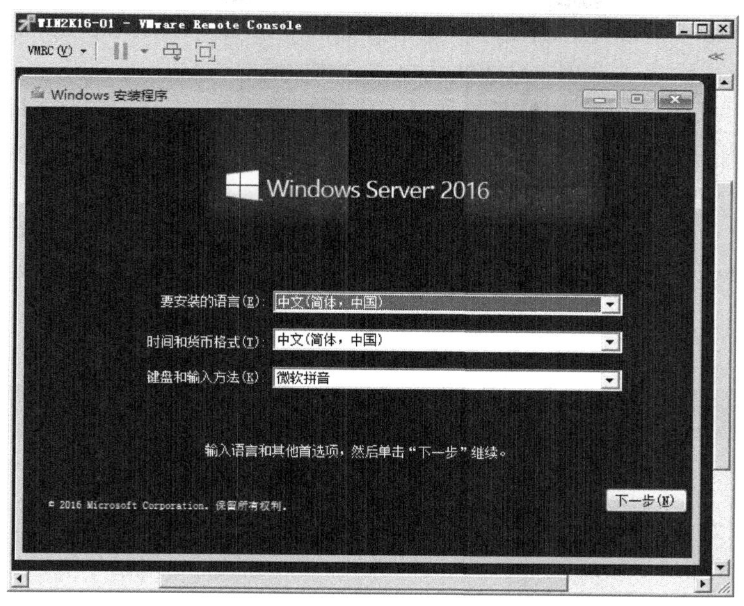

图 3-2-11

图 3-2-12

至此，Windows 虚拟机创建完成。生产环境中除了 Windows 虚拟机外，Linux 虚拟机也占据非常大的份额，Linux 虚拟机创建与 Windows 虚拟机几乎一样，此处不做演示。

3.2.2 安装 VMware Tools

虚拟机安装操作系统后已经可以使用，但由于其特殊性，只有在安装 VMware Tools

后，许多 VMware 功能才可以被使用。如果虚拟机中未安装 VMware Tools，则不能使用工具栏中的关机或重新启动选项，只能使用电源选项。同时 VMware Tools 针对虚拟硬件使用专用驱动程序替换了通用驱动程序，改进了虚拟机管理。Windows 及 Linux 虚拟机对于 VMware Tools 的安装有所区别。本节将介绍如何为虚拟机安装 VMware Tools。

1. Windows 虚拟机安装 VMware Tools

第 1 步，查看虚拟机相关信息，提示该虚拟机未安装 VMware Tools，如图 3-2-13 所示，单击“安装 VMware Tools”超链接。VMware Tools 未安装会影响后续高级特性的使用。

图 3-2-13

第 2 步，确认安装 VMware Tools 工具，如图 3-2-14 所示，单击“挂载”按钮。

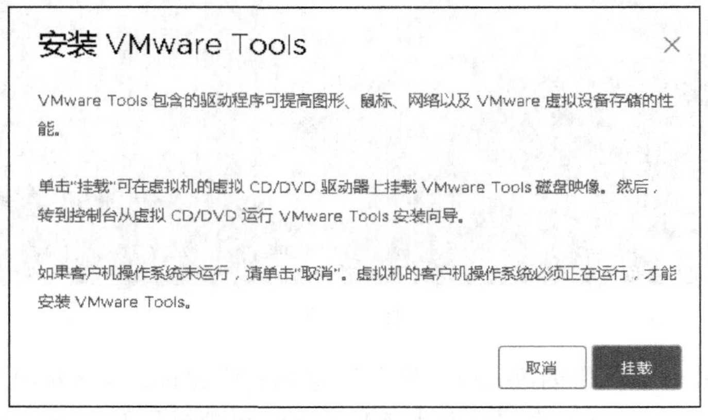

图 3-2-14

第 3 步，Windows 虚拟机安装 VMware Tools 实质上就是安装标准应用程序，根据安装向导的提示安装即可，如图 3-2-15 所示，这里不做详细演示，单击“下一步”按钮。

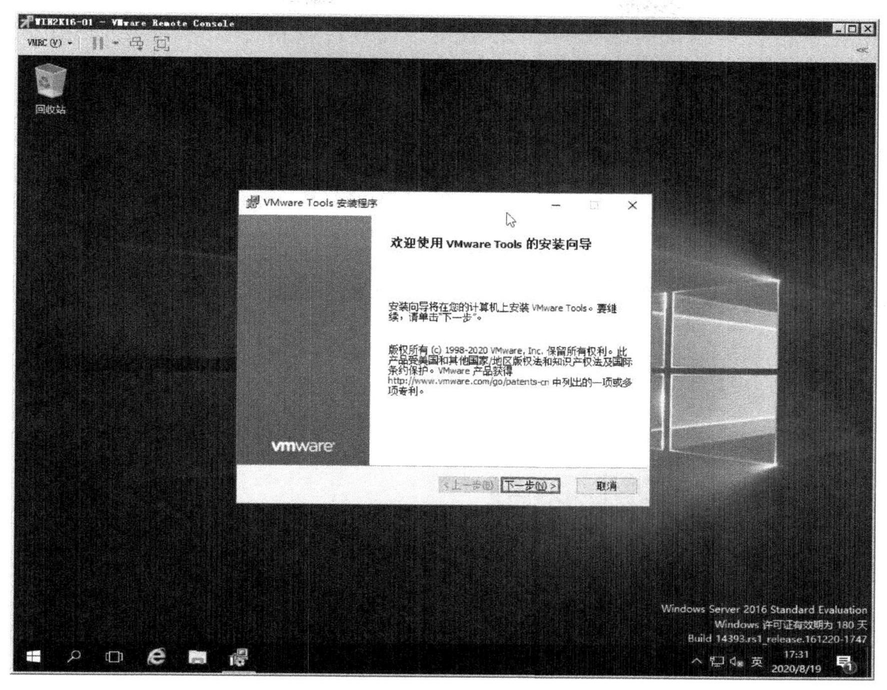

图 3-2-15

第 4 步，安装完成后查看虚拟机相关信息，如图 3-2-16 所示，可以发现虚拟机 VMware Tools 已安装，并处于正在运行状态。

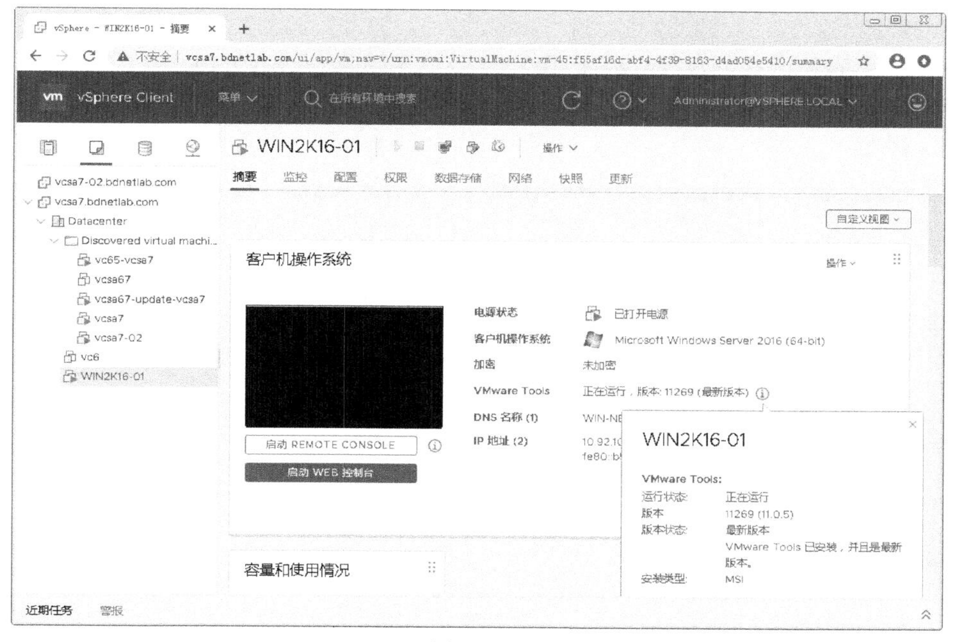

图 3-2-16

2. Linux 虚拟机安装 VMware Tools

CentOS 7 版本或其他新版本 Linux 系统在安装过程中会检测系统是否是虚拟化平台，

如果是虚拟化平台，会自动安装 open-vm-tools。需要注意的是，精简版 Linux 可能不会自动安装，需要手动进行安装。

第 1 步，查看 CentOS7-01 虚拟机的 VMware Tools 信息，虚拟机安装的是开源 VMware Tools，但它不由 VMware 管理，如图 3-2-17 所示。

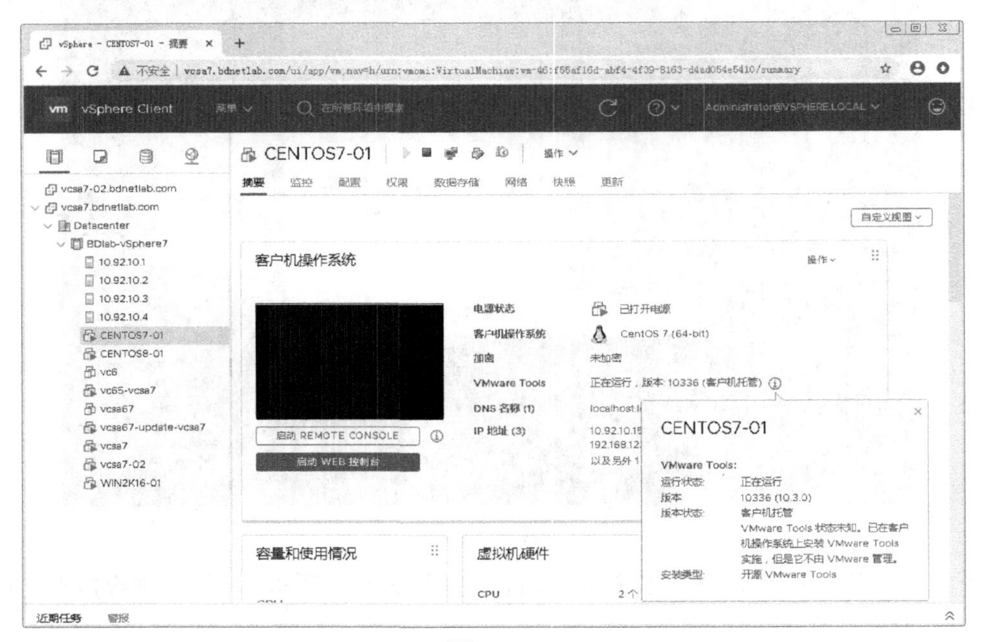

图 3-2-17

第 2 步，如果想替换为 VMware Tools，必须先卸载 open-vm-tools 后才能安装官方的 VMware Tools。使用命令“yum remove open-vm-tools”进行卸载，如图 3-2-18 所示，输入“y”确认移除。

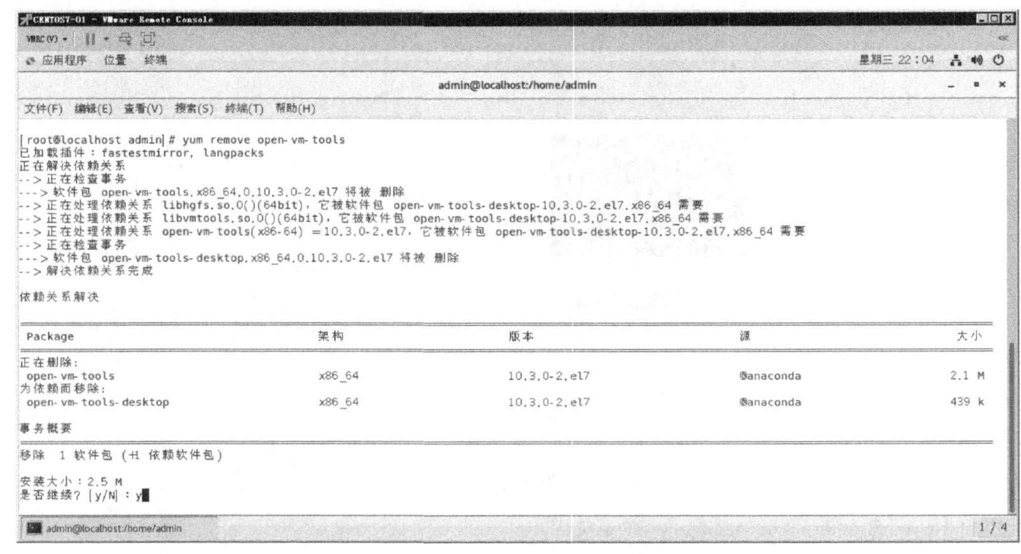

图 3-2-18

第 3 步，移除 open-vm-tools 后重新查看 CentOS7-01 虚拟机的 VMware Tools 信息，提示未安装 VMware Tools，如图 3-2-19 所示。

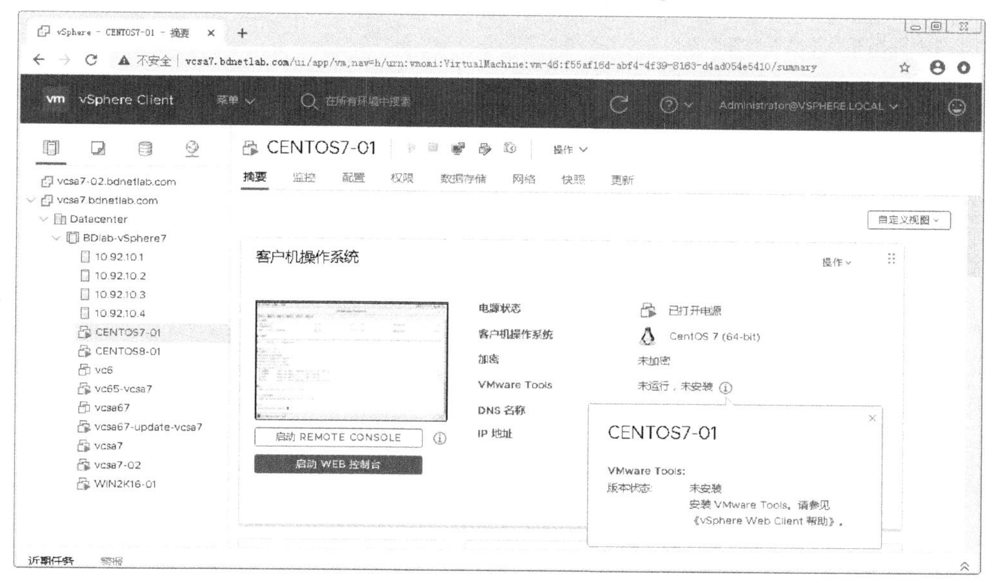

图 3-2-19

第 4 步，挂载安装 VMware Tools，使用命令 cp 将 VMware Tools 安装文件复制到/tmp 目录，如图 3-2-20 所示。

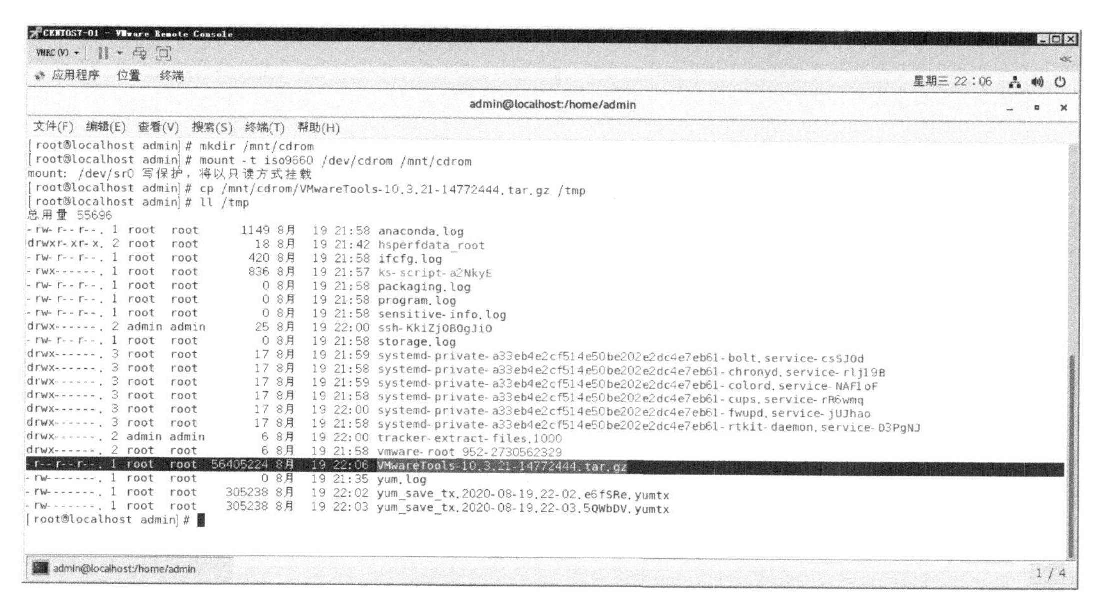

图 3-2-20

第 5 步，使用命令 tar 解压 VMware Tools 文件，如图 3-2-21 所示。

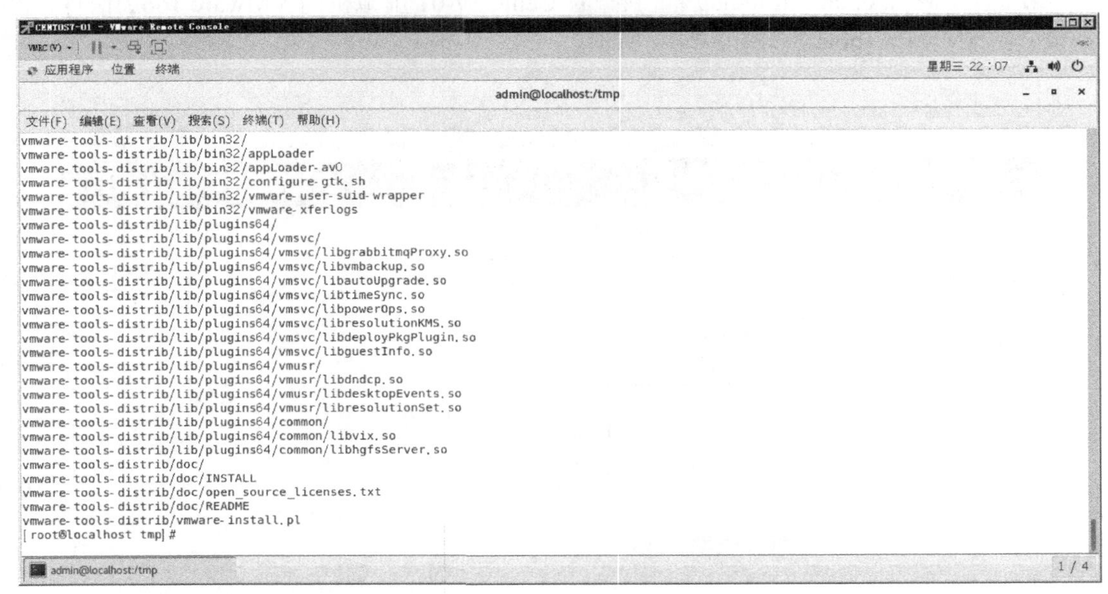

图 3-2-21

第 6 步，使用命令“./vmware-install.pl”安装 VMware Tools，如图 3-2-22 所示。

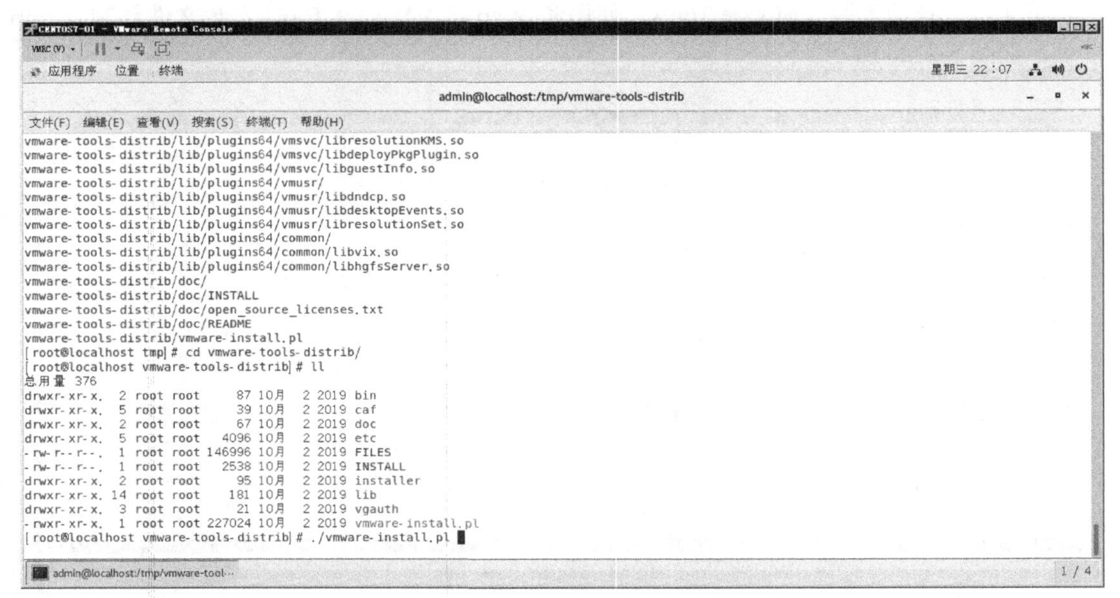

图 3-2-22

第 7 步，完成 VMware Tools 的安装，如图 3-2-23 所示。

第 8 步，重新查看 CentOS7-01 虚拟机 VMware Tools 信息，发现已安装官方 VMware Tools，如图 3-2-24 所示。

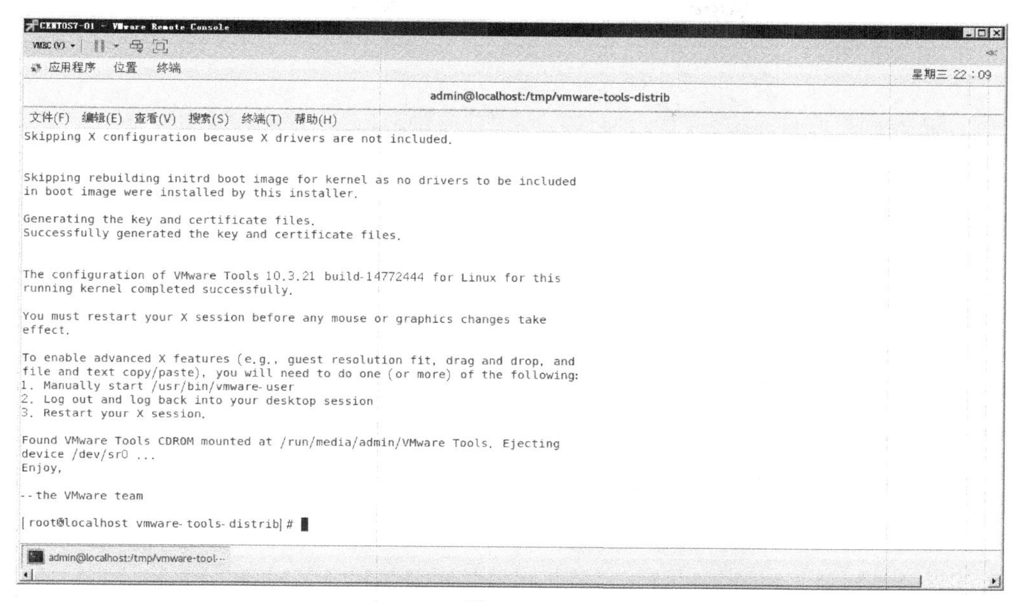

图 3-2-23

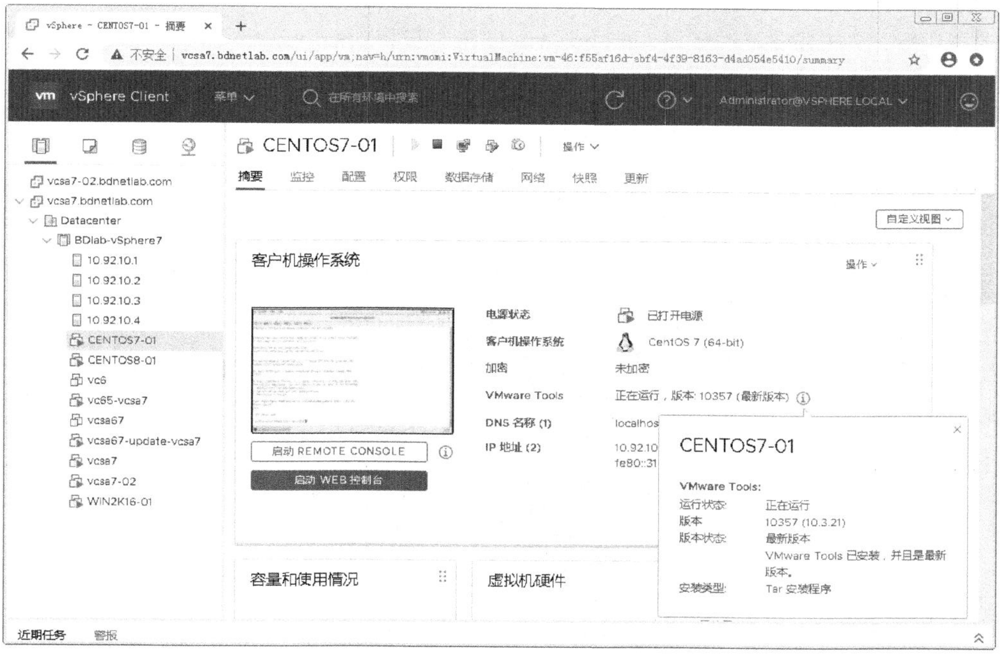

图 3-2-24

至此，Linux 虚拟机安装官方 VMware Tools 完成。与 Windows 版本安装不同的是，Linux 版本使用命令行进行操作。Linux 虚拟机除了安装官方发布的 VMware Tools 外，也支持安装 open-vm-tools。

第 9 步，虚拟机 CentOS7-HA02 安装 CentOS 7 操作系统，采用精简安装，系统没有自动安装 open-vm-tools，如图 3-2-25 所示。

图 3-2-25

第 10 步，使用命令“yum install open-vm-tools”安装 open-vm-tools，安装大小约 4.2MB，如图 3-2-26 所示，输入“y”后按回车键。

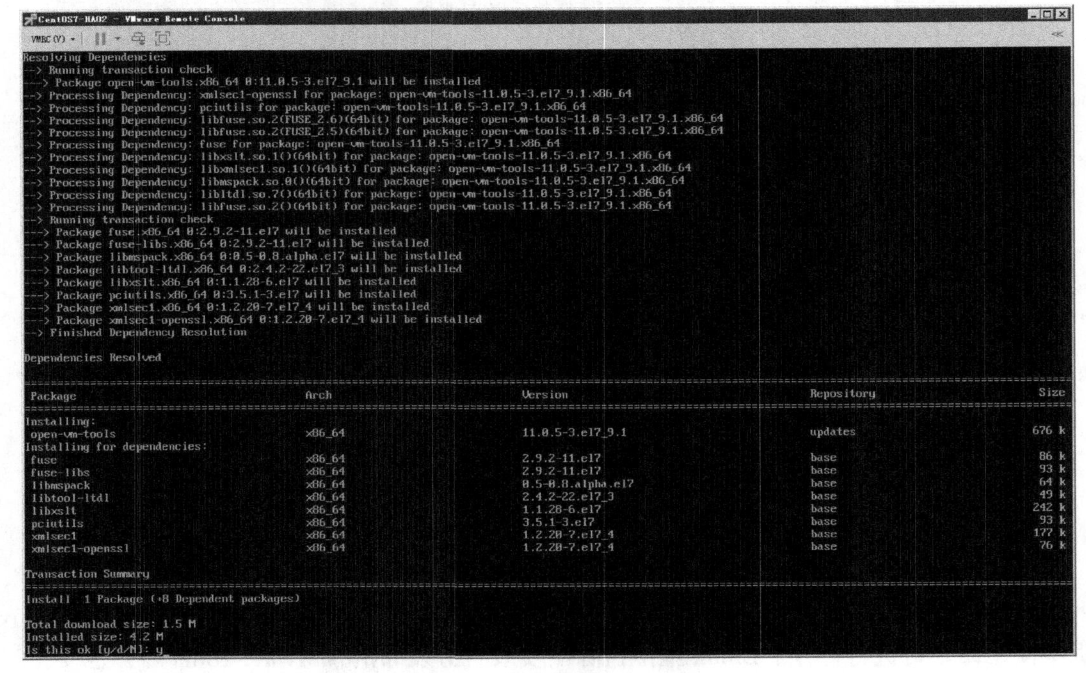

图 3-2-26

第 11 步，安装 open-vm-tools 完成，如图 3-2-27 所示，需要重新启动操作系统后 open-vm-tools 才能生效。

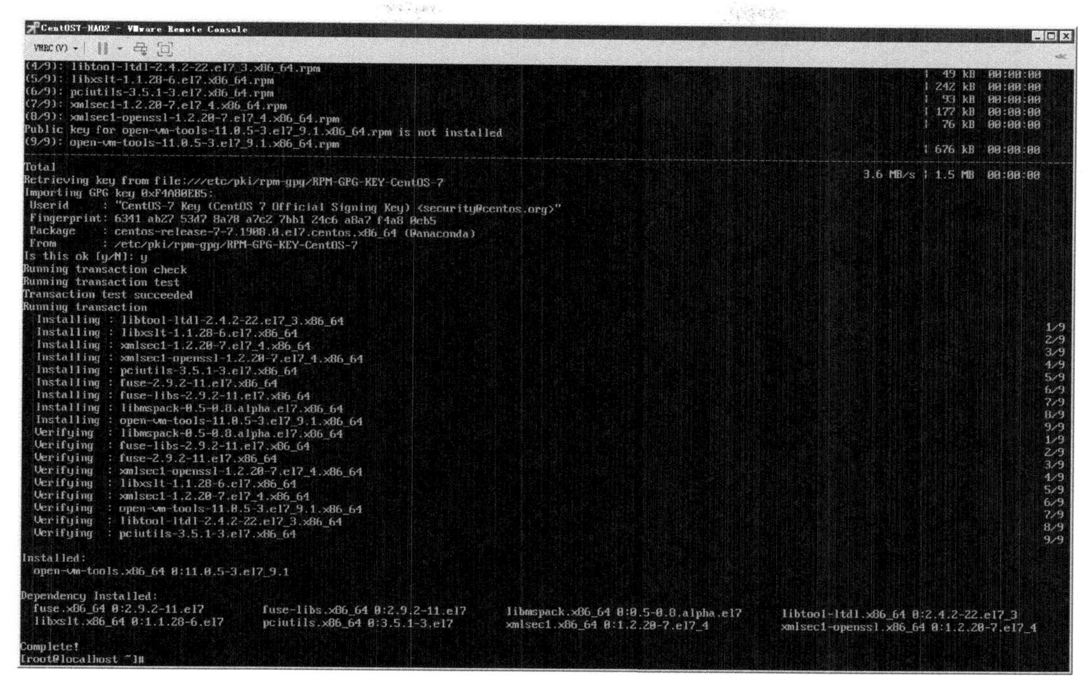

图 3-2-27

第 12 步，重启虚拟机后查看 open-vm-tools 安装情况，open-vm-tools 处于正在运行状态，如图 3-2-28 所示。

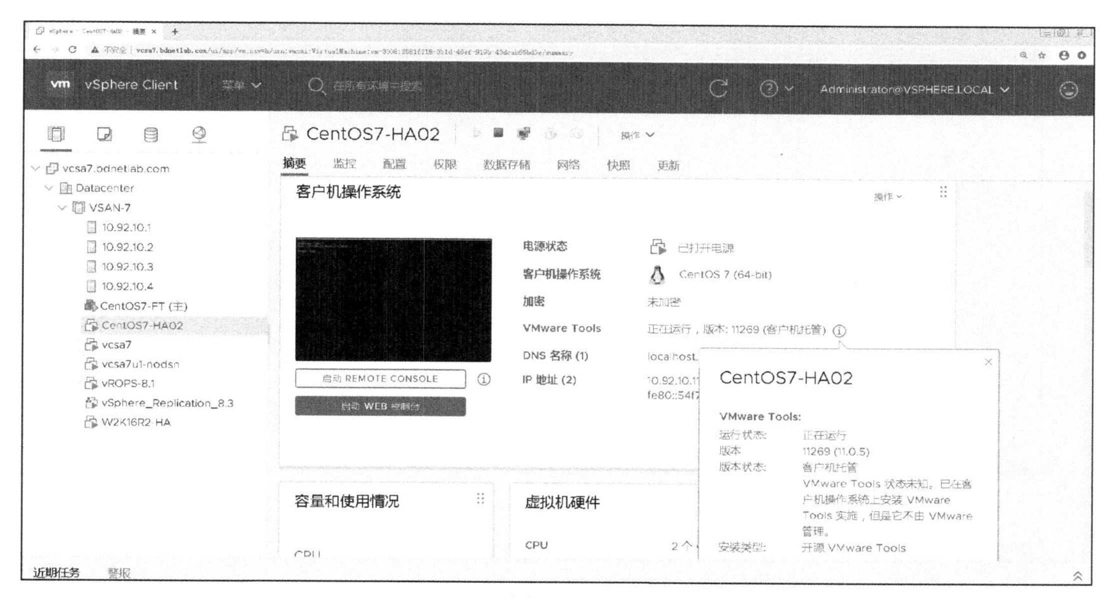

图 3-2-28

至此，虚拟机的创建及安装 VMware Tools 完成，其安装过程与物理设备基本相同。需要注意的是，虚拟机后续运维不能采用传统物理设备的思路，如修改注册表，在虚拟化环境中可能会导致虚拟机崩溃。

3.3　管理虚拟机

虚拟机是虚拟化架构的基础，如何有效地对虚拟机进行管理是运维人员需要掌握的技能。本节将介绍如何使用虚拟机模板、克隆虚拟机和内容库等对虚拟机进行管理。

3.3.1　使用虚拟机模板

Virtual Machine Template，中文称为虚拟机模板。使用虚拟机模板可以在企业环境中大量快速部署虚拟机，并且不容易出现错误。模板是虚拟机的副本，可用于创建和调配新的虚拟机。模板通常是包含一个客户操作系统、一组应用和一个特定虚拟机配置的映像。本节将介绍如何创建虚拟机模板。

创建虚拟机模板有多种方式，可以通过克隆及转换的方式实现。克隆是将现有虚拟机进行克隆，源虚拟机保留，克隆出来的虚拟机与源虚拟机完全相同；转换是将现有虚拟机转换为模板，源虚拟机可以保留也可以不保留。

第 1 步，选中需要制作模板的虚拟机并用鼠标右键单击，在弹出的快捷菜单中选择“模板”中的“转换成模板”选项，如图 3-3-1 所示。

图 3-3-1

第 2 步，确认将虚拟机转换为模板，这里保留源虚拟机，如图 3-3-2 所示，单击“是”按钮。

第 3 步，从创建的模板部署虚拟机，输入要创建的虚拟机名称，如图 3-3-3 所示，单击“NEXT”按钮。

第 4 步，选择虚拟机使用的主机，如图 3-3-4 所示，单击“NEXT”按钮。

第 5 步，选择虚拟机使用的数据存储，如图 3-3-5 所示，单击“NEXT”按钮。

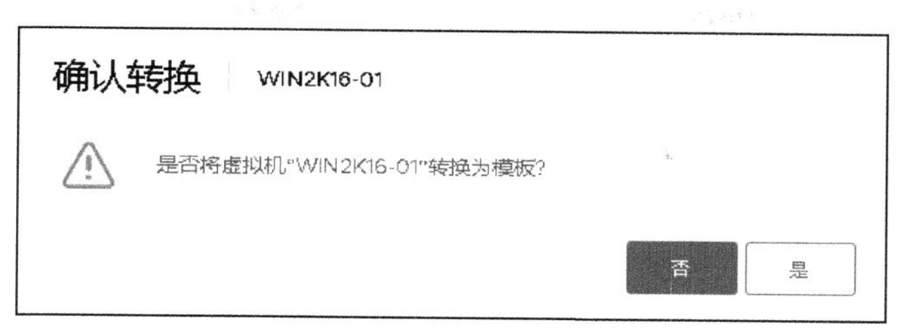

图 3-3-2

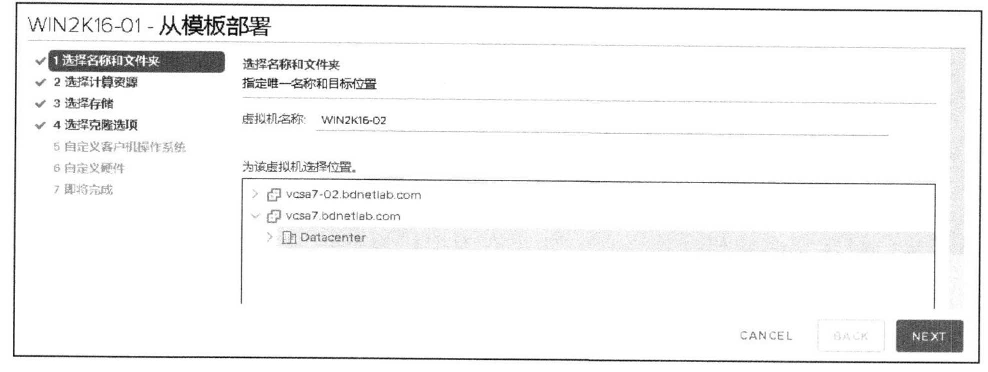

图 3-3-3

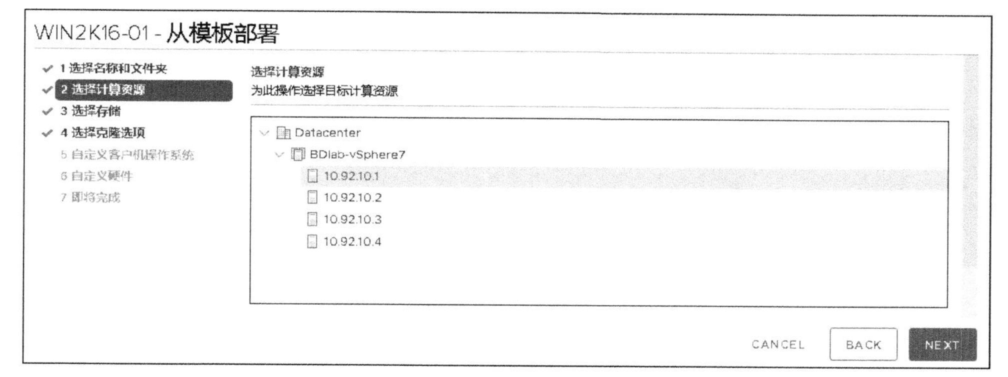

图 3-3-4

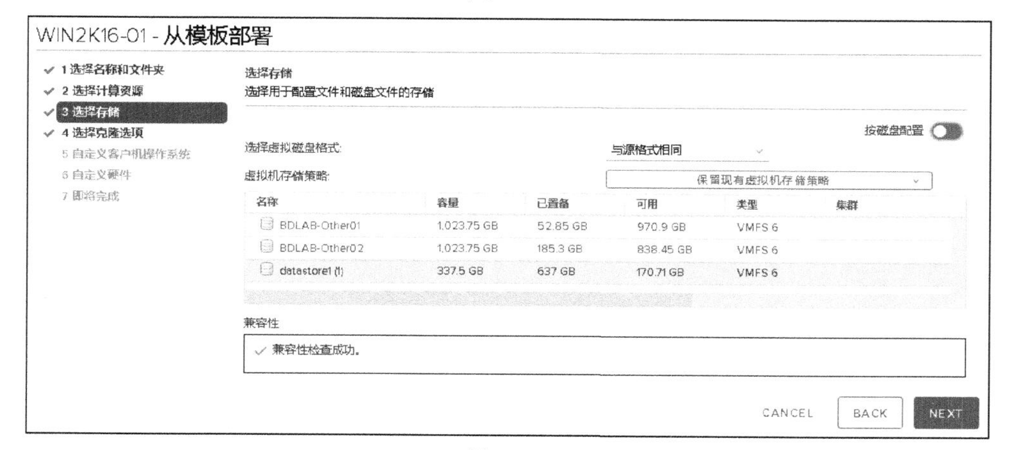

图 3-3-5

第 6 步，选择克隆选项。根据实际情况确定是否勾选“自定义操作系统”“自定义此虚拟机的硬件”及“创建后打开虚拟机电源”复选框，如图 3-3-6 所示，单击“NEXT”按钮。

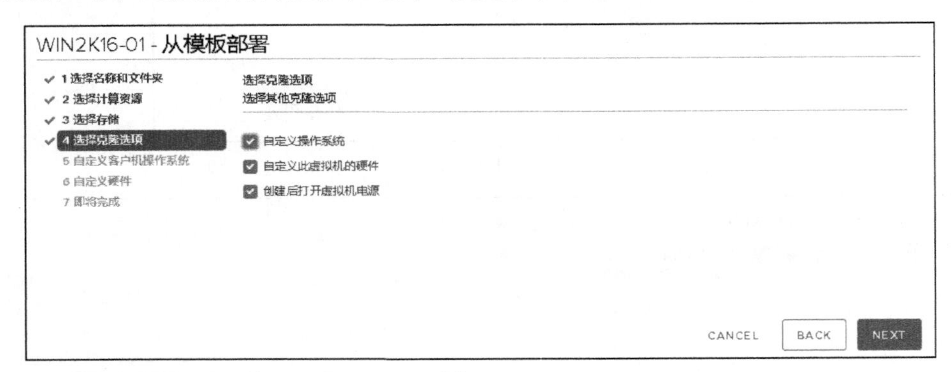

图 3-3-6

第 7 步，自定义客户机操作系统。如果有虚拟机操作系统自定义规范，此处可以进行调用，如果无则显示为空，如图 3-3-7 所示，单击“NEXT”按钮。

图 3-3-7

第 8 步，自定义虚拟机硬件，如图 3-3-8 所示，单击“NEXT”按钮。

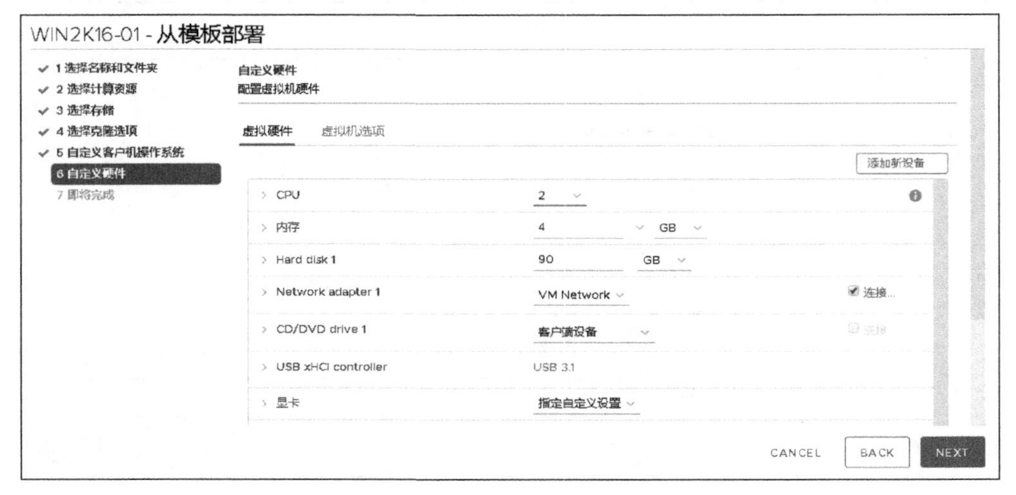

图 3-3-8

第 9 步，确认从模板部署虚拟机相关参数是否正确，如图 3-3-9 所示，若正确则单击“FINISH”按钮开始部署虚拟机。

WIN2K16-01 - 从模板部署

- ✓ 1 选择名称和文件夹
- ✓ 2 选择计算资源
- ✓ 3 选择存储
- ✓ 4 选择克隆选项
- ✓ 5 自定义客户机操作系统
- ✓ 6 自定义硬件
- 7 即将完成

即将完成

单击“完成”启动创建。

源模板	WIN2K16-01
虚拟机名称	WIN2K16-02
文件夹	Datacenter
主机	10.92.10.1
数据存储	datastore1 (1)
磁盘存储	与源格式相同
Hard disk 1 (90 GB)	datastore1 (1) (与源格式相同)

CANCEL　BACK　FINISH

图 3-3-9

第 10 步，通过模板部署虚拟机完成，如图 3-3-10 所示。

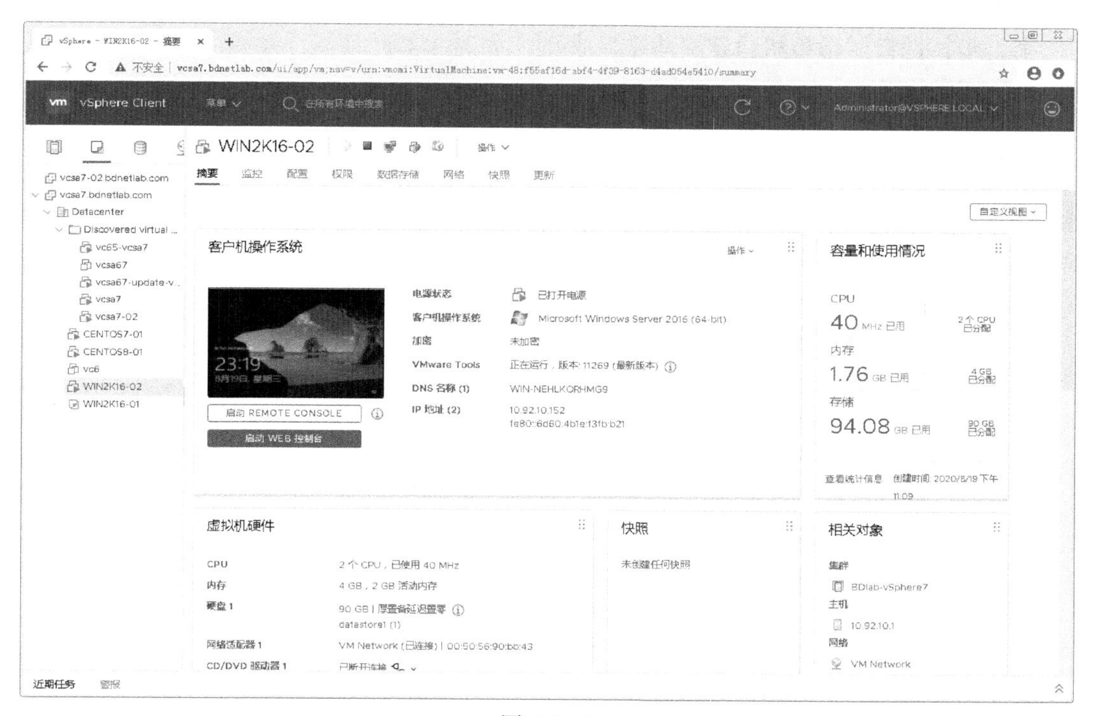

图 3-3-10

至此，使用 Windows 模板部署虚拟机完成。在生产环境中，为保证操作系统的稳定性，推荐创建自定义规范，再调用自定义规范创建虚拟机，以确保每台虚拟机 SID 或 UUID 的唯一性，避免虚拟机在后续使用过程出现问题。

3.3.2　使用克隆虚拟机

克隆虚拟机是通过复制源虚拟机的方式创建一台新的虚拟机，新的虚拟机是原有虚拟机的精确副本，在克隆过程中，虚拟机可以是开启或关闭状态。如果要克隆的虚拟机处于开启状态，则克隆虚拟机时，服务和应用不会自动进入静默状态。在决定是使用克隆虚拟机还是使用模板部署虚拟机时，需要注意以下几点。

- 虚拟机模板会占用存储空间，因此必须相应地规划存储空间。
- 使用模板部署虚拟机比克隆正在运行的虚拟机更快，特别是在一次部署多个虚拟机的情况下。
- 当使用模板部署多台虚拟机时，所有虚拟机都以相同的基础镜像作为起点，从正在运行的虚拟机克隆虚拟机可能不会创建完全相同的虚拟机，具体取决于克隆虚拟机时，该虚拟机中进行的活动。
- 同时部署具有相同客户机操作系统设置的虚拟机和克隆虚拟机时可能会发生冲突，使用客户机操作系统进行自定义即可避免该问题。

1. 创建虚拟机自定义规范

从 VMware vSphere 7 开始，自定义规范只能自定义网络设置，如 IP 地址、DNS 服务器及网关，无须关闭或重启虚拟机即可更改这些设置。

第 1 步，选择“虚拟机自定义规范”选项，如图 3-3-11 所示，单击“新建”按钮创建虚拟机自定义规范。

图 3-3-11

第 2 步，选择自定义规范操作系统类型，目标客户端操作系统分为 Windows 和 Linux 两个版本。这里选择创建 Window 虚拟机，勾选“生成新的安全身份（SID）”复选框，如图 3-3-12 所示，单击“NEXT”按钮创建 Windows 虚拟机自定义规范。需要注意的是，Windows Server 2012 以后的版本不再支持此规范。

第 3 步，创建 Linux 虚拟机自定义规范，如图 3-3-13 所示，单击“NEXT”按钮进行相关参数配置。

新建虚拟机自定义规范

1 名称和目标操作系统
2 注册信息
3 计算机名称
4 Windows 许可证
5 管理员密码
6 时区
7 要运行一次的命令
8 网络
9 工作组或域
10 即将完成

名称和目标操作系统
指定虚拟机自定义规范的唯一名称并选择目标虚拟机的操作系统。

虚拟机自定义规范
名称 Windows
描述
vCenter Server vcsa7.bdnetlab.com

客户机操作系统
目标客户机操作系统 Windows Linux
使用自定义 SysPrep 应答文件
生成新的安全身份 (SID)

CANCEL BACK NEXT

图 3-3-12

新建虚拟机自定义规范

1 名称和目标操作系统
2 计算机名称
3 时区
4 自定义脚本
5 网络
6 DNS 设置
7 即将完成

名称和目标操作系统
指定虚拟机自定义规范的唯一名称并选择目标虚拟机的操作系统。

虚拟机自定义规范
名称 Linux
描述
vCenter Server vcsa7.bdnetlab.com

客户机操作系统
目标客户机操作系统 Windows Linux
使用自定义 SysPrep 应答文件
生成新的安全身份 (SID)

CANCEL BACK NEXT

图 3-3-13

第 4 步，创建自定义规范完成，如图 3-3-14 所示。

图 3-3-14

2. 即时克隆操作

即时克隆虚拟机时，源虚拟机不会因为克隆过程而丢失其状态。鉴于这种操作的速度和状态保持特性，可以转为即时调配。在即时克隆操作期间，源虚拟机将“昏迷”片刻（少于 1 秒）。当源虚拟机“昏迷”时，系统将为每个虚拟磁盘生成一个新的可写增量磁盘，同时选取一个检查点并将其传输到目标虚拟机，目标虚拟机将使用源虚拟机的检查点启动，目标虚拟机完全启动后，源虚拟机也将恢复运行。即时克隆的虚拟机是完全独立的 vCenter Server 清单对象，可以像管理常规虚拟机那样管理即时克隆虚拟机，没有任何限制。

对于大规模应用部署来说，即时克隆非常方便，因为它能够确保内存效率，并且可以在单个主机上创建大量虚拟机。为避免网络冲突，可以在执行即时克隆操作期间自定义目标虚拟机的虚拟硬件。例如，可以自定义目标虚拟机虚拟网卡的 MAC 地址或串行和并行端口配置。

第 1 步，即时克隆虚拟机操作与通过模板部署虚拟机基本相同。选中需要克隆的虚拟机并用鼠标右键单击，在弹出的快捷菜单中选择“克隆”中的“克隆到虚拟机”选项，如图 3-3-15 所示。

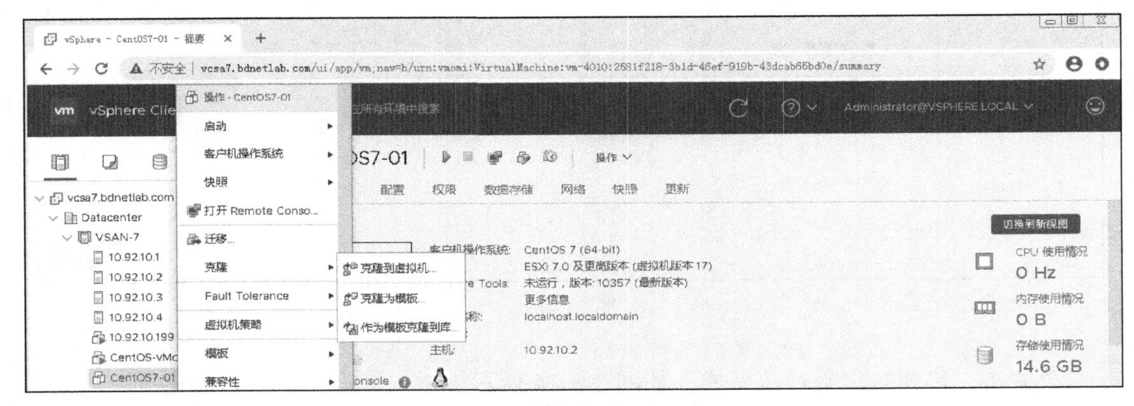

图 3-3-15

第 2 步，输入克隆的虚拟机名称，如图 3-3-16 所示，单击“NEXT”按钮。

图 3-3-16

第 3 步，选择克隆的虚拟机的目标计算资源，如图 3-3-17 所示，单击“NEXT”按钮。

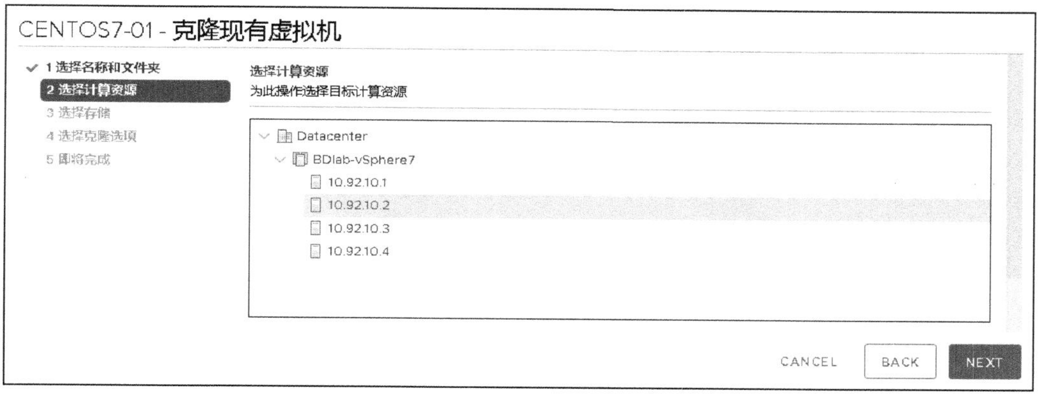

图 3-3-17

第 4 步，选择克隆的虚拟机使用的数据存储，如图 3-3-18 所示，单击“NEXT”按钮。

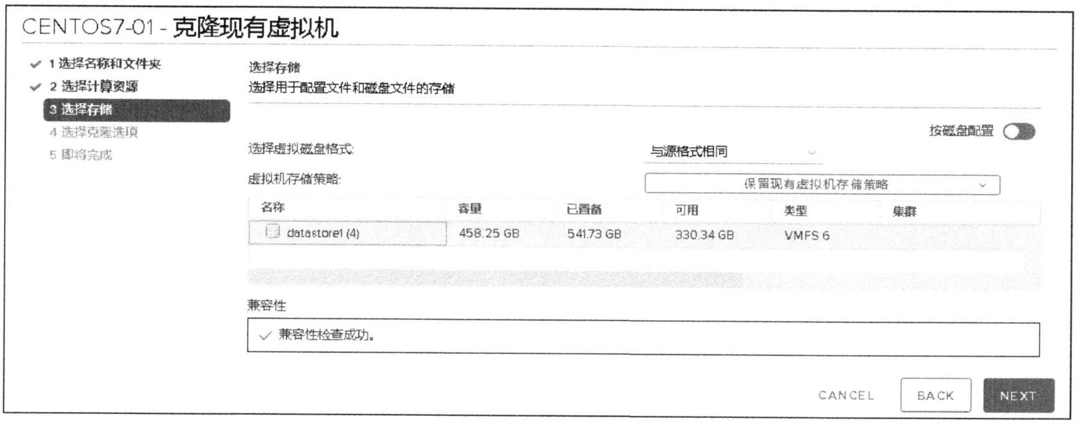

图 3-3-18

第 5 步，选择克隆选项。勾选“自定义操作系统”及“创建后打开虚拟机电源”复选框，如图 3-3-19 所示，单击“NEXT”按钮。

CENTOS7-01 - 克隆现有虚拟机
1 选择名称和文件夹
2 选择计算资源
3 选择存储
4 选择克隆选项
5 自定义客户机操作系统
6 即将完成
选择克隆选项
选择其他克隆选项
自定义操作系统
自定义此虚拟机的硬件
创建后打开虚拟机电源
CANCEL
BACK
NEXT

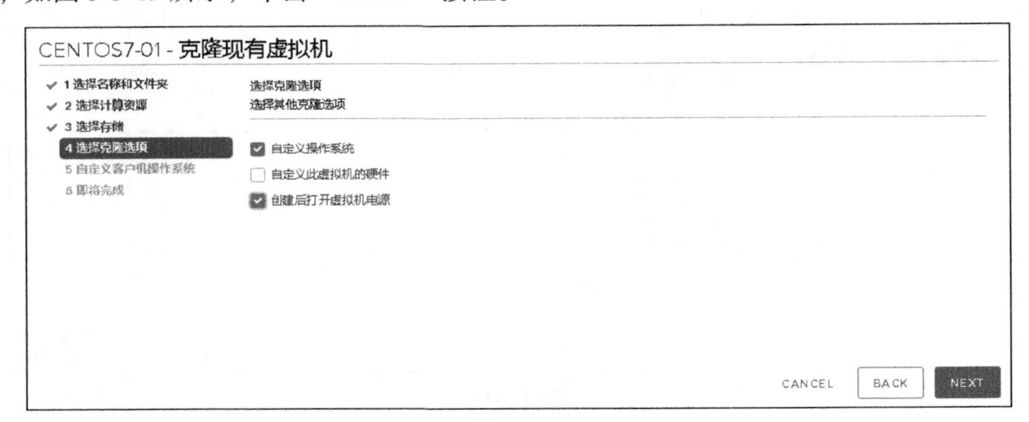

图 3-3-19

第 6 步，调用新创建的客户机操作系统自定义规范，如图 3-3-20 所示，单击“NEXT”按钮。

CENTOS7-01 - 克隆现有虚拟机
1 选择名称和文件夹
2 选择计算资源
3 选择存储
4 选择克隆选项
5 自定义客户机操作系统
6 即将完成
自定义客户机操作系统
自定义客户机操作系统，防止部署虚拟机时出现冲突
操作系统: CentOS 7 (64-bit)
替代
名称
客户机操作系统
上次修改时间
Linux
Linux
2020/08/19 下午11:05:04
1 items
CANCEL
BACK
NEXT

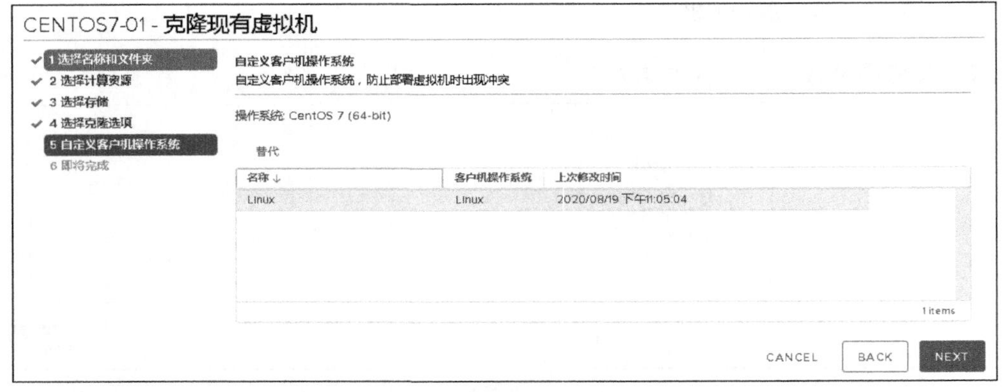

图 3-3-20

第 7 步，确定克隆的虚拟机参数是否正确，如图 3-3-21 所示，若正确则单击“FINISH”按钮开始克隆虚拟机。

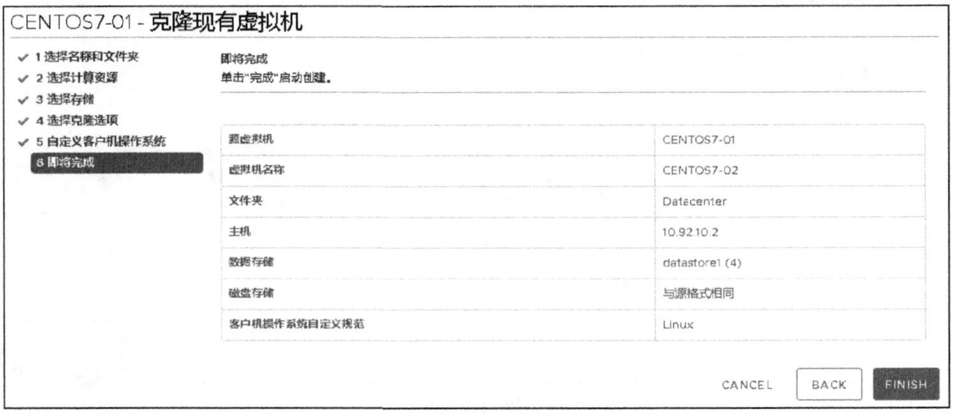

CENTOS7-01 - 克隆现有虚拟机
1 选择名称和文件夹
2 选择计算资源
3 选择存储
4 选择克隆选项
5 自定义客户机操作系统
6 即将完成
即将完成
单击“完成”启动创建。
源虚拟机
CENTOS7-01
虚拟机名称
CENTOS7-02
文件夹
Datacenter
主机
10.92.10.2
数据存储
datastore1 (4)
磁盘存储
与源格式相同
客户机操作系统自定义规范
Linux
CANCEL
BACK
FINISH

图 3-3-21

第 8 步，虚拟机克隆完成，如图 3-3-22 所示。

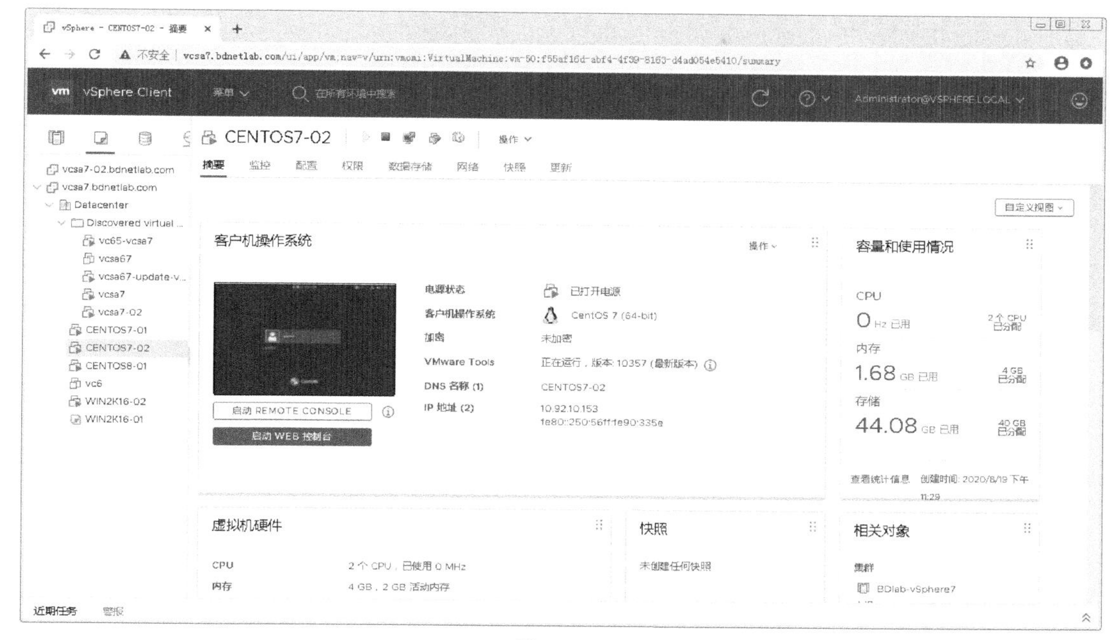

图 3-3-22

至此，克隆虚拟机操作完成。克隆操作可以复制一份与源虚拟机完全相同的虚拟机副本，在一些环境中，运维人员把克隆虚拟机当作一种特殊的备份。

3.3.3 使用内容库

内容库是由 OVF 模板和其他文件组成的存储库，这些模板和文件可以在不同的 vCenter Server 之间进行共享和同步。借助内容库，运维人员可以将 OVF 模板、ISO 镜像或任何其他文件类型存储在一个中心位置上，可以发布这些模板、镜像和文件，并且其他内容库可以订阅和下载这些内容。内容库通过定期与发布者执行同步来使内容保持为最新状态，从而确保提供最新的版本。

例如，在 vCenter Server 创建一个中心内容库，用于存储 OVF 模板、ISO 镜像和其他文件类型的主副本。当发布此内容库时，可以订阅和下载数据的精确副本。当在发布目录中添加、修改或删除某个 OVF 模板时，订阅者会与发布者进行同步，而其内容库也将更新为最新内容。从 VMware vSphere 7 开始，可以在使用模板部署虚拟机的同时更新模板。此外，内容库还保留了虚拟机模板的两个副本，即上一版本和当前版本，可以回滚模板，还原对模板所做的更改。

1. 向内容库中添加虚拟机模板

第 1 步，通过 vCenter Server 访问内容库，内容库没有添加内容，所以为空，如图 3-3-23 所示，单击“创建”按钮。

第 2 步，输入新建内容库的名称，本例创建虚拟机模板，所以名称自定义为 VM-Template，如图 3-3-24 所示，单击“NEXT”按钮。

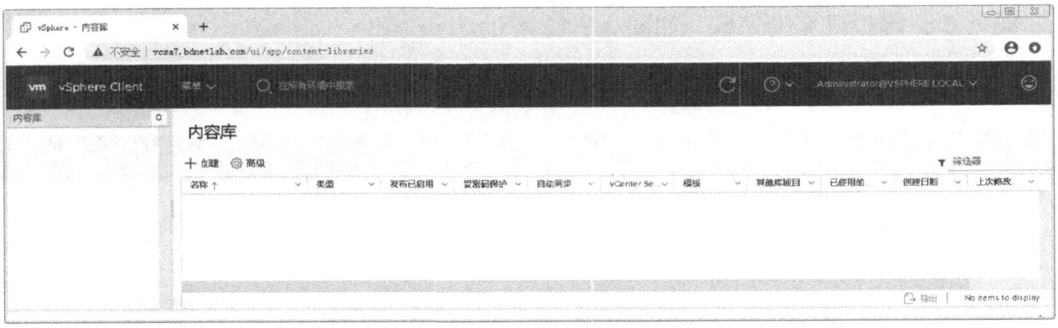

图 3-3-23

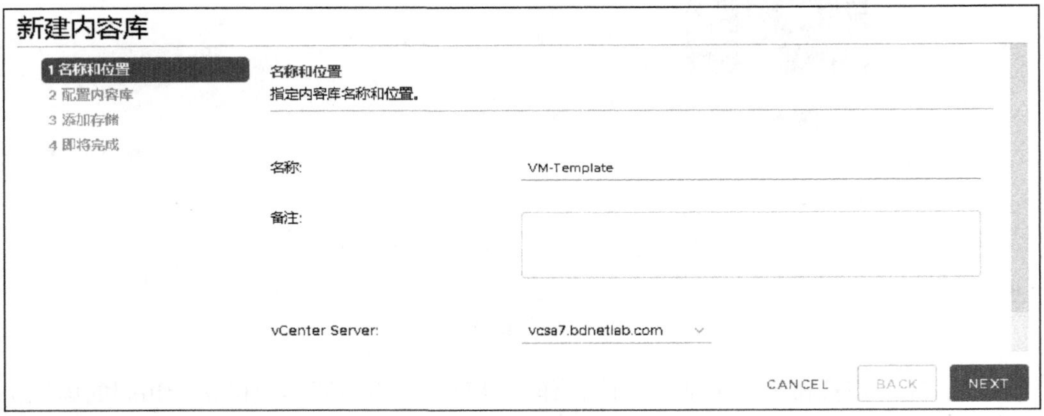

图 3-3-24

第 3 步，配置内容库是本地内容库还是已订阅内容库，企业内部推荐使用本地内容库，根据实际情况决定是否在外部发布，如图 3-3-25 所示，单击“NEXT”按钮。

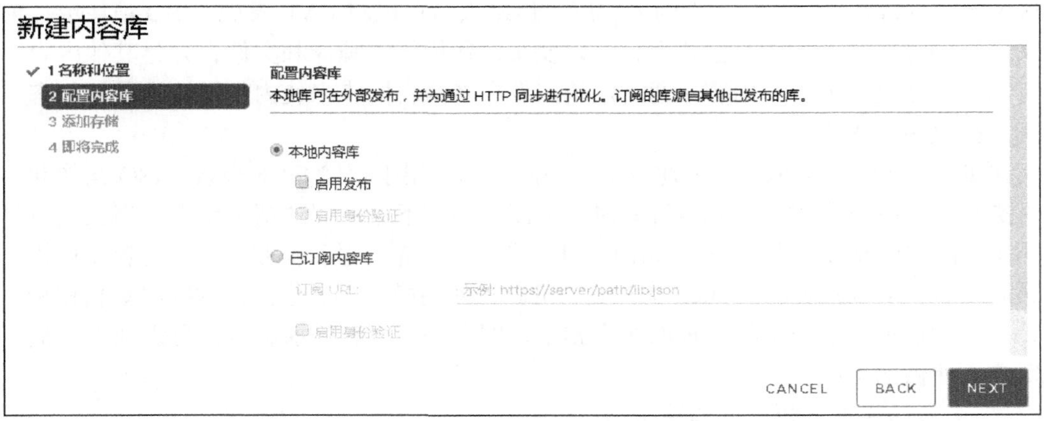

图 3-3-25

第 4 步，选择内容库使用的数据存储，如图 3-3-26 所示，单击“NEXT”按钮。

第 5 步，确认内容库参数设置是否正确，如图 3-3-27 所示，若正确则单击“FINISH”按钮。

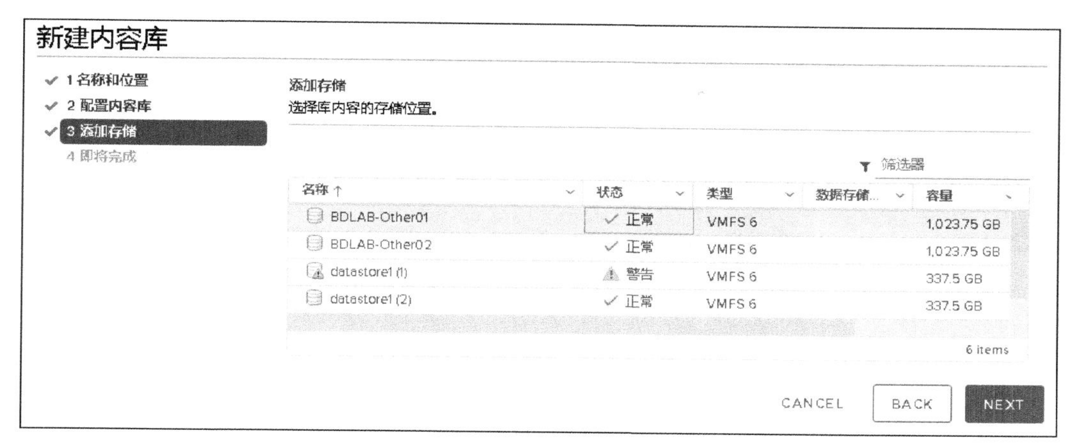

图 3-3-26

图 3-3-27

第 6 步，创建内容库完成，如图 3-3-28 所示。

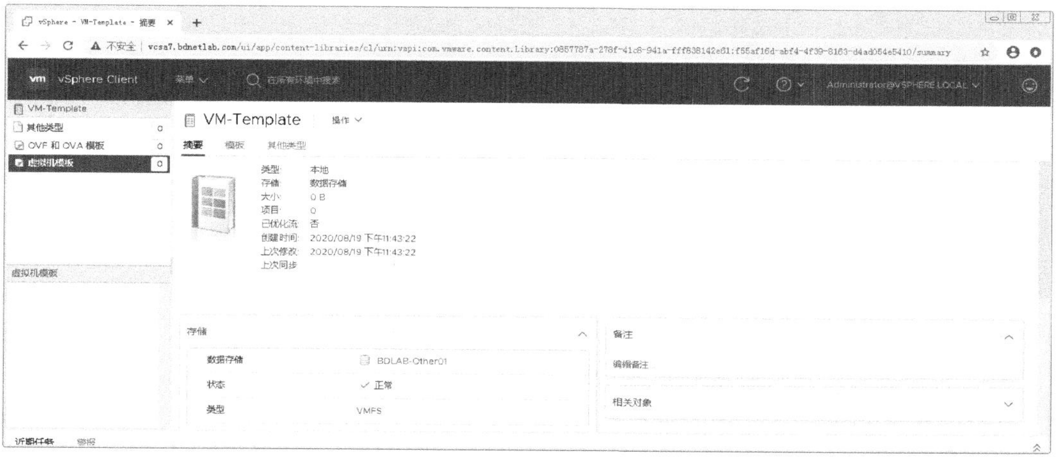

图 3-3-28

2. 将虚拟机作为模板克隆到内容库

第1步，选中需要克隆的虚拟机并用鼠标右键单击，在弹出的快捷菜单中选择“克隆”中的“作为模板克隆到库”选项，如图3-3-29所示。

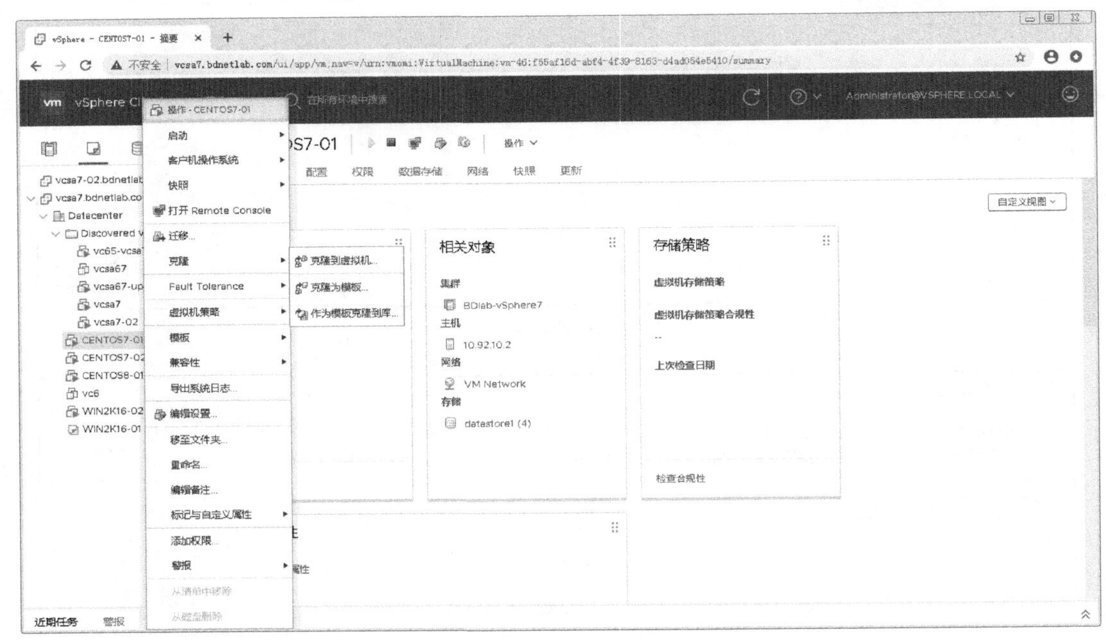

图3-3-29

第2步，选择模板类型，如图3-3-30所示，此处选择“虚拟机模板”，单击“NEXT”按钮。

CENTOS7-01 - 将虚拟机克隆为模板

1 基本信息
2 位置
3 选择计算资源
4 选择存储
5 查看

基本信息

模板类型　虚拟机模板

名称　CENTOS7-Template

备注

为该模板选择文件夹

vcsa7.bdnetlab.com

Datacenter

CANCEL　BACK　NEXT

图3-3-30

第3步，确认将此虚拟机作为模板克隆到本地库，如图3-3-31所示，单击“NEXT”按钮。

第4步，将虚拟机克隆为模板余下的步骤与制作虚拟机模板相同，此处不做演示。完成后在内容库可以看到新创建的虚拟机模板，如图3-3-32所示。

3. 利用内容库中的虚拟机模板部署虚拟机

第1步，选择内容库中的虚拟机模板，在“操作”中选择“从此模板新建虚拟机”

选项，如图 3-3-33 所示。

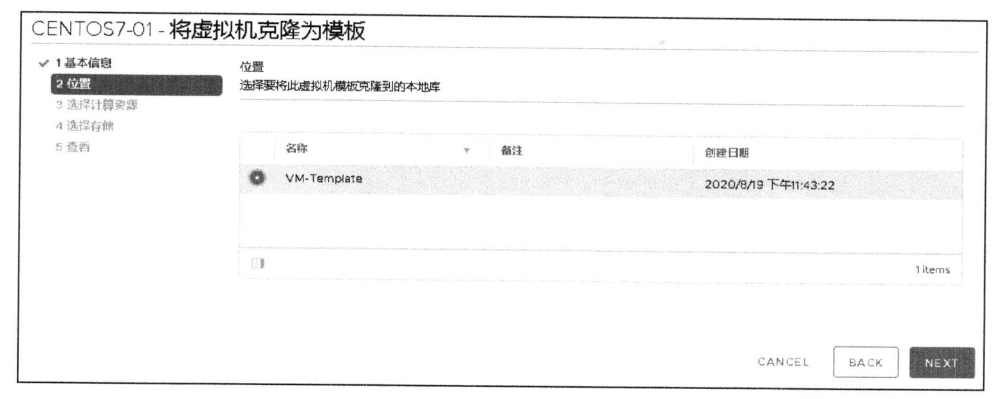

图 3-3-31

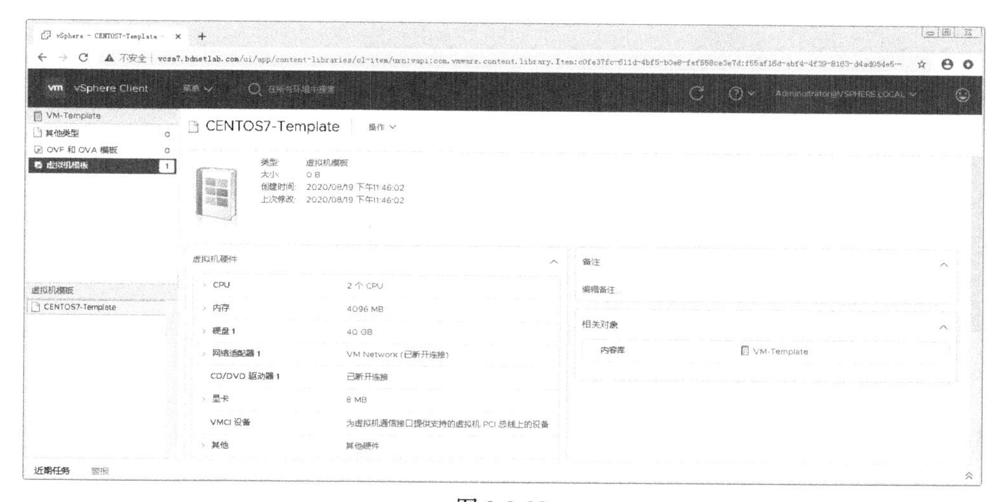

图 3-3-32

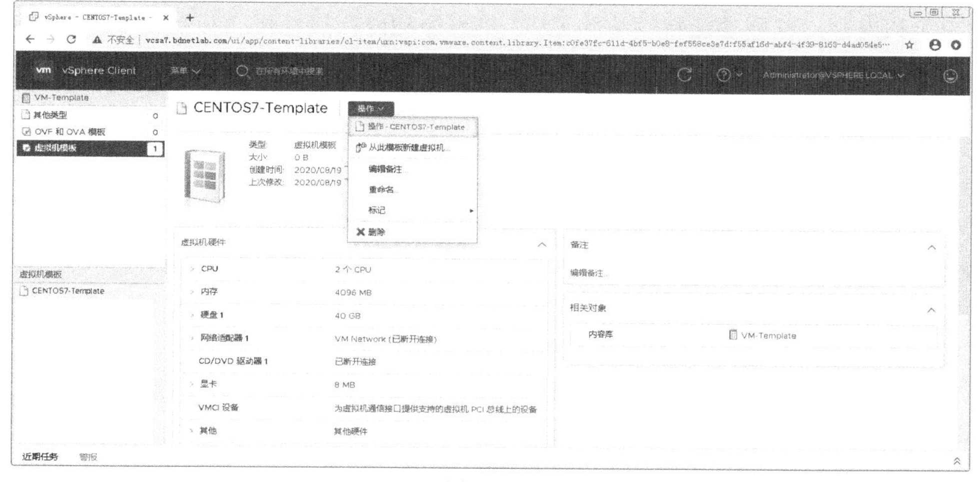

图 3-3-33

第 2 步，从虚拟机模板部署虚拟机，此处不再做演示，用户可以参考前面章节内容完成。完成后可以看到利用内容库虚拟机模板创建的虚拟机，如图 3-3-34 所示。

图 3-3-34

3.4　虚拟机常用操作

生产环境中的虚拟机创建好后，有时会根据实际需求对虚拟机进行调整，比较常见的有调整硬件、快照等。本节将介绍生产环境中虚拟机常用的一些操作。

3.4.1　热插拔虚拟机硬件

一般情况下，在物理服务器添加设备或从中移除 CPU、内存等硬件时，需要关闭物理服务器。对于虚拟机来说，无须关闭虚拟机即可动态添加资源。虚拟机允许在开启状态时添加 CPU 和内存。这些功能特性称为 CPU 热添加和内存热插拔，只能在支持可热插拔功能的客户机操作系统上使用。默认情况下，这些功能特性处于禁用状态。要使用热插拔功能特性，必须满足以下要求。

- 虚拟机必须安装 VMware Tools。
- 虚拟机硬件版本必须为 11.0 或以上版本。
- 虚拟机中的客户机操作系统必须支持 CPU 和内存热插拔功能特性。
- 虚拟机虚拟硬件选项卡 CPU 和内存必须已启用热插拔功能。

第 1 步，查看虚拟机硬件。CPU 数量为 2，内存为 4GB，默认情况下热插拔功能未启用，CPU、内存选项呈灰色，无法在开机状态对其进行调整，如图 3-4-1 所示。

第 2 步，关闭虚拟机电源，此时 CPU 及内存都可以进行调整，勾选“启用 CPU 热添加”复选框并启用“内存热插拔”，如图 3-4-2 所示，单击“确定”按钮。

第 3 步，打开虚拟机电源，通过任务管理器可以看到 CPU 及内存情况，如图 3-4-3 所示。

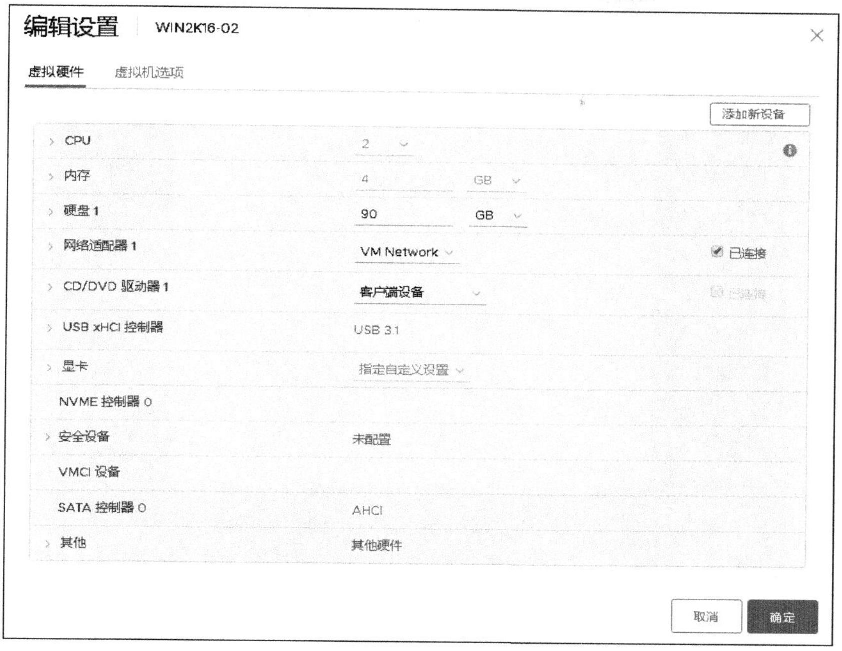

编辑设置 WIN2K16-02

虚拟硬件 虚拟机选项

添加新设备

CPU	2
内存	4 GB
硬盘 1	90 GB
网络适配器 1	VM Network ☑ 已连接
CD/DVD 驱动器 1	客户端设备 ☐ 已连接
USB xHCI 控制器	USB 3.1
显卡	指定自定义设置
NVME 控制器 0	
安全设备	未配置
VMCI 设备	
SATA 控制器 0	AHCI
其他	其他硬件

取消 确定

图 3-4-1

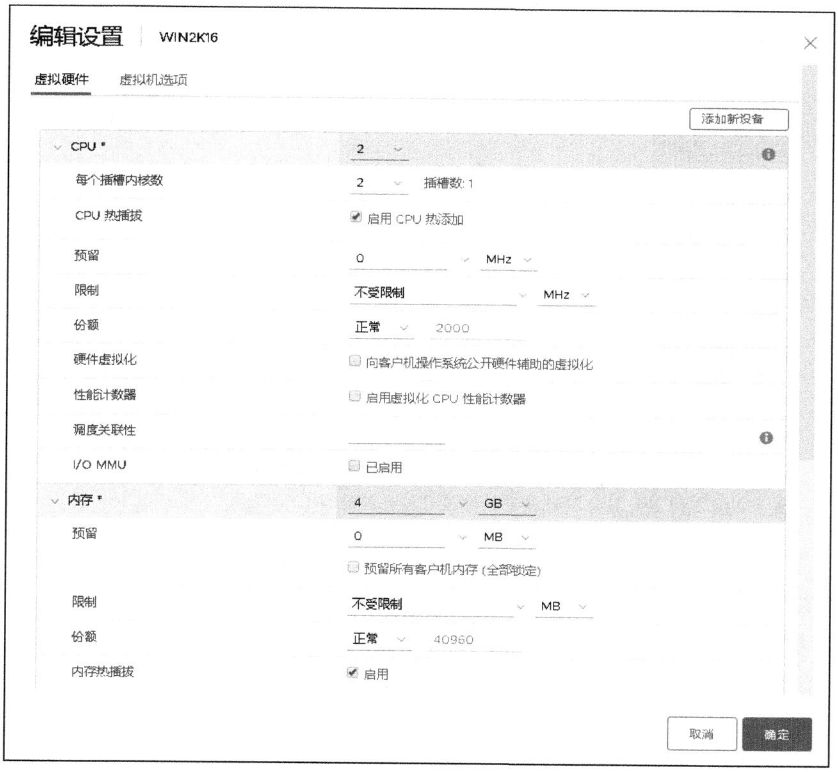

编辑设置 WIN2K16

虚拟硬件 虚拟机选项

添加新设备

CPU *	2
每个插槽内核数	2 插槽数: 1
CPU 热插拔	☑ 启用 CPU 热添加
预留	0 MHz
限制	不受限制 MHz
份额	正常 2000
硬件虚拟化	☐ 向客户机操作系统公开硬件辅助的虚拟化
性能计数器	☐ 启用虚拟化 CPU 性能计数器
调度关联性	
I/O MMU	☐ 已启用
内存 *	4 GB
预留	0 MB
	☐ 预留所有客户机内存 (全部锁定)
限制	不受限制 MB
份额	正常 40960
内存热插拔	☑ 启用

取消 确定

图 3-4-2

第 4 步，不关机情况下调整虚拟机硬件，通过图 3-4-4 可以看到 CPU 及内存发生变化。

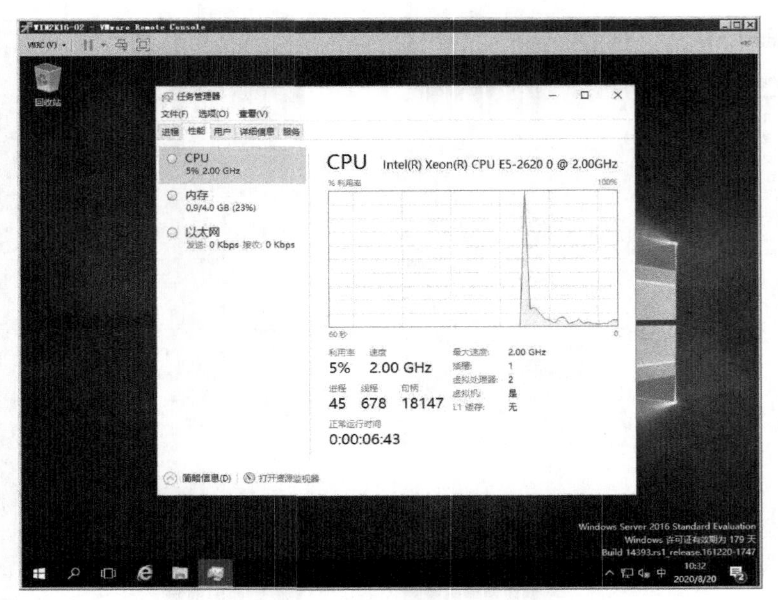

图 3-4-3

图 3-4-4

虽然虚拟机支持硬件热插拔，但生产环境中建议在关机状态下进行调整，因操作系统的原因，有时热插拔硬件会导致虚拟机蓝屏或挂起。同时，生产环境中使用硬件一定要结合操作系统版本，如果不支持，添加的硬件操作系统无法识别。

3.4.2　调整虚拟机磁盘

生产环境中随着虚拟机的使用可能出现磁盘空间不足的情况，此时可以调整磁盘空间，增加虚拟磁盘空间后，还需要增加该磁盘上文件系统的空间。借助客户机操作系统中的相应工具，文件系统即可使用新分配的磁盘空间。需要注意的是，增加虚拟磁盘空间时，虚拟机不得附加快照。

第 1 步，查看虚拟机磁盘情况，目前磁盘空间是 89.98GB，如图 3-4-5 所示。

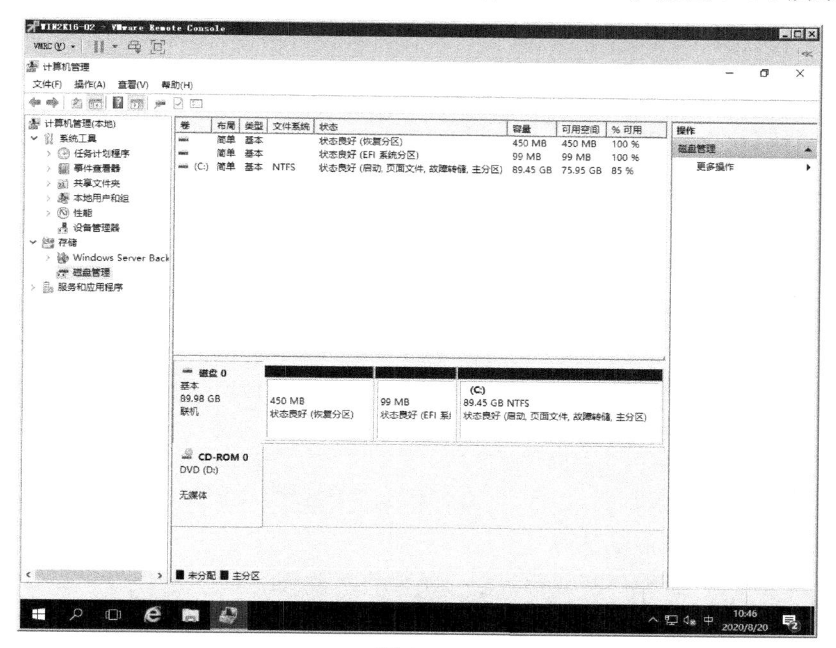

图 3-4-5

第 2 步，增加 10GB 磁盘空间，操作系统已识别，但空间处于未分配状态，如图 3-4-6 所示。

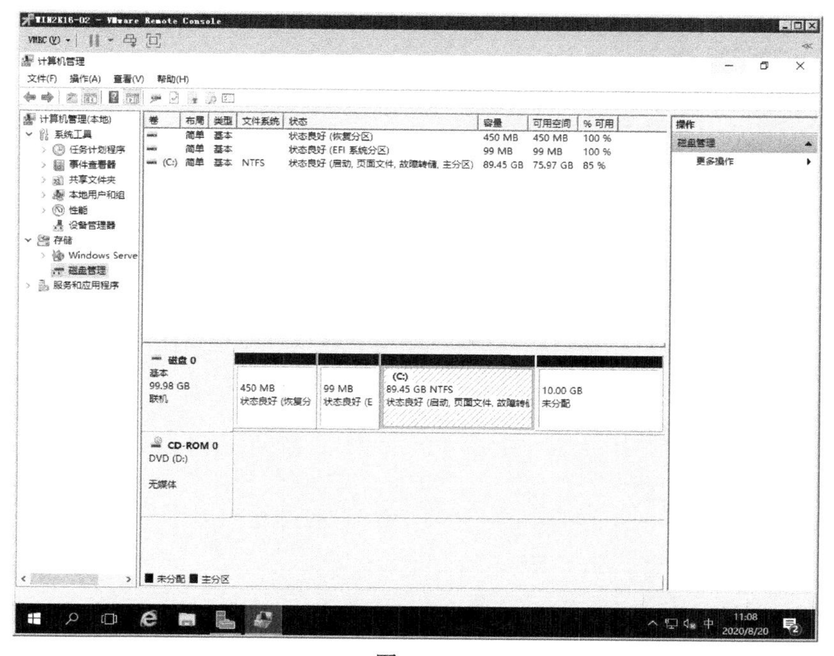

图 3-4-6

第 3 步，使用扩展卷向导进行扩容，如图 3-4-7 所示，单击“下一步”按钮。

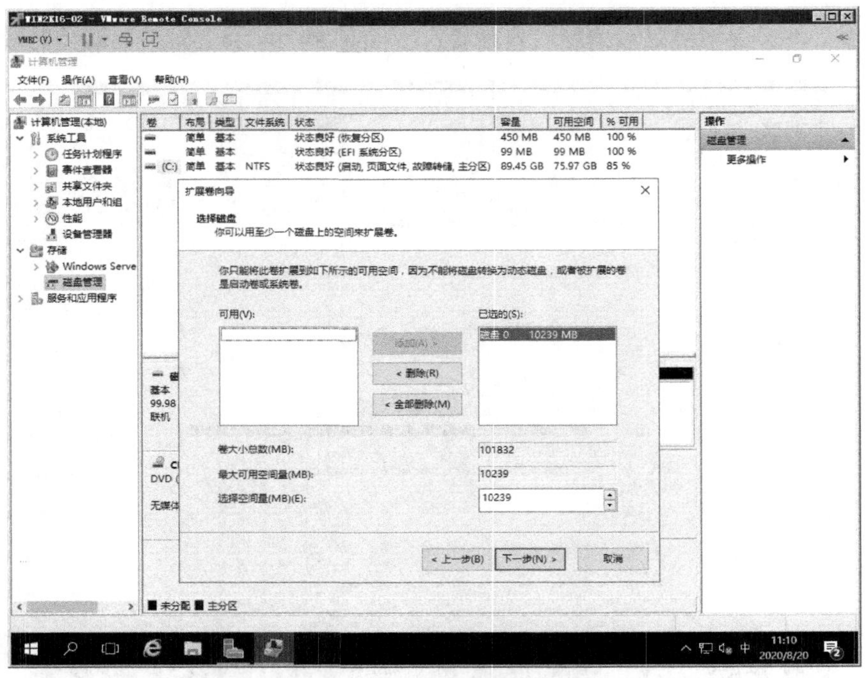

图 3-4-7

第 4 步，完成磁盘空间的增加，磁盘容量变为 99.98GB，如图 3-4-8 所示。

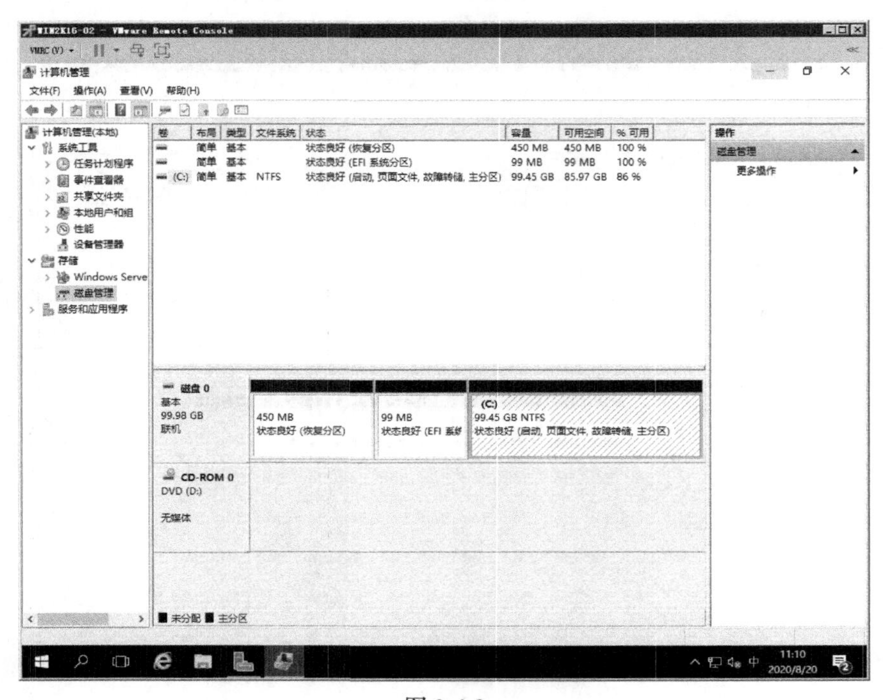

图 3-4-8

3.4.3 使用虚拟机快照

快照在生产环境中使用非常广泛，例如，在进行某项操作前不确定该操作是否对虚拟机有影响，可以制作快照，这样出现问题时可以回退到操作前的状态。另外，快照也可以在对虚拟机的客户机操作系统进行修补或升级时使用。

快照能捕获创建快照时的虚拟机完整状态，包括以下状态。

（1）内存状态：虚拟机内存的内容。当虚拟机已经启动并且勾选“生成虚拟机内存快照”复选框时才会捕获内存状态。

（2）设置状态：虚拟机设置。

（3）磁盘状态：虚拟机的所有虚拟磁盘的状态。创建快照时，还可以将客户机操作系统置于静默状态。此操作会将客户机操作系统的文件系统置于静默状态，仅当不将内存状态捕获为快照的一部分时，此选项才可用。一台虚拟机可以有一个或多个快照。对于每个快照，将创建以下文件。

- 快照增量文件：此文件包含拍摄快照以来虚拟磁盘数据的变化。拍摄虚拟机快照时，将保留每个虚拟磁盘的状态。虚拟机停止写入其-flat.vmdk 文件，而将写操作重定向至-######delta.vmdk 或-######-sesparse.vmdk（其中，######表示按序排列的下一个数字）。通过将一个或多个虚拟磁盘指定为独立磁盘，可以从快照中排除它们。将虚拟磁盘配置为独立磁盘通常是在创建虚拟磁盘时完成的，但每次关闭虚拟机时都可以更改此设置。
- 磁盘描述符文件：-00000#.vmdk。这是一个包含快照相关信息的小文本文件。
- 配置状态文件：-.vmsn。#代表磁盘依次排列的顺序号，从 1 开始。该文件在拍摄快照时保留虚拟机的活动内存状态，包括虚拟硬件、电源状态和硬件版本。
- 内存状态文件：-.vmem。如果在创建快照期间勾选了“生成虚拟机内存快照”复选框，则将创建此文件。它包含拍摄虚拟机快照时虚拟机的全部内容。
- 快照活动内存文件：-.vmem。如果在创建快照期间选择了将内存包含在内的选项，此文件将包含虚拟机内存中的内容。
- 快照列表文件：.vmsd。是在创建虚拟机时生成的，它用于保存虚拟机的快照信息，以便可以在 vSphere Client 中创建快照列表。这些信息包括.vmsn 快照文件的名称和虚拟磁盘文件的名称。
- 快照状态文件的扩展名为：.vmsn。用于存储拍摄快照时的虚拟机状态。在虚拟机上创建每个快照时都会生成一个新的.vmsn 文件，该文件会在删除快照时删除。该文件的大小会根据快照创建时选择的选项而有所不同。例如，在快照中包含虚拟机的内存状态会增加.vmsn 件的大小。

可从快照中排除一个或多个.vmdk 文件，方法是将虚拟机中的虚拟磁盘指定为独立磁盘。通常情况下，创建虚拟磁盘时就会将虚拟磁盘置于独立模式。如果创建虚拟磁盘时未启用独立模式，则必须关闭虚拟机以启用该模式。也可能存在其他文件，具体取决于虚拟机硬件版本。

创建虚拟机快照时会创建增量磁盘或子磁盘，增量磁盘使用不同的稀疏格式，具体取决于数据存储的类型。

- VMFSsparse：VMFS5 对小于 2TB 的虚拟磁盘使用 VMFSsparse 格式。VMFSsparse 在 VMFS 上实现。VMFSsparse 层会处理发到快照虚拟机的 I/O 操作。严格来说，VMFSsparse 是一种开始时是空的重做日志，它在创建虚拟机快照之后启动。当在虚拟机快照后使用新数据重写整个.vmdk 文件时，重做日志将扩展为其基础.vmdk 文件的大小。此重做日志是 VMFS 数据存储中的文件。创建快照时，与虚拟机相连的基础 VMDK 将更改为新创建的稀疏 VMDK。
- SEsparse：SEsparse 是 VMFS6 数据存储中所有增量磁盘的默认格式。在 VMFS5 上，SEsparse 用于 2TB 及以上的虚拟磁盘。SEsparse 是一种与 VMFSsparse 类似但具有一些增强功能的格式。此格式空间效率高，并支持空间回收技术。使用空间回收，可以对客户机操作系统删除的数据块进行标记。系统会向 Hypervisor 中的 SEsparse 层发送命令，取消映射这些数据块。当客户机操作系统删除这些数据后，取消映射有助于回收 SEsparse 分配的空间。

第 1 步，进入“生成快照”界面，可以根据实际情况决定是否勾选“生成虚拟机内存快照”或“使用客户机文件系统处理静默状态（需要安装有 VMware Tools）”复选框，如图 3-4-9 所示，单击“确定”按钮后开始生成快照。

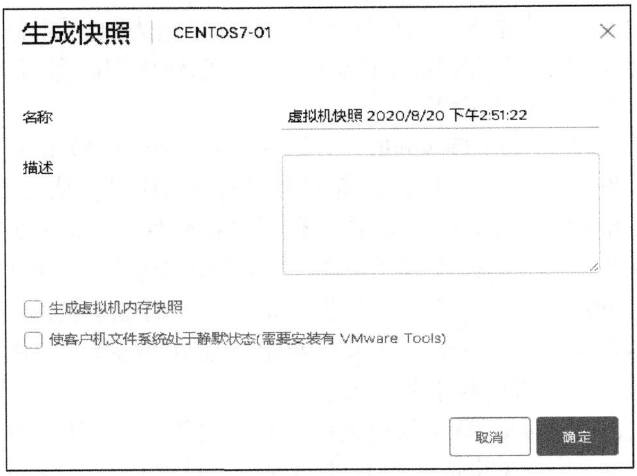

图 3-4-9

第 2 步，完成虚拟机快照创建后，在“管理快照”界面可以看到生成的快照，如果有多个快照，会呈阶梯状显示，如图 3-4-10 所示。

其中的参数解释如下。

（1）编辑

该按钮用于编辑快照名称和描述。

（2）删除

该按钮用于从快照管理器中移除快照，并将快照文件整合到父快照磁盘中。此外，删除快照时还会将所删快照信息的增量磁盘中的全部数据写入父磁盘中。删除基础父快照时，所有更改都将与基础.vmdk 文件合并。

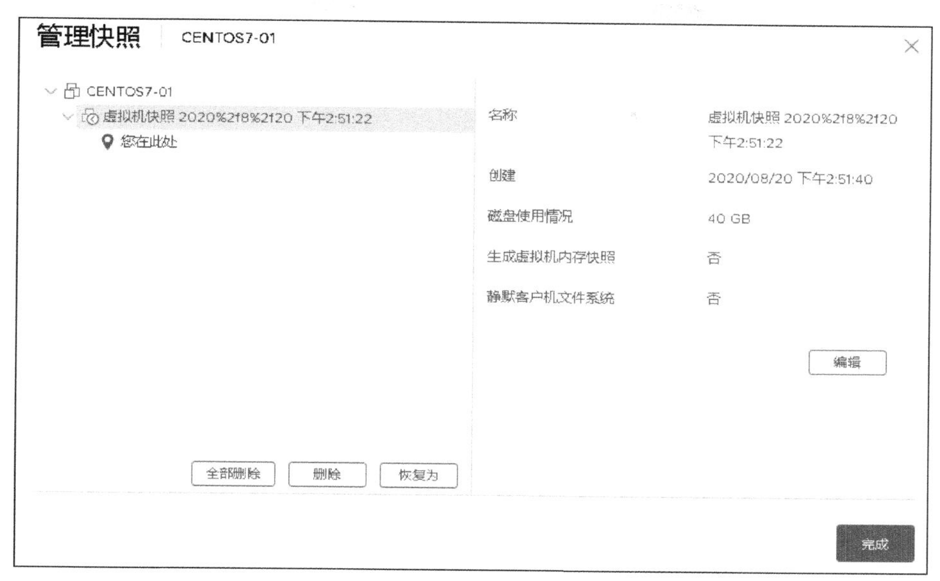

图 3-4-10

（3）全部删除

该按钮用于将当前状态图标“您在此处”之前的所有中间快照提交到虚拟机，然后移除该虚拟机的所有快照。

（4）恢复为

该按钮还原或恢复到特定快照。还原的快照会变为当前快照。恢复到某个快照时，系统会将所有项目恢复到拍摄该快照时所处的状态。如果希望在启动挂起、开启或关闭任务后，虚拟机处于相应状态，要确保在创建快照时虚拟机处于正确的状态。

需要说明的是，在 VMware vSphere 虚拟化环境中，快照不是备份工具，虚拟机过多的快照可能导致虚拟机运行速度变慢或者无法启动等。

3.4.4 虚拟机其他选项

VMware vSphere 环境除了可以对虚拟机硬件进行调整外，还可以根据实际需要对一些选项进行调整。

1. 虚拟机常规选项

虚拟机常规选项如图 3-4-11 所示。在常规选项中，可以查看虚拟机配置文件的位置和名称，以及虚拟机目录的位置。但是，只能修改虚拟机名称和客户机操作系统类型。更改虚拟机名称时，并不会更改所有虚拟机文件或虚拟机存储目录的名称。虚拟机创建后，与该虚拟机相关的文件名和目录名取决于虚拟机名称。

2. VMware Tools 选项

VMware Tools 选项如图 3-4-12 所示。使用 VMware Tools 控件自定义虚拟机上的电源按钮时，虚拟机必须处于关闭状态。可通过勾选“每次打开电源前检查并升级 VMware Tools”复选框，检查是否有较新版本，如果有新版本，VMware Tools 将在虚拟机重新启动后升级。勾选“定期同步时间”复选框，客户机操作系统时钟将与主机同步。

编辑设置 WIN2K16-01

虚拟硬件 虚拟机选项

常规选项

虚拟机名称 WIN2K16-01

虚拟机配置文件 [datastore1 (1)] WIN2K16-01/WIN2K16-01.vmx

虚拟机工作位置 [datastore1 (1)] WIN2K16-01/

客户机操作系统 Windows

客户机操作系统版本 Microsoft Windows Server 2016 (64 位)

VMware Remote Console 选项 最后一个远程用户断开连接后，锁定客户机操作系统

加密 展开以查看加密设置

电源管理 展开以查看电源管理设置

VMware Tools 展开以查看 VMware Tools 设置

基于虚拟化的安全性 启用

引导选项 展开以查看引导选项

高级 展开以查看高级设置

取消 确定

图 3-4-11

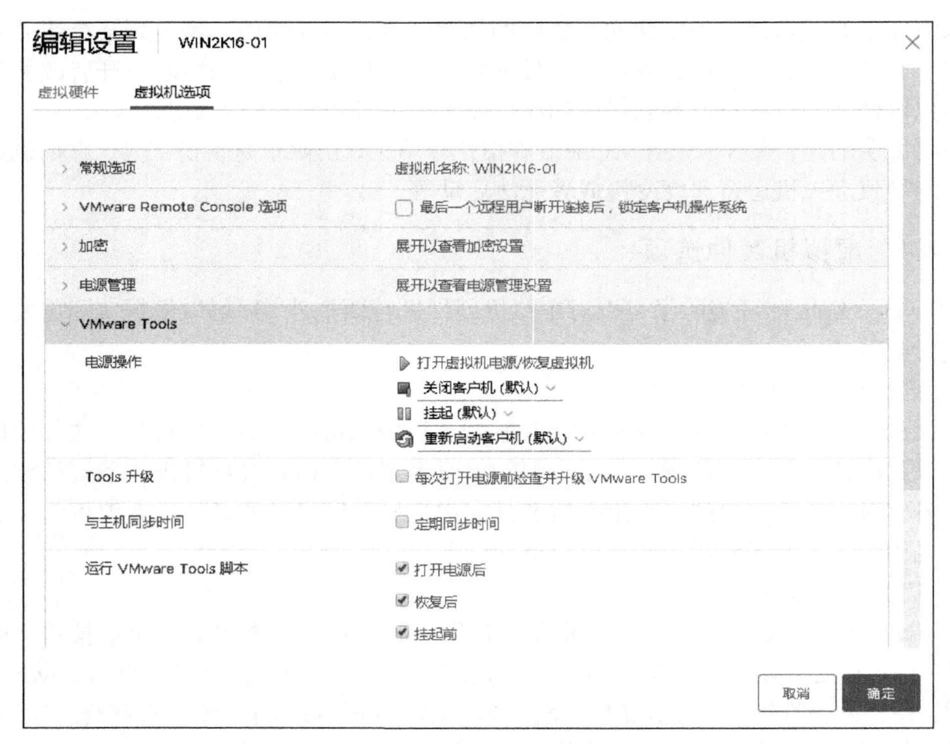

图 3-4-12

3. 引导选项

引导选项如图 3-4-13 所示。创建虚拟机并选择客户机操作系统时，系统将自动选择“BIOS”或“EFI”，具体取决于操作系统支持的固件。如果操作系统支持 BIOS 和 EFI，则可根据需要更改引导选项。必须在安装客户机操作系统之前更改该选项。

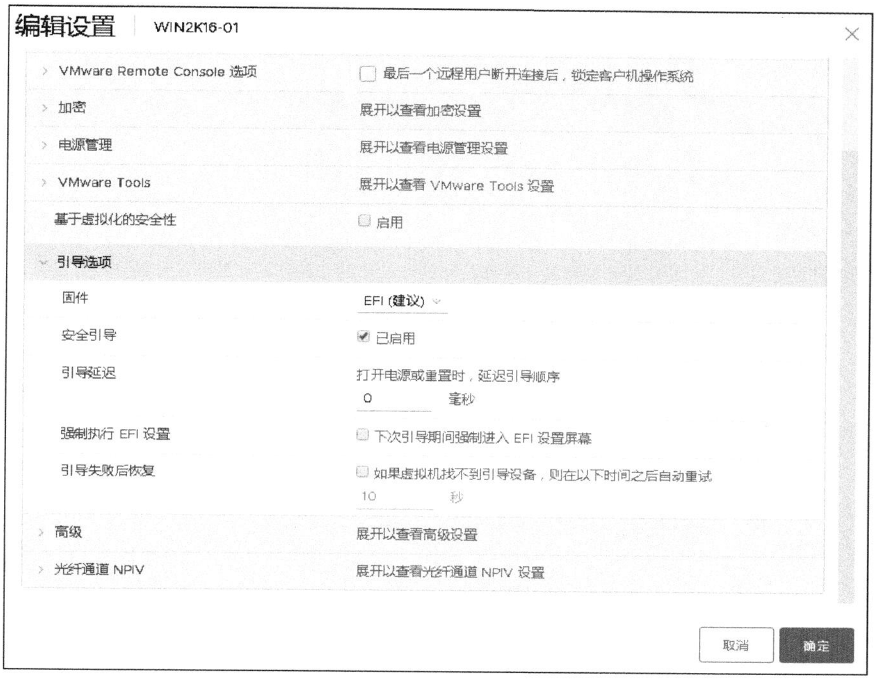

编辑设置 WIN2K16-01	
VMware Remote Console 选项	最后一个远程用户断开连接后，锁定客户机操作系统
加密	展开以查看加密设置
电源管理	展开以查看电源管理设置
VMware Tools	展开以查看 VMware Tools 设置
基于虚拟化的安全性	启用
引导选项	
固件	EFI (建议)
安全引导	已启用
引导延迟	打开电源或重置时，延迟引导顺序 0 毫秒
强制执行 EFI 设置	下次引导期间强制进入 EFI 设置屏幕
引导失败后恢复	如果虚拟机找不到引导设备，则在以下时间之后自动重试 10 秒
高级	展开以查看高级设置
光纤通道 NPIV	展开以查看光纤通道 NPIV 设置
	取消 确定

图 3-4-13

UEFI 安全启动是一项安全标准，有助于确保启动时仅使用制造商信任的软件。在支持 UEFI 安全启动的操作系统中，每个启动软件（包括启动加载程序、操作系统内核和操作系统驱动程序）都要签名。如果为虚拟机启用“安全引导”，则只能将签名的驱动程序加载到该虚拟机中。

通过“引导延迟”选项可以设置虚拟机开启到客户机操作系统开始引导之间的时间延迟。延迟引导可帮助在多台虚拟机处于开启状态时交错启动虚拟机。

如果需要强制虚拟机从 CD/DVD 启动，可以勾选“强制执行 EFI 设置”右侧的“下次引导期间强制进入 EFI 设置屏幕”复选框，下一次启动虚拟机时，将直接进入 BIOS。

3.4.5 重新注册虚拟机

虚拟机在使用过程中，有可能需要重新注册，这种情况可以先从清单将虚拟机移除，其文件还是保留在原存储位置，然后通过浏览器存储重新注册该虚拟机。

第 1 步，将虚拟机从清单中移除，如图 3-4-14 所示。

第 2 步，确认移除，如图 3-4-15 所示，单击“是”按钮。

第 3 步，通过浏览存储找到虚拟机所在文件夹，选择“CENTOS8-01.vmx”文件，如图 3-4-16 所示，单击“注册虚拟机”。

图 3-4-14

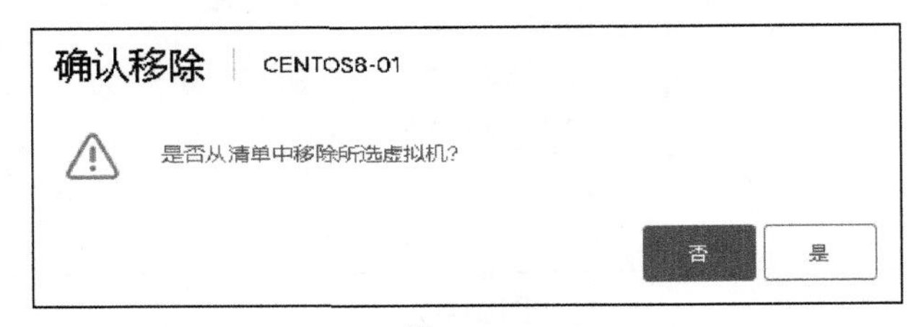

图 3-4-15

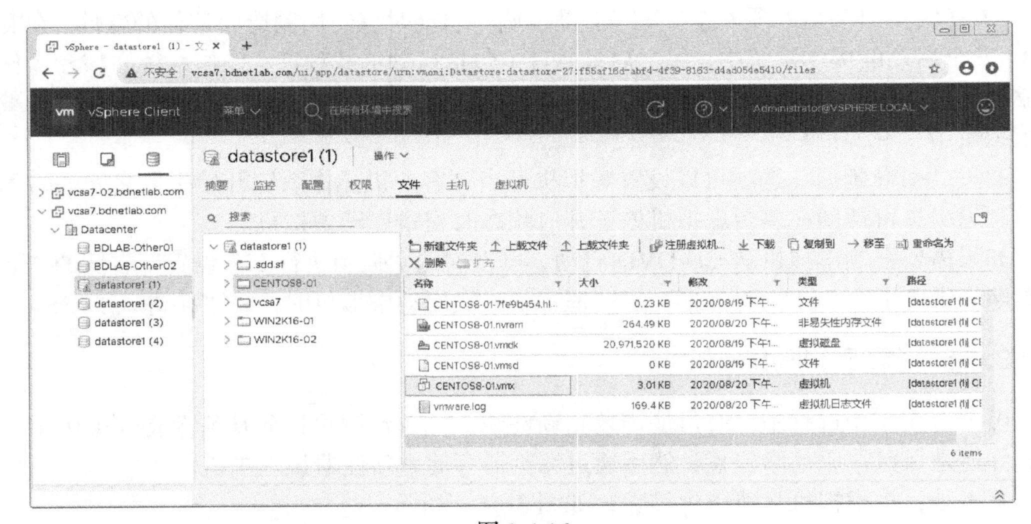

图 3-4-16

第 4 步，进入注册虚拟机向导界面，输入虚拟机名称及计算资源即可完成重新注册，如图 3-4-17 所示，单击“NEXT”按钮。

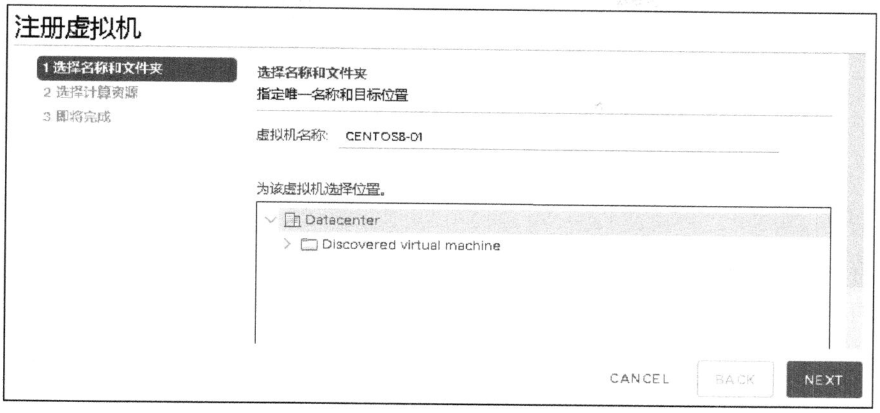

注册虚拟机

1 选择名称和文件夹
2 选择计算资源
3 即将完成

选择名称和文件夹
指定唯一名称和目标位置

虚拟机名称: CENTOS8-01

为该虚拟机选择位置。

Datacenter
Discovered virtual machine

CANCEL BACK NEXT

图 3-4-17

第 5 步，完成虚拟机的重新注册，虚拟机电源处于关闭状态，如图 3-4-18 所示。

图 3-4-18

第 6 步，打开虚拟机电源，虚拟机正常运行，说明重新注册成功，如图 3-4-19 所示。

图 3-4-19

本节介绍了生产环境中虚拟机的常见操作，当然日常操作还有很多，在此就不一一进行介绍了。

3.5　本章小结

本章介绍了如何创建和使用虚拟机，以及虚拟机常用操作。对于生产环境中的虚拟机来说，还有其他需要注意的地方。

（1）无论是 Windows 还是 Linux 虚拟机，在制作模板前，建议安装好 VMware Tools 工具。

（2）对于 Windows 虚拟机模板，建议安装好相应的补丁。

（3）对于 Linux 虚拟机模板，建议使用最小安装，根据生产环境的实际情况安装其他组件包。

（4）针对不同的操作系统创建不同的自定义规范，在部署过程中进行调用，避免 SID 以及 UUID 相同，确保在生产环境中具有唯一性。

（5）对于硬件的调整，无论 Windows 还是 Linux 虚拟机都支持热插拔，使用前需要勾选相应的启用复选框。

（6）对于生产环境，不建议在虚拟机访问量高的时候进行热插拔硬件调整，因为调整过程多少会存在一些卡顿，特别是 Windows 虚拟机，可能会出现蓝屏，因此建议在访问量较小的时候进行调整。

（7）生产环境快照的使用很多，一定要注意不能将快照作为备份工具，以及虚拟机不能有过多的快照。作者在项目中遇到不少由于过多快照导致虚拟机运行缓慢或者虚拟机崩溃的情况，使用整合功能也法操作。

（8）生产环境对虚拟机的调整要转变思路，不能用物理服务器思维来调整，特别某些喜欢修改注册表的运维人员，在虚拟机下直接修改注册表调整某些参数可能会导致虚拟机无法启动或者启动蓝屏等情况发生。

3.6　本章习题

1. 虚拟机由什么组成？
2. 虚拟机硬件是否必须和操作系统进行匹配？
3. 虚拟机硬件是否可以随意调整？
4. 创建虚拟机过程中选择的是 Windows 操作系统，是否可以安装 Linux 操作系统？
5. 虚拟机安装操作系统后，是否可以参考物理机方式进行优化？
6. 虚拟机不安装 VMware Tools 工具会有什么样的后果？
7. 通过模板创建的虚拟机网络无法使用，可能是什么原因？
8. 通过模板创建的虚拟机提示 SSID 冲突，应该如何处理？
9. 快照及克隆能否作为虚拟机的日常备份工具？
10. 热插拔硬件是否对虚拟机运行造成影响？

第 4 章　配置和管理虚拟网络

网络在 VMware vSphere 环境中相当重要，无论是管理 ESXi 主机还是 ESXi 主机上运行的虚拟机对外提供服务都依赖于网络。VMware vSphere 提供了强大的网络功能，其基本的网络配置就是标准交换机和分布式交换机。本章将介绍如何配置和使用标准交换机、分布式交换机及 NSX-T 网络。

【本章要点】

- VMware vSphere 网络介绍
- 配置和使用标准交换机
- 配置和使用分布式交换机
- 配置和使用 NSX-T 网络

4.1　VMware vSphere 网络介绍

VMware vSphere 网络是管理 ESXi 主机及虚拟机进行外部通信的关键，如果配置不当可能会出现问题，严重影响网络的性能，甚至导致服务全部停止。

4.1.1　虚拟网络通信原理

ESXi 主机通过模拟出一个虚拟交换机（Virtual Switch）实现虚拟机对外通信，其功能相当于一台传统的二层交换机。图 4-1-1 所示是 ESXi 主机的通信原理示意图。

安装完 ESXi 主机后，会默认创建一个虚拟交换机，物理网卡作为虚拟标准交换机的上行链路接口与物理交换机连接对外提供服务。在图 4-1-1 中，左边有 4 台虚拟机，每台虚拟机配置 1 个虚拟网卡，这些虚拟网卡连接到虚拟交换机的端口，然后通过上行链路接口连接到物理交换机，虚拟机即可对外提供服务。如果上行链路接口没有对应的物理网卡，那么这些虚拟机就形成一个网络孤岛，无法对外提供服务。

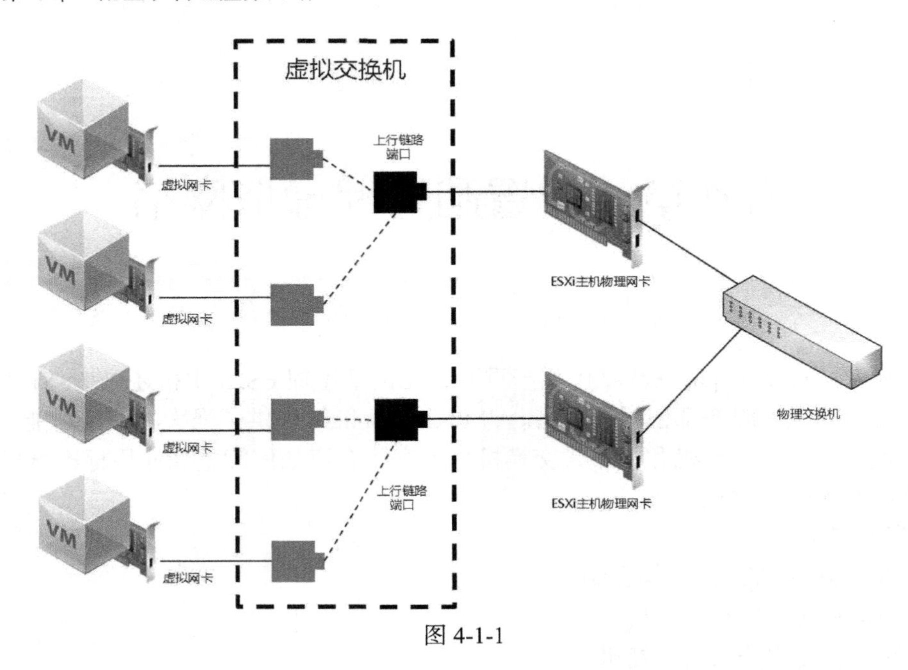

图 4-1-1

4.1.2 虚拟网络组件

了解了 ESXi 主机通信原理后，接下来对 ESXi 主机所涉及的网络组件进行简要的介绍。

1. Standard Switch

Standard Switch，中文称为标准交换机，简称 vSS。它是由 ESXi 主机虚拟出来的交换机，在安装完 ESXi 后，系统会自动创建一个标准交换机 vSwitch0，这个虚拟交换机的主要功能是提供管理、虚拟机与外界通信等功能。在生产环境中，一般会根据应用需要，创建多个标准交换机对各种流量进行分离，并提供冗余及负载均衡。除了默认的 vSwitch0 外，还创建 vSwitch1 用于 iSCSI，以及 vSwitch2 用于 vMotion。在生产环境中，应该根据实际情况创建多个标准交换机。

2. Distributed Switch

Distributed Switch，中文称为分布式交换机，简称 vDS。vDS 是横跨多台 ESXi 主机的虚拟交换机。如果使用 vSS，需要在每台 ESXi 主机进行网络配置。如果 ESXi 主机数量较少，其比较适用。如果 ESXi 主机数量较多，vSS 就不适用了，会极大增加管理人员的工作量。

3. vSwitch Port

vSwitch Port，中文称为虚拟交换机端口。在 ESXi 主机上创建的 vSwitch 相当于一个传统的二层交换机，既然是交换机，那么就存在端口，默认情况下，一个 vSwitch 的端口为 120 个。

4. Port Group

Port Group，中文称为端口组。在一个 vSwitch 中，可以创建一个或多个 Port Group，并且针对不同的 Port Group 进行 VLAN 及流量控制等方面的配置，然后将虚拟机划入不同的 Port Group，这样可以提供不同优先级的网络使用率。在生产环境中可以创建多个端口组用以满足不同的应用。

5. Virtual Machine Port Group

Virtual Machine Port Group，中文称为虚拟机端口组。在 ESXi 系统安装完成后系统自动创建的 vSwitch0 上默认创建一个虚拟机端口组，供虚拟机与外部通信使用。在生产环境中，建议将管理网络与虚拟机端口组进行分离。

6. VMkernel Port

VMkernel Port 在 ESXi 主机网络中是一个特殊的端口，VMware 对其的定义为运行特殊流量的端口，如管理流量、iSCSI 流量、NFS 流量、vMotion 流量等。与虚拟机端口组不同的是，VMkernel Port 必须配置 IP 地址。

4.1.3 虚拟网络 VLAN

在生产环境中，VLAN 的使用相当普遍。ESXi 主机的标准交换机和分布式交换机都支持 802.1Q 标准，当然与传统的支持方式也有一定差异。其比较常用的实现方式有以下两种。

1. External Switch Tagging

External Switch Tagging，简称 EST 模式。这种模式将 ESXi 主机物理网卡对应的物理交换机端口划入 VLAN，ESXi 主机不需额外配置。图 4-1-2 所示为 EST 模式下 VLAN 的实现方式。这种模式下只需将端口划入 VLAN，该端口就会传递相应的 VLAN 信息。

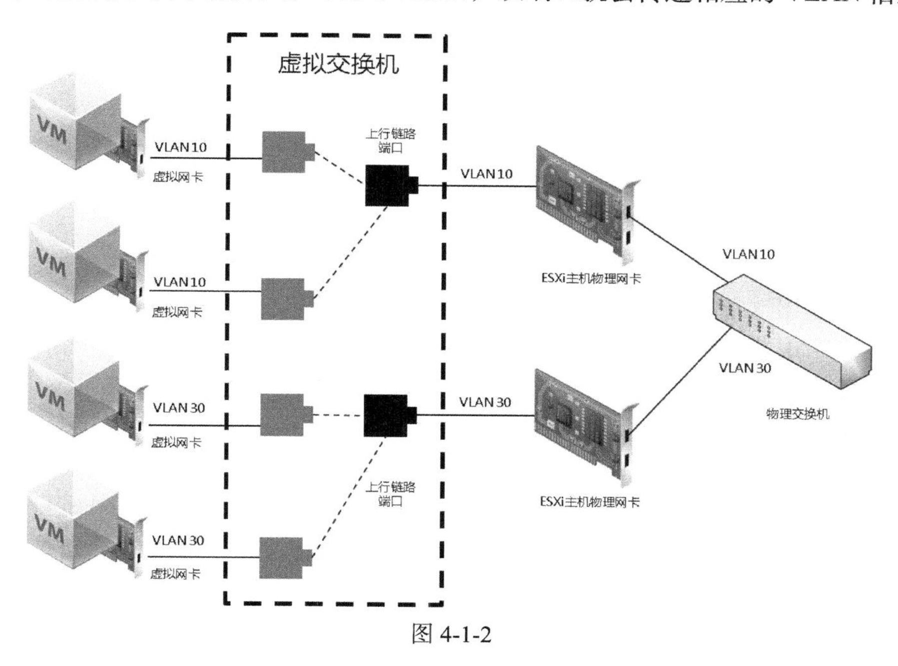

图 4-1-2

2. Virtual Switch Tagging

Virtual Switch Tagging，简称 VST 模式。这种模式要求 ESXi 主机物理网卡对应的物理交换机端口配置为 Trunk 模式，同时 ESXi 主机需要启用 Trunk 模式，以便端口组接受相应的 VLAN Tag 信息。图 4-1-3 所示为 VST 模式下 VLAN 的实现方式。这种模式下先要配置物理交换机端口模式为 Trunk，然后在 ESXi 主机网络对应的端口组下配置对应的 VLAN 信息。

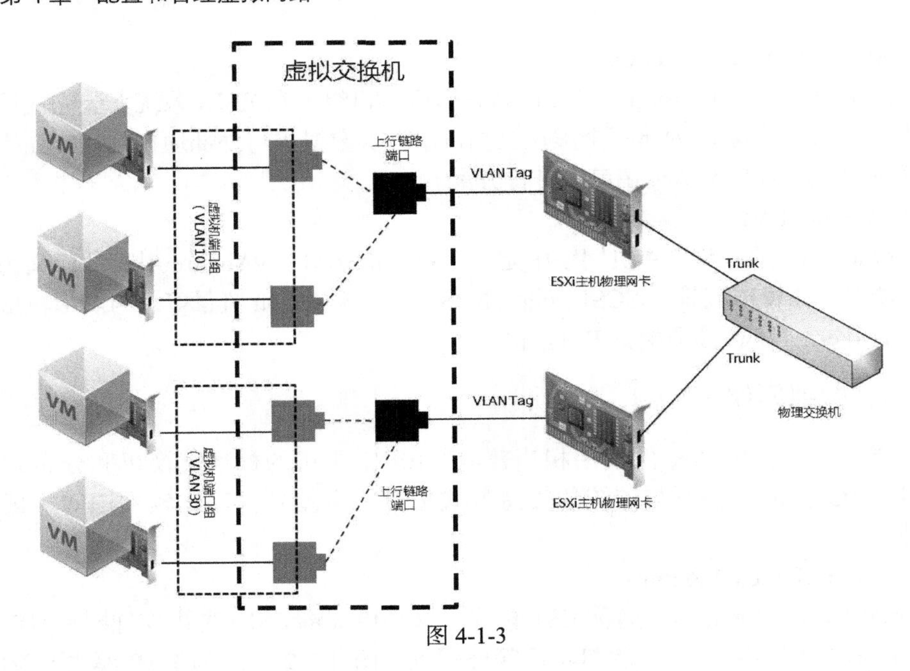

图 4-1-3

4.1.4　虚拟网络 NIC Teaming

如果 ESXi 主机的虚拟交换机只使用一个物理网卡，那么就存在单点故障隐患，当这个物理网卡发生故障则整个网络将中断，ESXi 主机服务全部停止。所以，对于虚拟交换机来说，负载均衡是必须要考虑的事情。当一个虚拟交换机有多个物理网卡的时候，就可以形成负载均衡。多物理网卡情况下负载均衡是如何实现的呢？主要有以下几种方式。

1．Originating Virtual Port ID

Originating Virtual Port ID，基于源虚拟端口的负载均衡。这是 ESXi 主机网络默认的负载均衡方式。采用这种方式，系统会将虚拟机网卡与虚拟交换机所属的物理网卡进行对应和绑定，绑定后虚拟机流量始终走虚拟交换机分配的物理网卡，而不管这个物理网卡流量是否过载，除非分配的这个物理网卡发生故障后才会尝试走另外活动的物理网卡。也就是说，基于源虚拟端口的负载均衡不属于动态的负载均衡方式，但可以实现冗余备份功能。

图 4-1-4 所示为基于源虚拟端口负载均衡示意图。在这种模式下，虚拟机通过算法与 ESXi 主机物理网卡进行绑定，虚拟机 01 和虚拟机 02 与 ESXi 主机物理网卡 vmnic0 进行绑定，虚拟机 03 和虚拟机 04 与 ESXi 主机物理网卡 vmnic1 进行绑定，无论网络流量是否过载，虚拟机只会通过绑定的网卡对外进行通信。当虚拟机 03 和虚拟机 04 绑定的 ESXi 主机物理网卡 vmnic1 出现故障时，虚拟机才会使用 ESXi 主机物理网卡 vmnic0 对外进行通信，如图 4-1-5 所示。

2．Source MAC Hash

Source MAC Hash，基于源 MAC 地址哈希算法的负载均衡。这种方式与基于源虚拟端口的负载均衡方式相似，如果虚拟机只使用一个物理网卡，那么它的源 MAC 地址不会发生任何变化，系统分配物理网卡及绑定后，无论网络流量是否过载，虚拟机流量始终“走”虚拟交换机分配的物理网卡，除非分配的这个物理网卡故障，才会尝试走另外活动的物理网卡。基于源 MAC 地址哈希算法的负载均衡还有另外一种实现方式，就是虚拟机使用多个虚拟网卡，以便生成多个 MAC 地址，这样虚拟机就能绑定多个物理网卡以实现负载均衡。

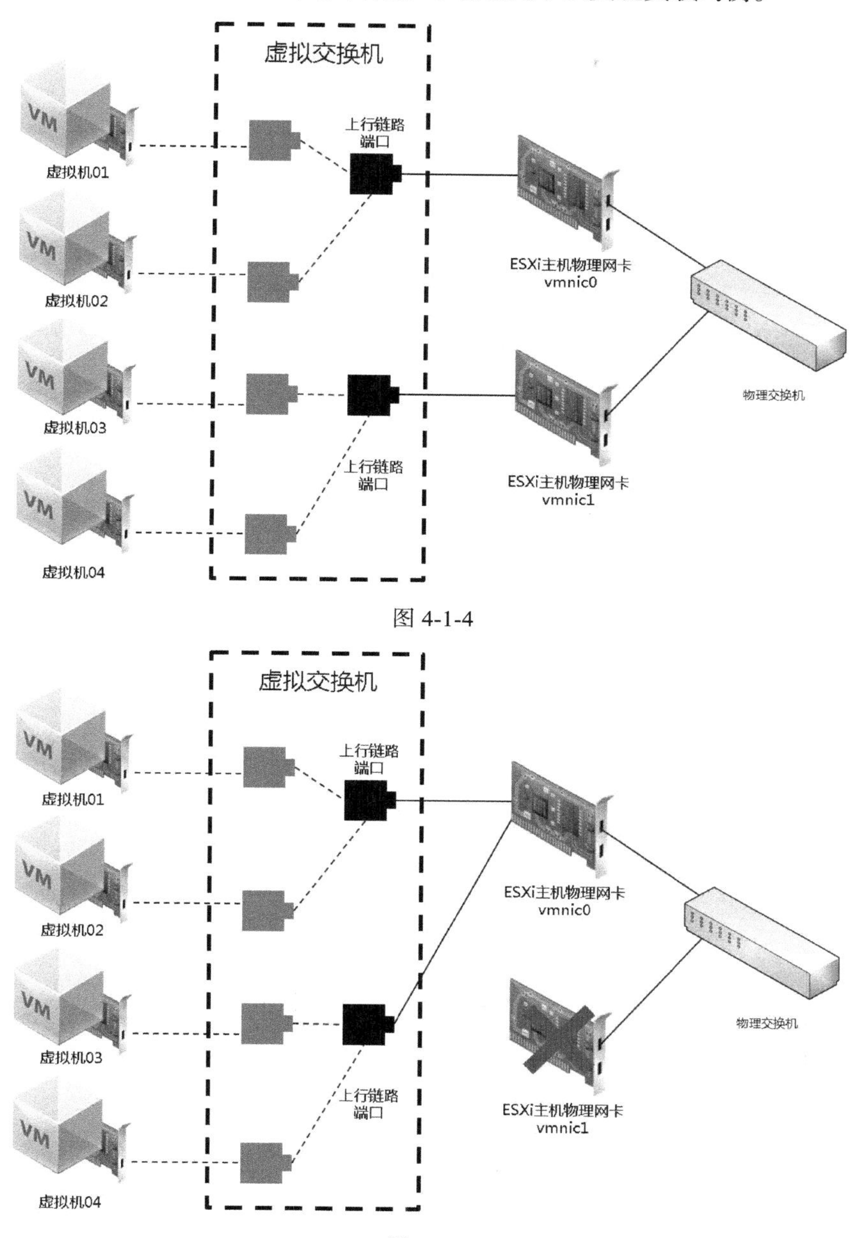

图 4-1-4

图 4-1-5

图 4-1-6 所示为基于源 MAC 地址的负载均衡示意图。虚拟机如果只有一个 MAC 地址，则与基于源虚拟端口的负载均衡相同，虚拟机 01 和虚拟机 02 与 ESXi 主机物理网卡 vmnic0 进行绑定，虚拟机 03 和虚拟机 04 与 ESXi 主机物理网卡 vmnic1 进行绑定，那么无论网络流量是否过载，虚拟机只会通过绑定的网卡对外进行通信。只有当虚拟机 03 和虚拟机 04 绑定的 ESXi 主机物理网卡 vmnic1 出现故障时，虚拟机才会使用 ESXi 主机物理网卡 vmnic0 对外进行通信，如图 4-1-7 所示。

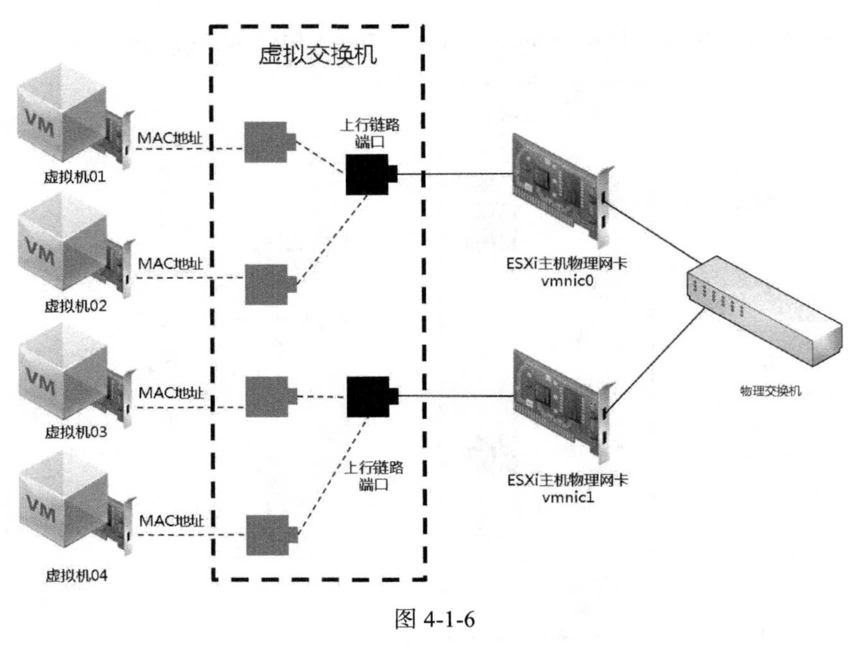

图 4-1-6

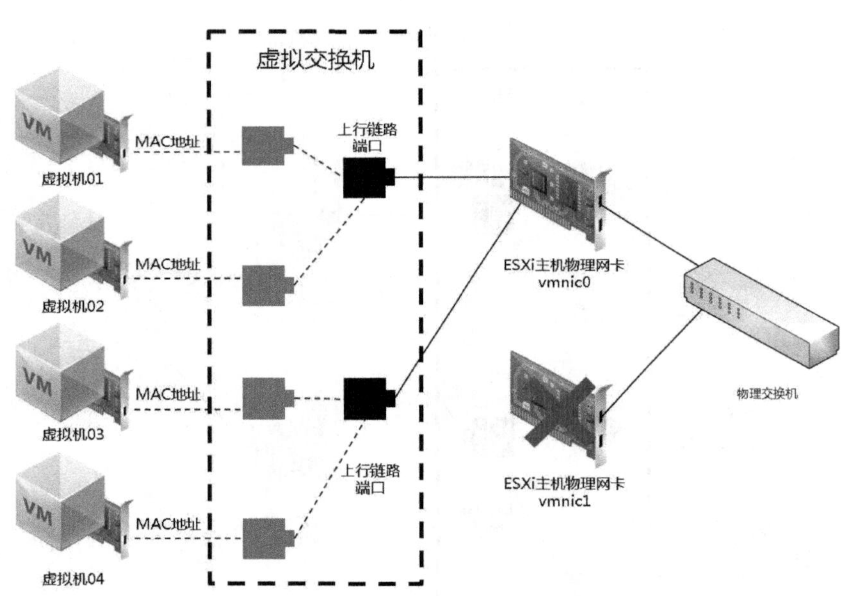

图 4-1-7

基于源 MAC 地址的负载均衡还存在另外一种方式，就是虚拟机多 MAC 地址模式。也就是说，虚拟机有多个虚拟网卡，图 4-1-8 中的虚拟机 02 和虚拟机 03 有两个网卡，意味着虚拟机有 2 个 MAC 地址。在这样的模式下，通过基于源 MAC 地址哈希算法的负载均衡，虚拟机可能使用不同的 ESXi 主机物理网卡对外通信。

3. IP Base Hash

IP Base Hash，基于 IP 哈希算法的负载均衡。这种方式与前两种负载均衡方式是完全不一样的，IP 哈希算法是基于源 IP 地址和目标 IP 地址计算出一个哈希值，源 IP 地址和不同目标 IP 地址计算的哈希值不一样，当虚拟机与不同目标 IP 地址通信时使用不同的哈希值，这个哈希值就会“走”不同的物理网卡，这样就可以实现动态的负载均衡。在 ESXi 主机网络上使用基于 IP 哈希算法的负载均衡，还必须满足一个前提，就是物理交换机必须支持链路聚合控制协议（Link Aggregation Control Protocol，LACP）以及思科私有的端口聚合协议（Port Aggregation Protocol，PAP），同时要求端口必须处于同一物理交换机（如果使用思科 Nexus 交换机的 Virtual Port Channel 功能，则不需要端口处于同一物理交换机）。

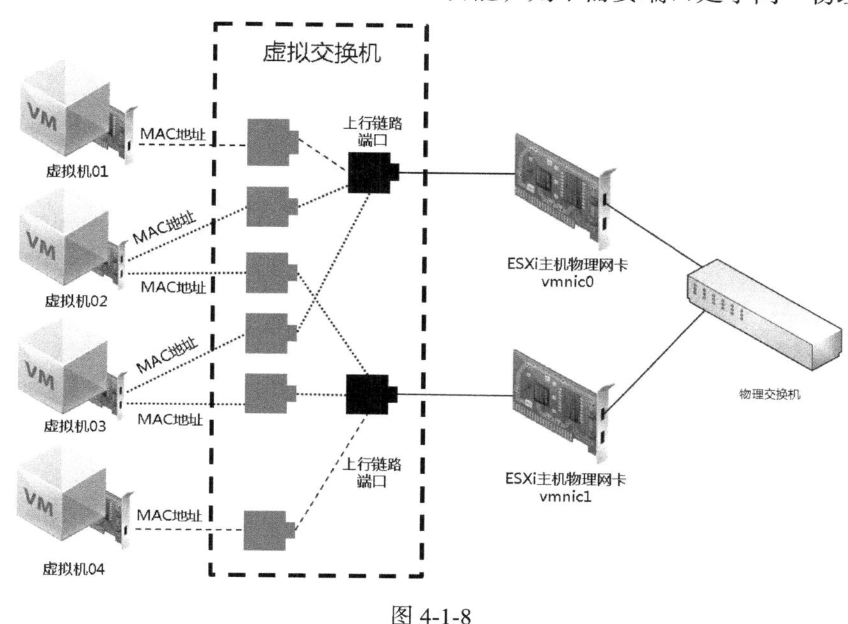

图 4-1-8

图 4-1-9 所示为基于 IP 哈希算法的负载均衡示意图。由于虚拟机源 IP 地址和不同目标

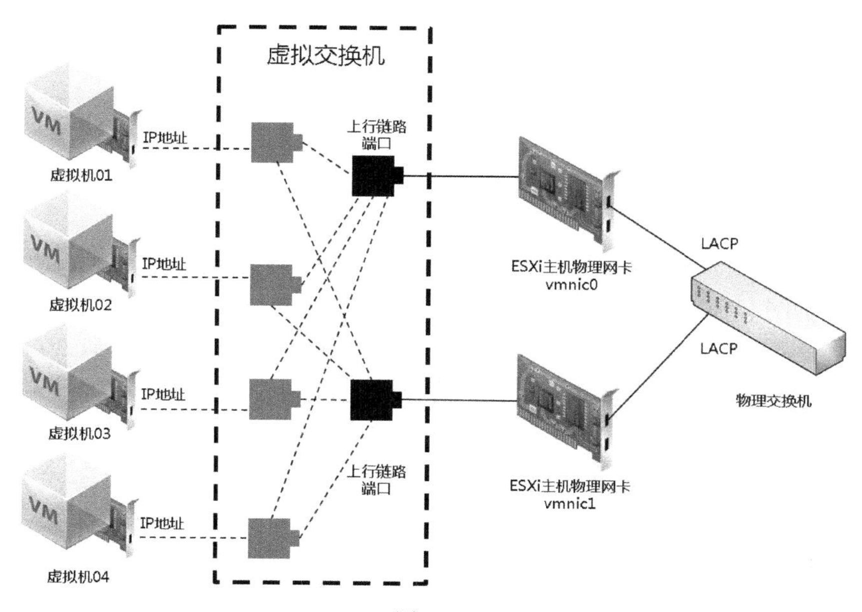

图 4-1-9

IP 地址计算的哈希值不一样，所以虚拟机就不存在绑定某个 ESXi 主机物理网卡的情况，虚拟机 01～04 可以根据不同的哈希值，选择不同 ESXi 主机物理网卡对外进行通信。需要特别注意的是，如果交换机不配置使用链路聚合协议，那么基于 IP 哈希算法的负载均衡模式无效。

4.1.5　网络虚拟化 NSX

NSX Data Center 是 VMware 网络虚拟化的解决方案。借助网络虚拟化，可在软件中重现第 2 至 7 层的全套网络连接服务（如交换、路由、访问控制、防火墙、服务质量）。NSX 是一个支持虚拟云网络的网络虚拟化和安全性平台，能够以软件定义的方式实现跨数据中心、云环境和应用框架进行延展的网络。借助 NSX Data Center，可以使网络和安全性更贴近应用，而无关应用在何处（包括虚拟机、容器和裸机）运行。与虚拟机的运维模式类似，可独立于底层硬件对网络进行调配和管理。

NSX Data Center 通过软件方式重现整个网络模型，从而实现在几秒内创建和调配从简单网络到复杂多层网络的任何网络拓扑。用户可以创建多个具有不同要求的虚拟网络，利用由 NSX 或泛第三方集成生态系统（从新一代防火墙到高性能管理解决方案）提供的服务组合构建本质上更敏捷、更安全的环境。可以将这些服务延展至同一云环境或跨多个云环境的端点。图 4-1-10 所示为 VMware NSX Data Center 网络虚拟化和安全性平台示意图。

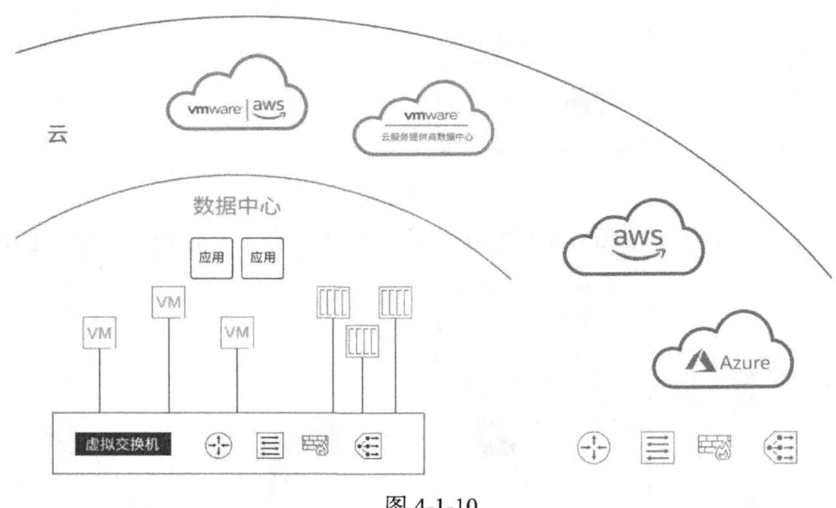

图 4-1-10

软件形式的网络 VMware NSX Data Center 提供了一种通过软件定义的全新网络运维模式，构成了软件定义数据中心的基础并延展至虚拟云网络。数据中心操作员现在可获得的敏捷性、安全性和经济性，在以前数据中心网络仅与物理硬件组件紧密关联时，是无法实现的。NSX Data Center 提供了一组完整的逻辑网络和安全功能及服务，其中包括逻辑交换、路由、防火墙保护、负载均衡、虚拟专用网络、服务质量和监控。人们可以通过利用 NSX Data Center API 的任何云计算管理平台在虚拟网络中对这些服务进行调配。虚拟网络可以无中断地部署到任何现有网络硬件上，并可跨数据中心、公有云和私有云、容器平台和裸机服务器进行延展。

VMware NSX 早期发布有 NSX-V 及 NSX-T 两个版本，NSX-V 用于 VMware vSphere 环境；NSX-T 用于非 VMware vSphere 环境，如 KVM、Hyper-V 等。从 VMware vSphere 7.0 开

始，仅发布 NSX-T 版本，同时提供 NSX-V 向 NSX-T 迁移的方式，作者成稿时 NSX-T 最新版本为 3.0。NSX-T 主要的功能特性如表 4-1-1 所示。

表 4-1-1 NSX-T 主要的功能特性

功能	特性
交换	支持逻辑第 2 层叠加网络在数据中心内部及跨数据中心边界在路由（第 3 层）结构中进行延展。支持基于 VXLAN 和 GENEVE 的网络叠加
路由	在 Hypervisor 内核中，采用分布式方式在虚拟网络之间执行动态路由，借助物理路由器的双活故障转移功能横向扩展路由。支持静态路由和动态路由协议（包括 IPv6）
网关防火墙	最高可运用到第 7 层的有状态防火墙保护（包括应用识别和 URL 白名单），嵌入在 NSX 网关中，跨整个环境分布且采用集中式策略和管理
分布式防火墙	最高可运用到第 7 层的有状态防火墙保护（包括应用识别和 URL 白名单），嵌入在 Hypervisor 内核中，跨整个环境分布且采用集中式策略和管理。此外，NSX 分布式防火墙直接集成到云原生平台（如 Kubernetes 和 Pivotal Cloud Foundry）、原生公有云（如 AWS 和 Azure）及裸机服务器中
负载均衡	L4、L7 负载均衡器，具备 SSL 负载分流和直通、服务器运行状况检查功能和被动运行状况检查功能，以及关于可编程性及通过 GUI 或 API 限制流量的应用规则
VPN	站点间和远程访问 VP 功能，通过非代管 VPN 提供云计算网关服务
NSX 网关	支持将在物理网络和 NSX 叠加网络上配置的 VLAN 桥接起来，以便在虚拟工作负载和物理工作负载之间建立无缝连接
NSX Intelligence	提供自动化安全策略建议，以及针对每个网络流量的持续监控和可视化功能，以便提高可见性，实现极易审核的安全状况。作为与 NSX-T Data Center 相同的 UI 的一部分，NSX Intelligence 为网络团队和安全性团队均提供了单一窗口
NSX Data Center API	基于 JSON 的 RESTful API，用于实现与云计算管理平台、DevOps 自动化工具和自定义自动化功能的集成
运维	中央 CLI、跟踪流、叠加逻辑 SPAN 和 IPFIX 等原生运维功能，可以主动监控虚拟网络基础架构并进行故障排除。与 VMware vRealize Network Insight 等工具集成，可执行高级分析和故障排除
环境感知微分段	可以基于属性（不只是 IP 地址、端口和协议）动态创建并自动更新安全组和策略，将虚拟机名称和标记、操作系统类型，以及第 7 层应用信息等元素包括在内，以启用自适应微分段策略。以来自 Active Directory 和其他来源的身份信息为基础的策略，可在远程桌面服务和虚拟桌面基础架构环境中，实现单个用户会话级别的用户级安全性
自动化和云计算管理	与 vRealize Automation/VMware Cloud Automation Services、OpenStack 等原生集成。完全受支持的 Ansible 模块和 Terraform 模块、与 PowerShell 集成
第三方合作伙伴集成	支持在大量不同领域（例如，新一代防火墙、入侵检测系统、入侵防御系统、无代理防病毒、交换、运维和可见性、高级安全性等）与第三方合作伙伴进行管理平面、控制平面和数据平面的集成
多云网络和安全性	无论底层物理拓扑或云计算平台是怎样的，均可跨数据中心站点以及私有云和公有云边界实现一致的网络和安全性
容器网络和安全性	支持以 Kubernetes 和 Cloud Foundry 为基础而构建并在虚拟机或裸机主机运行的平台上，对容器执行负载均衡、微分段（分布式防火墙保护）、路由和交换。提供对容器网络流量（逻辑端口、SPAN/Mi、IPFIX 和跟踪流）的可见性

NSX-T 的工作方式是实施 3 个单独的一体式平面：管理平面、控制平面和数据平面。如图 4-1-11 所示，这 3 个平面作为一组进程、模块和代理来实施，位于 3 类节点上，即管理器、控制器和传输节点上。

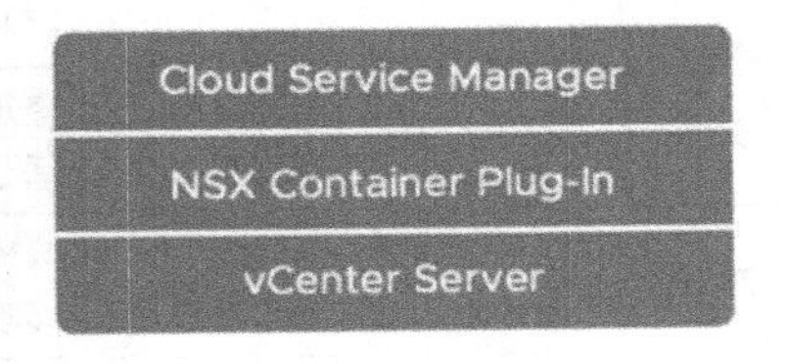

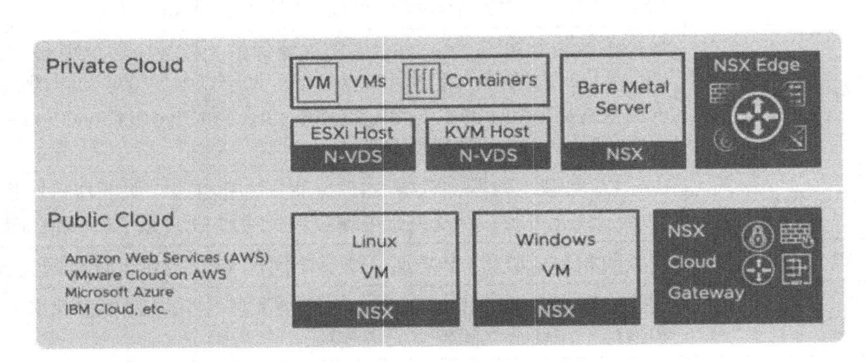

图 4-1-11

- 每个节点托管一个管理平面代理。
- NSX Manager 集群托管 API 服务。每个 NSX-T 安装实例均支持一个由 3 个 NSX Manager 节点组成的集群组。
- 传输节点托管本地控制平面守护程序和转发引擎。

1. 数据平面

数据平面根据控制平面填充的表执行无状态数据包转发/转换，向控制平面报告拓扑信息，并维护数据包级别统计信息。

数据平面是物理拓扑和组件状态的可信来源，如 VIF 位置、安全加密链路状态等。如果要将数据包从一个位置移动到另一个位置，则需要位于数据平面。数据平面还维护多个链路/安全加密链路的状态并处理它们之间的故障转移。每个数据包的性能是至关重要的，并具有非常严格的延迟或抖动要求。数据平面并不一定完全包含在内核、驱动程序、用户空间甚至特定用户空间流程中。

数据平面限制为基于控制平面填充的表/规则进行完全无状态转发。数据平面可能还具有可维护 TCP 终止等功能特性部分状态的组件。这与控制平面受管理状态（如安全加密链路映射）不同，因为控制平面管理的状态与如何转发数据包有关，而数据平面管理的状态仅限于如何处理负载数据。

2. 管理平面

管理平面提供一个系统 API 入口点，维护用户配置，处理用户查询，并在系统中的所有管理平面节点、控制平面节点和数据平面节点上执行运维任务。

管理平面负责执行与查询、修改或保留用户配置有关的功能，而控制平面则负责将该配置向下传播到数据平面元素的正确子集。因此，数据可能会属于多个平面，具体取决于数据所在的阶段。管理平面还负责从控制平面中查询最近的状态和统计信息，有时直接从数据平面中进行查询。

管理平面是已配置的（逻辑）系统的唯一可信来源，由用户通过配置进行管理。可以使用 REST API 或 NSX-T 用户界面进行更改。

NSX 还包含管理平面代理（Management Plane Agent，MPA），该代理可在所有集群和传输节点上运行。MPA 通常独立于控制平面和数据平面运行，并且，如有必要可单独重新启动；但在某些场景中，它们在同一主机上运行，因此具有相同的状态。MPA 支持本地访问和远程访问。MPA 在传输节点、控制节点及管理节点上运行，用于执行节点管理。MPA 也能在传输节点上执行与数据平面有关的任务。在管理平面上执行的任务包括以下几种。

- 配置持久性（理想逻辑状态）。
- 输入验证。
- 用户管理：如角色分配。
- 策略管理。
- 后台任务跟踪。

3. NSX Manager

NSX Manager 提供图形用户界面（Graphical User Interface，GUI）和 REST API，用于创建、配置和监控 NSX-T 组件，如控制器、分段和边缘节点。

NSX Manager 是用于 NSX-T 生态系统的管理平面。NSX Manager 提供聚合的系统视图，是 NSX-T 的集中式网络管理组件。它提供了一种监控连接到 NSX-T 创建的虚拟网络上的工作负载，并对其进行故障排除的方法。它还提供了以下几个方面的配置和编排。

- 逻辑网络连接组件：如逻辑交换机和路由器。
- 网络连接和边缘网关服务。
- 安全服务和分布式防火墙：如边缘网关服务和安全服务可由 NSX Manager 的内置组件或集成的第三方供应商提供。

NSX Manager 支持对内置和外部服务进行无缝编排。所有安全服务，无论是内置还是由第三方提供，均通过 NSX-T 管理平面进行部署和配置。管理平面提供单个窗口来查看服务可用性。它还有助于实现基于策略的服务链、上下文共享和服务间事件处理。这将简化安全状况审核，精简基于身份控制的应用，如 Active Directory 和移动配置文件。

NSX Manager 还提供 REST API 入口点以供自动使用。借助这种灵活的体系架构，可通过任何云计算管理平台、安全供应商平台或自动化框架自动执行所有配置和监控工作。

NSX-T 管理平面代理 MPA 是一个 NSX Manager 组件，位于每个节点上。MPA 负责规定系统的理想状态，以及在传输节点与管理平面之间传送非流量控制（Non-Flow Control，NFC）消息，如配置、统计信息、状态和实时数据。

在 NSX 较早版本中，NSX Manager 功能由独立设备提供。从 NSX-T 2.4 开始，NSX Manager 功能集成到 NSX Controller 中，采用完全激活的集群配置。这样不仅减少了需要维护的基础架构虚拟机，也在各个 NSX Manager 节点中提供了可扩展性和恢复能力。

4. NSX Controller

NSX Controller 是一种高级分布式状态管理系统，可控制虚拟网络和叠加传输安全加密链路。

NSX Controller 作为高度可用的虚拟设备的集群，负责整个 NSX-T 体系结构中虚拟网络的编排部署。NSX-T 中央控制平面（Center Control Plane，CCP）在逻辑上与所有数据平面流量分离，这意味着控制平面中的任何故障都不会影响现有的数据平面运维。流量不会通过控制器传输；而控制器负责为其他 NSX Controller 组件提供配置，如逻辑交换机、逻辑路由器和边缘网关的配置。数据传输的稳定性和可靠性是网络连接的重点。

5. N-VDS 交换机

N-VDS 交换机在 NSX 平台中发挥的作用，能够像创建虚拟机一样灵活、敏捷地创建隔离式 L2 逻辑网络。

虚拟数据中心的云部署在多个租户中拥有各种应用。这些应用和租户需要相互隔离，以确保安全性和故障隔离，并避免 IP 寻址重叠问题。虚拟端点和物理端点都可以连接到这些逻辑分段并建立连接，而不依赖它们在数据中心网络中的物理位置。这一点是通过将网络基础架构与 NSX-T 网络虚拟化提供的逻辑网络分离（即将底层网络与叠加网络分离）而实现的。

逻辑交换机展示了跨多台主机的第 2 层交换连接，这些主机之间还具有第 3 层 IP 可连接性。如果计划将逻辑网络限制到一组限定主机，或者具有自定义连接要求，则有必要创建其他逻辑交换机。

6. 网关路由器

NSX-T 网关路由器提供南北向连接和东西向连接，使租户可以访问公共网络，并且还能实现在同一租户内的不同网络之间建立连接。

网关路由器是传统网络硬件路由器的一个已配置分区，通常被称为虚拟路由和转发（Virtual Routing and Forwarding，VRF）。它可以复制硬件的功能，从而在单个路由器内创建多个路由域。网关路由器执行可由物理路由器处理的部分任务，每个网关路由器可以包含多个路由实例和路由表。使用网关路由器是最大程度提高路由器使用率的一种有效方式，因为单个物理路由器中的一组网关路由器可以执行之前由多台设备执行的操作。

NSX-T 支持两层逻辑路由器拓扑，这两层分别是被称为第 0 层（T0）的顶层网关路由器和被称为第 1 层（T1）的次顶层网关路由器。这种结构为供应商管理员和租户管理员提供了对其服务和策略的完全控制权。供应商管理员可以控制和配置 T0 路由和服务，租户管理员可以控制和配置 T1 路由和服务。T0 北边缘网关与物理网络相连接，可以在其中配置动态路由协议以便与物理路由器交换路由信息。T0 南边缘网关连接到一个或多个 T1 路由层，并接收来自这些层的路由信息。为了优化资源使用，T0 层不会将来自物理网络的所有路由推送到 T1 层，但会提供默认路由信息。

T1 路由器托管由租户管理员定义的南向逻辑交换机分段接口负责，同时在接口之间还提供单跃点路由功能。为了能够从物理网络连接到与第 1 层挂接的子网，必须启用到第 0 层的路由并重新分发。但是，这种分发不会由在第 1 层和第 0 层之间运行的传统路由协议（如 OSPF 或 BGP）执行。层间路由借助 NSX-T 控制平面直接传输至适当的路由器。

注意，两层路由拓扑不是必需的。如果不需要两层路由拓扑来实现供应商/租户隔离，则可以实施单个第 0 层拓扑。在此场景中，第 2 层分段直接连接到第 0 层，且未配置第 1 层路由器。

网关路由器的组成：一个分布式路由器（Distributed Router，DR）和一个或多个服务路由器（Service Router，SR），其中后者是可选的。

DR 基于内核、横跨节点来向连接到它的虚拟机提供本地路由功能，并且还存在于与逻辑路由器绑定的任一边缘节点中。在功能方面，DR 负责在逻辑交换机和连接到该逻辑路由器的网关路由器之间实现单跃点分布式路由，其功能与较早 NSX 版本中的分布式逻辑路由器（Distributed Logic Router，DLR）类似。

SR 负责交付当前未以分布式方式实施的服务，如有状态 NAT、负载均衡、DHCP 或 VPN 服务。SR 部署在最初配置 T0/T1 路由器时选择的边缘节点集群上。

重申一下，NSX-T 中的网关路由器无论是作为 T0 还是 T1 部署，始终都会有一个与之相关联的 DR。如果满足以下条件，它还会创建一个相关联的 SR。

- 网关路由器是第 0 层路由器，即使未配置有状态服务，也会创建。
- 网关路由器是链接至第 0 层路由器的第 1 层路由器，并且已配置未进行分布式实施的服务（如 NAT、LB、DHCP 或 VPN）。

NSX-T 管理平面（MP）可自动创建将服务路由器连接到分布式路由器的结构。MP 在分配 VNI 和创建传输分段后，会在 SR 和 DR 上配置端口，以便将它们连接到传输分段。然后，MP 会自动为 SR 和 DR 分配唯一的 IP 地址。

7. NSX Edge 节点

NSX Edge 节点提供路由服务，以及与 NSX-T 外部的网络的连接。

当位于不同 NSX 分段上的虚拟机工作负载通过 T1 与其他虚拟机工作负载进行通信时，将使用分布式路由器（DR）功能以优化的分布式方式来路由流量。

但是，当虚拟机工作负载需要与 NSX 环境外的设备通信时，将使用托管在 NSX Edge 节点上的服务路由器（SR）。如果需要有状态服务（如网络地址转换），无论有状态服务是与 T0 还是 T1 路由器相关联，都将由 SR 执行此功能，并且也一定是由其接收流量。

NSX Edge 节点的常见部署包括 DMZ 和多租户云计算环境。在多租户云计算环境中，NSX Edge 节点可使用服务路由器为每个租户创建虚拟边界。

8. 传输域

传输域可以控制逻辑交换机能够连接到的主机。它可以跨越一个或多个主机集群。传输域可指定哪些主机及虚拟机有权使用特殊网络。

传输域可以定义一组能够跨物理网络基础架构彼此进行通信的主机。此通信通过一个或多个定义为安全加密链路端点的接口进行。

如果两个传输节点位于同一传输域中，则托管在这些传输节点上的虚拟机可以挂接到同样位于该传输域中的 NSX-T 逻辑交换机分段。借助此挂接，虚拟机可以相互通信，但前提是虚拟机可连接第 2 层/第 3 层。如果虚拟机连接到位于不同传输域内的逻辑交换机，则虚拟机之间无法相互通信。传输域并不会替代第 2 层/第 3 层可连接性要求，但会给可连接性设定限制。

如果节点至少包含一个 HostSwitch，则可用作传输节点。创建主机传输节点并将其添加到传输域时，NSX-T 会在主机上安装一个 HostSwitch。HostSwitch 用于将虚拟机挂接到 NSX-T 逻辑交换机分段，以及创建 NSX-T 网关路由器上行链路和下行链路。在以前的 NSX 版本中，HostSwitch 可以托管单个传输域，而配置多个传输域则需要节点上有多个 HostSwitch。从 NSX-T 2.4 起，可以使用同一个 HostSwitch 配置多个传输域。

4.2　配置和使用标准交换机

标准交换机是 ESXi 主机最基本的交换机，ESXi 主机安装完成后配置管理 IP 地址使用的就是标准交换机，所以熟练使用标准交换机在 VMware vSphere 虚拟化环境中相当重要。本节将介绍如何配置和使用标准交换机。

4.2.1　创建运行虚拟机流量的标准交换机

完成 ESXi 主机安装后，系统会在 vSwitch0 交换机上创建名称为“VM Network”的端口组用于运行虚拟机流量。在生产环境中可能会单独创建标准交换机用以运行虚拟机流量。本节将介绍如何创建独立的标准交换机以运行虚拟机流量。

第 1 步，选择需要配置网络的 ESXi 主机，可以看到默认创建的虚拟交换机 vSwitch0，如图 4-2-1 所示，单击“添加网络”按钮，弹出“添加网络”对话框。

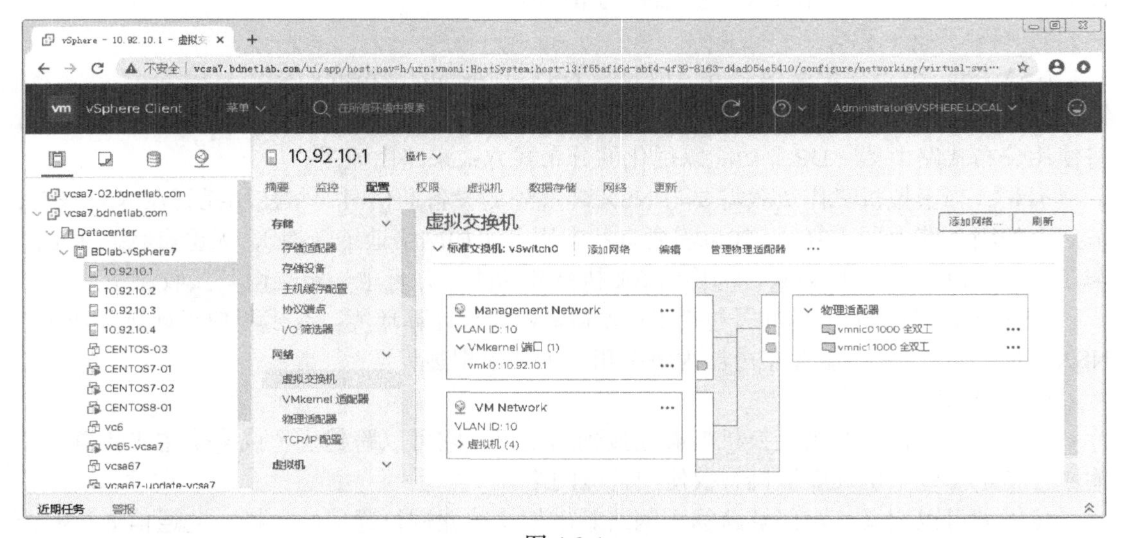

图 4-2-1

第 2 步，选中“标准交换机的虚拟机端口组”单选按钮，如图 4-2-2 所示，单击“NEXT”按钮。

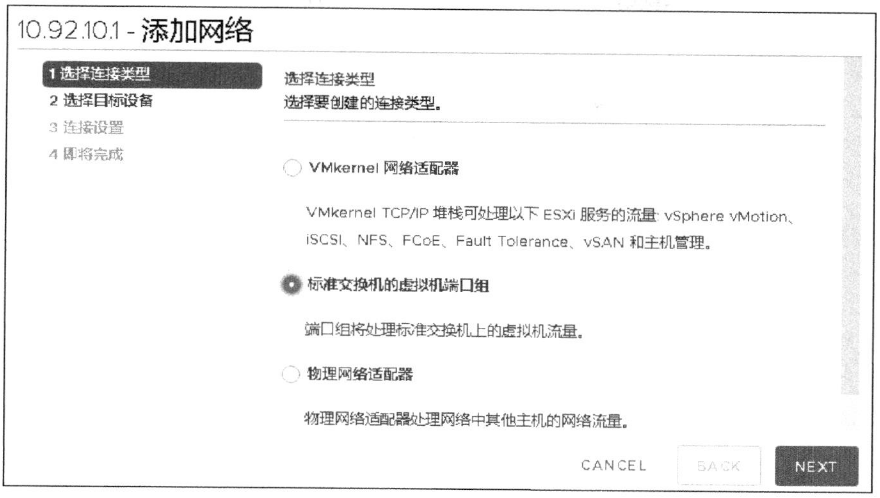

图 4-2-2

第 3 步，选择目标设备，可以使用已有的标准交换机，也可以新建标准交换机。在生产环境中一般推荐新建标准交换机来满足不同的需求，选择现有标准交换机，如图 4-2-3 所示，单击“NEXT”按钮。

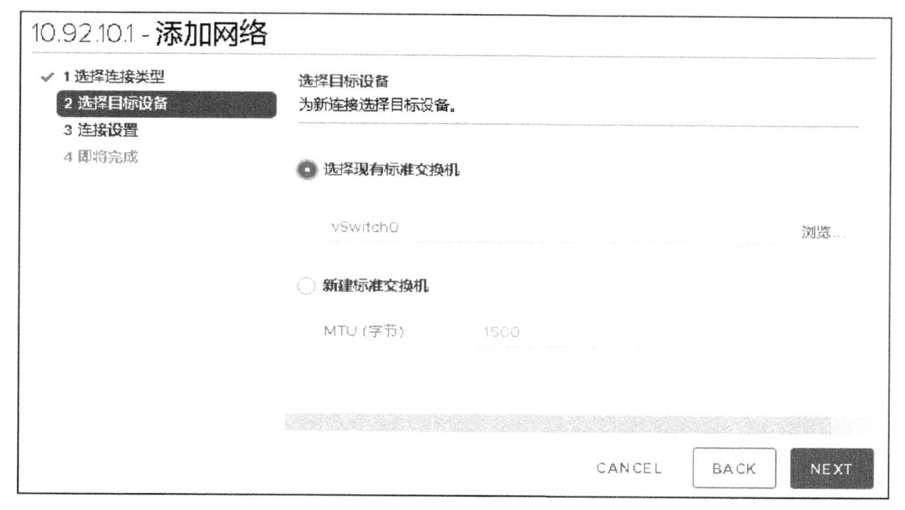

图 4-2-3

第 4 步，输入网络标签的参数，可以理解为虚拟机端口组的名称，根据实际情况输入。注意，物理交换机接口如果配置为 Trunk 模式，VLAN ID 需要添加对应的 ID 号，如图 4-2-4 所示，单击“NEXT”按钮。

第 5 步，确认端口组参数设置正确，如图 4-2-5 所示，单击“FINISH”按钮。

第 6 步，“虚拟机网络”端口组创建完成，如图 4-2-6 所示。

第 7 步，迁移虚拟机网络到新建的虚拟机网络，如图 4-2-7 所示，可以看到两台虚拟机网络迁移完成。

至此，运行虚拟机流量的标准交换机创建完成。要注意的是，是否使用 VLAN ID 取决于 ESXi 主机连接物理交换机的接口配置，接口配置为 Trunk 模式则需要添加 VLAN ID，接口配置为 Access 模式，则不需要添加 VLAN ID。

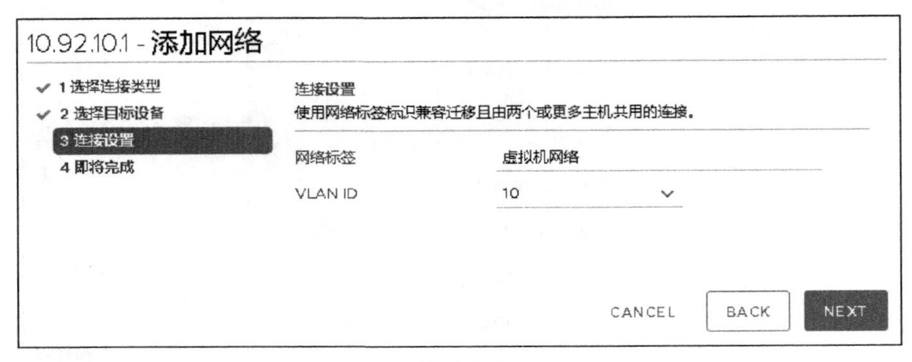

图 4-2-4

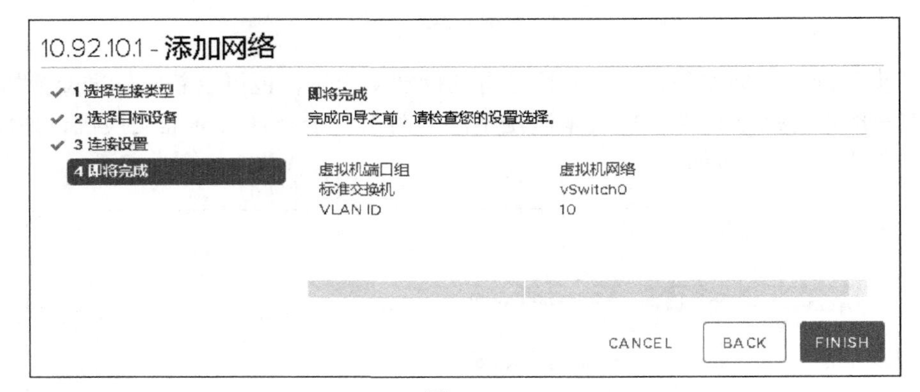

图 4-2-5

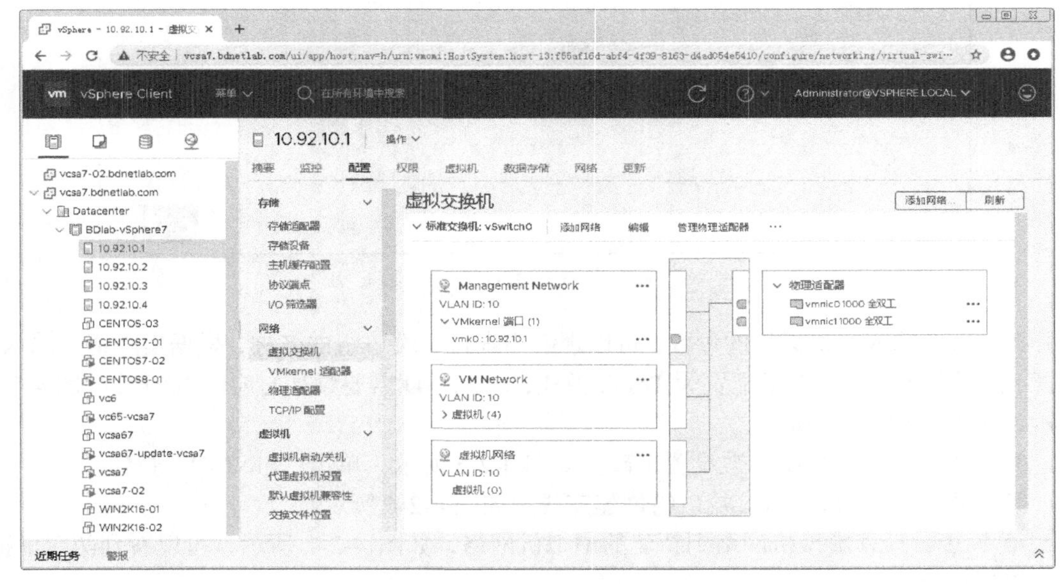

图 4-2-6

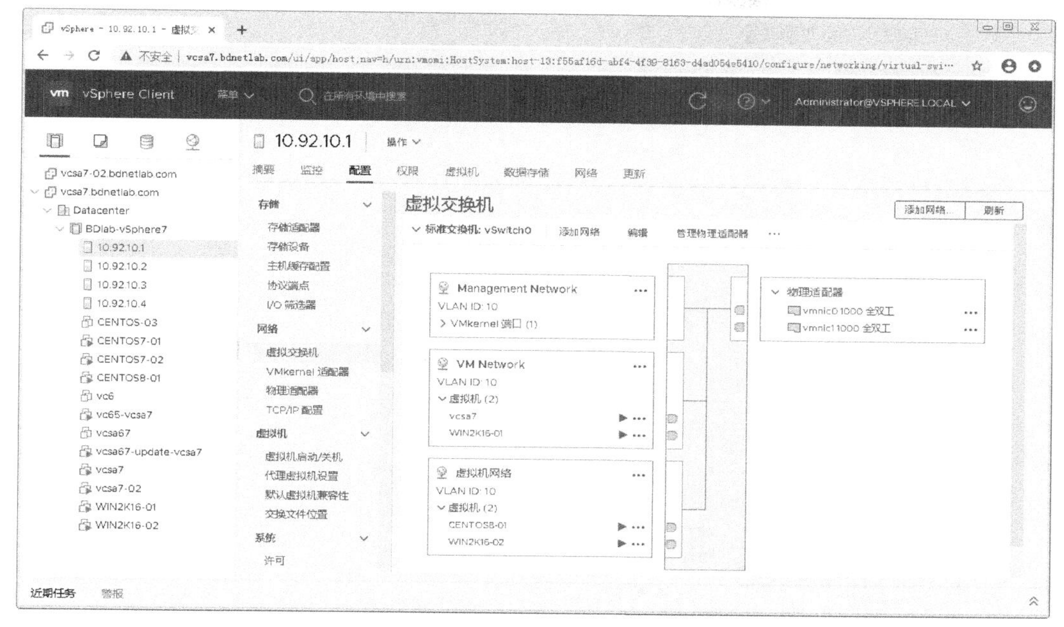

图 4-2-7

4.2.2 创建基于 VMkernel 流量的端口组

VMkernel 是 VMware 自定义的特殊端口，可以承载 iSCSI、vMotion、vSAN 等流量，VMkernel 端口可以在标准交换机和分布式交换机上进行创建。本节将介绍如何创建独立的标准交换机以运行 VMkernel 流量。

第 1 步，选择 VMkernel 网络适配器，如图 4-2-8 所示，单击“NEXT”按钮。

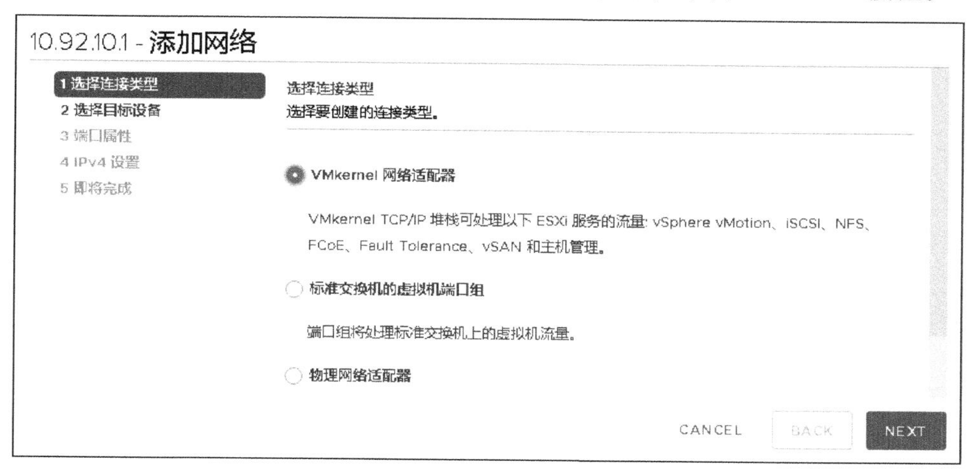

图 4-2-8

第 2 步，选择现有的标准交换机，如图 4-2-9 所示，单击“NEXT”按钮。

第 3 步，进行 VMkernel 端口属性配置，根据实际情况决定是否勾选已启用的服务，如图 4-2-10 所示，单击“NEXT”按钮。

第 4 步，配置 VMkernel 相关的 IP 地址，如图 4-2-11 所示，单击“NEXT”按钮。

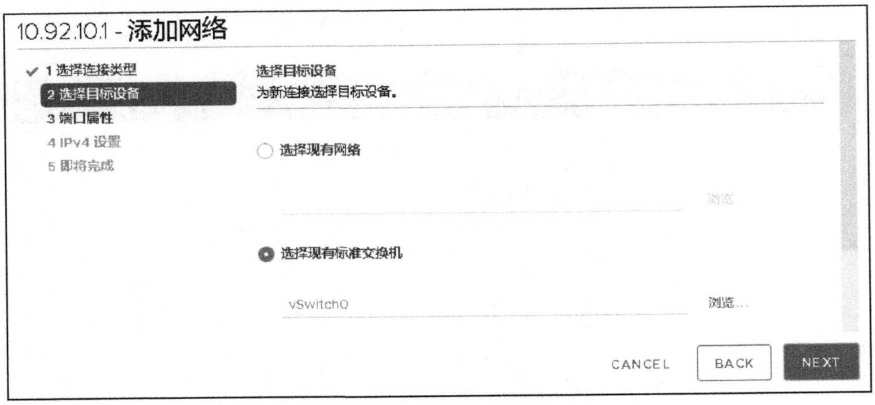

10.92.10.1 - 添加网络

✓ 1 选择连接类型
2 选择目标设备
3 端口属性
4 IPv4 设置
5 即将完成

选择目标设备
为新连接选择目标设备。

选择现有网络
浏览...

选择现有标准交换机
vSwitch0 浏览...

CANCEL BACK NEXT

图 4-2-9

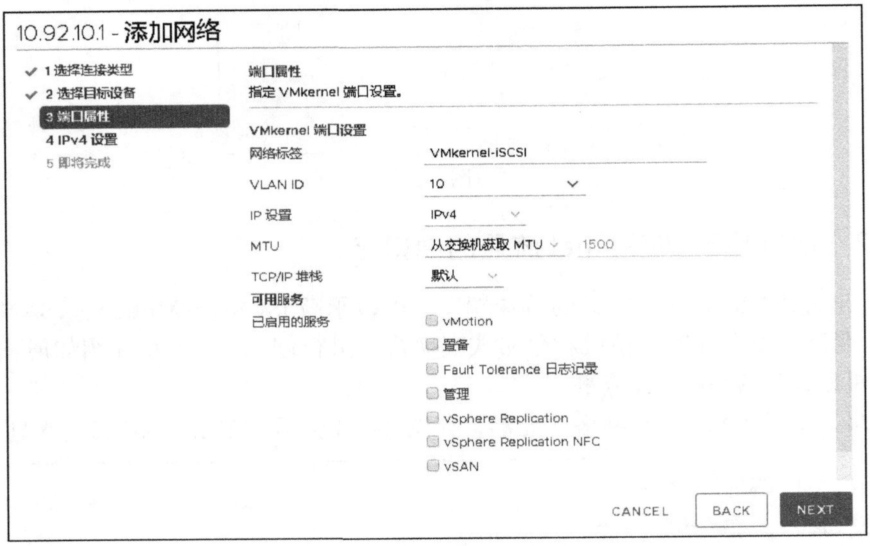

10.92.10.1 - 添加网络

✓ 1 选择连接类型
✓ 2 选择目标设备
3 端口属性
4 IPv4 设置
5 即将完成

端口属性
指定 VMkernel 端口设置。

VMkernel 端口设置
网络标签 VMkernel-iSCSI
VLAN ID 10
IP 设置 IPv4
MTU 从交换机获取 MTU 1500
TCP/IP 堆栈 默认
可用服务
已启用的服务 vMotion
置备
Fault Tolerance 日志记录
管理
vSphere Replication
vSphere Replication NFC
vSAN

CANCEL BACK NEXT

图 4-2-10

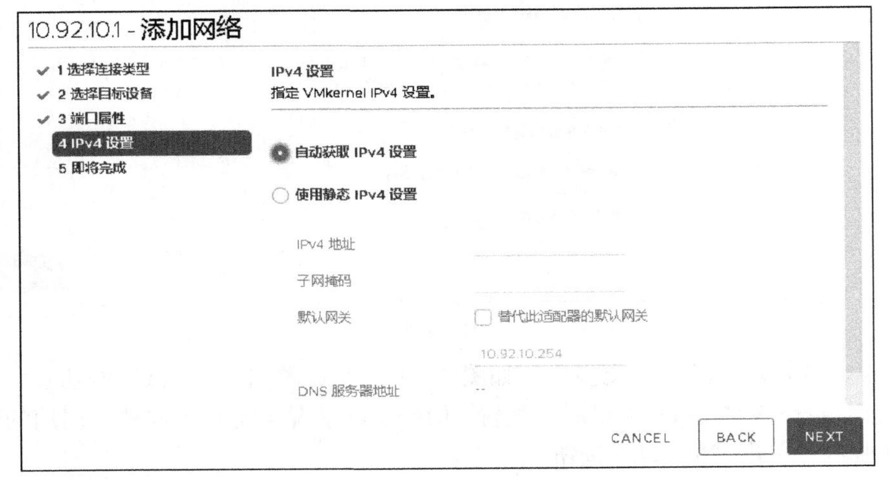

图 4-2-11

第 5 步，确认 VMkernel 相关配置是否正确，如图 4-2-12 所示，若正确则单击“FINISH”按钮。

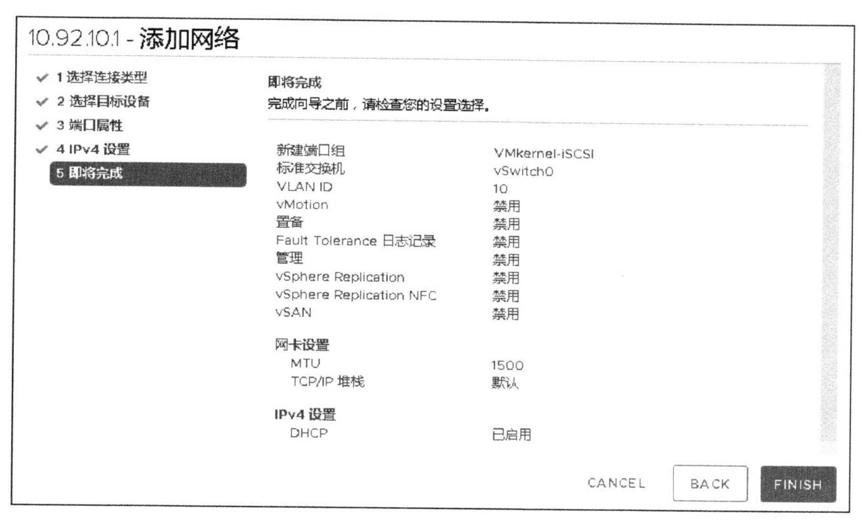

图 4-2-12

第 6 步，VMkernel-iSCSI 端口组创建成功，如图 4-2-13 所示。

图 4-2-13

第 7 步，通过查看 VMkernel 适配器配置可以看到主机上所有的 VMkernel 信息，如 IP 地址、启用的服务等。在此，可以查看刚添加的端口组的相关信息，如图 4-2-14 所示。

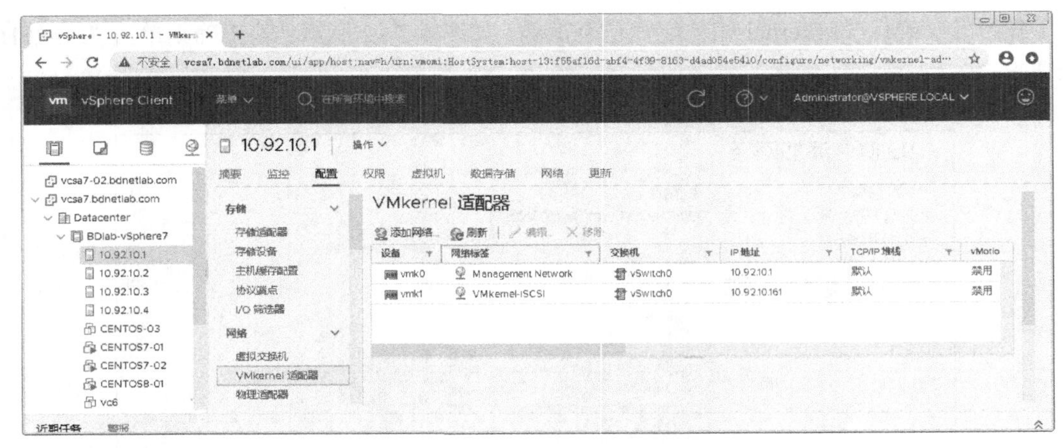

图 4-2-14

至此，基于 VMkernel 流量的端口组创建完成。关于端口组的使用，后续章节会进行介绍。

4.2.3　标准交换机 NIC Teaming 配置

在生产环境中，标准交换机使用一个物理适配器容易造成单点故障，根据不同的应用，一个标准交换机会使用一个或多个物理适配器，当使用 2 个以上物理适配器时就需要进行 NIC Teaming 配置，以实现负载均衡。NIC Teaming 的 3 种模式在前面章节已经进行了介绍。生产环境中可以根据实际情况选择负载均衡的模式，本节将介绍基于 IP 哈希算法的 NIC Teaming 配置方法。

第 1 步，查看 ESXi 主机可以看到虚拟交换机 vSwitch0 配置有两个物理适配器，如图 4-2-15 所示。

图 4-2-15

第 2 步，默认情况下，负载的方式为“基于源虚拟端口的路由”，如图 4-2-16 所示。

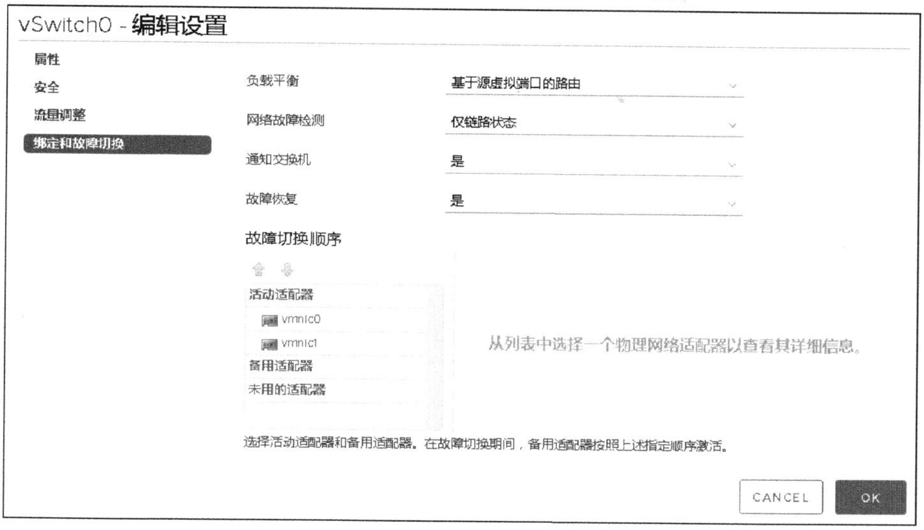

vSwitch0 - 编辑设置

属性	负载平衡	基于源虚拟端口的路由
安全	网络故障检测	仅链路状态
流量调整	通知交换机	是
绑定和故障切换	故障恢复	是

故障切换顺序

活动适配器
vmnic0
vmnic1
备用适配器
未用的适配器

从列表中选择一个物理网络适配器以查看其详细信息。

选择活动适配器和备用适配器。在故障切换期间，备用适配器按照上述指定顺序激活。

CANCEL OK

图 4-2-16

参数解释如下。

（1）网络故障检测

网络故障检测分为“仅链路状态”及“信标探测”两种方式。“仅链路状态”是通过物理交换机的事件来判断故障，常见的是物理线路断开或物理交换机故障，其缺点是无法判断配置错误；“信标探测”也会使用链路状态，但它增加了一些其他检测机制，如由于 STP 阻塞端口、端口 VLAN 配置错误等。

（2）通知交换机

虚拟机启动、虚拟机进行 vMotion 操作、虚拟机 MAC 地址发生变化等情况发生时，物理交换机会收到用反向地址解析协议（Reverse Address Resolution Protocol，RARP）表示的变化通知。物理交换机是否知道故障取决于“通知交换机”的设置，设置为“是”则立即知道，设置为“否”则不知道，RARP 会更新物理交换机的查询表，并且在故障恢复时提供最短延迟时间。

（3）故障恢复

这里的故障恢复是指网络故障恢复后的数据流量的处理方式，以图 4-2-16 为例，当 vmnic0 出现故障时，数据流量全部迁移到 vmnic1；当 vmnic0 故障恢复后，可以设置数据流量是否切换回 vmnic0。需要特别注意的是，运行 IP 存储的 vSwitch 推荐将故障恢复配置为“否”，以免 IP 存储流量来回切换。

第 3 步，调整负载方式为“基于 IP 哈希的路由”，如图 4-2-17 所示，单击“确定”按钮。

第 4 步，配置物理交换机端口汇聚。

```
DC-N5548UP-01(config)# interface e100/1/7-8   #进入端口配置
DC-N5548UP-01(config-if-range)# channel-group 2 mode ?   #配置汇聚类型
  Active       Set channeling mode to ACTIVE
  On           Set channeling mode to ON
  Passive      Set channeling mode to PASSIVE
DC-N5548UP-01(config-if-range)# channel-group 2 mode on
```

图 4-2-17

第 5 步，查看端口汇聚状态。需要注意的是，如果交换机不支持，会导致 ESXi 主机及虚拟机无法访问。

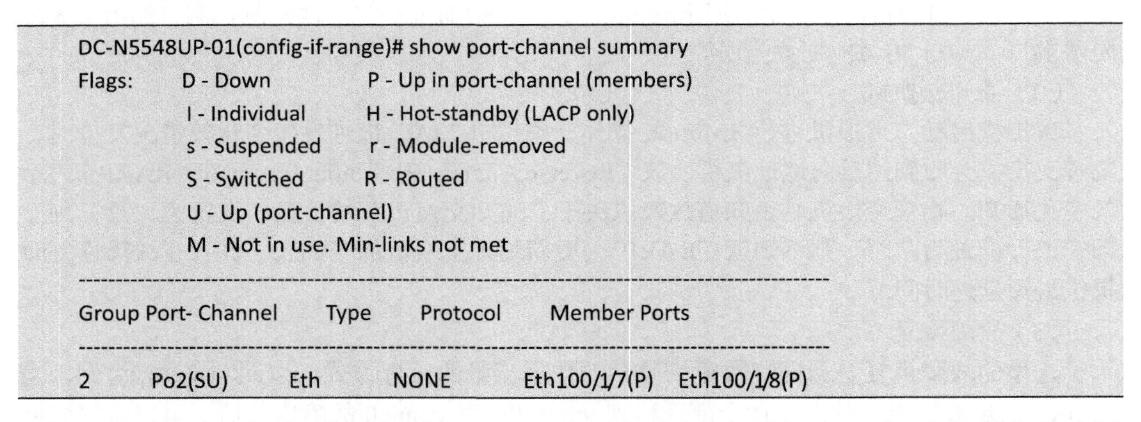

```
DC-N5548UP-01(config-if-range)# show port-channel summary
Flags:    D - Down            P - Up in port-channel (members)
          I - Individual      H - Hot-standby (LACP only)
          s - Suspended       r - Module-removed
          S - Switched        R - Routed
          U - Up (port-channel)
          M - Not in use. Min-links not met
--------------------------------------------------------------------------------
Group Port- Channel     Type     Protocol     Member Ports
--------------------------------------------------------------------------------
2     Po2(SU)           Eth      NONE         Eth100/1/7(P)  Eth100/1/8(P)
```

至此，基本的标准交换机 NIC Teaming 配置完成。也可根据实际需要将负载的方式调整为“基于 IP 哈希的路由”，但是基于 IP 哈希的路由的物理交换机目前仅支持思科交换机的 MODE ON 模式，华为、华三等交换机经测试不支持。

4.2.4 标准交换机其他策略配置

对于标准交换机来说，策略参数的配置相对简单。策略配置分为基于 vSwitch 全局配置和基于端口组配置两种，可以根据生产环境的实际情况进行配置，通常情况下基于端口组进行配置。

1. 基于标准交换机的 MTU 配置

VMware 标准交换机支持修改端口 MTU 值，默认值为 1500，如图 4-2-18 所示。可以修改为其他参数，但需要物理交换机的支持，建议两端配置的 MTU 值一致。因为如果与物理交换机不匹配，可能导致网络传输出现问题。

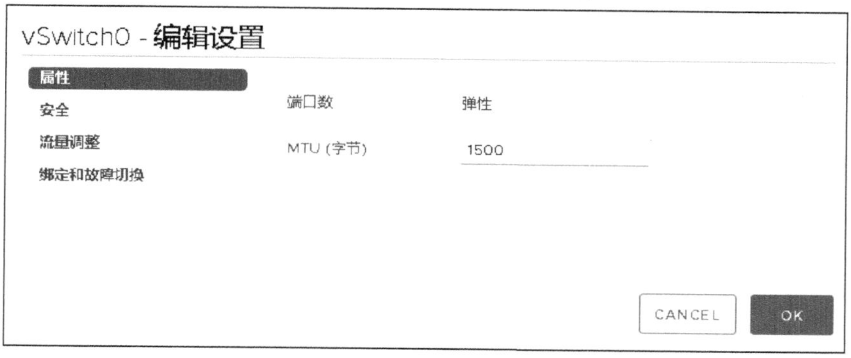

图 4-2-18

2. 基于标准交换机的安全配置

VMware 标准交换机提供基本的安全配置，主要包括混杂模式、MAC 地址更改和伪传输，如图 4-2-19 所示。

图 4-2-19

参数解释如下。

（1）混杂模式

默认为“拒绝”模式，其功能类似于传统物理交换机，虚拟机通过标准交换机的 ARP 表传输数据，仅在源端口和目的端口进行接收和转发，标准交换机的其他接口不会接收和转发。

如果需要对标准交换机上的虚拟机流量进行抓包分析或端口镜像，可以将混杂模式修改为“接受”。修改后，其功能类似于集线器，标准交换机所有端口都可以收到数据。

（2）MAC 地址更改和伪传输

默认为“接受”，虚拟机在刚创建时会生成一个 MAC 地址，可以理解为初始 MAC 地址。当安装操作系统后可以使用初始 MAC 地址进行数据转发，这时初始 MAC 地址变为有效 MAC 地址且两者相同。如果通过操作系统修改 MAC 地址，则初始 MAC 地址和有效 MAC 地址就不相同。数据的转发取决于 MAC 地址更改和伪传输状态，状态为“接受”时进行转发，状态为“拒绝”时则丢弃。

3. 基于标准交换机的流量调整

VMware 标准交换机提供了基本的流量调整功能。标准交换机流量调整仅用于出站方向，默认为已禁用，如图 4-2-20 所示。

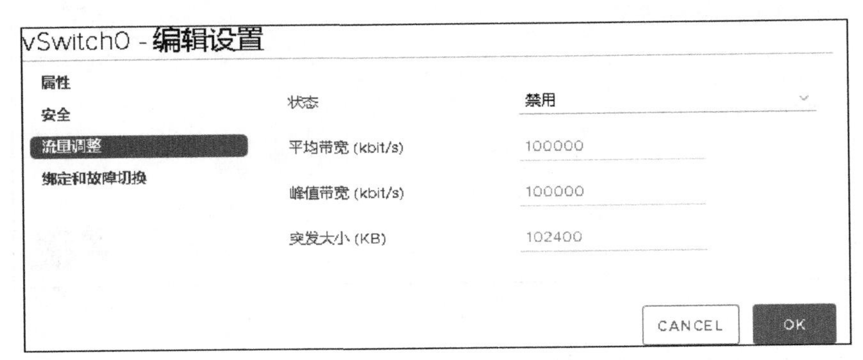

图 4-2-20

参数解释如下。

（1）平均带宽

平均带宽表示每秒通过标准交换机的数据传输量。如果 vSwitch0 上行链路为 1Gbit/s 适配器，则每个连接到这个 vSwitch0 的虚拟机都可以使用 1Gbit/s 带宽。

（2）峰值带宽

峰值带宽表示标准交换机在不丢包前提下支持的最大带宽。如果 vSwitch0 上行链路为 1Gbit/s 适配器，则 vSwitch0 的峰值带宽即为 1Gbit/s。

（3）突发大小

突发大小规定了突发流量中包含的最大数据量，计算方式是“带宽 × 时间”。在高使用率期间，如果有一个突发流量超出配置值，那么这些数据包就会被丢弃，其他数据包可以传输；如果处理的网络流量队列未满，那么这些数据包后来会被继续传输。

4.3　配置和使用分布式交换机

分布式交换机与标准交换机并没有太大的区别，可以理解为跨多台 ESXi 主机的超级交换机。它把分布在多台 ESXi 主机的标准虚拟交换机逻辑上组成一个“大”交换机。利用分布式交换机可以简化虚拟机网络连接的部署、管理和监控，为集群级别的网络连接提供一个集中控制点，使虚拟环境中的网络配置不再以主机为单位。

对于中小环境来说，标准交换机可以满足其需求，但对于 ESXi 主机较多特别是有多 VLAN、网络策略等需求的中大型企业来说，如果只使用标准交换机会影响整体的管理及网络的性能。因此，使用分布式交换机是必需的选择。在生产环境中，标准交换机与分布式交换机并用，管理网络使用标准交换机时，可以把虚拟机网络、基于 VMKernel 的网络迁移到分布式交换机上。本节将介绍如何配置和使用分布式交换机。

4.3.1 创建分布式交换机

分布式交换机的创建必须在 vCenter Server 中进行，并且需要将 ESXi 主机加入 vCenter Server，独立的 ESXi 主机不能创建分布式交换机。创建分布式交换机之前需要至少保证 ESXi 主机有 1 个或以上未使用的以太网口。

第 1 步，登录 vCenter Server，选中“Datacenter”并用鼠标右键单击，在弹出的快捷菜单中选择“Distributed Switch”中的“新建 Distributed Switch”选项，如图 4-3-1 所示。

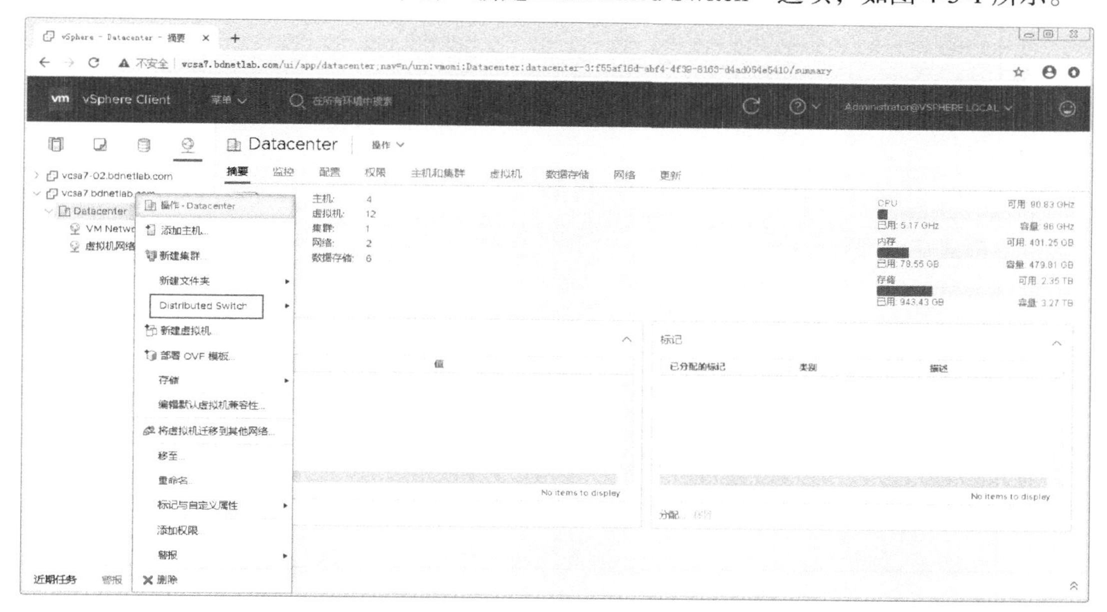

图 4-3-1

第 2 步，输入新建分布式交换机的名称，如图 4-3-2 所示，单击“NEXT”按钮。

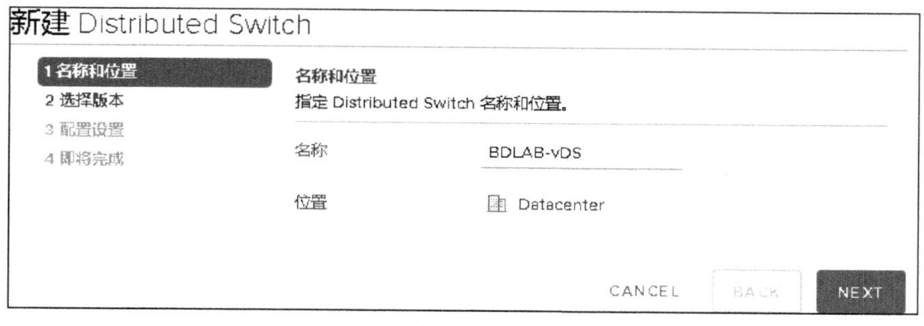

图 4-3-2

第 3 步，选择分布式交换机的版本，不同的版本具有不同的功能特性，根据实际情况进行选择。此处选择 7.0.0-ESXi 7.0 及更高版本，如图 4-3-3 所示，单击“NEXT”按钮。

第 4 步，配置分布式交换机上行链路接口数量。上行链路接口数量指定的 ESXi 主机用于分布式交换机连接物理交换机的以太网口数量，一定要根据实际情况配置。例如，目前环境中每台 ESXi 主机有 1 个以太网口用于分布式交换机，那么此处上行链路接口数量就为 1，其他参数可以保持默认设置，创建好分布式交换机后可以进行修改，如图 4-3-4 所示，单击“NEXT”按钮。

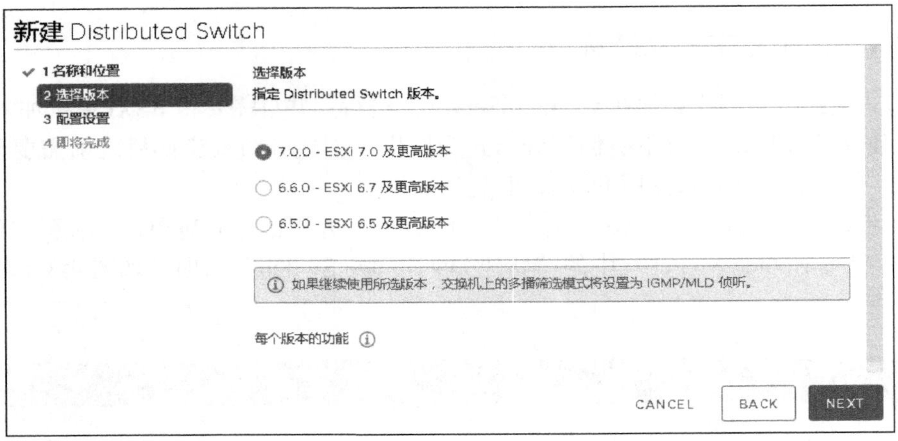

新建 Distributed Switch

✓ 1 名称和位置
2 选择版本
3 配置设置
4 即将完成

选择版本
指定 Distributed Switch 版本。

◉ 7.0.0 - ESXi 7.0 及更高版本
○ 6.6.0 - ESXi 6.7 及更高版本
○ 6.5.0 - ESXi 6.5 及更高版本

ⓘ 如果继续使用所选版本，交换机上的多播筛选模式将设置为 IGMP/MLD 侦听。

每个版本的功能 ⓘ

CANCEL　BACK　NEXT

图 4-3-3

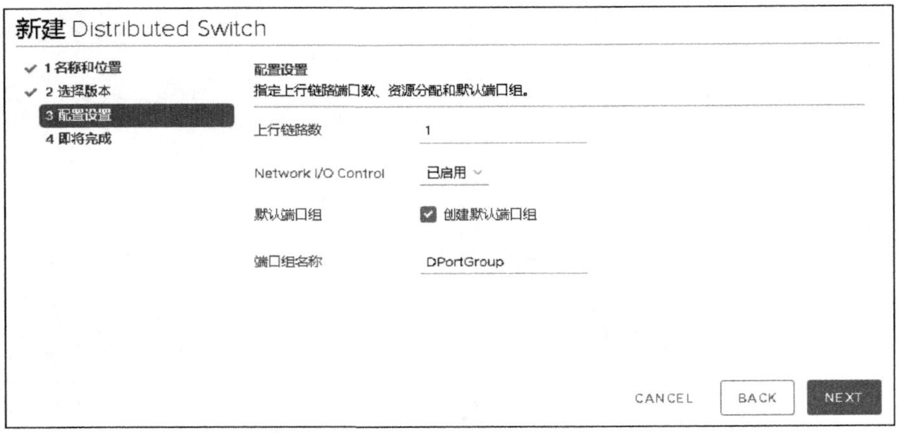

新建 Distributed Switch

✓ 1 名称和位置
✓ 2 选择版本
3 配置设置
4 即将完成

配置设置
指定上行链路端口数、资源分配和默认端口组。

上行链路数　1
Network I/O Control　已启用
默认端口组　☑ 创建默认端口组
端口组名称　DPortGroup

CANCEL　BACK　NEXT

图 4-3-4

第 5 步，确认分布式交换机的参数是否正确，如图 4-3-5 所示，若正确则单击“FINISH”按钮。

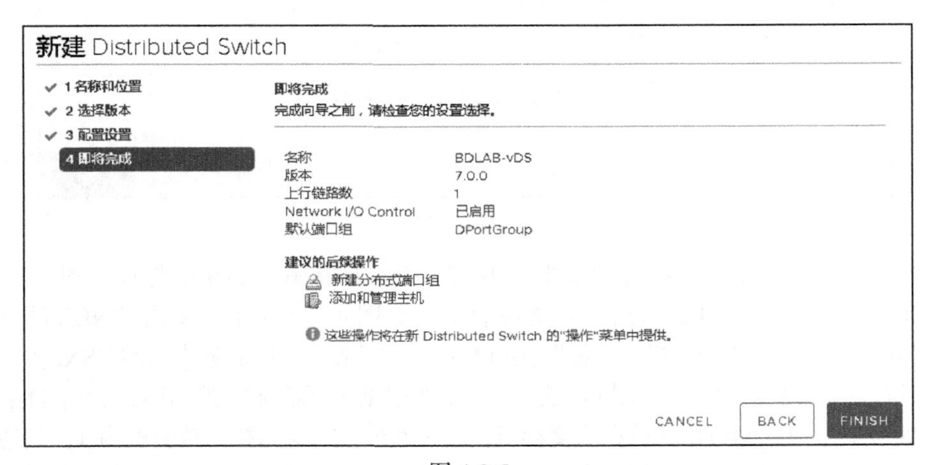

图 4-3-5

第 6 步，分布式交换机创建完成，如图 4-3-6 所示。

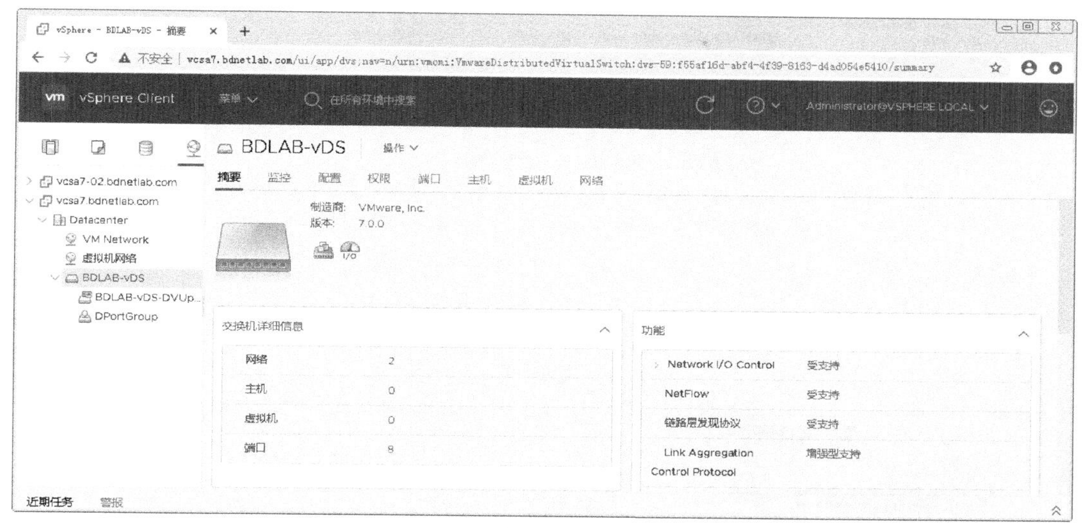

图 4-3-6

至此，分布式交换机基本创建完成。创建过程比较简单，但还需要添加 ESXi 主机及相应的端口才能正式使用分布式交换机。

4.3.2 将 ESXi 主机添加到分布式交换机

第 1 步，选中新创建的分布式交换机，可以看到分布式交换机未添加任何 ESXi 主机，如图 4-3-7 所示。

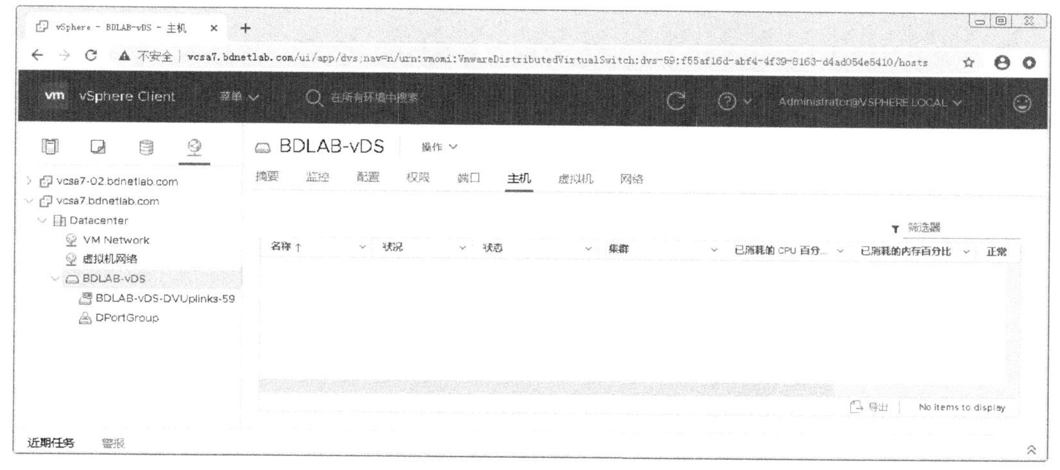

图 4-3-7

第 2 步，添加和管理主机。如图 4-3-8 所示，选择添加主机，单击“NEXT”按钮。

第 3 步，将 ESXi 主机添加到分布式交换机，系统会在新加入的 ESXi 主机名称前备注“新建”字样，如图 4-3-9 所示，单击“NEXT”按钮。

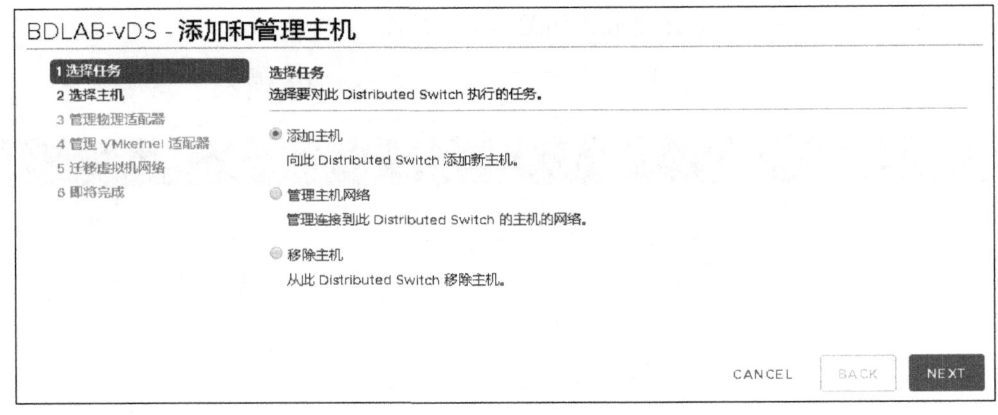

图 4-3-8

图 4-3-9

第 4 步，选择 ESXi 主机中需要加入分布式交换机的适配器，选择未关联其他交换机的适配器，如图 4-3-10 所示，单击“分配上行链路”按钮，其他 ESXi 主机按照相同的方式分配上行链路，单击“NEXT”按钮。

图 4-3-10

第 5 步，询问是否迁移虚拟机网络，如图 4-3-11 所示，根据实际情况决定是否勾选“迁移虚拟机网络”复选框，单击“NEXT”按钮。

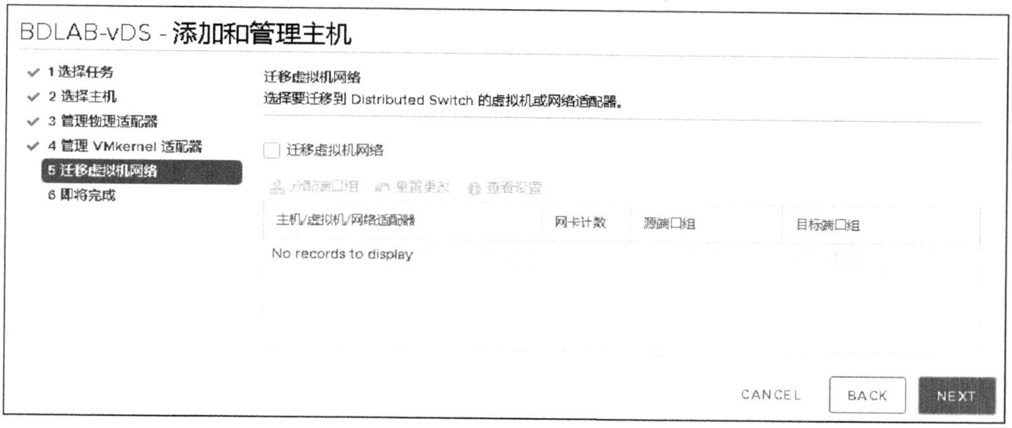

BDLAB-vDS - 添加和管理主机
1 选择任务
2 选择主机
3 管理物理适配器
4 管理 VMkernel 适配器
5 迁移虚拟机网络
6 即将完成
迁移虚拟机网络
选择要迁移到 Distributed Switch 的虚拟机或网络适配器。
迁移虚拟机网络
主机/虚拟机/网络适配器 | 网卡计数 | 源端口组 | 目标端口组
No records to display
CANCEL BACK NEXT

图 4-3-11

第 6 步，确认添加的主机参数是否正确，如图 4-3-12 所示，单击“FINISH”按钮。

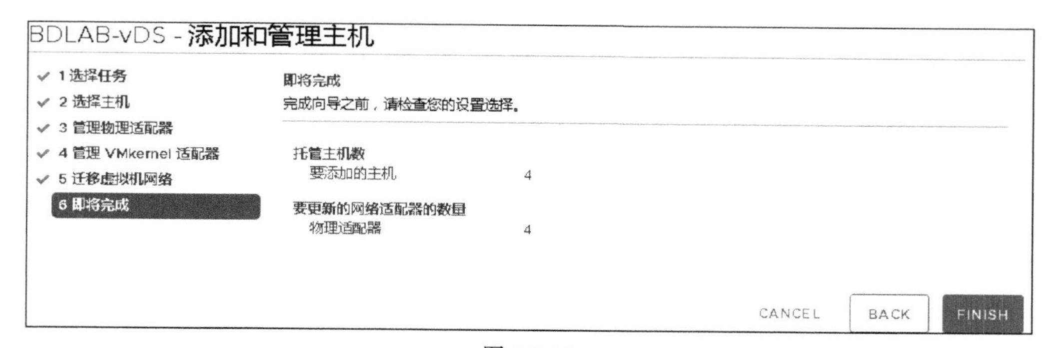

图 4-3-12

第 7 步，查看分布式交换机，可以看到 ESXi 主机已添加到分布式交换机，如图 4-3-13 所示。

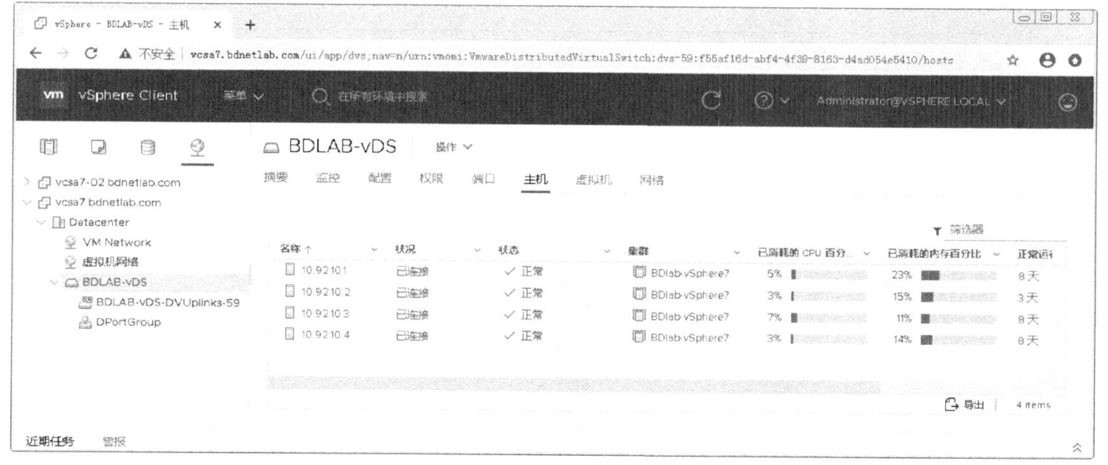

图 4-3-13

至此，已将 ESXi 主机添加到了分布式交换机。标准交换机需要在每台 ESXi 主机上创建端口组，ESXi 主机数量越大，工作量就越大；而分布式交换机创建的分布式端口组可以在多台 ESXi 主机上进行调用，无须在每台 ESXi 主机进行创建，从而极大地提高了工作效率，降低了管理难度。

4.3.3　创建和使用分布式端口组

将 ESXi 主机添加到分布式交换机后，可根据实际需要创建和使用分布式端口组。本节将创建基于 Vmkernel 的分布式端口组，以及基于虚拟机流量的分布式端口组。

第 1 步，选中要创建分布式端口组的交换机并用鼠标右键单击，在弹出的快捷菜单中选择“分布式端口组”中的“新建分布式端口组”选项，开始新建分布式端口组，如图 4-3-14 所示。

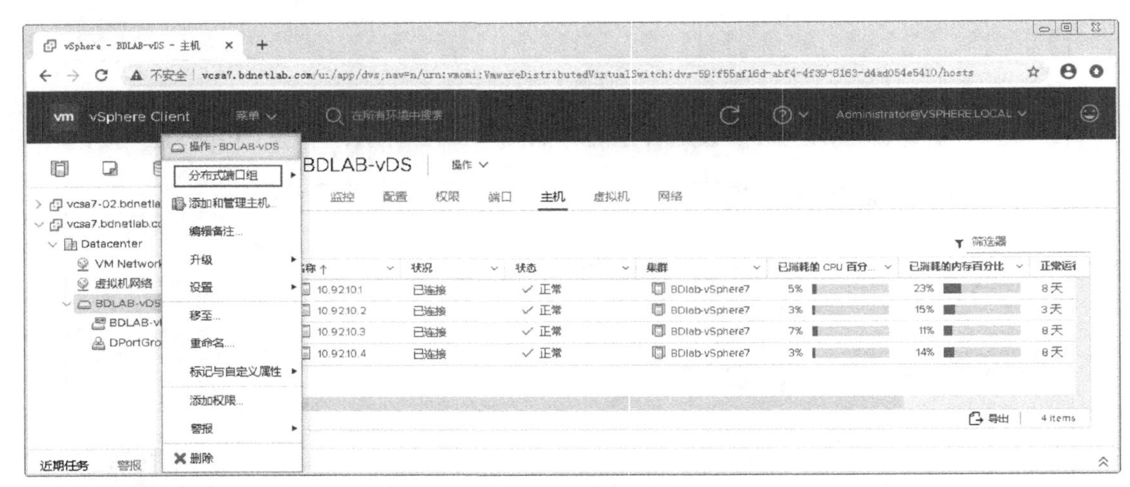

图 4-3-14

第 2 步，输入新建的分布式端口组的名称，如图 4-3-15 所示，单击“NEXT”按钮。

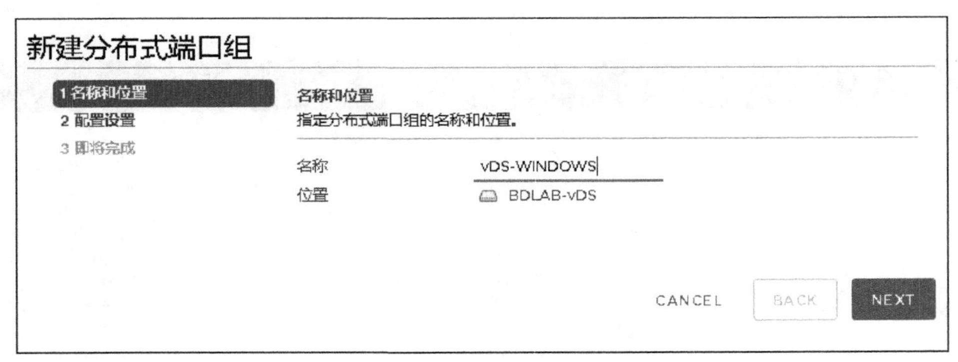

图 4-3-15

第 3 步，配置分布端口组相关参数，如果勾选“自定义默认策略配置”复选框，需要配置其他参数，可以参考标准交换机的相关解释，如图 4-3-16 所示，单击“NEXT”按钮。

新建分布式端口组

1 名称和位置
2 配置设置
3 安全
4 流量调整
5 绑定和故障切换
6 监控
7 其他
8 即将完成

配置设置
设置新端口组的常规属性。

端口绑定 静态绑定
端口分配 弹性
端口数 8
网络资源池 (默认)

VLAN
VLAN 类型 VLAN
VLAN ID 20

高级
自定义默认策略配置

CANCEL BACK NEXT

图 4-3-16

第 4 步，完成分布式端口组创建，如图 4-3-17 所示。

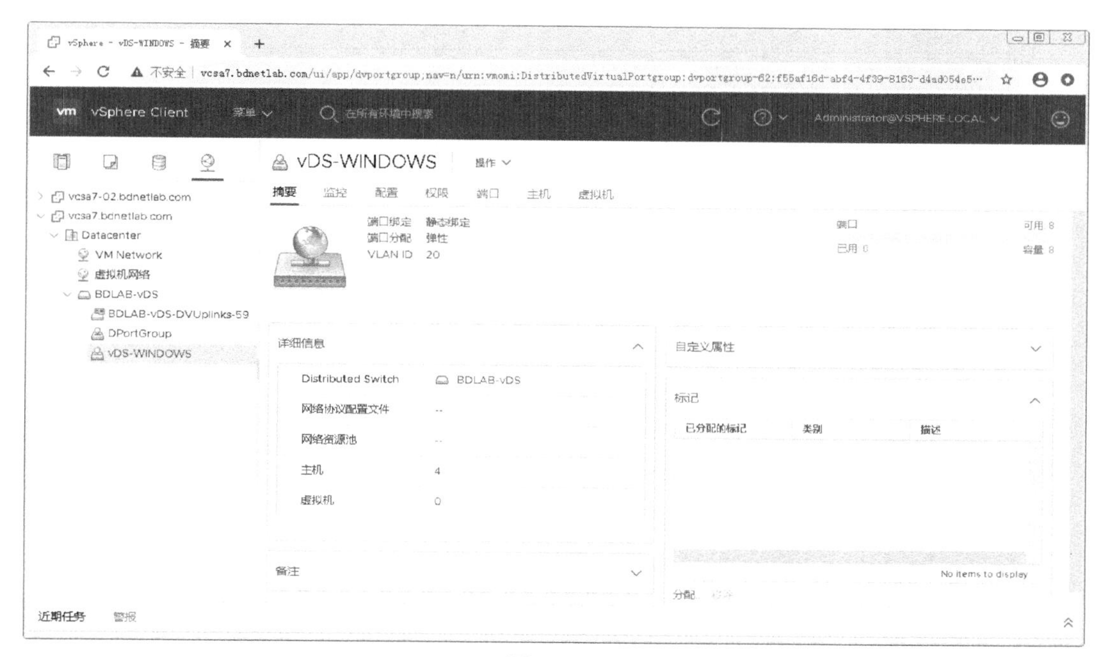

图 4-3-17

第 5 步，标准交换机的 VM Network 下运行着大量虚拟机，将其迁移到分布式交换机。选中 VM Network 并用鼠标右键单击，在弹出的快捷菜单中选择“将虚拟机迁移到其他网络”选项，如图 4-3-18 所示。

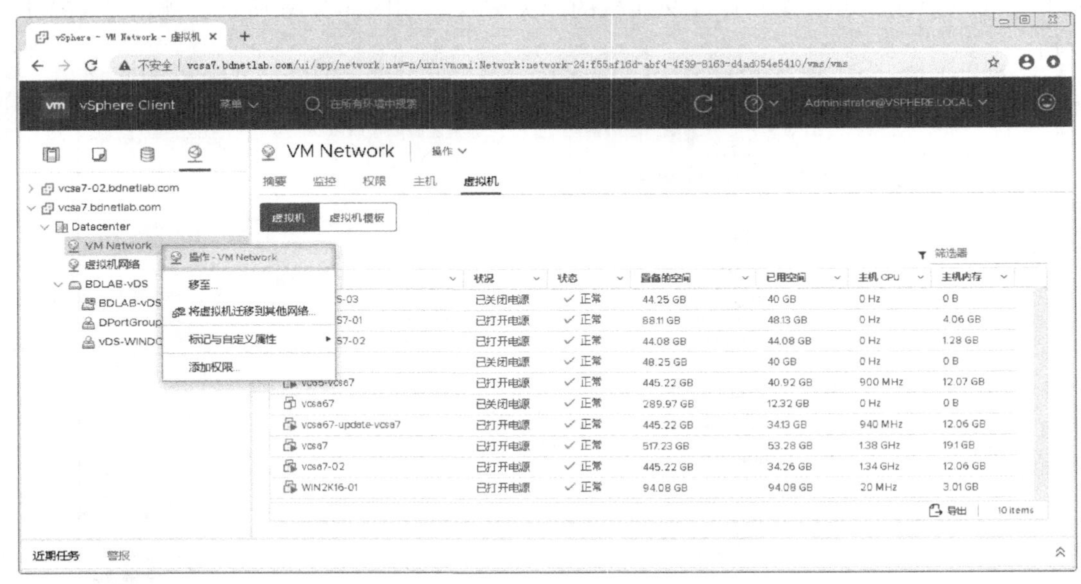

图 4-3-18

第 6 步，选择目标网络为新创建的分布式交换机端口组 vDS-WINDOWS，如图 4-3-19 所示，单击“NEXT”按钮。

将虚拟机迁移到其他网络

1 选择源网络和目标网络
2 选择要迁移的虚拟机
3 即将完成

选择源网络和目标网络
选择源网络和目标网络以进行虚拟机网络适配器的迁移

源网络
源网络名称：VM Network

目标网络
vDS-WINDOWS　浏览...

CANCEL　BACK　NEXT

图 4-3-19

第 7 步，勾选需要迁移网络的虚拟机，如图 4-3-20 所示，单击“NEXT”按钮。

第 8 步，确认需要迁移的虚拟机参数是否正确，如图 4-3-21 所示，如正确则单击“FINISH”按钮。

第 9 步，将虚拟机网络从标准交换机迁移到分布式交换机完成，如图 4-3-22 所示。

第 10 步，查看虚拟机相关信息，可以看到虚拟机网络连接到分布式交换机，同时可以获取其 IP 地址，如图 4-3-23 所示。

将虚拟机迁移到其他网络

✓ 1 选择源网络和目标网络
2 选择要迁移的虚拟机
3 即将完成

选择要迁移的虚拟机
选择要迁移到目标网络的虚拟机

选择要从 VM Network 迁移到 vDS-WINDOWS 的虚拟机:

筛选器

	虚拟机	网络适配器	主机	目标网络
☐	CENTOS-03	Network adapter 1	10.92.10.3	可访问
☐	CENTOS7-01	Network adapter 1	10.92.10.2	可访问
☐	CENTOS7-02	Network adapter 1	10.92.10.2	可访问
☑	vc6	Network adapter 1	10.92.10.2	可访问
☐	vc65-vcsa7	Network adapter 1	10.92.10.2	可访问
☐	vcsa67	Network adapter 1	10.92.10.4	可访问
☐	vcsa67-update-vcs...	Network adapter 1	10.92.10.4	可访问
☐	vcsa7	Network adapter 1	10.92.10.1	可访问
☐	vcsa7-02	Network adapter 1	10.92.10.3	可访问
☑	WIN2K16-01	Network adapter 1	10.92.10.1	可访问

CANCEL　BACK　NEXT

图 4-3-20

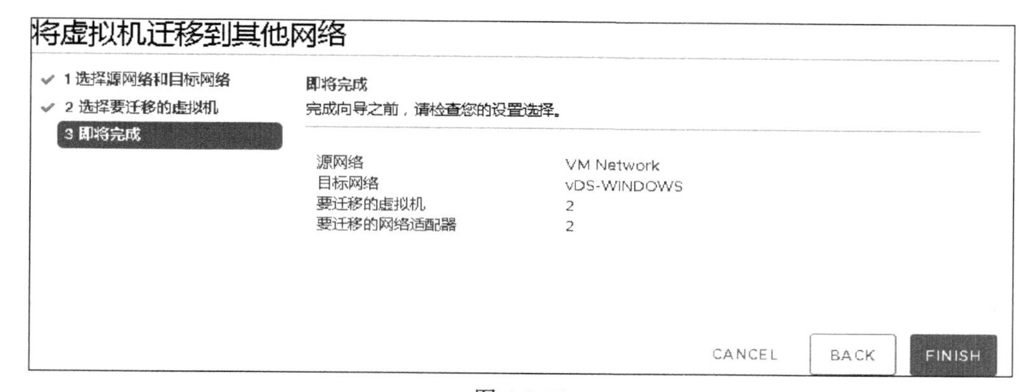

图 4-3-21

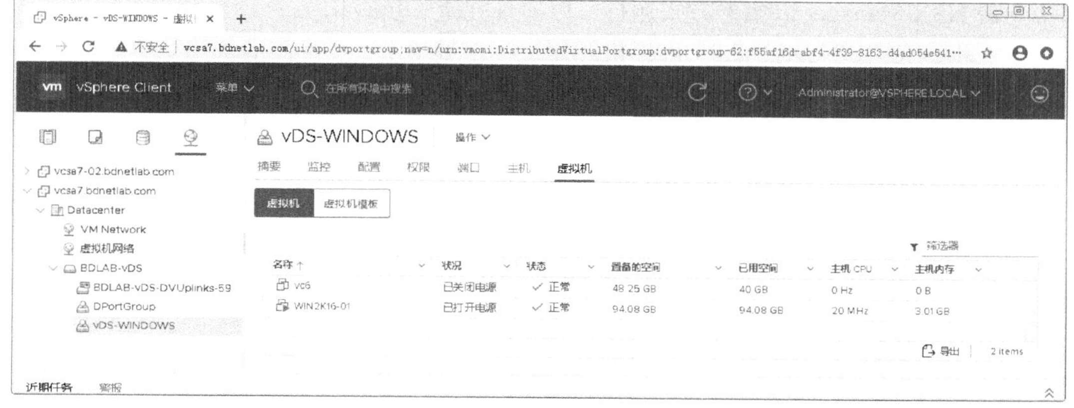

图 4-3-22

图 4-3-23

4.4　配置和使用 NSX-T 网络

NSX-T 是 VMware 最新的软件定义网络解决方案。需要说明的是，NSX-T 配置使用非常复杂。本节主要介绍 NSX-T 基础架构的部署，以及逻辑交换、逻辑路由的基础配置，对于其他深层次的应用，可以参考 NSX-T 其他图书。

4.4.1　部署 NSX Manager

NSX Manager 是整个 NSX-T 网络架构的核心，它以虚拟机方式运行，生产环境中推荐部署 3 台 NSX Manager 以集群方式运行，以实现冗余、负载均衡。

第 1 步，选中“NSX-T_3.0”虚拟机并用鼠标右键单击，在弹出的快捷菜单中选择“部署 OVF 模板”选项，导入 NSX-T 虚拟机，如图 4-4-1 所示。

第 2 步，选择导入本地文件，如图 4-4-2 所示，单击“NEXT”按钮。

第 3 步，输入虚拟机名称，如图 4-4-3 所示，单击“NEXT”按钮。

第 4 步，选择虚拟机使用的计算资源，如图 4-4-4 所示，单击“NEXT”按钮。

第 5 步，系统对导入的 OVF 模板进行验证，如图 4-4-5 所示，单击“NEXT”按钮。

第 6 步，选择虚拟机部署的类型。部署规模越大，需要的硬件资源就越多，可根据实际情况进行选择，如图 4-4-6 所示，单击“NEXT”按钮。

第 7 步，选择虚拟机使用的存储，如图 4-4-7 所示，单击“NEXT”按钮。

第 8 步，选择虚拟机使用的网络，如图 4-4-8 所示，单击“NEXT”按钮。

第 9 步，配置虚拟机相关 IP 信息，如图 4-4-9 所示，单击“NEXT”按钮。

图 4-4-1

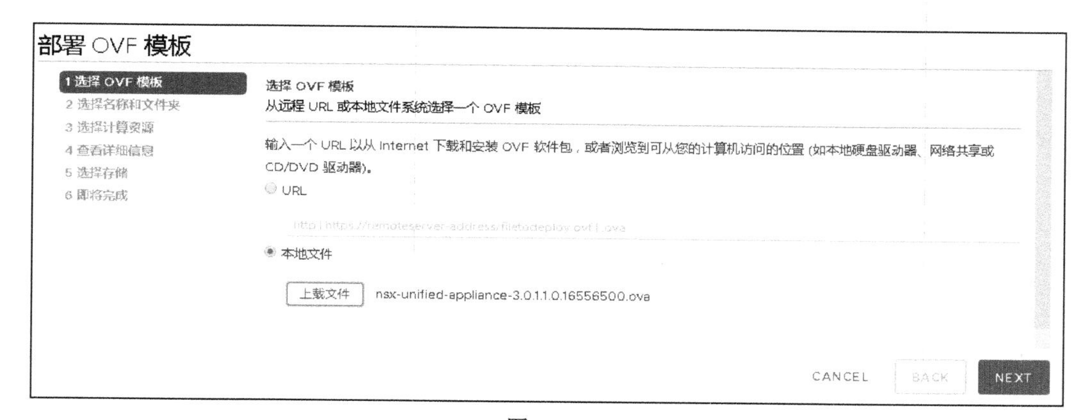

图 4-4-2

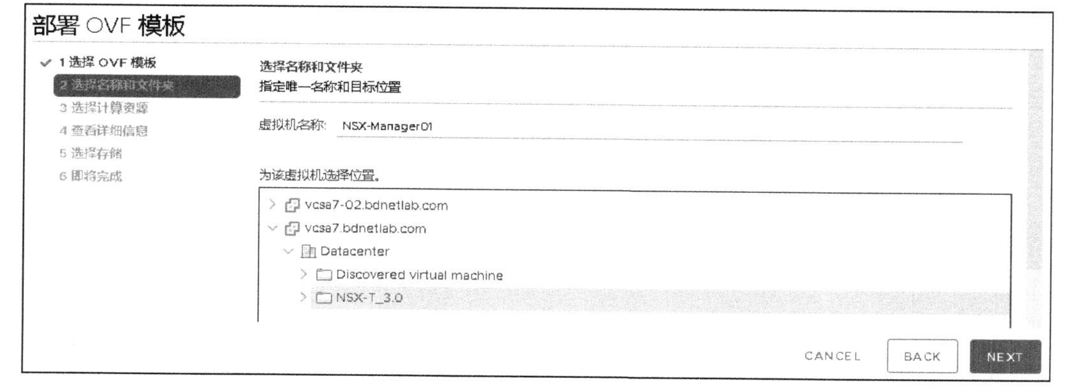

图 4-4-3

部署 OVF 模板

✓ 1 选择 OVF 模板
✓ 2 选择名称和文件夹
3 选择计算资源
4 查看详细信息
5 选择存储
6 即将完成

选择计算资源
为此操作选择目标计算资源

Datacenter
BDlab-Edge
BDlab-SITE01
10.92.10.1
10.92.10.2
BDlab-SITE02

CANCEL BACK NEXT

图 4-4-4

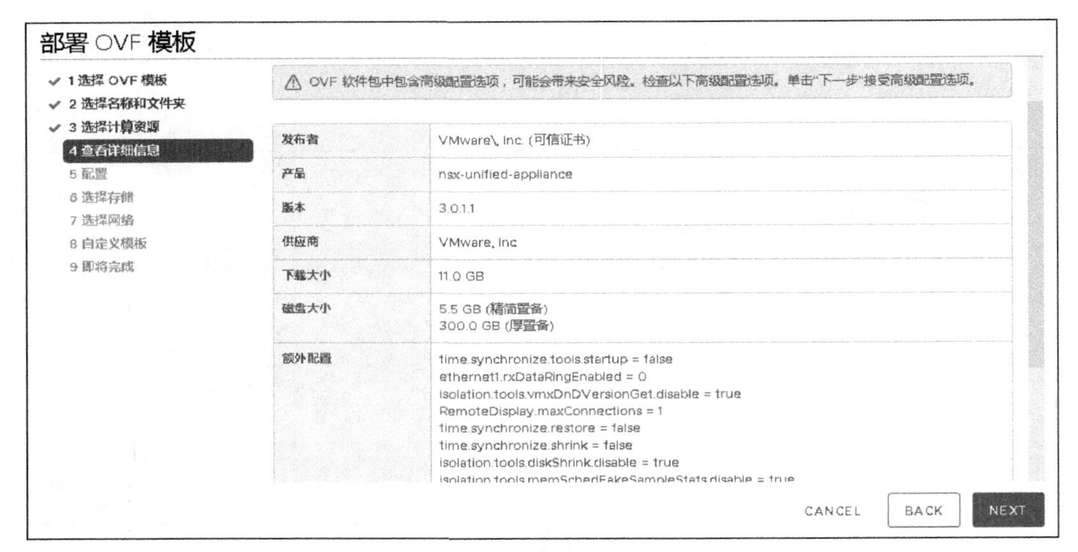

图 4-4-5

图 4-4-6

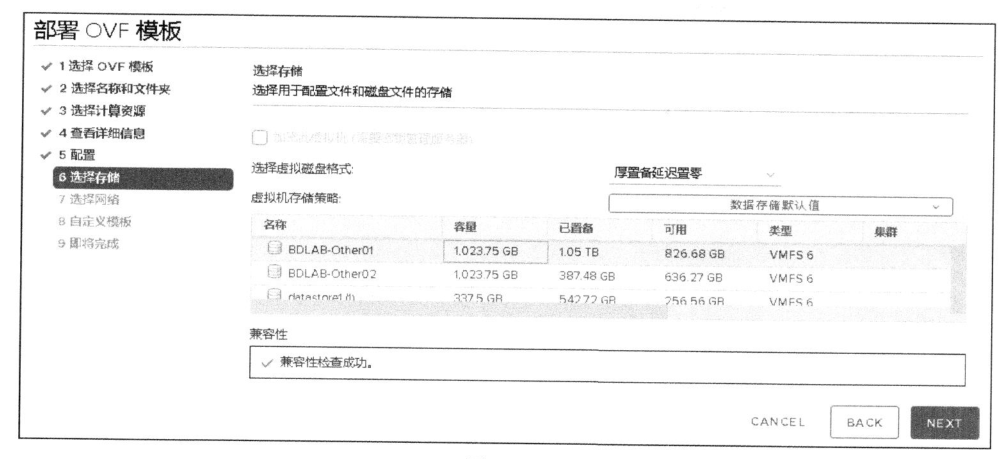

图 4-4-7

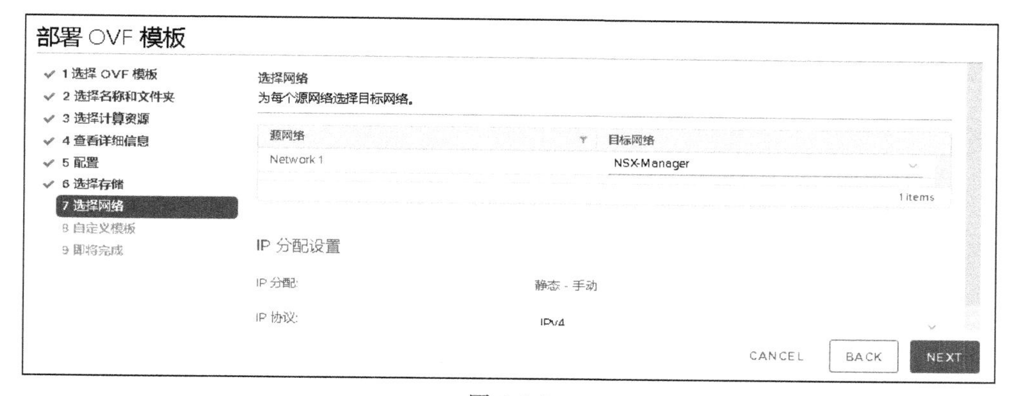

图 4-4-8

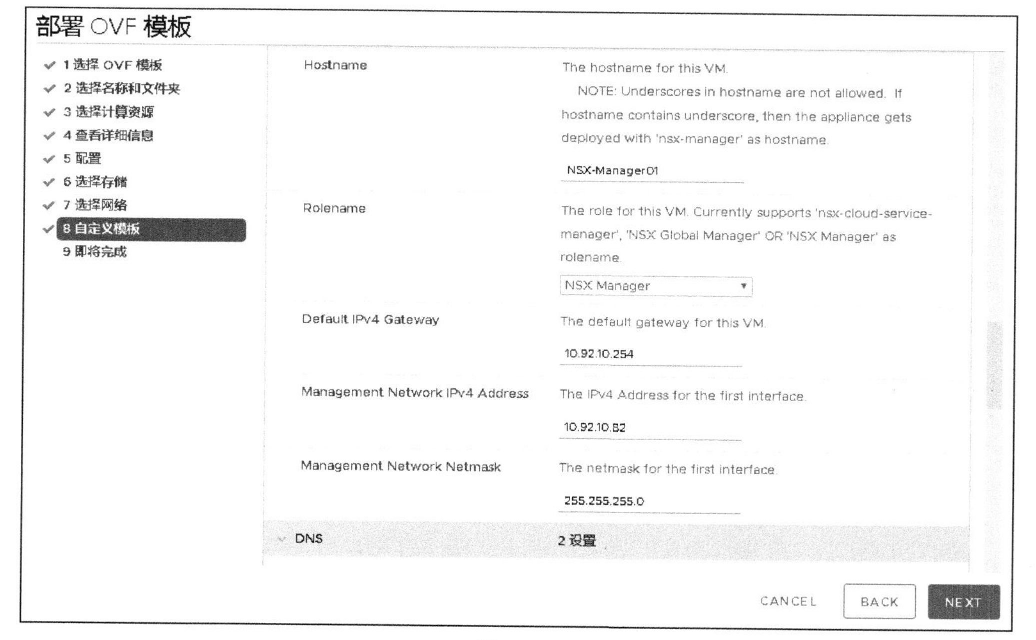

图 4-4-9

第 10 步，确认参数是否正确，如图 4-4-10 所示，若正确则单击“FINISH”按钮。

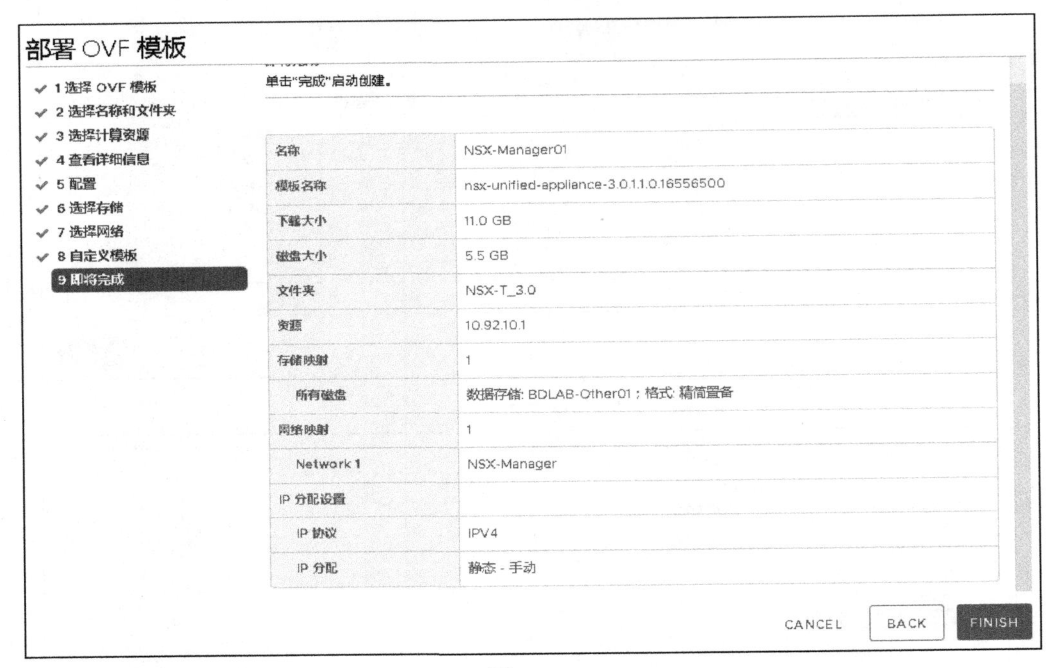

图 4-4-10

第 11 步，开始部署虚拟机，如图 4-4-11 所示。需要注意的是，NSX Manager 虚拟机 OVA 文件较大，所以部署时间偏长，如果下载的文件存在问题，部署过程中可能会报错。

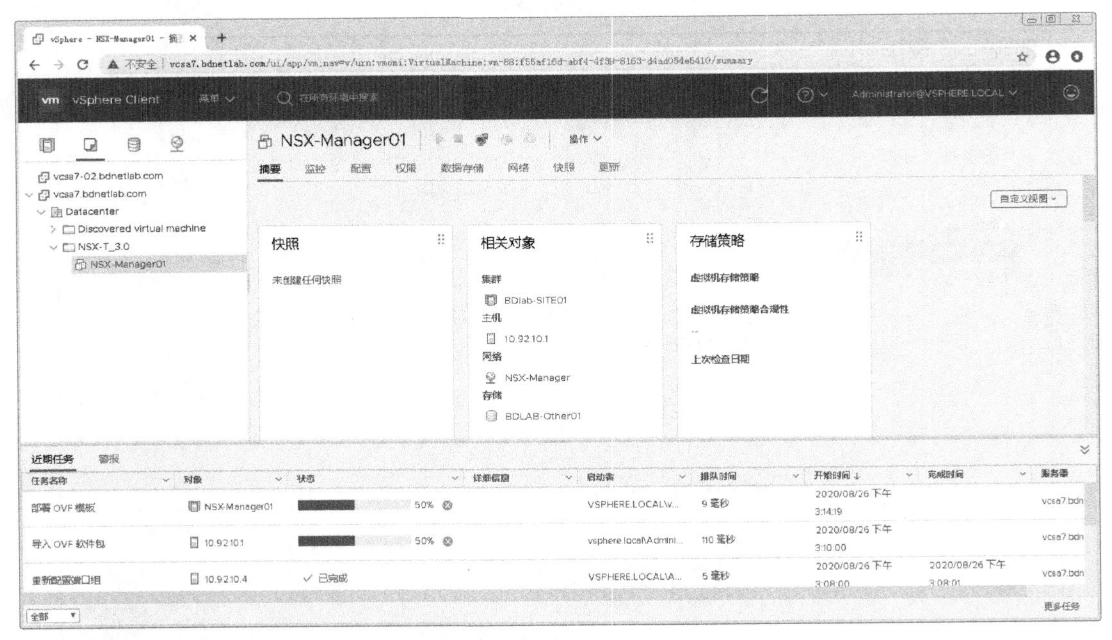

图 4-4-11

第 12 步，完成虚拟机部署后打开电源，登录虚拟机查看相关信息，如图 4-4-12 所示。

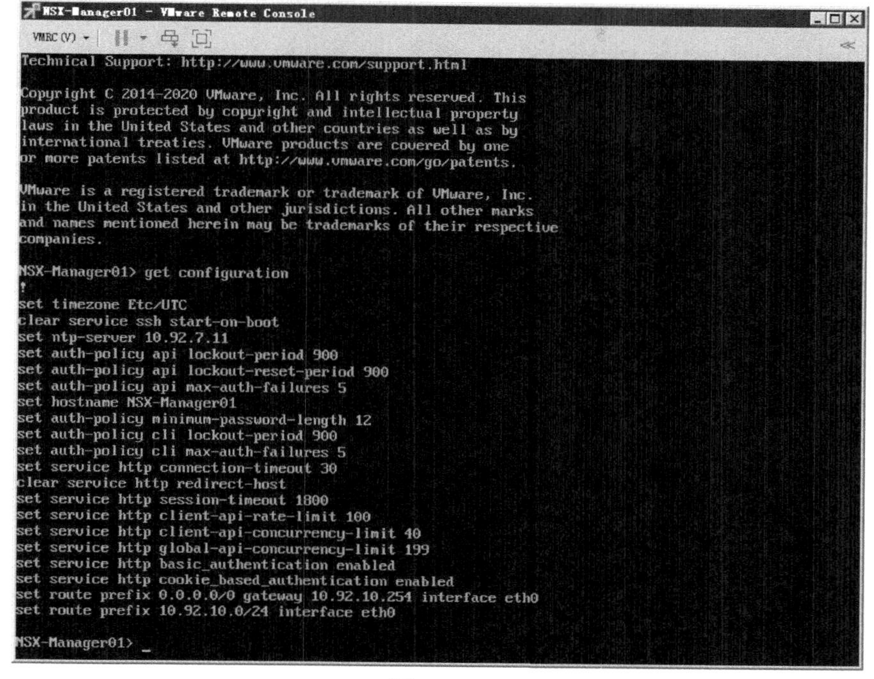

图 4-4-12

第 13 步，NSX Manager 服务启动需要一些时间，启动后使用浏览器登录 NSX Manager，输入用户名和密码，如图 4-4-13 所示，单击“登录”按钮。

图 4-4-13

第 14 步，成功登录到 NSX Manager 界面，系统在右下角会提示“建议使用 3 节点集群部署节点”，如图 4-4-14 所示。

第 15 步，在“系统”菜单查看设备相关信息，目前环境中只部署了 1 台 NSX Manager，没有添加计算管理器，所以无法添加 NSX 设备，如图 4-4-15 所示，选择“Fabric”中的“计算管理器”选项。

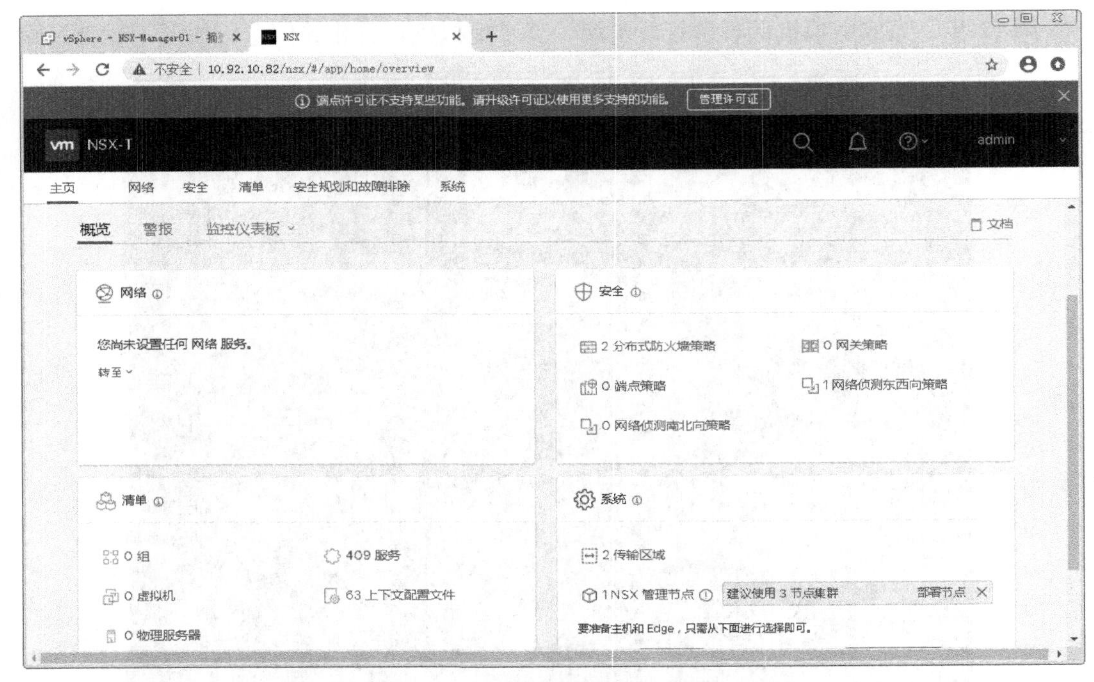

图 4-4-14

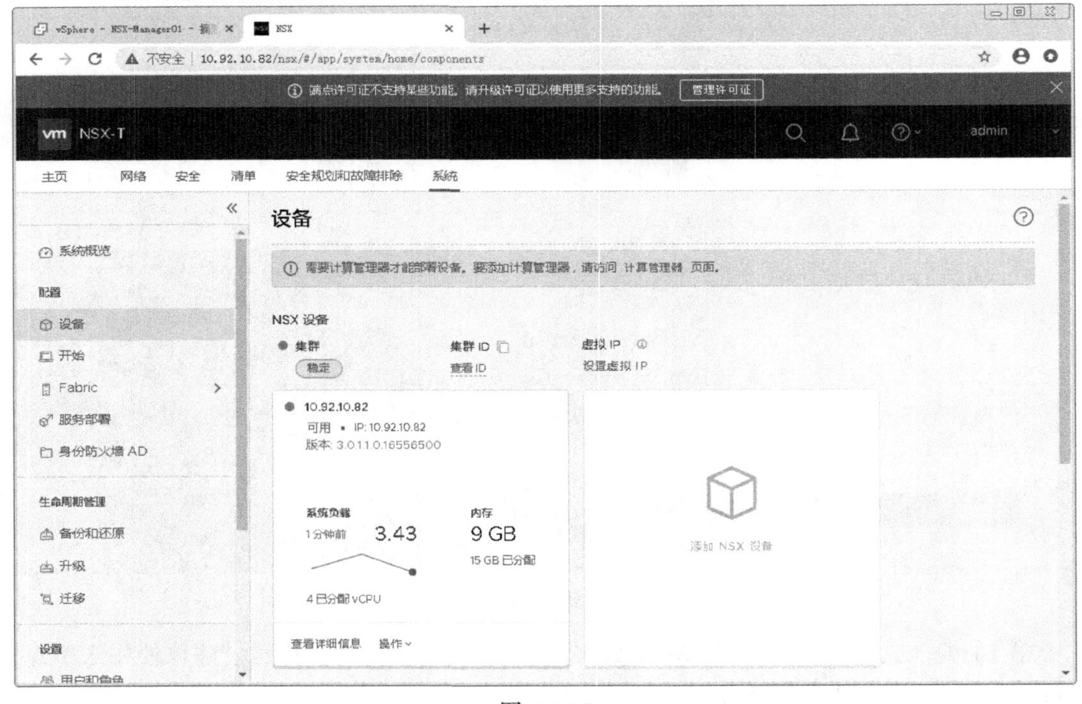

图 4-4-15

第 16 步，可以发现计算管理器中为空，无任何计算资源，如图 4-4-16 所示，将 VCSA7 所在的 vCenter Server 添加到计算管理器中，单击“添加”按钮。

图 4-4-16

第 17 步，输入 VCSA7 相关信息，如图 4-4-17 所示，单击“添加”按钮。

新建计算管理器

名称* VCSA7

描述

类型* vCenter

FQDN 或 IP 地址* 10.92.10.80

反向代理的 HTTPS 端口* 443

用户名* administrator@vsphere.local

密码* ••••••••••••••

SHA-256 指纹

启用信任 是

受 vCenter Server 7.0 或更高版本支持

取消 添加

图 4-4-17

第 18 步，完成计算管理器的添加，其状态为已注册，如图 4-4-18 所示。

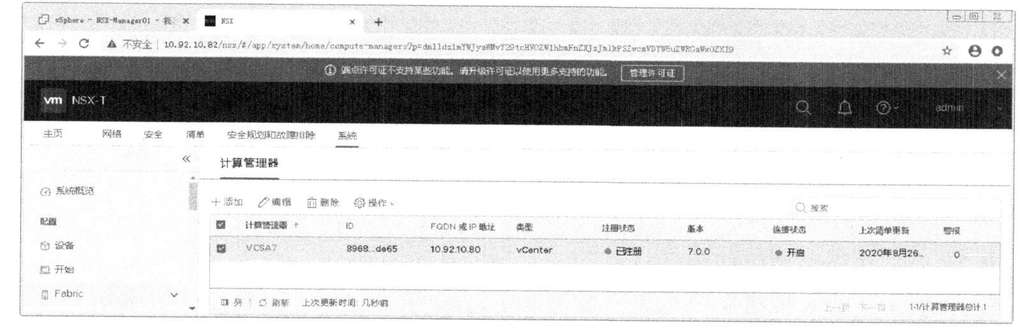

图 4-4-18

第 19 步，返回到设备界面，这时已经可以添加 NSX 设备，如图 4-4-19 所示，单击“添加 NSX 设备”图标。

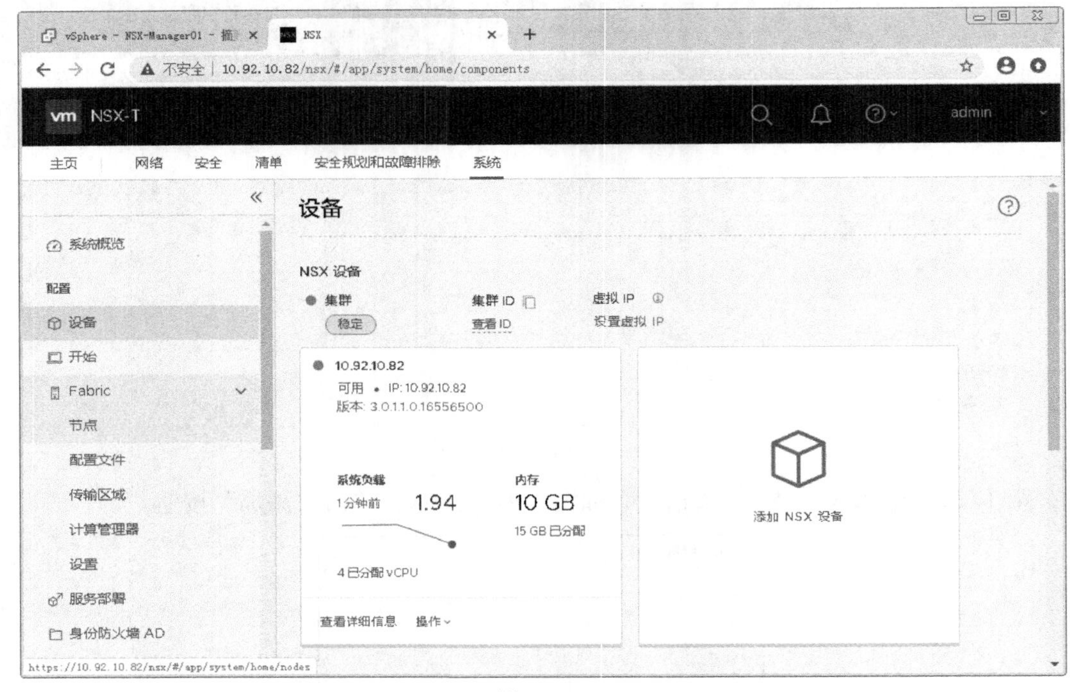

图 4-4-19

第 20 步，输入添加的 NSX 设备网络信息，如图 4-4-20 所示，单击“下一步”按钮。

图 4-4-20

第 21 步，选择虚拟机使用的计算配置，如图 4-4-21 所示，单击“下一步”按钮。

第 22 步，配置虚拟机密码信息，如图 4-4-22 所示，单击“安装设备”按钮。

第 23 步，开始部署第 2 台 NSX Manager，如图 4-4-23 所示。

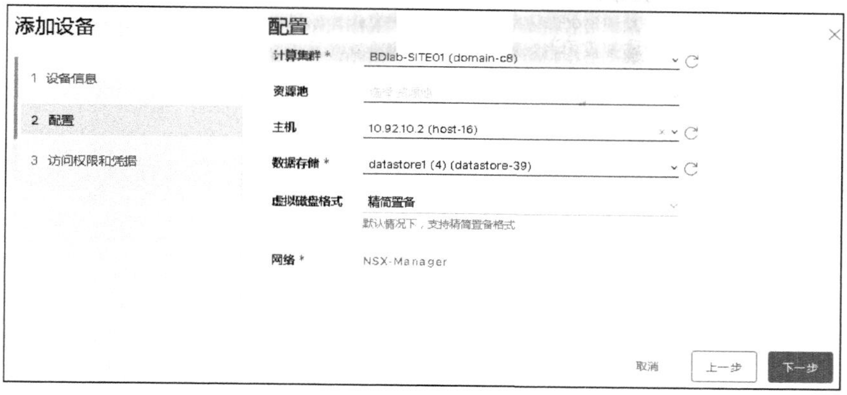

添加设备
1 设备信息
2 配置
3 访问权限和凭据
配置
计算集群 *
BDlab-SITE01 (domain-c8)
资源池
主机
10.92.10.2 (host-16)
数据存储 *
datastore1 (4) (datastore-39)
虚拟磁盘格式
精简置备
默认情况下，支持精简置备格式
网络 *
NSX-Manager
取消
上一步
下一步

图 4-4-21

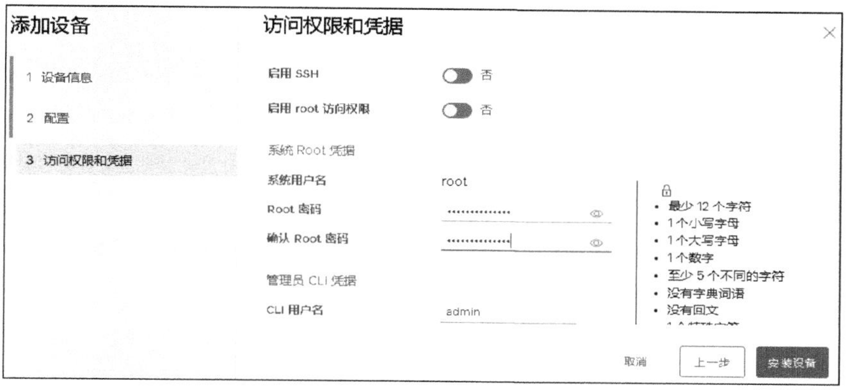

添加设备
1 设备信息
2 配置
3 访问权限和凭据
访问权限和凭据
启用 SSH
否
启用 root 访问权限
否
系统 Root 凭据
系统用户名
root
Root 密码
确认 Root 密码
• 最少 12 个字符
• 1 个小写字母
• 1 个大写字母
• 1 个数字
• 至少 5 个不同的字符
• 没有字典词语
• 没有回文
管理员 CLI 凭据
CLI 用户名
admin
取消
上一步
安装设备

图 4-4-22

vSphere - NSX-Manager01
NSX
不安全 | 10.92.10.82/nsx/#/app/system/home/components
NSX-T
admin
主页
网络
安全
清单
安全规划和故障排除
系统
系统概览
配置
设备
开始
Fabric
节点
配置文件
传输区域
计算管理器
设置
服务部署
身份防火墙 AD
设备
NSX 设备
集群
稳定
集群 ID
查看 ID
虚拟 IP
设置虚拟 IP
10.92.10.82
可用 • IP: 10.92.10.82
版本 3.0.1.1.0.16556500
系统负载
1 分钟前
3.8
内存
11 GB
15 GB 已分配
4 已分配 vCPU
查看详细信息
操作
NSX-Manager02
10% 正在安装...
https://10.92.10.82/nsx/#/app/system/home/nodes

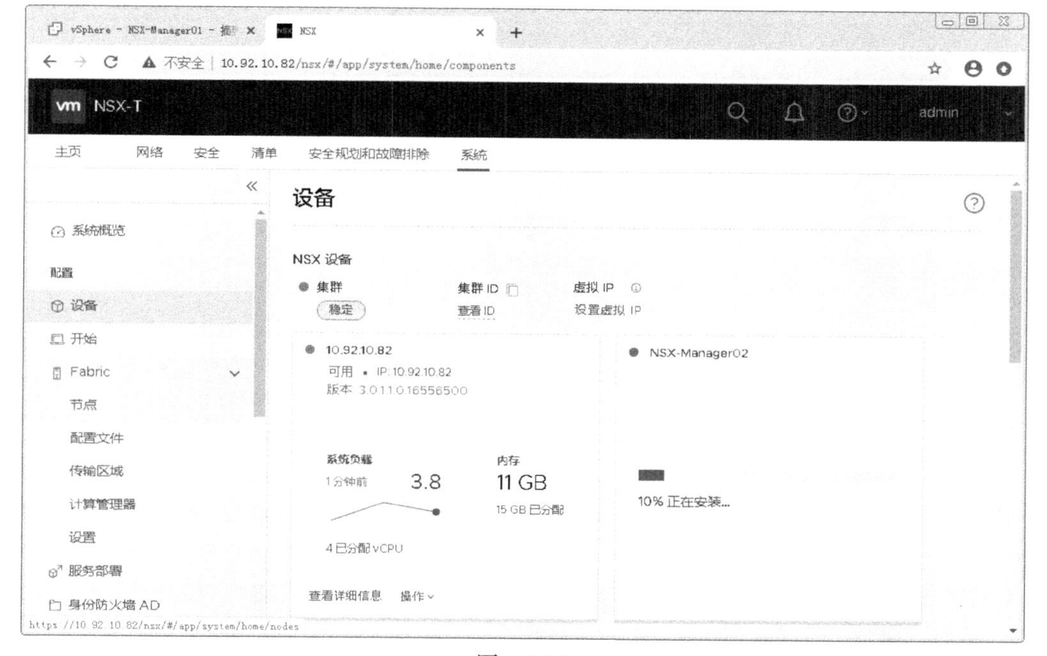

图 4-4-23

第 24 步，按照相同的方式部署第 3 台 NSX Manager，如图 4-4-24 所示。

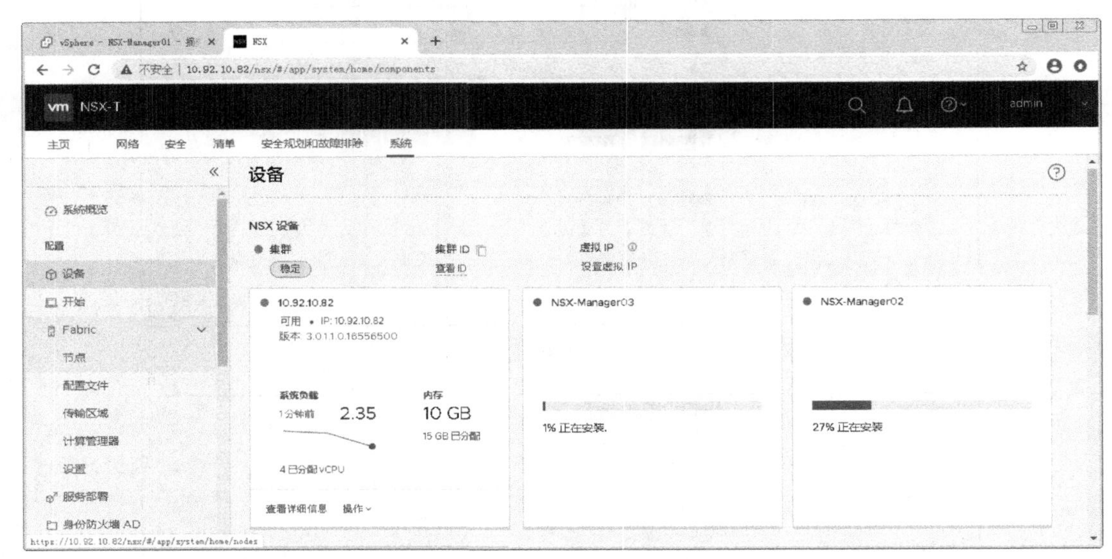

图 4-4-24

第 25 步，完成 3 台 NSX Manager 的部署，但集群的状态处于“已降级”，如图 4-4-25 所示，这是因为集群还未完成部署，单击“设置虚拟 IP”按钮。

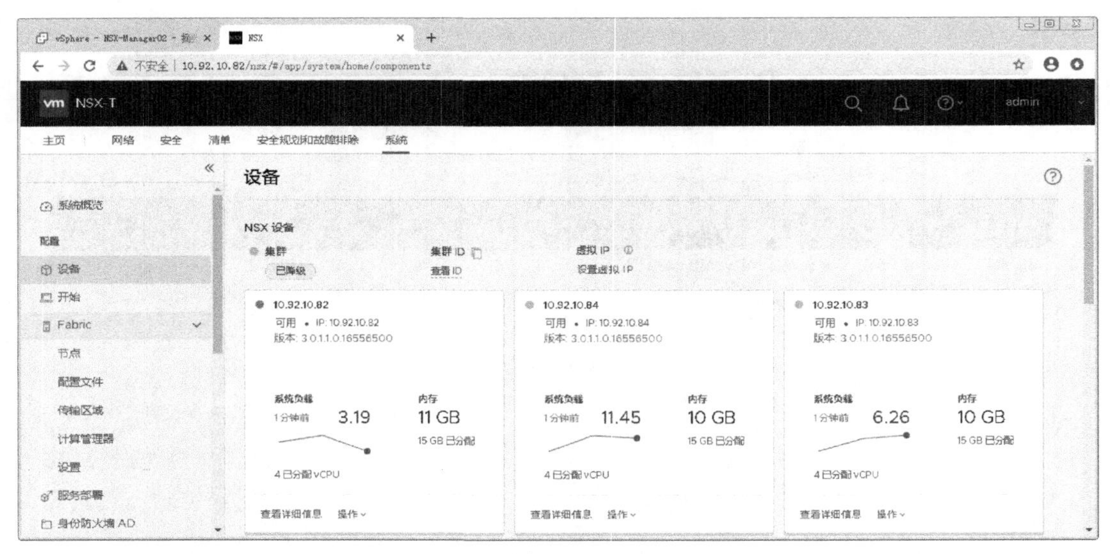

图 4-4-25

第 26 步，设置虚拟 IP 实现 NSX Manager 的高可用性，如图 4-4-26 所示，单击“保存”按钮。

第 27 步，需要注意的是，设置虚拟 IP 实现 NSX Manager 的高可用后，服务需要重新启动，所以需要一定时间，如图 4-4-27 所示。

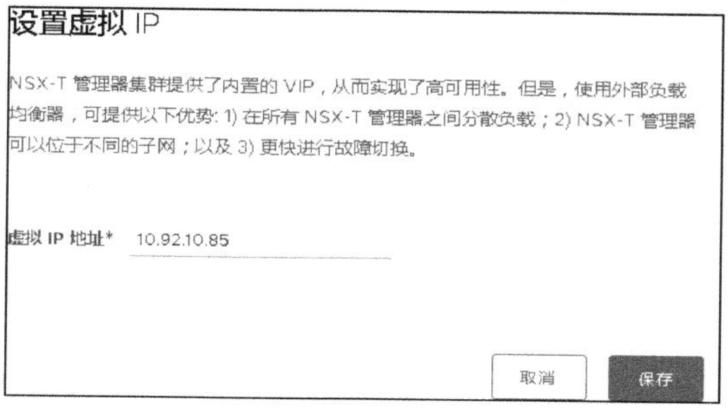

设置虚拟 IP

NSX-T 管理器集群提供了内置的 VIP，从而实现了高可用性。但是，使用外部负载均衡器，可提供以下优势：1) 在所有 NSX-T 管理器之间分散负载；2) NSX-T 管理器可以位于不同的子网；以及 3) 更快进行故障切换。

虚拟 IP 地址* 10.92.10.85

取消 保存

图 4-4-26

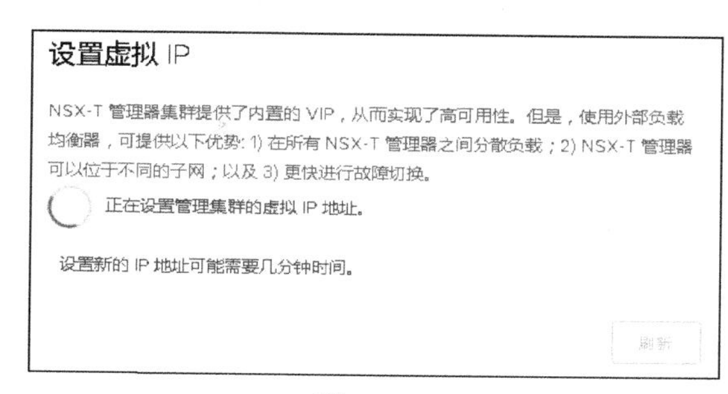

图 4-4-27

第 28 步，使用 NSX Manager 集群虚拟 IP 地址登录，NSX Manager 集群处于稳定状态，虚拟 IP 分配给 NSX Manager03 虚拟机，如图 4-4-28 所示。

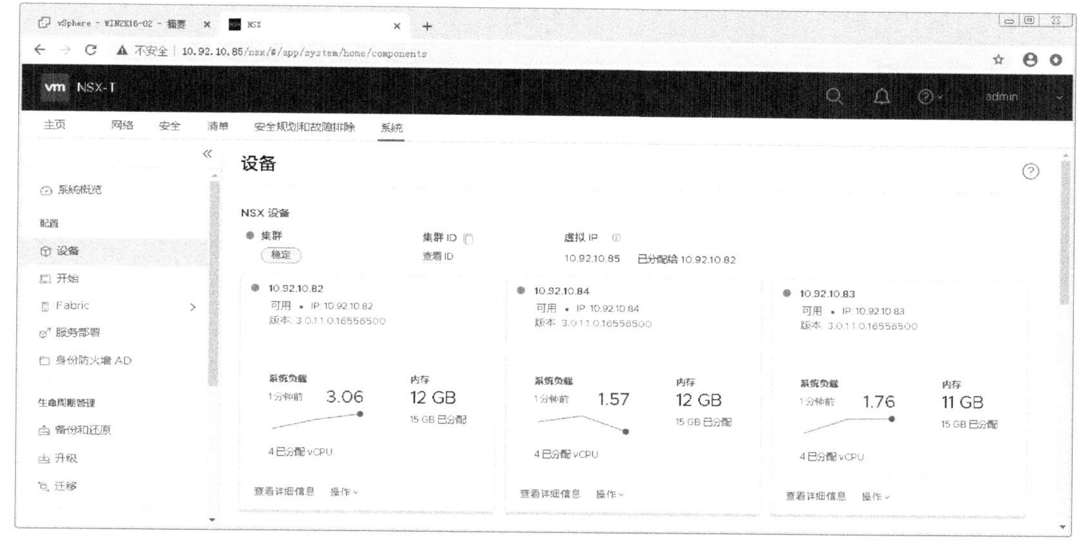

图 4-4-28

至此，NSX Manager 部署以及集群部署完成。由于是 NSX-T 网络虚拟化的核心部分，生产环境中推荐以集群方式部署运行。

4.4.2 配置传输节点

NSX Manager 部署完成后，需要配置传输节点主机区域及节点等。其实质是定义 ESXi 主机或 KVM 主机、虚拟机使用 NSX-T 网络进行传输。本节主要介绍如何将 ESXi 主机配置为传输节点主机。

第 1 步，ESXi 主机或 KVM 主机是一个传输节点，传输节点会对基于 NSX-T 网络传输的数据进行封装和解封装，同时需要配置 IP 地址。推荐使用独立 IP 地址池，如图 4-4-29 所示，单击“添加 IP 地址池”按钮。

第 2 步，配置 IP 地址池详细信息。需要说明的是，这个 IP 地址池用于封装 GENEVE 协议，所以不一定要求和管理网络处于相同网段，如图 4-4-30 所示，单击“添加”按钮。

第 3 步，确认 IP 地址信息正确，如图 4-4-31 所示，单击“应用”按钮。

图 4-4-29

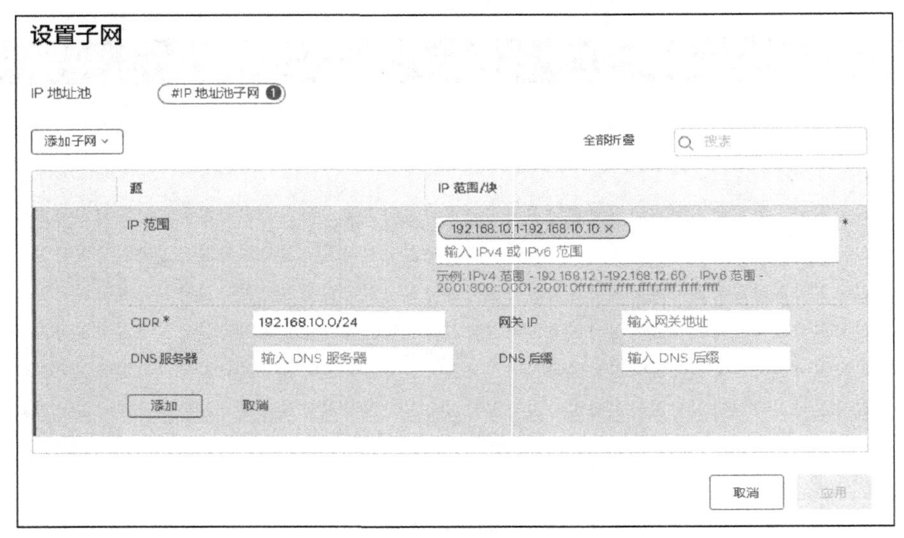

图 4-4-30

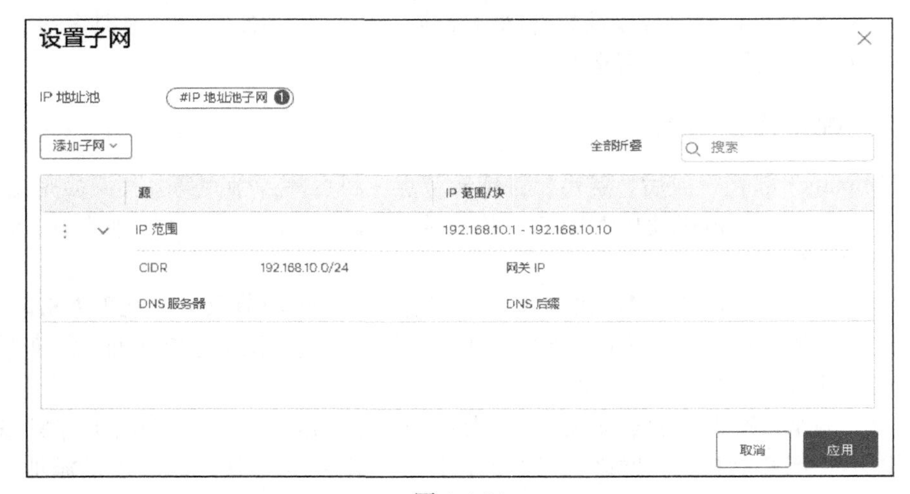

图 4-4-31

第 4 步，检查上行链路配置文件，NSX-T 3.0 版本中默认有配置文件，如图 4-4-32 所示，生产环境中可以根据情况调用。本实验上行链路只有一条，因此新建一个配置文件，单击“添加”按钮。

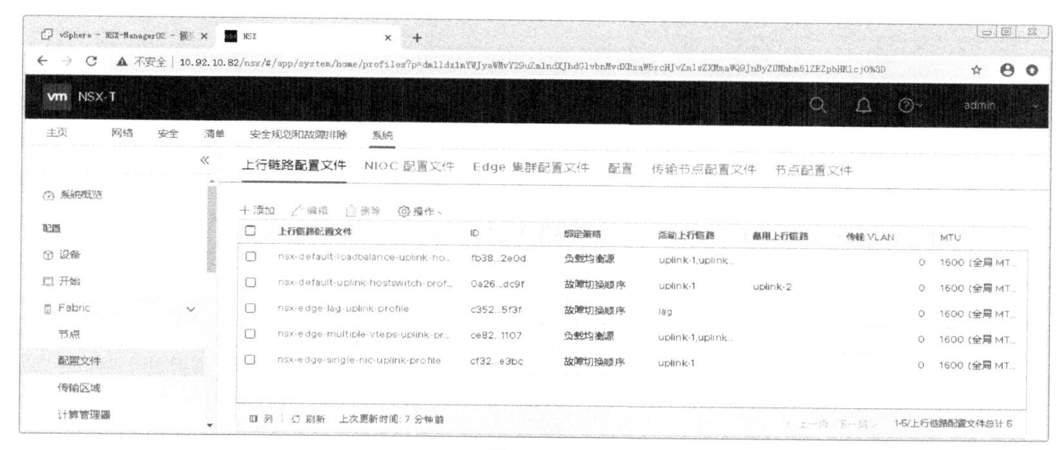

图 4-4-32

第 5 步，输入新建的上行链路配置文件名称，NSX-T 环境支持 LAG 端口聚合，如图 4-4-33 所示，如果生产环境中配置可以添加使用，本例单独进行绑定，单击“添加”按钮。

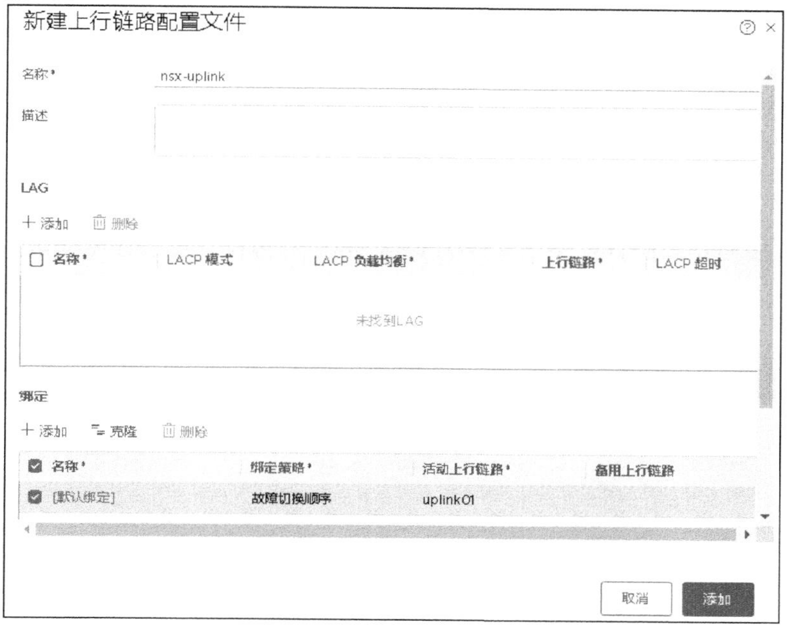

新建上行链路配置文件

名称* nsx-uplink

描述

LAG

+ 添加 删除

名称*	LACP 模式	LACP 负载均衡*	上行链路*	LACP 超时
未找到LAG				

绑定

+ 添加 克隆 删除

名称*	绑定策略*	活动上行链路*	备用上行链路
[默认绑定]	故障切换顺序	uplink01	

取消 添加

图 4-4-33

第 6 步，查看传输区域相关信息，默认有 2 个传输区域，如图 4-4-34 所示，生产环境中建议自行创建，单击“添加”按钮。

第 7 步，输入新建的传输区域名称、交换机名称，流量类型选择为“覆盖网络”，如图 4-4-35 所示，单击“添加”按钮。

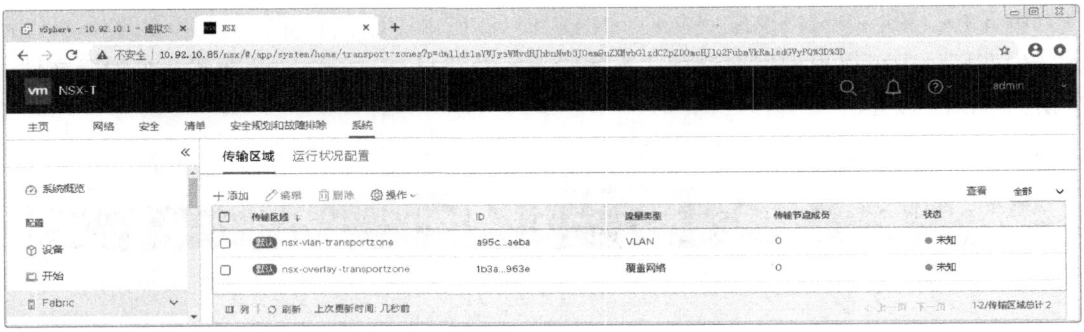

vSphere - 10.92.10.1 - 虚拟... × NSX × +

10.92.10.85/nsx/#/app/system/home/transport-zones?p=dmlldz1mYWJyaWMvdHJhbnNwb3J0em9uZXMvbG1zdCZpZDOmcHJ1Q2FubmVkRalsdGVyPQ%3D%3D

vm NSX-T　admin

主页　网络　安全　清单　安全规划和故障排除　系统

传输区域　运行状况配置

系统概览
配置
设备
开始
Fabric

+ 添加　编辑　删除　操作　查看　全部

传输区域	ID	流量类型	传输节点成员	状态
默认 nsx-vlan-transportzone	a95c...aeba	VLAN	0	未知
默认 nsx-overlay-transportzone	1b3a...963e	覆盖网络	0	未知

列　刷新　上次更新时间：几秒前　上一页　下一页　1-2/传输区域总计 2

图 4-4-34

新建传输区域

名称*　overlay_zone

描述

交换机名称　overlay_zone_sw

流量类型　覆盖网络　VLAN

上行链路绑定策略名称

取消　添加

图 4-4-35

第 8 步，按照相同的方式添加名称为 vlan_zone 的传输区域，如图 4-4-36 所示。

vSphere - Datacenter - 虚拟机 × NSX × +

10.92.10.85/nsx/#/app/system/home/transport-zones?p=dmlldz1mYWJyaWMvdHJhbnNwb3J0em9uZXMvbG1zdCZpZDOmcHJ1Q2FubmVkRalsdGVyPQ%3D%3D

vm NSX-T　admin

主页　网络　安全　清单　安全规划和故障排除　系统

传输区域　运行状况配置

系统概览
配置
设备
开始
Fabric
节点
配置文件
传输区域

+ 添加　编辑　删除　操作　查看　全部

传输区域	ID	流量类型	传输节点成员	状态
vlan_zone	6d52...a82f	VLAN	0	未知
overlay_zone	7cdf...8b7a	覆盖网络	0	未知
默认 nsx-vlan-transportzone	a95c...aeba	VLAN	0	未知
默认 nsx-overlay-transportzone	1b3a...963e	覆盖网络	0	未知

列　刷新　上次更新时间：几秒前　上一页　下一页　1-4/传输区域总计 4

图 4-4-36

第 9 步，主机传输节点托管主体为“无独立主机”，可以选择 KVM 主机或不受 vCenter Server 管理的 ESXi 主机，如图 4-4-37 所示。

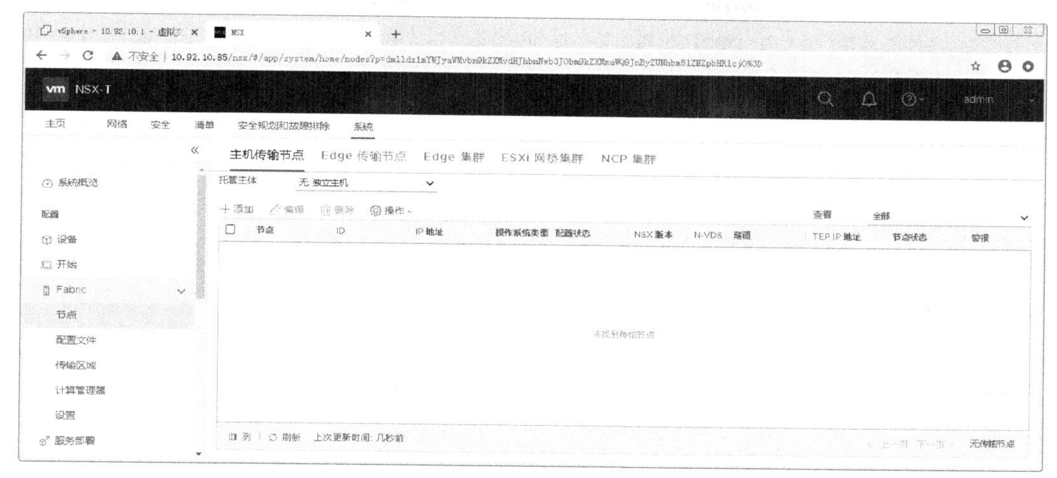

图 4-4-37

第 10 步，托管主机 VCSA7，可以看到 4 台 ESXi 主机，如图 4-4-38 所示，勾选 ESXi 主机，单击“配置 NSX”按钮。

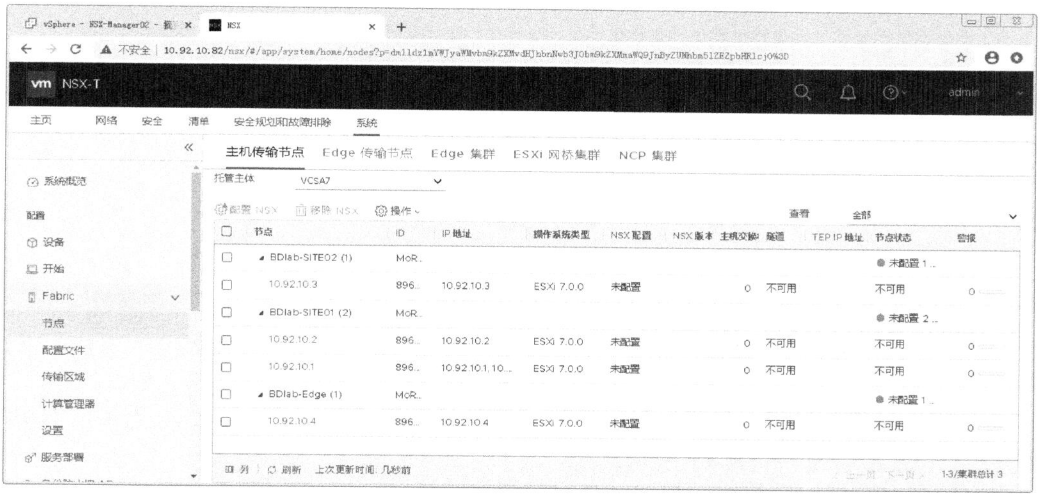

节点	ID	IP 地址	操作系统类型	NSX 配置	NSX 版本	主机交换	隧道	TEP IP 地址	节点状态	警报
BDlab-SITE02 (1)	MoR..								未配置 1 ...	
10.92.10.3	896...	10.92.10.3	ESXi 7.0.0	未配置		0	不可用		不可用	0
BDlab-SITE01 (2)	MoR..								未配置 2 ...	
10.92.10.2	896...	10.92.10.2	ESXi 7.0.0	未配置		0	不可用		不可用	0
10.92.10.1	896...	10.92.10.1, 10...	ESXi 7.0.0	未配置		0	不可用		不可用	0
BDlab-Edge (1)	MoR..								未配置 1 ...	
10.92.10.4	896...	10.92.10.4	ESXi 7.0.0	未配置		0	不可用		不可用	0

图 4-4-38

第 11 步，为 ESXi 主机安装传输节点相关包，输入主机名称，如图 4-4-39 所示，单击“下一步”按钮。

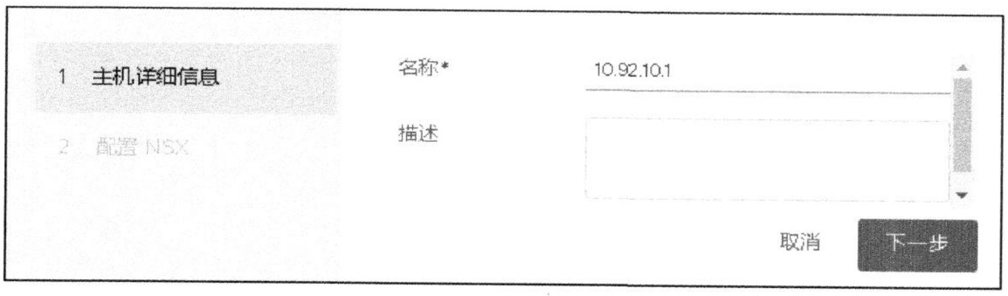

图 4-4-39

第 12 步，配置传输节点主机相关参数，其中上行链路配置新创建的 nsx-uplink，IP 地址选择选择自定义的 nsx-ip-pool 地址池，其他参数可以选择默认配置文件，如图 4-4-40 所示，单击“完成”按钮。

图 4-4-40

第 13 步，使用同样的方式为其他主机安装传输节点主机所需的包，必须确保 NSX 配置状态为“成功”，如图 4-4-41 所示。

节点	ID	IP 地址	操作系统类型	NSX 配置	NSX 版本	主机交换机	隧道	TEP IP 地址	警报
BDlab-SITE02 (1)	MoRef ID:...								
10.92.10.3	5c31...73ab	10.92.10.3	ESXi 7.0.0	成功	3.0.1.1.0.1...	1	不可用	192.168.10.2	0
BDlab-SITE01 (2)	MoRef ID:...								
10.92.10.1	bc83...7e...	10.92.10.1	ESXi 7.0.0	成功	3.0.1.1.0.1...	1	不可用	192.168.10.1	0
10.92.10.2	77a4...cf7a	10.92.10.2	ESXi 7.0.0	成功	3.0.1.1.0.1...	1	不可用	192.168.10.3	0
BDlab-Edge (1)	MoRef ID:...								

图 4-4-41

至此，传输节点主机配置完成，对于 ESXi 主机来说配置相对简单。需要注意 ESXi 版本之间的匹配问题，同时要确保主机 NSX 配置处于“成功”状态。

4.4.3 配置逻辑交换机

传输节点主机配置完成后，就可以创建逻辑交换机，然后将虚拟机关联到逻辑交换机实现网络通信。NSX-T 中的分段代表逻辑交换机。本节将介绍如何配置逻辑交换机。

第 1 步，输入分段名称，配置传输区域、子网等信息，如图 4-4-42 所示，单击“保存”按钮。

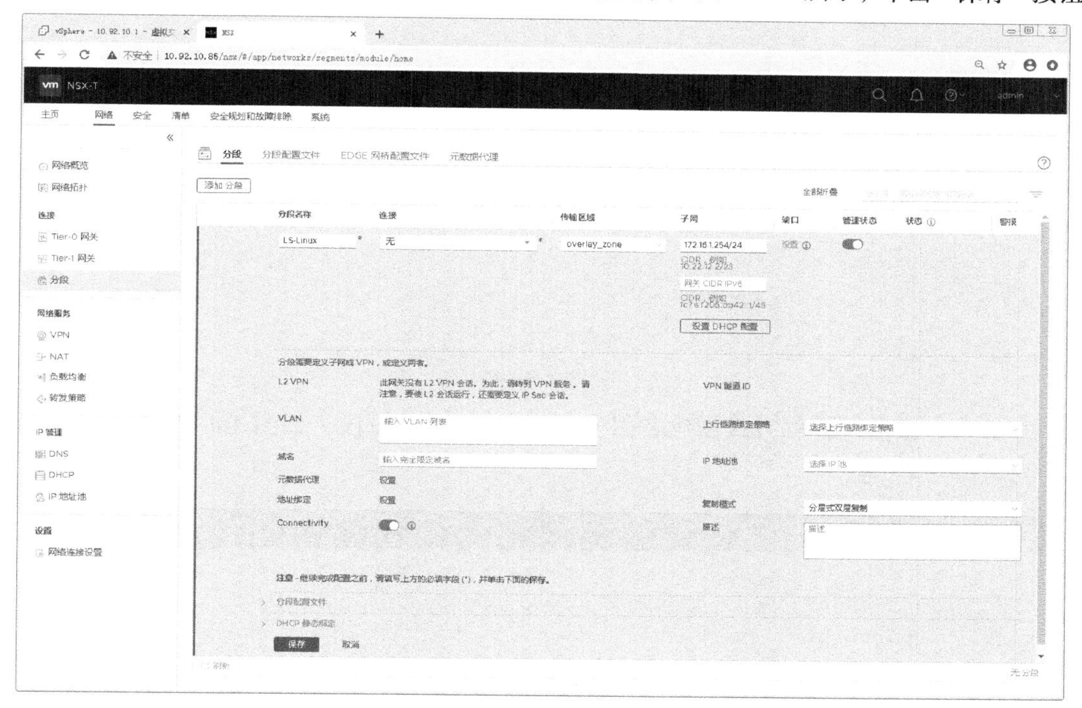

图 4-4-42

第 2 步，成功创建分段，可以选择是否继续配置，如图 4-4-43 所示。需要注意的是，NSX-T 配置中很多参数必须先保存后单击“是”按钮才能继续下一步配置。

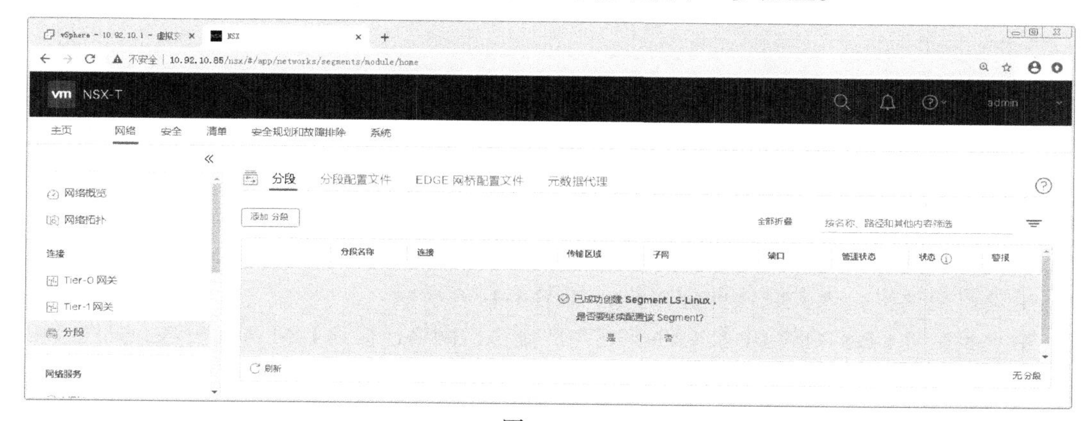

图 4-4-43

第 3 步，完成名称为 LS-Linux 分段的创建，如图 4-4-44 所示。

图 4-4-44

第 4 步，按照同样的方式创建名称为 LS-Windows 的分段，如图 4-4-45 所示。

图 4-4-45

第 5 步，查看 ESXi 主机上的虚拟交换机，可以看到新建的分段 LS-Linux 以及 LS-Windows，也就是逻辑交换机，未关联任何虚拟机，如图 4-4-46 所示。

第 6 步，将 CENTOS7-01 及 CENTOS7-02 虚拟机网络迁移到 LS-Linux 分段，如图 4-4-47 所示。

第 7 步，将 WIN2K16-01 虚拟机网络迁移到 LS-Windows 分段，如图 4-4-48 所示。

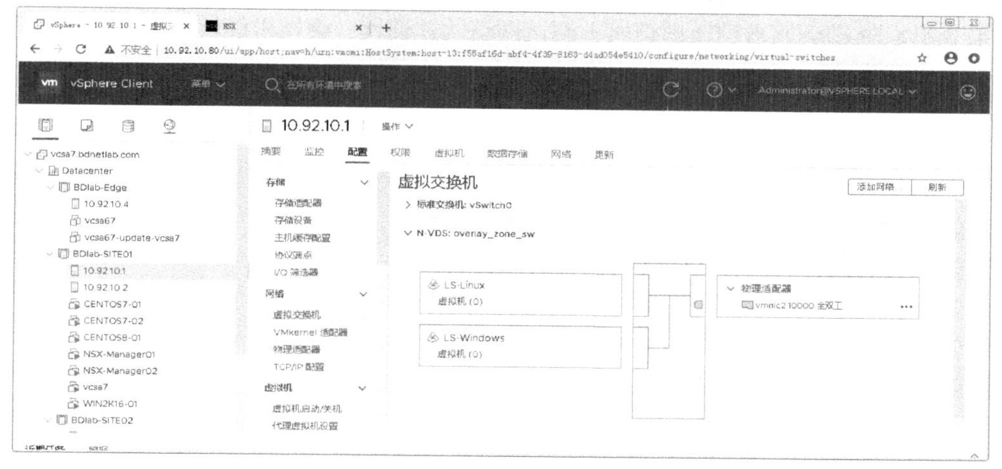

图 4-4-46

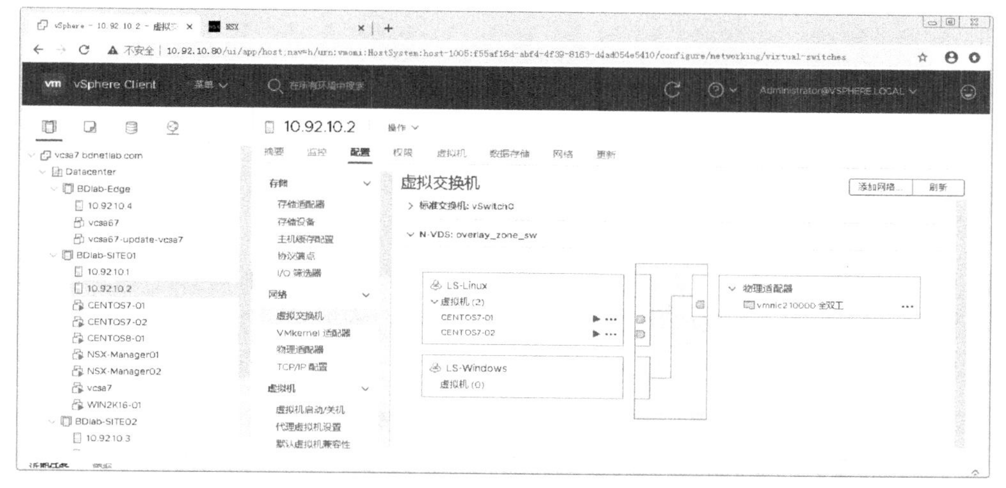

图 4-4-47

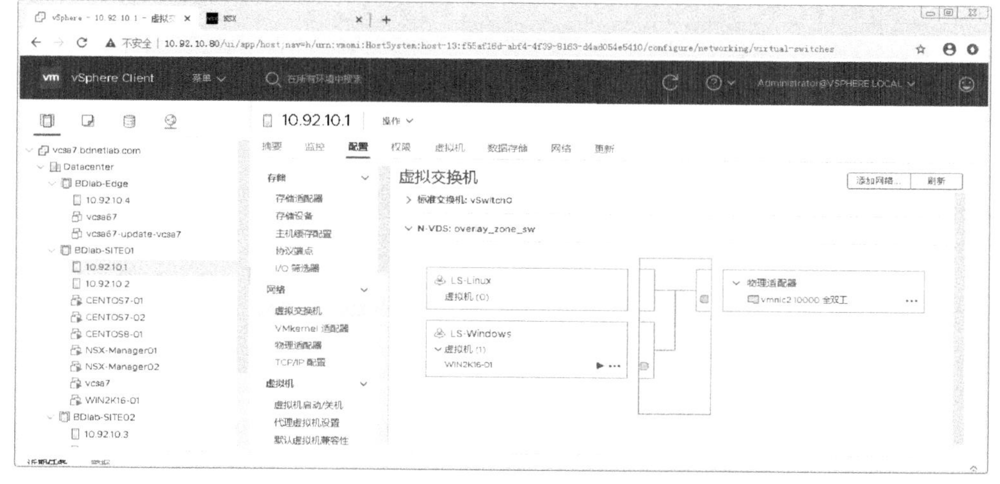

图 4-4-48

第 8 步，在 CENTOS7-02 虚拟机上测试网络的连通性，虚拟机能够 ping 通其他虚拟机，如图 4-4-49 所示。

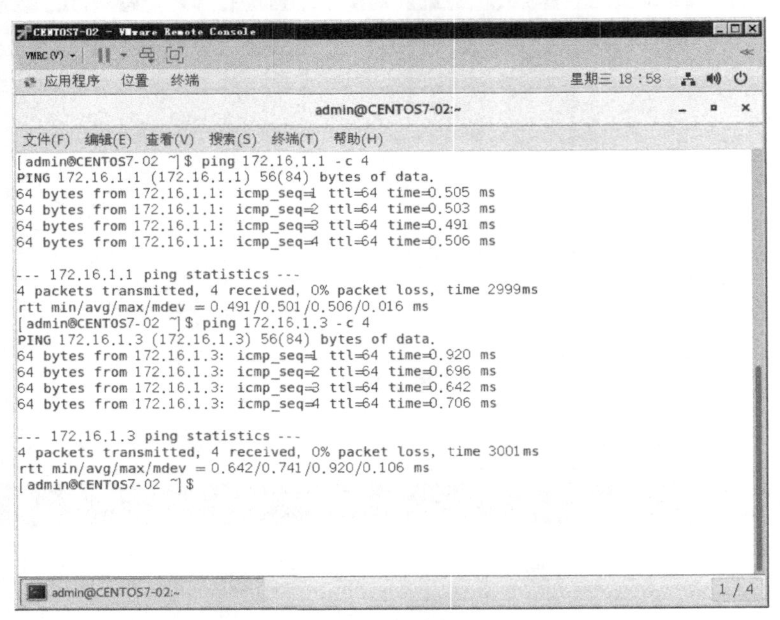

图 4-4-49

第 9 步，在 CENTOS-03 虚拟机 ping 处于同一分段的虚拟机（需要说明的是，该虚拟机位于其他 ESXi 主机），测试结果能够 ping 通其他两台虚拟机，如图 4-4-50 所示，说明处于同一分段的虚拟机网络正常，即使不在同一台 ESXi 主机都能够正常访问。

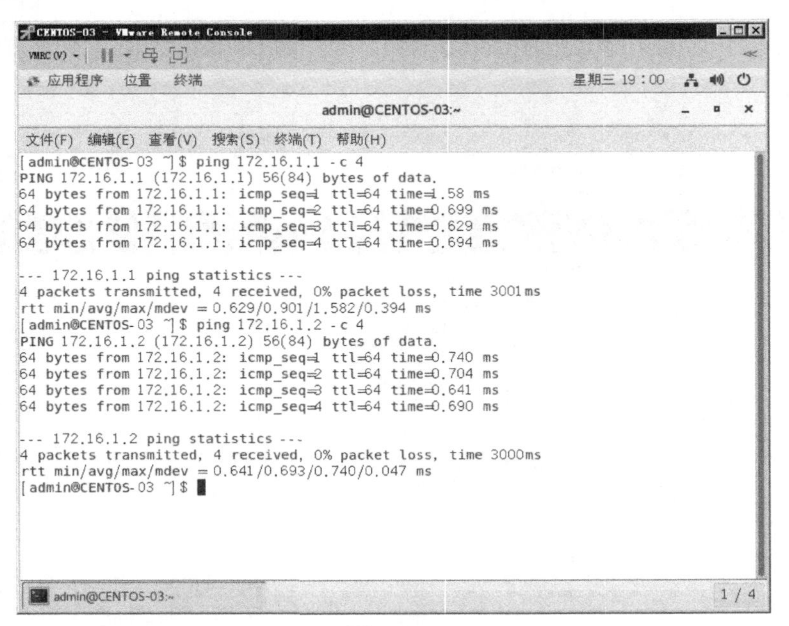

图 4-4-50

第 10 步，在 WIN2K16-01 虚拟机上 ping 同一分段的虚拟机正常，但是 ping 不同分段的虚拟机则不通，如图 4-4-51 所示。出现此问题是因为没有配置逻辑路由。

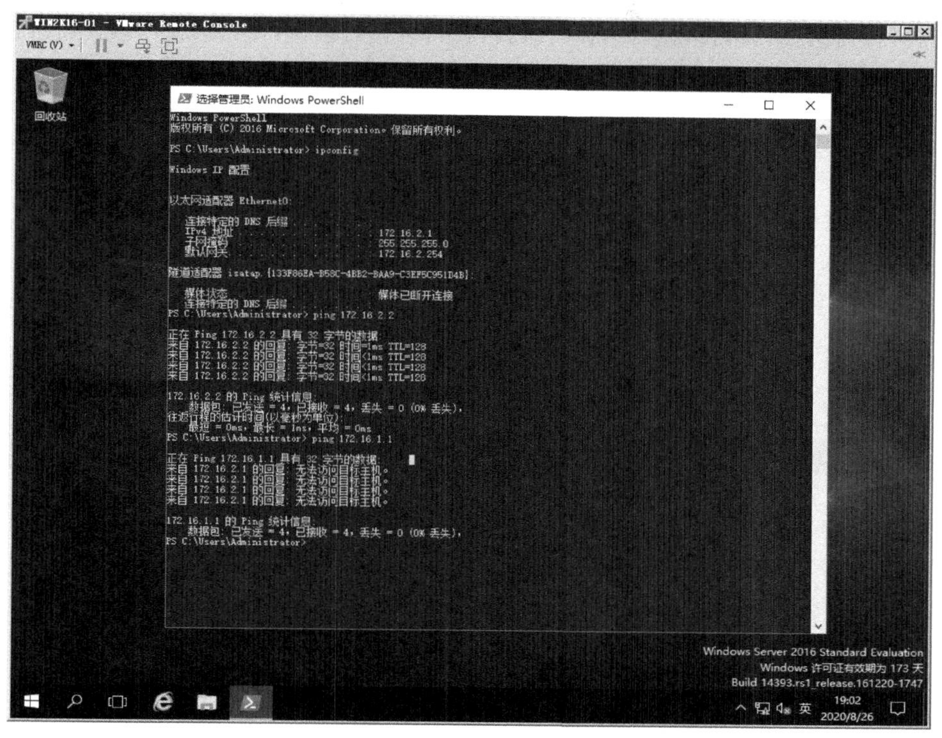

图 4-4-51

第 11 步，查看 NSX-T 网络拓扑，可以看到分段所关联的虚拟机，如图 4-4-52 所示。两个分段之间没有逻辑路由，处于隔离状态，所以无法相互访问。

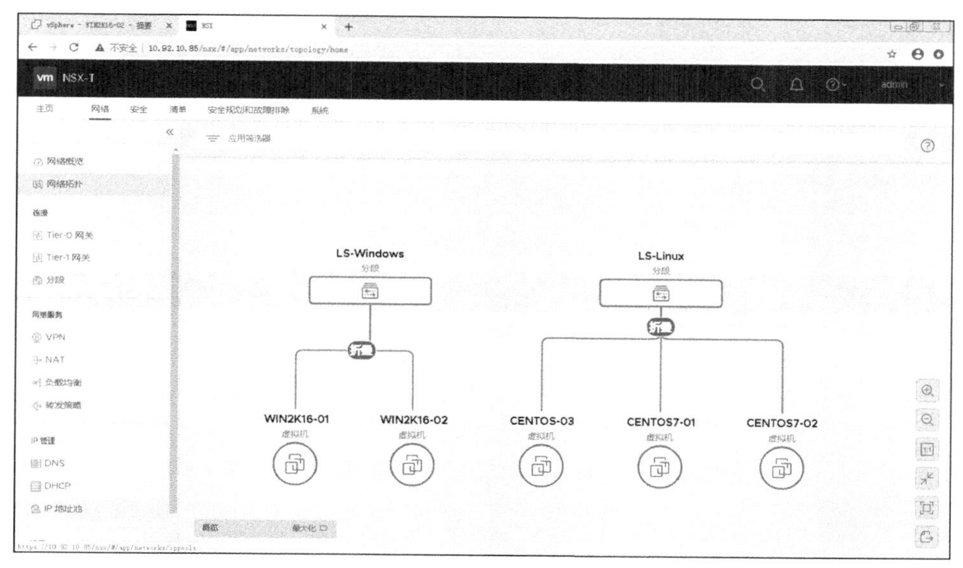

图 4-4-52

至此，分段配置，也就是逻辑交换配置完成，整体的配置并不复杂。但需要注意的是，如果不配置逻辑路由，处于同一分段的虚拟机可以相互访问，但无法访问外部，外部也无法访问处于分段中的虚拟机。

4.4.4　配置逻辑路由

逻辑路由是整个 NSX-T 网络的核心部分，分为两个部分：Tier-1 网关（可以理解为东西向路由），用于连接租户；Tier-0 网关（可以理解为南北向路由），用于连接 Tier-1 及外部。本节将分别介绍 Tier-1 网关和 Tier-0 网关的配置方法。

1. Tier-1 网关配置（东西向路由）

第 1 步，新建一个 Tier-1 网关，输入网关名称 T1-GW，Tier-0 网关及 Edge 集群还未创建，不需要配置，如图 4-4-53 所示，单击“保存”按钮。

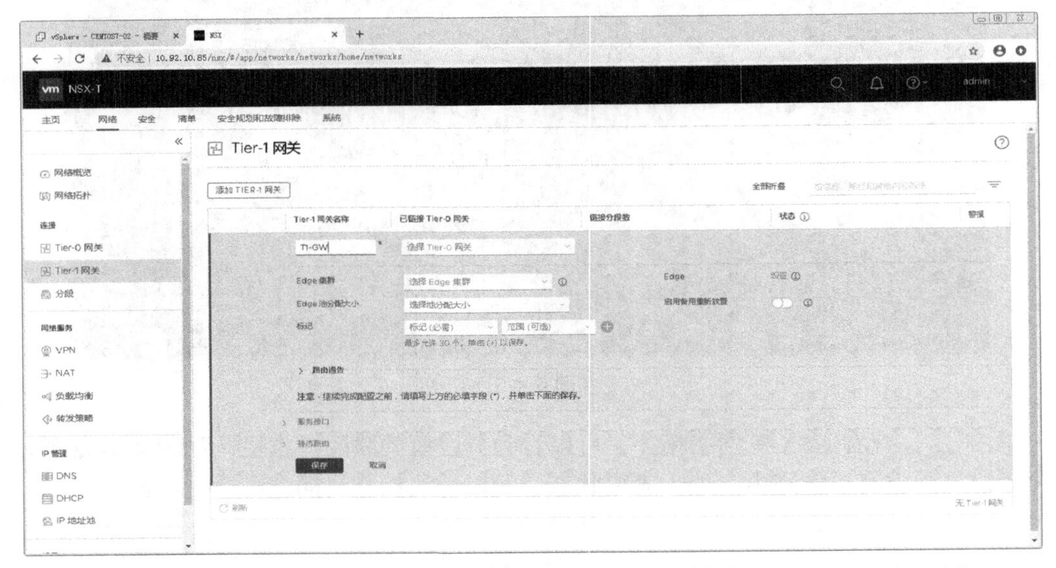

图 4-4-53

第 2 步，将 LS-Linux 和 LS-Window 两个分段连接到新创建的名称为 T1-GW 的 Tier-1 网关，如图 4-4-54 所示。

图 4-4-54

第 3 步，在 CENTOS-03 虚拟机上进行测试，发现从 LS-Linux 网段访问 LS-Windows 网段正常，如图 4-4-55 所示，说明东西向路由配置正确。

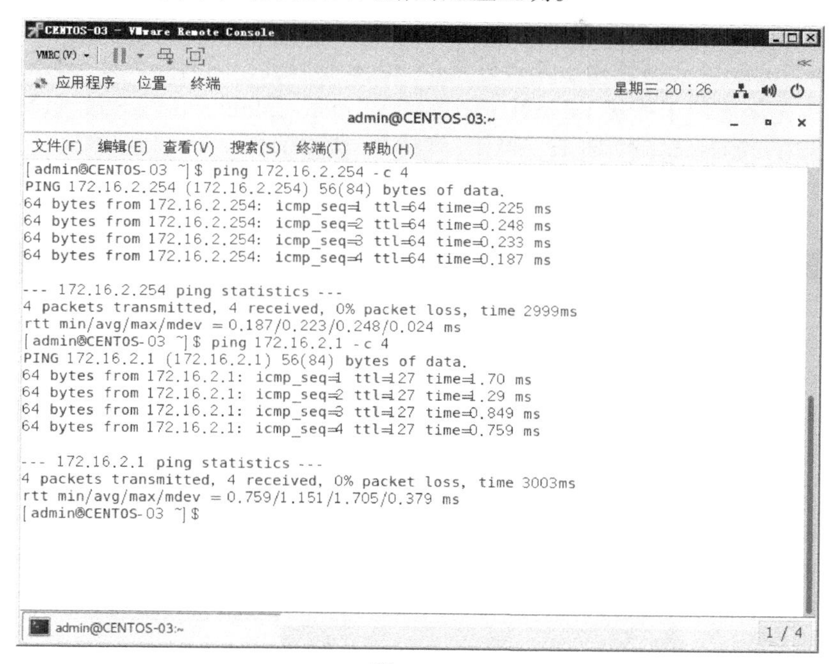

图 4-4-55

第 4 步，查看网络拓扑，可以很直观地看到 Tier-1 网关将两个分段连接在一起，实现了两个分段之间的访问，如图 4-4-56 所示。

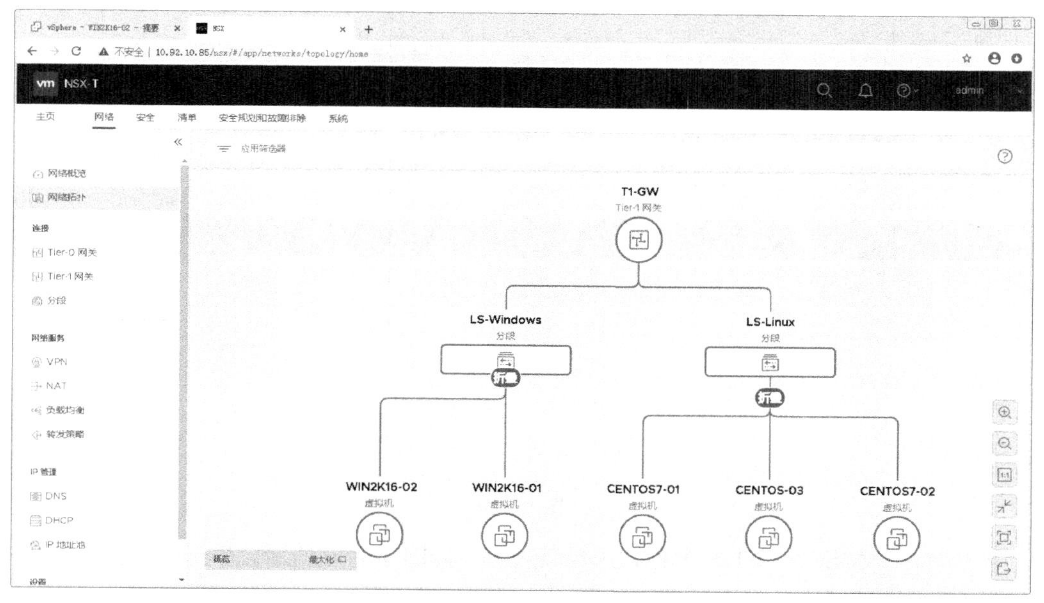

图 4-4-56

至此，Tier-1 网关配置完成，也可以理解为内部租户的路由配置完成。其内部之间的访问没有问题，但是虚拟机无法实现外部访问，接下来需要配置 Tier-0 网关，来实现虚拟机外部访问，以及从外部访问虚拟机。

2. Tier-0 网关配置（南北向路由）

Tier-0 网关的配置会创建用于连接外部的 Edge 虚拟机，同时还需要分段的支持。

第 1 步，先创建用于连接 Edge 虚拟机的分段 vlan_uplink，传输区域选择 vlan_zone，VLAN 配置为 0，如图 4-4-57 所示，单击“保存”按钮。

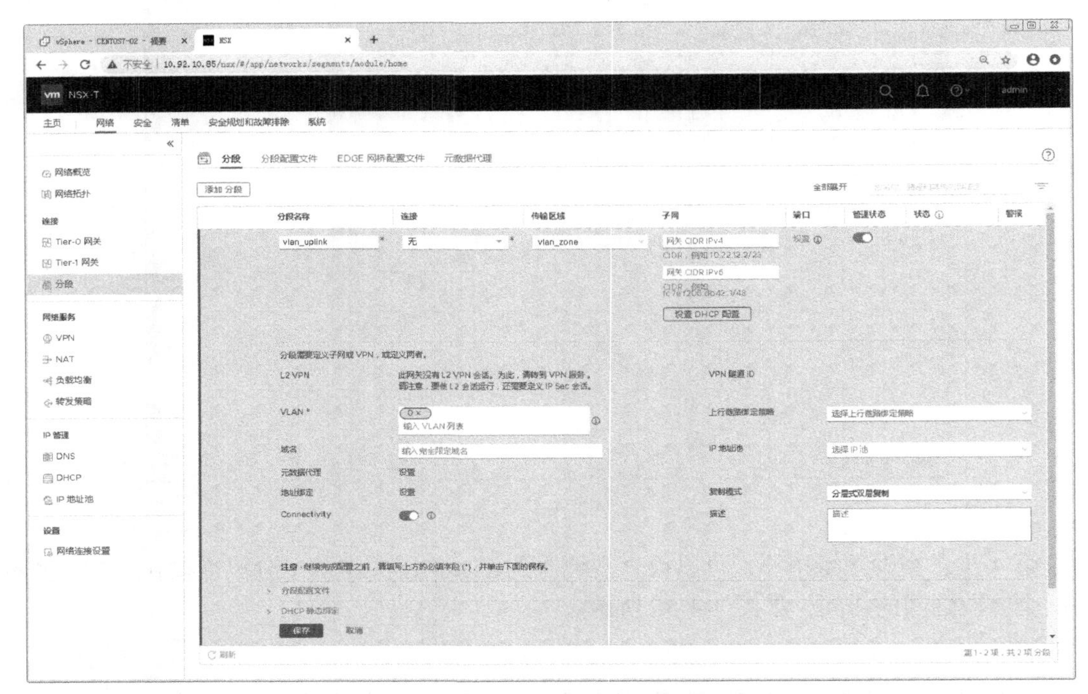

图 4-4-57

第 2 步，部署 Edge 传输节点，单击“添加 EDGE 虚拟机”按钮，如图 4-4-58 所示。

图 4-4-58

第 3 步，输入 Edge 虚拟机名称，选择其规格，如图 4-4-59 所示，单击“下一步”按钮。

第 4 步，配置 Edge 虚拟机使用的密码，如图 4-4-60 所示，单击“下一步”按钮。

第 5 步，配置 Edge 虚拟机使用的计算资源，如图 4-4-61 所示，单击“下一步”按钮。此处选择没有参与传输节点配置的 ESXi 主机。

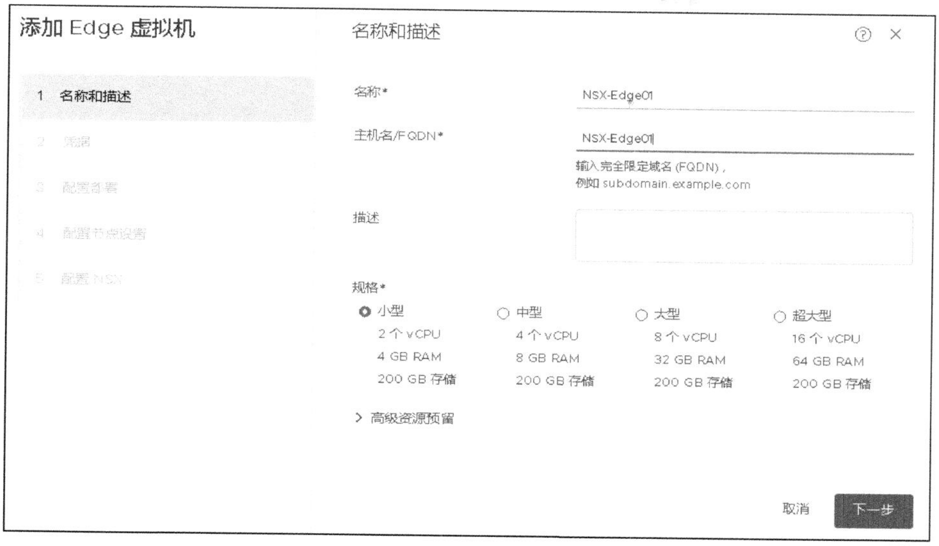

添加 Edge 虚拟机
名称和描述
1 名称和描述
2 凭据
3 配置部署
4 配置节点设置
5 配置 NSX
名称*
NSX-Edge01
主机名/FQDN*
NSX-Edge01
输入完全限定域名 (FQDN)，
例如 subdomain.example.com
描述
规格*
小型
2 个 vCPU
4 GB RAM
200 GB 存储
中型
4 个 vCPU
8 GB RAM
200 GB 存储
大型
8 个 vCPU
32 GB RAM
200 GB 存储
超大型
16 个 vCPU
64 GB RAM
200 GB 存储
高级资源预留
取消
下一步

图 4-4-59

添加 Edge 虚拟机
凭据
1 名称和描述
2 凭据
3 配置部署
4 配置节点设置
5 配置 NSX
将在 NSX Edge 虚拟机上设置 CLI 凭据。这些凭据可用于登录到设备的只读命令行界面。
CLI 凭据
CLI 用户名*
admin
CLI 密码*
CLI 确认密码*
允许 SSH 登录
否
Root 凭据
系统 Root 密码*
系统 Root 确认密码*
允许 Root SSH 登录
否
审核凭据
取消
上一步
下一步

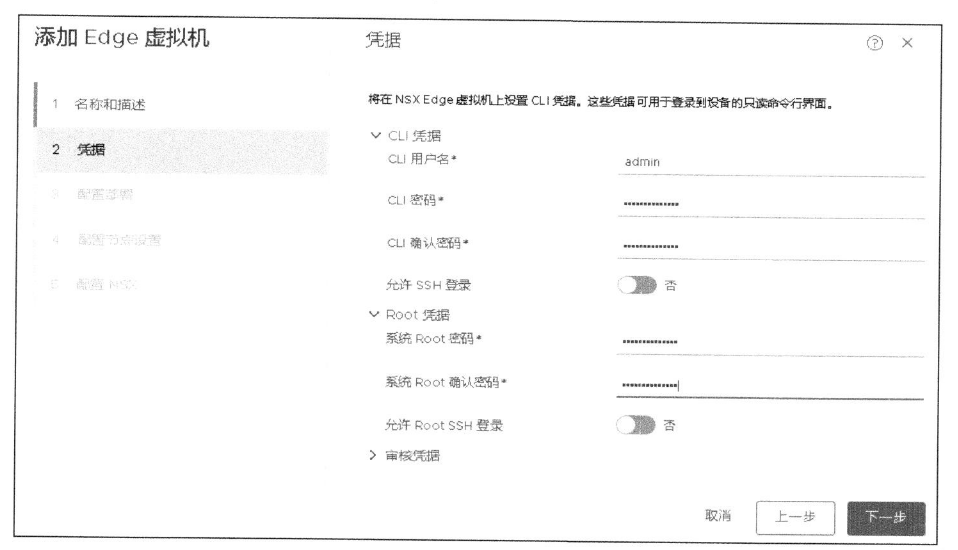

图 4-4-60

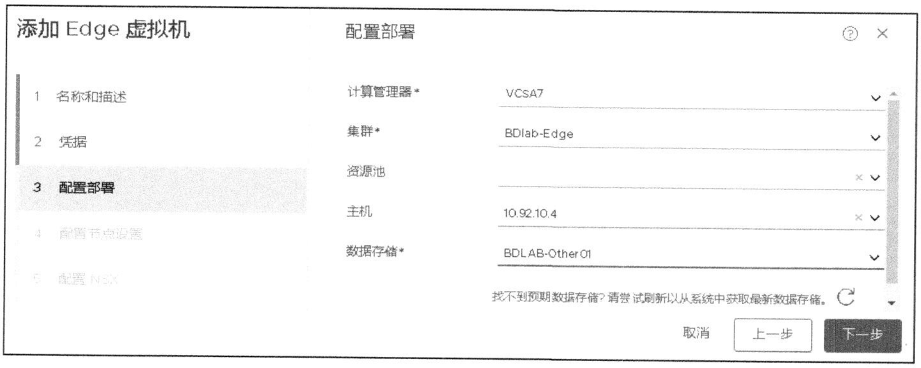

添加 Edge 虚拟机
配置部署
1 名称和描述
2 凭据
3 配置部署
4 配置节点设置
5 配置 NSX
计算管理器*
VCSA7
集群*
BDlab-Edge
资源池
主机
10.92.10.4
数据存储*
BDLAB-Other01
找不到预期数据存储? 请尝试刷新以从系统中获取最新数据存储。
取消
上一步
下一步

图 4-4-61

第 6 步，配置 Edge 虚拟机管理 IP，如图 4-4-62 所示，单击“下一步”按钮。此处与 NSX Manager 虚拟机使用同一网络。

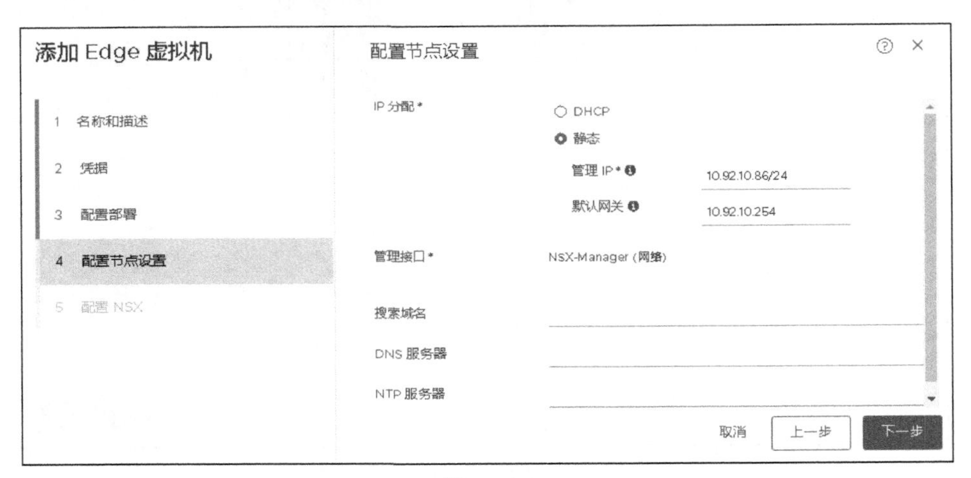

图 4-4-62

第 7 步，为 Edge 虚拟机配置 NSX 相关参数，如图 4-4-63 所示，单击“完成”按钮。

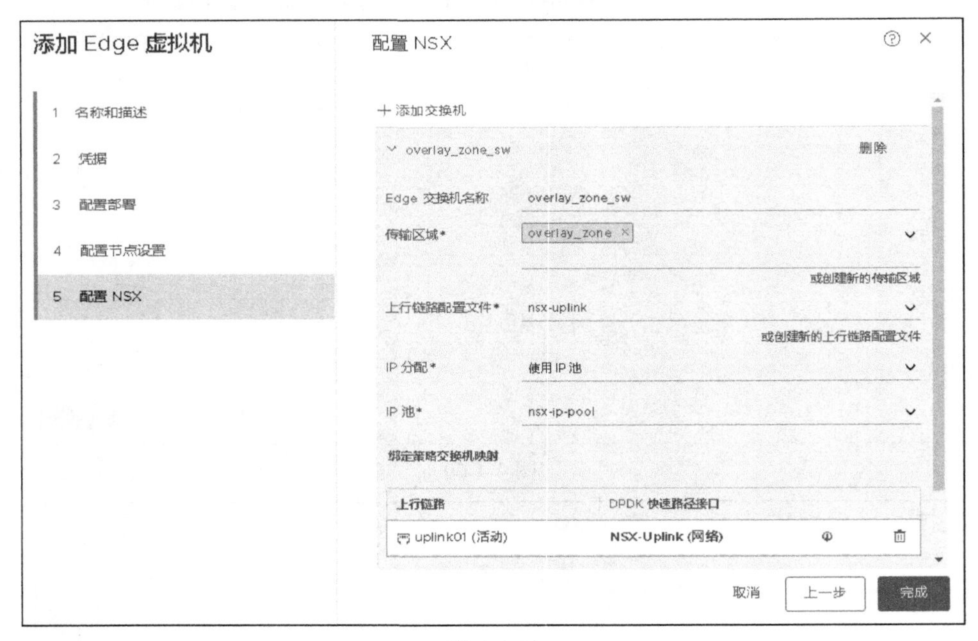

图 4-4-63

第 8 步，开始创建 Edge 虚拟机，如图 4-4-64 所示。

第 9 步，按照同样的方式添加另外 1 台 Edge 虚拟机以便创建集群，如图 4-4-65 所示。必须确保配置状态为“成功”。

第 10 步，添加 Edge 集群。将新创建的 2 台 Edge 虚拟机选定，如图 4-4-66 所示，单击“添加”按钮。

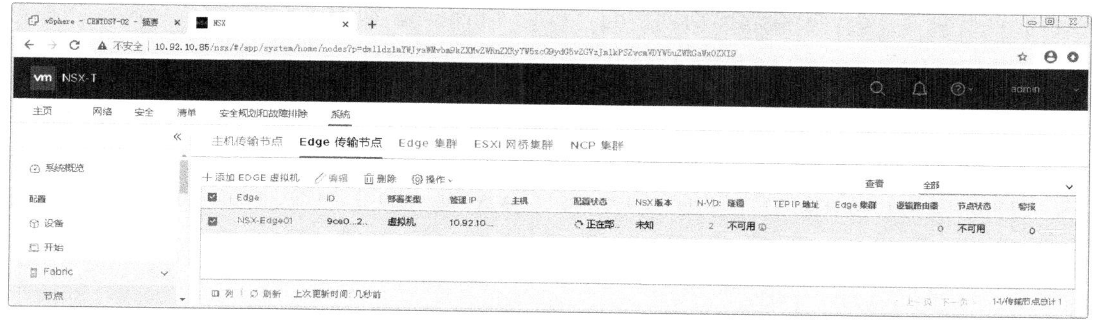

图 4-4-64

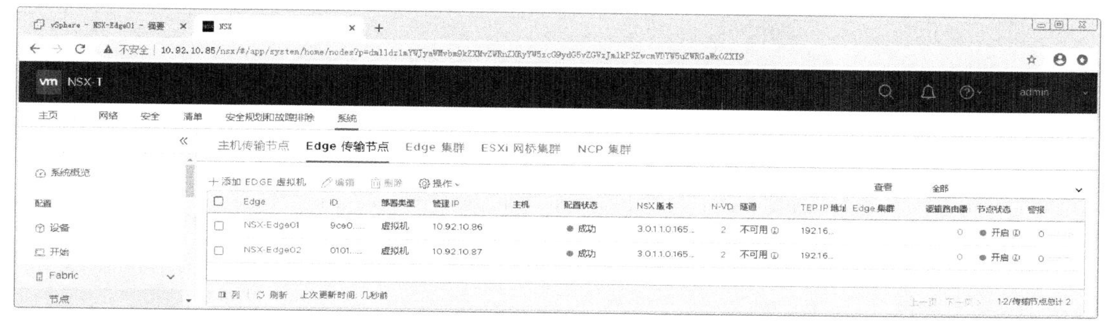

图 4-4-65

添加 Edge 集群

名称* Edge-Cluster

描述

Edge 集群配置文件 nsx-default-edge-high-availability-profile

传输节点

成员类型 Edge 节点

可用 (0) 未找到记录 上一页 下一页 无记录

选定 (2) NSX-Edge01 NSX-Edge02

取消 添加

图 4-4-66

第 11 步，添加 Tier-0 网关。输入名称 T0-GW，HA 模式选择“主动-备用”，故障切换选择“非主动”，Edge集群选择刚创建的“Edge Cluster”，如图4-4-67所示，单击“保存”按钮。

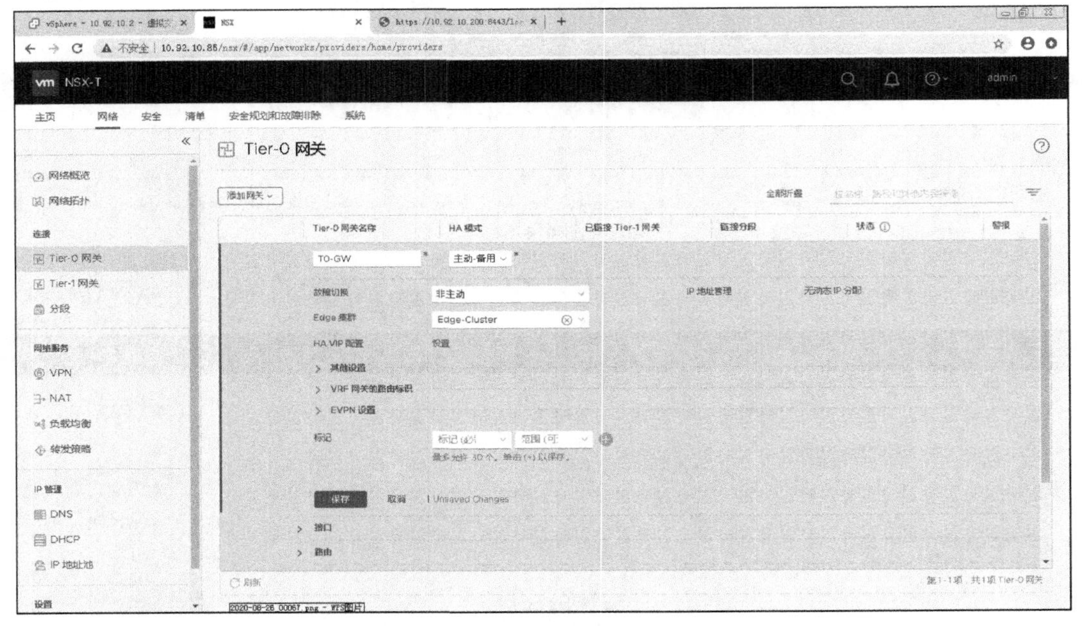

图4-4-67

第12步，必须保存后才能配置其他参数，如图4-4-68所示，单击“是”按钮。

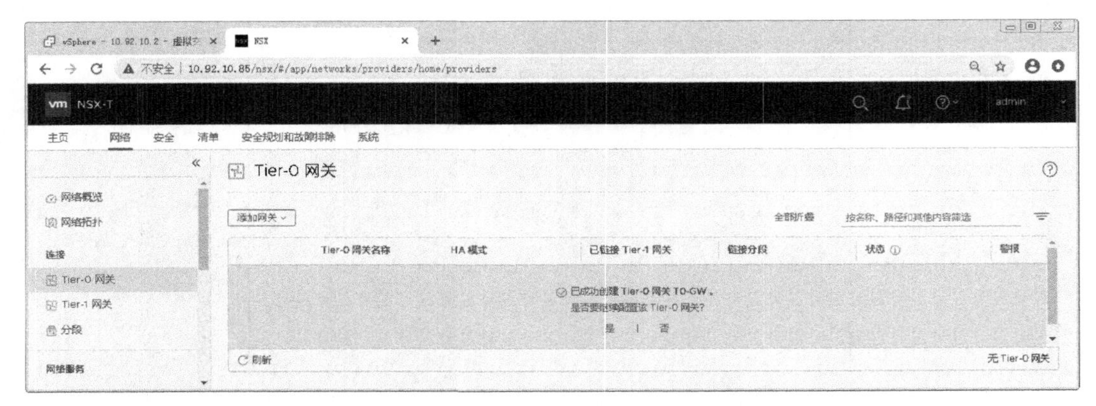

图4-4-68

第13步，接口配置为“外部接口和服务接口”，如图4-4-69所示，单击“设置”按钮。

第14步，配置接口参数。类型选择“外部”，IP地址配置为外部IP，已连接到（分段）选择创建的分段“vlan_uplink”，Edge节点选择“NSX-Edge01”，如图4-4-70所示，单击“保存”按钮。

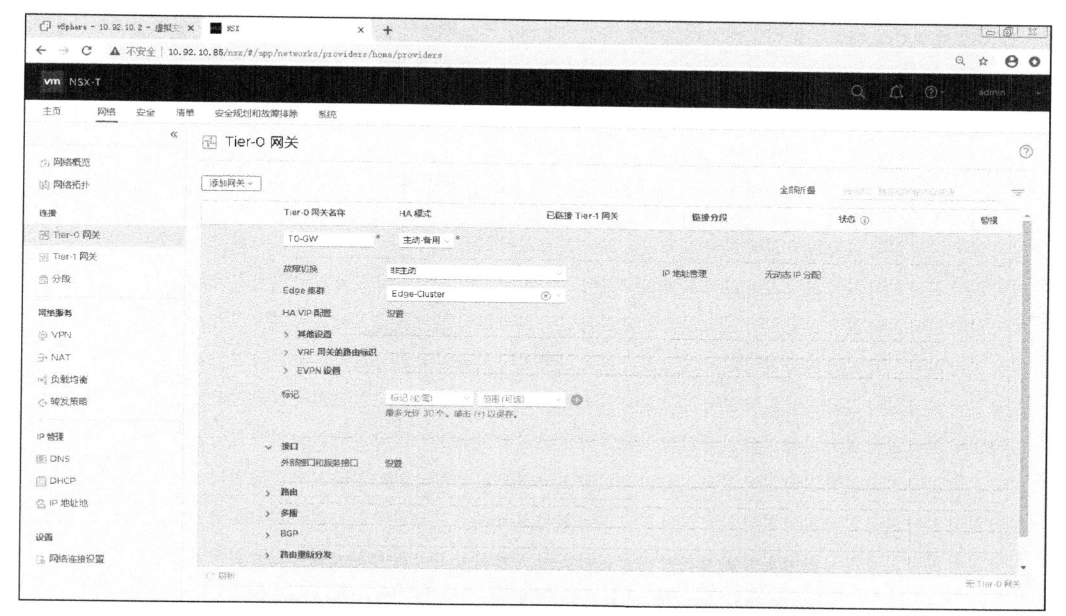

图 4-4-69

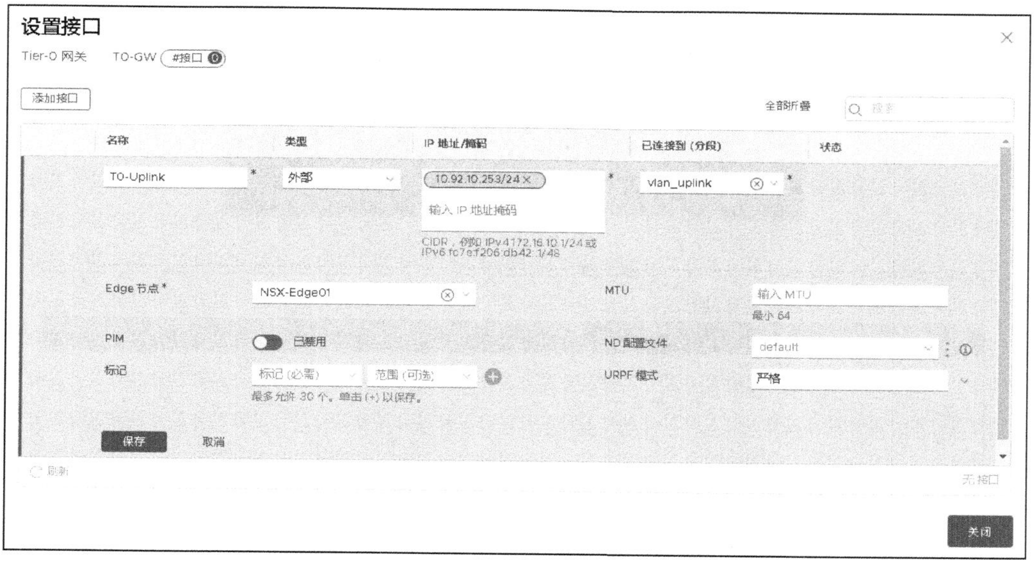

设置接口

Tier-0 网关　T0-GW　#接口 0

添加接口　　全部折叠

名称	类型	IP 地址/掩码	已连接到（分段）	状态
T0-Uplink	外部	10.92.10.253/24	vlan_uplink	

输入 IP 地址掩码

CIDR，例如 IPv4:172.16.10.1/24 或 IPv6:fc7e:f206:db42::1/48

Edge 节点 * NSX-Edge01　　MTU 输入 MTU 最小 64

PIM 已禁用　　ND 配置文件 default

标记 标记（必需） 范围（可选） 最多允许 30 个。单击 (+) 以保存。　　URPF 模式 严格

保存　取消

刷新　　无接口

关闭

图 4-4-70

第 15 步，完成外部接口配置，一定要确保其状态为“成功”，否则无法连接到外部进行通信，如图 4-4-71 所示。

第 16 步，登录 NSX-Edge01 虚拟机，ping 外部接口，如果配置正确，则可以 ping 通，如图 4-4-72 所示。

第 17 步，选择配置“路由重新分发”，如图 4-4-73 所示，单击“设置”按钮。

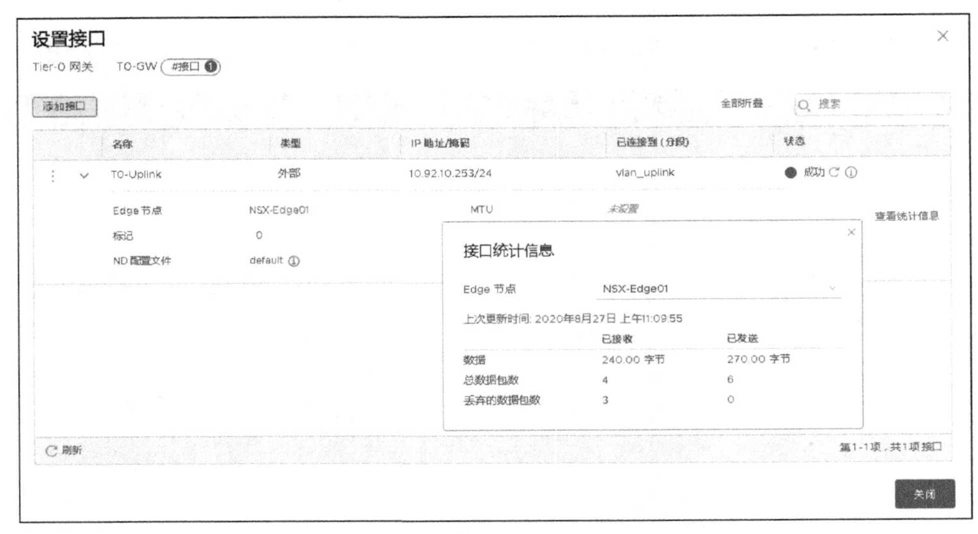

图 4-4-71

```
NSX-Edge01 - VMware Remote Console
    3) set interface interface-name ip x.x.x.x/24 gateway x.x.x.x plane mgmt (f
or static ip)
       set interface interface-name dhcp plane mgmt (for dhcp)
    4) start service dataplane

    To config in-band management interface, please refer to these CLIs
    1) set interface mac mac-addr vlan vlan-id in-band plane mgmt
    2) set interface eth0.vlan ip x.x.x.x/24 gateway x.x.x.x plane mgmt (for st
atic ip)
       set interface eth0.vlan dhcp plane mgmt (for dhcp)

ping NSX CLI (Edge 3.0.1.1.0.16556507). Press ? for command list or enter: help
NSX-Edge01> ping 10.92.10.253
PING 10.92.10.253 (10.92.10.253): 56 data bytes
64 bytes from 10.92.10.253: icmp_seq=0 ttl=64 time=0.723 ms
64 bytes from 10.92.10.253: icmp_seq=1 ttl=64 time=0.637 ms
64 bytes from 10.92.10.253: icmp_seq=2 ttl=64 time=0.542 ms
64 bytes from 10.92.10.253: icmp_seq=3 ttl=64 time=0.530 ms
64 bytes from 10.92.10.253: icmp_seq=4 ttl=64 time=0.424 ms
^C
--- 10.92.10.253 ping statistics ---
5 packets transmitted, 5 packets received, 0.0% packet loss
round-trip min/avg/max/stddev = 0.424/0.571/0.723/0.102 ms

NSX-Edge01> _
```

图 4-4-72

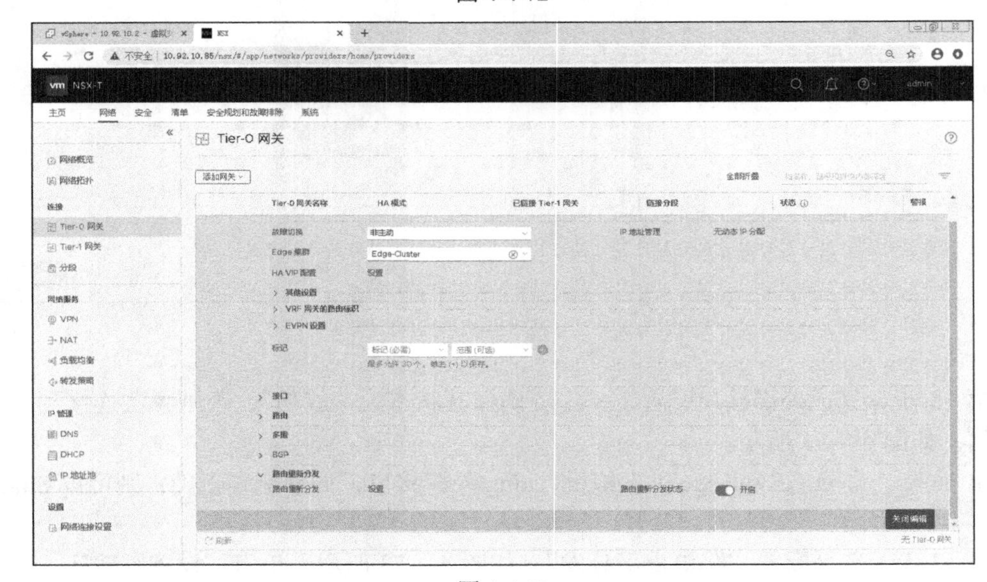

图 4-4-73

第 18 步，设置路由重新分发。勾选 Tier-0 子网和 Tier-1 子网静态路由，以及已连接接口和分段，如图 4-4-74 所示，单击“应用”按钮。

图 4-4-74

第 19 步，将 Tier-1 网关链接到 Tier-0 网关，同时启用路由通告，如图 4-4-75 所示，单击“保存”按钮。

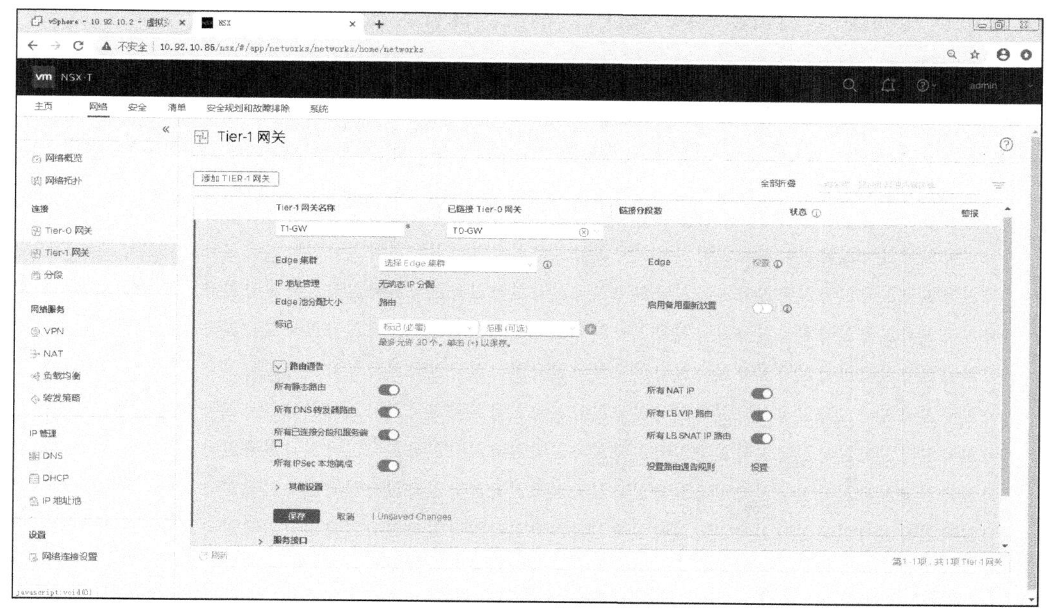

图 4-4-75

第 20 步，在 CENTOS-03 虚拟机上进行测试，发现可以 ping 通 Edge 虚拟机外部接口，但无法 ping 通外部网关地址，如图 4-4-76 所示。这是由于没有配置 NAT 地址转换所导致的。

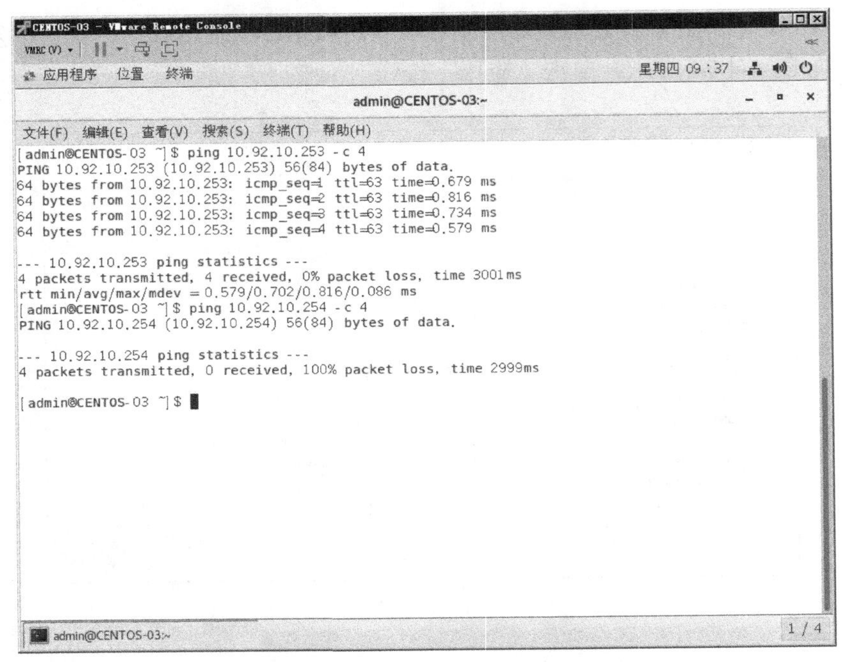

图 4-4-76

第 21 步，添加 NAT 规则。操作选择“SNAT”，源选择 LS-Linux 分段地址，已转换为 Edge 虚拟机外部接口，如图 4-4-77 所示，单击“保存”按钮。

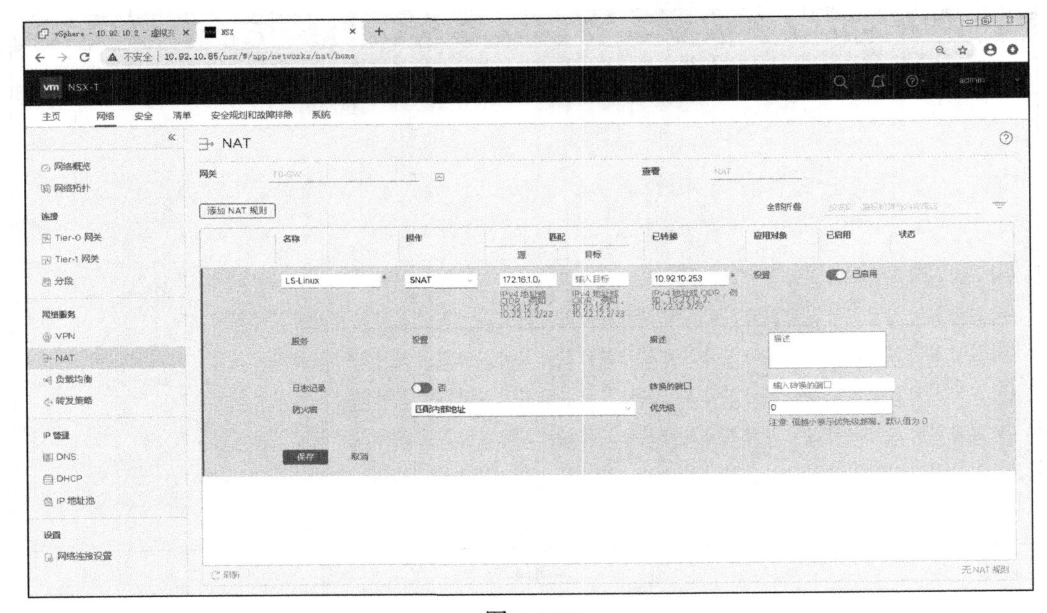

图 4-4-77

第 22 步，按照同样的方式添加 LS-Windows 分段的 NAT 地址转换，如图 4-4-78 所示。

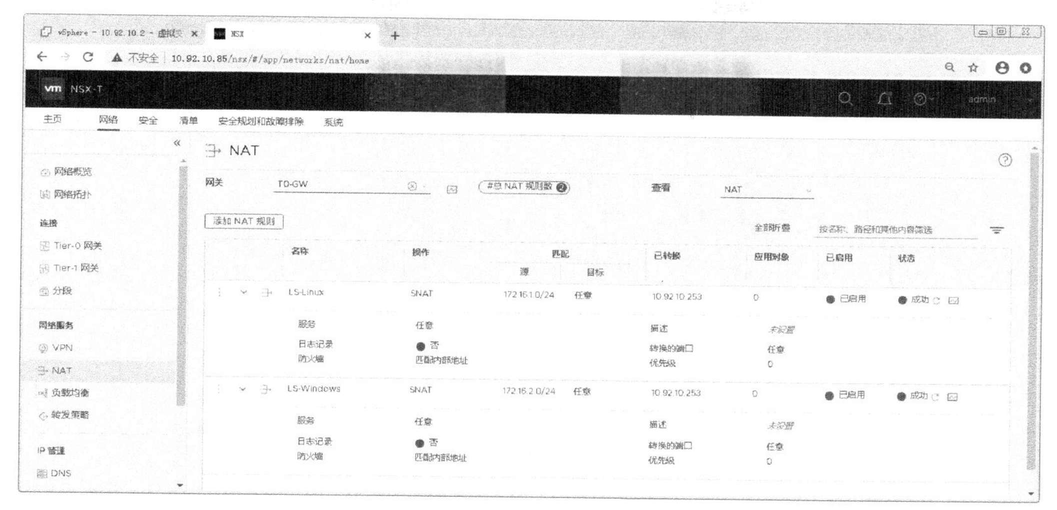

图 4-4-78

第 23 步，在 CENTOS-03 虚拟机上进行测试，发现已经可以 ping 通外部物理交换机网关，同时，可以 ping 通 NSX Manager 集群 IP 地址，如图 4-4-79 所示。这说明 Tier-0 网关基本配置完成，也可以理解为南北向路由配置完成。

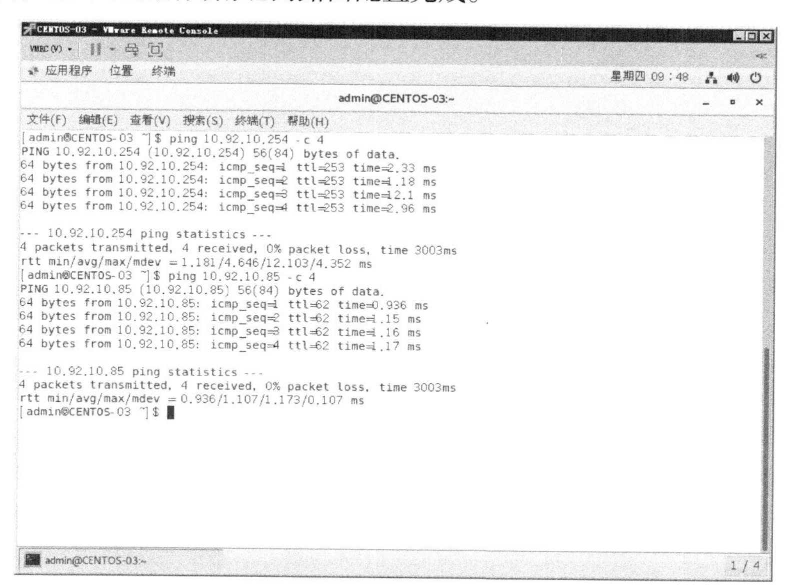

图 4-4-79

第 24 步，在 CENTOS-03 虚拟机上 ping 阿里云及百度，发现均不能访问，如图 4-4-80 所示。这是因为 Tier-0 网关没有去往外部的路由。

第 25 步，配置静态路由，如图 4-4-81 所示，单击“设置”按钮。

第 26 步，配置一条 0.0.0.0/0 默认路由，如图 4-4-82 所示，单击“设置下一跃点”按钮。生产环境中可以根据具体情况进行设置。

第 27 步，设置下一跃点，IP 地址选择为外部网关地址，如图 4-4-83 所示，单击“添加”按钮。

```
[admin@CENTOS-03 ~]$ ping 223.5.5.5 -c 4
PING 223.5.5.5 (223.5.5.5) 56(84) bytes of data.
From 100.64.192.0 icmp_seq=1 Destination Net Unreachable
From 100.64.192.0 icmp_seq=2 Destination Net Unreachable
From 100.64.192.0 icmp_seq=3 Destination Net Unreachable
From 100.64.192.0 icmp_seq=4 Destination Net Unreachable

--- 223.5.5.5 ping statistics ---
4 packets transmitted, 0 received, +4 errors, 100% packet loss, time 3003ms

[admin@CENTOS-03 ~]$ ping www.baidu.com -c 4
ping: www.baidu.com: 未知的名称或服务
[admin@CENTOS-03 ~]$ 
```

图 4-4-80

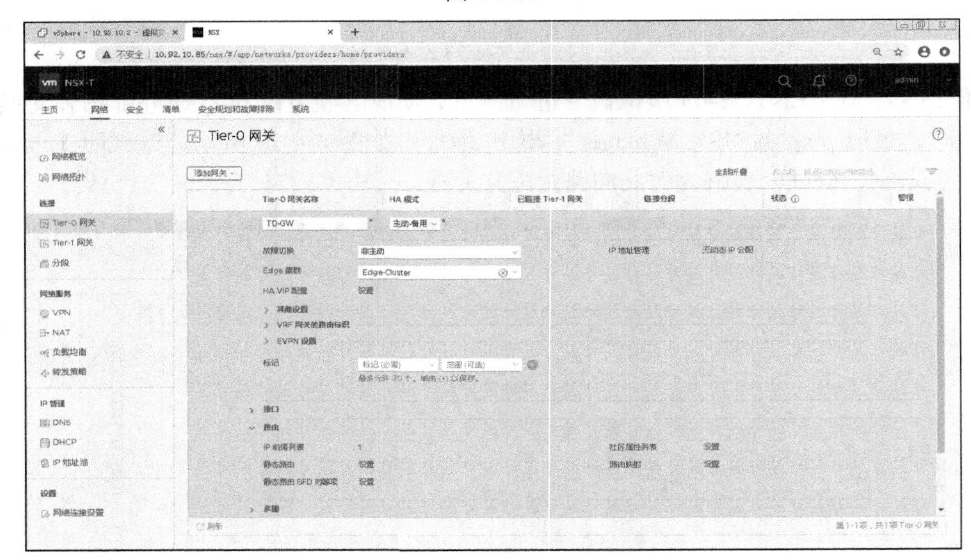

图 4-4-81

Tier-0 网关　T0-GW　#静态路由

添加 静态路由

名称	网络	下一跃点	状态
Default	0.0.0.0/0	设置下一跃点 | 跃点计数: 0	

例如，10.10.10.0/23 或 IPV6

保存　取消

刷新　无静态路由

关闭

图 4-4-82

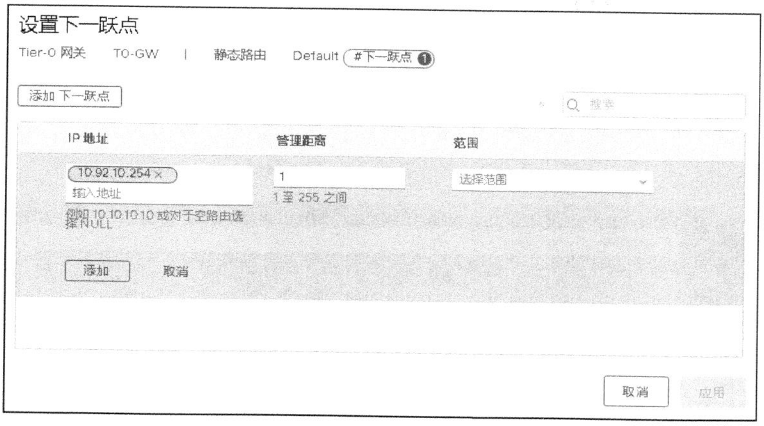

图 4-4-83

第 28 步，完成静态路由添加，确保状态为“成功”，如图 4-4-84 所示，单击“关闭”按钮。

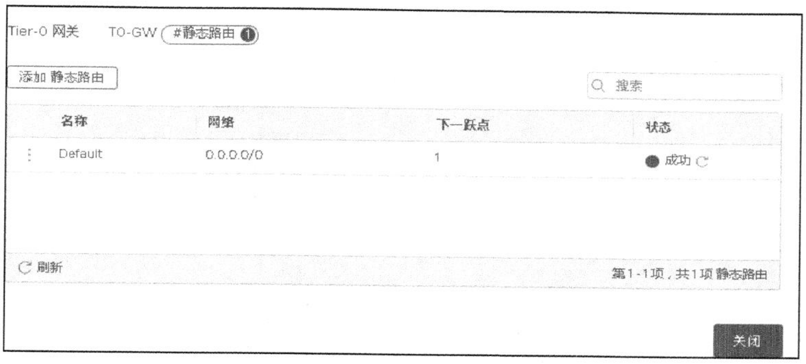

图 4-4-84

第 29 步，在 CENTOS-03 虚拟机上 ping 阿里云及百度，发现均可正常访问，如图 4-4-85 所示。

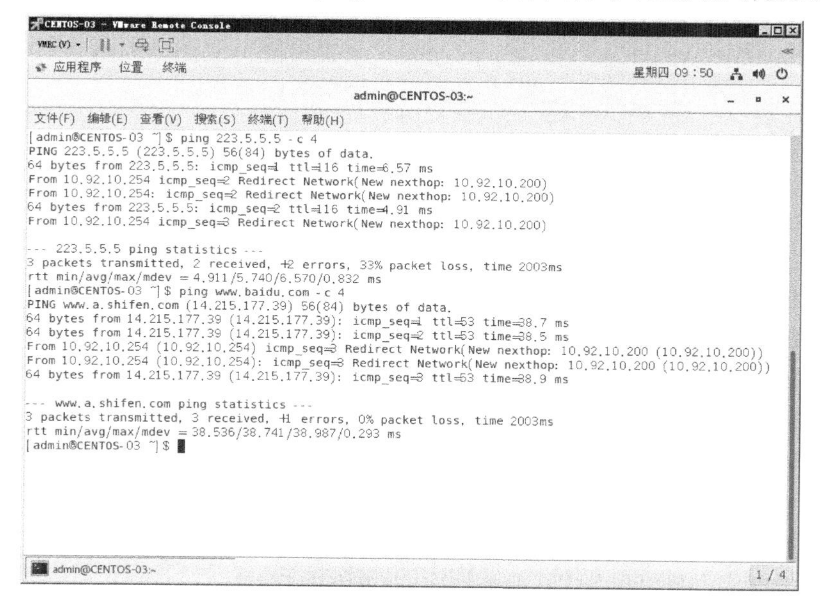

图 4-4-85

第 30 步，在 WIN2K16 虚拟机上查看路由走向，虚拟机 IP 地址到达 LS-Windows 网关后，通过 Tier1 及 Tier0 网关访问到外部物理交换机，从而实现了分段中虚拟机访问外部的目的，如图 4-4-86 所示。

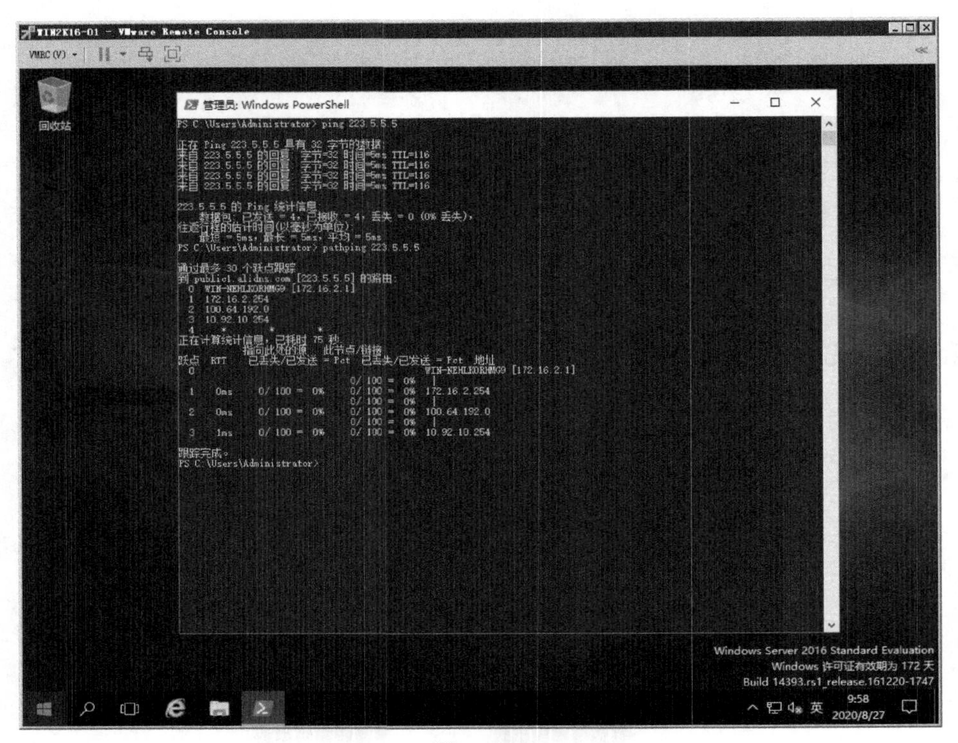

图 4-4-86

至此，Tier1 及 Tier0 网关基本配置完成，分段中的虚拟机实现了内部及外部的访问。需要说明的是，逻辑路由在生产环境中的控制及配置可能更复杂，但基本的原理相同。最后，物理交换机也需要进行路由配置才能访问分段中的虚拟机。

4.5　本章小结

本章介绍了 VMware vSphere 7.0 网络的基本概念，以及如何在生产环境中配置和使用标准交换机与分布式交换机，最后对 VMware 最新的软件定义网络 NSX-T 进行了讲解，用户可以根据生产环境的实际情况选择使用网络。

4.6　本章习题

1. 请详细描述 VMware vSphere 架构中的网络组件。
2. 请详细描述在虚拟网络中如何实现 VLAN。

3. 请详细描述 NIC Teaming 负载均衡原理及限制。
4. 请详细描述标准交换机、分布式交换机的区别。
5. 在生产环境中，应该如何对网络流量进行分流？
6. 标准交换机、分布式交换机都可以对流量进行控制，两者的区别是什么？
7. 在生产环境中，是否必须配置 NIC Teaming？
8. NSX-T 是否可以取代传统的物理交换机、防火墙等设备？

第5章　部署和使用存储

无论是传统数据中心还是 VMware vSphere 虚拟化数据中心，存储设备都是保证数据中心正常运行的关键设备之一。作为企业虚拟化架构实施人员或者管理人员，必须考虑如何在企业生产环境中构建高可用存储环境，以保证虚拟化架构的正常运行。IBM、HP、EMC 等专业级存储设备可以提供大容量、高容错、多存储实时同步等功能，但相对来说价格昂贵，VMware 也推出了自己的软件定义存储 Virtual SAN 解决方案。本章将介绍生产环境中常用 iSCSI、Virtual SAN 存储，以及裸设备映射的配置。

【本章要点】

- VMware vSphere 支持的存储介绍
- 配置和使用 iSCSI 存储
- 配置和使用 Virtual SAN 存储
- 配置和使用裸设备映射

5.1　VMware vSphere 支持的存储介绍

VMware vSphere 对于存储的支持是非常完善的，不仅支持传统存储，如 FC SAN、iSCSI、NFS 等，而且提供了对最新的软件定义存储 VMware Virtual SAN 的支持。

5.1.1　常见存储类型

VMware vSphere 支持的存储非常多，目前支持的类型如下。

1. 本地存储

传统的服务器都配置有本地磁盘，对于 ESXi 主机来说，这就是本地存储，也是基本存储之一。本地存储可以用来安装 ESXi、放置虚拟机等，但使用本地存储，虚拟化架构所有的高级特性，如 vMotion、HA、DRS 等功能均无法使用。

2. FC SAN 存储

FC SAN 是 VMware 官方推荐的存储之一，能够最大程度地发挥虚拟化架构的优势，虚拟化架构所有的高级特性，如 vMotion、HA、DRS 等功能均可实现。同时，FC SAN 存储可以支持 ESXi 主机 FC SAN BOOT，缺点是需要 FC HBA 卡、FC 交换机、FC 存储支持，投入成本较高。

3. iSCSI 存储

相对 FC SAN 存储来说，iSCSI 是相对便宜的 IP SAN 解决方案，也被称为 VMware

vSphere 存储性价比最高的解决方案。它可以使用普通服务器安装 iSCSI Target Software 来实现，同时支持 SAN BOOT 引导（取决于 iSCSI HBA 卡是否支持 BOOT）。部分观点认为，iSCSI 存储存在传输速率较慢、CPU 占用率较高等问题。如果使用 10GE 网络、硬件 iSCSI HBA 卡，可以在一定程度上解决此问题。

4. NFS 存储

NFS 是中小企业使用最多的网络文件系统之一。其最大的优点是配置管理简单，而且虚拟化架构的主要高级特性，如 vMotion、HA、DRS 等功能均可实现。

5.1.2 FC SAN 介绍

FC 全称为 Fibre Channel，目前多数的翻译为“光纤通道”（包括 VMware vSphere 中文版本），实际上比较准确的翻译应为“网状通道”。FC 最早是 HP、Sun、IBM 等公司组成的 R&D 实验室中的一项研究项目，早期采用同轴电缆进行连接，后来发展到使用光纤连接，因此人们也就习惯将其称为光纤通道。

FC SAN 全称为 Fibre Channel Storage Area Network，中文翻译为“光纤/网状通道存储局域网络”，是一种将存储设备、连接设备和接口集成在一个高速网络中的技术。SAN 本身就是一个存储网络，承担了数据存储任务，SAN 与 LAN 业务网络相隔离，存储数据流不会占用业务网络带宽，使存储空间得到更加充分的利用，安装和管理也更加有效。

FC SAN 存储一般包括以下 3 个部分。

1. FC SAN 服务器

如果要使用 FC SAN 存储，网络中必须存在一台 FC SAN 服务器，用于提供存储服务。目前主流的存储厂商如 EMC、DELL、华为、浪潮等都可以提供专业的 FC SAN 服务器，其价格根据控制器型号、存储容量，以及其他可以使用的高级特性来决定。

另外一种方法是购置普通的 PC 服务器，安装 FC SAN 存储软件和 FC HBA 卡来提供 FC SAN 存储服务，这样的实现方式价格相对便宜。

2. FC HBA 卡

无论是 FC SAN 服务器还是需要连接 FC SAN 存储的客户端服务器，都需要配置 FC HBA 卡，用于连接 FC SAN 交换机。目前市面上常用的 FC HBA 卡主要分为单口和双口两种，也有满足特殊需求的多口 FC HBA 卡。比较主流的 FC HBA 卡速率为 16Gbit/s 或 32Gbit/s，64Gbit/s 价格相对较高，因此使用相对较少。

3. FC SAN 交换机

对于 FC SAN 服务器，以及需要连接 FC SAN 存储的客户端服务器来说，很少会直接进行连接，大多数生产环境中会使用 FC SAN 交换机，这样可以增加 FC SAN 的安全性，并且提供冗余等特性。目前市面上常用的 FC SAN 交换机主要有博科、Cisco、华为等品牌。FC SAN 端口数和支持的速率可以参考 FC SAN 交换机的相关文档。

5.1.3 FCoE 介绍

FCoE，全称为 Fibre Channel over Ethernet，中文翻译为“以太网光纤通道”。FCoE 技术标准允许将光纤通道映射到以太网，可以将光纤通道信息插入以太网信息包内，从而让服务器至SAN存储设备的光纤通道请求和数据可以通过以太网连接来传输，而无须专门的光纤通道结构就可以在以太网上传输 SAN 数据。FCoE 允许在一根通信线缆上实现 LAN 和FC SAN通信，融合网络可以支持LAN和FC SAN数据类型，减少了数据中心设备和线缆数量，同时降低了供电和制冷负载，收敛成一个统一的网络后，需要支持的点也跟着减少，有助于降低管理负担。

FCoE 面向的是 10GE 网络，其应用的优点是在维持原有服务的基础上，可以大幅减少服务器上的网络接口数量（同时减少了电缆、节省了交换机端口和减少了管理员需要管理的控制点数量），从而降低功耗，给管理带来了方便。FCoE 是通过增强的 10GE 网络技术实现的，通常称为数据中心桥接（Data Center Bridging，DCB）或融合增强型以太网（Converged Enhanced Ethernet，CEE），使用隧道协议，如 FCIP 和 iFCP 能够传输长距离 FC 通信，但 FCoE 是一个二层封装协议，本质上使用的是以太网物理传输协议传输 FC 数据。

在生产环境中使用 FCoE，一般来说需要使用比较特殊的交换机，不但需要能够承载 10GE 流量，而且还需要能够承载 FC 流量。

5.1.4 iSCSI 存储介绍

iSCSI，全称为 Internet Small Computer System Interface，中文翻译为“小型计算机系统接口”。其基于 TCP/IP 协议，用来建立和管理 IP 存储设备、主机和客户机等设备之间的相互连接，并创建存储区域网络（SAN）。SAN 使得 SCSI 协议应用于高速数据传输网络成为可能，这种传输以数据块级别在多个数据存储网络间进行。

iSCSI 存储的最大好处是能够在不增加专业设备的情况下，利用已有服务器及以太网环境快速搭建。虽然其性能和带宽与 FC SAN 存储还有一些差距，但整体能为企业节省 30%～40%的成本。相对 FC SAN 存储来说，iSCSI 存储是便宜的 IP SAN 解决方案，也被称为 Vmware vSphere 存储性价比最高的解决方案。如果企业没有 FC SAN 存储的费用预算，可以使用普通服务器安装 iSCSI Target Software 来实现 iSCSI 存储，iSCSI 存储还支持 SAN BOOT 引导（取决于 iSCSI Target Software 及 iSCSI HBA 卡是否支持 BOOT）。

需要注意的是，目前 85%的 iSCSI 存储在部署过程中只采用 iSCSI Initiator 软件方式实施，对于 iSCSI 传输的数据将使用服务器 CPU 进行处理，这样会额外增加服务器 CPU 的使用率。所以，在服务器方面，使用 TCP 卸载引擎（TCP Offload Engine，TOE）和 iSCSI HBA 卡可以有效节省 CPU，尤其是对速度较慢但注重性能的应用程序服务器。

5.1.5 NFS 介绍

NFS，全称为 Network File System，中文翻译为“网络文件系统”。它是由 Sun 公司研制的 UNIX 表示层协议（presentation layer protocol），能使使用者访问网络上别处的文件，就像在使用自己的计算机一样。NFS 是基于 UDP/IP 协议的应用，其实现主要是采用远程过程调用（Remote Procedure Call，RPC）机制，RPC 提供了一组与机器、操作系统及底层传输协议无关的存取远程文件的操作。RPC 采用了 XDR 的支持。XDR 是一种与机器无关的数据描述编码的协议，以独立于任意机器体系结构的格式对网上传送的数据进行编码和解码，支持异构系统之间数据的传输。

NFS 是 UNIX 和 Linux 系统中最流行的网络文件系统之一。此外，Windows Server 也将 NFS 作为一个组件，添加配置后可以让 Windows Server 提供 NFS 存储服务。

5.1.6　Virtual SAN 介绍

vSAN，全称为 Virtual SAN，是 VMware 的超融合软件解决方案。Virtual SAN 通过内嵌的方式集成于 VMware vSphere 虚拟化平台，可以为虚拟机应用提供经过闪存优化的超融合存储。Virtual SAN 对存储进行了虚拟化，在提供访问共享存储目标与路径的同时具备数据层控制功能，并能够基于服务器硬件创建策略驱动的存储。实际上，Virtual SAN 就是一种数据存储方式，其所有与存储相关的控制工作放在相对于物理存储硬件的外部软件中，这个软件不是作为存储设备中的固件，而是在一个服务器上作为操作系统（Operating System，OS）或 Hypervisor 的一部分。Virtual SAN 被集成到 VMware vSphere 中，并与 VMware vSphere 高可用、分布式资源调度及 vMotion 深度集成在一起，通过 Web Client 进行管理。Virtual SAN 最大的好处在于即使底层物理架构存储乱七八糟、面目全非，但是 Virtual SAN 是透明的，上面的应用、中间件与数据库等部署方式仍然不会发生变化，那么在其上的代码与业务逻辑也不会发生变化。

5.2　配置和使用 iSCSI 存储

iSCSI 存储作为虚拟化架构中性价比最高的存储，在生产环境中得到大量部署使用。本节将介绍如何在 ESXi 主机上配置和使用 iSCSI 存储。

5.2.1　SCSI 协议介绍

在了解 iSCSI 协议前，需要了解 SCSI。SCSI 全称是 Small Computer System Interface，即小型计算机接口。SCSI 是 1979 年由美国的施加特公司（希捷的前身）研发并制定，由美国国家标准协会（American National Standards Institute，ANSI）公布的接口标准。SCSI Architecture Model（SAM-3）用一种较松散的方式定义了 SCSI 的体系架构。

SCSI Architecture Model-3，是 SCSI 体系模型的标准规范，它自底向上分为 4 个层次。

（1）物理连接层（Physical Interconnects）：如 Fibre Channel Arbitrated Loop、Fibre Channel Physical Interfaces。

（2）SCSI 传输协议层（SCSI Transport Protocols）：如 SCSI Fibre Channel Protocol、Serial Bus Protocol、Internet SCSI。

（3）共享指令集（SCSI Primary Command）：适用于所有设备类型。

（4）专用指令集（Device-Type Specific Command Sets）：如块设备指令集（SCSI Block Commands，SBC）、流设备指令集（SCSI Stream Commands，SSC）、多媒体指令集 MMC（SCSI-3 Multimedia Command Set）。

简单地说，SCSI 定义了一系列规则提供给 I/O 设备，用以请求相互之间的服务。

每个 I/O 设备称为“逻辑单元”（Logical Unit，LU）；每个逻辑单元都有唯一的地址来区分它们，这个地址称为“逻辑单元号”（Logical Unit Number，LUN）。SCSI 模型采用客户端/服务器（Client/Server，C/S）模式，客户端称为 Initiator，服务器称为 Target。数据传输时，Initiator 向 Target 发送 request，Target 回应 response，在 iSCSI 协议中也沿用了这套思路。

5.2.2　iSCSI 协议基本概念

iSCSI 协议是集成了 SCSI 协议和 TCP/IP 协议的新协议。它在 SCSI 基础上扩展了网络功能，可以让 SCSI 命令通过网络传送到远程 SCSI 设备上，而 SCSI 协议只能访问本地的 SCSI 设备。iSCSI 是传输层之上的协议，使用 TCP 连接建立会话。在 Initiator 端的 TCP 端口号随机选取，Target 的端口号默认是 3260。iSCSI 采用客户/服务器模型，客户端称为 Initiator，服务器端称为 Target。

（1）Initiator：通常指用户主机系统，用户产生 SCSI 请求，并将 SCSI 命令和数据封装到 TCP/IP 包中发送到 IP 网络中。

（2）Target：通常存在于存储设备上，用于转换 TCP/IP 包中的 SCSI 命令和数据。

5.2.3　iSCSI 协议名称规范

在 iSCSI 协议中，Initiator 和 Target 是通过名称进行通信的，因此，每一个 iSCSI 节点（即 Initiator）必须拥有一个 iSCSI 名称。iSCSI 协议定义了 3 类名称结构。

1. iqn（iSCSI Qualified Name）

其格式为“iqn” + “年月” + “.” + “域名的颠倒” + “:” + “设备的具体名称”。之所以颠倒域名是为了避免可能的冲突。

2. eui（Extend Unique Identifier）

eui 来源于 IEEE 中的 EUI，其格式为“eui” + “64bits 的唯一标识（16 个字母）”。64bits 中，前 24bits（6 个字母）是公司的唯一标识，后面 40bits（10 个字母）是设备的标识。

3. naa（Network Address Authority）

由于 SAS 协议和 FC 协议都支持 naa，因此 iSCSI 协议也支持这种名称结构。naa 格式为“naa” + “64bits（16 个字母）或者 128bits（32 个字母）的唯一标识”。

5.2.4　配置 ESXi 主机使用 iSCSI 存储

了解 iSCSI 存储的基本概念后，就可以配置 iSCSI 存储了。本节将介绍如何配置 ESXi 主机使用 iSCSI 存储。

第 1 步，查看 ESXi 主机的存储适配器配置，单击“添加软件适配器”按钮，在弹出的对话框中选择“添加软件 iSCSI 适配器”，如图 5-2-1 所示，单击“确定”按钮。生产环境中多数使用服务器自带的以太网卡作为软件 iSCSI 适配器。

第 2 步，软件 iSCSI 适配器添加完成，适配器名称为“vmhba66”，如图 5-2-2 所示。

第 3 步，添加 iSCSI 发送目标服务器，iSCSI 服务器默认端口为 3260，如图 5-2-3 所示，单击“确定”按钮。

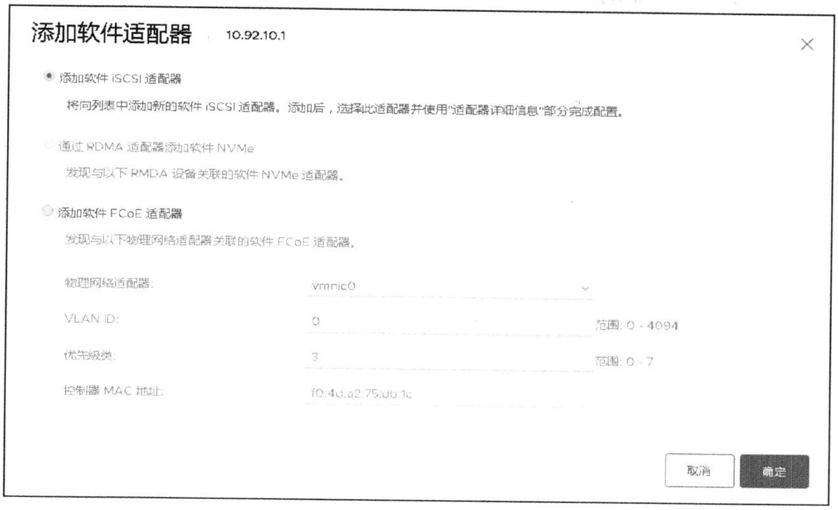

添加软件适配器 10.92.10.1
添加软件 iSCSI 适配器
将向列表中添加新的软件 iSCSI 适配器。添加后，选择此适配器并使用"适配器详细信息"部分完成配置。
通过 RDMA 适配器添加软件 NVMe
发现与以下 RMDA 设备关联的软件 NVMe 适配器。
添加软件 FCoE 适配器
发现与以下物理网络适配器关联的软件 FCoE 适配器。
物理网络适配器:
vmnic0
VLAN ID:
0
范围: 0 - 4094
优先级类:
3
范围: 0 - 7
控制器 MAC 地址:
f0:4d:a2:75:db:1c
取消
确定

图 5-2-1

vSphere Client
10.92.10.1
摘要
监控
配置
权限
虚拟机
数据存储
网络
更新
vcsa7.bdnetlab.com
Datacenter
VSAN-7
10.92.10.1
10.92.10.2
10.92.10.3
10.92.10.4
vcsa7
存储
存储适配器
存储设备
主机缓存配置
协议端点
I/O 筛选器
网络
虚拟交换机
VMkernel 适配器
物理适配器
TCP/IP 配置
虚拟机
虚拟机启动/关机
代理虚拟机设置
默认虚拟机兼容性
交换文件位置
系统
许可
主机配置文件
时间配置
存储适配器
添加软件适配器
刷新
重新扫描存储
重新扫描适配器
适配器
类型
状态
标识符
目标
设备
路径
型号: iSCSI Software Adapter
vmhba66
iSCSI
联机
型号: Patsburg 2 port SATA IDE Controller
vmhba1
块 SCSI
未知
vmhba65
块 SCSI
未知
型号: Patsburg 4 port SATA IDE Controller
vmhba0
块 SCSI
未知
5 items
属性
设备
路径
动态发现
静态发现
网络端口绑定
高级选项
适配器状态
状态
已启用
禁用
常规
名称
vmhba66
型号
iSCSI Software Adapter
iSCSI 名称
iqn.1998-01.com.vmware:5f92a1a9-e85c-18a0-bd0d-f04da275db1c-7befe911
iSCSI 别名
目标发现
发送目标, 静态目标
编辑...
身份验证
方法
无
近期任务
警报

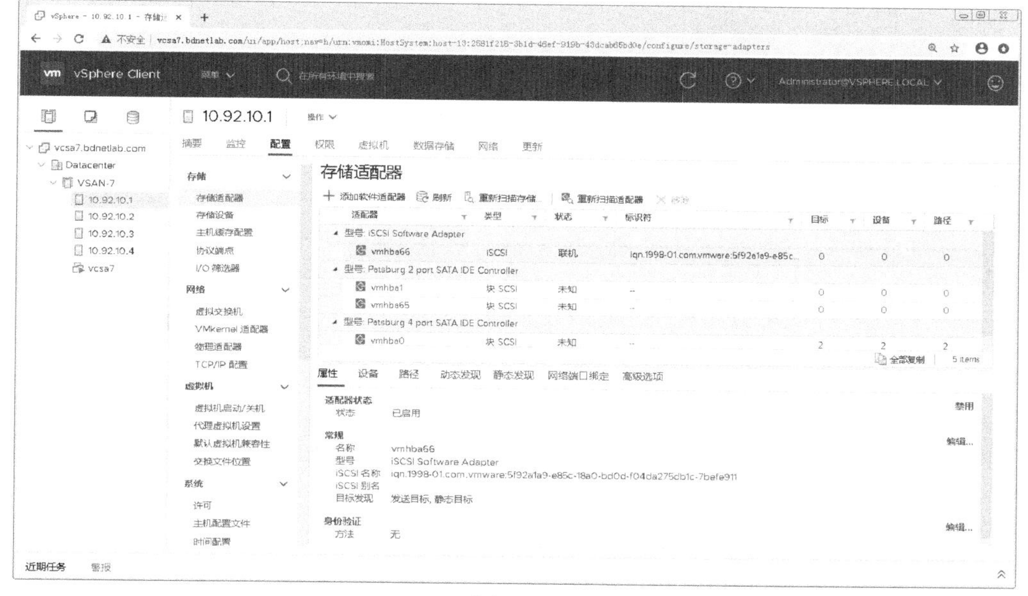

图 5-2-2

添加发送目标服务器 vmhba66
iSCSI 服务器:
10.92.10.49
端口:
3260
从父项继承身份验证设置
取消
确定

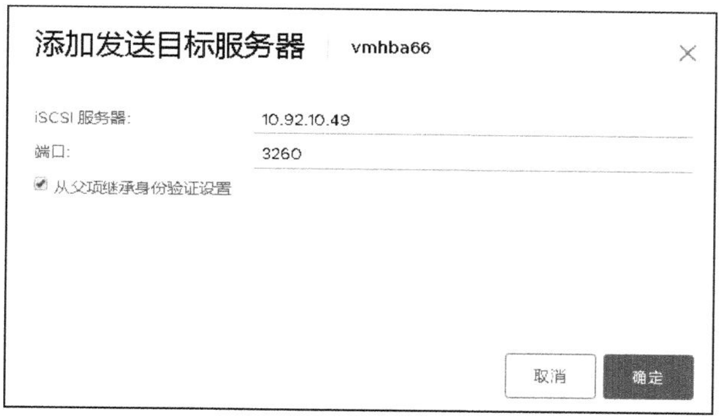

图 5-2-3

第 4 步，修改存储配置后系统会建议重新扫描 vmhba66，如图 5-2-4 所示，单击“重新扫描适配器”按钮。

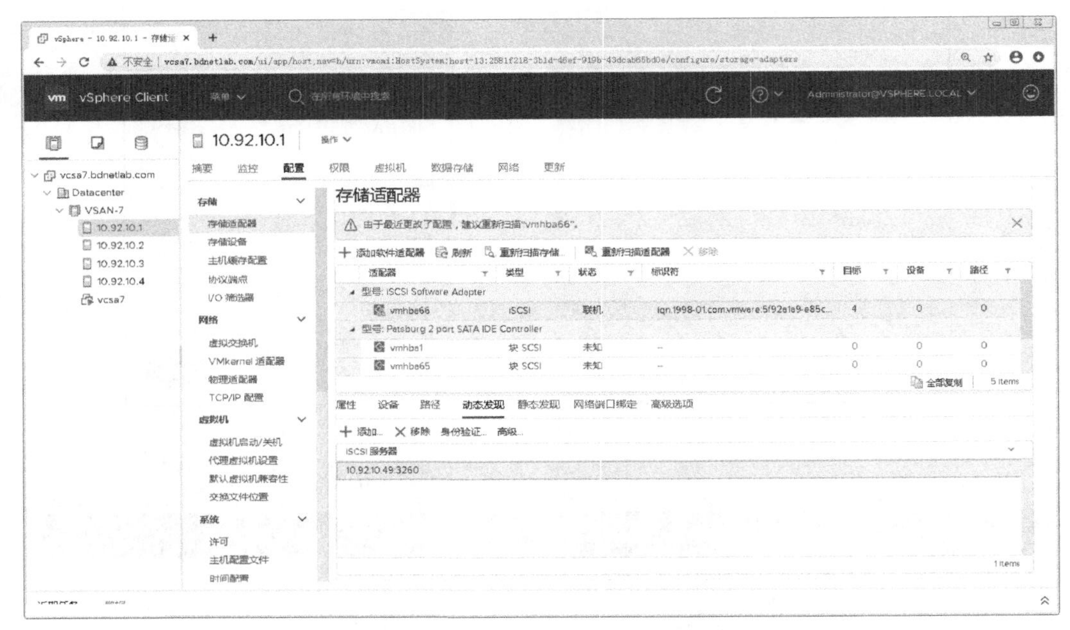

图 5-2-4

第 5 步，扫描完成后可以看到 iSCSI 存储，如图 5-2-5 所示。需要说明的是，ESXi 主机只是一个 iSCSI 客户端，仅连接 iSCSI 存储，更多的配置在 iSCSI 存储服务器及网络中进行，如果看不到存储可以检查 iSCSI 存储配置。

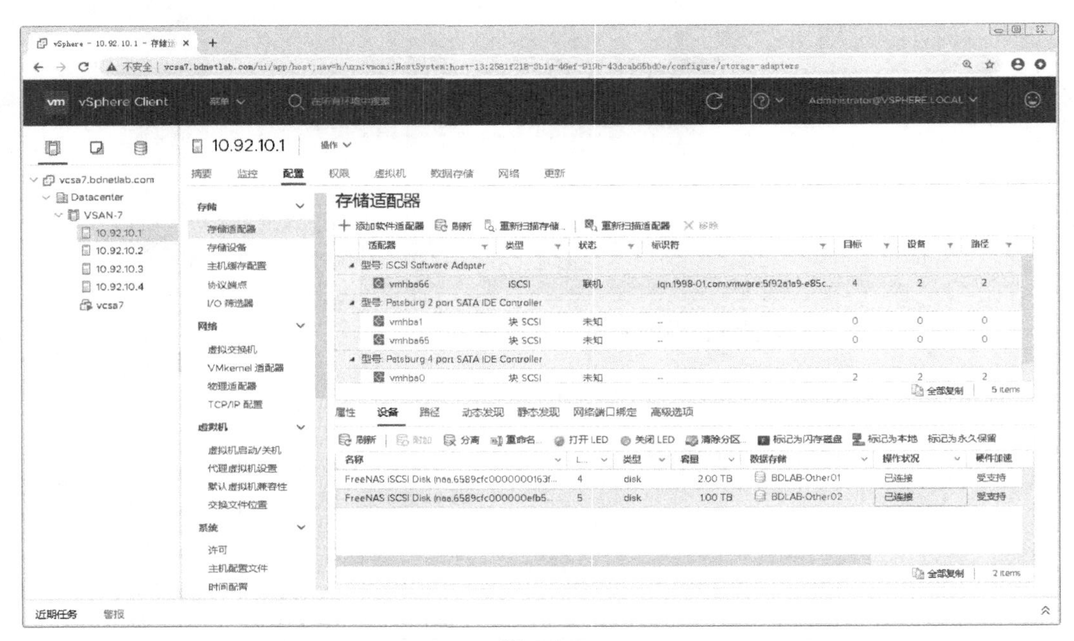

图 5-2-5

第 6 步，如果 iSCSI 存储已经被配置使用，则可以在“数据存储”界面中进行查看，如图 5-2-6 所示。需要注意的是，如果存储未被使用，需要新建存储。

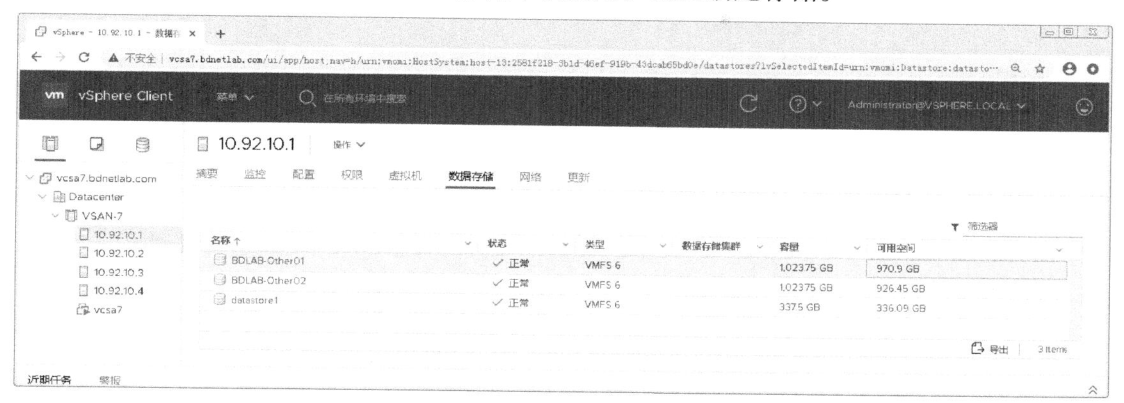

图 5-2-6

至此，配置 ESXi 主机使用 iSCSI 存储完成。再次强调，ESXi 主机只是一个 iSCSI 客户端，仅连接 iSCSI 存储，其配置参数非常少，更多的配置在 iSCSI 存储中，如果看不到存储可检查 iSCSI 存储或网络配置。

5.2.5 配置 ESXi 主机绑定 iSCSI 流量

生产环境中，为了保证 iSCSI 传输效率，特别是在 1Gbit/s 网络环境中使用 iSCSI 存储，一般会使用独立的网卡绑定 iSCSI 流量，其他流量不占用该网卡。本节将介绍如何配置 ESXi 主机绑定 iSCSI 流量。

第 1 步，查看 ESXi 主机的 VMkernel 适配器配置，可以发现管理网络和 iSCSI 流量网络共用 vSwitch0，如图 5-2-7 所示。

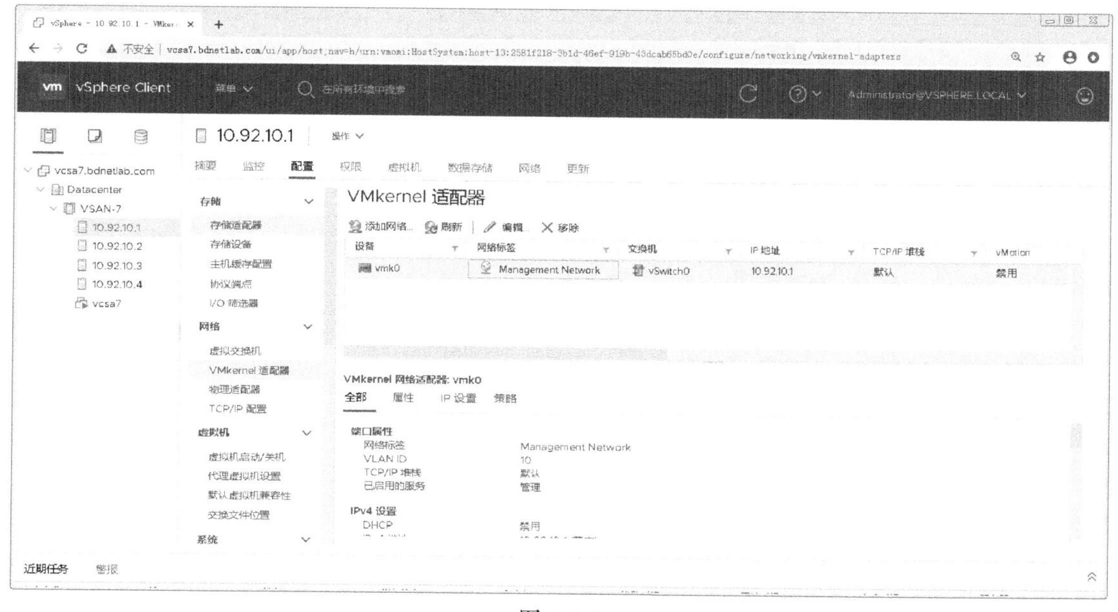

图 5-2-7

第2步，添加新的VMkernel适配器运行iSCSI流量，如图5-2-8所示。

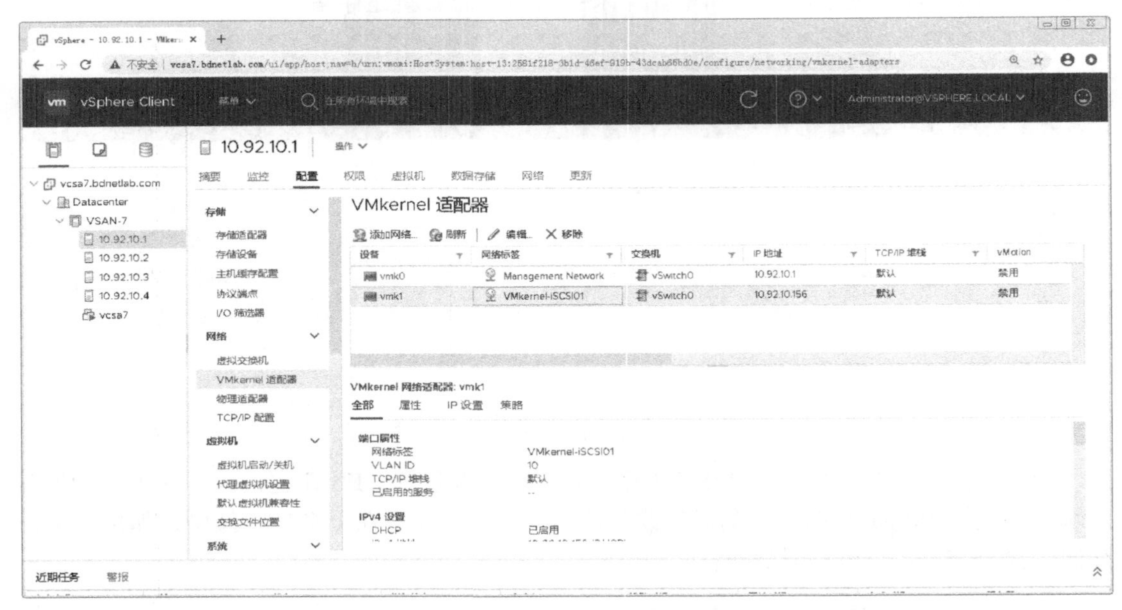

图5-2-8

第3步，查看存储适配器配置，此时网络端口绑定未配置，所以为空，如图5-2-9所示，单击“添加”按钮。

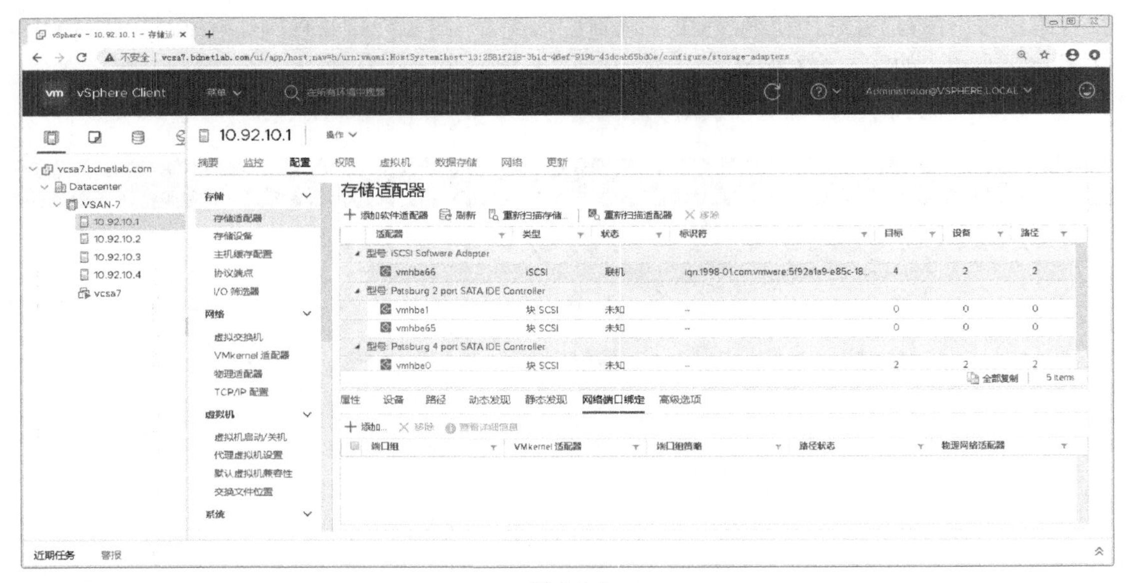

图5-2-9

第4步，添加刚创建的vmk1端口组并与iSCSI进行绑定，如图5-2-10所示，单击“确定”按钮。

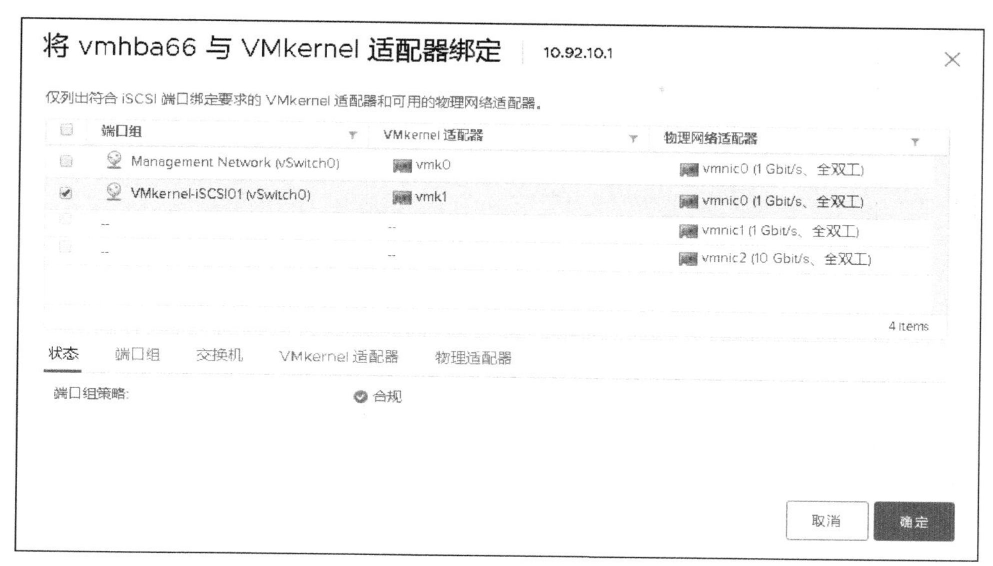

图 5-2-10

第 5 步，修改存储配置后系统会建议重新扫描 vmhba66，如图 5-2-11 所示，单击“重新扫描适配器”按钮。

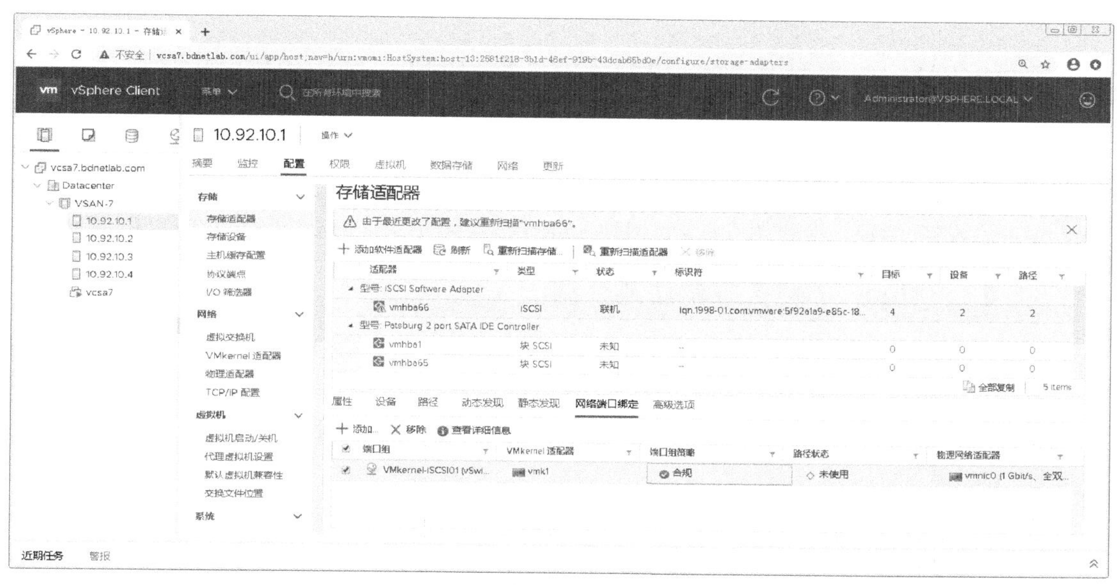

图 5-2-11

第 6 步，扫描完成后，绑定 iSCSI 流量的 vmk1 路径处于“活动”状态，如图 5-2-12 所示，说明绑定成功。

至此，绑定 iSCSI 流量配置完成。生产环境中建议绑定 iSCSI 流量及多个网卡运行 iSCSI 是常见的配置，这样的配置能够实现冗余，避免单点故障。

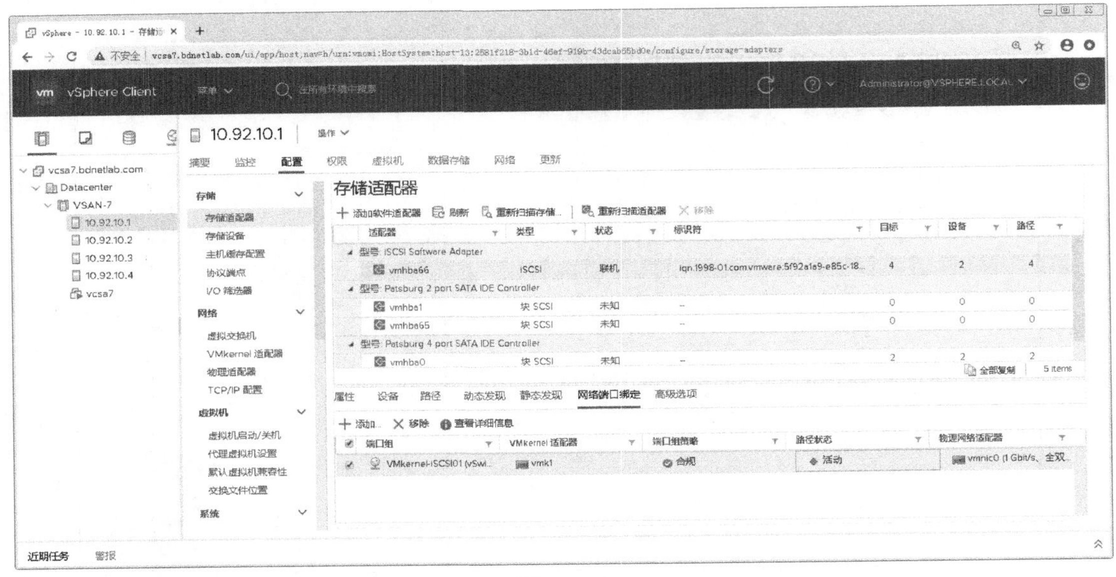

图 5-2-12

5.3　配置和使用 Virtual SAN 存储

Virtual SAN 是 VMware 的超融合解决方案，Virtual SAN 使用内嵌的方式集成于 VMware vSphere 虚拟化平台，可以为虚拟机应用提供经过闪存优化的超融合存储。从 2014 年 3 月推出正式版本 Virtual SAN 5.5 开始，至 2020 年 4 月推出的 Virtual SAN 7.0，短短几年时间 Virtual SAN 经历了多个版本的升级。作者写作本书的时候，Virtual SAN 版本 7.0 Update 1 已发布。本节将介绍在生产环境中如何部署和使用 Virtual SAN 7.0 存储。

5.3.1　Virtual SAN 各版本功能介绍

从 Virtual SAN 存储第一个版本到本书写作时使用的 Virtual SAN 7.0，其版本升级非常迅速，新发布的版本不仅修补了老版本的 BUG，而且增加了许多新特性。在开始部署和使用 Virtual SAN 之前，需要了解各个 Virtual SAN 版本所具有的功能和特性。

1. Virtual SAN 5.5

Virtual SAN 5.5 被称为第一代 Virtual SAN，集成于 VMware vSphere 5.5 U1 中。该版本具有软件定义存储的基本功能，VMware vSphere 的一些高级特性无法在 Virtual SAN 5.5 上使用。从生产环境使用上看，Virtual SAN 5.5 基本用于测试。

2. Virtual SAN 6.0

Virtual SAN 6.0 为第二代 Virtual SAN，集成于 VMware vSphere 6.0 中。该版本不仅修复了 Virtual SAN 5.5 存在的一些 BUG，而且增加了大量新的功能。其主要新增功能如下。

- 支持混合架构及全闪存架构。
- 支持通过配置故障域（机架感知）使 Virtual SAN 集群免于机架故障。

- 支持在删除 Virtual SAN 存储前将 Virtual SAN 数据迁移。
- 支持硬件层面的数据校验、检测并解决磁盘问题，从而提供更高的数据完整性。
- 支持运行状态服务监控，可以监控 Virtual SAN，以及集群、网络、物理磁盘的状况。

3. Virtual SAN 6.1

Virtual SAN 6.1 为第三代 Virtual SAN，集成于 VMware vSphere 6.0 U1 中。该版本在 Virtual SAN 6.0 的基础上再次增加了新的功能，其主要新增功能如下。

- 支持延伸集群，也就是使用 Virtual SAN 构建双活数据中心。延伸集群支持横跨两个地理位置的集群，这样可以最大程度保护数据不受 Virtual SAN 站点故障或网络故障的影响。
- 支持 ROBO（远程办公室分支机构），支持使用两节点方式部署 Virtual SAN，可以通过延伸集群功能，把见证主机放在总部数据中心，以简化 Virtual SAN 部署。
- 支持统一的磁盘组声明。在创建 Virtual SAN 时，可统一声明磁盘组的容量层与缓存层。
- 支持 Virtual SAN 磁盘在线升级，可以通过管理端在线将 Virtual SAN 磁盘格式升级到 2.0。

4. Virtual SAN 6.2

Virtual SAN 6.2 为第四代 Virtual SAN。该版本在 Virtual SAN 6.1 基础上增加了更多更实用的特性。其主要新增功能如下。

- 支持对全闪存架构的 Virtual SAN 数据去重，并采用 LZ4 算法对容量层数据进行压缩。
- 支持通过纠删码对 Virtual SAN 数据进行跨网络的 RAID 5/6 级别的数据保护。
- 支持对不同虚拟机设置不同的 IOPS。
- 支持纯 IPv6 运行模式。
- 支持软件层面的数据校验、检测并解决磁盘问题，从而提供更高的数据完整性。

5. Virtual SAN 6.5

Virtual SAN 6.5 为第五代 Virtual SAN。该版本在 Virtual SAN 6.2 基础上再次增加了新的特性。其主要新增功能如下。

- 支持将 Virtual SAN 配置为 iSCSI Target，通过 iSCSI 支持来连接非虚拟化工作负载。
- 通过直接使用交叉电缆连接两个节点来消除路由器/交换机成本，降低 ROBO 成本。
- 扩展了对容器和 CNA 的支持，可以使用 Docker、Swarm、Kubernetes 等随时开展工作。
- Virtual SAN 6.5 标准版本提供对全闪存硬件的支持，降低了构建成本。

6. Virtual SAN 6.6

Virtual SAN 6.6 为第六代 Virtual SAN。该版本是业界首个原生 HCI 安全功能、高度可用的延伸集群，同时将关键业务和新一代工作负载的全闪存性能提高了 50%。其主要新增功能如下。

- 针对静态数据的原生 HCI 加密解决方案，可以保护关键数据免遭不利访问。Virtual

SAN 加密具有硬件独立性并简化了密钥管理，因而可降低成本并提高灵活性。不再要求部署特定的自加密驱动器。Virtual SAN 加密还支持双因素身份验证（SecurID 和 CAC），因而能够很好地保证合规性。另外，它还是首个采用 DISA 标准的 STIG 的 HCI 解决方案。

■ 支持单播网络连接，以帮助简化初始 Virtual SAN 设置。可以为 Virtual SAN 网络连接使用单播，不再需要设置多播。这使得 Virtual SAN 可以在更广泛的本地和云环境中部署而无须更改网络。

■ 优化的数据服务进一步扩大了 Virtual SAN 的性能优势。具体而言，与以前的 Virtual SAN 版本相比，它可将每台全闪存主机的 IOPS 提升 50%之多。提升的性能有助于加快关键任务应用的速度，并提供更高的工作负载整合率。

■ 借助对最新闪存技术的现成支持，客户可加快新硬件的采用。此外，Virtual SAN 现在还提供更多的缓存驱动器选择（包括 1.6TB 闪存），方便客户使用更大容量的最新闪存。

■ 经验证的全新体系结构为部署 Splunk、Big Data 和 Citrix 等新一代应用提供了一条行之有效的途径。此外，Photon Platform 1.1 中提供了适用于 Photon 的 Virtual SAN，而新的 Docker Volume Driver 则提供了对多租户、基于策略的管理、快照和克隆的支持。

■ 借助新增的永不停机保护功能，Virtual SAN 可确保用户的应用正常运行和使用，而不会受潜在的硬件问题的影响。新的降级设备处理功能可智能地监控驱动器的运行状况，并在发生故障前主动撤出数据。新的智能驱动器重建和部分重建功能可在硬件发生故障时恢复更快，并降低集群流量以提高性能。

7. Virtual SAN 6.7

Virtual SAN 6.7 为第七代 Virtual SAN，VMware vSphere 6.7 可以说是为了 Virtual SAN 6.7 而发布的，可见 Virtual SAN 6.7 产品的重要性。其主要新增功能如下。

■ 全新的引导式集群创建和扩展工作流提供了全面的向导，可协助管理员完成初始和后续运维。此工作流可确保所有步骤均按正确的顺序完成，让管理员胸有成竹地构建集群，包括延伸集群。

■ VUM 可让管理员针对整个集群执行一致的生命周期管理。此次更新实现了 DELL、Fujitsu、SuperMicro 和 Lenovo 等大厂 vSAN ReadyNode 主机 I/O 控制器固件和驱动程序修补的自动化。运行状况检查可提醒客户有可用的新补丁程序。VUM 可为 HCI 集群提供自动化的补丁程序管理，还可管理计算和存储固件。

■ 智能维护模式可在维护操作期间确保一致的应用性能和恢复能力。Virtual SAN 会提醒用户，进入维护模式的主机会影响性能；如果预测维护不会成功，还能主动将其停止，从而提供一定的防护。

■ Virtual SAN 的 UI 中添加了新的高级集群设置，并在其 Power CLI 中添加了一些新的 cmdlet 命令。此外，在更换 vCenter Server 或从故障中恢复 vCenter Server 等场景中，Virtual SAN 可自动备份和恢复 SPBM 策略。

■ UNMAP 可自动执行空间回收，减少了应用所用的容量。Virtual SAN 与客户机操作系统发起的 SCSI UNMAP 请求相集成，可在删除或截断客户机操作系统文件后释放空间。此外，此功能还可避免在容量层转储未使用的数据。

- 在延伸集群场景中实现灵活的网络拓扑结构。这样，见证就可以采用比 Virtual SAN 数据流量低的 MTU，从而帮助企业保护对网络基础架构进行的投资。
- 运行状况服务增强功能加快了自助服务的速度，使客户可以更快地解决问题。此版本的更新包括：主动式网络性能测试、能够通过 UI 进行静默运行状况检查、减少了一些运行状况检查的误报，以及运行状况检查摘要（可在一个位置显示所有运行状况检查的状态，每条记录中均包含简短描述和建议的操作）。

8. Virtual SAN 7.0

Virtual SAN 7.0 为第八代 Virtual SAN，随 VMware vSphere 7.0 发布，引入了以下新功能和增强功能。

- vSphere Lifecycle Manager。通过 vSphere Lifecycle Manager，可对 ESXi 主机实施简化且一致的生命周期管理。它使用一种理想状态模型，可为管理程序、整个驱动程序和固件堆栈提供生命周期管理。vSphere Lifecycle Manager 可减少监控单个组件合规性的工作，有助于使整个集群的状态保持一致。在 Virtual SAN 中，此解决方案支持 DELL 和 HPE ReadyNode 主机。
- 集成的文件服务。Virtual SAN 本机文件服务提供了基于 Virtual SAN 集群创建和提供 NFS v4.1 和 v3 文件共享的功能。
- 本机支持 NVMe 热插拔。此增强功能提供了一致的方式来为 NVMe 设备提供服务，并提高了所选 OEM 驱动器的操作效率。
- 基于延伸集群的容量不平衡的 I/O 重定向。Virtual SAN 可将所有虚拟机 I/O 从容量紧张的站点重定向到另一个站点，直到容量被释放为止。此功能可提高虚拟机的正常运行时间。
- Skyline 与 vSphere 运行状况和 Virtual SAN 运行状况集成。加入 Skyline 品牌下的产品后，vSphere Client 中提供了适用于 vSphere 和 Virtual SAN 的 Skyline 运行状况，从而通过一致的主动分析在产品内实现了本机体验。
- 移除共享磁盘的 EZT。Virtual SAN 取消了使用多编写器标记的共享虚拟磁盘，还必须使用快速置零厚置备。
- 支持将 Virtual SAN 内存作为性能服务中的衡量指标。Virtual SAN 内存使用情况现在可在 vSphere Client 中和通过 API 获取。
- Virtual SAN 容量视图中 vSphere Replication 对象的可见性。vSphere Replication 对象在 Virtual SAN 容量视图中可见。此类对象将被识别为 vSphere 副本类型，并按“复制”类别计算空间使用情况。
- 支持大容量驱动器。增强功能扩展了对 32TB 物理容量驱动器的支持，并在启用去重和压缩的情况下，将逻辑容量扩展到 1PB。
- 部署新见证后立即修复。当 Virtual SAN 执行替换见证操作时，它会在添加见证后立即调用修复对象操作。
- vSphere with Kubernetes 集成。CNS 是 vSphere with Kubernetes 的默认存储平台。集成后，可在 Virtual SAN、VMFS 和 NFS 数据存储中的 vSphere with Kubernetes Supervisor 主管集群和客户机集群上部署各种有状态的容器化工作负载。

- 基于文件的永久卷。Kubernetes 开发人员可以为应用程序动态创建共享（读/写/多个）持久卷。多个容器可以共享数据。Virtual SAN 本机文件服务是实现此功能的基础。
- vVol 支持现代应用程序。可以使用为 vVol 添加的 CNS 支持功能，将现代 Kubernetes 应用程序部署到 vSphere 上的外部存储阵列。现在，通过 vSphere，可统一管理 Virtual SAN、NFS、VMFS 和 vVol 中的持久卷。
- Virtual SAN VCG 通知服务。可以订阅 Virtual SAN ReadyNode、I/O 控制器、驱动器（NVMe、SSD、HDD）等 Virtual SAN HCL 组件，并通过电子邮件获取有关任何更改的通知。此更改包括固件、驱动程序、驱动程序类型（异步/收件箱）等。可以通过新的 Virtual SAN 版本跟踪一段时间内的更改。

5.3.2 Virtual SAN 常用术语

Virtual SAN 集成于 VMware vSphere 中，但也可以把它看作一个独立的组件。了解完 Virtual SAN 的基本概念后，需要对其常用术语做进一步了解。

1. 对象

Virtual SAN 中一个重要的概念就是对象。Virtual SAN 是基于对象的存储，虚拟机由大量不同的存储对象组成，而不像过去是一组文件的集合，而对象是一个独立的存储块设备。存储块包括虚拟机主页命名空间、虚拟机交换文件、VMDK 等。

2. 组件

从另外一个方面来看，Virtual SAN 可以理解为网络 RAID，Virtual SAN 在 ESXi 主机之间使用 RAID 阵列来实现存储对象的高可用。每个存储对象都是一个组件，组件的具体数量与存储策略有直接的关系。

3. 副本

Virtual SAN 使用 RAID 方式来实现高可用，那么一个对象就存在多个副本又避免了单点故障，副本的数量与存储策略有直接的关系。

4. 见证

见证（Witness）可以理解为仲裁，在 VMware vSphere 中翻译为“见证”或“证明”。见证属于比较特殊的组件，不包括元数据，仅用于当 Virtual SAN 发生故障后进行仲裁时用来确定如何恢复。

5. 磁盘组

磁盘组（Disk Group）是 Virtual SAN 的核心组件之一，由 SSD 磁盘和其他磁盘（SATA、SAS）组成，用于缓存和存储数据，是构建 Virtual SAN 的基础。

6. 基于存储策略的管理

基于存储策略的管理（Storage Policy-Based Management，SPBM）是 Virtual SAN 的核心之一，所有部署在 Virtual SAN 上的虚拟机都必须使用一种存储策略。如果没有创建新的存储策略，虚拟机将使用默认策略。本书 9.1.5 节中将详细介绍存储策略。

5.3.3 Virtual SAN 存储策略介绍

Virtual SAN 使用基于存储策略的管理来部署虚拟机。通过使用基于存储策略的管理，虚拟机可以根据生产环境的需求并且在不关机的情况应用不同的策略。所有部署在 Virtual SAN 上的虚拟机都必须使用一种存储策略，如果没有创建新的存储策略，虚拟机将使用默认策略。Virtual SAN 存储策略主要有以下 8 种类型。

1. Number of Failures to Tolerate

Number of Failures to Tolerate，简称为 FTT，中文翻译为“允许的故障数”。该策略定义在集群中存储对象针对主机数量、磁盘或网络故障同时发生故障的数量。默认情况下 FTT 值为 1，FTT 的值决定了 Virtual SAN 集群需要的 ESXi 主机数量，假设 FTT 的值设置为 n，则将会有 n+1 份副本，要求 2n+1 台主机，FTT 值对应 ESXi 主机列表参考表 5-3-1；如果使用 RAID 5/6，则计算方式参考表 5-3-2。如果使用双节点 Virtual SAN，则配置额外的见证主机，表 5-3-1 及表 5-3-2 不适用于双节点 Virtual SAN 配置。

表 5-3-1　　FTT 值对应 ESXi 主机列表

FTT	副本	见证	ESXi 主机数
0	1	0	1
1	2	1	3
2	3	2	5
3	4	3	7

表 5-3-2　　RAID 5/6 模式下，FTT 值对应 ESXi 主机列表

FTT	策略	物理 RAID	ESXi 主机数
0	RAID 5/6（纠删码）	RAID 0	1
0	RAID 1（镜像）	RAID 0	1
1	RAID 5/6（纠删码）	RAID 5	4
1	RAID 1（镜像）	RAID 1	3
2	RAID 5/6（纠删码）	RAID 6	6
2	RAID 1（镜像）	RAID 1	5
3	RAID 5/6（纠删码）	N/A	N/A
3	RAID 1（镜像）	RAID 1	7

2. Number of Disk Stripes per Object

Number of Disk Stripes per Object，简称为 Stripes，中文翻译为“每个对象的磁盘带数”，表示存储对象的磁盘跨越主机的副本数。Stripes 值相当于 RAID0 的环境，分布在多个物理磁盘上。一般来说，Stripes 默认值为 1，最大值为 12。如果将该参数值设置为大于 1 时，

虚拟机可以获取更好的 IOPS 性能，但会占用更多的系统资源。默认值 1 可以满足大多数虚拟机负载使用，对于磁盘 I/O 密集型运算可以调整 Stripes 值。当一个对象大小超过 255GB 时，即使 Stripes 默认为 1，系统还是会对对象进行强行分割。

需要说明的是，在 Virtual SAN 环境中，所有的写操作都是先写入 SSD 磁盘，增加条带性能可能没有增强，因为系统无法保证新增加的条带会使用不同的 SSD 磁盘，新的条带可能会放置在位于同一个磁盘组的磁盘上。当然，如果新的条带被放置在不同的磁盘组中，就会使用到新的 SSD，这种情况下会带来性能上的提升。

3. Flash Read Cache Reservation

Flash Read Cache Reservation，中文翻译为“闪存读取缓存预留”。其值默认为 0，这个参数结合虚拟机磁盘大小来设定 Read Cache 大小，计算方式为百分比，可以精确到小数点后 4 位。如果虚拟机磁盘大小为 100GB，闪存读取缓存预留设置为 10%，闪存读取缓存预留值会使用 10GB 的 SSD 容量，当虚拟机磁盘较大的时候，会占用大量的闪存空间。在生产环境中，一般不配置闪存读取缓存预留，因为为虚拟机预留的闪存读取缓存不能用于其他对象，而未预留的闪存可以共享给所有对象使用。需要注意的是，Read Cache 在全闪存环境下失效。

4. Force Provisioning

Force Provisioning，中文翻译为“强制置备”。通过强制置备，可以强行配置具体的存储策略。启用强制置备后，Virtual SAN 会监控存储策略应用，在存储策略无法满足需求时，如果选择了强制置备，则策略将被强行设置为

```
FTT=0
Stripe=1
Object Space Reservation=0
```

5. Object Space Reservation

Object Space Reservation，简称为 OSR，中文翻译为“对象空间预留”。其值默认为 0，也就是说，虚拟机的磁盘类型为精简置备。这意味着虚拟机部署的时候不会预留任何空间，只有当虚拟机存储增长时空间才会被使用。对象空间预留值如果设置为 100%，虚拟机存储对容量的要求会被预先保留，也就是厚置备。需要注意的是，Virtual SAN 中只存在厚置备延迟置零，不存在厚置备置零。也就是说，在 Virtual SAN 环境下将无法使用 vSphere 高级特性中的 Failures Tolerate 技术。

6. 容错

容错是从 Virtual SAN 6.2 版本开始引入的新的虚拟机存储策略，其主要是为了解决老版本 Virtual SAN 使用 RAID 1 技术占用大量的磁盘空间问题。Virtual SAN 6.7 版本继续进行了优化，提供了更多的 Virtual SAN 存储空间。

7. 对象 IOPS 限制

对象 IOPS 限制是从 Virtual SAN 6.2 版本开始完善的虚拟机存储策略，可以对虚拟机按应用需求的不同进行不同的 IOPS 限制，以提高 I/O 效率。

8. 禁用对象校验和

禁用对象校验和是为了保证 Virtual SAN 数据的完整性，系统在进行读写操作时会检查检验数据，如果数据有问题，则会对数据进行修复操作。禁用对象校验和设置为 NO，系

统会对问题数据进行修复；设置为 YES，系统不会对问题数据进行修复。

5.3.4 部署和使用 Virtual SAN 条件

Virtual SAN 集成于 VMware vSphere 内核中，其配置相对简单，只需满足条件，启用 Virtual SAN 即可使用，其重点在于各种特性的配置使用。在部署 Virtual SAN 之前，为保证生产环境的稳定性，需要了解其软硬件要求，否则可能导致生产环境的 Virtual SAN 出现严重问题。

1. 物理服务器及硬件

生产环境一般使用大厂品牌服务器，而这些主流服务器一般都会通过 VMware 官方认证。需要注意的是，VMware 针对 Virtual SAN 专门发布了硬件兼容性列表，主要是针对存储控制器、SSD 等硬件提出了兼容性要求。

生产环境中使用 Virtual SAN，对物理服务器内存也提出了要求。VMware 官方推荐使用 Virtual SAN 的物理服务器最少配置 8GB 内存，生产环境中的物理服务器配置多个磁盘组，推荐使用 128GB 以上的内存。

生产环境中使用 Virtual SAN，推荐使用 10GE 网络承载 Virtual SAN 流量。虽然可以使用 1Gbit/s 网络进行承载，但在配置过程中会给出提示，中大型环境或全闪存环境下使用 Virtual SAN，必须使用 10GE 网络进行承载。

生产环境中使用 Virtual SAN，参与 Virtual SAN 的磁盘（包括闪存及容量磁盘），应尽可能提前清除磁盘原分区。虽然在配置过程中 VMware 会提供图形界面及 partedUtil 命令行方式清除分区，但在实际使用过程中依然存在清除分区失败的情况。

2. Virtual SAN 集群中 ESXi 主机数量

表 5-3-1 显示了根据不同的副本数量集群中需要配置的 ESXi 主机数量，生产环境中强烈不推荐使用最低要求，如 FTT=1 时，ESXi 主机数量要求为 3，这是最低要求，不适用于生产环境，因为可能由于组件数及其他原因导致 Virtual SAN 故障。FTT=1 时，推荐配置使用 4 台以上的 ESXi 主机。对于生产环境中的其他需求，推荐 ESXi 主机数量大于最低要求数量，双节点 Virtual SAN 集群例外。

3. Virtual SAN 软件版本

Virtual SAN 版本已发布至第八代，生产环境中应根据具体需求进行选择。选择好 Virtual SAN 版本后还需要确定是使用该版本的标准版、高级版还是企业版等，这些版本所具有的功能是不一样的，如标准版不支持去重、纠删码、延伸集群等功能。

5.3.5 启用 Virtual SAN 准备工作

Virtual SAN 的配置相对简单，在配置前需要准备好环境，如清除参与 Virtual SAN 的硬盘分区、配置 Virtual SAN 网络等。

第 1 步，Virtual SAN 要求参与缓存层、容量层的硬盘不能有其他分区，配置 Virtual SAN 前可以使用 ESXi 主机自带的工具清除分区，如图 5-3-1 所示，单击“确定”按钮。

第 2 步，Virtual SAN 推荐使用分布式交换机，建议将参与 Virtual SAN 的主机添加到分布式交换机中，如图 5-3-2 所示。

第 3 步，在每台 ESXi 主机上配置 VMKernel 适配器，启用 Virtual SAN 流量，如图 5-3-3 所示。

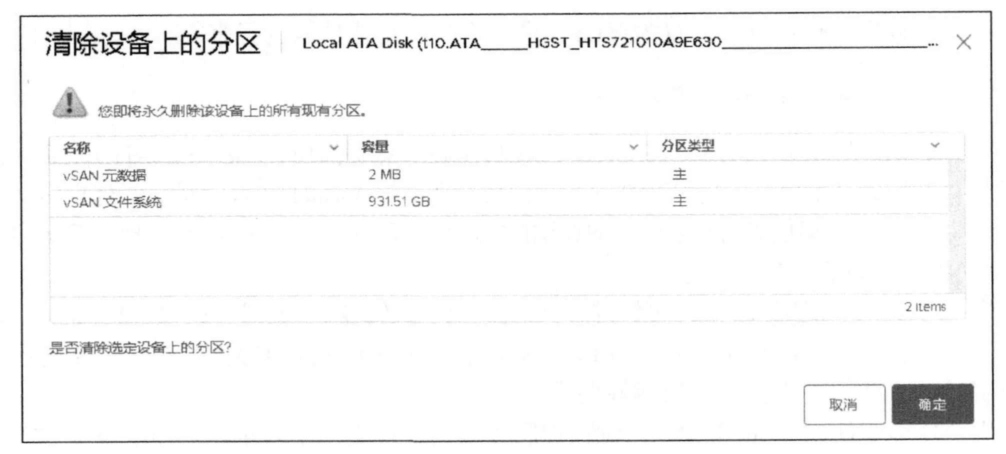

图 5-3-1

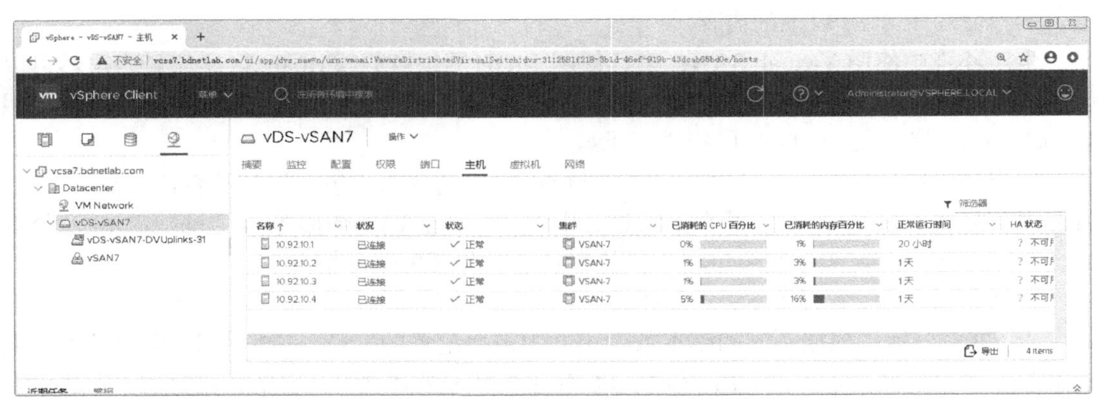

图 5-3-2

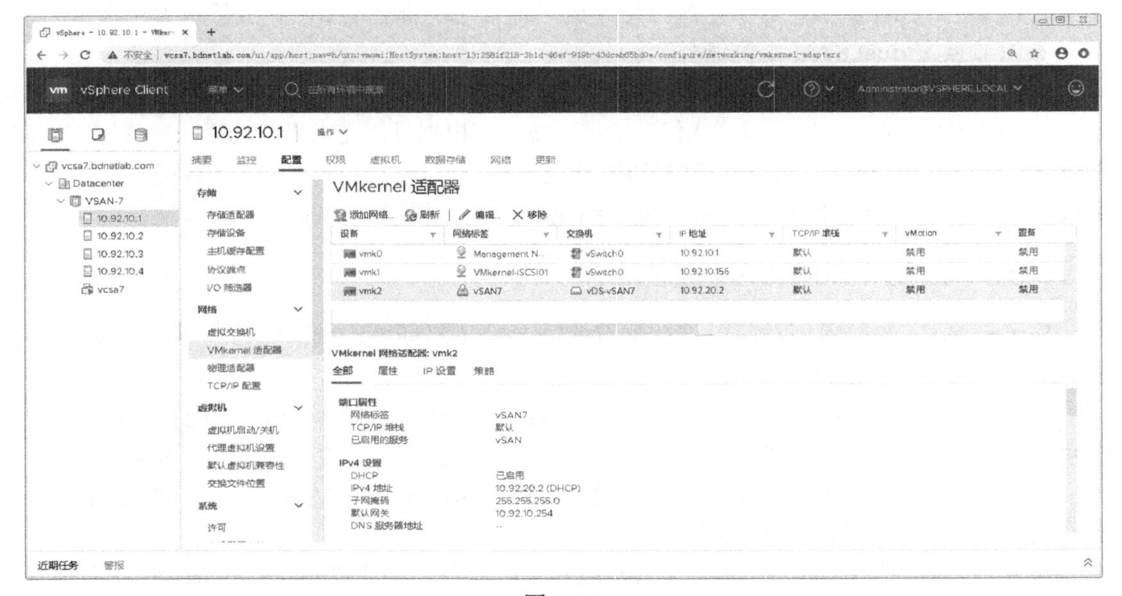

图 5-3-3

至此，启用 Virtual SAN 的准备工作完成，推荐使用分布式交换机运行 Virtual SAN 流量，使用 10GE 网络。Virtual SAN 也支持标准交换机，但是如果使用 1Gbit/s 网络，配置上会出现警告提示，同时性能上影响很大。

5.3.6 启用 Virtual SAN

启用 Virtual SAN 操作比较简单，主要是类型及磁盘组的配置。需要注意的是，启用 Virtual SAN 需要再次确认集群中 ESXi 主机是否已经准备好需要的磁盘及网络。另外，启用前必须关闭 HA 特性。本节将介绍如何启用 Virtual SAN 及创建磁盘组。

第 1 步，默认情况下 Virtual SAN 处于已关闭状态，如图 5-3-4 所示，单击“配置”按钮启用。

图 5-3-4

第 2 步，Virtual SAN 7.0 支持多个类型，如图 5-3-5 所示，双主机 vSAN 集群与延伸集群的配置和单站点集群配置基本相同，这里使用单站点集群，单击“下一步”按钮。

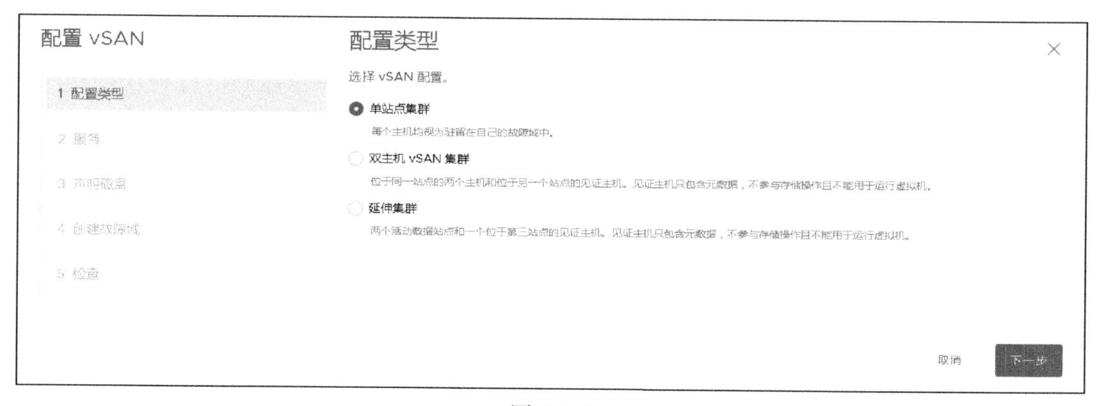

图 5-3-5

第 3 步，选择需要启用的服务，如图 5-3-6 所示。“去重和压缩服务”“静态数据加密”等服务需要使用全闪存，实战服务器未配置全闪存，所以不启用。单击“下一步”按钮。

第 4 步，将“分组依据”调整为“主机”，按 ESXi 主机进行显示，为每台主机选择缓存层及容量层使用的磁盘，如图 5-3-7 所示，单击“下一步”按钮。

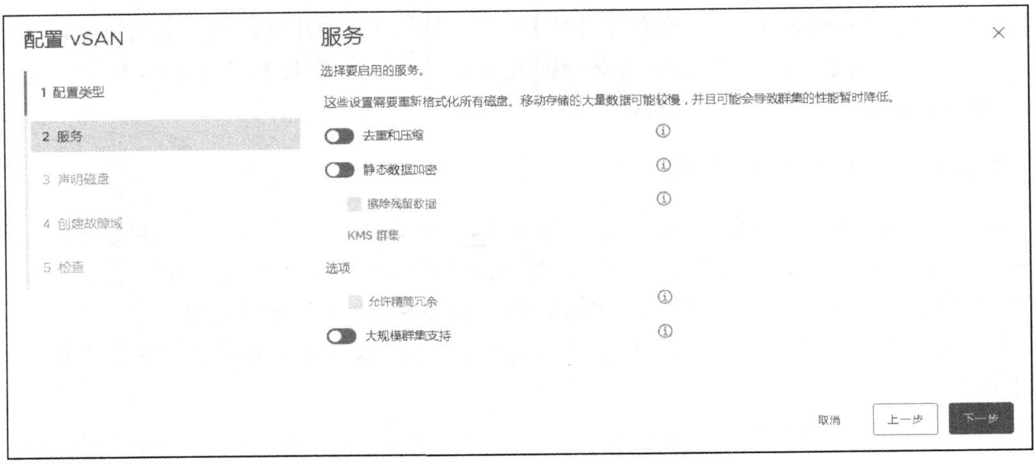

配置 vSAN
服务
1 配置类型
2 服务
3 声明磁盘
4 创建故障域
5 检查
选择要启用的服务。
这些设置需要重新格式化所有磁盘。移动存储的大量数据可能较慢，并且可能会导致群集的性能暂时降低。
去重和压缩
静态数据加密
擦除残留数据
KMS 群集
选项
允许精简冗余
大规模群集支持
取消
上一步
下一步

图 5-3-6

配置 vSAN
声明磁盘
1 配置类型
2 服务
3 声明磁盘
4 创建故障域
5 检查
选择用于 vSAN 数据存储的磁盘。
在主机上声明用于缓存和容量的磁盘。非空磁盘将被删除。
已声明的容量 3.64 TB
已声明的缓存 476.97 GB
未声明的存储 0.00 B
声明磁盘
磁盘驱动器类型
分组依据: 主机
名称
声明目标
驱动器类型
总容量
10.92.10.1
自定义
Local ATA Disk (naa.500...
容量层
HDD
931.51 GB
Local ATA Disk (naa.5001...
缓存层
闪存
119.24 GB
10.92.10.4
自定义
Local ATA Disk (t10.ATA_...
缓存层
闪存
119.24 GB
12 个项目
配置正确。
取消
上一步
下一步

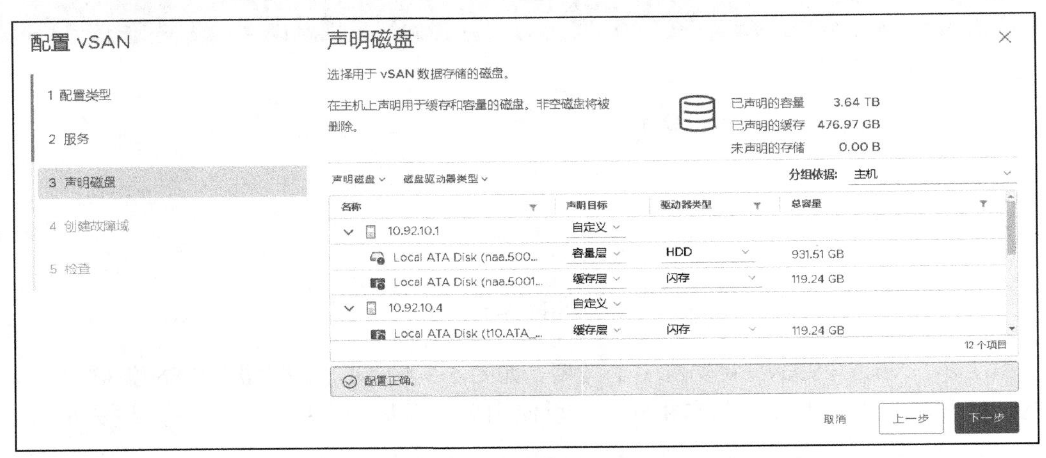

图 5-3-7

第 5 步，系统提示是否创建故障域，如图 5-3-8 所示，小规模环境可以直接使用 1 个故障域，单击“下一步”按钮。

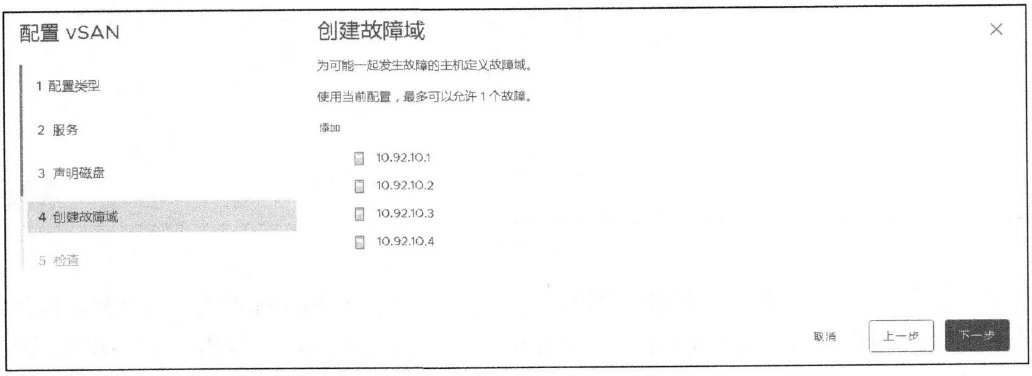

配置 vSAN
创建故障域
1 配置类型
2 服务
3 声明磁盘
4 创建故障域
5 检查
为可能一起发生故障的主机定义故障域。
使用当前配置，最多可以允许 1 个故障。
添加
10.92.10.1
10.92.10.2
10.92.10.3
10.92.10.4
取消
上一步
下一步

图 5-3-8

第 6 步，确认参数配置是否正确，如图 5-3-9 所示，若正确则单击“完成”按钮。

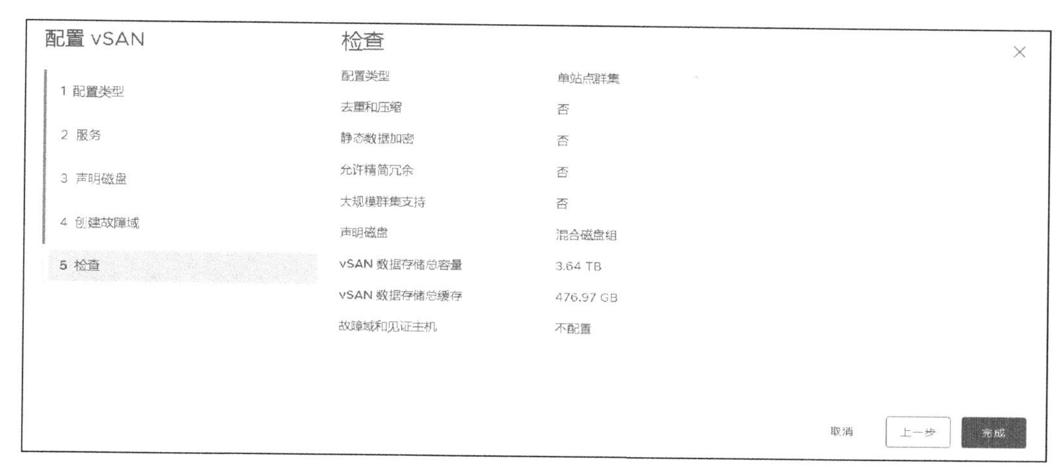

图 5-3-9

第 7 步，完成 Virtual SAN 服务的启用，如图 5-3-10 所示。

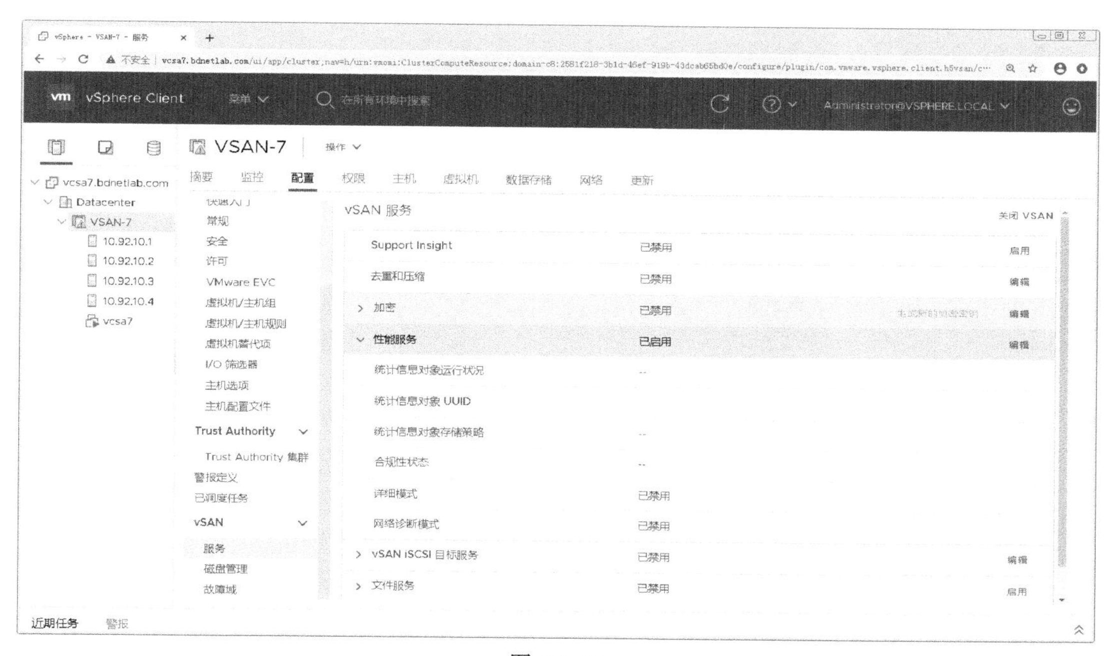

图 5-3-10

第 8 步，在 Virtual SAN 磁盘管理配置中查看主机磁盘组情况，如图 5-3-11 所示，可以发现其处于已挂载、正常状态。

第 9 步，查看 vsanDatastore 的常规信息，如图 5-3-12 所示，可以看到 Virtual SAN 总容量为 3.64TB。

第 10 步，查看 vsanDatastore 监控信息，如图 5-3-13 所示。

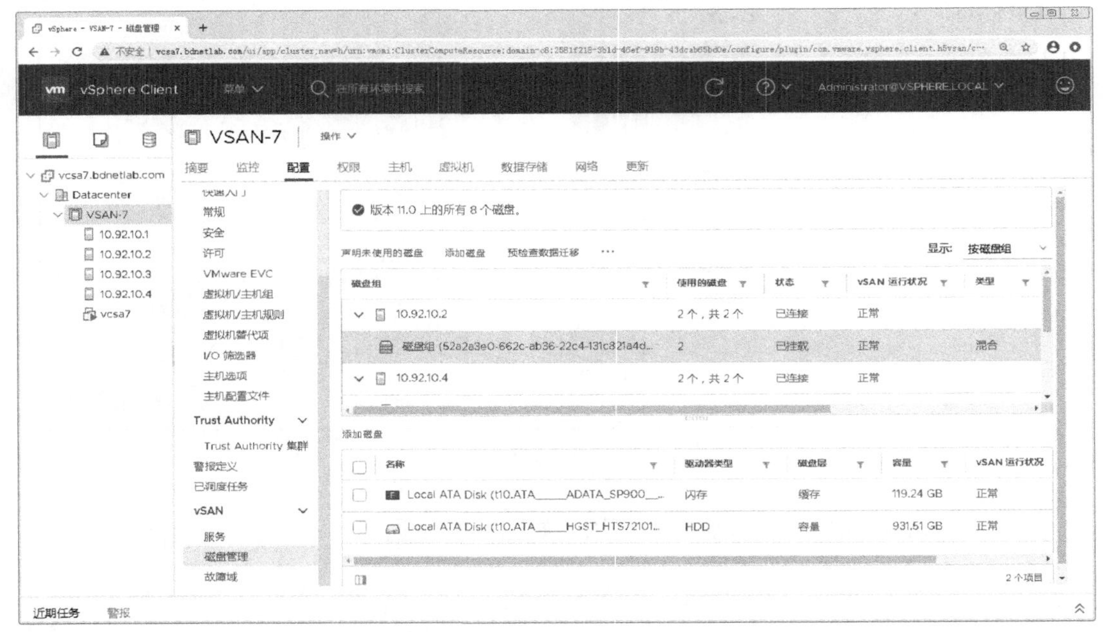
vSphere Client
VSAN-7
操作
摘要
监控
配置
权限
主机
虚拟机
数据存储
网络
更新
vcsa7.bdnetlab.com
Datacenter
VSAN-7
10.92.10.1
10.92.10.2
10.92.10.3
10.92.10.4
vcsa7
常规
安全
许可
VMware EVC
虚拟机/主机组
虚拟机/主机规则
虚拟机替代项
I/O 筛选器
主机选项
主机配置文件
Trust Authority
Trust Authority 集群
警报定义
已调度任务
vSAN
服务
磁盘管理
故障域
版本 11.0 上的所有 8 个磁盘。
声明未使用的磁盘
添加磁盘
预检查数据迁移
显示:
按磁盘组
磁盘组
使用的磁盘
状态
vSAN 运行状况
类型
10.92.10.2
2 个，共 2 个
已连接
正常
2
已挂载
混合
10.92.10.4
添加磁盘
名称
驱动器类型
磁盘层
容量
Local ATA Disk (t10.ATA_____ADATA_SP900__
闪存
缓存
119.24 GB
Local ATA Disk (t10.ATA_____HGST_HTS72101...
HDD
容量
931.51 GB
2 个项目
近期任务
警报

图 5-3-11

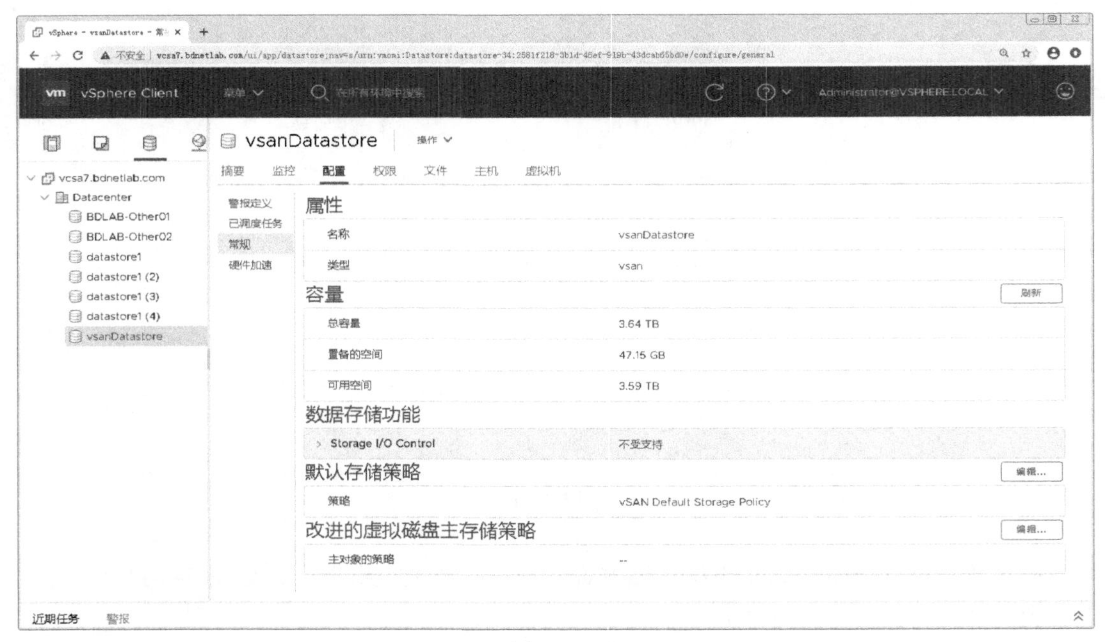
vSphere Client
vsanDatastore
操作
摘要
监控
配置
权限
文件
主机
虚拟机
vcsa7.bdnetlab.com
Datacenter
BDLAB-Other01
BDLAB-Other02
datastore1
datastore1 (2)
datastore1 (3)
datastore1 (4)
vsanDatastore
警报定义
已调度任务
常规
硬件加速
属性
名称
vsanDatastore
类型
vsan
容量
刷新
总容量
3.64 TB
置备的空间
47.15 GB
可用空间
3.59 TB
数据存储功能
Storage I/O Control
不受支持
默认存储策略
编辑...
策略
vSAN Default Storage Policy
改进的虚拟磁盘主存储策略
主对象的策略
--
近期任务
警报

图 5-3-12

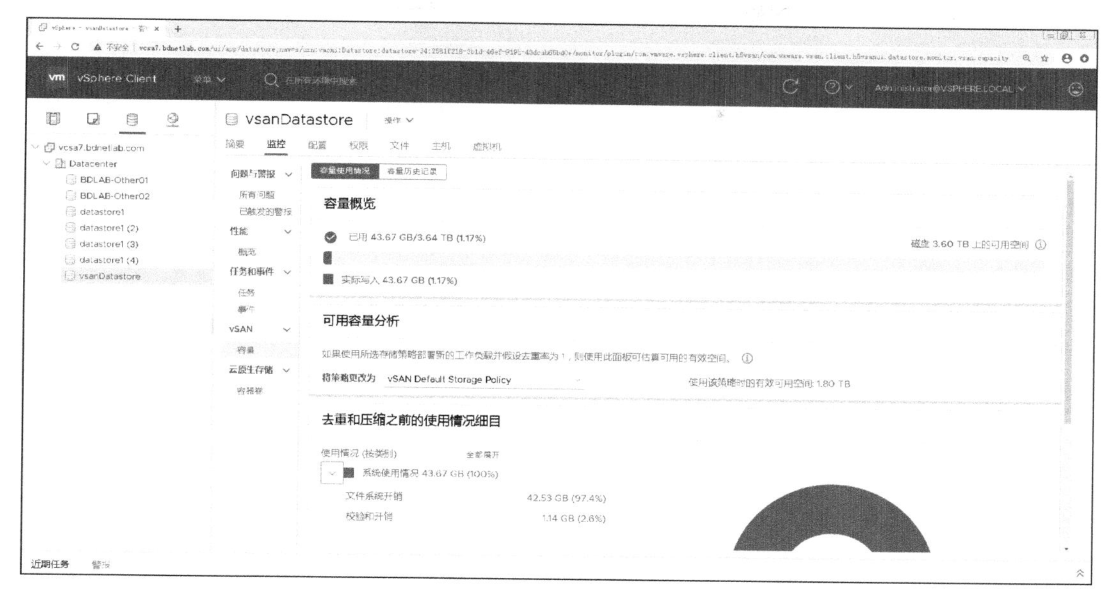

图 5-3-13

至此，Virtual SAN 基本服务及磁盘组添加完成，Virtual SAN 已经可以使用，生产环境中可根据实际情况使用或调整存储策略。

5.3.7 配置 Virtual SAN 存储策略

启用 Virtual SAN 后，可以使用其默认的存储策略，生产环境中一般会根据实际情况创建和使用多个存储策略。Virtual SAN 存储策略配置影响到虚拟机的容错及正常运行，错误的配置可能导致虚拟机运行速度缓慢，严重时甚至导致虚拟机数据丢失。由于去重和压缩技术目前只能在全闪存架构下使用，对于混合架构，推荐使用 Virtual SAN 提供的 RAID 5/6 纠删码技术来提高容量使用效率。表 5-3-3 所示为纠删码空间消耗情况对比。

表 5-3-3 纠删码空间消耗情况对比

RAID	FTT	数据大小	空间需求
RAID 1	1	100GB	200GB
RAID 1	2	100GB	300GB
RAID 5/6	1	100GB	133GB
RAID 5/6	2	100GB	150GB

如果在存储策略中启用 RAID 5/6 纠删码技术，不支持将 FTT 值设置为 3；当 FTT 值设置为 1 时，为 RAID 5 模式，当 FTT 值设置为 2 时，为 RAID 6 模式。本节将介绍 Virtual SAN 存储策略配置。

第 1 步，选择虚拟机存储策略，如图 5-3-14 所示。可以看到存在多个虚拟机存储策略，其中包括默认的 vSAN Default Storage Policy。单击“编辑设置”按钮。

第 2 步，可以编辑或者新建虚拟机存储策略，该步骤的关键在于“允许的故障数”选择。vSAN 支持多种方式的容错，需要结合 vSAN 集群节点数量及缓存、容量层的配置进行选择，如图 5-3-15 所示，单击“下一页”按钮。

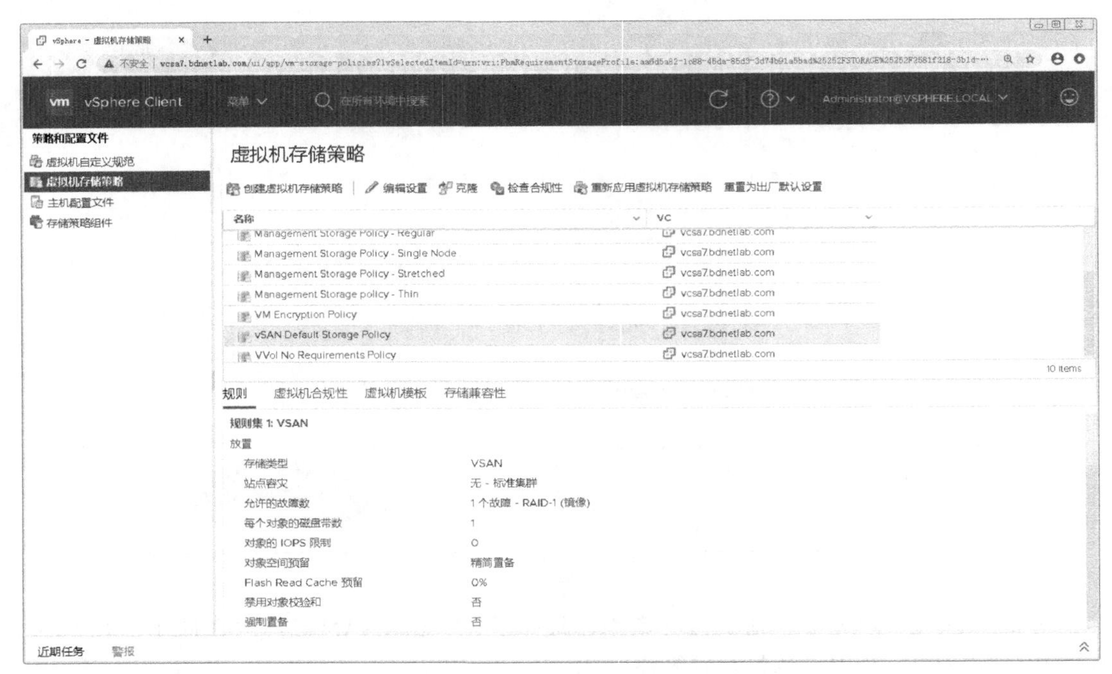

图 5-3-14

图 5-3-15

第 3 步，完成虚拟机存储策略配置后，可以将策略应用到虚拟机，如图 5-3-16 所示。

第 4 步，查看虚拟机的 vSAN 物理磁盘放置监控，可以看到虚拟机组件及见证的主机相关信息，如图 5-3-17 所示。

至此，配置基本的 Virtual SAN 存储策略完成。生产环境中推荐根据实际情况创建多个虚拟机存储策略用于不同的虚拟机需求，要特别注意一些特殊模式对硬件的要求。

在 vSAN 环境下，虚拟机存储策略配置并不复杂，可以结合生产环境中 vSAN 集群的具体情况创建多个虚拟机存储策略，然后将存储策略应用到不同的虚拟机。需要注意的是，创建的存储策略需要与集群进行匹配。例如，vSAN 集群节点主机数为 4 台，这时候创建一个虚拟机存储策略 FTT=2，这样的策略应用到虚拟机会报错，因为 FTT=2 要求 vSAN 集群有 5 台节点主机，而集群节点为 4 台无法满足存储策略要求。

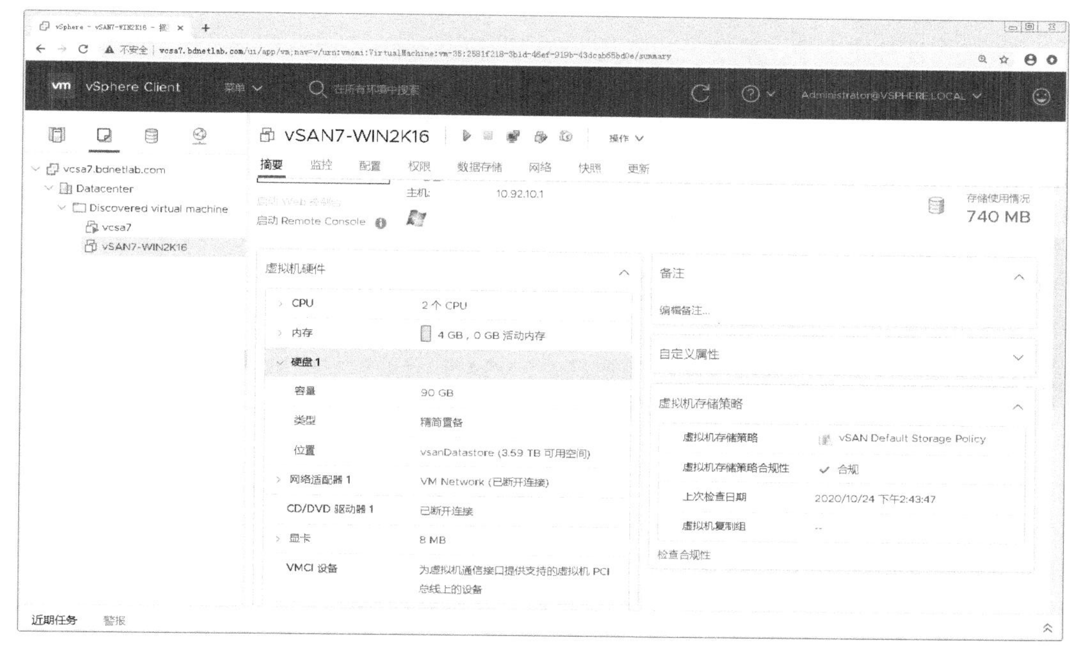

图 5-3-16

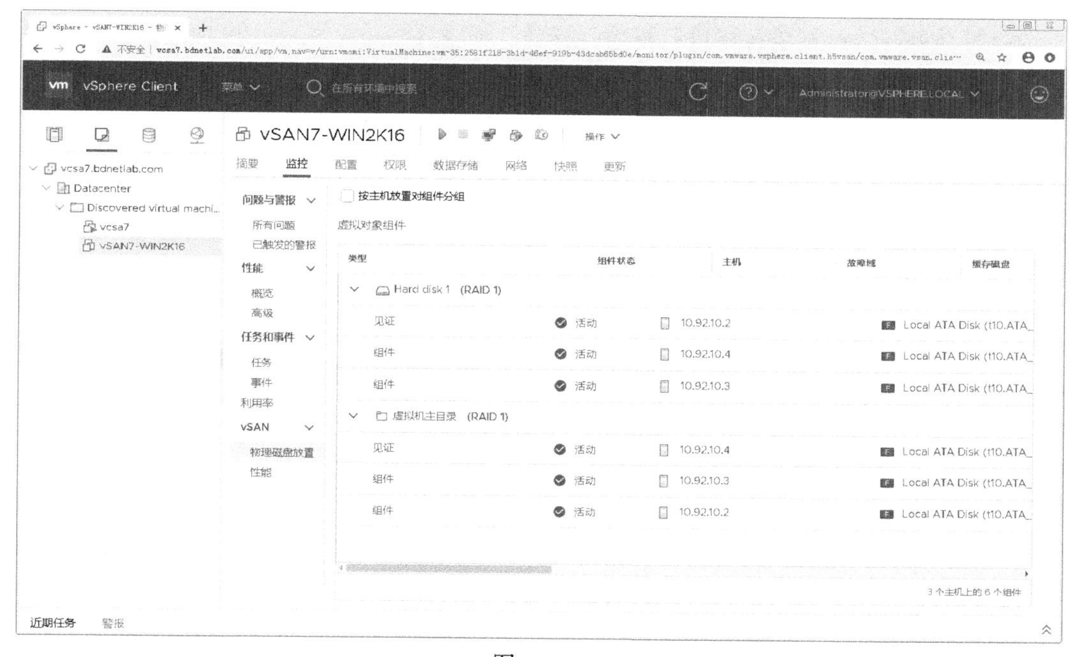

图 5-3-17

5.3.8 Virtual SAN 常见故障

使用 vSAN 后，更多的是对 vSAN 进行日常的运维，虽然可以通过后续章节介绍的 vROPS 对 vSAN 进行监控，但也需要了解常见的故障如何进行处理。

1. SSD 缓存层故障

vSAN 在日常使用中，最常见的就是 SSD 缓存层故障。如果 vSAN 节点主机磁盘组中的 SSD 缓存层出现故障，该磁盘组会进入“降级”状态。因为磁盘组中所有数据的读取写入都是通过 SSD 缓存，SSD 缓存故障，相当于这个磁盘组出现故障，这时 vSAN 会寻找其他正常工作的 vSAN 节点主机重建组件和元件。对于运维人员来说，需要及时更换故障的 SSD 缓存。

2. 容量层故障

容量层使用的机械硬盘或 SSD 硬盘也可能故障。当容量层的硬盘出现故障后，一般来说更换硬盘后可以自动进行修复。生产环境中多种情况下会使用 FTT=1，也就是说，虚拟机会有两份副本，容量层硬盘故障更换硬盘后，vSAN 会重建虚拟机的组件，可以在 vSAN 监控中查看需要重新同步的组件、容量及完成时间等信息。

3. vSAN 节点故障

vSAN 节点主机故障指非缓存层、容量层故障，属于 ESXi 主机本身的故障。当配置策略 FTT=1 时，允许集群中 1 台 vSAN 节点主机故障，如果该主机在 60 分钟内没有恢复，默认会触发自动重建机制，在其他正常 vSAN 节点主机上重建故障主机的组件和元件，当原故障的 vSAN 节点主机恢复，vSAN 会对其数据进行检查，执行重新同步的操作，以保证 vSAN 集群数据的一致性。

4. vCenter Server 故障

vSAN 依赖 vCenter Server 进行配置及运维，那么 vCenter Server 出现故障，已建好的 vSAN 是否受影响呢？可以明确告诉大家，当 vSAN 配置完成后，是无须依赖 vCenter Server 运行的，也就是说，就算 vCenter Server 故障，也不影响 vSAN 及 vSAN 上的虚拟机的运行，只是无法进行 vSAN 的配置和监控。

当 vCenter Server 出现故障后，一种方式是恢复上一次正常工作的 vCenter Server。如果 vCenter Server 无法恢复，可以新建一台 vCenter Server，创建新的 vSAN 集群，将 vSAN 节点主机加入该集群，系统会自动完成同步工作，不需要手动进行操作。

5.4　配置和使用裸设备映射

在生产环境中，一般会使用 VMware vSphere 自有的文件系统 VMFS 存储虚拟机及其他文件，但一些特殊环境需要直接访问存储上的 LUN，这种情况就会使用裸设备映射。

5.4.1　裸设备映射介绍

裸设备映射（Raw Device Mappings，RDM）是存储在 VMFS 卷中的一种文件，可用作裸物理设备的代理。RDM 可以将客户机操作系统数据直接存储在原始 LUN 上，而不是将虚拟机数据存储在 VMFS 数据存储上存储的虚拟磁盘文件中。如果虚拟机中运行的应用必须知道存储设备的物理特征，RDM 将非常有用。通过映射原始 LUN，可以使用现有 SAN 命令来管理磁盘存储。当虚拟机必须与 SAN 中的实际磁盘交互时，可使用 RDM 实现。RDM

映射示意图如图 5-4-1 所示。

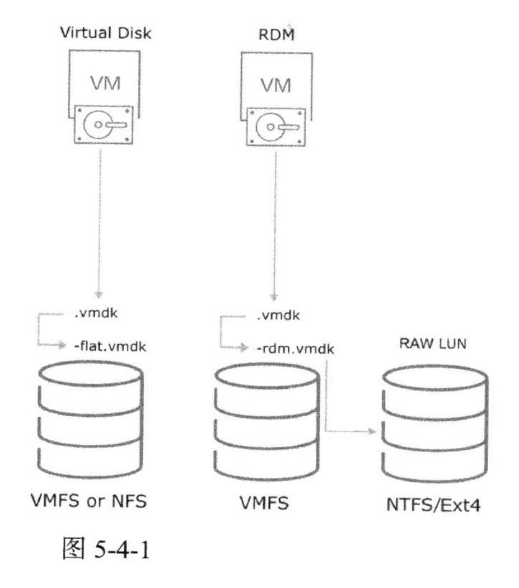

图 5-4-1

5.4.2 配置和使用裸设备映射

了解 RDM 原理后，就可以配置和使用 RDM 了。需要注意的是，配置和使用 RDM 需要在存储上创建一个未消耗的 LUN。

第 1 步，确认 ESXi 主机有未消耗的 LUN，如图 5-4-2 所示，ESXi 主机有一个 50GB 未消耗的存储 LUN。

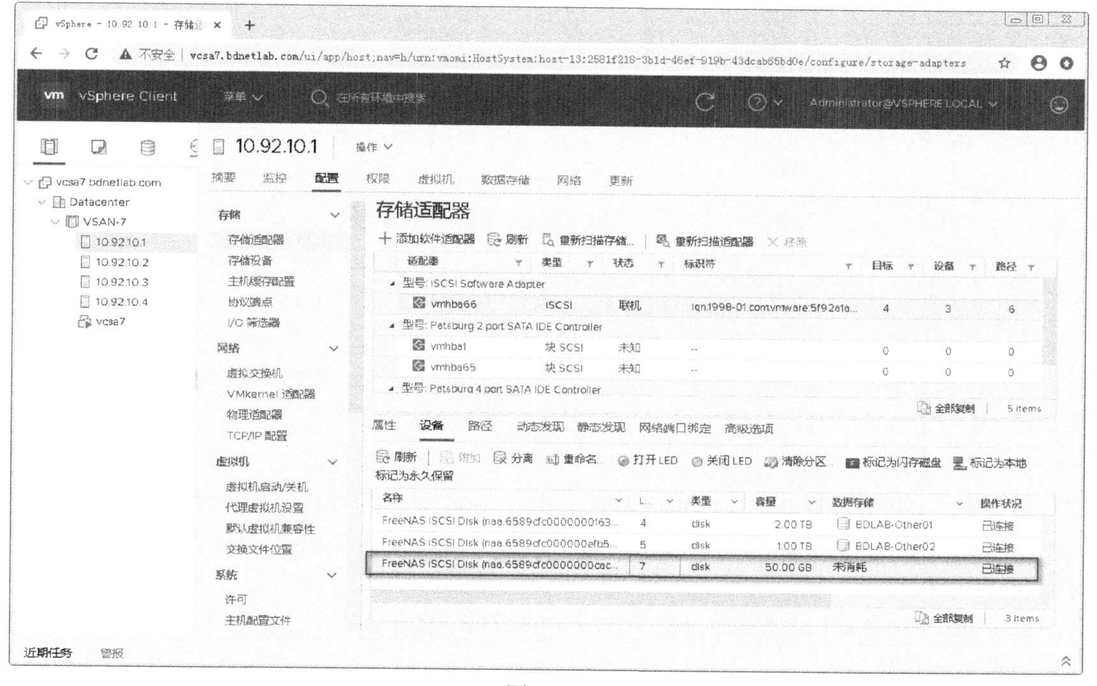

图 5-4-2

第 2 步，创建虚拟机，在添加新设备处选择 RDM 磁盘，如图 5-4-3 所示，单击“NEXT”按钮。

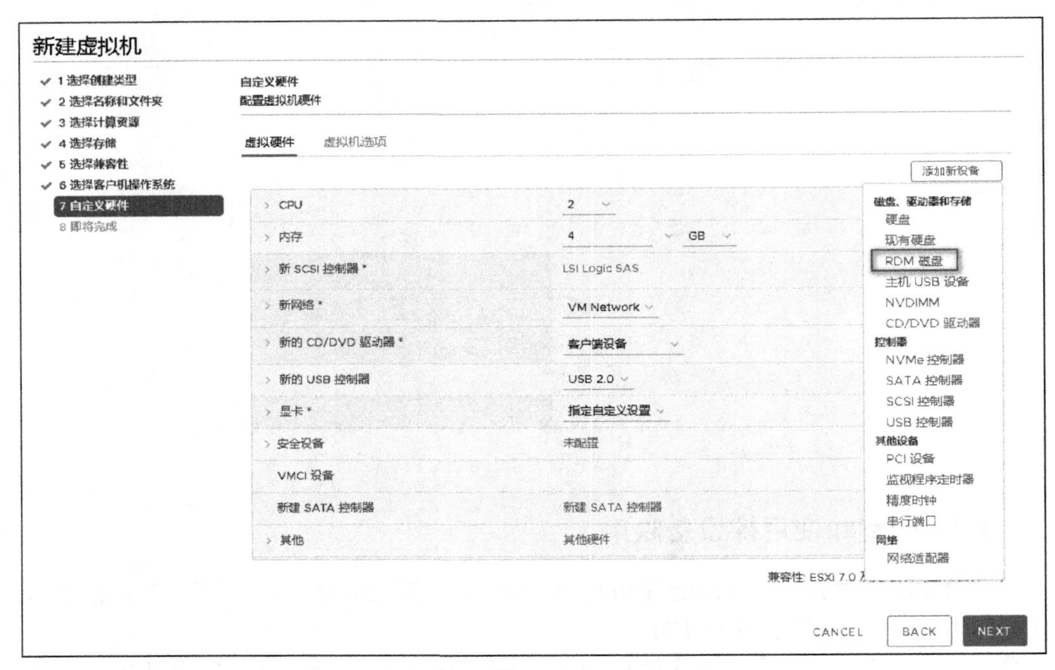

图 5-4-3

第 3 步，选择未消耗的目标 LUN 作为 RDM 磁盘，如图 5-4-4 所示，单击“确定”按钮。

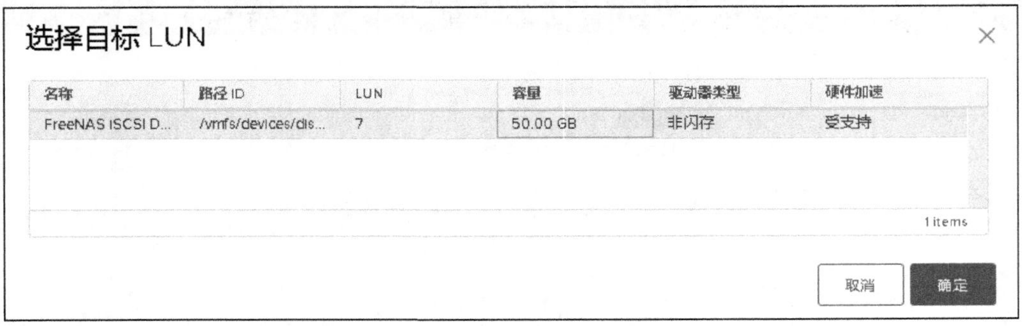

选择目标 LUN

名称	路径 ID	LUN	容量	驱动器类型	硬件加速
FreeNAS iSCSI D...	/vmfs/devices/dis...	7	50.00 GB	非闪存	受支持

1 items

取消　确定

图 5-4-4

第 4 步，配置虚拟机使用 RDM 磁盘，如图 5-4-5 所示，单击“NEXT”按钮。

第 5 步，确定虚拟机使用 RDM 磁盘，如图 5-4-6 所示，若正确则单击“FINISH”按钮。

第 6 步，为虚拟机安装操作系统，系统正确识别 RDM 磁盘，如图 5-4-7 所示，单击“下一步”按钮安装系统。

新建虚拟机
1 选择创建类型
2 选择名称和文件夹
3 选择计算资源
4 选择存储
5 选择兼容性
6 选择客户机操作系统
7 自定义硬件
8 即将完成
自定义硬件
配置虚拟机硬件
虚拟硬件
虚拟机选项
添加新设备
CPU
2
内存
4
GB
新硬盘 *
GB
虚拟机存储策略
数据存储默认值
位置
与虚拟机存储在同一目录中
共享
未指定
物理 LUN
/vmfs/devices/disks/naa.6589cfc0000000cacd594d6a71d5402e
兼容模式
物理
份额
正常
1000
限制 - IOPs
不受限制
虚拟设备节点
新 SCSI 控制器
SCSI (0:0) 新硬盘
兼容性: ESXi 7.0 及更高版本 (虚拟机版本 17)
CANCEL
BACK
NEXT

图 5-4-5

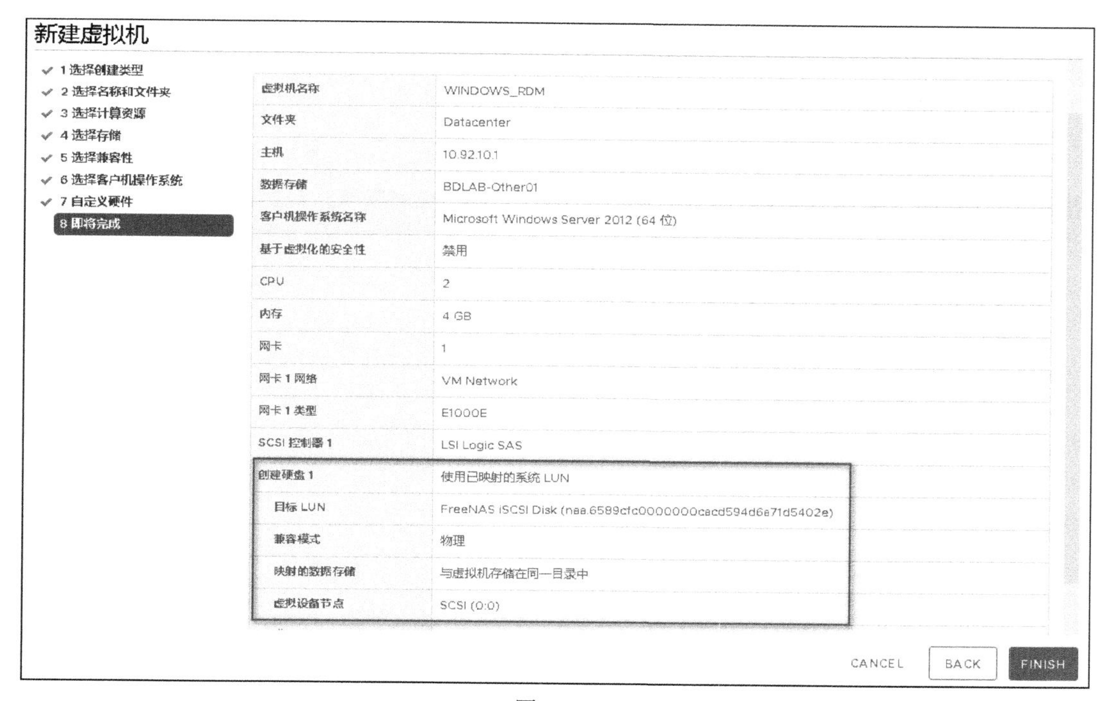
新建虚拟机
1 选择创建类型
2 选择名称和文件夹
3 选择计算资源
4 选择存储
5 选择兼容性
6 选择客户机操作系统
7 自定义硬件
8 即将完成
虚拟机名称
WINDOWS_RDM
文件夹
Datacenter
主机
10.92.10.1
数据存储
BDLAB-Other01
客户机操作系统名称
Microsoft Windows Server 2012 (64 位)
基于虚拟化的安全性
禁用
CPU
2
内存
4 GB
网卡
1
网卡 1 网络
VM Network
网卡 1 类型
E1000E
SCSI 控制器 1
LSI Logic SAS
创建硬盘 1
使用已映射的系统 LUN
目标 LUN
FreeNAS iSCSI Disk (naa.6589cfc0000000cacd594d6a71d5402e)
兼容模式
物理
映射的数据存储
与虚拟机存储在同一目录中
虚拟设备节点
SCSI (0:0)
CANCEL
BACK
FINISH

图 5-4-6

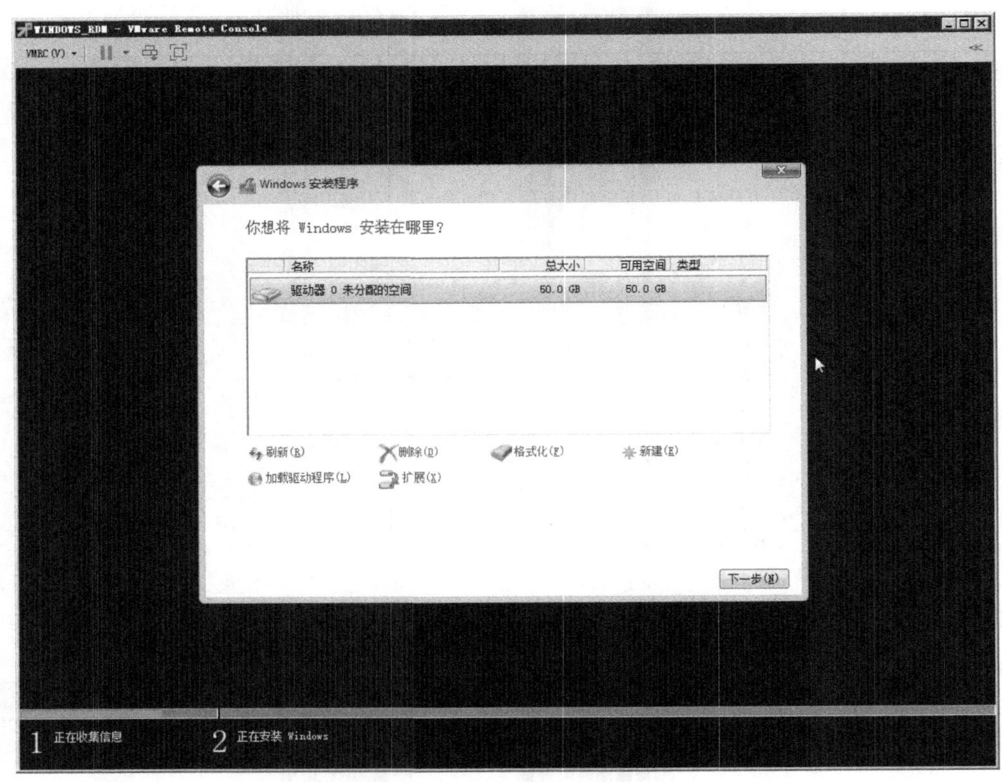

图 5-4-7

第 7 步，完成虚拟机操作系统的安装，如图 5-4-8 所示。

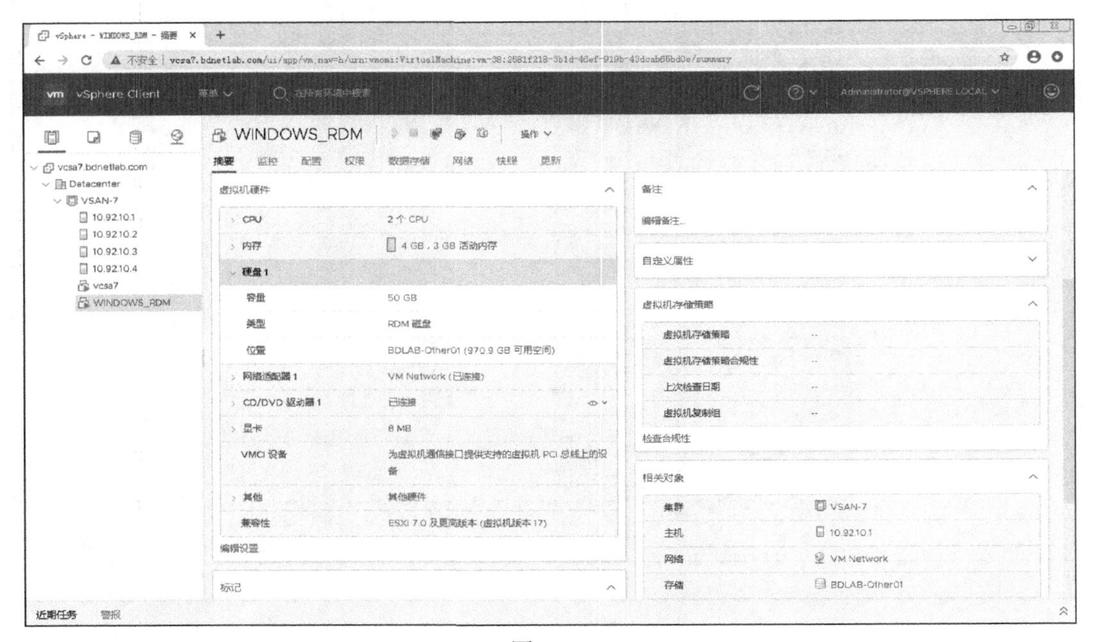

图 5-4-8

至此，虚拟机创建和使用 RDM 磁盘完成，整体来说比较简单。使用 RDM，能够在一定程度上提升磁盘的 I/O，但也需要注意，如果虚拟机进行迁移，目标主机必须能够访问该 RDM，否则迁移可能出现问题。

5.5 本章小结

本章对 VMware vSphere 7.0 使用的存储进行了介绍，包括主流的 iSCSI 存储、Virtual SAN 7.0 等。对于生产环境中存储的选择，相信用户已经有一个了解，推荐结合生产环境的实际情况选择存储。

5.6 本章习题

1. 请详细描述 VMware vSphere 支持的存储类型。
2. 请详细描述 vSAN 常用术语及存储策略。
3. 为什么说 iSCSI 存储是 VMware vSphere 中性价比最高的存储？
4. ESXi 主机配置使用 iSCSI 是否必须绑定流量？
5. 能否在 3 台 ESXi 上部署使用 vSAN，可能产生什么后果？
6. vSAN 主机缓存盘出现故障，是否会影响 vSAN 的使用？
7. vCenter Server 故障，是否会影响 vSAN 的使用？
8. 存储无空闲的 LUN，是否能配置和使用裸设备映射？
9. 目标主机无法访问 LUN，是否能进行虚拟机迁移？

第 6 章　配置和使用高级特性

通过前面章节的学习，完成了 VMware vSphere 虚拟化架构的基本部署。在生产环境中，需要使用各种高级特性保证 ESXi 主机和虚拟机的正常运行，主要的高级特性包括 vMotion、DRS、HA、FT 等。本章将介绍 VMware vSphere 高级特性如何在生产环境中使用。

【本章要点】

- 配置和使用 vMotion
- 配置和使用 DRS 服务
- 配置和使用 HA 特性
- 配置和使用 FT 功能

6.1　配置和使用 vMotion

在 VMware vSphere 虚拟化架构中，vMotion 是所有高级特性的基础，它可以将正在运行的虚拟机在不中断服务的情况从一台 ESXi 主机迁移到另一台 ESXi 主机，或对虚拟机的存储进行迁移。该特性为虚拟机的高可用提供了强大的支持。

6.1.1　vMotion 介绍

1. vMotion 迁移的原理

vMotion 实时迁移的原理就是在激活 vMotion 后，系统先将源 ESXi 主机上的虚拟机内存状态克隆到目标 ESXi 主机上，再接管虚拟机硬盘文件，当所有操作完成后，在目标 ESXi 主机上激活虚拟机。那么迁移的具体步骤是什么呢？下面以图 6-1-1 为例进行说明。

第 1 步，如图 6-1-1 所示，虚拟机 A 为生产环境重要的服务器，不能出现中断的情况。此时，人们需要对虚拟机 A 运行的 ESXi 主机进行维护操作，需要在不关机的情况下将其迁移到 ESXi02 主机。

第 2 步，激活 vMotion 后会在 ESXi02 主机上产生与 ESXi01 主机一样配置的虚拟机，此时 ESXi01 主机会创建内存位图，在进行 vMotion 迁移操作时，所有对虚拟机的操作都会记录在内存位图中。

第 3 步，开始克隆 ESXi01 主机虚拟机 A 的内存到 ESXi02 上。

第 4 步，内存克隆完成后，由于在克隆的这段时间，虚拟机 A 的状态已经发生变化，所以，ESXi01 主机的内存位图也需要克隆到 ESXi02 主机。此时会出现短暂的停止，但由于内存位图克隆的时间非常短，用户几乎感觉不到停止。

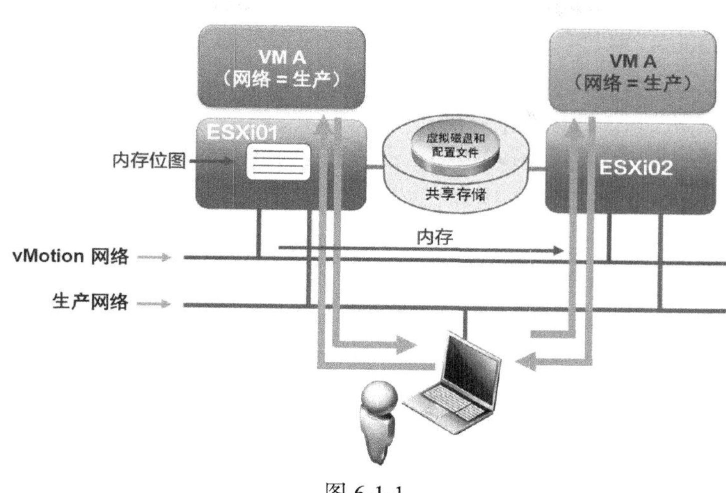

图 6-1-1

第 5 步，内存位图完全克隆完成后，ESXi02 主机会根据内存位图激活虚拟机 A。

第 6 步，此时系统会对网卡的 MAC 地址重新对应，将 ESXi01 所代表的 MAC 地址换成 ESXi02 的 MAC 地址，目的是将报文重新定位到 ESXi02 主机上的虚拟机 A。

第 7 步，当 MAC 地址重新对应成功后，ESXi01 主机上的虚拟机 A 会被删除，将内存释放出来，vMotion 迁移操作完成。

2. vMotion 迁移对虚拟机的要求

在 vSphere 虚拟化环境中，对于要实施 vMotion 迁移的虚拟机，也存在一定的要求。

- 虚拟机所有文件必须存放在共享存储上。
- 虚拟机不能与装载了本地映像的虚拟设备（如 CD-ROM、USB、串口等）连接。
- 虚拟机不能与没有连接上外部网络的虚拟交换机连接。
- 虚拟机不能配置 CPU 关联性。
- 如果虚拟机使用的是 RDM，目标主机必须能够访问 RDM。
- 如果目标主机无法访问虚拟机的交换文件，vMotion 必须能够创建一个使目标主机可以访问的交换文件，然后才能开始迁移。

3. vMotion 迁移对主机的要求

ESXi 主机的硬件配置对于 vMotion 同样重要，其标准如下。

- 源主机和目标主机的 CPU 功能集必须兼容，可以使用增强型 vMotion 兼容性（Enhanced vMotion Compatibility，EVC）或隐藏某些功能。
- 至少拥有 1 个 1GE 网卡。1 个 1GE 网卡同时进行 4 个并发的 vMotion 迁移，1 个 10GE 网卡可以同时进行 8 个并发的 vMotion 迁移。
- 对相同物理网络的访问权限。
- 能够看到虚拟机使用的所有存储的能力，每个 VMFS 数据存储可以同时进行 128 个 vMotion 迁移。

6.1.2 使用 vMotion 迁移虚拟机

在生产环境中使用 vMotion 迁移虚拟机，推荐使用单独的虚拟机交换机运行 vMotion

流量。因为 vMotion 迁移过程会占用大量的网络带宽，如果 vMotion 与 iSCSI 存储共用通信端口，会严重影响 iSCSI 存储的性能。如果生产环境中以太网口数量不够，推荐选择流量较小的虚拟交换机运行 vMotion 流量。

第 1 步，使用 vMotion 迁移虚拟机前，需要查看 VMkernel 适配器是否已启用 vMotion 服务，如图 6-1-2 所示，如果未启用在迁移过程中会有错误提示。

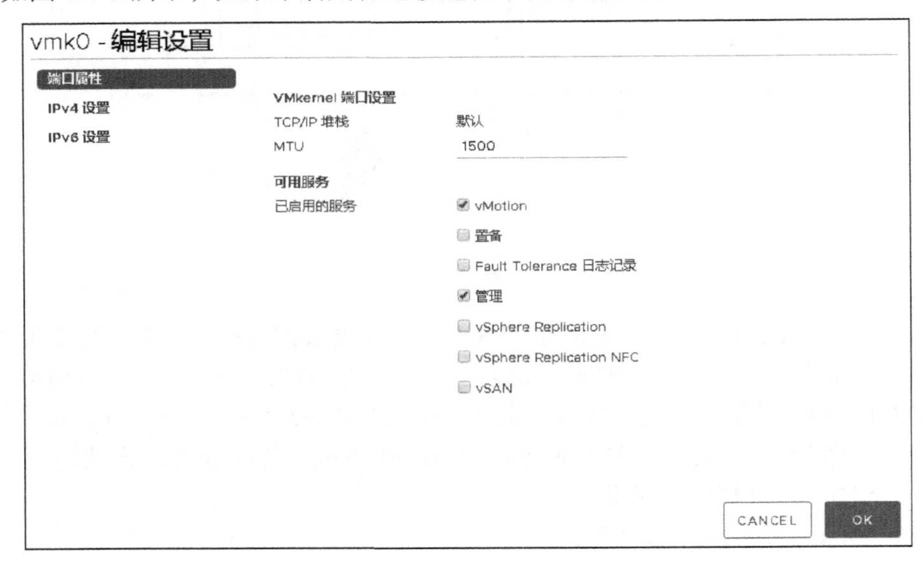

图 6-1-2

第 2 步，选择需要进行迁移的虚拟机，在“操作”中选择“迁移”选项，如图 6-1-3 所示。

图 6-1-3

第 3 步，选择迁移类型。迁移类型一共有 3 个选项："仅更改计算资源"是将虚拟机从一台主机迁移到其他主机，"仅更改存储"是将虚拟机使用的存储从一个存储迁移到其他存储，"更改计算资源和存储"是同时迁移虚拟机和使用的存储，如图 6-1-4 所示，可根据生产环境的具体情况进行选择，单击"NEXT"按钮。

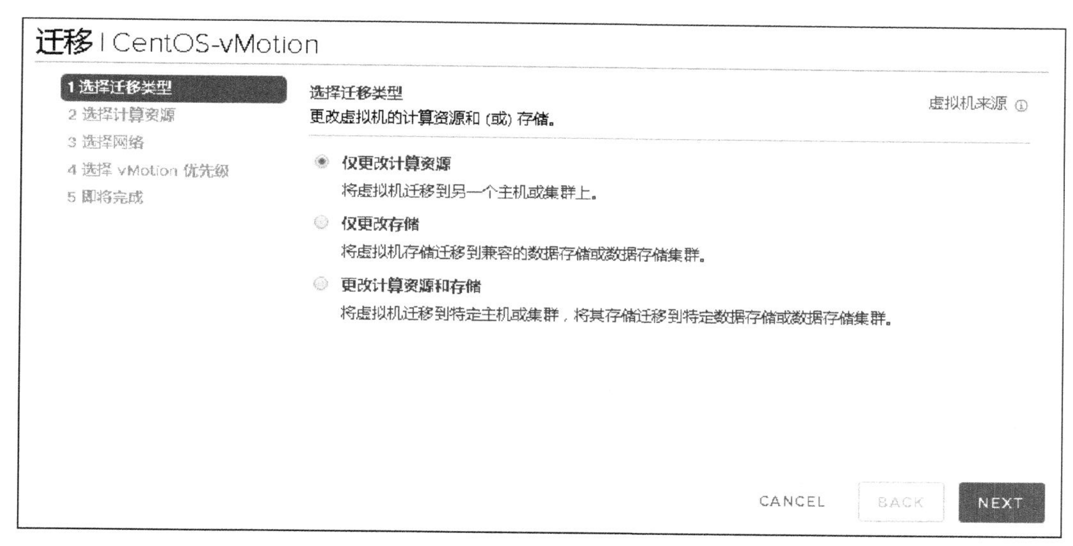

图 6-1-4

第 4 步，在迁移过程中会进行兼容性检查，如果出现存在兼容性问题提示，如图 6-1-5 所示，一定要解决后再进行迁移，否则可能导致迁移失败。单击"显示详细信息"按钮。

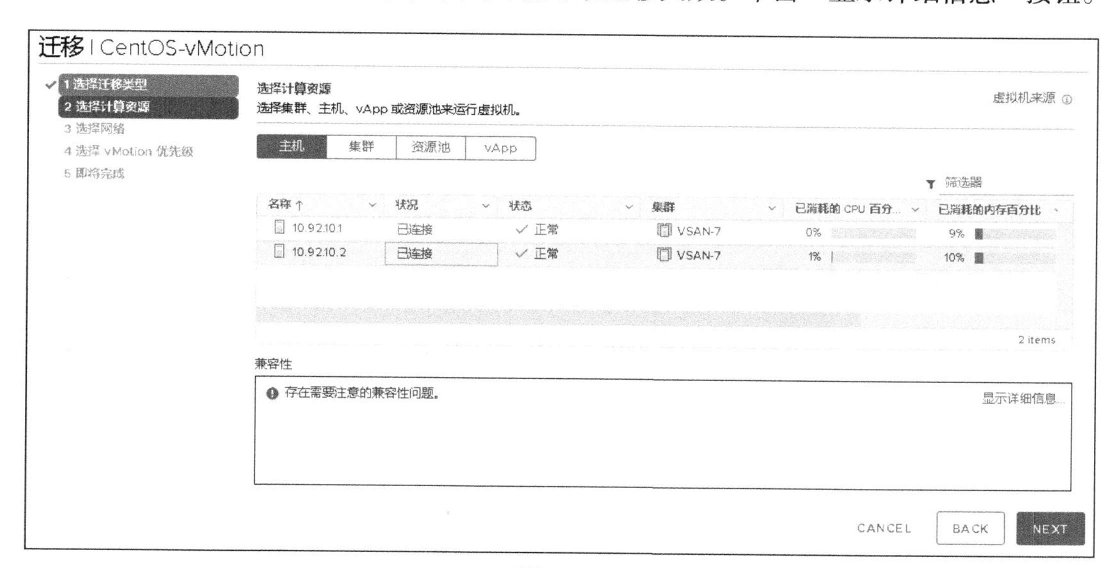

图 6-1-5

第 5 步，查看兼容性问题，此处提示 vMotion 接口未配置或配置错误，如图 6-1-6 所示，根据具体提示进行处理。

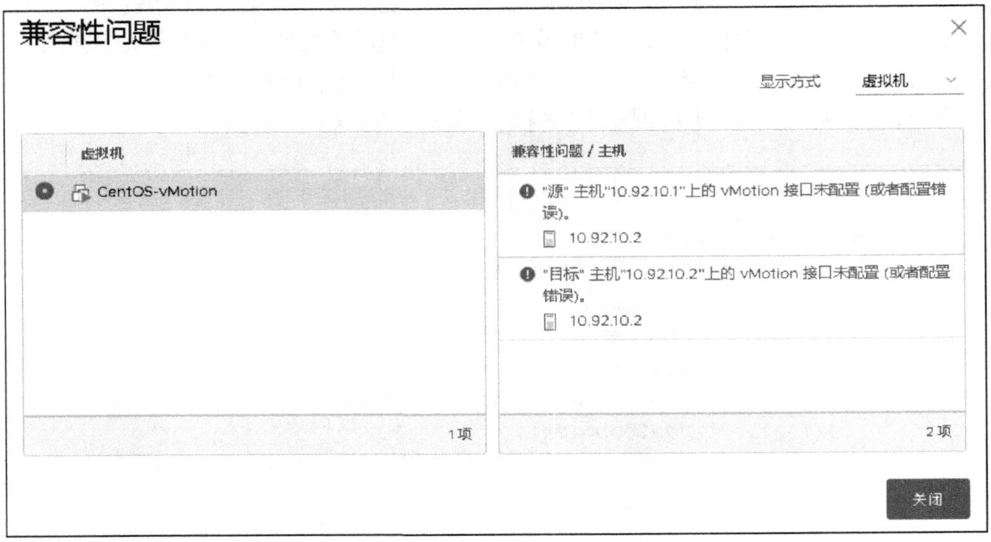

兼容性问题

显示方式　虚拟机

虚拟机	兼容性问题 / 主机
CentOS-vMotion	"源" 主机"10.92.10.1"上的 vMotion 接口未配置 (或者配置错误)。 10.92.10.2
	"目标" 主机"10.92.10.2"上的 vMotion 接口未配置 (或者配置错误)。 10.92.10.2
1 项	2 项

关闭

图 6-1-6

第 6 步，兼容性问题解决后，提示“兼容性检查成功。”，如图 6-1-7 所示，单击“NEXT”按钮。

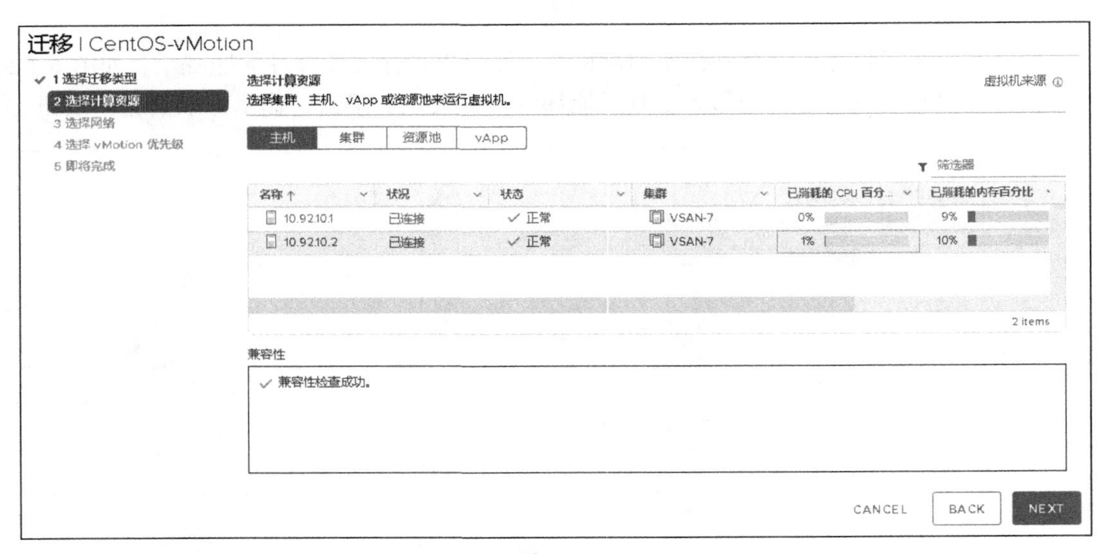

图 6-1-7

第 7 步，虚拟机网络不迁移，如图 6-1-8 所示，单击“NEXT”按钮。

第 8 步，选择 vMotion 优先级，一般情况下选中“安排优先级高的 vMotion（建议）”单选按钮，如图 6-1-9 所示，单击“NEXT”按钮。

第 9 步，确认虚拟机迁移参数是否正确，如图 6-1-10 所示，若正确则单击“FINISH”按钮。

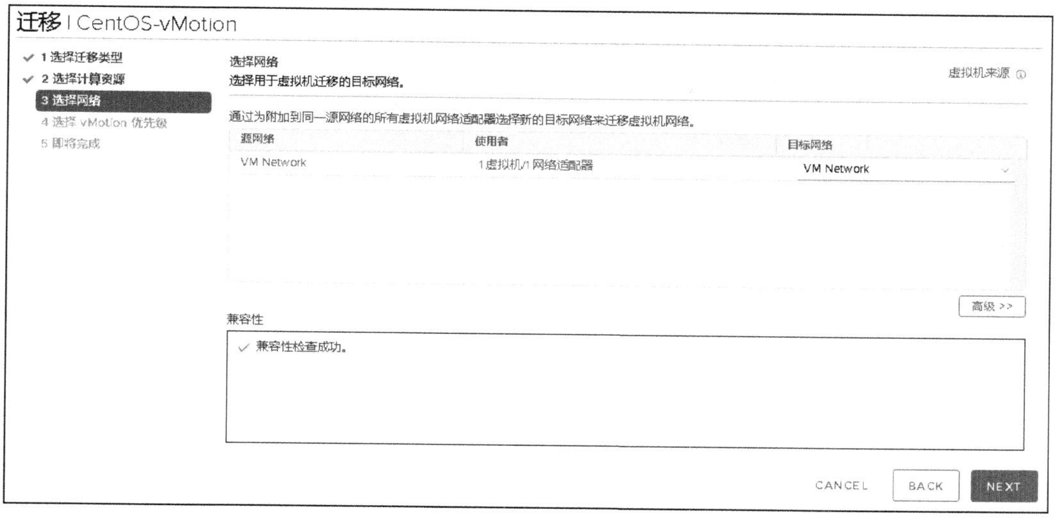

迁移 | CentOS-vMotion

✓ 1 选择迁移类型
✓ 2 选择计算资源
3 选择网络
4 选择 vMotion 优先级
5 即将完成

选择网络
选择用于虚拟机迁移的目标网络。

虚拟机来源

通过为附加到同一源网络的所有虚拟机网络适配器选择新的目标网络来迁移虚拟机网络。

源网络	使用者	目标网络
VM Network	1 虚拟机/1 网络适配器	VM Network

高级 >>

兼容性

✓ 兼容性检查成功。

CANCEL BACK NEXT

图 6-1-8

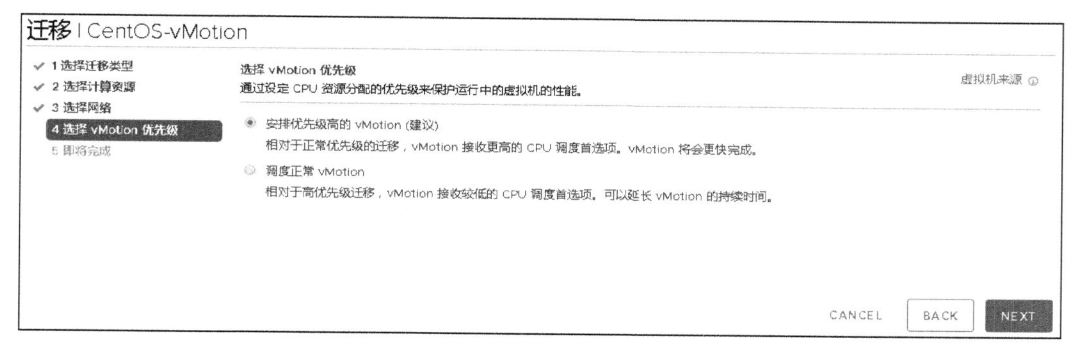

图 6-1-9

迁移 | CentOS-vMotion

✓ 1 选择迁移类型
✓ 2 选择计算资源
✓ 3 选择网络
✓ 4 选择 vMotion 优先级
5 即将完成

即将完成
验证信息是否正确并单击"完成"开始迁移。

虚拟机来源

迁移类型	更改计算资源。将虚拟机保留在原始存储上
虚拟机	CentOS-vMotion
集群	VSAN-7
主机	10.92.10.2
vMotion 优先级	高
网络	没有重新分配网络

CANCEL BACK FINISH

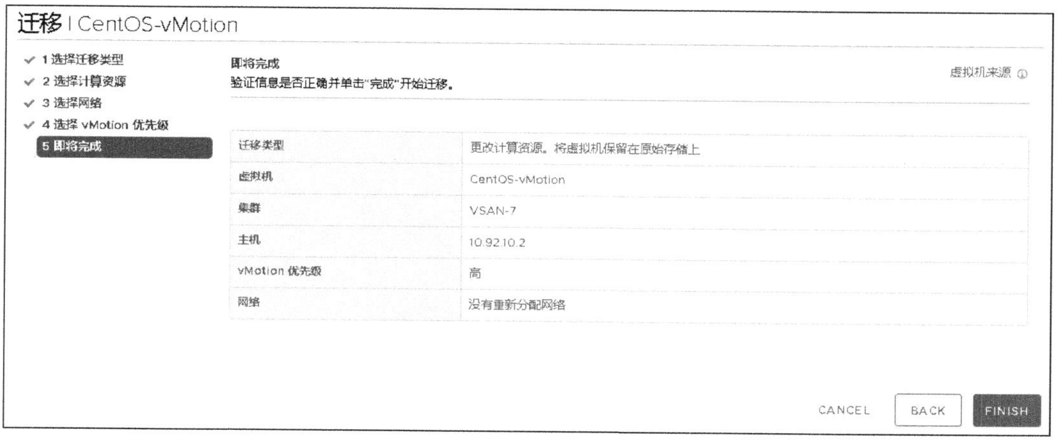

图 6-1-10

第 10 步，完成虚拟机的迁移，虚拟机迁移到 IP 地址为 10.92.10.2 的 ESXi 主机中，如图 6-1-11 所示。

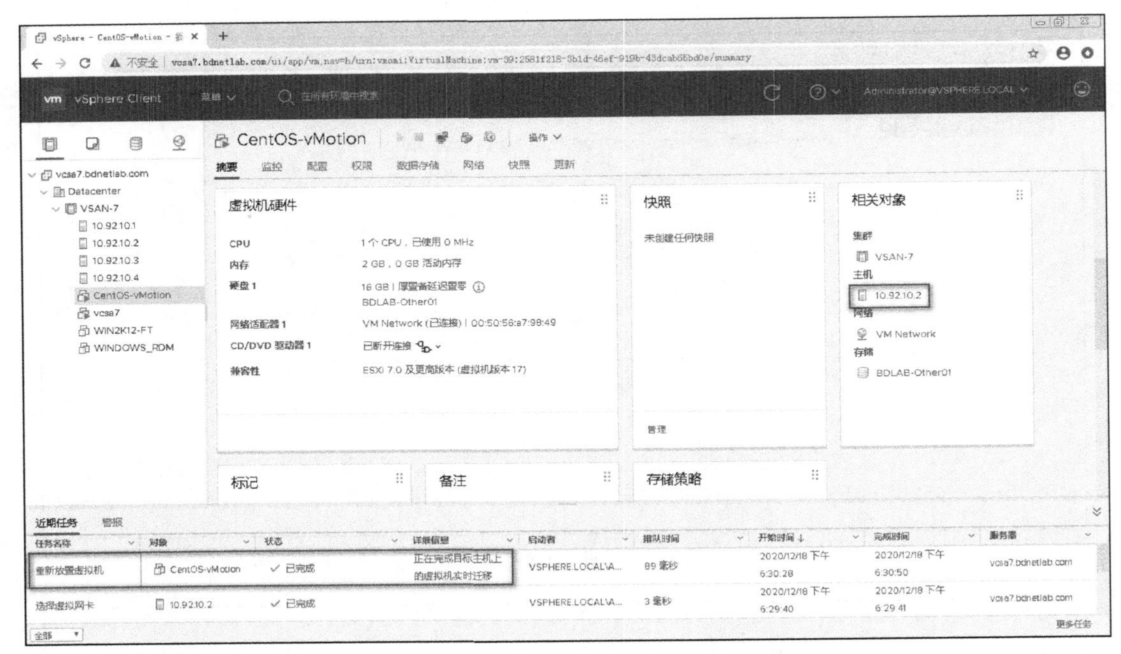

图 6-1-11

至此，使用 vMotion 迁移虚拟机操作完成。生产环境中可以灵活使用 vMotion 在线或在关机状态迁移虚拟机，特别是某台 ESXi 主机需要停机维护的时候该功能可以保证虚拟机正常运行，服务不会出现中断。

6.1.3 使用 vMotion 迁移存储

生产环境除迁移虚拟机外，存储迁移也是比较常见的操作，如现在需要对生产环境中使用的存储服务器进行维护，需要将虚拟机使用的存储迁移到其他存储。本节操作使用共享存储，无共享存储迁移会在后面章节介绍。

第 1 步，选中“仅更改存储”单选按钮，如图 6-1-12 所示，单击“NEXT”按钮。

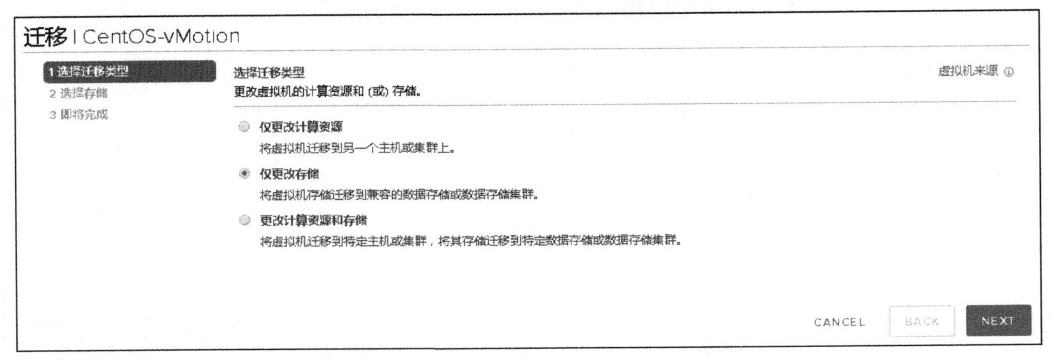

图 6-1-12

第 2 步，选择需要迁移到的存储，如图 6-1-13 所示，单击“NEXT”按钮。

第 3 步，确认迁移参数是否正确，如图 6-1-14 所示，若正确则单击“FINISH”按钮。

第 4 步，完成虚拟机存储的迁移，存储迁移到 BDLAB-Other02 存储，如图 6-1-15 所示。

图 6-1-13

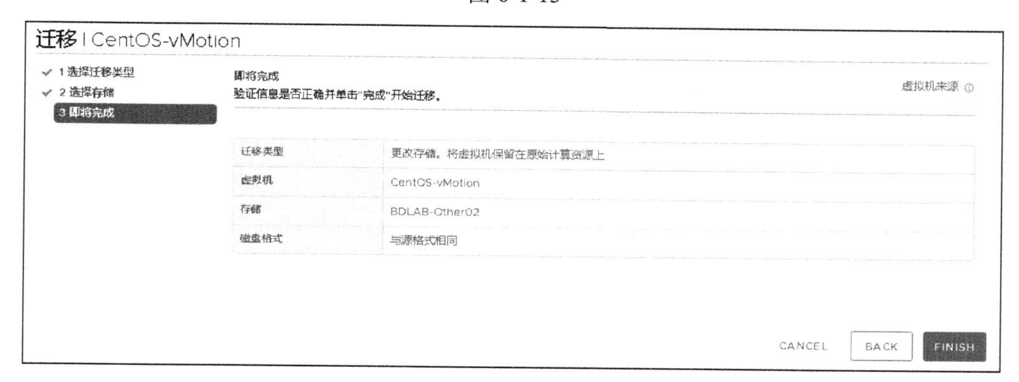

图 6-1-14

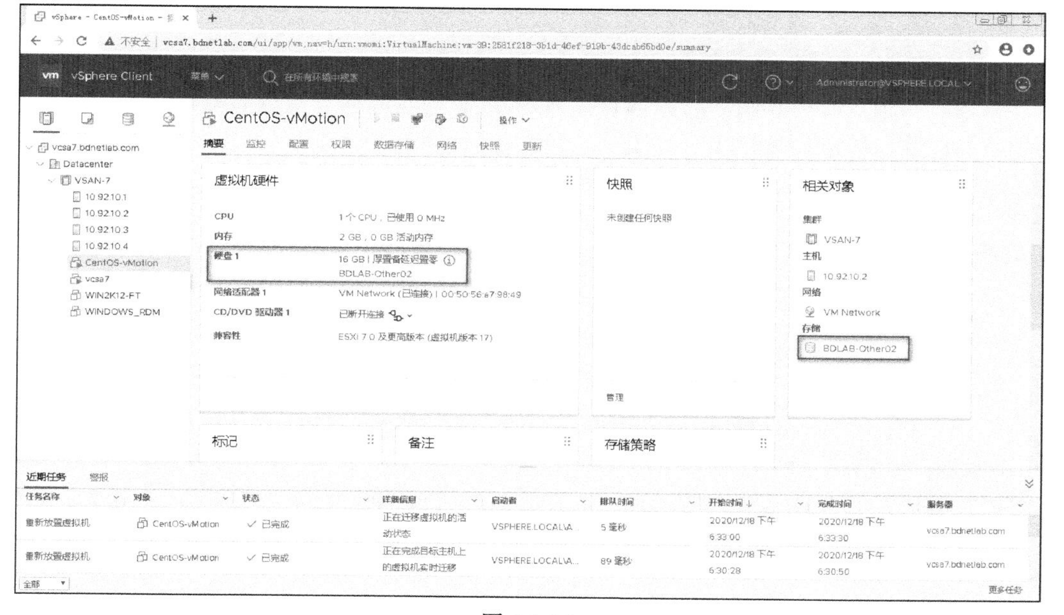

图 6-1-15

至此，使用 vMotion 迁移存储完成。生产环境中迁移存储，建议在访问量较小时进行，特别是不同类型存储间的迁移更是如此。

6.1.4　无共享存储 vMotion

在前面的章节中，无论是虚拟机迁移还是存储迁移，都使用共享存储。在一些特殊的生产环境中，可能未配置或未使用共享存储，这种情况下虚拟机也可以进行迁移操作，但一旦迁移某些特性会受到限制。本节将介绍无共享存储的 vMotion。

第 1 步，通过图 6-1-16 可以发现，虚拟机位于 IP 地址为 10.92.10.1 的主机中，使用 datastore1 存储。

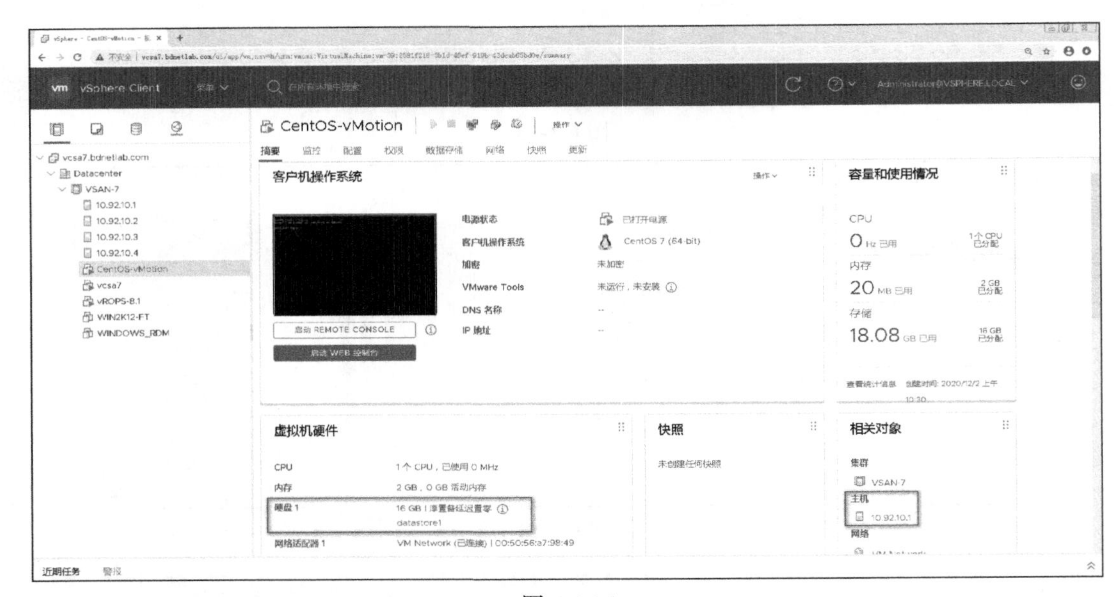

图 6-1-16

第 2 步，由于无共享存储的特殊性，迁移类型只能选择“更改计算资源和存储”，如图 6-1-17 所示，单击“NEXT”按钮。

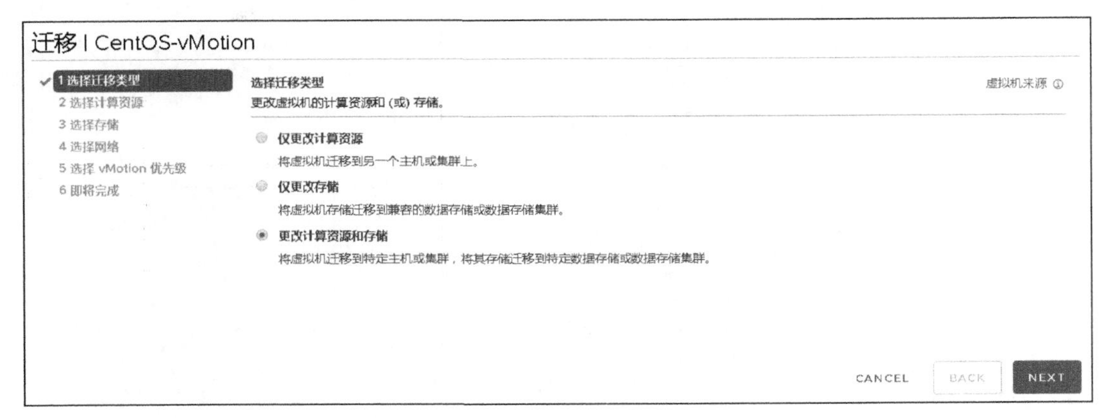

图 6-1-17

第 3 步，选择 IP 地址为 10.92.10.2 的 ESXi 主机作为目标主机，如图 6-1-18 所示，单击“NEXT”按钮。

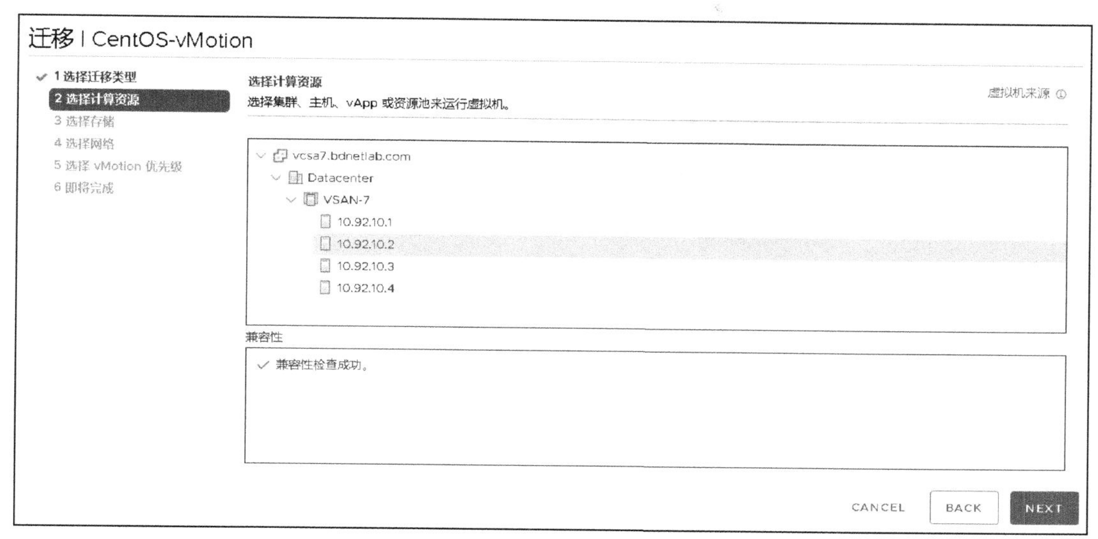

图 6-1-18

第 4 步，本节操作不使用共享存储，所以选择 IP 地址为 10.92.10.2 的 ESXi 主机的本地存储 datastore1(4)，如图 6-1-19 所示，单击“NEXT”按钮。

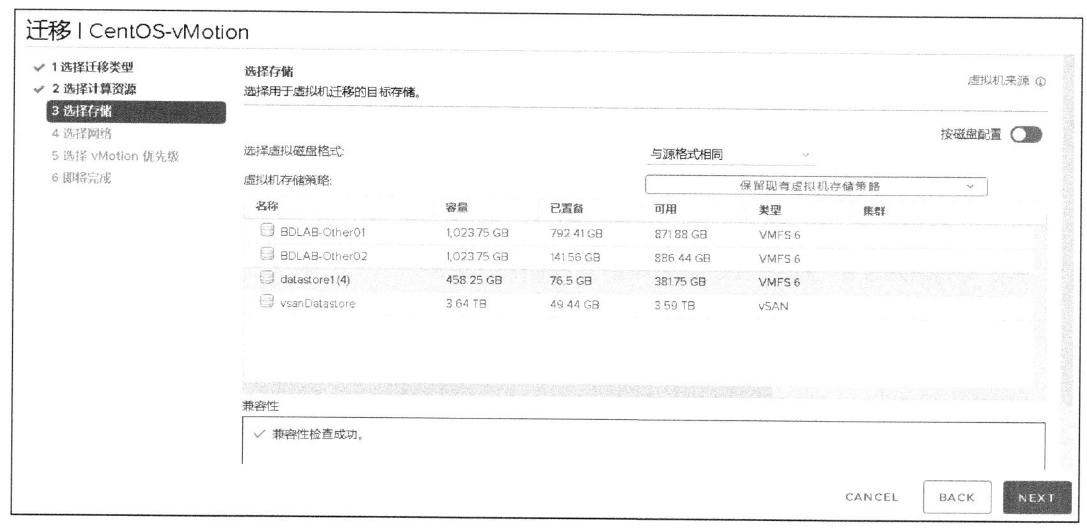

图 6-1-19

第 5 步，完成无共享存储迁移。可以发现虚拟机位于 IP 地址为 10.92.10.2 的主机中，使用 datastore1(4)存储，如图 6-1-20 所示。

至此，无共享存储迁移完成。使用本地存储，DRS、HA、FT 等高级特性的使用会受到影响。

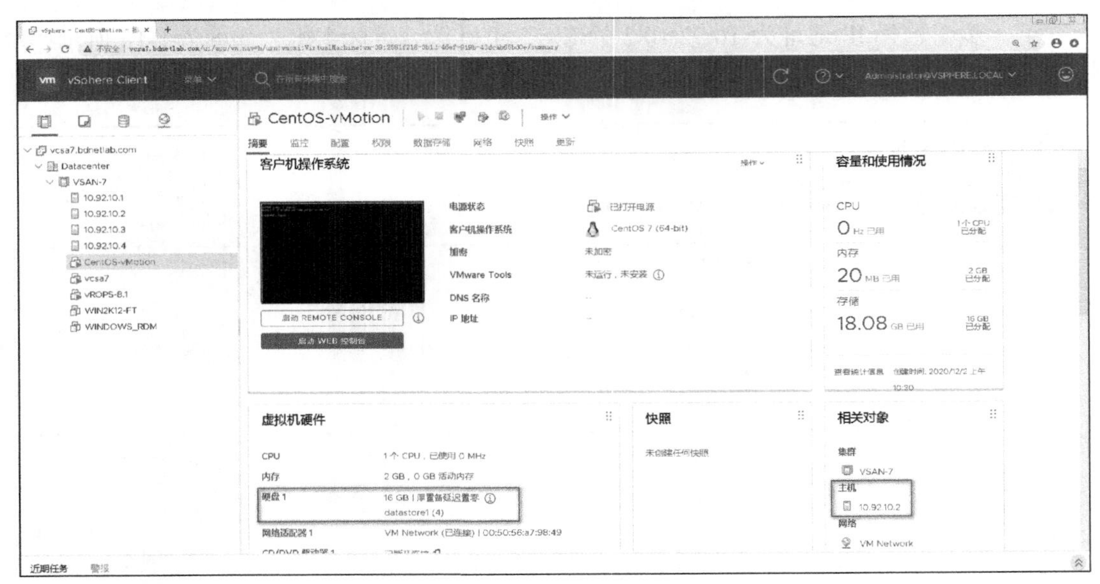

图 6-1-20

6.2　配置和使用 DRS 服务

DRS，全称为 Distributed Resource Scheduler，中文翻译为“分布式资源调配”。它是 VMware vSphere 虚拟化架构的高级特性之一，可以实现 ESXi 主机与虚拟机的自动负载均衡。通过 vMotion 迁移可以将一台虚拟机从一台 ESXi 主机迁移到另一台 ESXi 主机。如果生产环境中有几十上百台 ESXi 主机或上千台虚拟机，手动操作是不可靠的，而全自动化是一个可靠的解决方案。使用 VMware vSphere DRS 可以解决这个问题，通过参数的设置，虚拟机可以在多台 ESXi 主机之间实现自动迁移，使 ESXi 主机与虚拟机能够实现负载均衡。本节主要介绍 DRS 的概念，以及如何配置和使用 DRS。

6.2.1　DRS 介绍

VMware vSphere 虚拟化架构中的集群功能与传统集群存在差别：传统集群功能可能是多台服务器同时运行某个应用服务，集群是为了实现应用服务的负载均衡及故障切换，当某台服务器出现故障后其他服务器接替其工作，保障应用服务不会出现中断；而 DRS 集群功能是将 ESXi 主机组合起来，根据 ESXi 主机的负载情况，虚拟机在 ESXi 主机之间自动迁移，实现 ESXi 主机的负载均衡。

1. *DRS 集群主要功能介绍*

VMware vSphere 虚拟化架构中 DRS 集群是 ESXi 主机的组合，通过 vCenter Server 进行管理。其主要有以下功能。

（1）Initial Placement（初始放置）

当开启 DRS 后，虚拟机在打开电源时，系统会先计算 DRS 集群内所有 ESXi 主机的负载情况，然后根据优先级给出虚拟机应该在某台 ESXi 主机上运行的建议。

（2）Dynamic Balancing（动态负载均衡）

当开启 DRS 全自动化模式后，系统会计算 DRS 集群内所有 ESXi 主机的负载情况，在虚拟机运行时，会根据 ESXi 主机的负载情况对虚拟机自动进行迁移，以实现 ESXi 主机与虚拟机的负载均衡。

（3）Power Management（电源管理）

DRS 集群配置中有一个关于电源管理的配置，属于额外的高级特性，需要 ESXi 主机 IPMI、外部 UPS 等设备的支持。启用电源管理后，系统会自动计算 ESXi 主机的负载，当某台 ESXi 主机负载很低时，会自动迁移上面运行的虚拟机，然后关闭 ESXi 主机电源；当负载高的时候，ESXi 主机会开启电源加入 DRS 集群继续运行。

2. DRS 自动化级别介绍

VMware vSphere 虚拟化架构中 DRS 自动化级别分为 3 种情况，在生产环境中可根据不同的需要进行选择。

（1）手动

DRS 自动化级别设置为手动模式需要人工干预操作，当虚拟机打开电源时系统会自动计算 DRS 集群中所有 ESXi 主机的负载情况，给出虚拟机运行在哪台 ESXi 主机上的建议。优先级越低，ESXi 主机性能越好，手动确认后，虚拟机便在选定的 ESXi 主机上运行。

虚拟机打开电源后，DRS 集群默认情况下每隔 5 分钟检测集群的负载情况，如果集群中的 ESXi 主机负载不平衡，那么系统会针对虚拟机给出迁移建议，当管理人员确认后虚拟机立即执行迁移操作。

（2）半自动

DRS 自动化级别设置为半自动模式需要部分人工干预操作，与手动模式不同的是，当虚拟机打开电源时系统会自动计算 DRS 集群中所有 ESXi 主机的负载情况，自动选定虚拟机运行的 ESXi 主机，无须进行手动确认。

与手动模式一样，虚拟机打开电源后，DRS 集群默认情况下每隔 5 分钟检测集群的负载情况，如果集群中的 ESXi 主机负载不平衡，那么系统会针对虚拟机给出迁移建议，当管理人员确认后虚拟机立即执行迁移操作。

（3）全自动

DRS 自动化级别设置为全自动模式不需要人工干预操作，当虚拟机打开电源时系统会自动计算 DRS 集群中所有 ESXi 主机的负载情况，自动选定虚拟机运行的 ESXi 主机，无须进行手动确认。

与手动和半自动模式不一样，虚拟机打开电源后，DRS 集群默认情况下每隔 5 分钟检测集群的负载情况，如果集群中的 ESXi 主机负载不平衡，那么系统会自动迁移虚拟机，无须手动确认。

3. DRS 迁移阈值介绍

DRS 自动化级别的 3 种模式可以根据生产环境的实际情况进行选择，除去这 3 种级别外，在配置的时候需要注意 DRS 迁移阈值的设置，如果设置不当，会导致虚拟机不迁移或者频繁迁移，影响虚拟机的性能。DRS 迁移阈值有 5 个选项，从优先级 1（保守）到优先级 5（激进）。

（1）优先级为 1

在多数情况下，优先级为 1 的 DRS 迁移阈值与 DRS 集群的负载均衡无关，一般用于主机维护。在这样的情况下，DRS 集群不会进行虚拟机迁移。

（2）优先级为 2

优先级为 2 的 DRS 迁移阈值包括优先级为 1 和 2 的建议。DRS 集群默认情况下每隔 5 分钟检测集群的负载情况，如果对于集群内的 ESXi 主机负载均衡有重大改善则会进行虚拟机迁移。

（3）优先级为 3

优先级为 3 的 DRS 迁移阈值包括优先级为 1、2、3 的建议，这是系统默认的 DRS 迁移阈值。DRS 集群默认情况下每隔 5 分钟检测集群的负载情况，如果对于集群内的 ESXi 主机负载均衡有积极改善则会进行虚拟机迁移。

（4）优先级为 4

优先级为 4 的 DRS 迁移阈值包括优先级为 1、2、3、4 的建议，这是多数生产环境中配置的 DRS 迁移阈值。DRS 集群默认情况下每隔 5 分钟检测集群的负载情况，如果对于集群内的 ESXi 主机负载均衡有适当改善则会进行虚拟机迁移。

（5）优先级为 5

优先级为 5 的 DRS 迁移阈值包括优先级为 1、2、3、4、5 的建议。DRS 集群默认情况下每隔 5 分钟检测集群的负载情况，集群内的 ESXi 主机只要存在很细微的负载不均衡就会进行虚拟机迁移。优先级 5 也称为激进模式。这种配置可能导致虚拟机在不同的 ESXi 主机上频繁迁移，甚至影响虚拟机的性能。

4. DRS 规则介绍

为了更好地调整 ESXi 主机与虚拟机运行之间的关系，实现更好的负载均衡功能，VMware vSphere 虚拟化架构还提供了 DRS 虚拟机及 ESXi 主机规则特性。使用这些规则，可以更好地实现负载均衡，以及避免单点故障。DRS 虚拟机及 ESXi 主机规则的主要特性如下。

（1）虚拟机规则——聚集虚拟机

聚集虚拟机规则就是让满足这条规则的虚拟机在同一台 ESXi 主机上运行。以一个比较常见的案例来说明这条规则。

生产环境中使用 Windows 作为活动目录服务器，使用 Exchange 作为邮件服务器，这两台服务器之间的数据访问及同步相当频繁。现在希望这两台虚拟机在同一台 ESXi 主机上运行，那么可以通过创建聚集虚拟机规则来实现。

（2）虚拟机规则——分开虚拟机

分开虚拟机规则就是让满足这条规则的虚拟机在不同 ESXi 主机上运行。以一个比较常见的案例来说明这条规则。

生产环境中使用 Windows 作为活动目录服务器，由于活动目录服务器备份及负载均衡的需要，再创建一台 Windows 作为额外的活动目录服务器，如果这两台活动目录服务器运行在同一台 ESXi 主机上，就形成了 ESXi 主机单点故障，会导致两台活动目录服务器均无法访问（不考虑使用 HA 等高级特性的问题）。现在希望这两台虚拟机在不同的 ESXi 主机上运行，那么可以通过创建分开虚拟机规则来实现。

（3）ESXi 主机规则——虚拟机到主机

如果虚拟机规则无法满足需求，DRS 还提供了 ESXi 主机规则控制功能，预先定义好规则，可以控制使用某台虚拟机在某台 ESXi 主机上运行，或者不能在某台 ESXi 主机上运行等。ESXi 主机规则主要分为以下几个选项。

- 必须在组内的主机上运行。
- 应该在组内的主机上运行。
- 禁止在组内的主机上运行。
- 不应该在组内的主机上运行。

这样的规则与虚拟机规则有一定的区别，ESXi 主机规则分为强制性和非强制性。

- 必须在组内的主机上运行和禁止在组内的主机上运行属于强制性规则，规则生效后，虚拟机必须或禁止在组内的主机上运行。
- 应用在组内的主机上运行和不应该在组内的主机上运行属于非强制性规则，规则生效后，虚拟机可以应用该规则，也可以违反该规则。非强制性规则需要结合 DRS 其他配置观察具体效果。

5. EVC 介绍

Enhanced vMotion Compatibility，中文翻译为“增强型 vMotion 兼容性”，在 VMware vSphere 虚拟化环境中，可以防止因 CPU 不兼容而导致的虚拟机迁移失败问题。在生产环境中，服务器型号及硬件型号不可能完全相同，特别是 CPU 具有的指令集及特性会影响迁移过程或迁移后虚拟机的正常工作。为最大程度解决兼容性问题，VMware vSphere 为不同型号的 CPU 提供了增强型 vMotion 兼容模式（EVC）。

6.2.2　配置启用 EVC

在创建集群的时候建议打开 EVC 后再创建虚拟机，这样可以避免由于 CPU 兼容问题导致迁移、DRS 出现问题。

第 1 步，默认情况下 EVC 处于禁用状态，如图 6-2-1 所示，选中“Intel®主机启用 EVC”单选按钮，单击“确定”按钮。

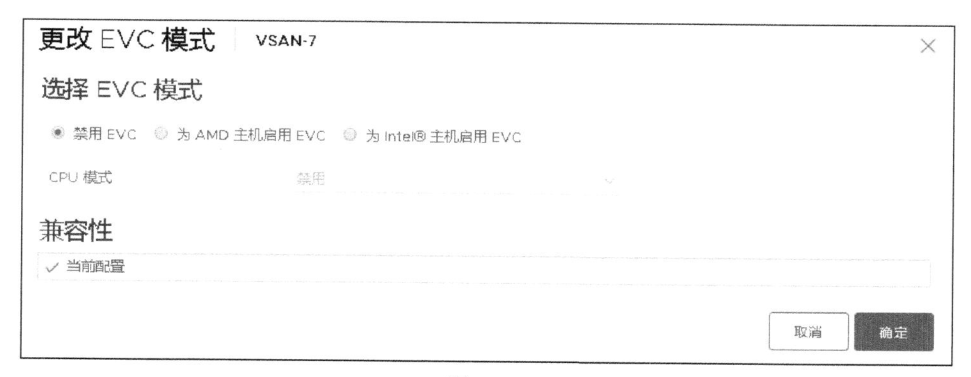

图 6-2-1

第 2 步，选择 CPU 模式，Merom 模式出现兼容性问题，如图 6-2-2 所示。查看描述，Merom 模式属于早期的 Xeon Core 处理器，很明显服务器 CPU 不属于这些类型。

图 6-2-2

第 3 步，调整 EVC 模式为 Sandy Bridge Generation，兼容性验证成功，如图 6-2-3 所示，单击“确定”按钮。

图 6-2-3

第 4 步，完成 EVC 的启用，如图 6-2-4 所示，启用后就不会出现 CPU 指令集不同而导致的无法迁移等情况。

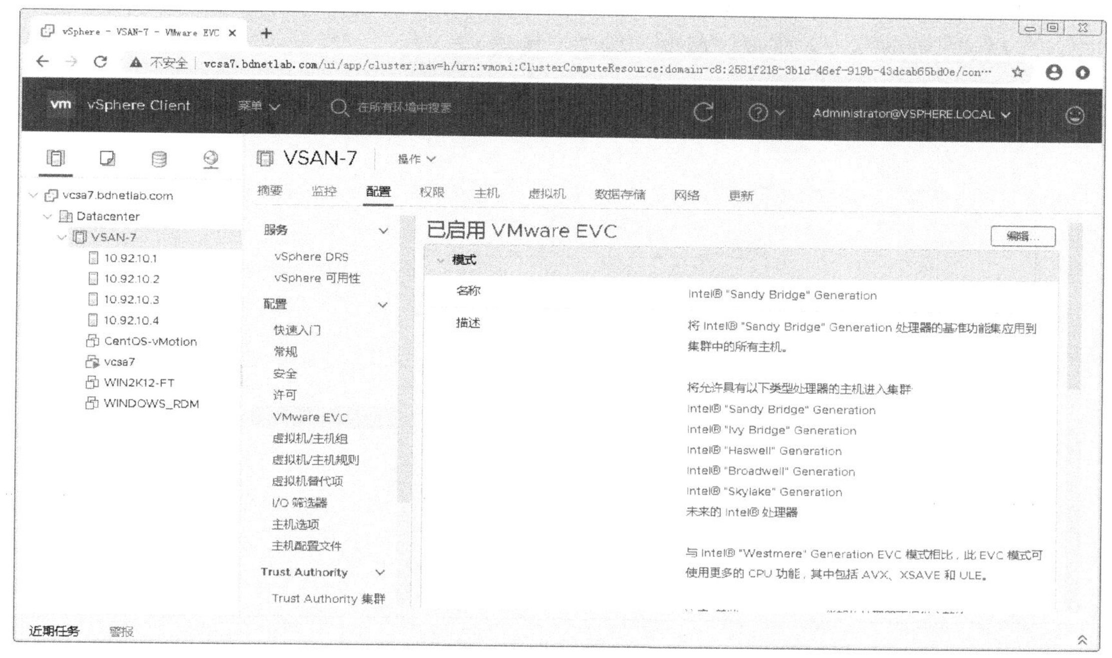

图 6-2-4

至此，配置使用 EVC 完成。如果启用 EVC 出现兼容性问题，可以通过尝试关闭或迁移不兼容虚拟机及主机的方式来启用。

6.2.3 配置启用 DRS 服务

在配置启用 DRS 服务之前，必须确认已启用 EVC。本节将介绍 DRS 的配置。

第 1 步，默认情况下 DRS 服务处于关闭状态，如图 6-2-5 所示，单击“编辑”按钮。

图 6-2-5

第 2 步，编辑集群设置启用 DRS，DRS 自动化级别有手动、半自动、全自动 3 种模式。3 种模式的区别如下："手动"模式虚拟机开机及迁移都需要手动确定；"半自动"与"全自动"模式虚拟机开机不需要手动确定，两者的区别在于负载时是否需要手动确定。选择"手动"模式，如图 6-2-6 所示，单击"确定"按钮。

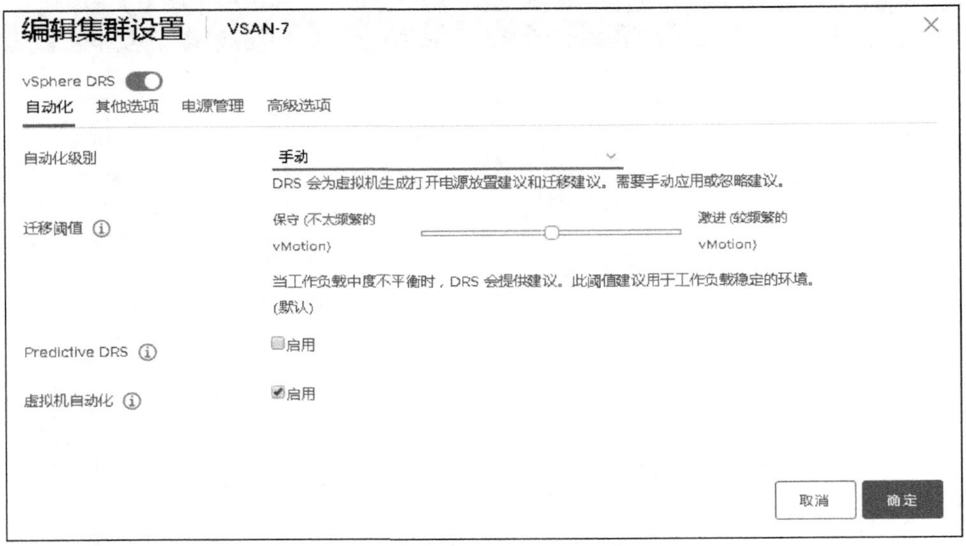

编辑集群设置 | VSAN-7

vSphere DRS

自动化　其他选项　电源管理　高级选项

自动化级别　手动

DRS 会为虚拟机生成打开电源放置建议和迁移建议。需要手动应用或忽略建议。

迁移阈值　保守 (不太频繁的 vMotion)　激进 (较频繁的 vMotion)

当工作负载中度不平衡时，DRS 会提供建议。此阈值建议用于工作负载稳定的环境。(默认)

Predictive DRS　启用

虚拟机自动化　启用

取消　确定

图 6-2-6

第 3 步，集群已启用 DRS 服务，如图 6-2-7 所示。

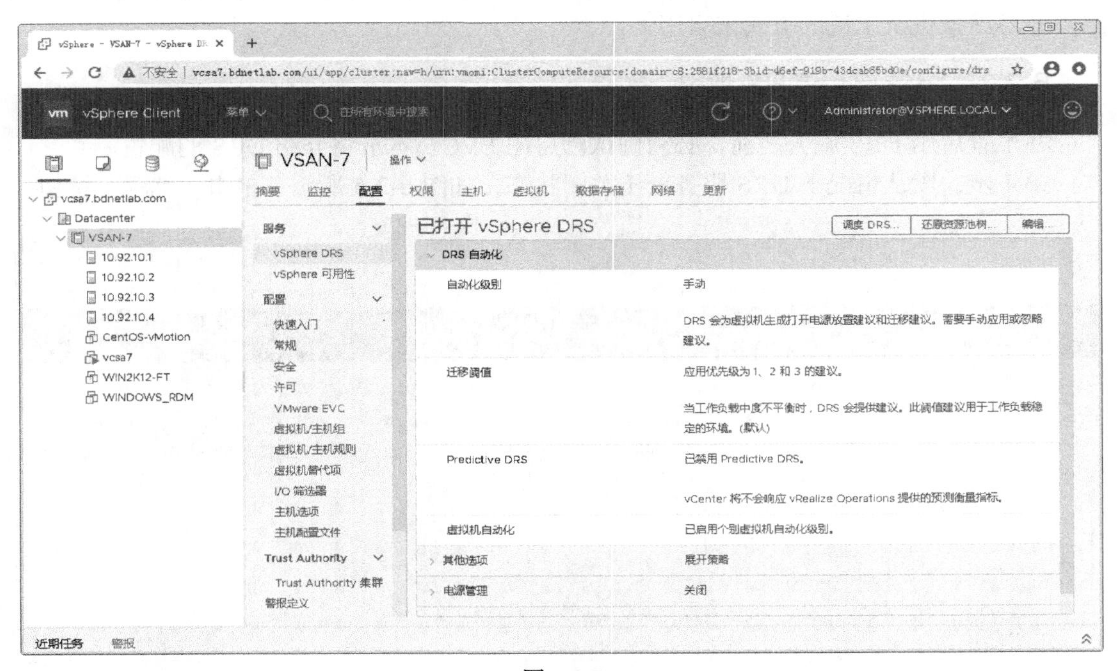

图 6-2-7

第 4 步，打开虚拟机电源，DRS 会自动计算 ESXi 主机负载情况，给出虚拟机运行主机的建议，虚拟机在建议 1 选择的主机运行，如图 6-2-8 所示，单击“确定”按钮。

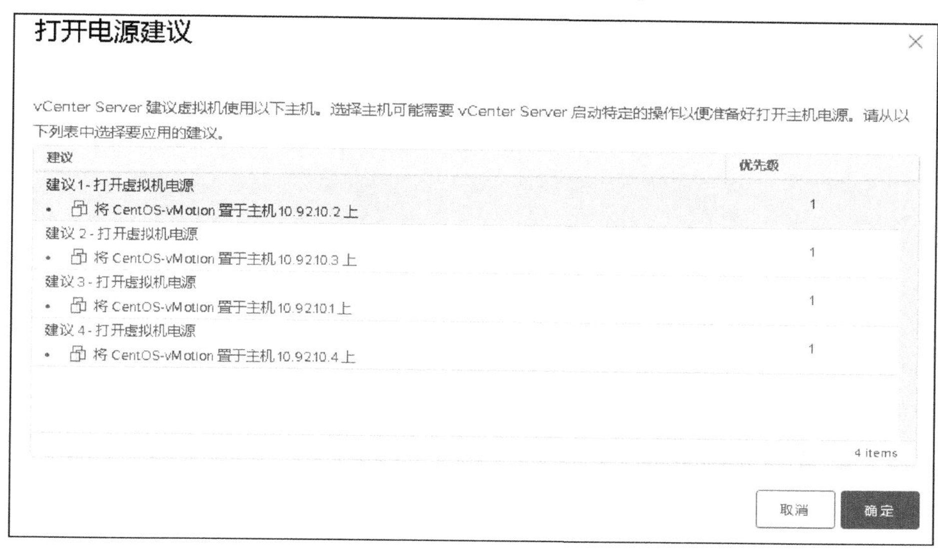

图 6-2-8

第 5 步，在集群的监控中可以查看 DRS 运行建议。单击“立即运行 DRS”按钮，如图 6-2-9 所示，集群开始重新计算负载情况，然后触发虚拟机因为负载情况迁移。

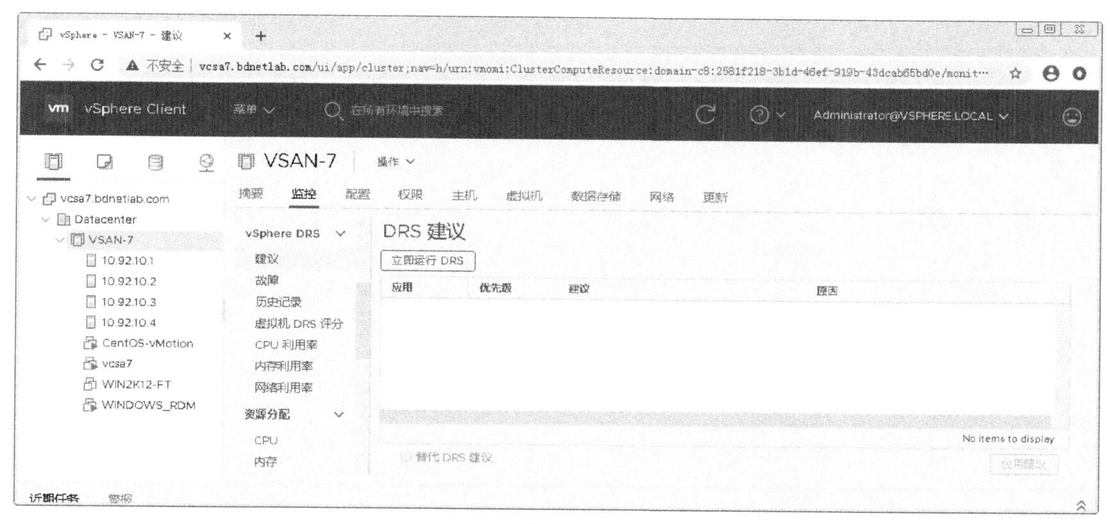

图 6-2-9

第 6 步，在集群的监控中可以查看 DRS 触发迁移的历史纪录，如图 6-2-10 所示。

至此，基本的 DRS 配置完成。生产环境中一般推荐使用“全自动”模式，尽可能地减少人工干预的操作，这样才能实现自动化。当然，在一些环境中需要手动干预的情况下，需要选择“手动”或“半自动”模式。

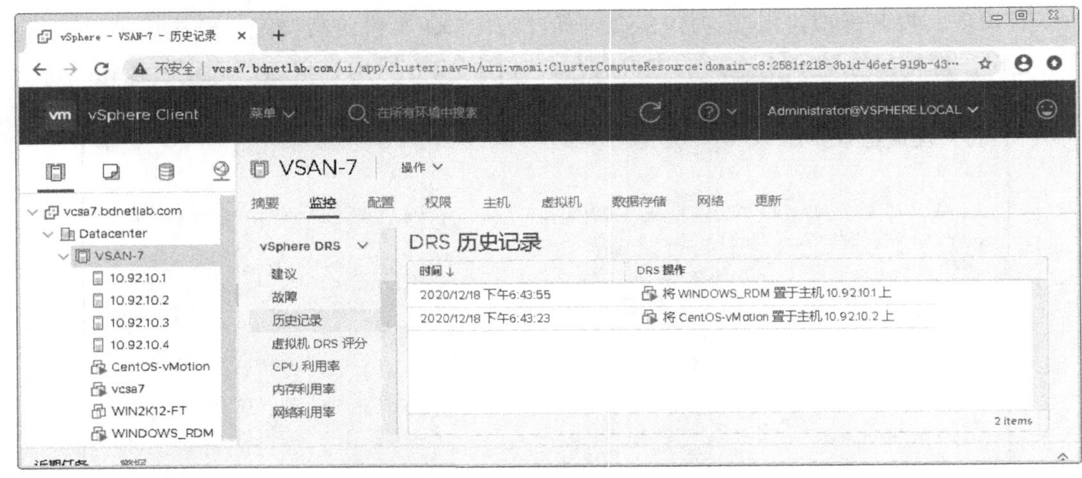

图 6-2-10

6.2.4　配置和使用规则

通过前面章节的学习，大家掌握了基本的迁移及 DRS 自动化运行。在生产环境中，可能需要对虚拟机及主机做更精细的控制，这时可以使用规则来实现，如生产环境中有 2 台提供相同服务的虚拟机，为了保证冗余，让 2 台虚拟机必须运行在不同的 ESXi 主机上。

第 1 步，查看集群的配置信息，发现没有任何虚拟机/主机规则，如图 6-2-11 所示，单击“添加”按钮。

图 6-2-11

第 2 步，创建虚拟机/主机规则。类型选择为“分别保存虚拟机”，其作用是列出的虚拟机必须在不同的主机上运行，如图 6-2-12 所示，单击“确定”按钮。

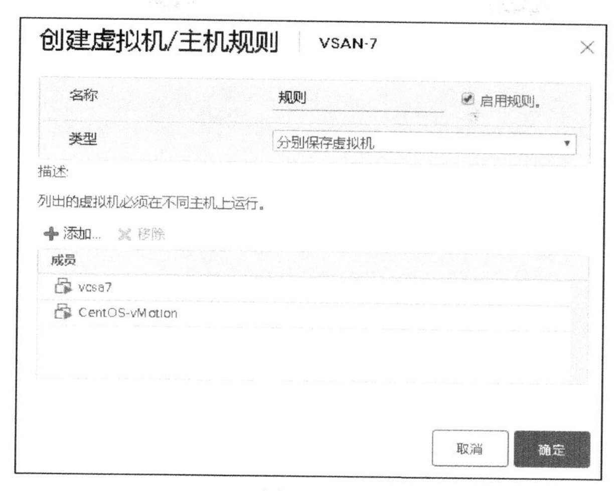

图 6-2-12

第 3 步，规则创建完成，如图 6-2-13 所示。

图 6-2-13

第 4 步，规则创建后需要进行触发生效，未生效前两台虚拟机运行在同一台 ESXi 主机上，如图 6-2-14 所示。

第 5 步，查看 DRS 运行建议，系统提示需要将虚拟机进行迁移以满足规则，如图 6-2-15 所示，单击“应用建议”按钮完成规则应用。需要说明的是，如果 DRS 选择“全自动”模式则不需要手动确定。

第 6 步，生产环境中如果虚拟机及主机较多，可以创建虚拟机及主机组来实现精细化控制。使用组规则需要创建主机组及虚拟机组，先创建主机组，添加 2 台 ESXi 主机，如图 6-2-16 所示，单击“确定”按钮。

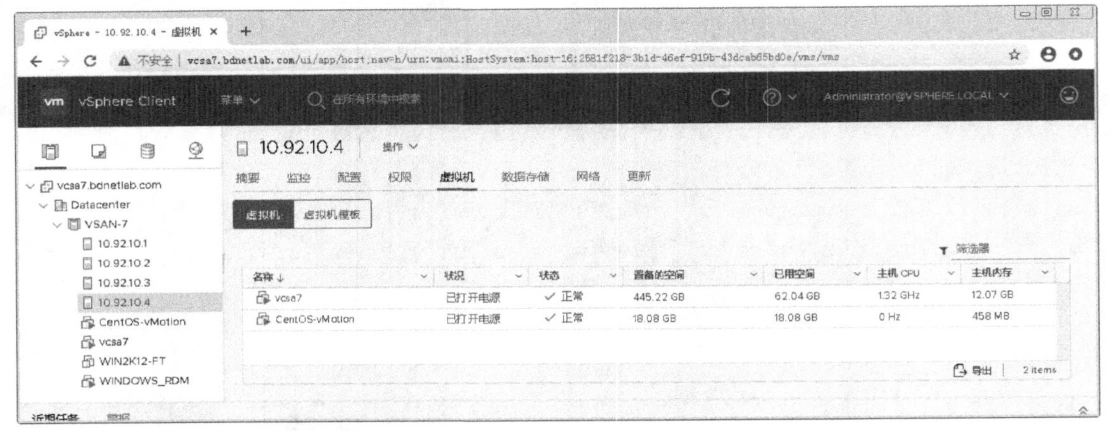

图 6-2-14

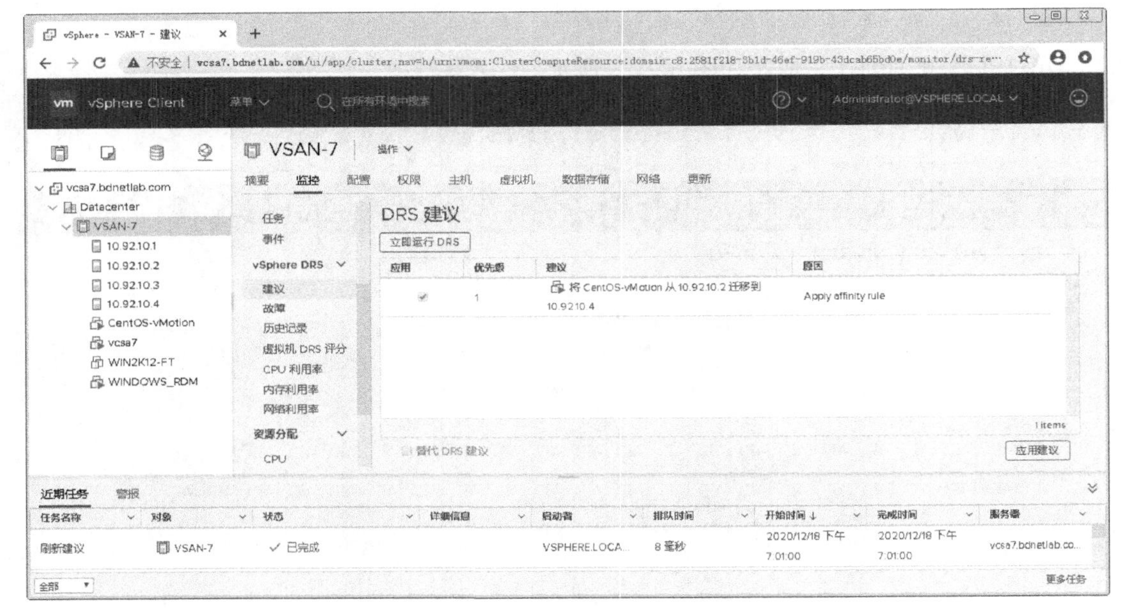

图 6-2-15

创建虚拟机/主机组　VSAN-7

名称:　ESXI01-02

类型:　主机组

添加...　移除

成员 ↑

10.92.10.1

10.92.10.2

取消　确定

图 6-2-16

第 7 步，创建虚拟机组，选择 2 台虚拟机，如图 6-2-17 所示，单击“确定”按钮。

第 8 步，创建组规则，调用虚拟机组及主机组。虚拟机组中的虚拟机必须在主机组中的 ESXi 主机上运行，如图 6-2-18 所示，单击“确定”按钮。

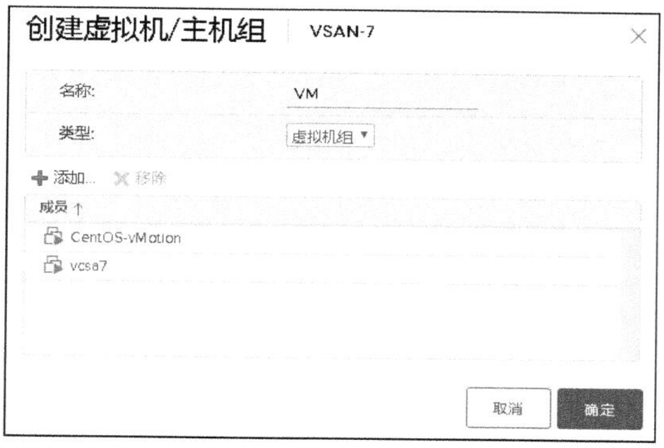

创建虚拟机/主机组 VSAN-7
名称: VM
类型: 虚拟机组
添加... 移除
成员 ↑
CentOS-vMotion
vcsa7
取消 确定

图 6-2-17

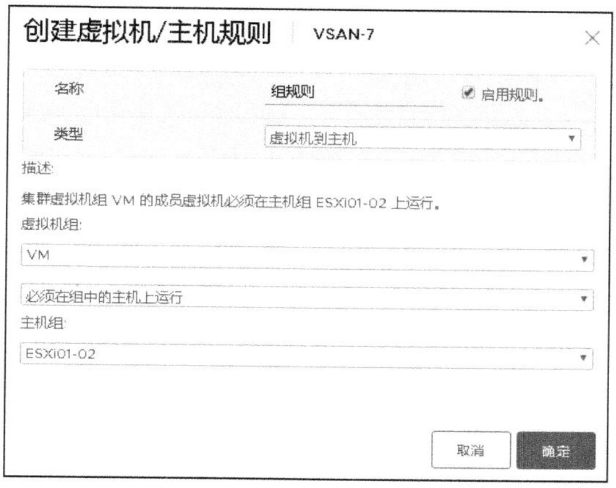

创建虚拟机/主机规则 VSAN-7
名称 组规则 启用规则。
类型 虚拟机到主机
描述:
集群虚拟机组 VM 的成员虚拟机必须在主机组 ESXi01-02 上运行。
虚拟机组:
VM
必须在组中的主机上运行
主机组:
ESXi01-02
取消 确定

图 6-2-18

第 9 步，新的规则创建完成，如图 6-2-19 所示。

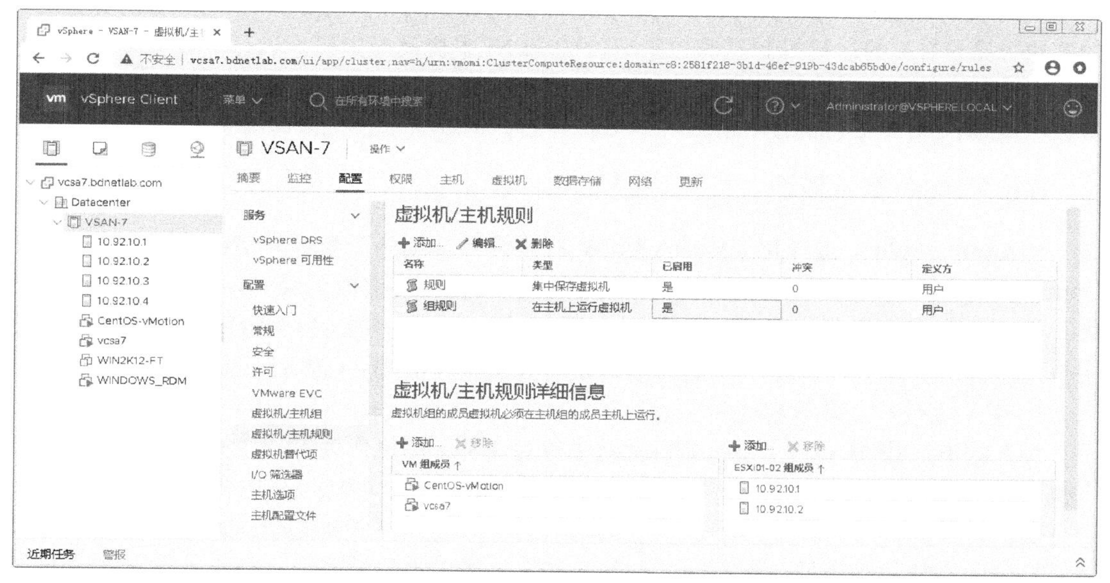

图 6-2-19

第 10 步，查看 DRS 运行建议，系统提示需要将虚拟机进行迁移以满足规则，如图 6-2-20 所示，单击“应用建议”按钮完成规则应用。

至此，配置和使用规则完成，在生产环境中推荐配置多条规则来实现对虚拟机、主机进行精细化控制。需要注意的是，规则需要良好的设计，不能出现冲突的情况，规则冲突可能导致虚拟机运行出现问题。

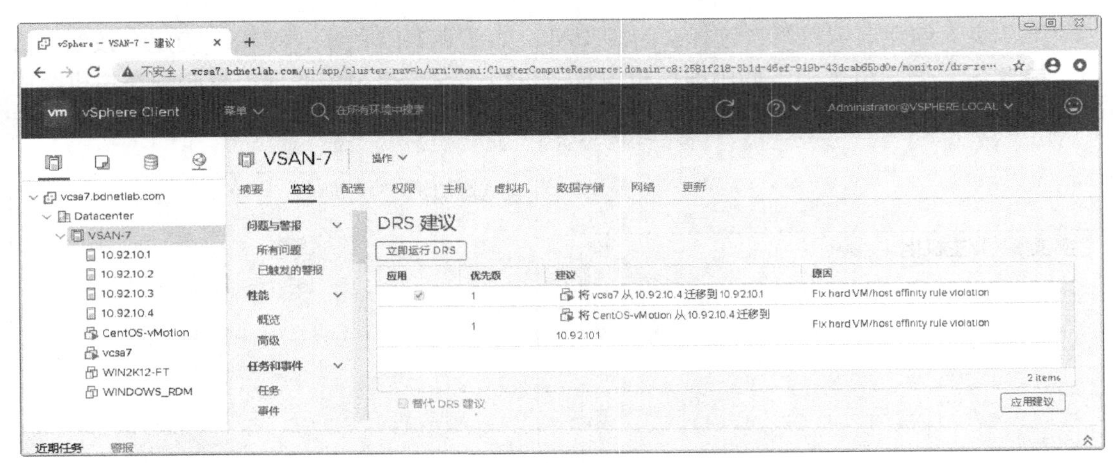

图 6-2-20

6.3　配置和使用 HA 特性

HA，全称为 High Availability，中文翻译为“高可用”。它是 VMware vSphere 虚拟化架构的高级特性之一，使用 HA 可以实现虚拟机的高可用，降低成本的同时无须使用硬件的解决方案。HA 的运行机制是监控集群中的 ESXi 主机及虚拟机，通过配置合适的策略，当集群中的 ESXi 主机或虚拟机发生故障时可以自动到其他的 ESXi 主机上进行重新启动，最大程度地保证重要的服务不中断。本节将介绍如何配置和使用高级特性 HA。

6.3.1　HA 基本概念

VMware vSphere 虚拟化架构 HA 从 5.0 版本开始使用一个名称为错误域管理器（Fault Domain Manager，FDM）的集群作为高可用的基础。HA 将虚拟机及 ESXi 主机集中在集群内，从而为虚拟机提供高可用性。集群中所有 ESXi 主机均会受到监控，如果某台 ESXi 主机发生故障，故障 ESXi 主机上的虚拟机将在集群中正常的 ESXi 主机上重新启动。

1. HA 运行的基本原理

当在集群启用 HA 时，系统会自动选举一台 ESXi 主机作为首选主机（也称为 Master 主机），其余的 ESXi 主机作为从属主机（也称为 Slave 主机）。Master 主机与 vCenter Server 进行通信，并监控所有受保护的从属主机的状态。Master 主机通过管理网络和数据存储检测信号来确定故障的类型。当不同类型的 ESXi 主机出现故障时，Master 主机检测并相应地处理故障。当 Master 主机本身出现故障的时候，Slave 主机会重新进行选举产生新的 Master 主机。

2. Master/Slave 主机选举机制

一般来说，Master/Slave 主机选举的是存储最多的 ESXi 主机，如果 ESXi 主机的存储相同时，会使用 MOID 来进行选举。当 Master 主机选举产生后，会通告给其他 Slave 主机。当选举产生的 Master 主机出现故障时，会重新选举产生新的 Master 主机。Master/Slave 主机工作原理如下。

（1）Master 主机监控所有 Slave 主机，当 Slave 主机出现故障时重新启动虚拟机。

（2）Master 主机监控所有被保护虚拟机的电源状态，如果被保护的虚拟机出现故障，将重新启动虚拟机。

（3）Master 主机发送心跳信息给 Slave 主机，让 Slave 主机知道 Master 的存在。

（4）Master 主机报告状态信息给 vCenter Server，vCenter Server 正常情况下只和 Master 主机通信。

（5）Slave 主机监视本地运行的虚拟机状态，把这些虚拟机运行状态的显著变化发送给 Master 主机。

（6）Slave 主机监控 Master 主机的健康状态，如果 Master 主机出现故障，Slave 主机将会参与 Master 主机的选举。

3. ESXi 主机故障类型

HA 通过选举产生 Master/Slave 主机，当检测到主机故障的时候，虚拟机会进行重新启动。在 HA 集群中，ESXi 主机故障可以分为以下 3 种情况。

（1）主机停止运行

比较常见的是主机物理硬件故障或电源等原因导致主机停止响应，不考虑其他特殊的原因造成的 ESXi 主机停止运行，停止运行的 ESXi 主机上的虚拟机会在 HA 集群中其他 ESXi 主机上重新启动。

（2）主机与网络隔离

主机与网络隔离是一种比较特殊的现象，大家知道 HA 使用管理网络及存储设备进行通信，如果 Master 主机不能通过管理网络与 Slave 主机进行通信，那么会通过存储来确认 ESXi 主机是否存活，这样的机制可以让 HA 判断主机是否处于网络隔离状态。在这种情况下，Slave 主机会通过 heartbeat datastores 来通知 Master 主机它已经是隔离状态，具体而言，Slave 主机是通过一个特殊的二进制文件——host-X-poweron 来通知 Master 主机能够采取适当的措施来保护虚拟机。当一个 Slave 主机已经检测到自己是网络隔离状态，它会在 heartbeat datastores 上生成 host-X-poweron，Master 主机看到这个文件后就知道 Slave 主机已经是隔离状态，然后 Master 主机通过 HA 锁定其他文件（datastores 上的其他文件），当 Slave 主机看到这些文件已经被锁定就知道 Master 主机正在重新启动虚拟机，然后 Slave 主机可以执行配置过的隔离响应动作（如关机或者关闭电源）。

（3）主机与网络分区

主机与网络分区也是一种比较特殊的现象，有可能出现一个或多个 Slave 主机通过管理网络联系不到 Master 主机，但是它们的网络连接没有问题。在这种情况下，HA 可以通过 heartbeat datastores 来检测分割的主机是否存活，以及是否要重新启动处于网络分区 ESXi 主机中的虚拟机。

4. ESXi 主机故障响应方式

当 ESXi 主机发生故障而重新启动虚拟机时，可以使用“虚拟机重新启动优先级”控制重新启动虚拟机的顺序，以及使用“主机隔离响应”来关闭运行的虚拟机电源，然后在其他 ESXi 主机上重新启动。

（1）虚拟机重新启动优先级

使用“虚拟机重新启动优先级”可以控制重新启动虚拟机的顺序，这样的控制在生产环境中非常有用，每一台虚拟机的重要性并不是完全相等的，HA 将其划分为高、中等和低三级。当虚拟机配置了优先级后，在 ESXi 主机出现故障并且系统资源充足的情况下，HA 会先启动优先级为高的虚拟机，其次是优先级为中等的虚拟机，最后是优先级为低的虚拟机；如果系统资源不足，HA 会先启动优先级为高的虚拟机，对于优先级为中等和低的虚拟机，可能等待资源足够的时候才会重新启动。这样的机制能够更好地控制由于 ESXi 主机故障引发的虚拟机重新启动。

（2）主机隔离响应

“主机隔离响应”确定 HA 集群内的某个 ESXi 主机失去管理网络连接，但仍继续运行时将发生的情况。当 HA 集群内的 ESXi 主机无法与其他 ESXi 主机上运行的代理通信且无法 ping 通隔离地址时，那么该 ESXi 主机可以被称为隔离。然后，ESXi 主机会执行其隔离响应。这种情况下 HA 会关闭被隔离的 ESXi 主机上运行的虚拟机电源，然后在非隔离主机上进行重新启动。

5. HA 准入控制策略

HA 使用准入控制来确保集群内具有足够的资源，以便提供故障切换时使虚拟机可以重新启动。其核心就是准入控制策略的配置，如当进行故障切换时，HA 是否允许启动超过集群资源的虚拟机。在介绍准入控制策略之前，必须先了解插槽及插槽大小。

（1）插槽及插槽大小

VMware 从 5.5 版本开始引入了插槽及插槽大小的概念，增加了理解的难度。那么什么是插槽及插槽大小？插槽大小由 CPU 和内存组件组成。

HA 计算 CPU 组件的方法是先获取每台已打开电源的虚拟机的 CPU 预留，然后再选择最大值。如果没有为虚拟机指定 CPU 预留，则系统会为其分配一个默认值 32MHz。

HA 计算内存组件的方法是先获取每台已打开电源的虚拟机的内存预留和内存开销，然后再选择最大值。内存预留没有默认值。

如何计算插槽？用主机的 CPU 资源数除以插槽大小的 CPU 组件，然后将结果化整。对主机的内存资源数进行同样的计算。然后，比较这两个数字，较小的那个数字即为主机可以支持的插槽数，如图 6-3-1 所示。

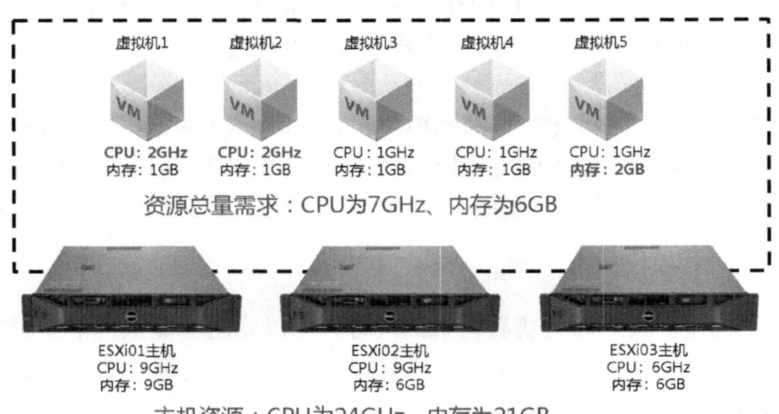

图 6-3-1

这里以一个比较经典的案例来进行介绍。如图 6-3-1 所示，集群包括 3 台 ESXi 主机，其中，ESXi01 主机可用 CPU 资源和可用内存分别为 9GHz 和 9GB，ESXi02 主机可用 CPU 资源和可用内存分别为 9GHz 和 6GB，ESXi03 主机可用 CPU 资源和可用内存分别为 6GHz 和 6GB。这个集群内有 5 台已打开电源的虚拟机，其 CPU 和内存要求各不相同，虚拟机 1 所需的 CPU 资源和内存分别为 2GHz 和 1GB，虚拟机 2 所需的 CPU 资源和内存分别为 2GHz 和 1GB，虚拟机 3 所需的 CPU 资源和内存分别为 1GHz 和 1GB，虚拟机 4 所需的 CPU 资源和内存分别为 1GHz 和 1GB，虚拟机 5 所需的 CPU 资源和内存分别为 1GHz 和 2GB。了解资源情况后就可以进行计算了，其计算步骤如下。

第 1 步，比较虚拟机的 CPU 和内存要求，然后选择最大值，从而计算出插槽大小。图 6-3-1 中虚拟机 1 和虚拟机 2 所需 CPU 最大值为 2GHz，虚拟机 5 所需最大内存为 2GB。根据计算规则，插槽大小为 2GHz CPU 和 2GB 内存。

第 2 步，计算出插槽大小后，就可以计算每台主机可以支持的最大插槽数目。ESXi01 主机可以支持 4 个插槽（9GHz/2GHz 和 9GB/2GB 都等于 4.5，结果取整为 4），ESXi02 主机可以支持 3 个插槽（9GHz/2GHz 等于 4.5，6GB/2GB 等于 3，取较小的值为 3），ESXi03 主机可以支持 3 个插槽（6GHz/2GHz 和 6GB/2GB 都等于 3，取值为 3）。

当计算出插槽大小后，vSphere HA 会确定每台主机中可用于虚拟机的 CPU 和内存资源。这些值包含在主机的根资源池中，而不是主机的总物理资源中。可以在 vSphere Web Client 中主机的“摘要”选项卡中查找 vSphere HA 所用主机的资源数据。如果集群中的所有主机均相同，则可以用集群级别指数除以主机的数量来获取此数据。不包括用于虚拟化目的的资源。只有处于连接状态、未进入维护模式且没有任何 vSphere HA 错误的主机才列入计算范畴。然后，即可确定每台主机可以支持的最大插槽数目。为确定此数目，要求通过确定可以发生故障并仍然有足够插槽满足所有已打开电源的虚拟机要求的主机的数目（从最大值开始）来计算当前故障切换容量。

（2）准入控制策略：按静态主机数量定义故障切换容量

理解了插槽概念后，再来了解“按静态主机数量定义故障切换容量”会有事半功倍的效果。所谓的“按静态主机数量定义故障切换容量”策略就是允许 HA 集群中几台 ESXi 主机可以发生故障，如果设置为 1，当集群中有 1 台 ESXi 主机发生故障时，故障 ESXi 主机上的虚拟机会进行重新启动。同时，这个策略需要使用插槽及插槽大小的概念。

以图 6-3-1 为例，插槽数最多的主机是 ESXi01 主机，拥有 4 个插槽，如果 ESXi01 主机发生故障，集群内 ESXi02 和 ESXi03 主机还有 6 个插槽，虚拟机 1～虚拟机 5 使用没有问题。如果 ESXi02 和 ESXi03 主机其中一台再发生故障，那么集群内将仅剩下 3 个插槽，而打开电源的虚拟机数量有 5 台，需要 5 个插槽，很明显这样的故障切换将失败，因为准入控制策略允许故障主机数量为 1。

（3）准入控制策略：通过预留一定百分比的集群资源来定义故障切换容量

“通过预留一定百分比的集群资源来定义故障切换容量”策略是计算出主机的 CPU 和内存资源总和，从而得出虚拟机可使用的主机资源总数。这些值包含在主机的根资源池中，而不是主机的总物理资源中。不包括用于虚拟化目的的资源。只有处于连接状态、未进入维护模式而且没有 vSphere HA 错误的主机才列入计算范畴。

如图 6-3-2 所示，集群包括 3 台 ESXi 主机，其中，ESXi01 主机可用 CPU 资源和可用内存分别为9GHz和9GB,ESXi02主机可用CPU资源和可用内存分别为9GHz和6GB,ESXi03主机可用CPU资源和可用内存分别为6GHz和6GB。这个集群内有5台已打开电源的虚拟机，其CPU和内存要求各不相同，虚拟机1所需的CPU资源和内存分别为2GHz和1GB，虚拟机2所需的CPU资源和内存分别为2GHz和1GB，虚拟机3所需的CPU资源和内存分别为1GHz和1GB，虚拟机4所需的CPU资源和内存分别为1GHz和1GB，虚拟机5所需的CPU资源和内存分别为1GHz和2GB。将预留的故障切换CPU和内存容量设置为25%，其计算步骤如下。

① 集群中已打开电源的5台虚拟机的总资源要求为7GHz CPU和6GB内存。

② ESXi主机可用于虚拟机的主机资源总数为24GHz CPU和21GB内存。

根据上述情况，当前的CPU故障切换容量为70% ((24GHz−7GHz)/24GHz)。当前的内存故障切换容量为71% ((21GB−6GB)/21GB)。集群的配置的故障切换容量设置为25%，因此仍然可使用45%的集群CPU资源总数和46%的集群内存资源打开其他虚拟机电源。

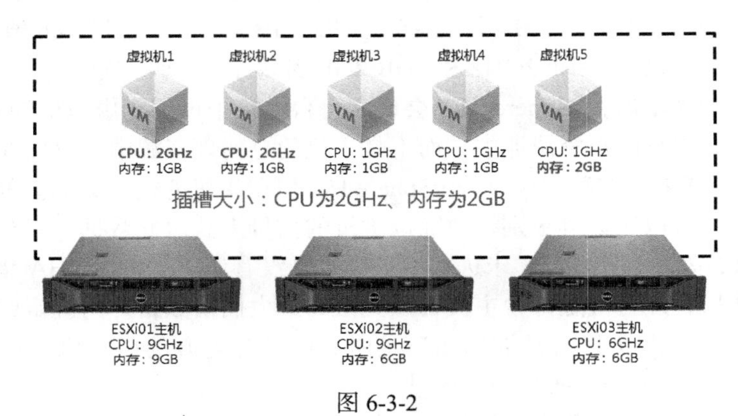

图 6-3-2

需要注意的是，预留资源越多，ESXi主机在非故障切换时能够运行的虚拟机就会减少。

（4）准入控制策略：使用专用故障切换主机

此策略可以指定因为故障需要切换时，虚拟机将在特定的某台ESXi主机上进行重新启动。如果使用“指定故障切换主机”准入控制策略，则在主机发生故障时，vSphere HA将尝试在任一指定的故障切换主机上重新启动其虚拟机。如果不能使用此方法（例如，故障切换主机发生故障或者资源不足时），则vSphere HA会尝试在集群内的其他主机上重新启动这些虚拟机。为了确保故障切换主机上拥有可用的空闲容量，将阻止用户打开虚拟机电源或使用vMotion将虚拟机迁移到故障切换主机。而且，为了保持负载均衡，DRS也不会使用故障切换主机。一般来说，这样的策略常用于备用ESXi主机的中大型环境。

6.3.2 HA基本配置

在VMware vSphere环境中，HA的配置基于集群，在创建集群的时候可以选择启用HA，如果创建的时候未启用，可以后续在集群中启用。需要说明的是，HA服务在图形化界面中也显示为“vSphere可用性”。本节将介绍HA的基本配置。

第 1 步，查看服务中的 vSphere 可用性，发现其状态为关闭，如图 6-3-3 所示，单击“编辑”按钮。

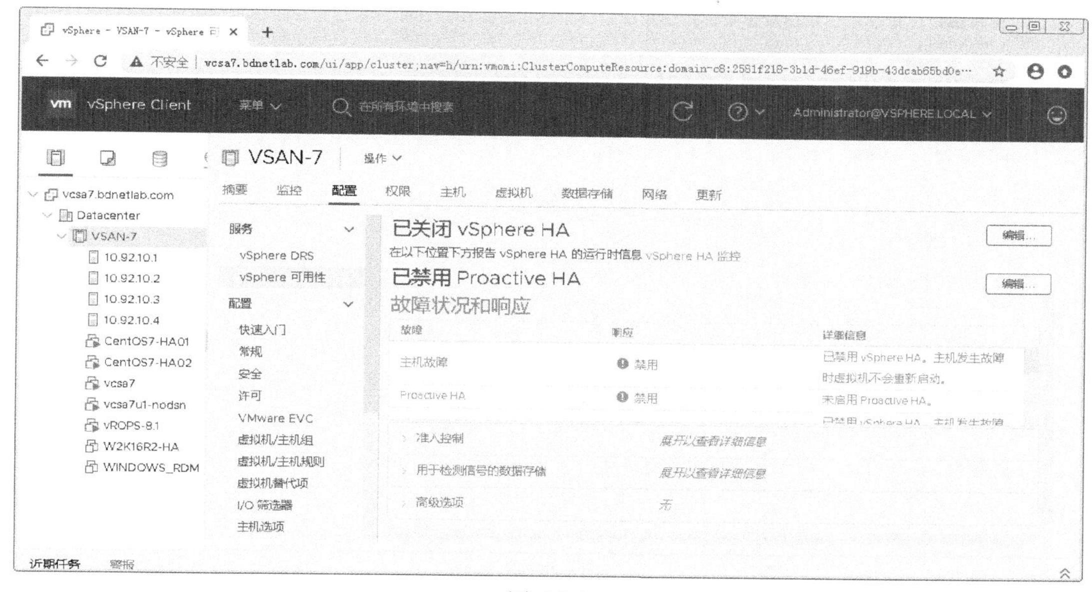

图 6-3-3

第 2 步，处于关闭状态的 vSphere HA 所有参数均不可配置，如图 6-3-4 所示，单击 vSphere HA 旁边的状态按钮启用 HA。

编辑集群设置 VSAN-7

vSphere HA

故障和响应 准入控制 检测信号数据存储 高级选项

您可以配置 vSphere HA 如何响应此集群上的故障状况。支持下列故障状况：主机、主机隔离、虚拟机组件保护（处于 PDL 和 APD 状态的数据存储）、虚拟机和应用程序。

启用主机监控

主机故障响应	重新启动虚拟机
针对主机隔离的响应	禁用
处于 PDL 状态的数据存储	关闭虚拟机电源再重新启动虚拟机
处于 APD 状态的数据存储	关闭虚拟机电源并重新启动虚拟机 - 保守的重新启动策略
虚拟机监控	禁用

取消 确定

图 6-3-4

第 3 步，配置故障和响应。此处设置“主机故障响应”方式为“重新启动虚拟机”，“虚拟机监控”方式为“仅虚拟机监控”，其他参数为禁用，如图 6-3-5 所示。

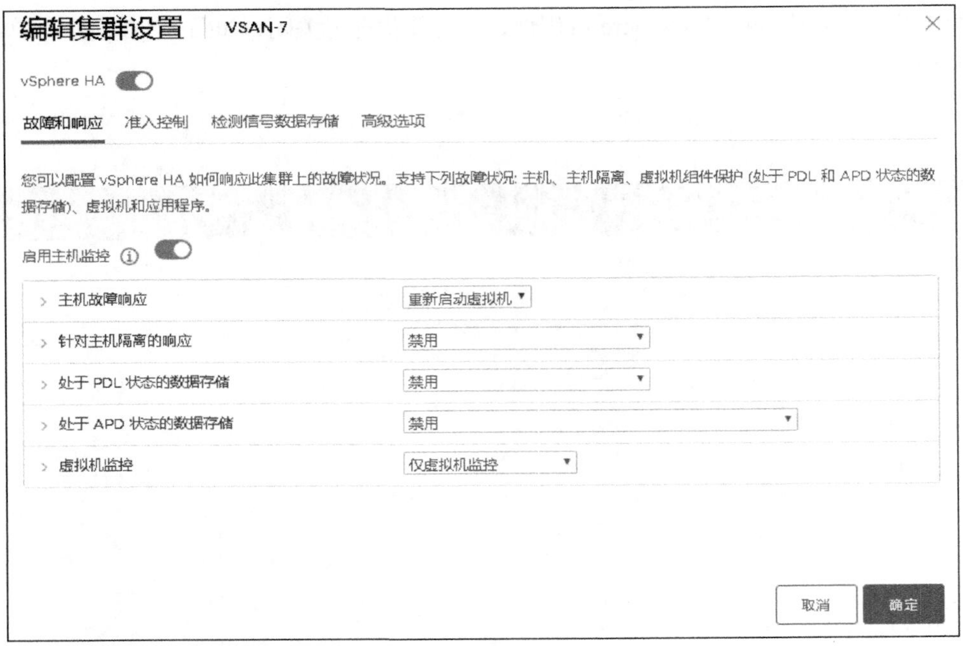

编辑集群设置 | VSAN-7

vSphere HA

故障和响应　准入控制　检测信号数据存储　高级选项

您可以配置 vSphere HA 如何响应此集群上的故障状况。支持下列故障状况: 主机、主机隔离、虚拟机组件保护 (处于 PDL 和 APD 状态的数据存储)、虚拟机和应用程序。

启用主机监控

主机故障响应	重新启动虚拟机
针对主机隔离的响应	禁用
处于 PDL 状态的数据存储	禁用
处于 APD 状态的数据存储	禁用
虚拟机监控	仅虚拟机监控

取消　确定

图 6-3-5

第 4 步，配置准入控制策略。“主机故障切换容量的定义依据”使用“集群资源百分比”，其他参数使用默认值，如图 6-3-6 所示。

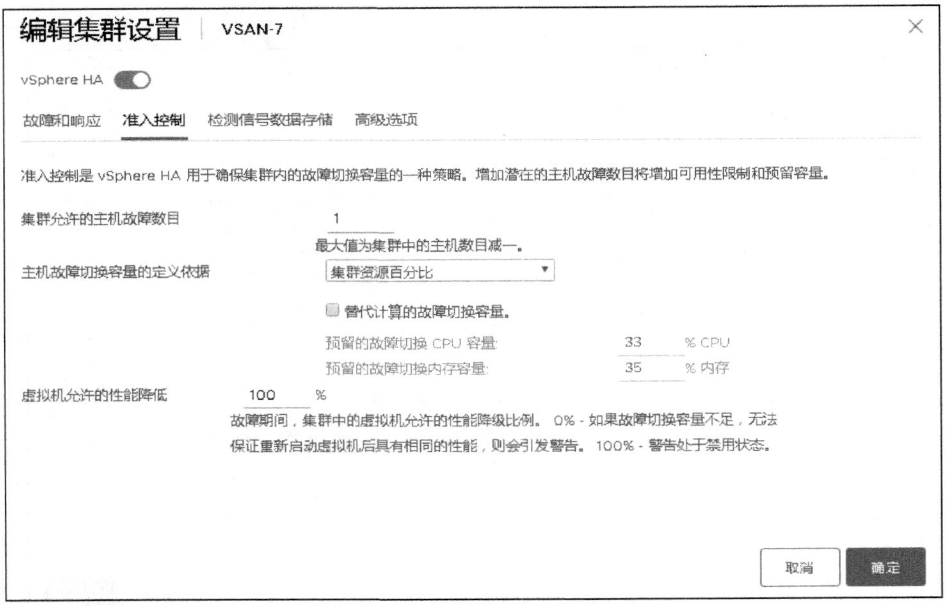

编辑集群设置 | VSAN-7

vSphere HA

故障和响应　准入控制　检测信号数据存储　高级选项

准入控制是 vSphere HA 用于确保集群内的故障切换容量的一种策略。增加潜在的主机故障数目将增加可用性限制和预留容量。

集群允许的主机故障数目　1

最大值为集群中的主机数目减一。

主机故障切换容量的定义依据　集群资源百分比

替代计算的故障切换容量。

预留的故障切换 CPU 容量:　33　% CPU

预留的故障切换内存容量:　35　% 内存

虚拟机允许的性能降低　100　%

故障期间，集群中的虚拟机允许的性能降级比例。0% - 如果故障切换容量不足，无法保证重新启动虚拟机后具有相同的性能，则会引发警告。100% - 警告处于禁用状态。

取消　确定

图 6-3-6

第 5 步，配置检测信号数据存储。HA 要求使用 2 个数据存储用于检测故障信息，如果只使用 1 个数据存储会出现警告提示，不推荐通过修改系统参数来屏蔽警告提示，如图 6-3-7 所示。

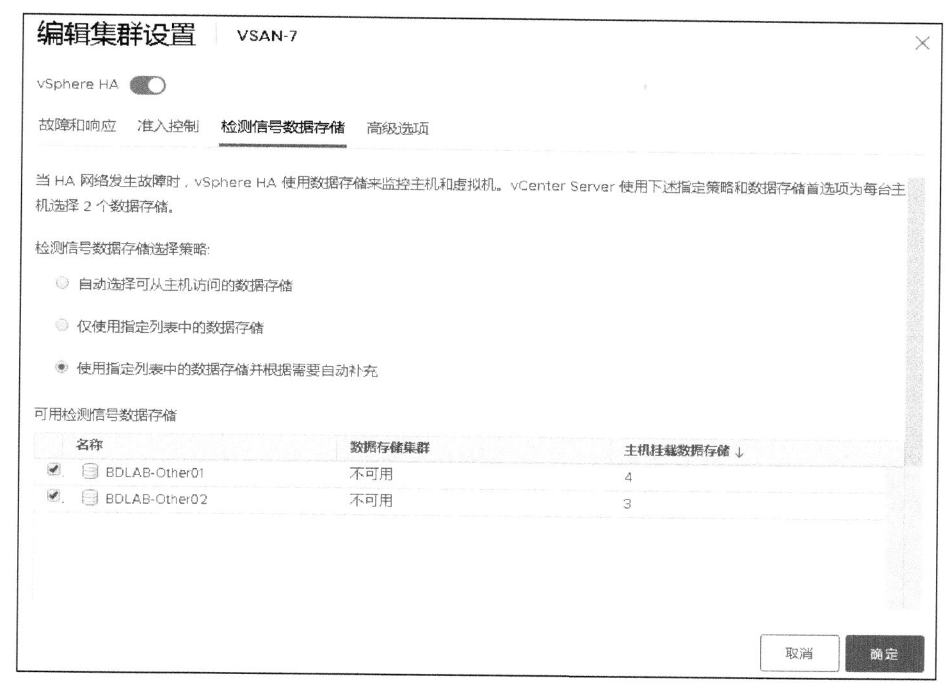

图 6-3-7

第 6 步，高级选项参数一般不配置，如图 6-3-8 所示，单击“确定”按钮。

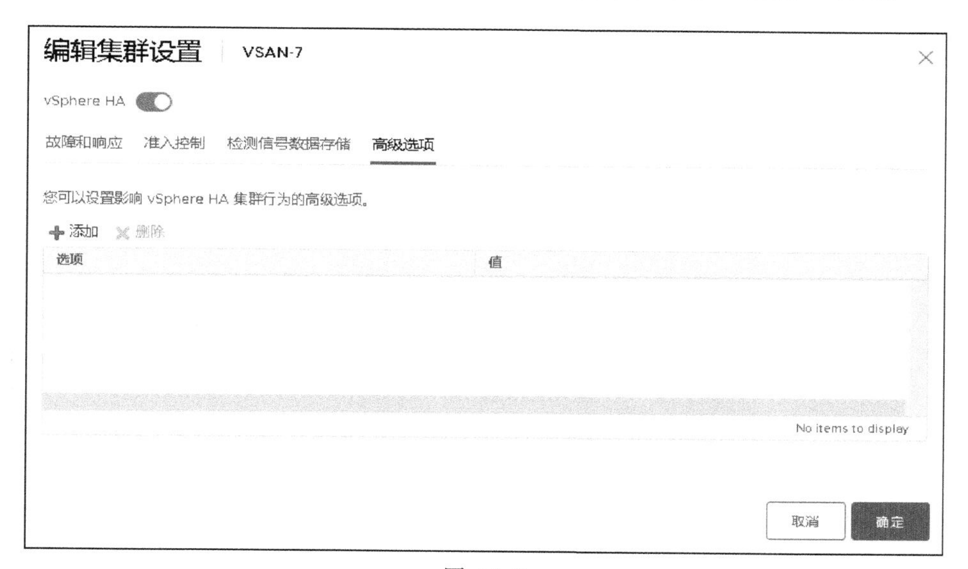

图 6-3-8

第 7 步，集群 vSphere HA 服务已启用，如图 6-3-9 所示。

第 8 步，查看集群监控中的 vSphere HA 摘要信息，可以看到主机状态及受保护的虚拟机数量，如图 6-3-10 所示。

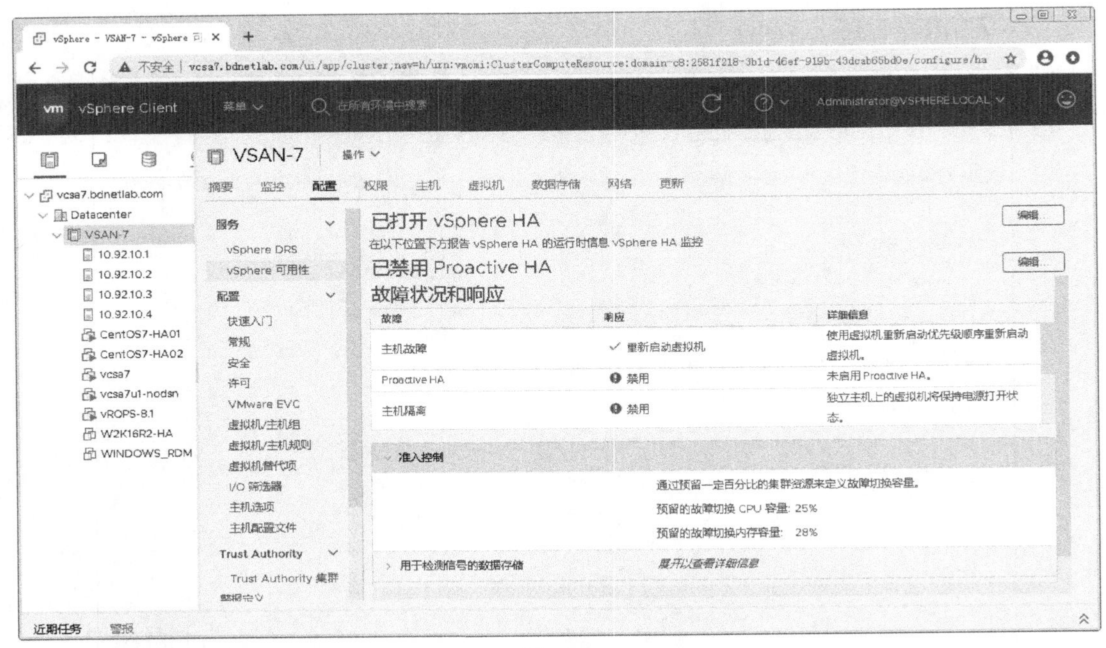

图 6-3-9

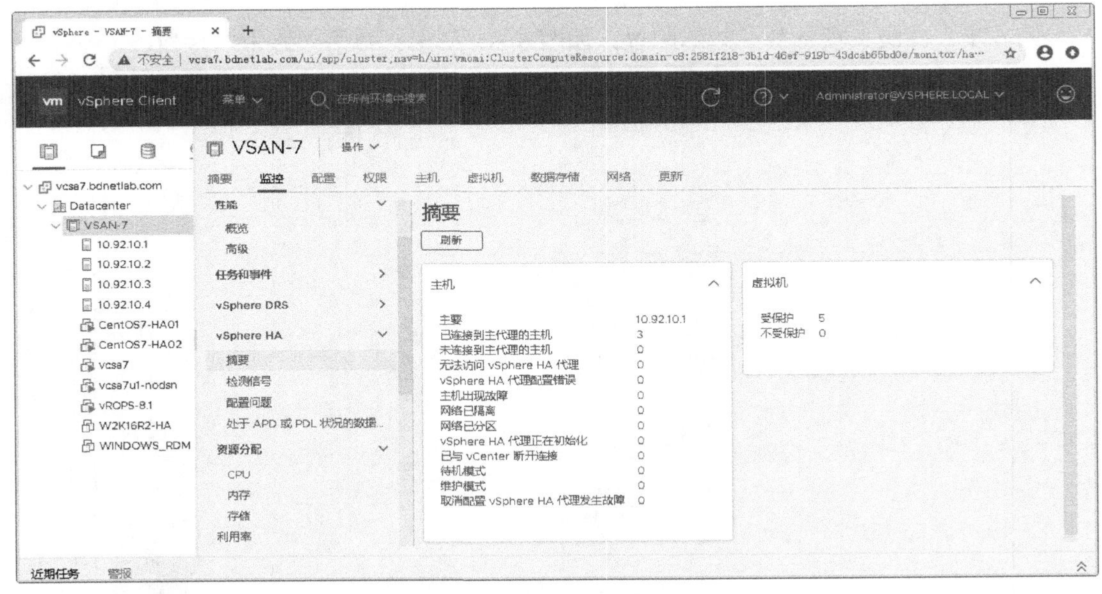

图 6-3-10

第 9 步，查看集群监控中的 vSphere HA 检测信号，可以看到用于检测信号的数据存储，如图 6-3-11 所示。

第 10 步，查看集群监控中的 vSphere HA 配置问题，如果 HA 配置有问题，此处会显示，如图 6-3-12 所示。生产环境中一定要确认 HA 配置是否存在问题，如果配置有问题可能会导致 HA 不能正常工作。

图 6-3-11

图 6-3-12

第 11 步，查看集群监控中处于 APD 或 PDL 状况的数据存储，由于未配置，所以此处无显示，如图 6-3-13 所示。

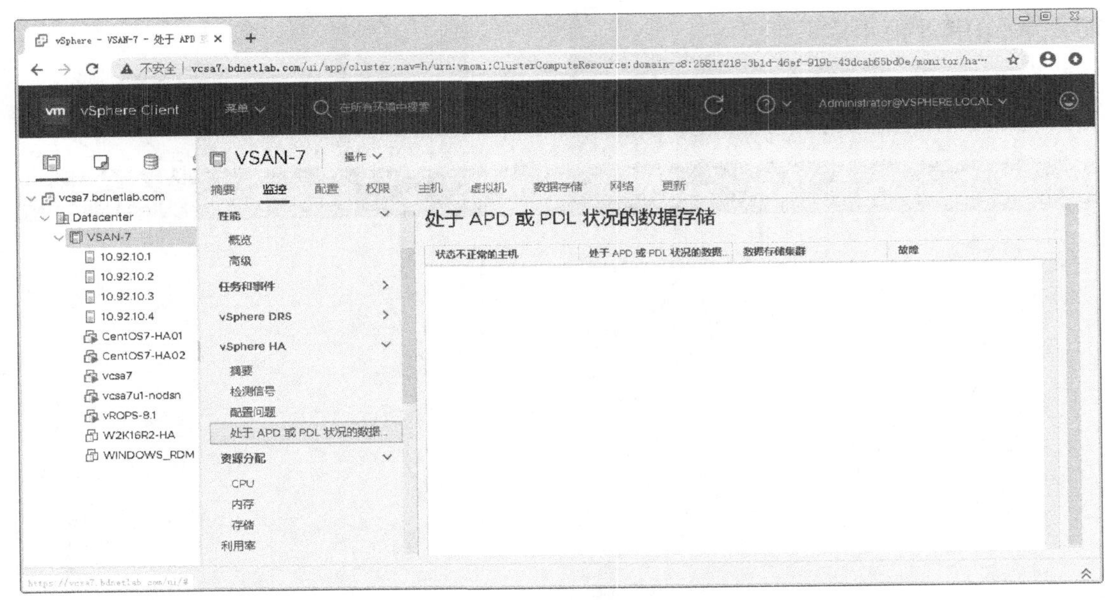

图 6-3-13

第 12 步，查看 IP 地址为 10.92.10.1 的主机的摘要信息，可以发现主机处于 Master 主机角色，如图 6-3-14 所示。

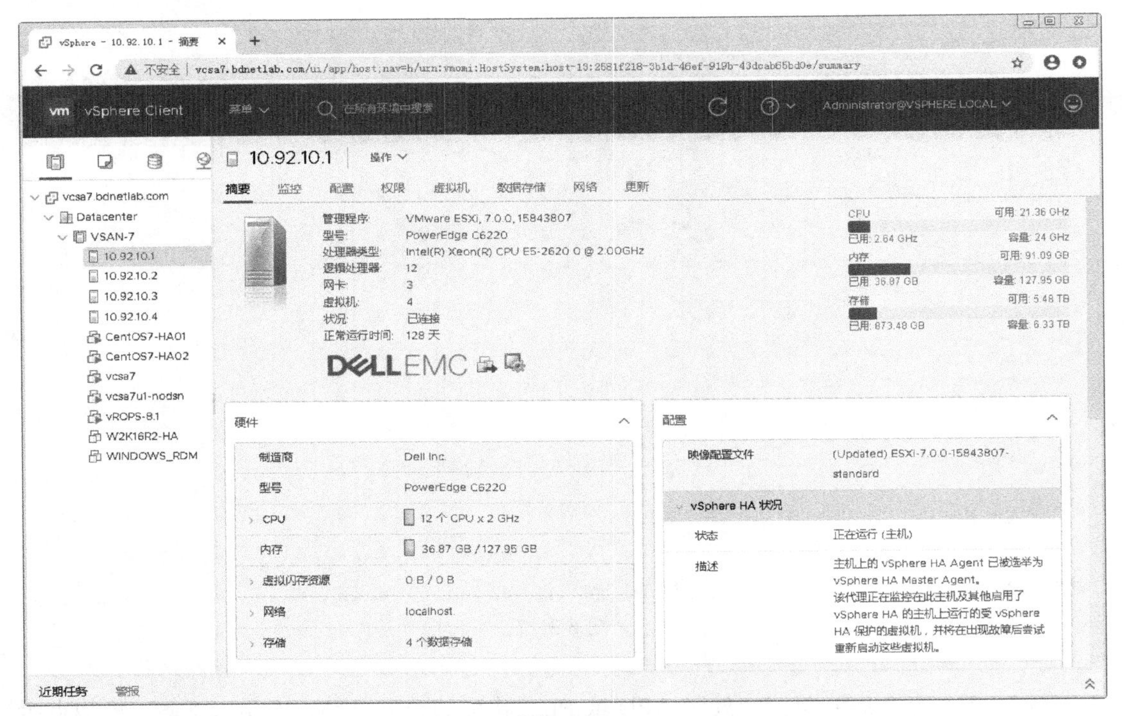

图 6-3-14

第 13 步，查看 IP 地址为 10.92.10.2 的主机的摘要信息，可以发现主机处于 Slave 主机角色，如图 6-3-15 所示。

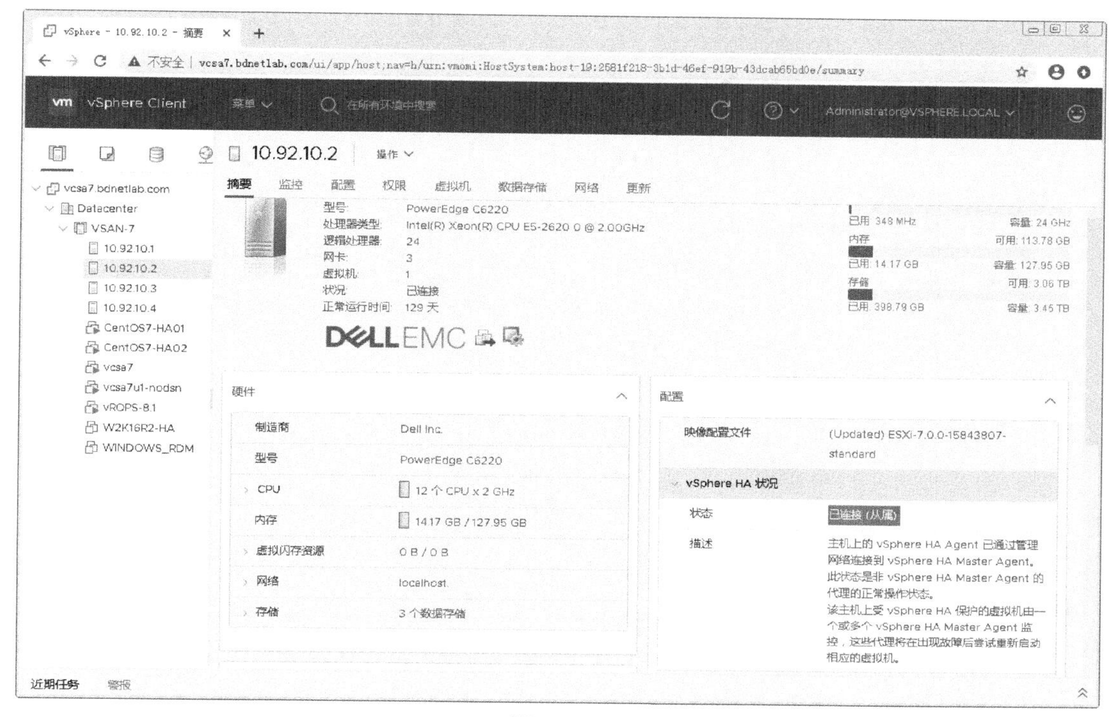

图 6-3-15

第 14 步，查看 IP 地址为 10.92.10.3 的主机的虚拟机，可以发现其下运行着 vROPS-8.1 及 CentOS7-HA02 两台虚拟机，如图 6-3-16 所示。

图 6-3-16

第 15 步，断开 IP 地址为 10.92.10.3 的主机的所有网络，模拟生产环境故障。当主机网络断开后，触发 HA 警报，如图 6-3-17 所示。

第 16 步，HA 的故障切换过程是虚拟机在其他主机进行重新启动，虚拟机 CentOS7-HA02 在 IP 地址为 10.92.10.4 的主机上进行重启，如图 6-3-18 所示。

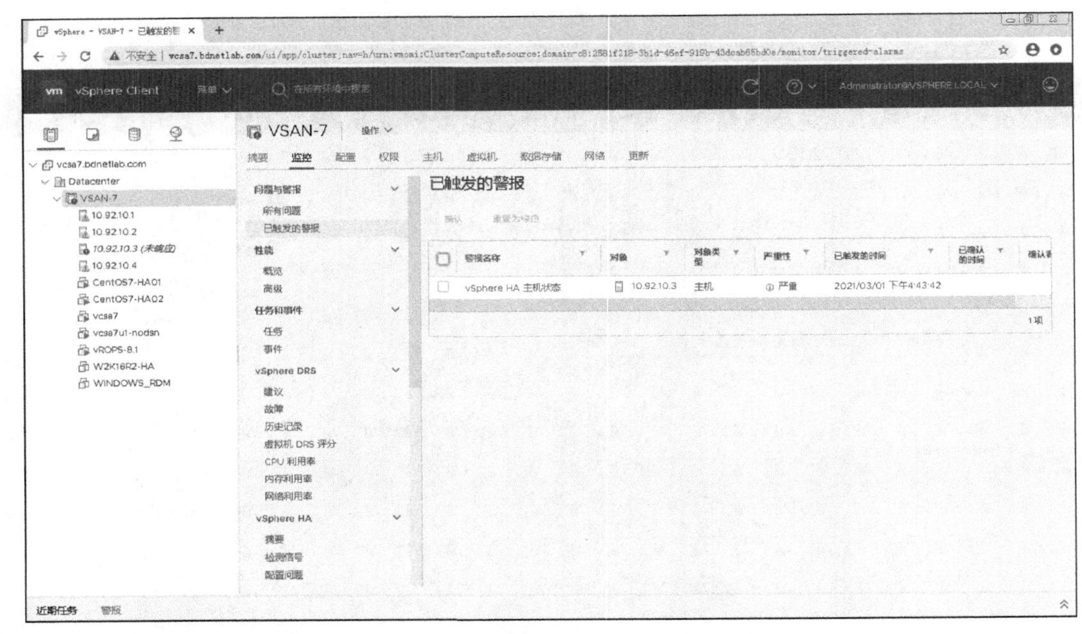

图 6-3-17

图 6-3-18

第 17 步，虚拟机 vROPS-8.1 在 IP 地址为 10.92.10.2 的主机上进行重启，如图 6-3-19 所示。

第 18 步，查看虚拟机 vROPS-8.1 的监控事件信息，可以看到触发的重启操作，如图 6-3-20 所示。

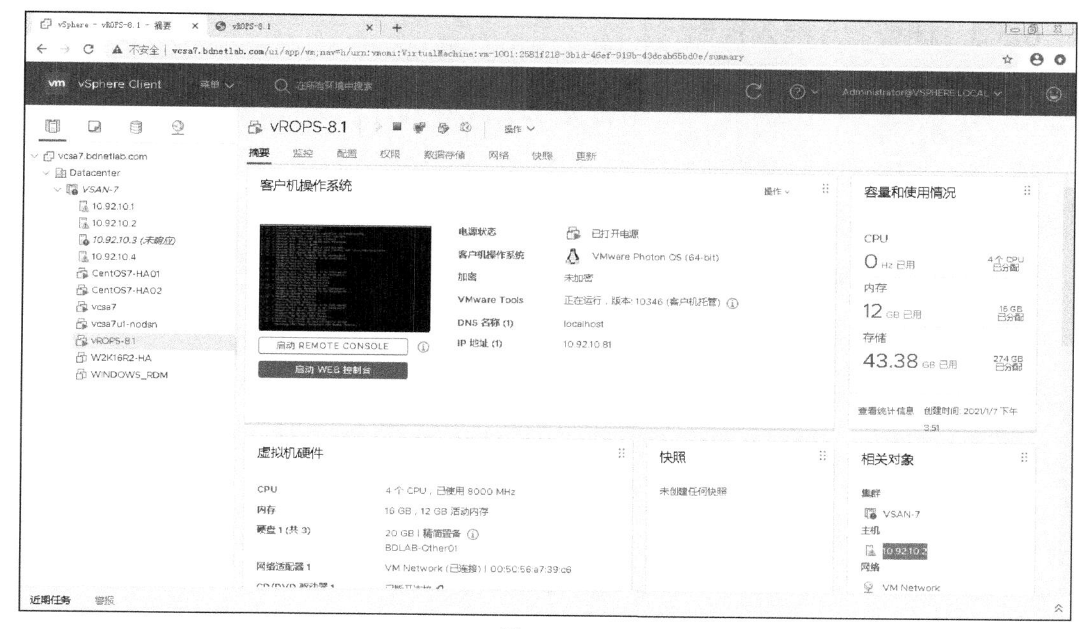

图 6-3-19

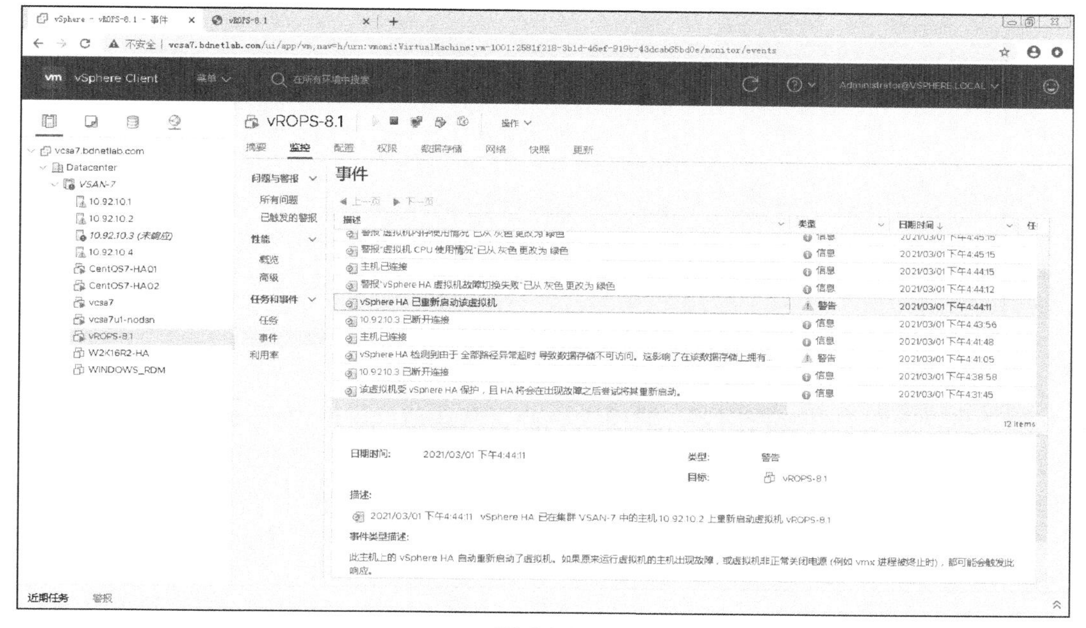

图 6-3-20

至此，基本的 HA 配置完成，通过模拟主机故障也实现了 HA 故障切换。需要注意的是，HA 的故障切换是虚拟机重新启动，对外提供的服务会中断，同时重新启动时间及服务启动是不可控的。因此，触发 HA 后的虚拟机重新启动建议运维人员实时监控，虚拟机重新启动后而服务未启动可以手动操作。

6.3.3　调整 HA 准入控制

上一节使用了默认策略，但在生产环境中会根据实际情况选择不同的切换策略，切换策略主要是通过准入控制进行调整。本节将介绍其他准入控制策略的配置。

第 1 步，调整准入控制为插槽策略。使用默认设置涵盖所有已打开电源的虚拟机，如图 6-3-21 所示，单击“确定”按钮。

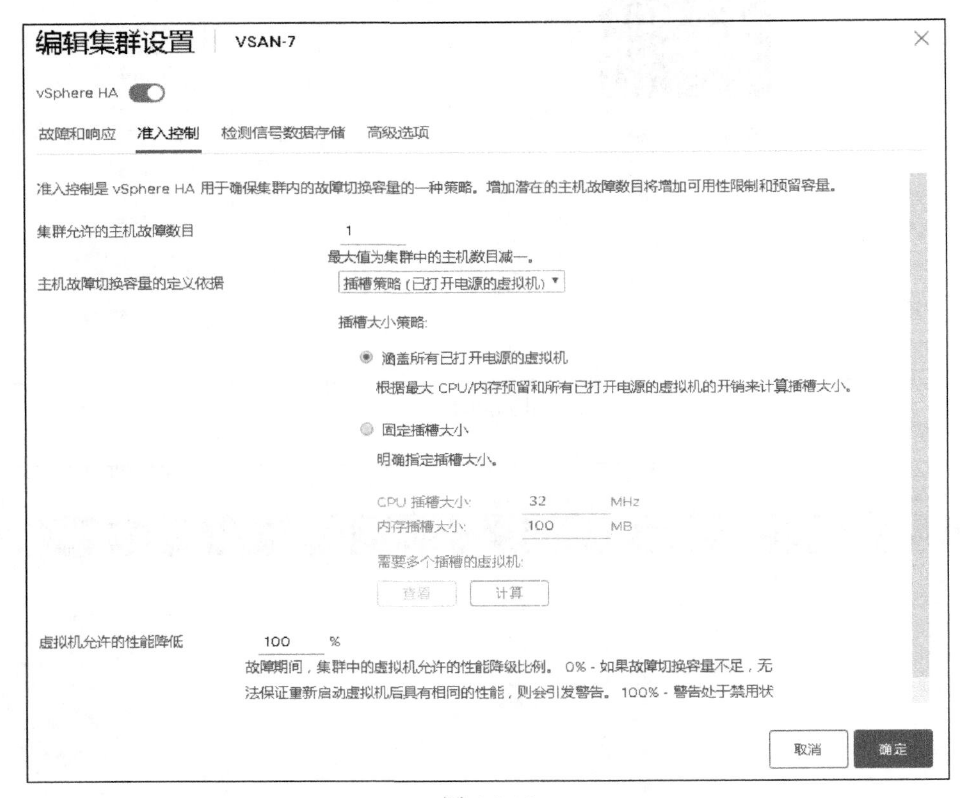

图 6-3-21

第 2 步，查看集群监控摘要，插槽大小使用默认值，集群内插槽总数根据插槽大小进行计算评估，如图 6-3-22 所示。结合本节理论部分内容，“已使用插槽数”为“5”，可以理解为运行的 5 台虚拟机，4 台主机可以使用插槽数是 2476，可以理解为运行 2476 台虚拟机，此值是使用默认插槽进行计算，与实际配置不匹配，因此需要手动调整插槽大小。

第 3 步，结合生产环境中虚拟机的 CPU 及内存使用情况，手动调整插槽大小。“CPU 插槽大小”配置为“2000MHz”，“内存插槽大小”配置为“2048MB”，如图 6-3-23 所示，单击“确定”按钮。

第 4 步，重新计算后的集群内插槽总数为 40，也就是能够运行约 40 台虚拟机，已使用插槽数为 5，就是目前运行 5 台虚拟机，如图 6-3-24 所示。结合集群主机整体配置，调整后的插槽是合理的，更匹配生产环境的具体情况。

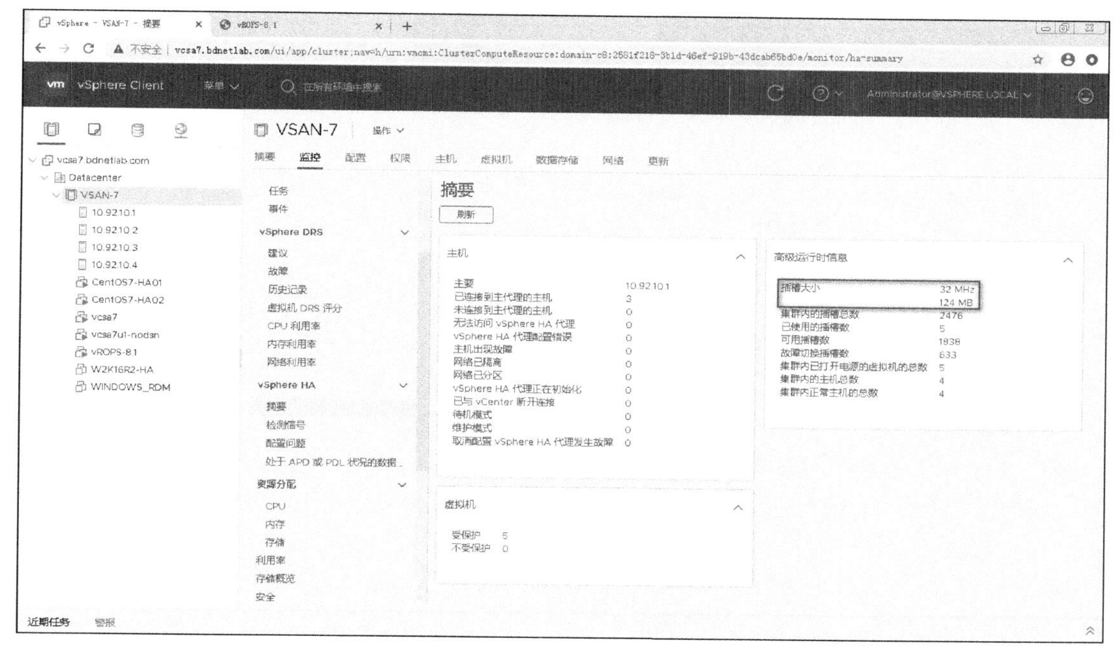
vSphere Client
VSAN-7
摘要
监控
配置
权限
主机
虚拟机
数据存储
网络
更新
vcsa7.bdnetlab.com
Datacenter
VSAN-7
10.92.10.1
10.92.10.2
10.92.10.3
10.92.10.4
CentOS7-HA01
CentOS7-HA02
vcsa7
vcsa7u1-nodsn
vROPS-8.1
W2K16R2-HA
WINDOWS_RDM
任务
事件
vSphere DRS
建议
故障
历史记录
虚拟机 DRS 评分
CPU 利用率
内存利用率
网络利用率
vSphere HA
摘要
检测信号
配置问题
资源分配
CPU
内存
存储
利用率
存储概览
安全
摘要
刷新
主机
主要
已连接到主代理的主机
未连接到主代理的主机
无法访问 vSphere HA 代理
vSphere HA 代理配置错误
主机出现故障
网络已隔离
网络已分区
vSphere HA 代理正在初始化
已与 vCenter 断开连接
待机模式
维护模式
取消配置 vSphere HA 代理发生故障
10.92.10.1
3
0
高级运行时信息
插槽大小
32 MHz
124 MB
集群内的插槽总数
已使用的插槽数
可用插槽数
故障切换插槽数
集群内已打开电源的虚拟机的总数
集群内的主机总数
集群内正常主机的总数
2476
5
1838
633
5
4
4
虚拟机
受保护
不受保护
5
0
近期任务
警报

图 6-3-22

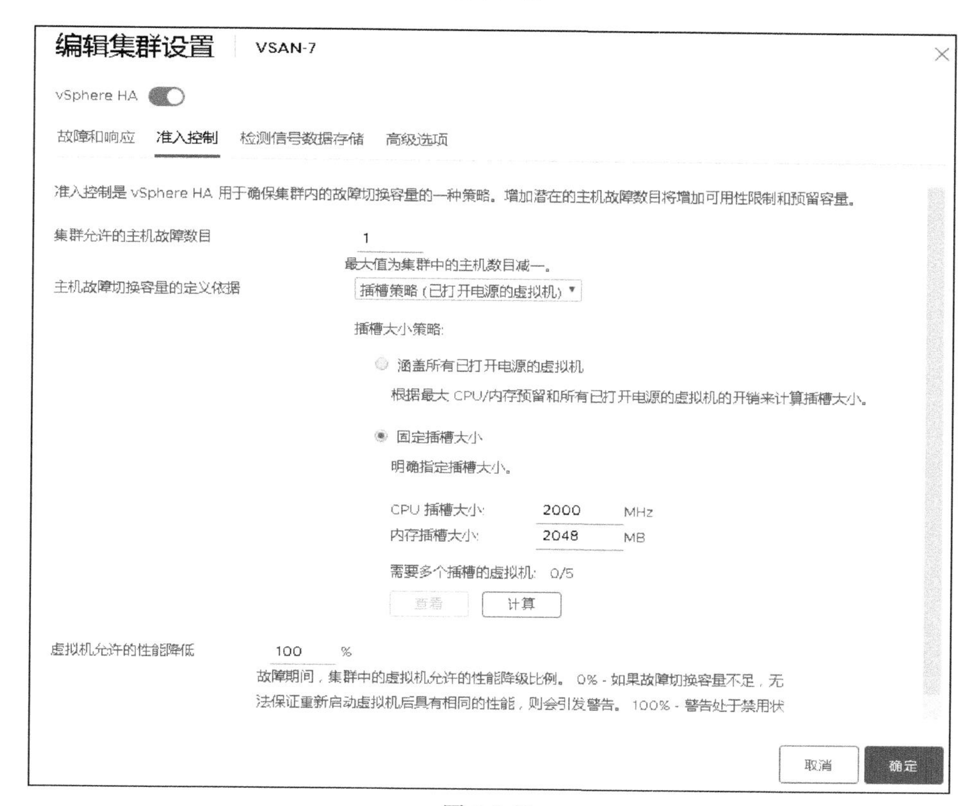
编辑集群设置
VSAN-7
vSphere HA
故障和响应
准入控制
检测信号数据存储
高级选项
准入控制是 vSphere HA 用于确保集群内的故障切换容量的一种策略。增加潜在的主机故障数目将增加可用性限制和预留容量。
集群允许的主机故障数目
1
最大值为集群中的主机数目减一。
主机故障切换容量的定义依据
插槽策略（已打开电源的虚拟机）
插槽大小策略:
涵盖所有已打开电源的虚拟机
根据最大 CPU/内存预留和所有已打开电源的虚拟机的开销来计算插槽大小。
固定插槽大小
明确指定插槽大小。
CPU 插槽大小:
2000
MHz
内存插槽大小:
2048
MB
需要多个插槽的虚拟机:
0/5
查看
计算
虚拟机允许的性能降低
100
%
故障期间，集群中的虚拟机允许的性能降级比例。0% - 如果故障切换容量不足，无
法保证重新启动虚拟机后具有相同的性能，则会引发警告。100% - 警告处于禁用状
取消
确定

图 6-3-23

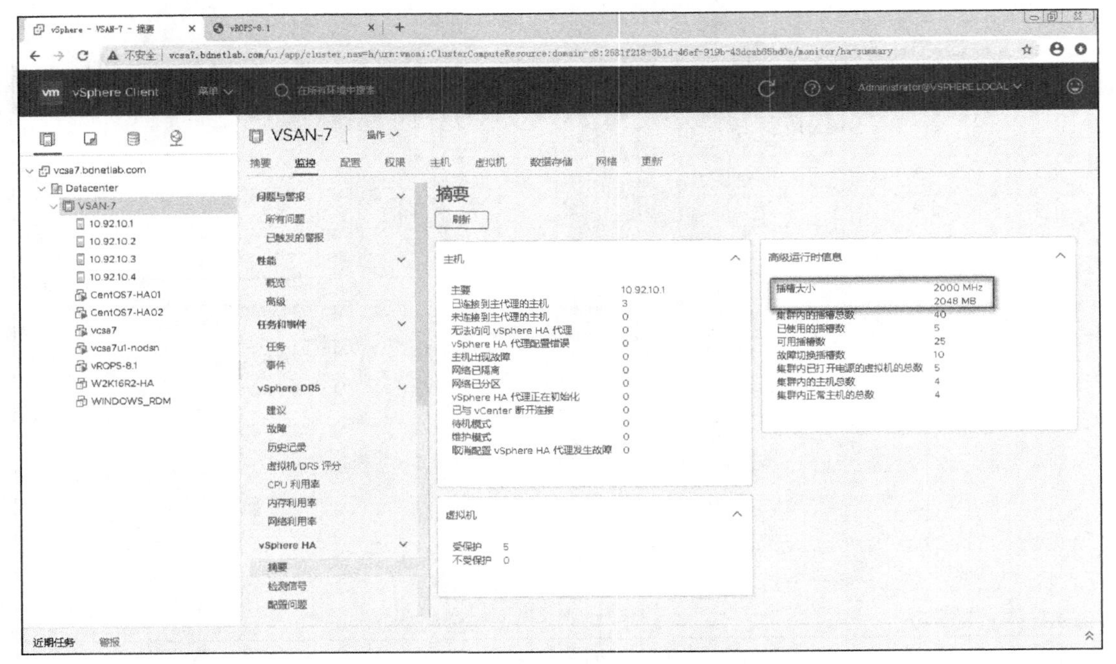

图 6-3-24

第 5 步，HA 准入控制中比较特殊是“专用故障切换主机”，该选项的作用就是指定一台或多台主机作为故障切换使用，适用于有单独备机的环境，如图 6-3-25 所示。

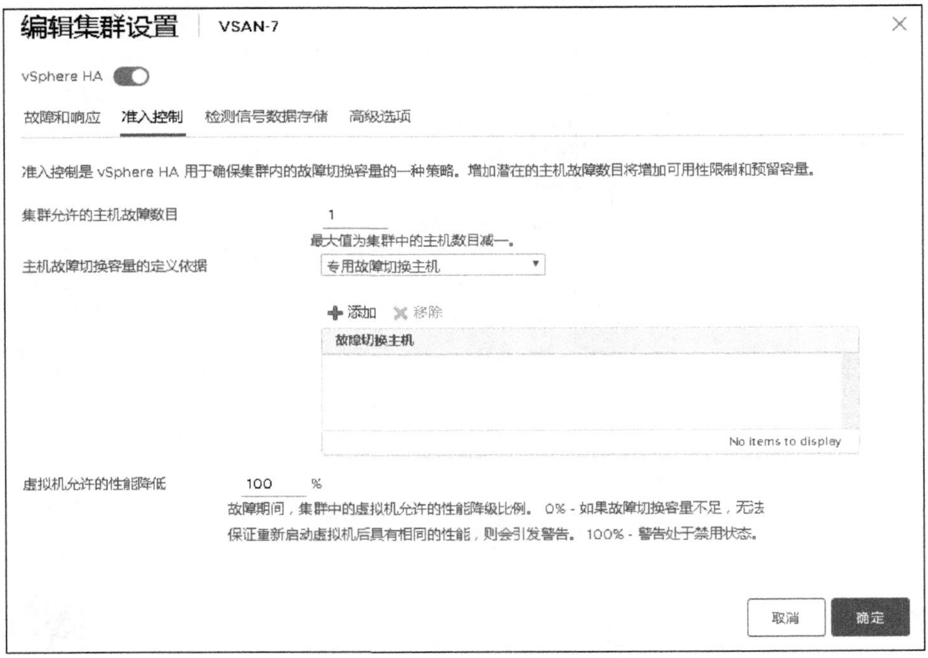

编辑集群设置 | VSAN-7

vSphere HA

故障和响应　准入控制　检测信号数据存储　高级选项

准入控制是 vSphere HA 用于确保集群内的故障切换容量的一种策略。增加潜在的主机故障数目将增加可用性限制和预留容量。

集群允许的主机故障数目　1

最大值为集群中的主机数目减一。

主机故障切换容量的定义依据　专用故障切换主机

添加　移除

故障切换主机

No items to display

虚拟机允许的性能降低　100 %

故障期间，集群中的虚拟机允许的性能降级比例。0% - 如果故障切换容量不足，无法保证重新启动虚拟机后具有相同的性能，则会引发警告。100% - 警告处于禁用状态。

取消　确定

图 6-3-25

6.3.4 调整 HA 其他策略

细心的读者可以发现，在前面小节中配置故障和响应的时候有两个参数处于禁用状态：处于 PDL 状态的数据存储和处于 APD 状态的数据存储。这两个参数主要是针对存储方面的，与存储息息相关，对于初学者或者对存储不太熟悉的运维人员来说，建议禁用。本节将简单介绍这两个参数。

1. 处于 PDL 状态的数据存储

什么是处于 PDL 状态？简单来说就是有存储设备处于丢失状态，存储显示为不可用的状态，对于出现这种状态，虚拟机应该如何响应，如图 6-3-26 所示。在生产环境中，如果虚拟机使用的存储处于丢失状态，说明存储可能出现问题，这时虚拟机应该也不能访问，一般来说，建议将其设置为“禁用”。

图 6-3-26

2. 处于 APD 状态的数据存储

什么是处于 APD 状态？主要是存储路径异常导致的存储不可用，对于出现这种状态，虚拟机应该如何响应，如图 6-3-27 所示。与 PDL 状态基本相同，在生产环境中，如果虚拟机使用的存储处于 APD 状态，有可能由于路径问题导致存储不可用，这时虚拟机应该也不能访问，一般来说，建议将其设置为“禁用”。

3. 已禁用 Proactive HA

什么是 Proactive HA？可以将其理解为配置主动 HA，该选项必须配置 DRS 才能编辑，如图 6-3-28 所示。

图 6-3-27

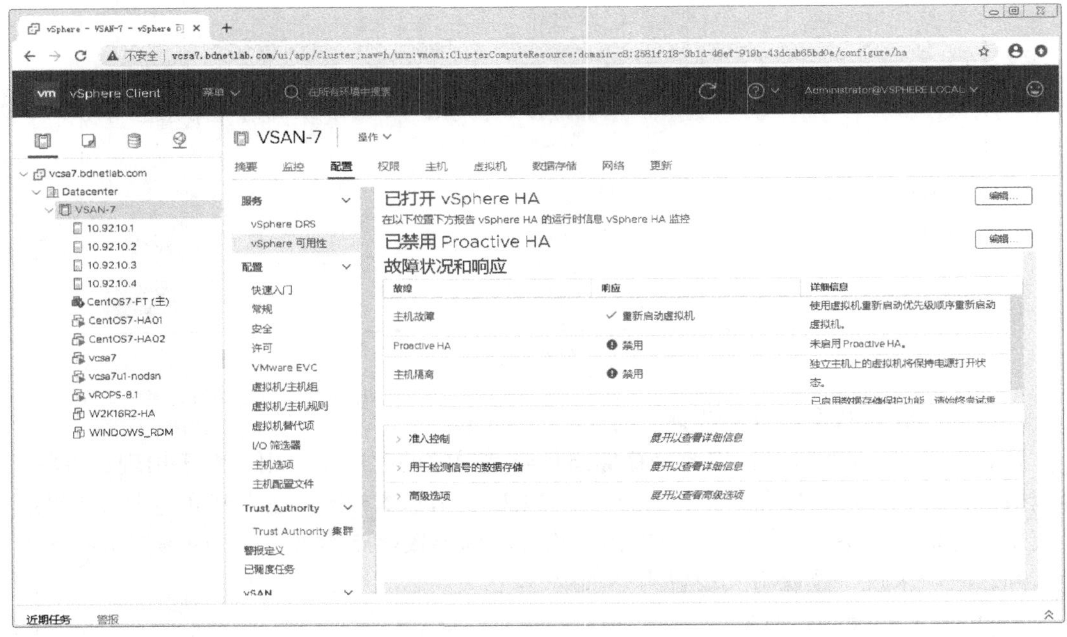

图 6-3-28

默认情况下，Proactive HA 处于未启用状态，如图 6-3-29 所示。

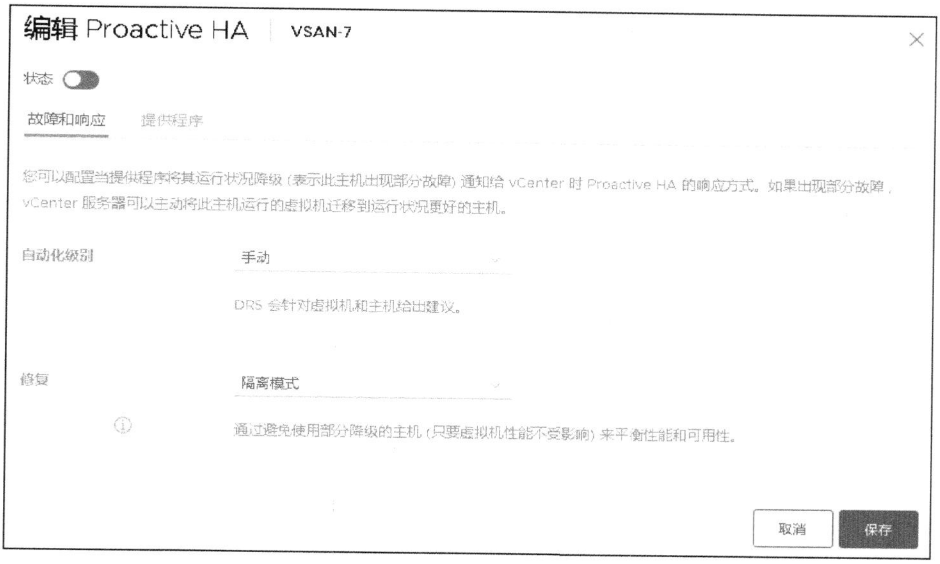

图 6-3-29

启用 Proactive HA 主要有两个选项：自动化级别和修复，如图 6-3-30 所示。“自动化级别”用于确定主机隔离、维护模式及虚拟机迁移是建议还是自动；“修复”是确定部分降级的主机如何使用，例如，让故障主机处于维护模式，虚拟机就不会在该故障主机上运行了。

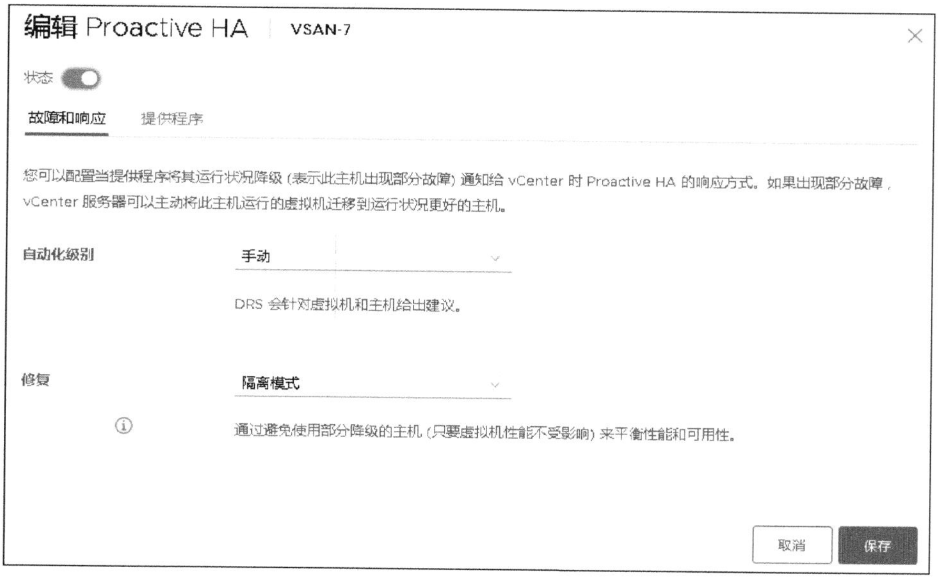

图 6-3-30

至此，调整 HA 其他策略完成，生产环境中建议根据实际情况选择是否使用各种策略。

6.4 配置和使用 FT 功能

FT，全称为 Fault Tolerance，中文翻译为“容错”，可理解为 vSphere 环境下虚拟机的双机热备。FT 高级特性是 VMware vSphere 虚拟化架构中非常让人激动的一个功能。使用 HA 可以实现虚拟机的高可用，但虚拟机重新启动的时间不可控。而使用 FT 就可以成功避免此问题，因为 FT 相当于虚拟机的双机热备，它以主从方式同时运行在两台 ESXi 主机上，如果主虚拟机的 ESXi 主机发生故障，另一台 ESXi 主机上运行的从虚拟机立即接替工作，应用服务不会出现任何的中断。和 HA 相比，FT 更具优势，它几乎将故障的停止时间降到零。特别是 VMware vSphere 7.0 版本虚拟机最多可以使用 8 个 vCPU，极大地增加了 FT 在生产环境中的应用。本节将介绍如何配置和使用 FT。

6.4.1 FT 工作方式

VMware vSphere 5.X 版本中 FT 使用 vLockstep 技术来实现容错，其本质是录制/播放功能。当虚拟机启用 FT 后，虚拟机一主一从同时在两台 ESXi 主机运行，主虚拟机做的任何操作都会立即通过录制播放的方式传递到从虚拟机。也就是说，两台虚拟机所有的操作都是相同的。但由于采用的是录制/播放方式，主从虚拟机会存在一定的时间差（基本可以忽略），这个时间差称为 vLockstep Interval，其值取决于 ESXi 主机的整体性能。当主虚拟机所在的 ESXi 主机发生故障时，从虚拟机立即接替工作，同时提升为主虚拟机，接替的时间在瞬间完成，用户几乎感觉不到后台虚拟机已经发生变化。

从 VMware vSphere 6.7 版本开始，FT 使用新的 Fast Checkpointing 技术来实现容错，取代了 5.X 版本中的 vLockstep 技术。使用 Fast Checkpointing 技术、10GE 网络及分开的 VMDK 文件，可以高效地让虚拟机在两台 ESXi 主机上运行。

VMware vSphere 虚拟化架构中的 FT 技术通过创建和维护与受保护的虚拟机相同，且可在发生故障切换时随时替换此类虚拟机的其他虚拟机，来确保此类虚拟机的连续可用性。受保护的虚拟机称为主虚拟机，另外一台虚拟机称为从虚拟机，也可为称为辅助虚拟机，在其他主机上创建和运行。

由于辅助虚拟机与主虚拟机的执行方式相同，并且辅助虚拟机可以无中断地接管任何点处的执行，因此可以提供容错保护。主虚拟机和辅助虚拟机会持续监控彼此的状态以确保维护 FT。如果运行主虚拟机的 ESXi 主机发生故障，系统将会执行透明故障切换，此时会立即启用辅助虚拟机以替换主虚拟机，启动新的辅助虚拟机，并自动重新建立 FT 冗余。如果运行辅助虚拟机的主机发生故障，则该主机也会立即被替换。在任何情况下，都不会存在服务中断和数据丢失的情况。

主虚拟机和辅助虚拟机不能在相同 ESXi 主机上运行，此限制用来确保 ESXi 主机故障不会导致两个虚拟机都丢失。

6.4.2 FT 的特性

VMware vSphere 7.0 版本中 FT 新增的特性主要如下。

（1）支持虚拟机最多 8 个 vCPU 及最大 64GB 内存。

（2）取代老版本中的 vLockstep 技术，采用全新的 Fast Checkpointing 技术。

（3）使用 Fast Checkpointing 监控网络带宽，检验点的传输时间间隔（2～500ms）。

（4）Fault Tolerance Logging 支持使用 10GE 网络传输。

6.4.3 FT 不支持的功能

FT 提供了最大限度的虚拟机容错，但是由于其自身原因，FT 不支持某些 vSphere 功能。

- FT 不支持虚拟机快照，在虚拟机启用 FT 前，必须移除或提交快照，同时不能对已启用 FT 的虚拟机执行快照。
- FT 不支持已启用 FT 技术的虚拟机使用 Storage vMotion。如果必须是使用 Storage vMotion，应当先暂时关闭 FT，然后执行 Storage vMotion 操作，执行完成后再重新打开 FT。
- FT 不支持在链接克隆的虚拟机上使用 FT，也不能从启用了 FT 技术虚拟机创建链接克隆。
- 如果集群已启用虚拟机组件保护，则会为关闭此功能的容错虚拟机创建替代项。
- FT 不支持基于 vVol 的数据存储。
- FT 不支持基于存储的策略管理。
- FT 不支持 I/O 筛选器。

6.4.4 配置和使用 FT 功能

整体来说，FT 的配置很简单，几步操作就可以完成。生产环境中强烈推荐使用 10GE 网络配置 FT，使用 1Gbit/s 网络运行 FT 会存在报警提示。

第 1 步，选中需要运行 FT 的虚拟机并用鼠标右键单击，在弹出的对话框中选择“Fault Tolerance”中的相应项进行启用，如图 6-4-1 所示。

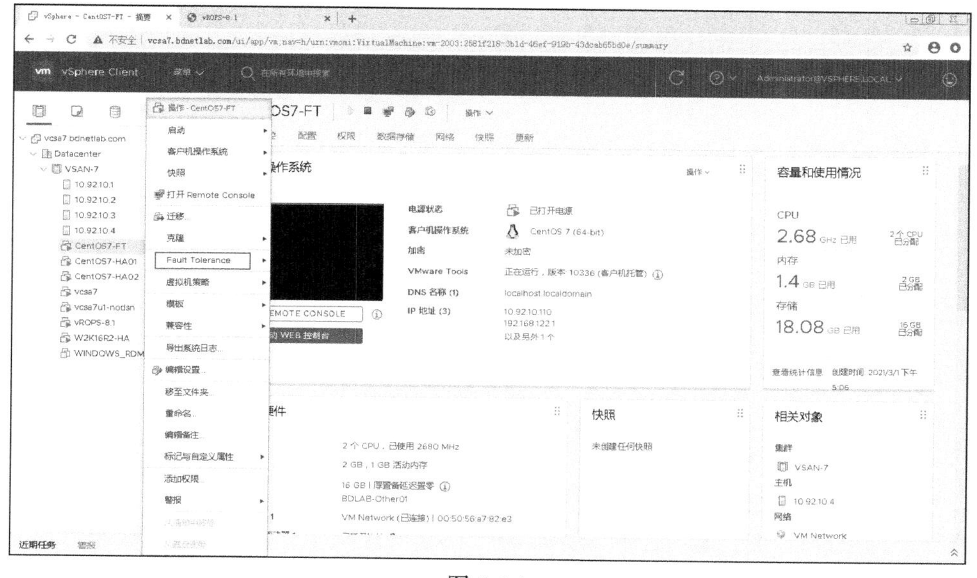

图 6-4-1

第2步，选择辅助虚拟机使用的数据存储，如图6-4-2所示，单击“NEXT”按钮。需要注意的是，不能和主虚拟机使用相同的存储。

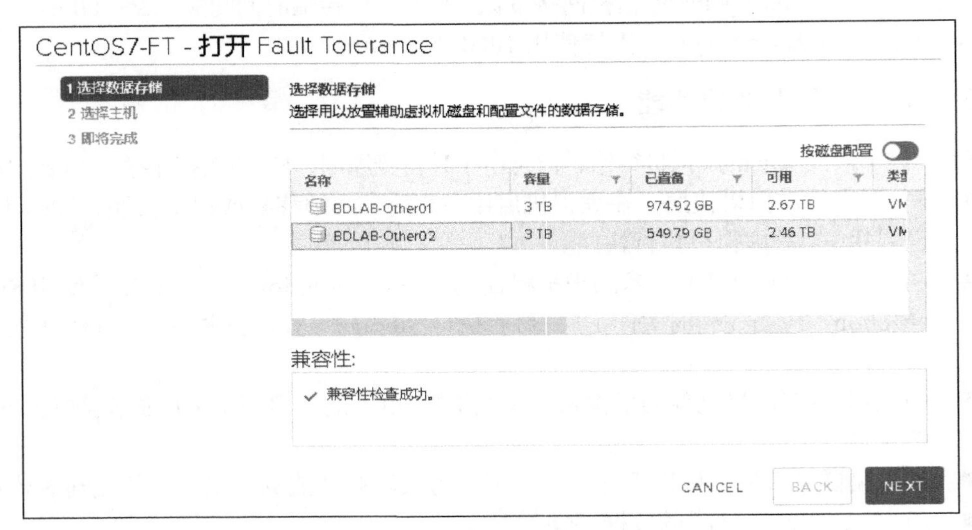

图 6-4-2

第3步，选择辅助虚拟机使用的主机，如图6-4-3所示，单击“NEXT”按钮。

CentOS7-FT - 打开 Fault Tolerance
1 选择数据存储
2 选择主机
3 即将完成
选择主机
为辅助虚拟机选择主机。
显示所有主机
筛选器
名称 ↑
状况
状态
集群
10.92.10.1
已连接
正常
VSAN-7
10.92.10.3
已连接
正常
VSAN-7
2 items
兼容性:
兼容性检查成功。
CANCEL
BACK
NEXT

图 6-4-3

第4步，确认FT参数是否正确，如图6-4-4所示，若正确则单击“FINISH”按钮。

第5步，完成辅助虚拟机的创建，如图6-4-5所示。

第6步，主虚拟机运行在IP地址为10.92.10.3的主机上，如图6-4-6所示。

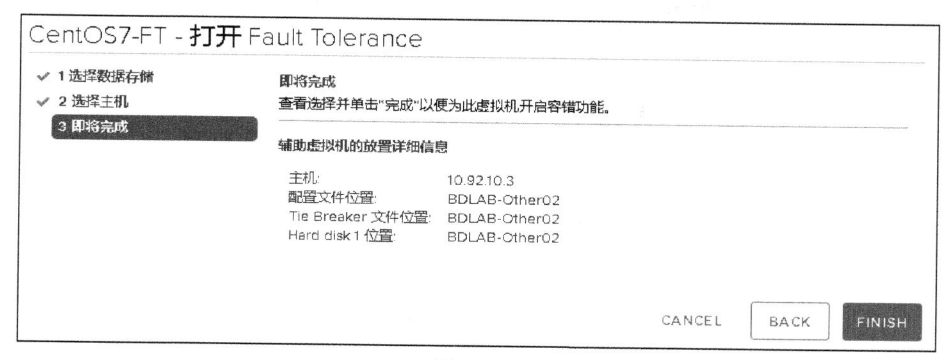

图 6-4-4

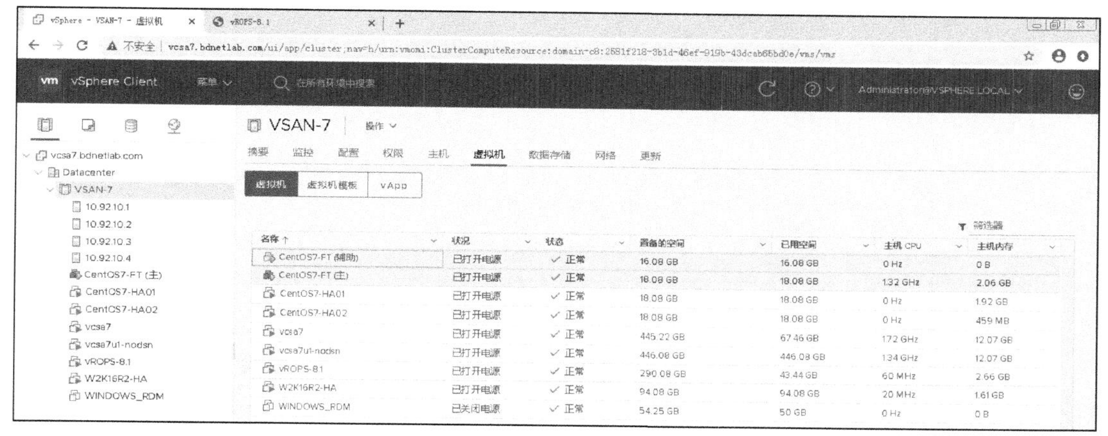

图 6-4-5

图 6-4-6

第 7 步，辅助虚拟机运行在 IP 地址为 10.92.10.4 的主机上，如图 6-4-7 所示。

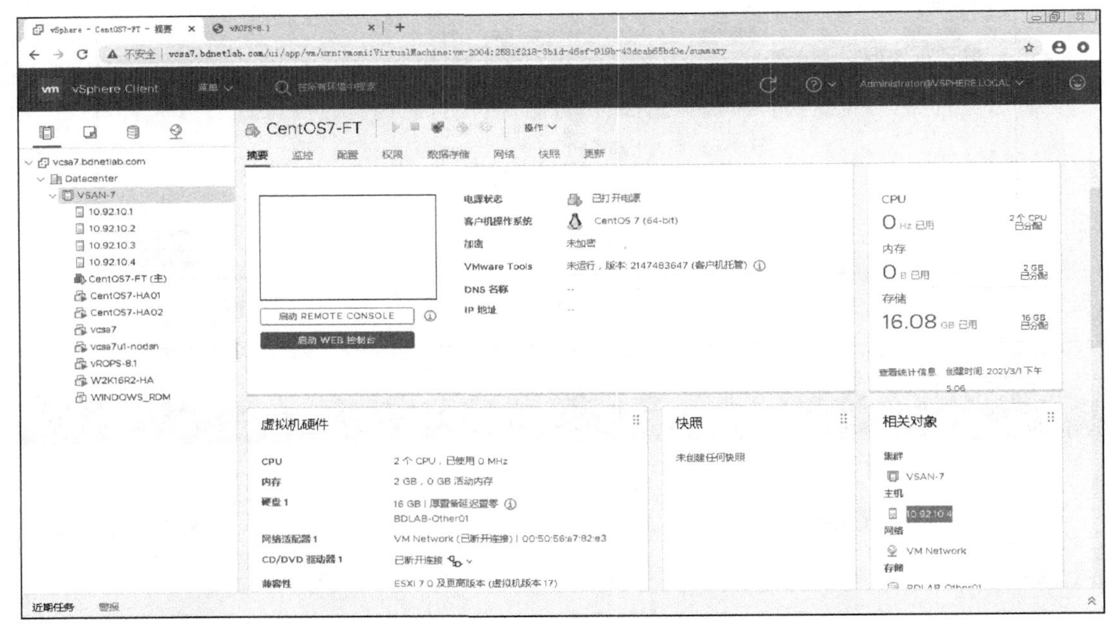

图 6-4-7

第 8 步，当主虚拟机出现故障时，辅助虚拟机会提升为主虚拟机持续提供服务，如图 6-4-8 所示。

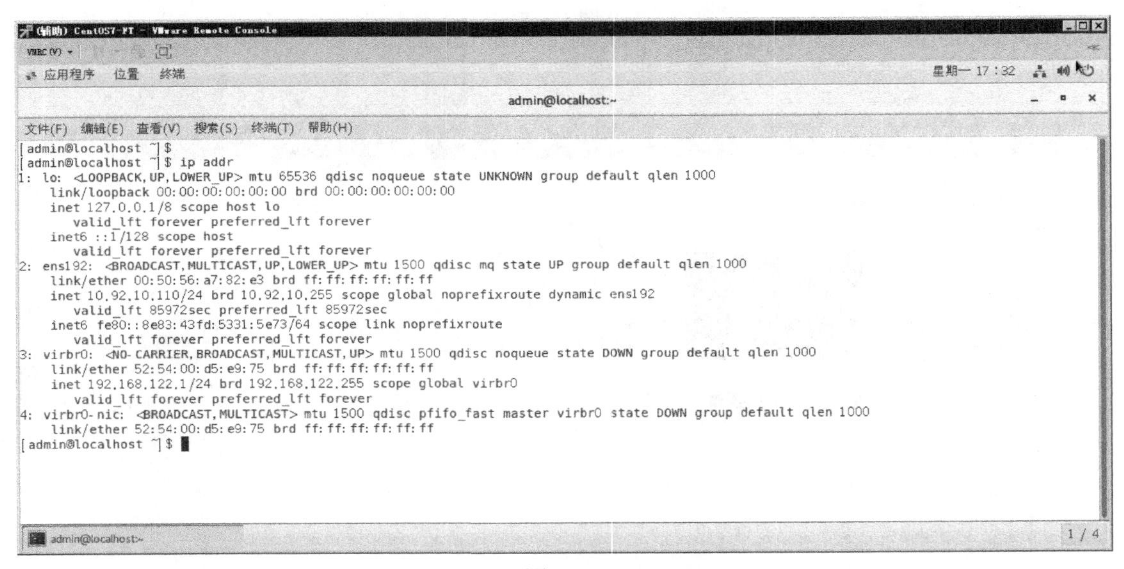

图 6-4-8

至此，虚拟机 FT 配置完成。整体来说，FT 的配置没有难度，FT 与 HA 最大的区别在于不需要虚拟机重新启动，出现故障后辅助虚拟机直接提升为主虚拟机，不间断对外提供服务。需要注意的是，如果主虚拟机出现蓝屏，则辅助虚拟机同样会出现蓝屏。

6.5 本章小结

本章介绍了 VMware vSphere 各种高级特性的使用，这些特性可以最大程度保证虚拟机的正常工作，在生产环境中可以根据实际情况进行配置和使用。对于各种高级特性的使用，还需要注意以下几点事项。

1. 生产环境中使用 vMotion 的注意事项

（1）生产环境推荐使用专用的网卡运行 vMotion 流量，特别要注意的是，iSCSI 流量尽量避免与 vMotion 一起运行。

（2）生产环境中不要同时迁移过多的虚拟机，不然可能会影响虚拟化架构的整体运行。可以查看前面章节中 1Gbit/s、10GE 网络并发迁移虚拟机的数量。

（3）生产环境中所有 ESXi 主机要配置好目标网络，不要出现迁移完成后虚拟机网络无法使用的情况。

（4）对于虚拟机存储的迁移，其迁移的速度受虚拟机容量、网络、存储服务器等影响，其迁移速度不可控。

（5）对于跨存储迁移，如从 iSCSI 存储迁移 FC 存储，一定要做好评估，建议在服务器访问量小的时候进行，这样整体影响较小，迁移过程中不会出现太多的问题。

2. 生产环境如何选择 HA 准入控制策略

HA 准入控制策略相当重要，应当基于可用性需求和集群的特性选择 vSphere HA 准入控制策略。选择准入控制策略时，应当考虑以下因素。

（1）选择什么样的准入控制策略

生产环境中比较常见的是选择按静态主机数量定义故障切换容量、预留一定百分比的集群资源来定义故障切换容量这两种策略。选择前者的话，如果集群中某一台虚拟机所需的 CPU 或内存资源较大，而其他虚拟机所需的 CPU 或内存资源比较平均，会影响到 ESXi 主机支持的插槽数量计算。因此，如果集群中虚拟机所需的 CPU 和内存资源差距较大，推荐使用预留一定百分比的集群资源来定义故障切换容量策略，而不使用前者。

（2）避免资源碎片

当集群有足够资源用于虚拟机故障切换时，将出现资源碎片。但是，这些资源位于多个主机上并且不可用，因为虚拟机一次只能在一个 ESXi 主机上运行。通过将插槽定义为虚拟机最大预留值，“集群允许的主机故障数目”策略的默认配置可避免资源碎片。“集群资源的百分比”策略不解决资源碎片问题。“指定故障切换主机”策略不会出现资源碎片，因为该策略会为故障切换预留主机。

（3）故障切换资源预留的灵活性

为故障切换保护预留集群资源时，准入控制策略所提供的控制粒度会有所不同。“集群允许的主机故障数目”策略允许设置多个主机作为故障切换级别。“集群资源的百分比”策略最多允许指定 100%的集群 CPU 或内存资源用于故障切换。通过“指定故障切换主机”策略可以指定一组故障切换主机。

（4）集群的异构性

从虚拟机资源预留和主机总资源容量方面而言，集群可以异构。在异构集群内，“集群允许的主机故障数目”策略可能过于保守，因为在定义插槽大小时它仅考虑最大虚拟机预留，而在计算当前故障切换容量时也假设最大主机发生故障。其他两个准入控制策略不受集群异构性影响。

3. 生产环境中虚拟机 FT 注意事项

（1）VMware vSphere 7.0 版本提高对了 vCPU 数量支持，最多可以支持 8 个 vCPU，已经能够满足生产环境中虚拟机的基本需求。但需要注意的是，对不同 VMware vSphere 版本的支持存在差异。

（2）生产环境使用 FT 技术，强烈推荐使用专用的 10GE 网络承载 FT，在 1Gbit/s 网络下使用会出现提示。同时，也建议使用不同的存储来存放虚拟机文件，避免主、辅助虚拟机使用相同的存储。

（3）生产环境使用 FT 技术，结合 HA 等其他高级特性，同时也需要注意一个问题，如 Windows 常见的蓝屏，如果主虚拟机出现蓝屏，则辅助虚拟机同样会出现蓝屏。

（4）一些运维人员认为 FT 技术过于鸡肋，从技术角度上来看，FT 技术整体来说不错，一些虚拟机使用了程序本身自带的冗余技术可以不考虑 FT，但是，对于一些虚拟机没有使用程序本身的冗余而又要求高可用时，FT 技术就比较实用，但需要注意 vCPU 的支持。

6.6　本章习题

1. 请详细描述 vMotion、DRS、HA、FT 的具体功能。
2. 无共享存储是否能实现 vMotion 迁移?
3. 如果没有启用 EVC，可能导致什么后果?
4. HA 准入控制配置错误，可能导致什么后果?
5. 使用 HA 准入控制默认值，是否能够准确反应集群负载的真实情况?
6. 用于 HA 准入控制存储信号检测的共享存储仅有 1 个，是否对 HA 有影响?
7. FT 可以将虚拟机高可用性提升至高标准，对于 vCenter Server 能否配置启用 FT?
8. ESXi 主机仅有 1Gbit/s 的网卡，能否启用 FT?

第 7 章　配置性能监控

构建 VMware vSphere 虚拟化架构后，对于运维人员来说，性能监控是其日常工作。VMware vSphere 本身内置了大量的监控方式，如果内置的监控工具不能满足需要，可以考虑使用专业的 vRealize Operations Manager 监控。本章将介绍如何使用内置监控工具，以及部署和使用 vRealize Operations Manager。

【本章要点】

- 使用内置监控工具
- 部署和使用 vRealize Operations Manager

7.1　使用内置监控工具

VMware vSphere 虚拟化架构提供了内置的监控工具。运维人员可以通过登录 vCenter Server 查看基于数据中心、集群、ESXi 主机及虚拟机的监控，当触发监控后，系统会给出相应的提示，这时需要运维人员根据提示进行处理。

7.1.1　使用基本监控工具

不少运维人员忽略基本的监控，基本的监控可以很直观地看到整个 VMware vSphere 虚拟化架构负载情况。

第 1 步，查看 vCenter Server 中的主机和集群，可以看到该 vCenter Server 管理的所有设备；查看主机，可以看到该 vCenter Server 所有 ESXi 主机资源使用信息，如图 7-1-1 所示。

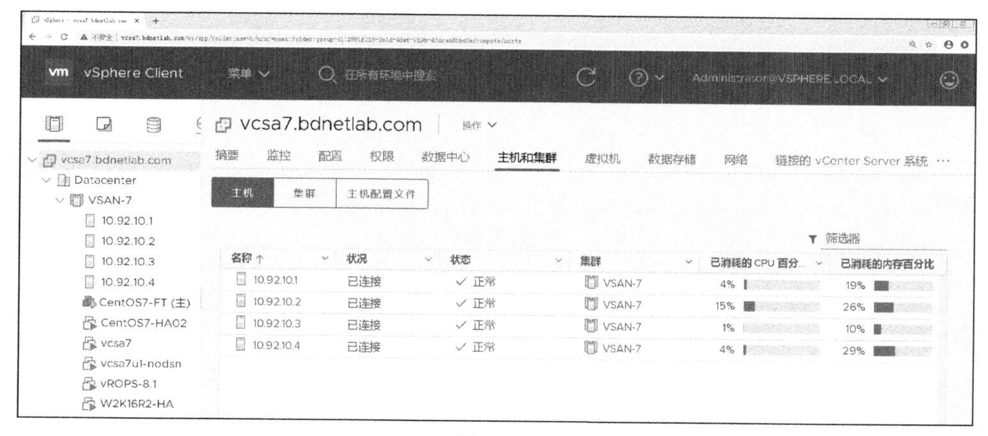

图 7-1-1

第 2 步，查看集群，可以看到该 vCenter Server 所有集群资源使用信息，如图 7-1-2 所示。

图 7-1-2

第 3 步，查看 vCenter Server 中的虚拟机，可以看到该 vCenter Server 管理的所有虚拟机信息，如图 7-1-3 所示。

图 7-1-3

第 4 步，查看 vCenter Server 中的数据存储，可以看到该 vCenter Server 管理的所有存储信息，如图 7-1-4 所示。

第 5 步，查看 vCenter Server 中的网络，可以看到该 vCenter Server 管理的所有网络信息，如图 7-1-5 所示。

图 7-1-4

图 7-1-5

这就是 VMware vSphere 中最基本的监控工具，通过这些基本的监控工具，可以很直观、简洁地查看整个 VMware vSphere 虚拟化架构的资源使用及负载情况。显然，基本的监控工具是无法满足日常运维的，下面继续学习其他监控工具的使用。

7.1.2 使用性能监控工具

VMware vSphere 内置了性能监控工具，可以基于数据中心、集群、ESXi 主机及虚拟机，提供多维度的性能监控图表，帮助运维人员更好地了解整体的性能。

第 1 步，查看 vCenter Server 性能概览图表，图表显示了最近一天 CPU、内存等的使用情况。如图 7-1-6 所示，可以根据需要查看的项目调整查询参数。

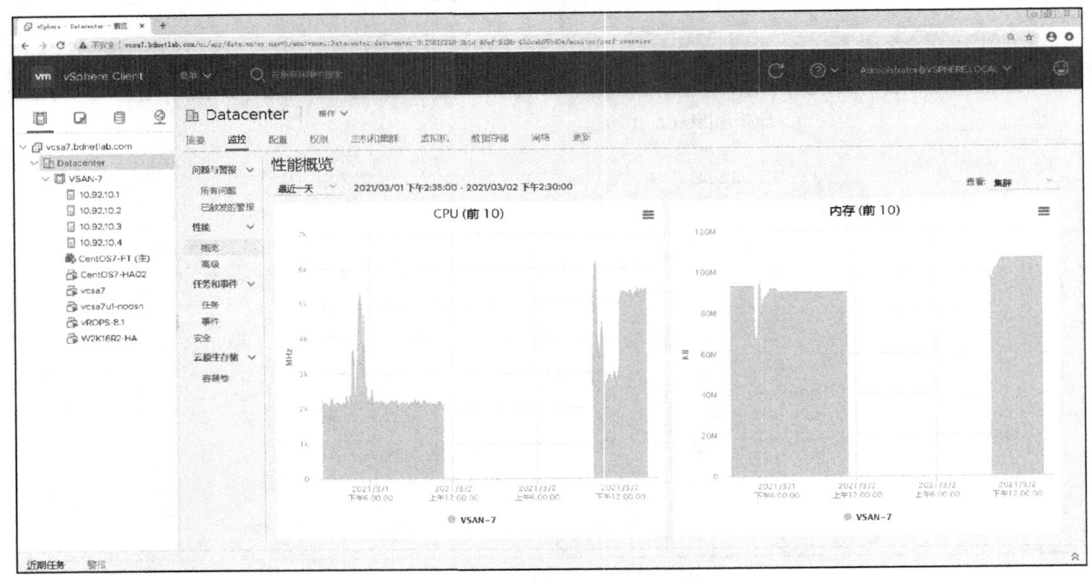

图 7-1-6

第 2 步，查看集群的性能概览图表，图表显示了最近一天集群 CPU、内存等的使用情况。如图 7-1-7 所示，可以根据需要查看的项目调整查询参数。

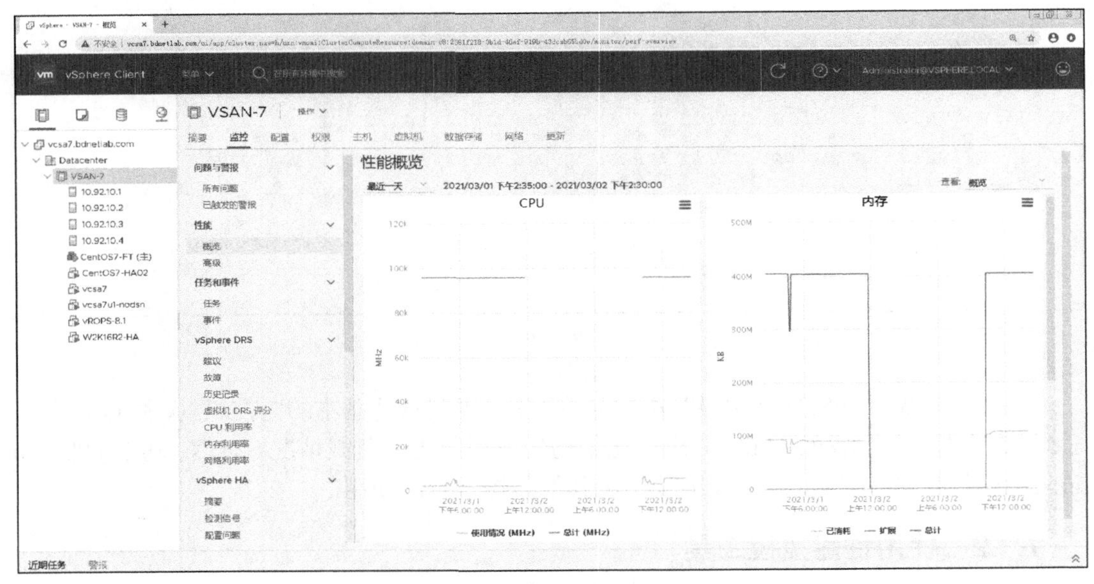

图 7-1-7

第 3 步，查看性能中的高级性能图表，图表显示了最近一天虚拟机的操作情况。如图 7-1-8 所示，可以根据需要查看的项目调整查询参数。

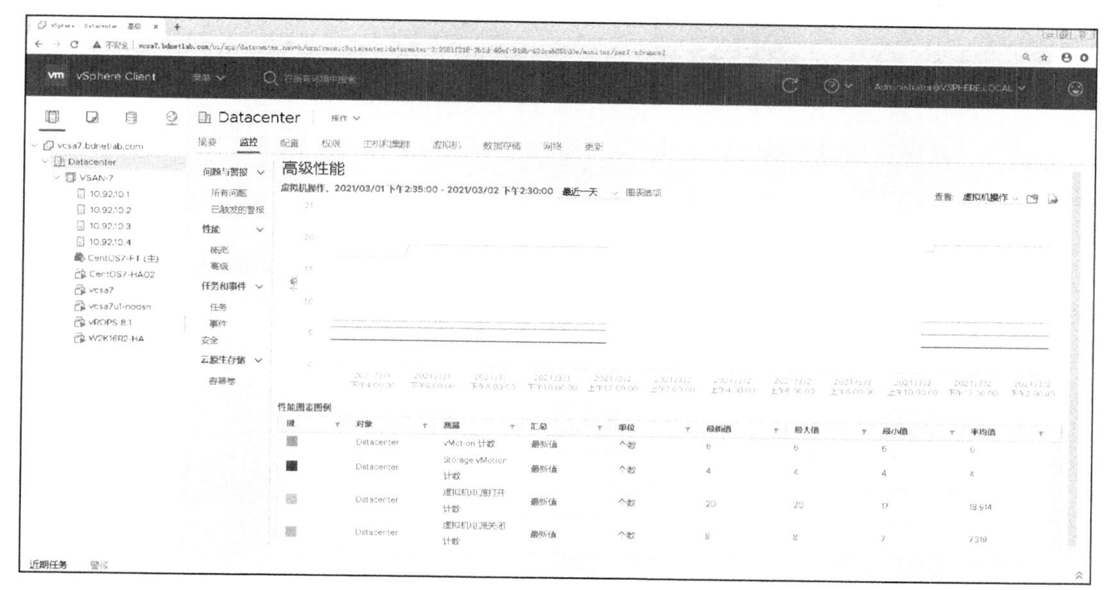

图 7-1-8

第 4 步，查看 ESXi 主机性能概览图表，其显示了实时 CPU、内存等的使用情况。如图 7-1-9 所示，可以根据需要查看的项目调整查询参数。

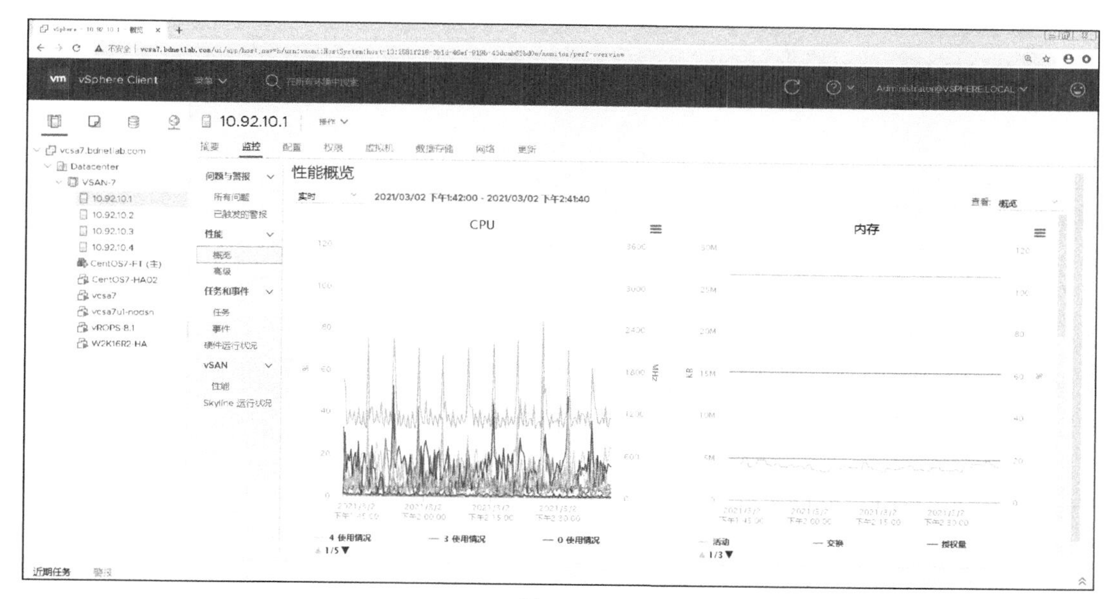

图 7-1-9

第 5 步，查看 ESXi 主机高级性能图表，高级图表显示了实时网络使用情况。如图 7-1-10 所示，可以根据需要查看的项目调整查询参数。

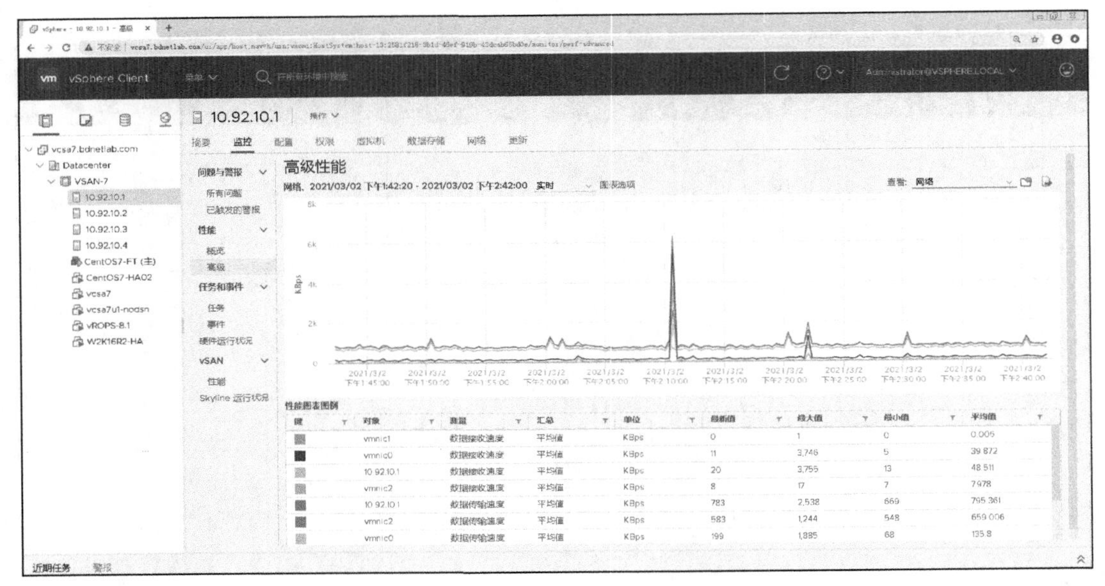

图 7-1-10

第 6 步，查看虚拟机的性能概览图表，图表显示了实时 CPU、内存等的使用情况。如图 7-1-11 所示，可以根据需要查看的项目调整查询参数。

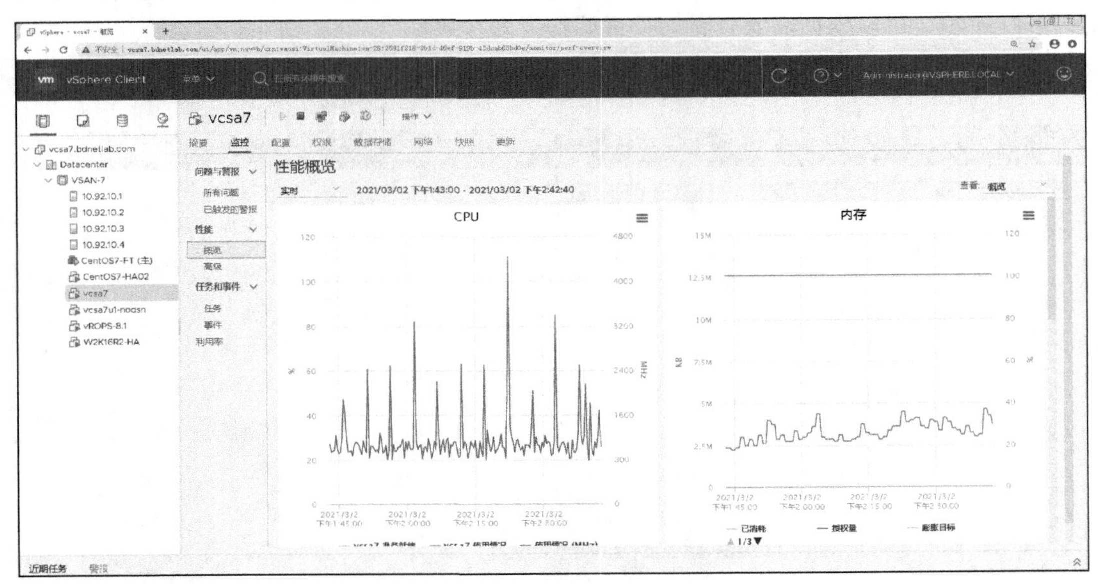

图 7-1-11

第 7 步，查看虚拟机高级性能图表，图表显示了实时内存使用情况。如图 7-1-12 所示，可以根据需要查看的项目调整查询参数。

使用性能监控工具可以提供多维度的性能监控图表，运维人员可以根据生产环境中的实际情况，调整使用不同的参数监控 VMware vSphere 虚拟化环境，这样可以更好地了解整体的性能。

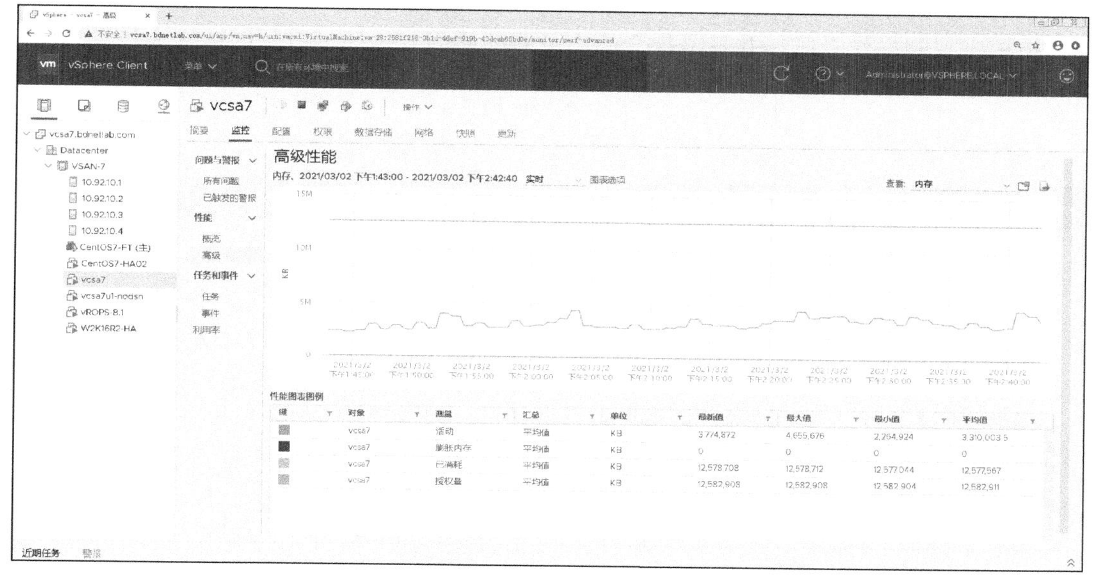

图 7-1-12

7.1.3 使用任务和事件监控工具

前一小节学习了如何使用性能监控工具，在生产环境中对任务和事件监控工具的掌握和了解非常重要。任务和事件监控工具记录了 VMware vSphere 虚拟化架构的整体运行情况，作为运维人员需要学会通过查看任务和事件来判断与处理问题。

第 1 步，查看 vCenter Server 监控任务，可以看到该 vCenter Server 下执行的所有任务，包括创建虚拟机、打开虚拟机电源等，如图 7-1-13 所示。

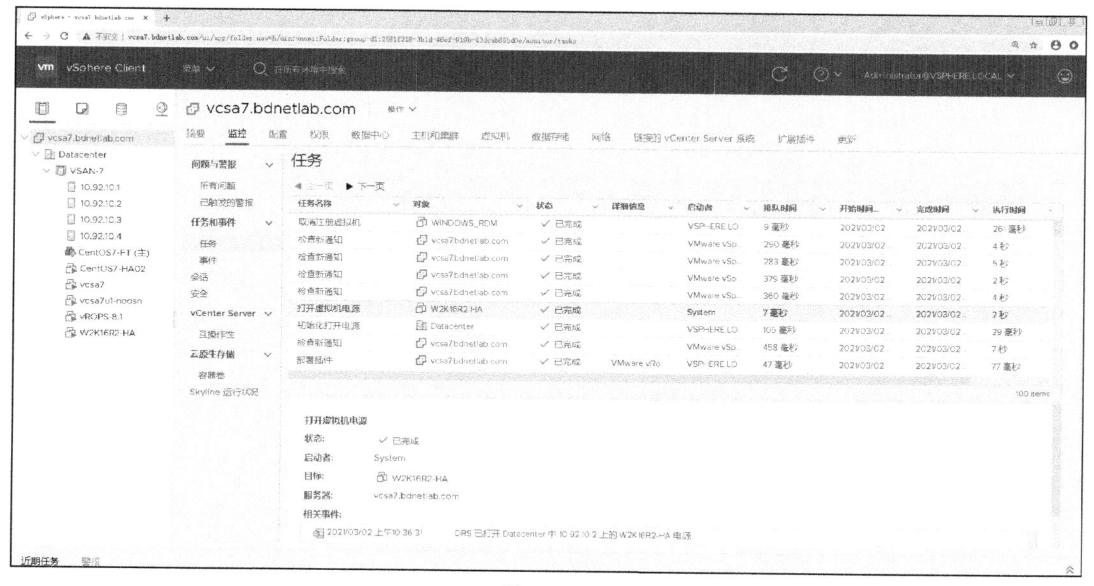

图 7-1-13

第 2 步，查看 vCenter Server 监控事件，可以看到该 vCenter Server 下执行的所有事件，如虚拟机未找到操作系统，并且事件会给出可能的原因，这样可以帮助运维人员进行问题处理，如图 7-1-14 所示。

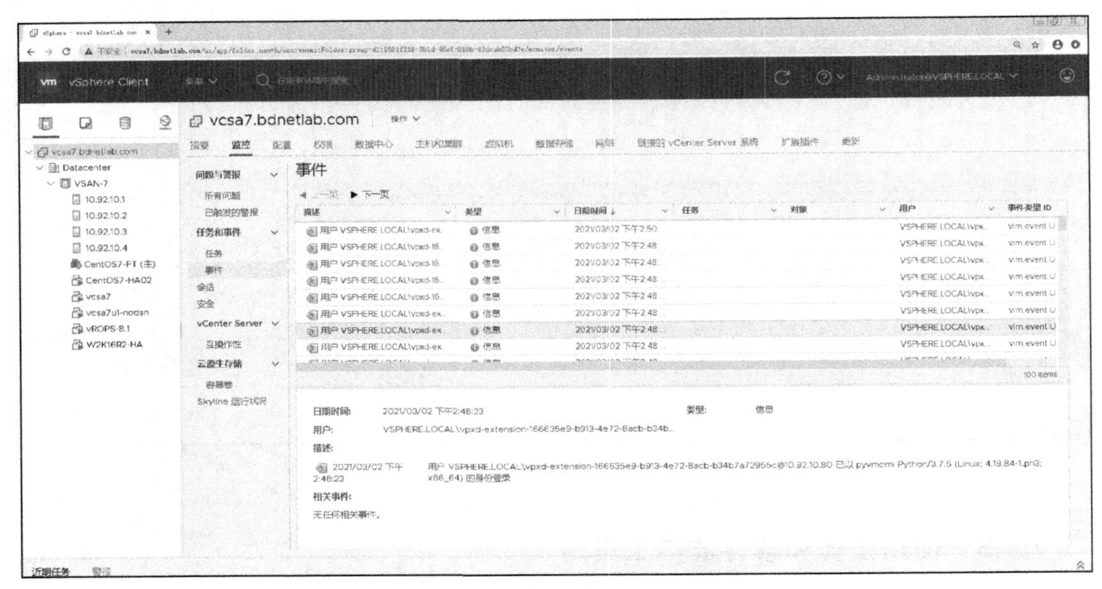

图 7-1-14

第 3 步，查看数据中心监控任务，可以看到该数据中心下执行的所有任务，如图 7-1-15 所示。

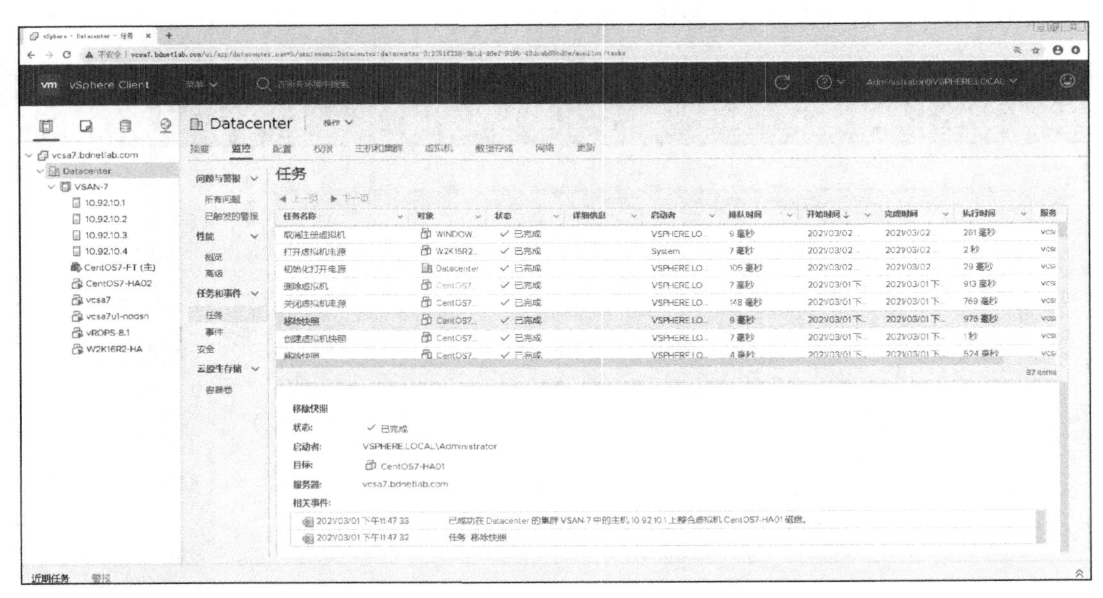

图 7-1-15

第 4 步，查看数据中心监控事件，可以看到该数据中心下执行的所有事件，如图 7-1-16 所示。

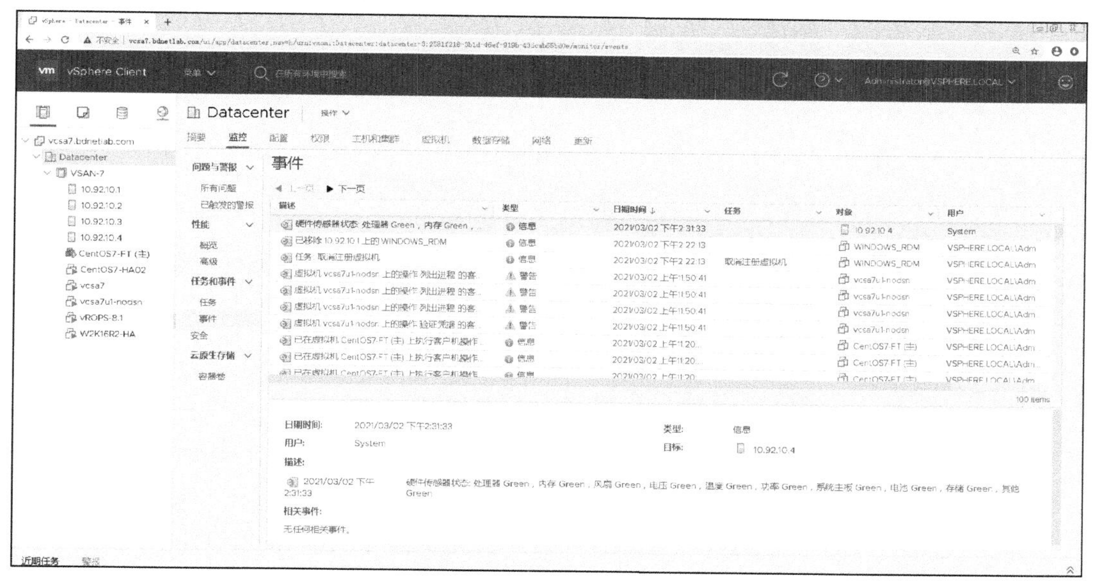

图 7-1-16

第 5 步，查看集群监控任务，可以看到该集群下执行的所有任务，如关闭虚拟机电源，如图 7-1-17 所示。

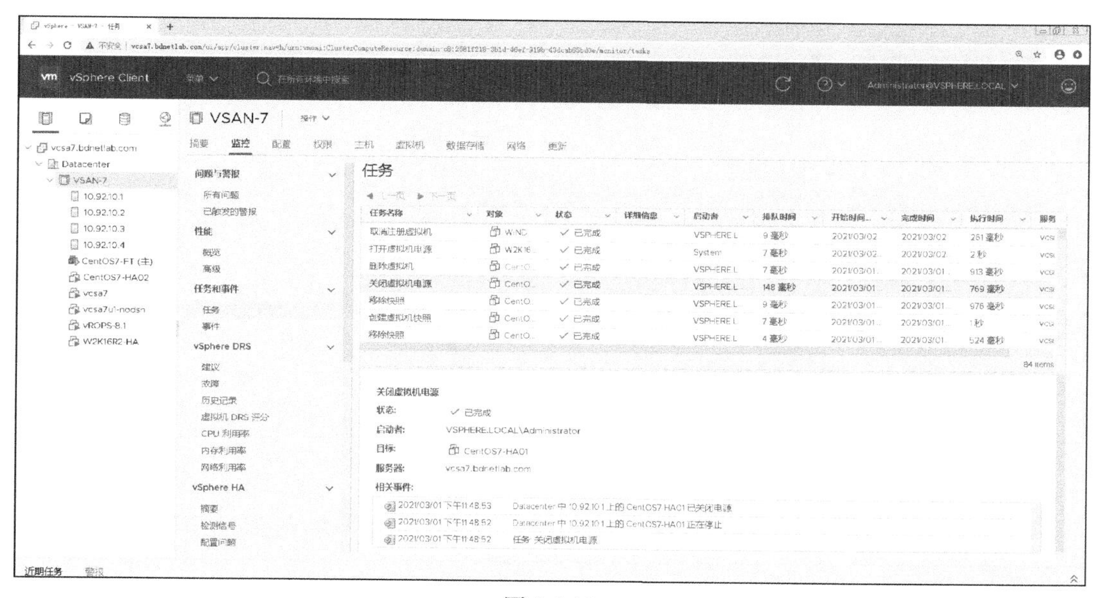

图 7-1-17

第 6 步，查看集群监控事件，可以看到该集群下执行的所有事件，如图 7-1-18 所示。

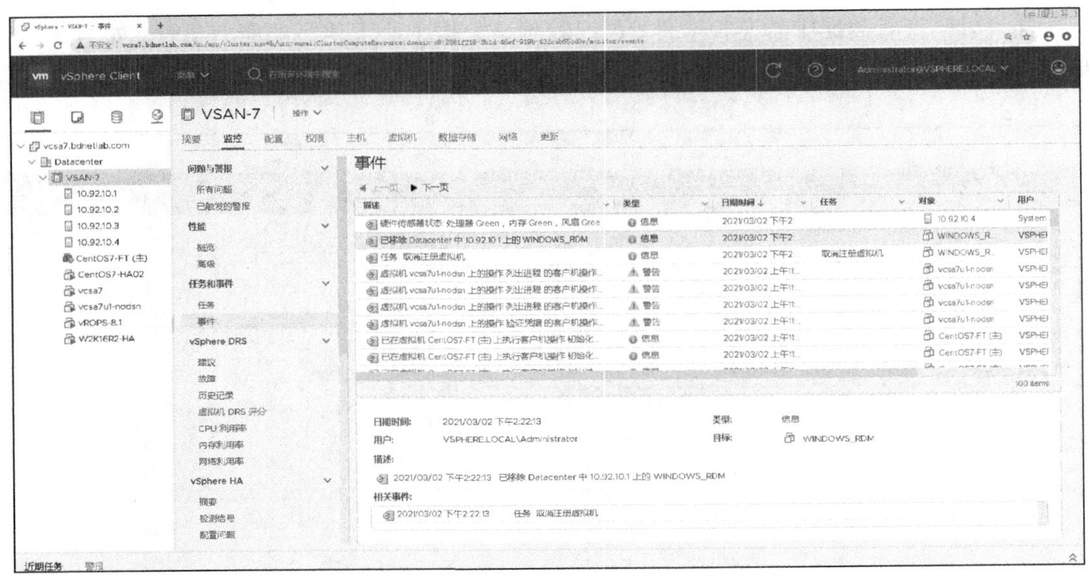

图 7-1-18

第 7 步，查看 ESXi 主机监控任务，可以看到该 ESXi 主机下执行的所有任务，如图 7-1-19 所示。

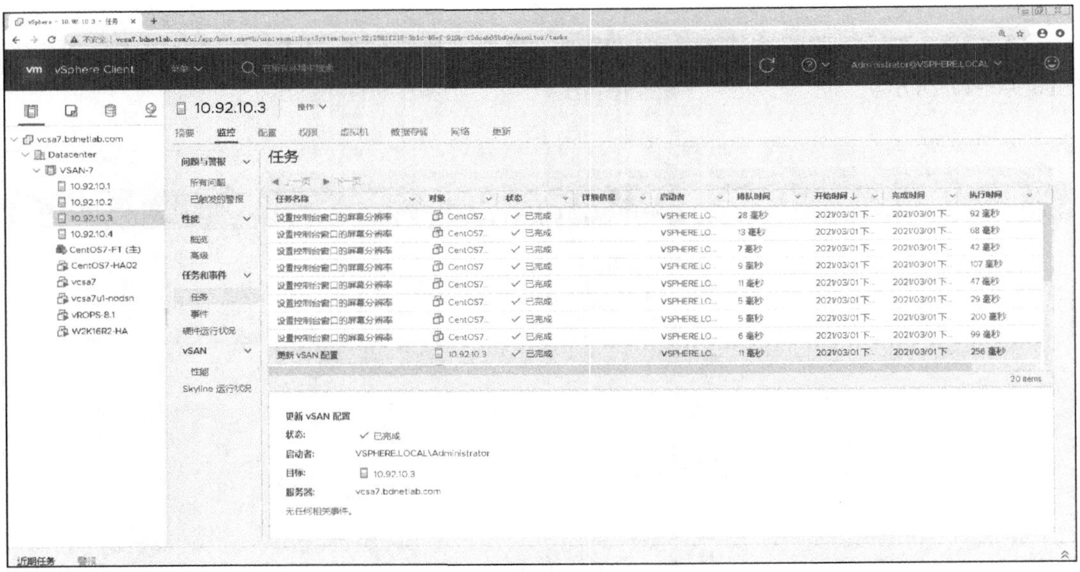

图 7-1-19

第 8 步，查看 ESXi 主机监控事件，可以看到该 ESXi 主机下执行的所有事件，如图 7-1-20 所示。

第 9 步，对于 ESXi 主机来说，“任务和事件”中增加了“硬件运行状况”选项，它可以用来显示 ESXi 主机的硬件运行信息。图 7-1-21 显示了从物理服务器传感器收集的各种硬件状况。

第 10 步，查看 ESXi 主机硬件运行状况中的存储传感器信息，如图 7-1-22 所示。

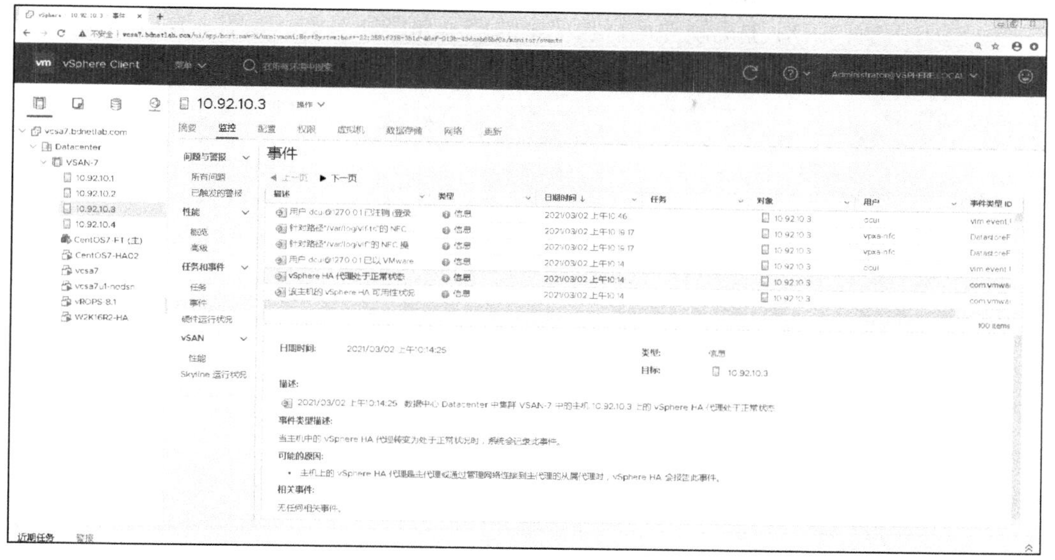

图 7-1-20

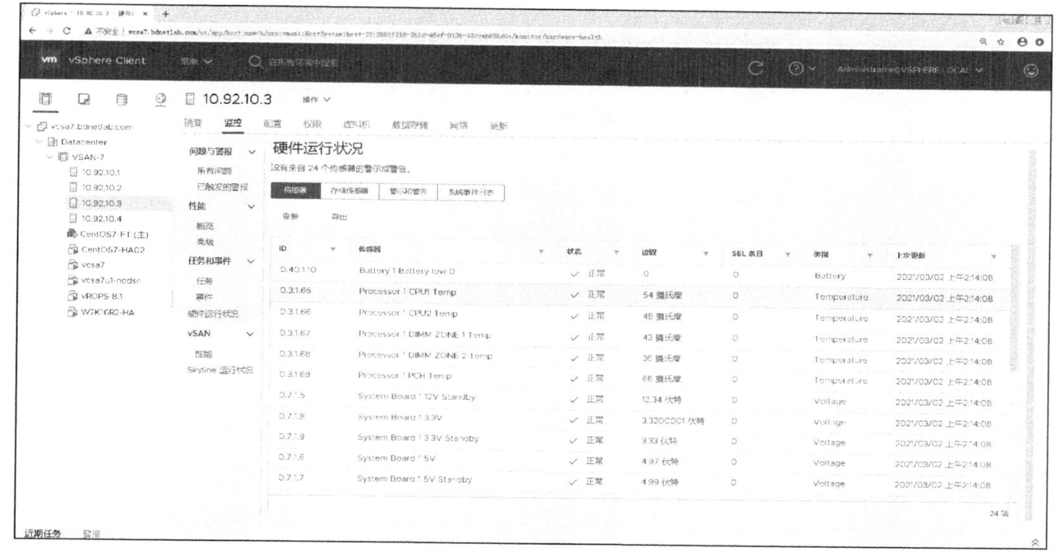

图 7-1-21

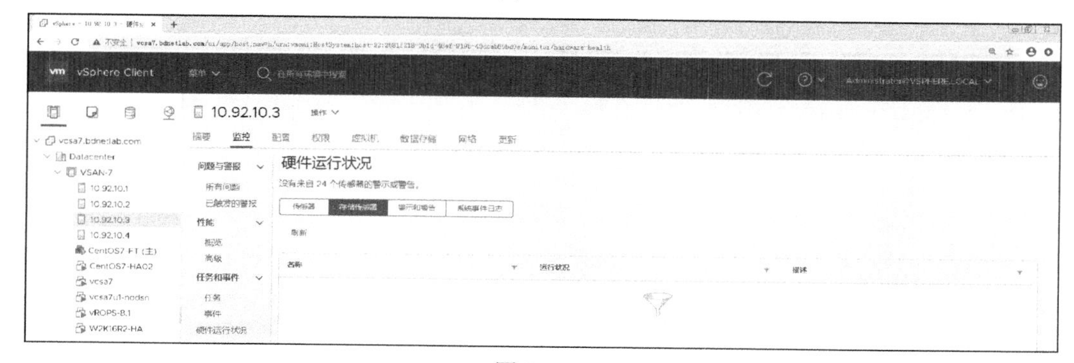

图 7-1-22

第 11 步，查看 ESXi 主机硬件运行状况中的警示和警告信息，如图 7-1-23 所示。

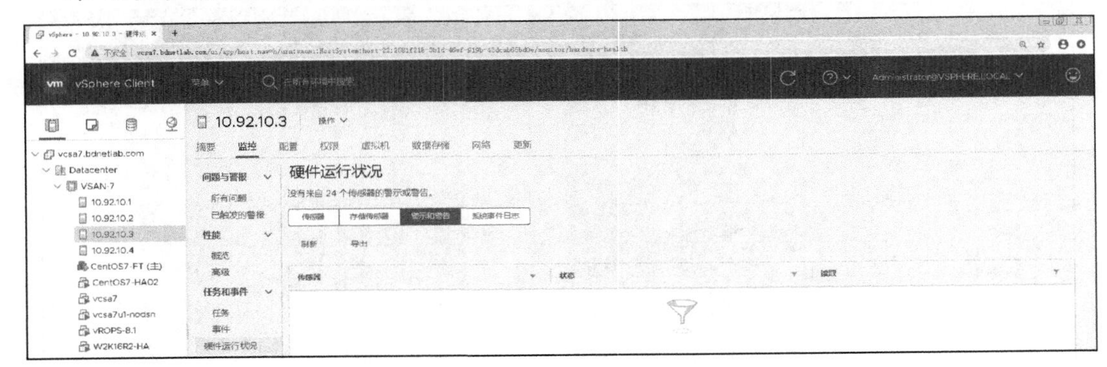

图 7-1-23

第 12 步，查看 ESXi 主机硬件运行状况中的系统事件日志信息，如图 7-1-24 所示。

图 7-1-24

第 13 步，查看虚拟机监控任务，可以看到该虚拟机下执行的所有任务，如图 7-1-25 所示。

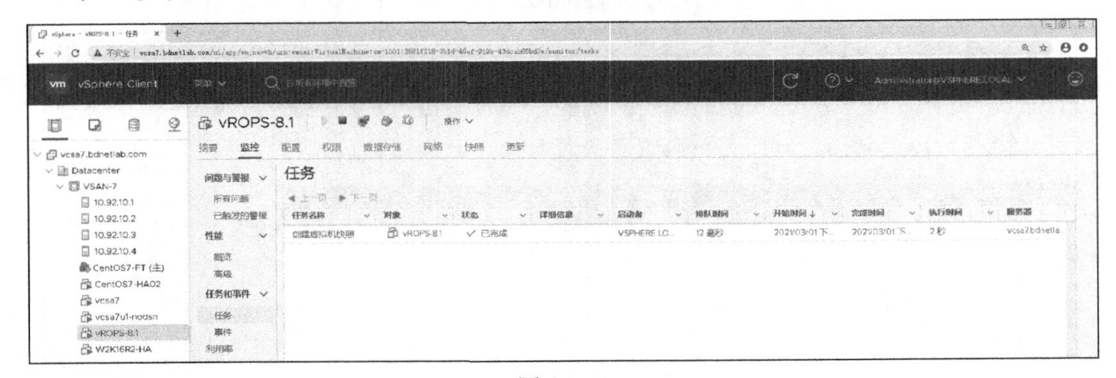

图 7-1-25

第 14 步，查看虚拟机监控事件，可以看到该虚拟机下执行的所有事件，如图 7-1-26 所示。

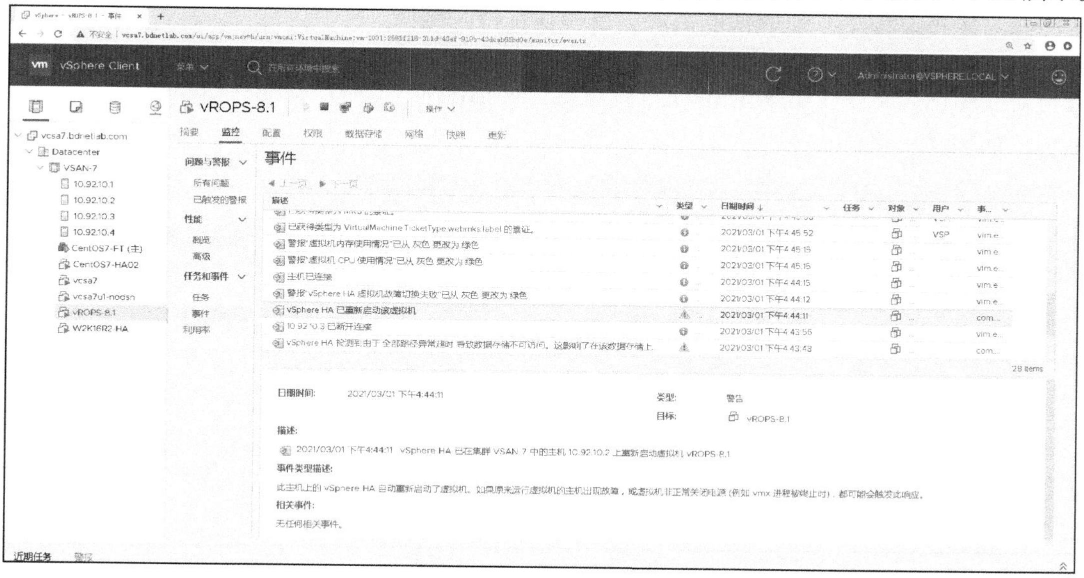

图 7-1-26

第 15 步，对于虚拟机来说，“任务和事件”中增加了“利用率”选项，它可以用来显示虚拟机硬件资源的使用信息，如图 7-1-27 所示。

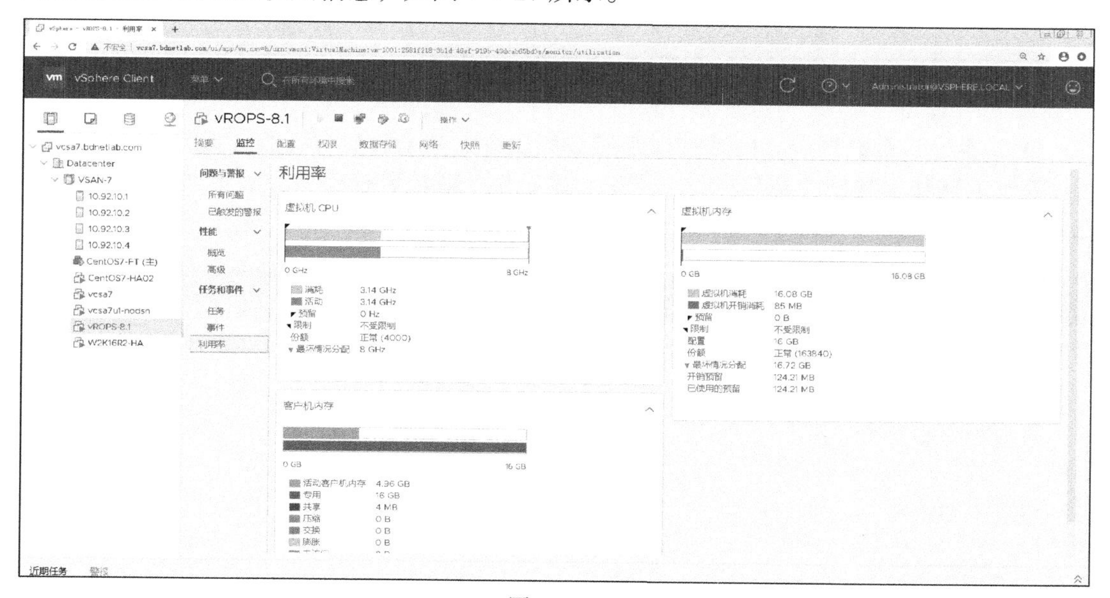

图 7-1-27

使用任务和事件监控工具可以更加细致地查看 VMware vSphere 虚拟化架构整体的运行状况，包括各种任务和事件。学习并掌握任务和事件监控工具能够帮助运维人员更好地解决问题。

7.1.4 使用问题与警报监控工具

VMware vSphere 虚拟化架构内置了常用的警报提示，包括 vCenter Server、数据中心、集群、ESXi 主机及虚拟机的警报提示，用户无须单独配置，可以直接使用。学习并掌握内置问题与警报监控工具能够帮助运维人员快速定位问题。

第 1 步，查看 vCenter Server 内置警报定义，可以看到基于 vCenter Server 的警报定义条目有 273 项，基本上涵盖了 vCenter Server、数据中心、集群、主机、虚拟机的监控警报项目，如图 7-1-28 所示。

图 7-1-28

第 2 步，查看数据中心内置警报定义，可以看到基于数据中心的警报定义条目有 211 项，基本上涵盖了数据中心、集群、主机、虚拟机的监控警报项目，如图 7-1-29 所示。

图 7-1-29

第 3 步，查看集群内置警报定义，可以看到基于集群的警报定义条目有 198 项，基本上涵盖了集群、主机、虚拟机的监控警报项目，如图 7-1-30 所示。

图 7-1-30

第 4 步，查看 ESXi 主机内置警报定义，可以看到基于 ESXi 主机的警报定义条目有 44 项，基本上涵盖了主机的监控警报项目，如图 7-1-31 所示。

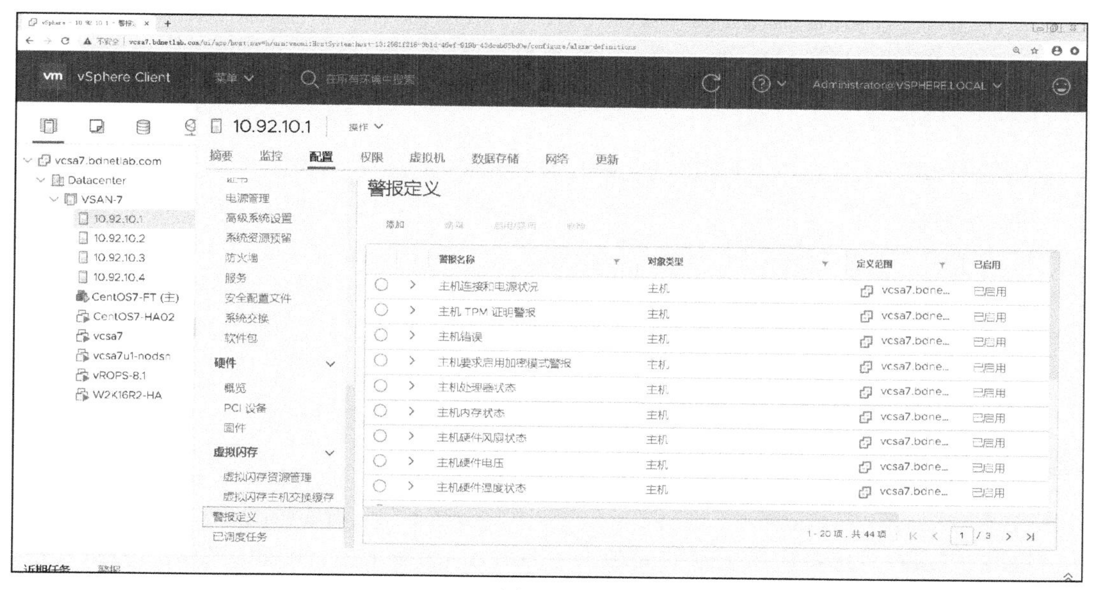

图 7-1-31

第 5 步，查看虚拟机内置警报定义，可以看到基于虚拟机的警报定义条目有 17 项，基本上涵盖了虚拟机的监控警报项目，如图 7-1-32 所示。

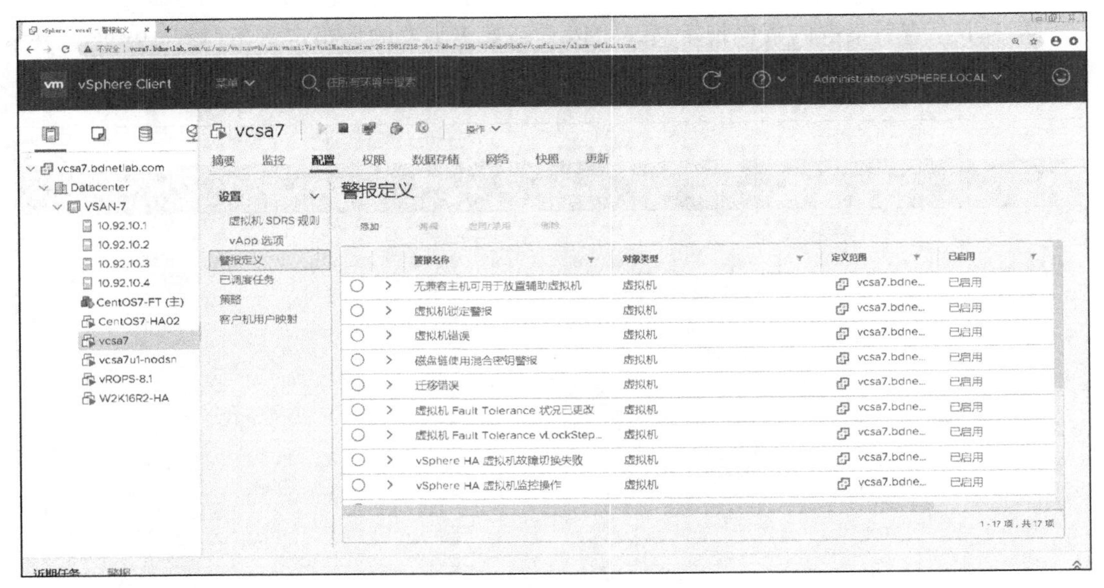

图 7-1-32

第 6 步，了解警报定义后可以在监控中查看所有问题与警报，如果出现警报，会在已触发的警报中显示。图 7-1-33 所示为 vCenter Server 已触发的警报，目前为空白状态。

图 7-1-33

第 7 步，查看虚拟机所出现的问题，如图 7-1-34 所示，目前的问题是虚拟机未安装 VMware Tools。

至此，使用各种内置工具监控 VMware vSphere 虚拟化架构基本介绍完毕。对于运维人员来说，学习并掌握这些内置工具是必须的。这些监控工具可以帮助人们判断问题、定位问题及解决问题。

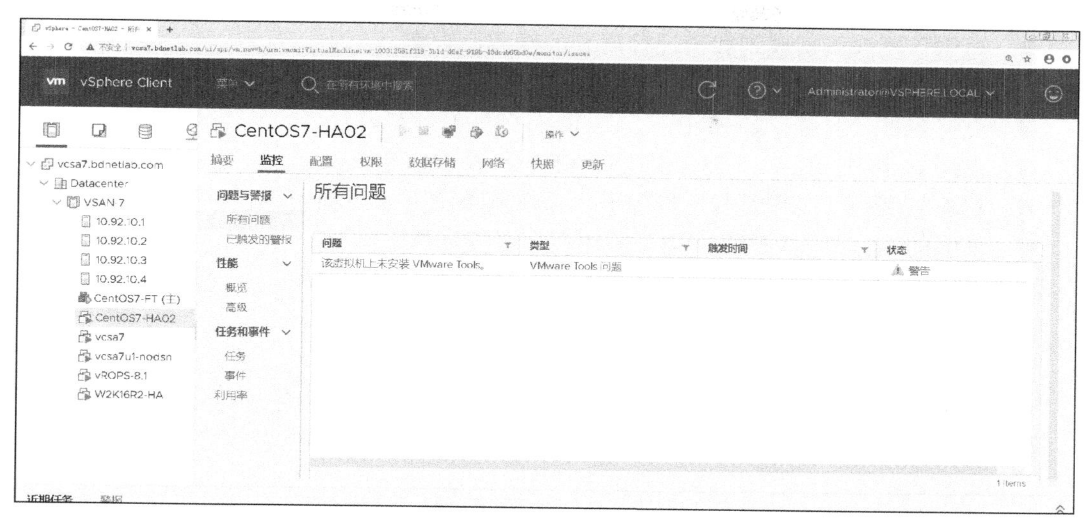

图 7-1-34

7.2 部署和使用 vRealize Operations Manager

vRealize Operations Manager 8.1 是 VMware 推出的基于云计算平台的管理工具。它专注于性能优化、容量管理，支持多个云的智能修复、其他合规性和增强型 Wavefront 集成。需要说明的是，vRealize Operations Manager 8.1 配置和使用相对复杂。本节只对其部署和使用进行基本的介绍。

7.2.1 vRealize Operations Manager 介绍

开始部署和使用 vRealize Operations Manager 之前，有必要了解 vRealize Operations Manager 8.1 的功能特性。以下是其关键特性和功能。

1. 持续性能优化

- 基于业务意图（如利用率、合规性和许可证成本）的跨集群完全自动化工作负载均衡。
- 与 vRealize Automation 集成，可实现初始和持续的工作负载安置。
- 基于主机安置，根据集群内的业务意图和工作负载安置来自动执行 DRS。
- 能够检测和修复业务目标中定义的放置标记违规。

2. 选项完全自动化的工作负载重放历史优化

- 用于适当调整容量不足和容量过剩的工作负载的新工作流，可确保提高性能和效率。
- 高效的容量管理。
- 针对日历感知的容量分析增强功能。
- 更智能的数据权重功能，可在不损失周期性的情况下为最近的容量变化提供更多权重。
- 增强的容量回收工作流，可轻松访问历史容量利用率。
- 增强的假设方案，可使用标记、自定义组、文件夹等添加新的工作负载。

- 适用于硬件采购规划和云迁移规划的新假设方案。

3. 智能修复

- 支持多种云服务，如 SDDC、VMware Cloud on AWS。
- 支持 PCI、HIPAA、DISA、CIS、FISMA 及 ISO Security。
- 对象级别的“工作负载”选项卡，用于简单细分资源利用率。
- 增强的 Wavefront 集成，用于应用程序监控和故障排除。
- 能够在 vRealize Automation 中查看 vRealize Operations Manager 警示和衡量指标。可为部署中的每项工作负载显示 KPI。

4. 仪表板和报告增强功能

- 能够利用直观画布、多个即时可用小组件和视图简化仪表板的创建流程。
- 能够使用统一的小组件编辑器创建四列仪表板，并能够设置仪表板间的交互及仪表板内的交互。
- 能够使用 URL 共享仪表板，无须登录。共享选项包括复制、电子邮件或其他网站中嵌入的 URL，以及使用 vRealize Operations Manager 生成的嵌入式代码。
- 能够使用管理仪表板跟踪 URL 使用情况并撤销 URL 访问。
- 能够将仪表板所有权转移给其他用户。
- 提供支持使用新的“孤立内容”页面管理已删除用户的仪表板和报告调度等内容的选项。
- 增强的入门仪表板，可访问社区管理的仪表板存储库。

5. 平台增强功能

- 支持跨 vCenter vMotion。能够在 vCenter Server 之间移动虚拟机。如果两个 vCenter Server 由同一实例管理，则 vRealize Operations Manager 将保留虚拟机的历史记录。
- 提供新的搜索选项，支持搜索和启动内容（如仪表板、视图、超级衡量指标、警示等）。
- 支持超级衡量指标中的属性，包含新函数和运算符。
- 提供支持在管理员用户界面中的 vRealize Operations Manager 节点上启用 SSH 的选项。
- 提供管理员用户界面中新的管理员密码恢复选项。
- 能够在管理员用户界面中进行 NTP 设置。
- 增强了与 VMware Identity Manager 的集成，提供导入用户组的选项。
- 能够使用新的“操作”选项从“警示”页面执行操作。
- 能够从“警示”页面删除已取消的警示以清除警示数据库。
- 提供用于定义要包括在虚拟机成本中的应用程序成本核算的选项。
- 能够导出 vRealize Business 成本配置并将其导入 vRealize Operations Manager。

6. 小组件和视图增强功能

- 提供了视图工具栏中新的范围选项，用于选择“列表”“摘要”“趋势”“分布”等所有视图的范围。
- 增强的饼图和条形图分布视图，能够提供分布数据。
- 提供支持设置要在“列表”视图中显示的行数限制的选项，旨在改进报告。

- 提供支持用新的表达式转换在视图中创建计算的选项。
- 能够在趋势视图和衡量指标图表小组件中设置阈值。
- 提供支持在“记分板”小组件列中添加超链接以实现跨仪表板或网页导航的选项。
- 增强的“警示列表”小组件，能够筛选警示与操作，并且能够从小组件运行操作。

7.2.2 部署 vRealize Operations Manager

vRealize Operations Manager 8.1 部署采用 OVA 导入方式，用户可以访问 VMware 官网下载 OVA 文件导入 vCenter Server。本节将介绍如何部署 vRealize Operations Manager 8.1。

第 1 步，在集群上部署 OVF 模板。如图 7-2-1 所示，选中集群并用鼠标右键单击，在弹出的快捷菜单中选择“部署 OVF 模板”选项。

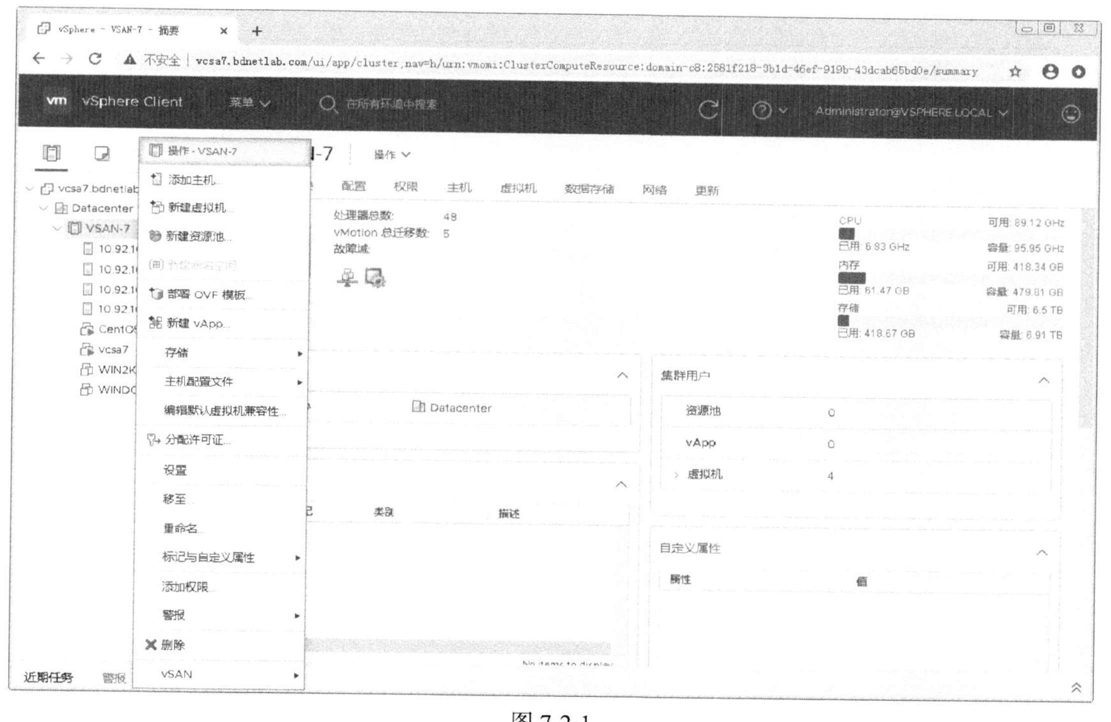

图 7-2-1

第 2 步，选择从本地文件部署 vRealize Operations Manager，如图 7-2-2 所示，单击“NEXT”按钮。

第 3 步，输入虚拟机名称，选择数据中心，如图 7-2-3 所示，单击“NEXT”按钮。

第 4 步，选择虚拟机运行的 ESXi 主机，如图 7-2-4 所示，单击“NEXT”按钮。

第 5 步，系统对导入的文件进行验证，如图 7-2-5 所示，单击“NEXT”按钮。

第 6 步，勾选“我接受所有许可协议。”复选框，如图 7-2-6 所示，单击“NEXT”按钮。

第 7 步，选择虚拟机使用的环境，如图 7-2-7 所示，不同的环境使用的硬件资源不同，生产环境应根据实际情况进行选择，单击“NEXT”按钮。

部署 OVF 模板

1 选择 OVF 模板
2 选择名称和文件夹
3 选择计算资源
4 查看详细信息
5 选择存储
6 即将完成

选择 OVF 模板
从远程 URL 或本地文件系统选择一个 OVF 模板

输入一个 URL 以从 Internet 下载和安装 OVF 软件包，或者浏览到可从您的计算机访问的位置(如本地硬盘驱动器、网络共享或 CD/DVD 驱动器)。

URL

http | https://remoteserver-address/filetodeploy.ovf | .ova

本地文件

上载文件　vRealize-Operations-Manager-Appliance-8.1.0.15972145_OVF10.ova

CANCEL　BACK　NEXT

图 7-2-2

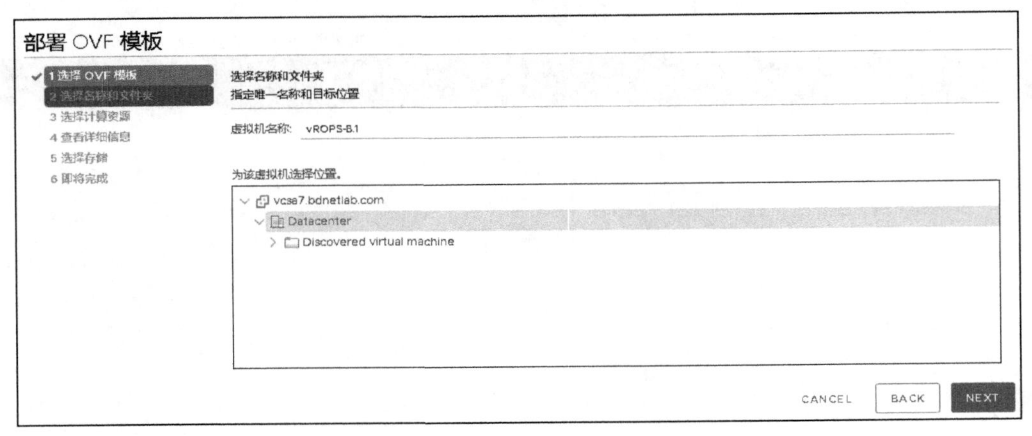

图 7-2-3

部署 OVF 模板

1 选择 OVF 模板
2 选择名称和文件夹
3 选择计算资源
4 查看详细信息
5 选择存储
6 即将完成

选择计算资源
为此操作选择目标计算资源

Datacenter
VSAN-7
10.92.10.1
10.92.10.2
10.92.10.3
10.92.10.4

兼容性

兼容性检查成功。

CANCEL　BACK　NEXT

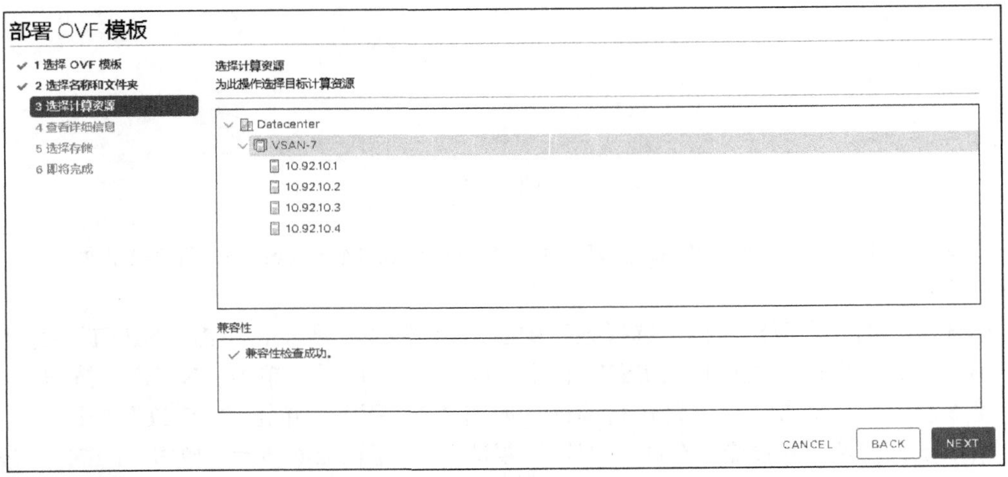

图 7-2-4

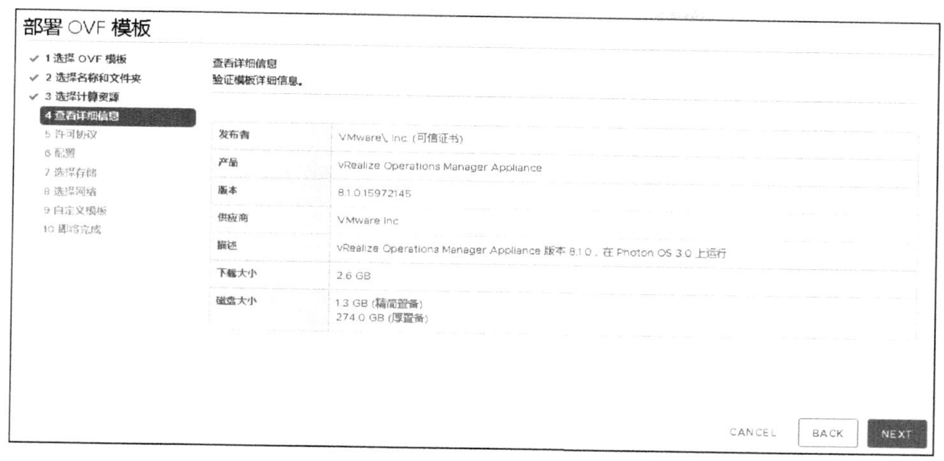

图 7-2-5

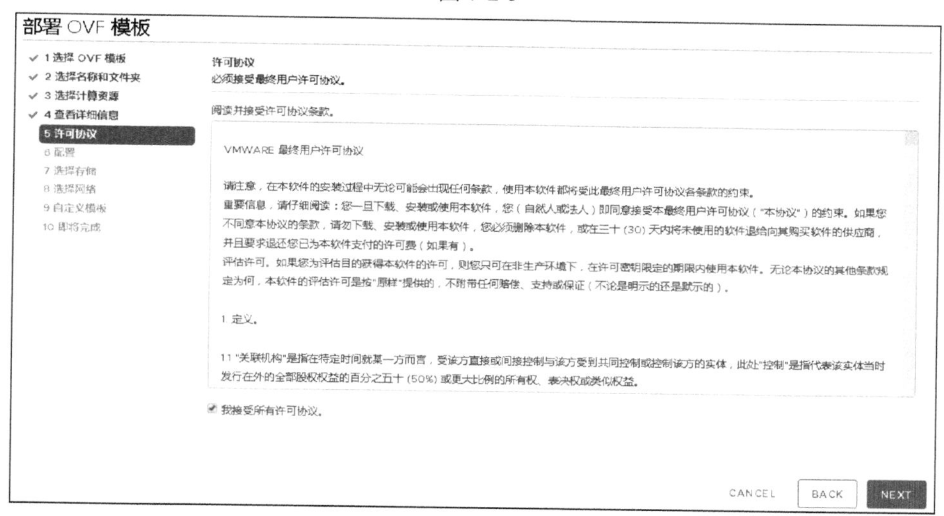

图 7-2-6

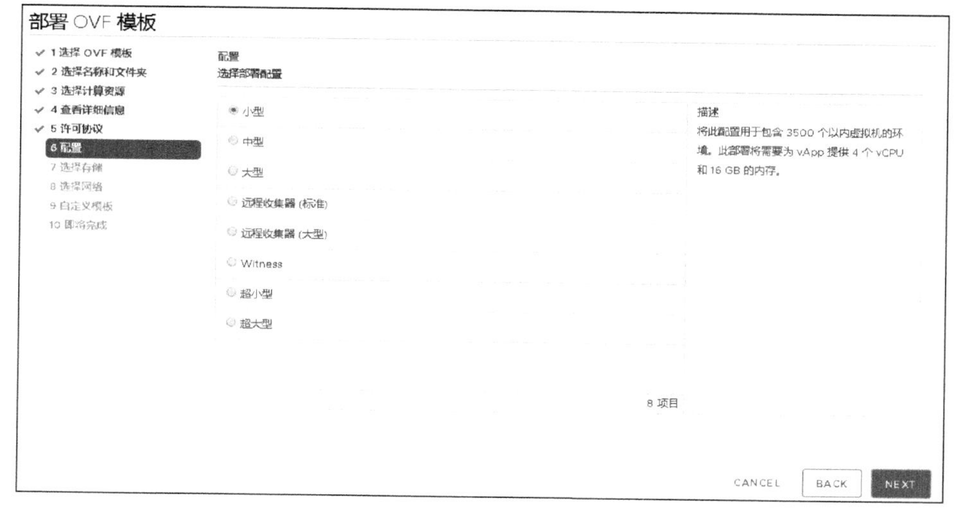

图 7-2-7

第 8 步，选择虚拟机使用的存储，如图 7-2-8 所示，单击“NEXT”按钮。

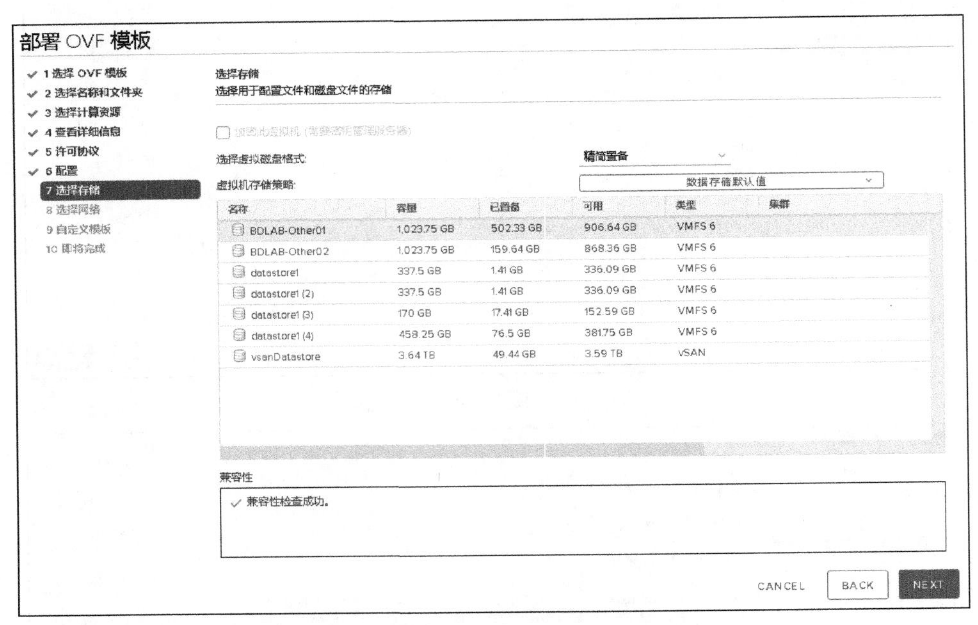

图 7-2-8

第 9 步，选择虚拟机使用的网络，如图 7-2-9 所示，单击“NEXT”按钮。

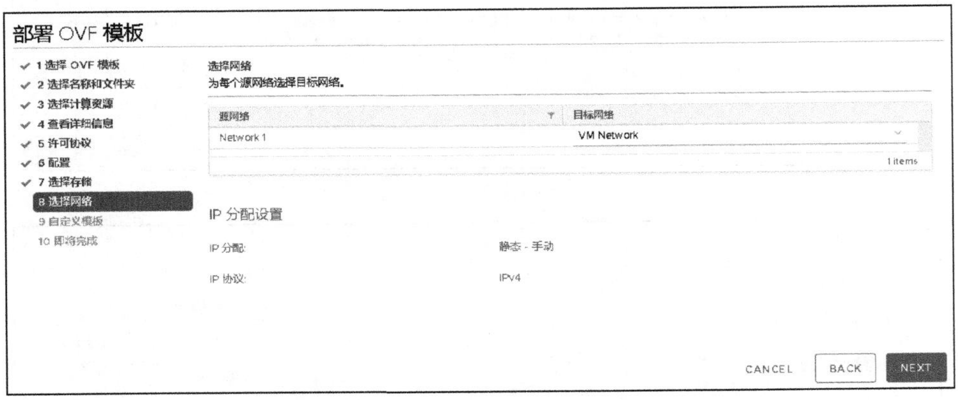

图 7-2-9

第 10 步，配置虚拟机网络具体参数，如图 7-2-10 所示，单击“NEXT”按钮。

第 11 步，确认参数是否正确，如图 7-2-11 所示，若正确则单击“FINISH”按钮。

第 12 步，系统开始部署虚拟机，如图 7-2-12 所示。

第 13 步，完成 vRealize Operations Manager 虚拟机的部署，如图 7-2-13 所示。

第 14 步，使用浏览器访问 vRealize Operations Manager 虚拟机 IP 地址继续进行配置，如图 7-2-14 所示，选择“快速安装”选项。

第 15 步，进入配置向导，如图 7-2-15 所示，单击“下一步”按钮。

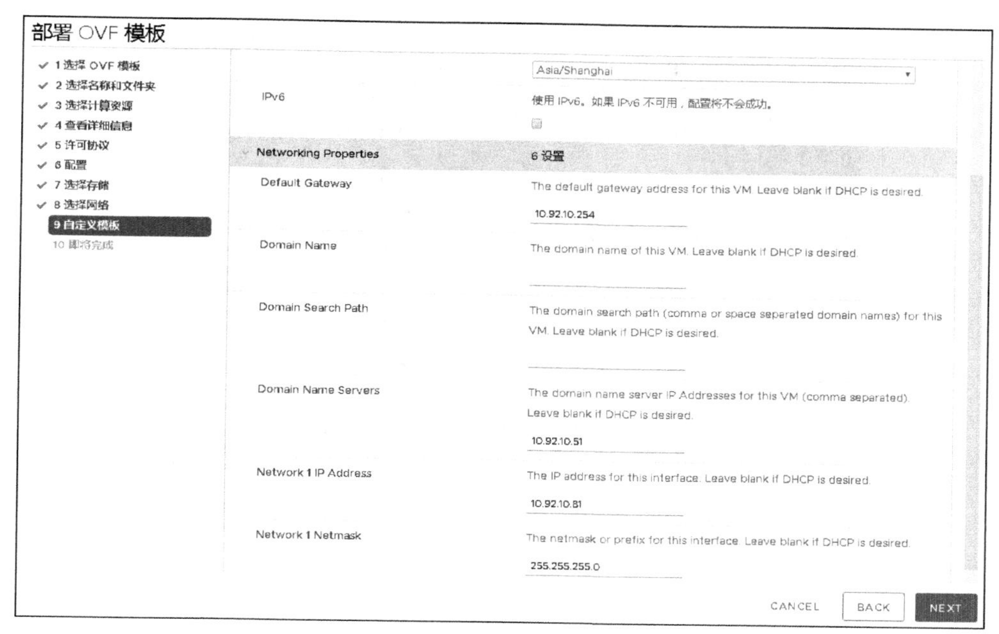

图 7-2-10

部署 OVF 模板

✓ 1 选择 OVF 模板
✓ 2 选择名称和文件夹
✓ 3 选择计算资源
✓ 4 查看详细信息
✓ 5 许可协议
✓ 6 配置
✓ 7 选择存储
✓ 8 选择网络
✓ 9 自定义模板
10 即将完成

即将完成
单击"完成"启动创建。

名称	vROPS-8.1
模板名称	vRealize-Operations-Manager-Appliance-8.1.0.15972145_OVF10
下载大小	2.6 GB
磁盘大小	1.3 GB
文件夹	Datacenter
资源	VSAN-7
存储映射	1
所有磁盘	数据存储: BDLAB-Other01；格式: 精简置备
网络映射	1
Network 1	VM Network
IP 分配设置	
IP 协议	IPV4
IP 分配	静态 - 手动

CANCEL BACK FINISH

图 7-2-11

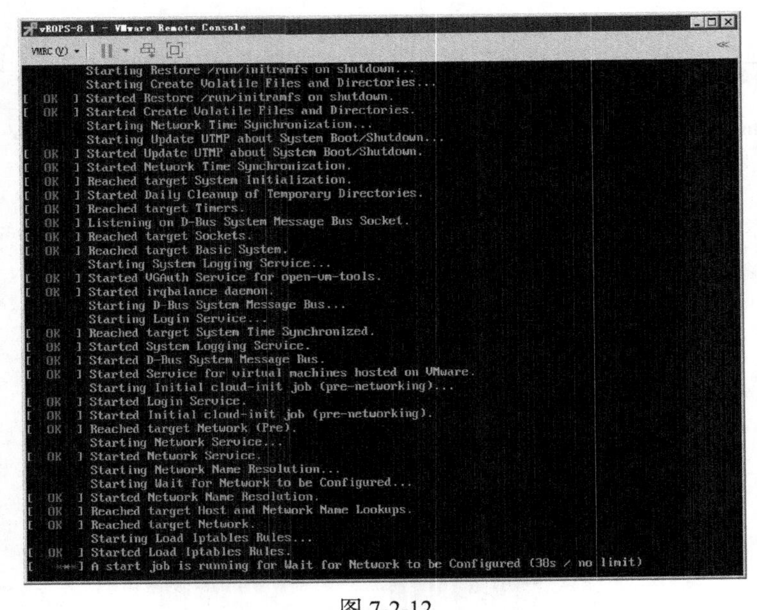

图 7-2-12

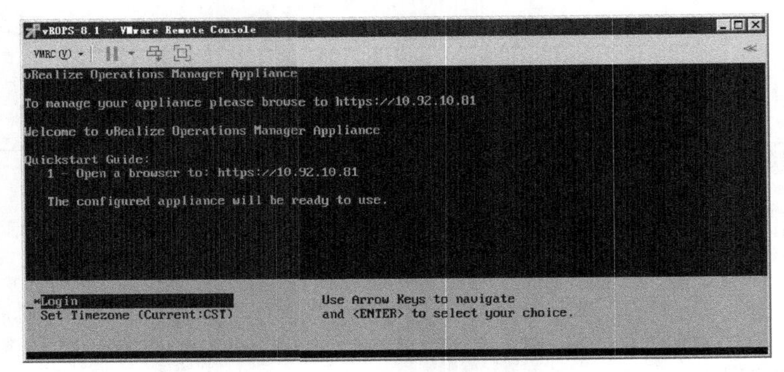

图 7-2-13

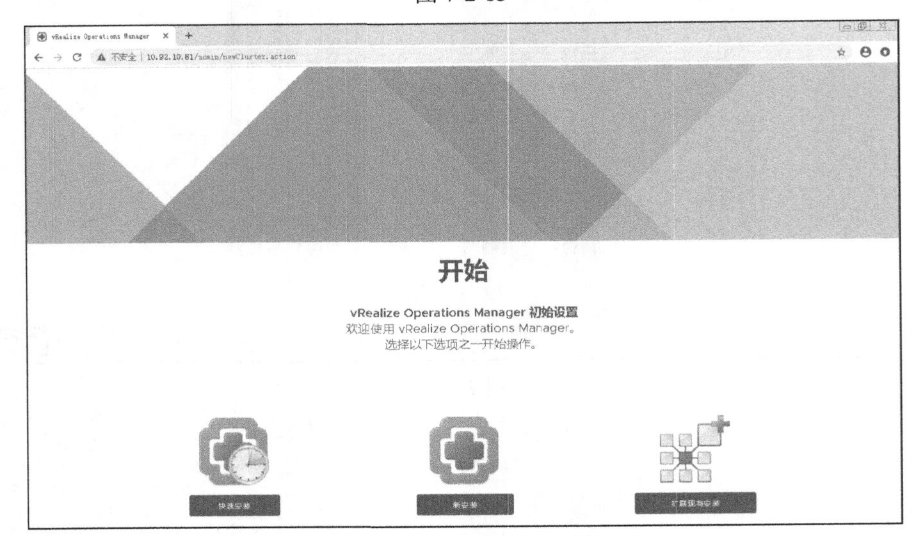

图 7-2-14

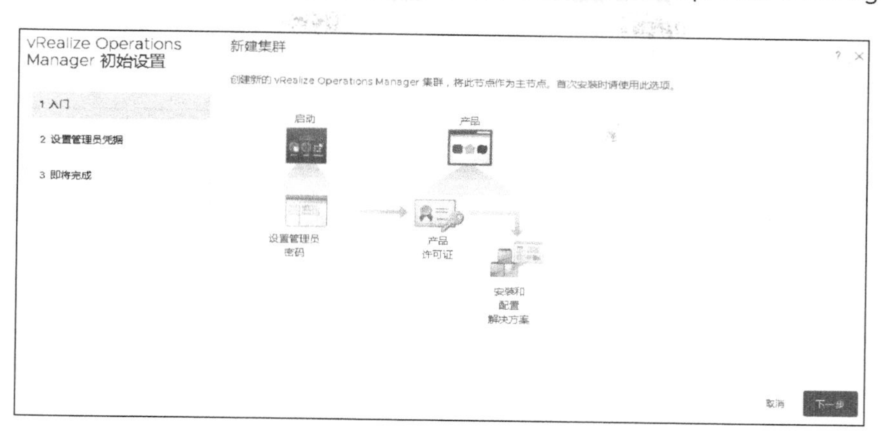

图 7-2-15

第 16 步，设置管理员密码，如图 7-2-16 所示，单击“下一步”按钮。

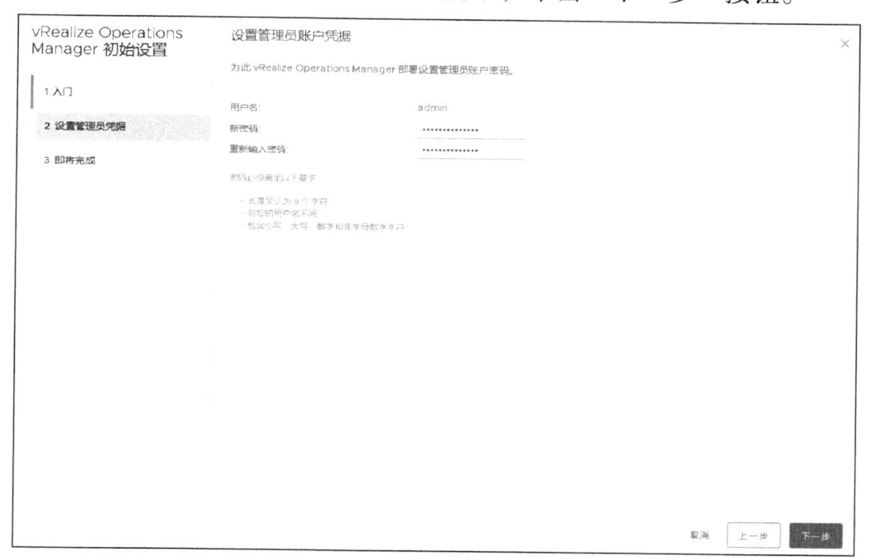

图 7-2-16

第 17 步，确认参数是否配置正确，如图 7-2-17 所示，若正确则单击“完成”按钮。

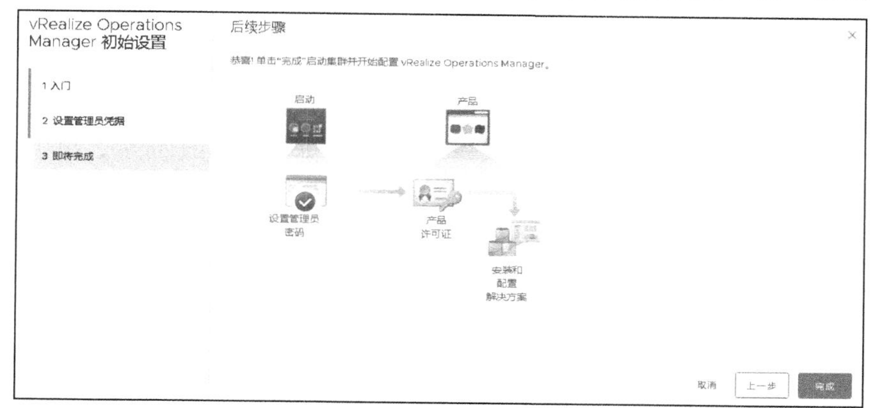

图 7-2-17

第18步，系统开始配置 vRealize Operations Manager，如图 7-2-18 所示。

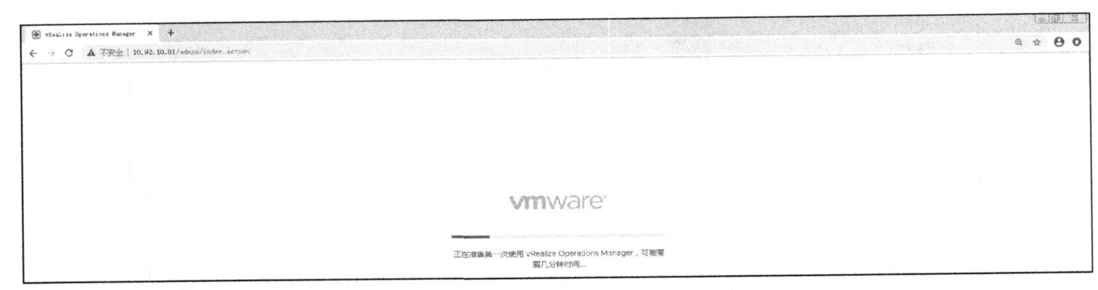

图 7-2-18

第19步，完成 vRealize Operations Manager 的基本配置。使用本地用户登录，如图 7-2-19 所示。

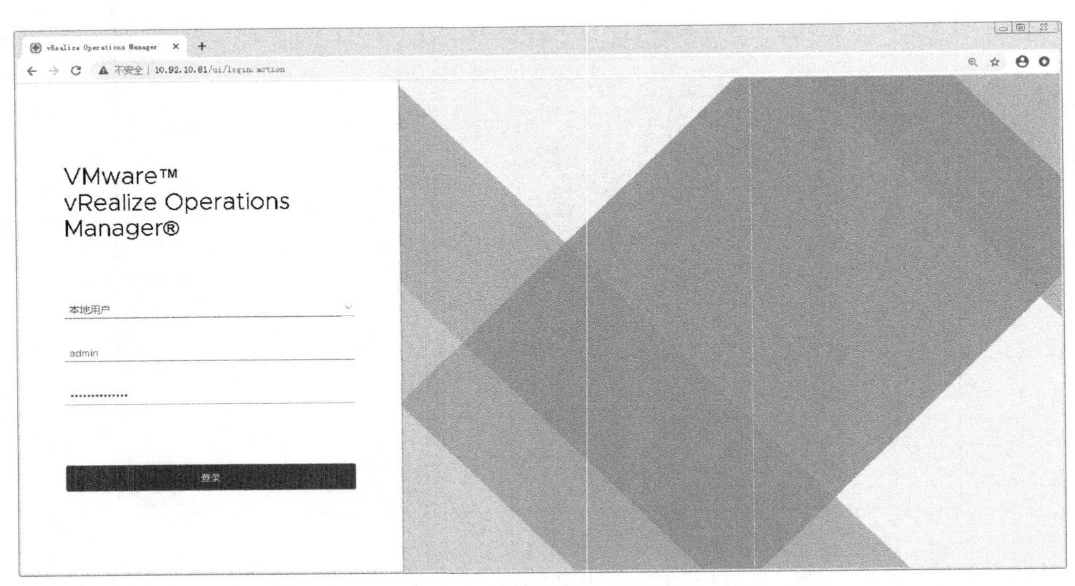

图 7-2-19

第20步，继续对 vRealize Operations Manager 进行配置，如图 7-2-20 所示，单击“下一步”按钮。

第21步，勾选“我接受本协议条款。”复选框，如图 7-2-21 所示，单击“下一步”按钮。

第22步，选择使用产品评估模式，如图 7-2-22 所示，单击“下一步”按钮。

第23步，选择是否加入 VMware 客户体验改善计划，如图 7-2-23 所示。应根据生产环境中的实际情况进行选择，此处选择加入，单击“下一步”按钮。

第24步，确认参数配置是否正确，如图 7-2-24 所示，若正确则单击“完成”按钮。

vRealize Operations
Manager 配置
1 欢迎使用
2 接受 EULA
3 输入产品许可证密钥
4 客户体验改善计划
5 即将完成
恭喜您完成 vRealize Operations Manager 设置。
使用 vRealize Operations Manager，实现 IT 运营管理的自动化，管理平台并获取物理和虚拟基础设施的可见性。
产品
初始设置
产品
许可证
安装和
配置
解决方案
配置
默认
策略
(可选)
取消
下一步

图 7-2-20

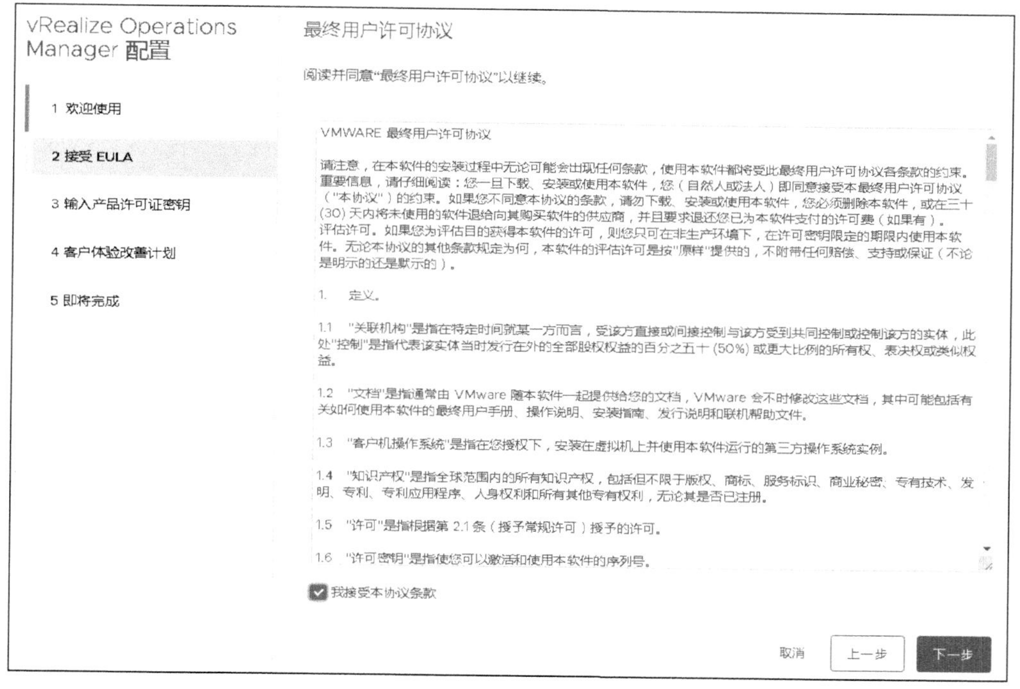
vRealize Operations
Manager 配置
1 欢迎使用
2 接受 EULA
3 输入产品许可证密钥
4 客户体验改善计划
5 即将完成
最终用户许可协议
阅读并同意"最终用户许可协议"以继续。
VMWARE 最终用户许可协议
请注意，在本软件的安装过程中无论可能会出现任何条款，使用本软件都将受此最终用户许可协议各条款的约束。重要信息，请仔细阅读：您一旦下载、安装或使用本软件，您（自然人或法人）即同意接受本最终用户许可协议（"本协议"）的约束。如果您不同意本协议的条款，请勿下载、安装或使用本软件，您必须删除本软件，或在三十(30)天内将未使用的软件退给向其购买软件的供应商，并且要求退还您已为本软件支付的许可费（如果有）。评估许可。如果您为评估目的获得本软件的许可，则您只可在非生产环境下，在许可密钥限定的期限内使用本软件。无论本协议的其他条款规定为何，本软件的评估许可是按"原样"提供的，不附带任何赔偿、支持或保证（不论是明示的还是默示的）。
1. 定义。
1.1 "关联机构"是指在特定时间就某一方而言，受该方直接或间接控制与该方受到共同控制或控制该方的实体，此处"控制"是指代表该实体当时发行在外的全部股权权益的百分之五十 (50%) 或更大比例的所有权、表决权或类似权益。
1.2 "文档"是指通常由 VMware 随本软件一起提供给您的文档，VMware 会不时修改这些文档，其中可能包括有关如何使用本软件的最终用户手册、操作说明、安装指南、发行说明和联机帮助文件。
1.3 "客户机操作系统"是指在您授权下，安装在虚拟机上并使用本软件运行的第三方操作系统实例。
1.4 "知识产权"是指全球范围内的所有知识产权，包括但不限于版权、商标、服务标识、商业秘密、专有技术、发明、专利、专利应用程序、人身权利和所有其他专有权利，无论其是否已注册。
1.5 "许可"是指根据第 2.1 条（授予常规许可）授予的许可。
1.6 "许可密钥"是指使您可以激活和使用本软件的序列号。
我接受本协议条款
取消
上一步
下一步

图 7-2-21

vRealize Operations Manager 配置

1 欢迎使用

2 接受 EULA

3 输入产品许可证密钥

4 客户体验改善计划

5 即将完成

输入 vRealize Operations Manager 产品许可证密钥

如果您没有许可证密钥，则可以从 My VMware 进行检索。

产品评估 (不需要任何密钥)

产品密钥:

验证许可证密钥

取消 上一步 下一步

图 7-2-22

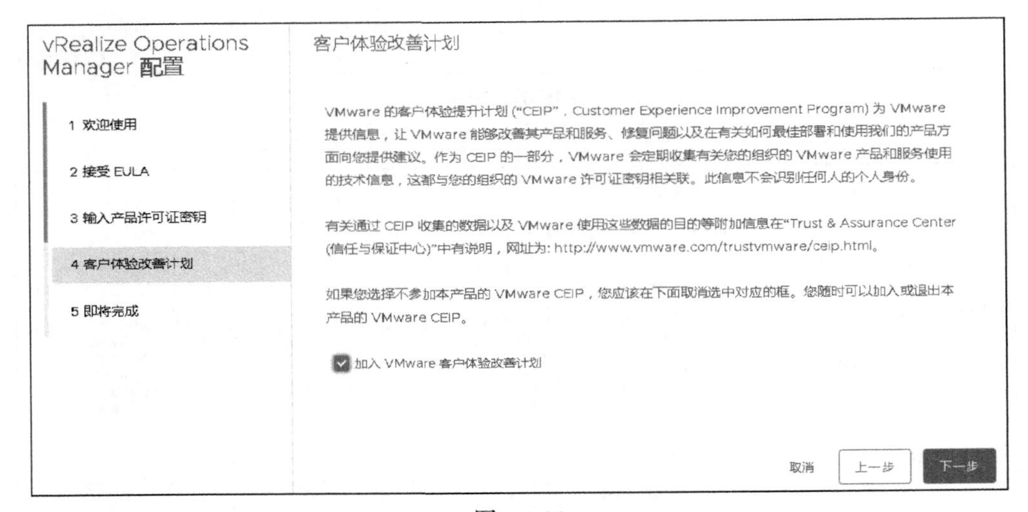

图 7-2-23

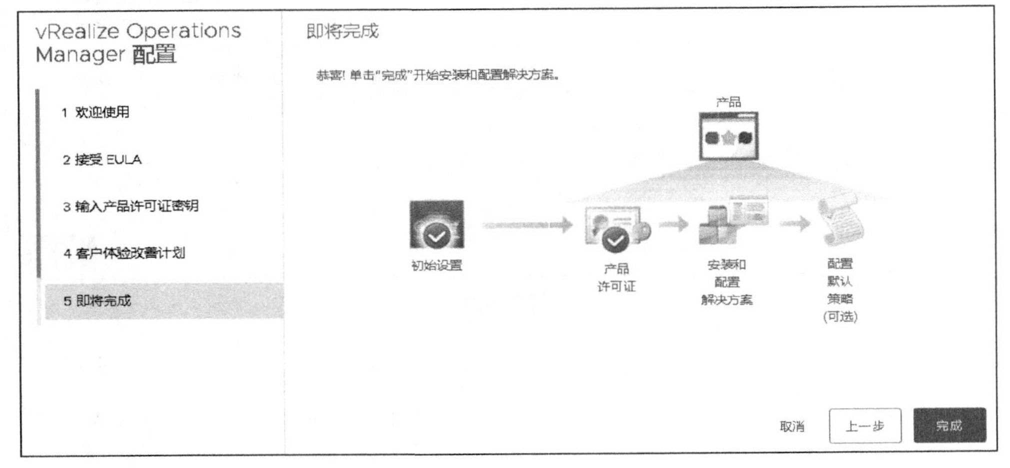

图 7-2-24

第 25 步，完成 vRealize Operations Manager 的配置，如图 7-2-25 所示。

图 7-2-25

至此，部署 vRealize Operations Manager 完成，但目前 vRealize Operations Manager 没有关联 vCenter Server，因此无法对环境进行监控。

7.2.3 使用 vRealize Operations Manager

完成 vRealize Operations Manager 部署后，需要将 vRealize Operations Manager 和监控对象进行关联，这样才能监控对象。

第 1 步，vRealize Operations Manager 8.X 版本后的解决方案需要使用云账户，如图 7-2-26 所示，单击“添加账户”按钮。

图 7-2-26

第 2 步，选择账户类型为“vCenter”，如图 7-2-27 所示。

图 7-2-27

第 3 步，输入 vCenter Server 相关凭据信息，如图 7-2-28 所示，单击“添加”按钮。

图 7-2-28

第 4 步，启用 vSAN 配置功能，可以监控 vSAN 运行情况，如图 7-2-29 所示，单击“保存”按钮。

图 7-2-29

第 5 步，启用服务发现功能，可以发现虚拟机运行的服务，输入 Windows 及 Linux 用户名和密码，如图 7-2-30 所示，单击“保存”按钮。

图 7-2-30

第6步，完成云账户配置。注意状态必须为“确定”才代表创建正确，如图7-2-31所示，否则可能无法收集信息。

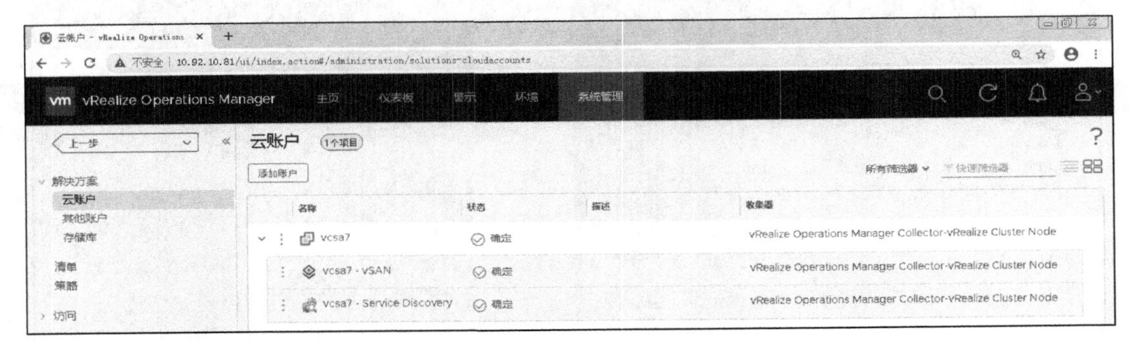

图7-2-31

第7步，查看运维概览，可以看到整个VMware vSphere虚拟化环境的信息。由于刚开始收集数据，所以图表没有数据显示，如图7-2-32所示。

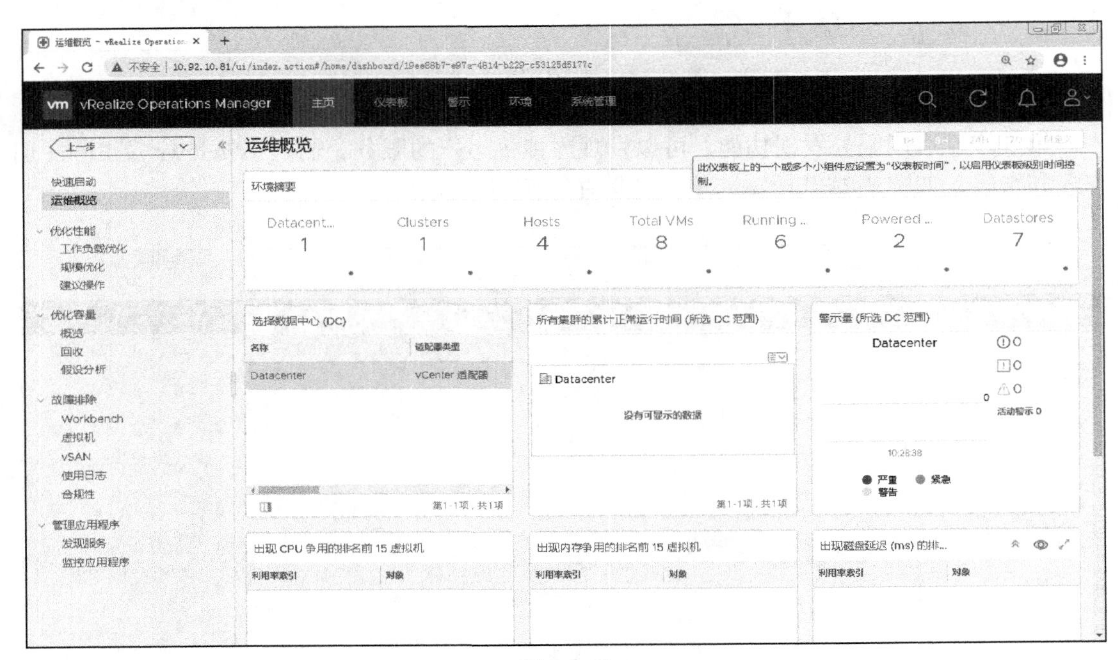

图7-2-32

第8步，等待一段时间后，收集的数据开始反馈到图表，如图7-2-33所示。

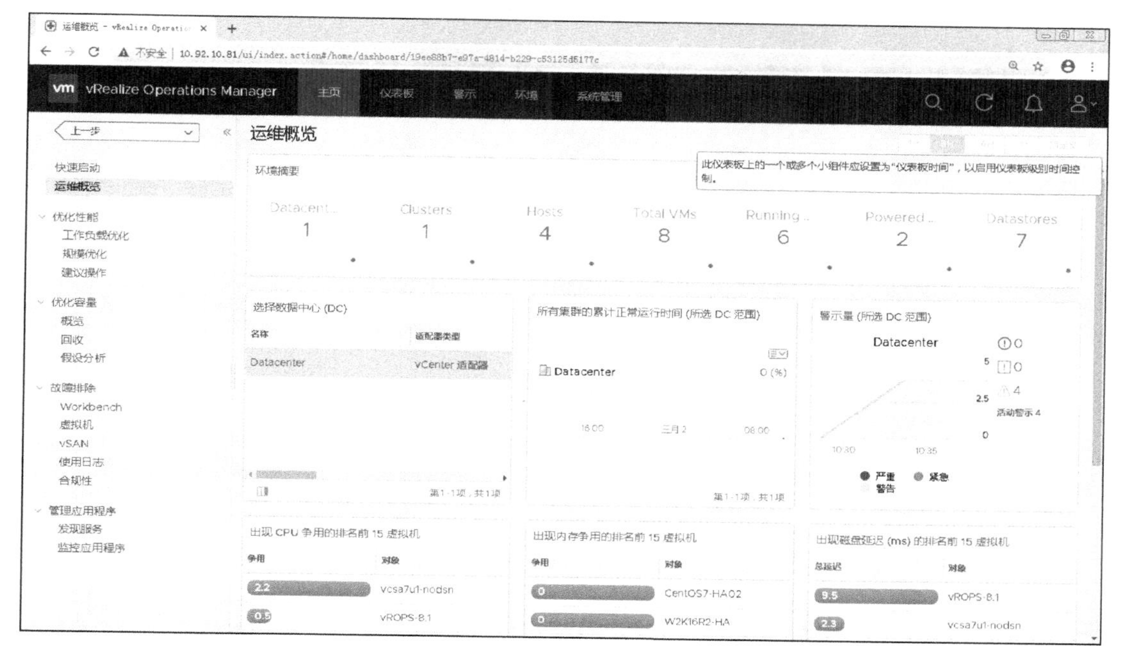

图 7-2-33

第 9 步，查看触发的警示信息，如图 7-2-34 所示，警示信息可以帮助发现问题及解决问题。

图 7-2-34

第 10 步，单击警示条目可以查看警示详细信息，如图 7-2-35 所示。

图 7-2-35

第 11 步，查看 vCenter Server 中的 vRealize Operations，可以看到与 vRealize Operations Manager 进行了关联，显示了相关的监控信息，如图 7-2-36 所示。

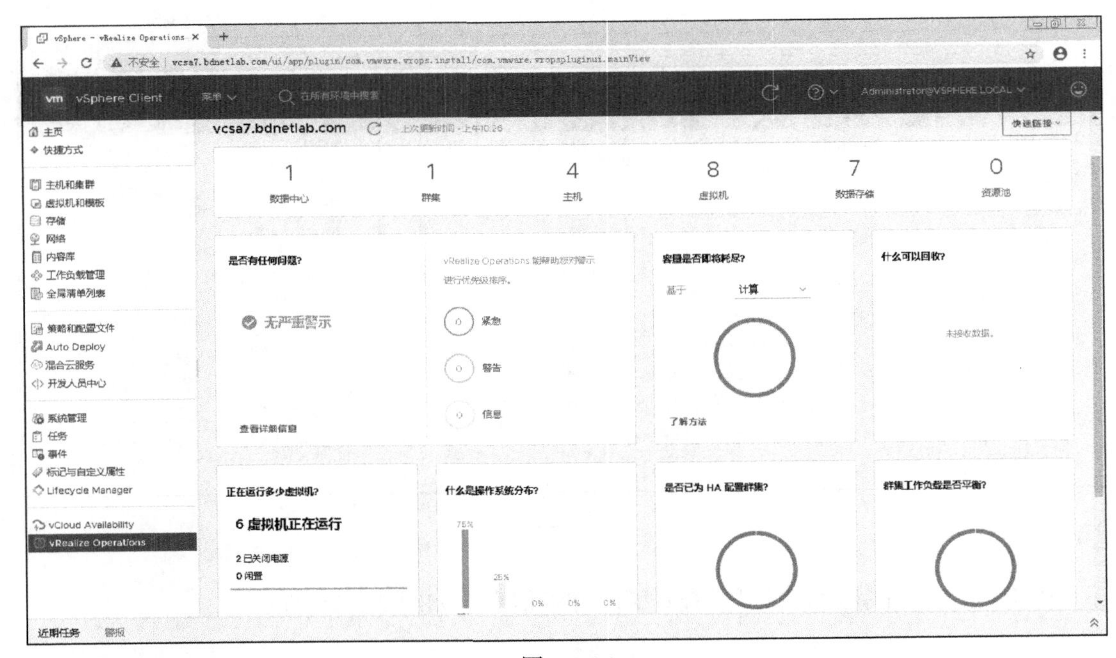

图 7-2-36

第 12 步，查看工作负载优化，可以看到数据中心优化情况，如图 7-2-37 所示。

图 7-2-37

第 13 步，查看规模优化，可以看到容量过剩虚拟机的相关信息，如图 7-2-38 所示，运维人员可以根据提示减少虚拟机 CPU 及内存数量。

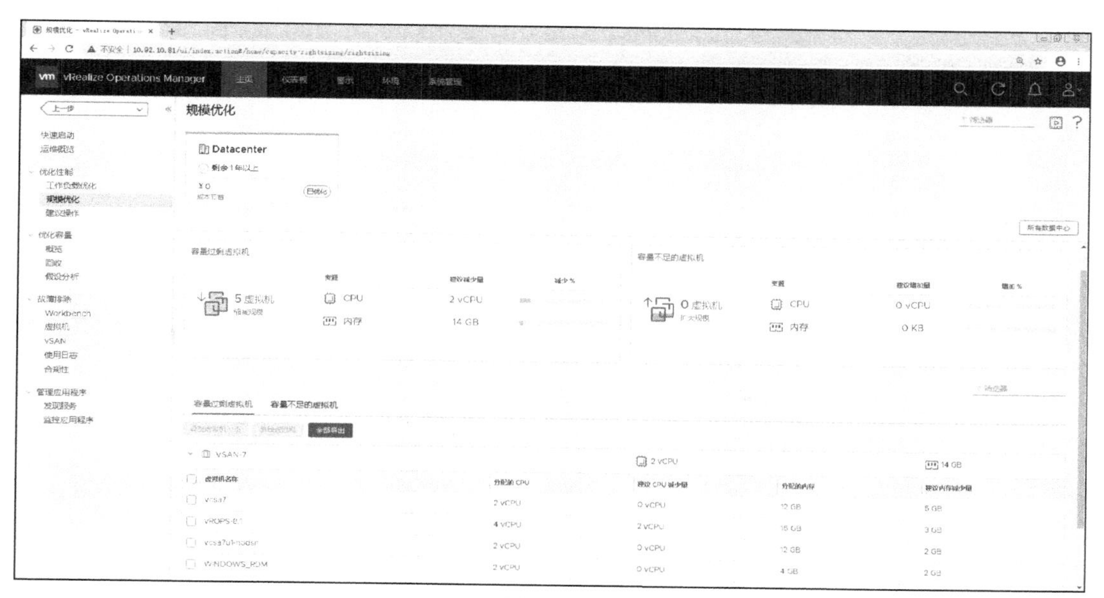

图 7-2-38

第 14 步，查看优化容量中的概览，可以看到集群利用率相关信息，如图 7-2-39 所示。

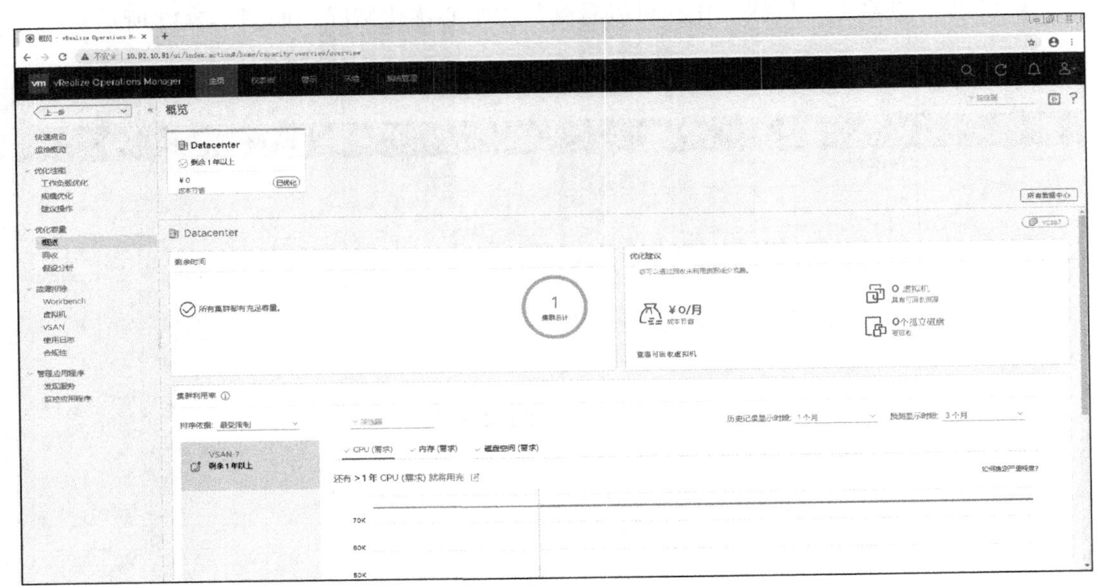

图 7-2-39

第 15 步，查看优化容量中的回收，可以看到能回收的虚拟机的相关信息，如图 7-2-40 所示。

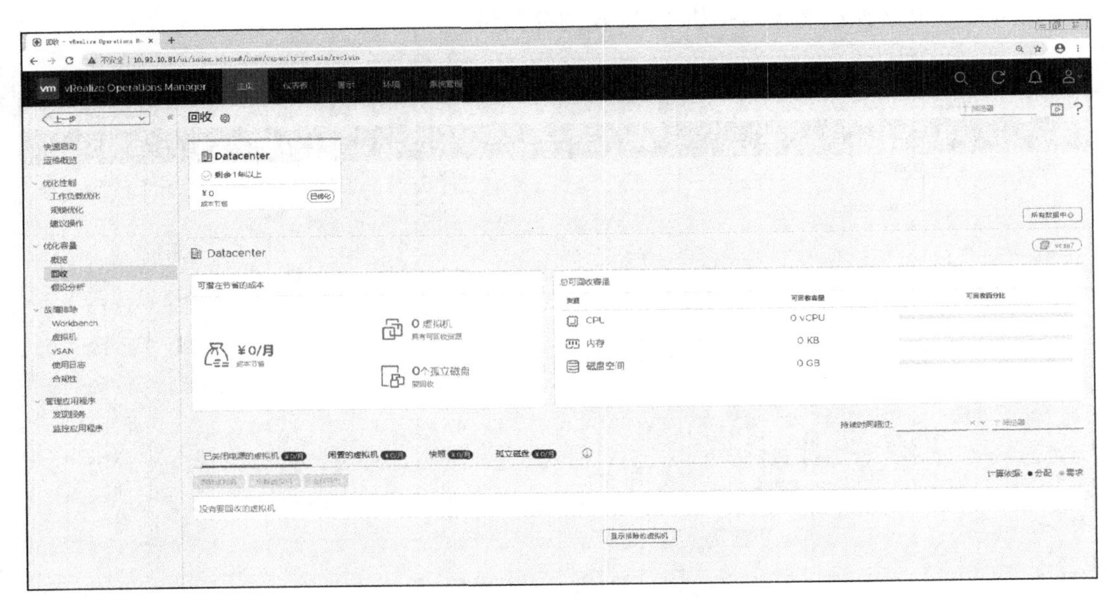

图 7-2-40

第 16 步，查看故障排除中的虚拟机，可以看到虚拟机故障相关信息，如图 7-2-41 所示。对于运维人员来说，这可以帮助其发现虚拟机潜在的问题，快速定位虚拟机相关故障，及时进行处理。

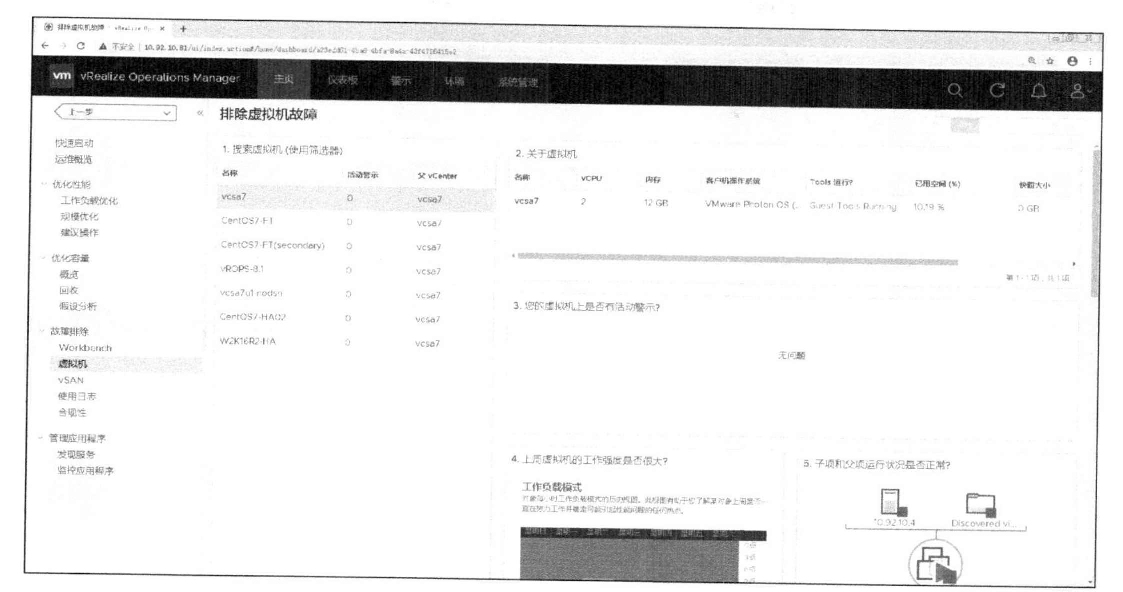

图 7-2-41

第 17 步，查看故障排除中的 vSAN，可以看到 vSAN 故障相关信息，如图 7-2-42 所示。

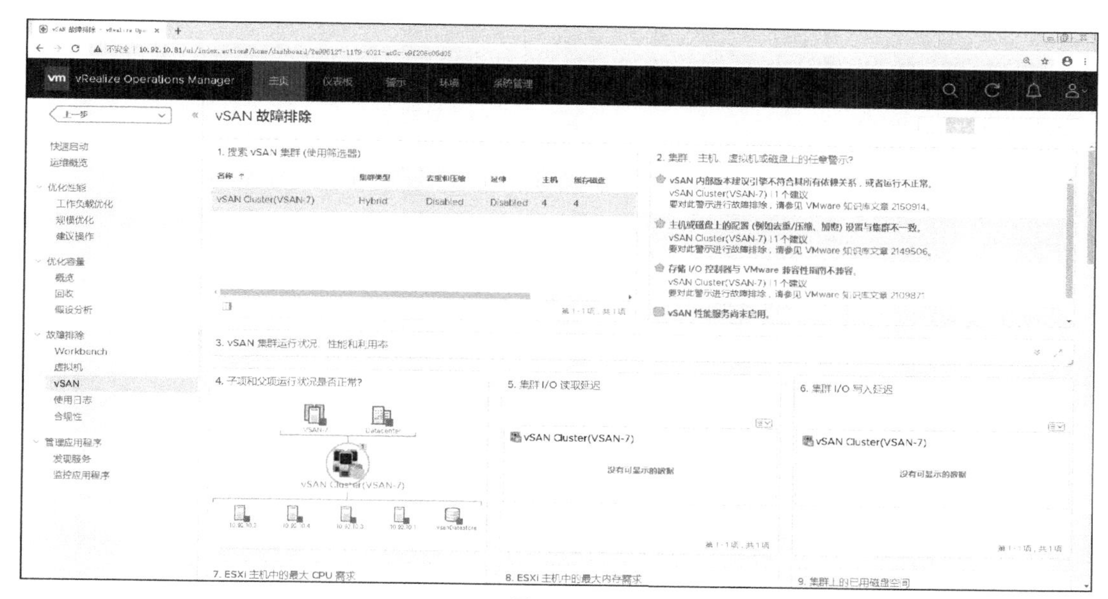

图 7-2-42

第 18 步，vRealize Operations Manager 提供对虚拟机运行常见服务的监控，如图 7-2-43 所示。可以根据生产环境中的具体需求配置是否使用该功能，本节不做演示。

图 7-2-43

第 19 步，vRealize Operations Manager 提供对常见应用程序的监控，如图 7-2-44 所示。可以根据生产环境中的具体需求配置是否使用该功能，本节不做演示。

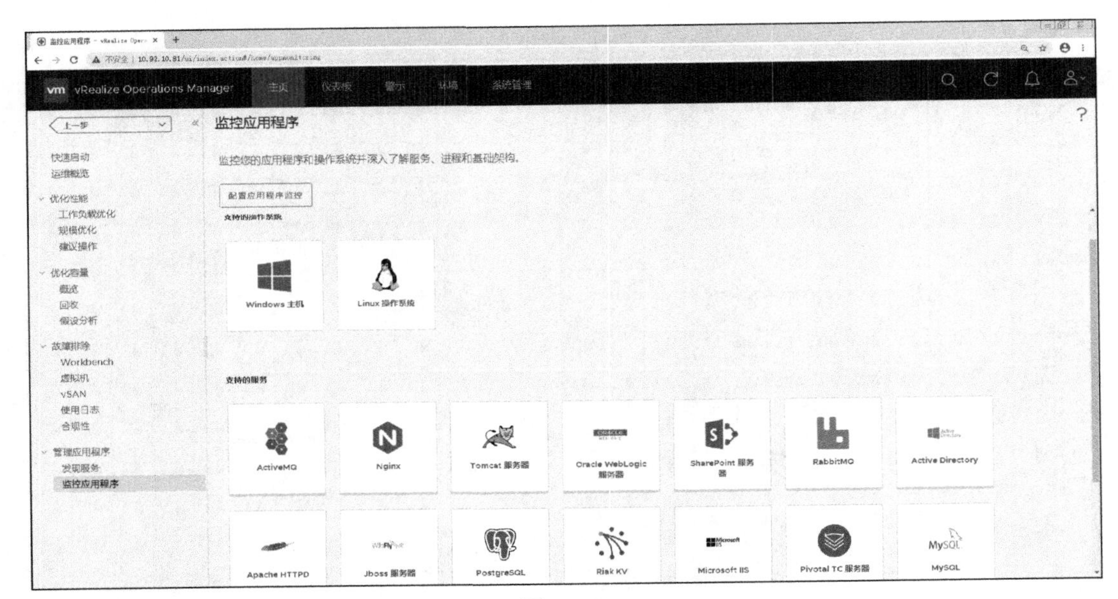

图 7-2-44

第 20 步，查看“仪表板”菜单，可以根据日常需要添加仪表板，如图 7-2-45 所示，单击“vSphere 计算”按钮加载仪表板。

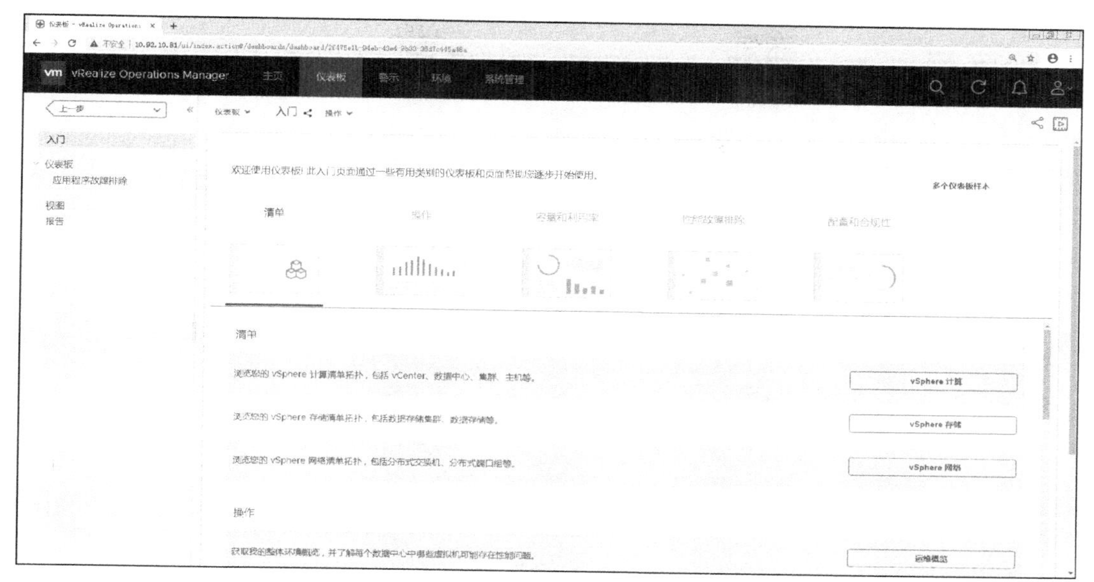

图 7-2-45

第 21 步，通过 vSphere 计算清单可以直观地看到数据中心整体架构，如图 7-2-46 所示。

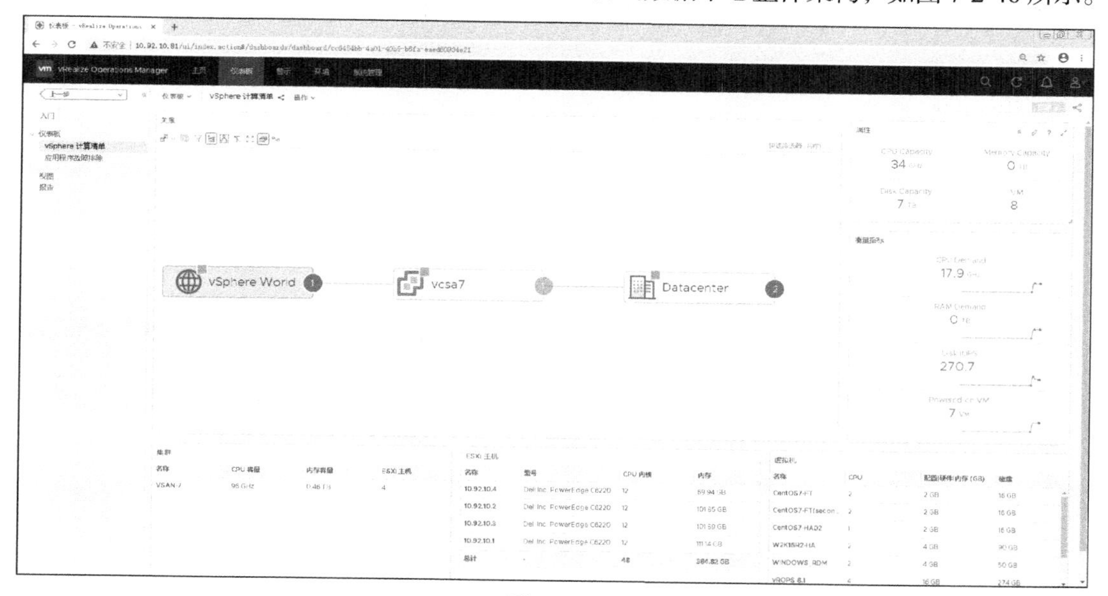

图 7-2-46

第 22 步，查看仪表板视图，发现内置有 417 项视图，如图 7-2-47 所示，勾选“容量过剩虚拟机”复选框，单击“添加”按钮加载视图。

第 23 步，生成容量过剩虚拟机视图，运维人员可以直观地看到环境中虚拟机容量过剩的情况，如图 7-2-48 所示。

第 24 步，查看“环境”菜单，选择 vSphere 主机和集群，可以看到整体的监控情况，如图 7-2-49 所示。

图 7-2-47

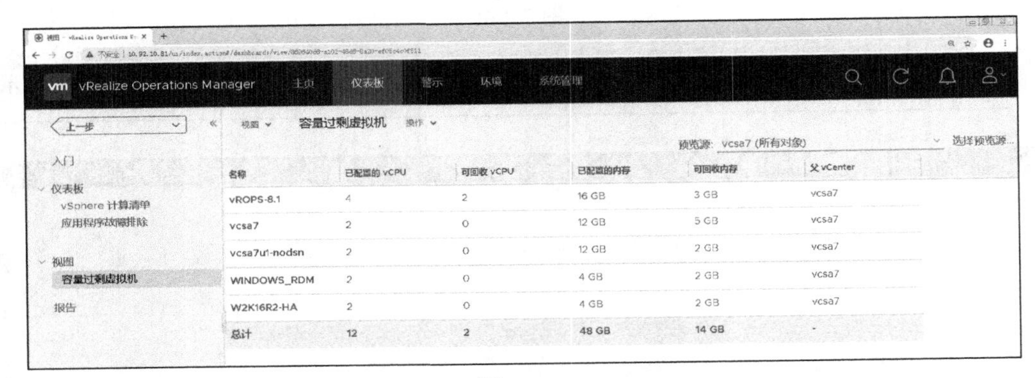

名称	已配置的 vCPU	可回收 vCPU	已配置的内存	可回收内存	父 vCenter
vROPS-8.1	4	2	16 GB	3 GB	vcsa7
vcsa7	2	0	12 GB	5 GB	vcsa7
vcsa7u1-nodsn	2	0	12 GB	2 GB	vcsa7
WINDOWS_RDM	2	0	4 GB	2 GB	vcsa7
W2K16R2-HA	2	0	4 GB	2 GB	vcsa7
总计	12	2	48 GB	14 GB	-

图 7-2-48

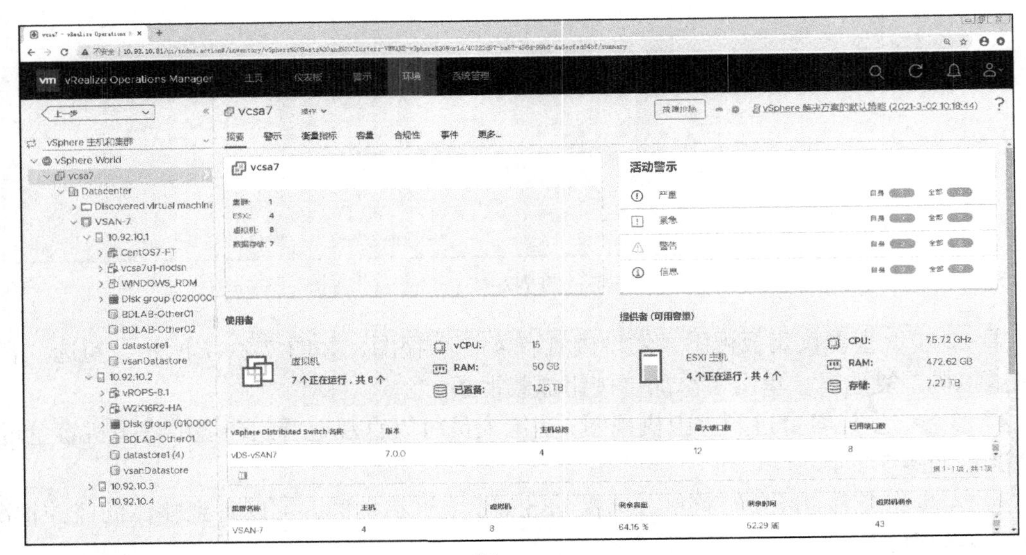

图 7-2-49

至此，vRealize Operations Manager 8.1 基本菜单介绍完毕，运维人员可以根据各种菜单对 VMware vSphere 虚拟化等环境进行监控，可以根据各种提示判断和处理问题。本章的重点不是介绍 vRealize Operations Manager 8.1 的部署使用，有兴趣的用户可以参考其他 vRealize Operations Manager 图书。

7.3 本章小结

本章介绍了如何使用内置工具监控 VMware vSphere 虚拟化架构性能，对于小规模环境，推荐合理配置和使用警报及性能图表；对于大中型环境，推荐使用 vRealize Operations Manager 实现自动化的监控管理，同时 vRealize Operations Manager 也是 VMware 基于云计算的组成部分之一。内置工具将管理人员从手动操作中解放出来，可以提供性能管理、根源分析、IT 服务成本分摊、报告分析等功能。

7.4 本章习题

1. 请详细描述内置监控工具可以实现的功能。
2. 部署使用 vRealize Operations Manager 是否需要单独授权？
3. vRealize Operations Manager 能否提供监控报告？

第 8 章 备份和恢复虚拟机

对于 VMware vSphere 环境来说，备份虚拟机有多种方式，一般是使用官方发布的 vSphere Replication 复制备份工具及第三方工具来实现。本章将介绍如何使用 vSphere Replication 及 Veeam Backup & Replication V10 备份和恢复虚拟机。

【本章要点】

- 使用 vSphere Replication 备份和恢复虚拟机
- 使用 Veeam Backup & Replication 备份和恢复虚拟机

8.1 使用 vSphere Replication 备份和恢复虚拟机

VMware 发布的 vSphere Replication，可以理解为站点复制工具，也可用于日常虚拟机的备份恢复。vSphere Replication 与 vCenter Server 深度集成，自定义恢复点目标（Recovery Point Object，RPO）最小值为 5 分钟。也就是说，如果虚拟机出现故障，可以恢复到 5 分钟前的状态，这对于要求高的生产环境非常适用。本节将介绍如何使用 vSphere Replication 备份和恢复虚拟机。

8.1.1 部署 vSphere Replication

vSphere Replication 的部署采用 OVF 模板方式，可以访问 VMware 官方站点下载，本节使用 VMWare-vSphere_Replication-8.3.0-15934006 版本。

第 1 步，导入 vSphere Replication 虚拟机 OVF 文件，如图 8-1-1 所示，单击“NEXT”按钮。

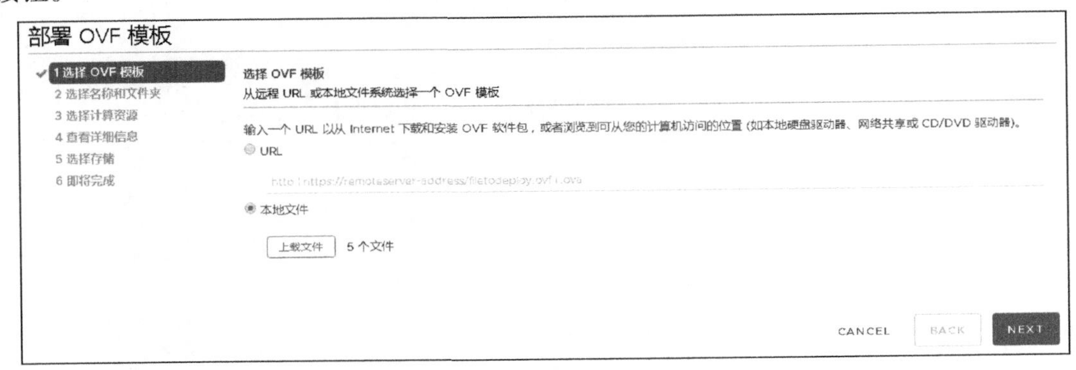

图 8-1-1

第 2 步，输入虚拟机名称并指定位置，如图 8-1-2 所示，单击“NEXT”按钮。

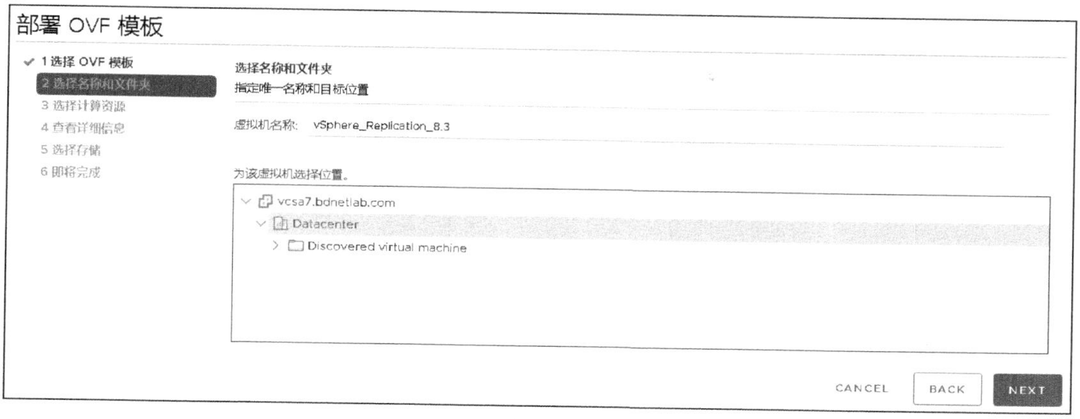

图 8-1-2

第 3 步，选择 vSphere Replication 虚拟机使用的计算资源，如图 8-1-3 所示，单击“NEXT”按钮。

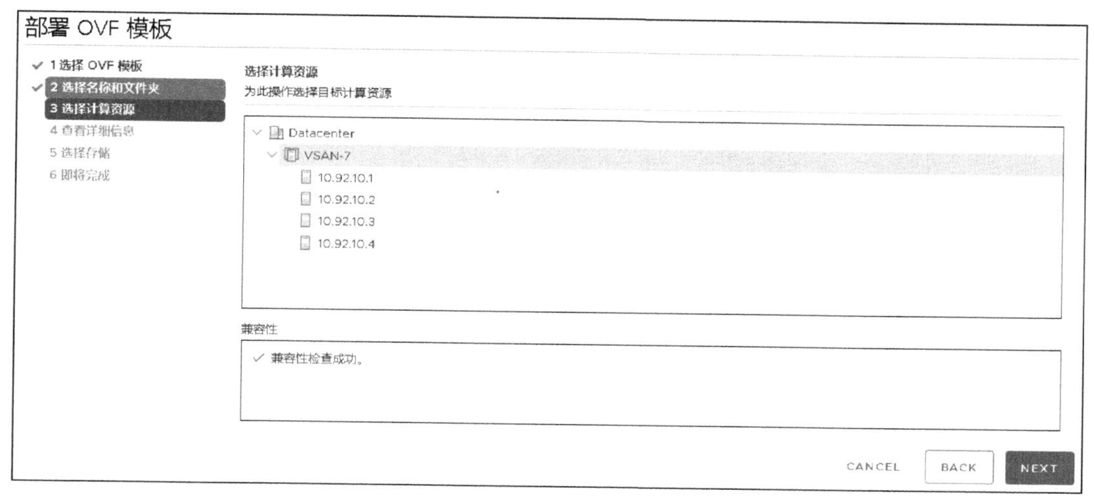

图 8-1-3

第 4 步，确认导入的 OVF 是否存在问题，如图 8-1-4 所示，若正确则单击“NEXT”按钮。

第 5 步，勾选“我接受所有许可协议。”复选框，如图 8-1-5 所示，单击“NEXT”按钮。

第 6 步，为虚拟机配置 vCPU 数量，如图 8-1-6 所示，单击“NEXT”按钮。

第 7 步，选择虚拟机使用的存储，如图 8-1-7 所示，单击“NEXT”按钮。

第 8 步，选择虚拟机使用的网络，如图 8-1-8 所示，单击“NEXT”按钮。

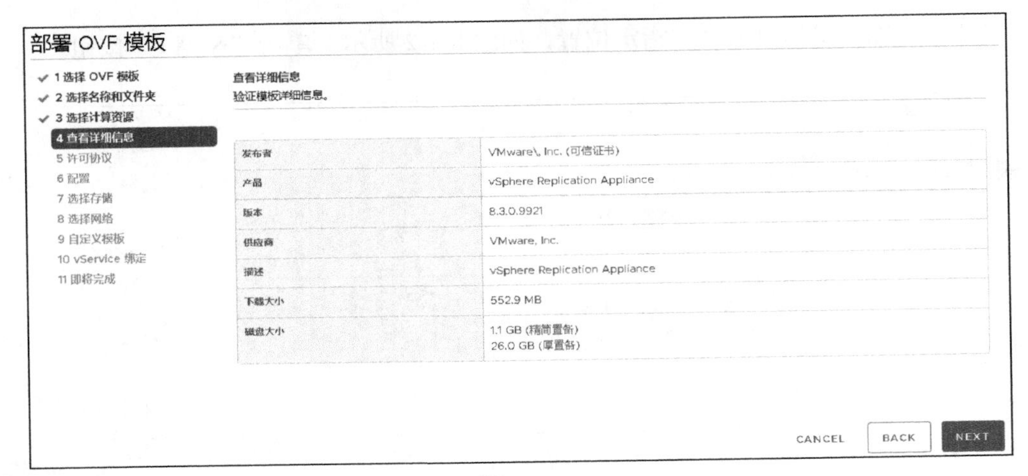

图 8-1-4

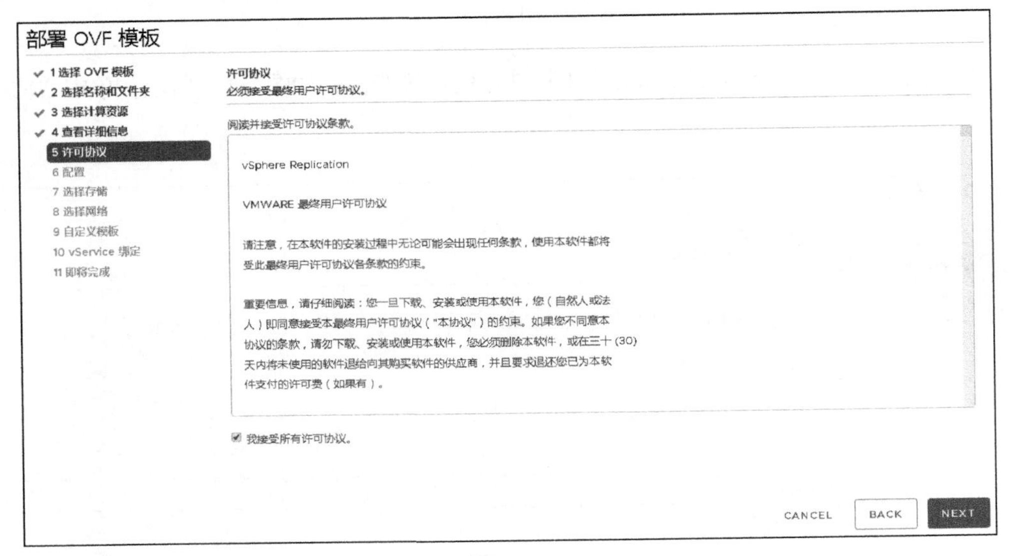

图 8-1-5

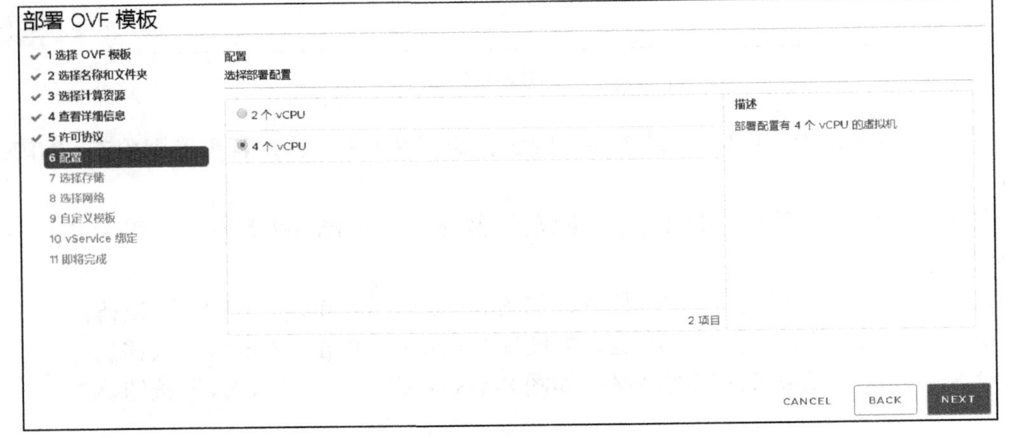

图 8-1-6

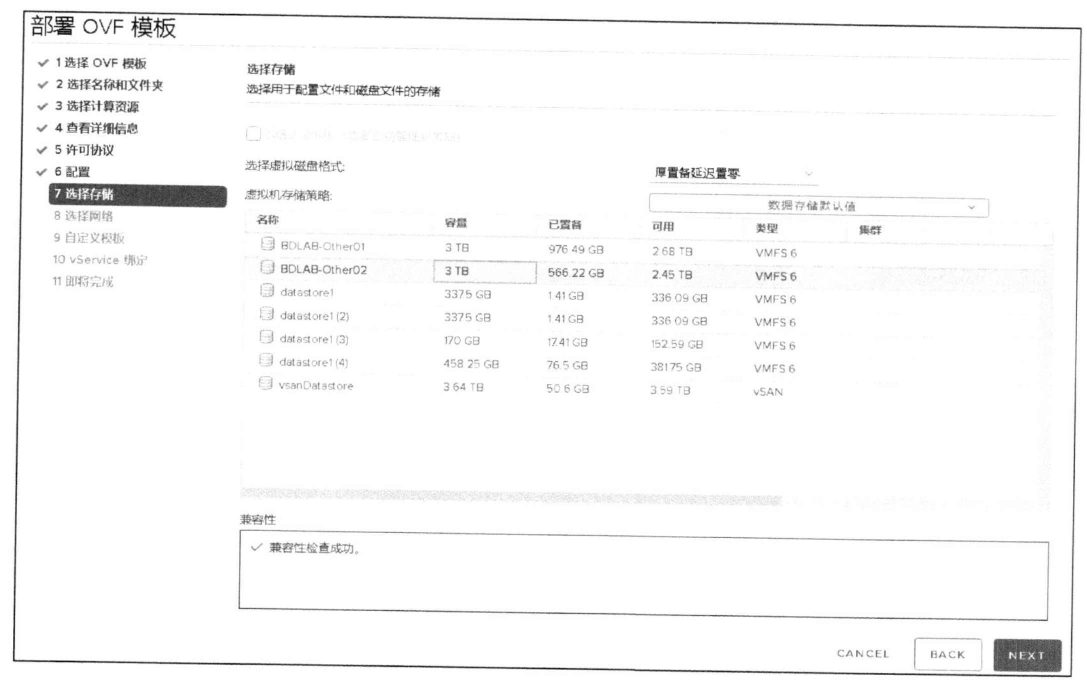

图 8-1-7

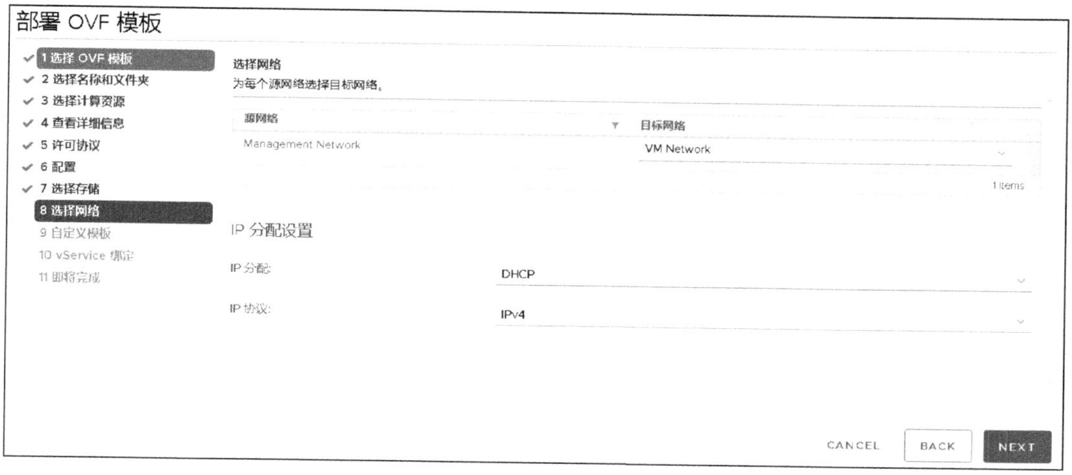

图 8-1-8

第 9 步，配置虚拟机网络相关信息，如图 8-1-9 所示，单击“NEXT”按钮。

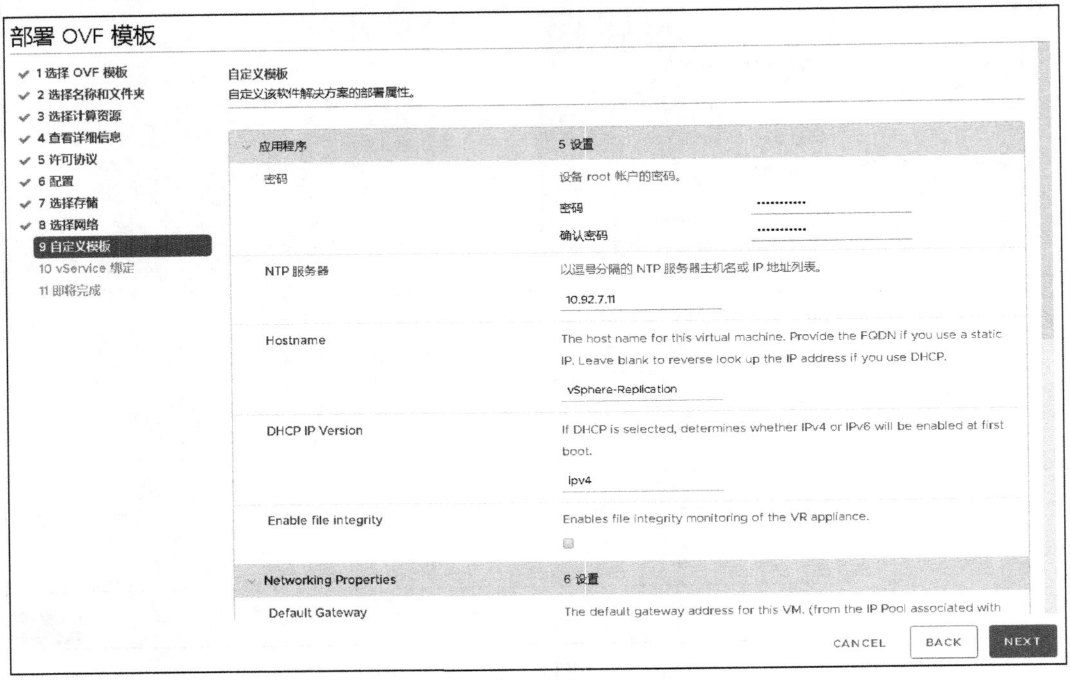

部署 OVF 模板

1 选择 OVF 模板
2 选择名称和文件夹
3 选择计算资源
4 查看详细信息
5 许可协议
6 配置
7 选择存储
8 选择网络
9 自定义模板
10 vService 绑定
11 即将完成

自定义模板
自定义该软件解决方案的部署属性。

应用程序 5 设置

密码 设备 root 帐户的密码。
密码 ••••••••••
确认密码 ••••••••••

NTP 服务器 以逗号分隔的 NTP 服务器主机名或 IP 地址列表。
10.92.7.11

Hostname The host name for this virtual machine. Provide the FQDN if you use a static IP. Leave blank to reverse look up the IP address if you use DHCP.
vSphere-Replication

DHCP IP Version If DHCP is selected, determines whether IPv4 or IPv6 will be enabled at first boot.
ipv4

Enable file integrity Enables file integrity monitoring of the VR appliance.

Networking Properties 6 设置

Default Gateway The default gateway address for this VM. (from the IP Pool associated with

CANCEL BACK NEXT

图 8-1-9

第 10 步，绑定 vCenter，如图 8-1-10 所示，单击“NEXT”按钮。

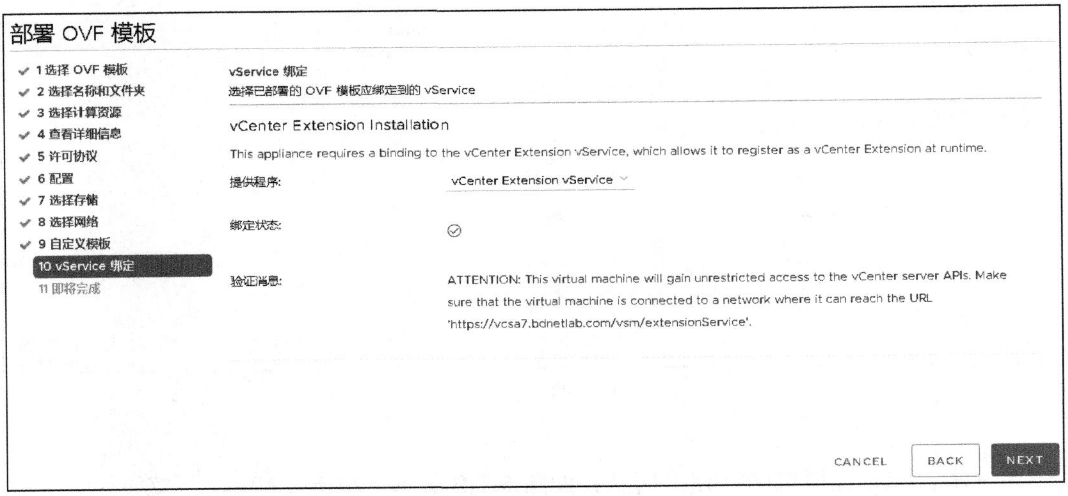

部署 OVF 模板

1 选择 OVF 模板
2 选择名称和文件夹
3 选择计算资源
4 查看详细信息
5 许可协议
6 配置
7 选择存储
8 选择网络
9 自定义模板
10 vService 绑定
11 即将完成

vService 绑定
选择已部署的 OVF 模板应绑定到的 vService

vCenter Extension Installation

This appliance requires a binding to the vCenter Extension vService, which allows it to register as a vCenter Extension at runtime.

提供程序: vCenter Extension vService

绑定状态:

验证消息: ATTENTION: This virtual machine will gain unrestricted access to the vCenter server APIs. Make sure that the virtual machine is connected to a network where it can reach the URL 'https://vcsa7.bdnetlab.com/vsm/extensionService'.

CANCEL BACK NEXT

图 8-1-10

第 11 步，确认参数是否正确，如图 8-1-11 所示，若正确则单击“FINISH”按钮。

第 12 步，开始部署 vSphere Replication 虚拟机，如图 8-1-12 所示。

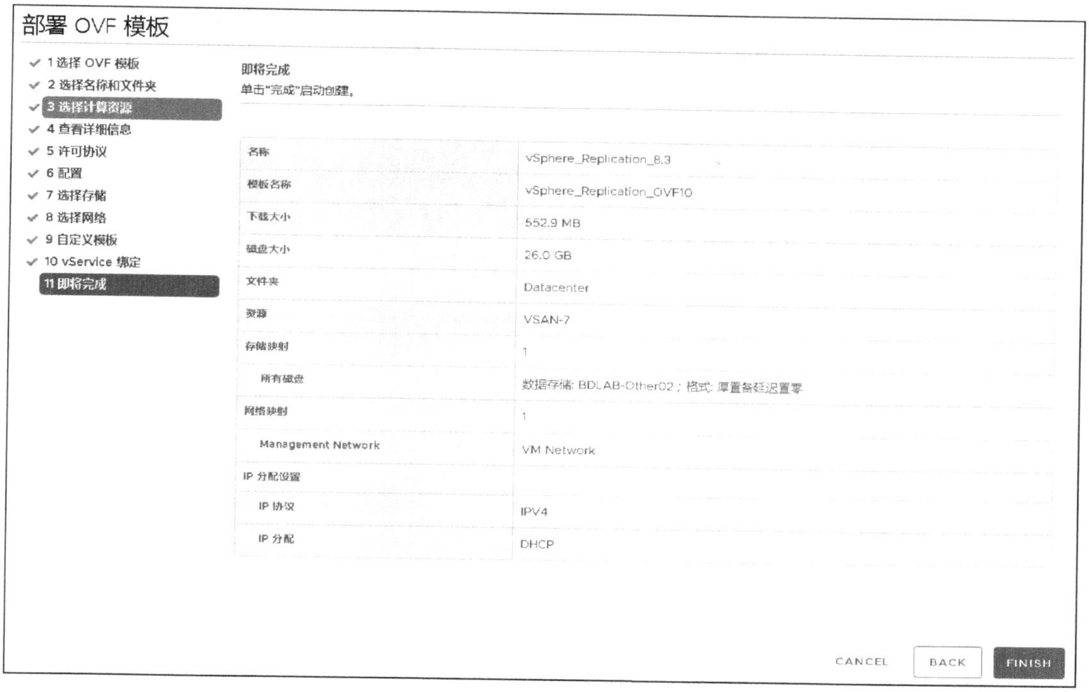

部署 OVF 模板

- ✓ 1 选择 OVF 模板
- ✓ 2 选择名称和文件夹
- ✓ 3 选择计算资源
- ✓ 4 查看详细信息
- ✓ 5 许可协议
- ✓ 6 配置
- ✓ 7 选择存储
- ✓ 8 选择网络
- ✓ 9 自定义模板
- ✓ 10 vService 绑定
- 11 即将完成

即将完成

单击"完成"启动创建。

名称	vSphere_Replication_8.3
模板名称	vSphere_Replication_OVF10
下载大小	552.9 MB
磁盘大小	26.0 GB
文件夹	Datacenter
资源	VSAN-7
存储映射	1
所有磁盘	数据存储: BDLAB-Other02；格式: 厚置备延迟置零
网络映射	1
Management Network	VM Network
IP 分配设置	
IP 协议	IPV4
IP 分配	DHCP

CANCEL　BACK　FINISH

图 8-1-11

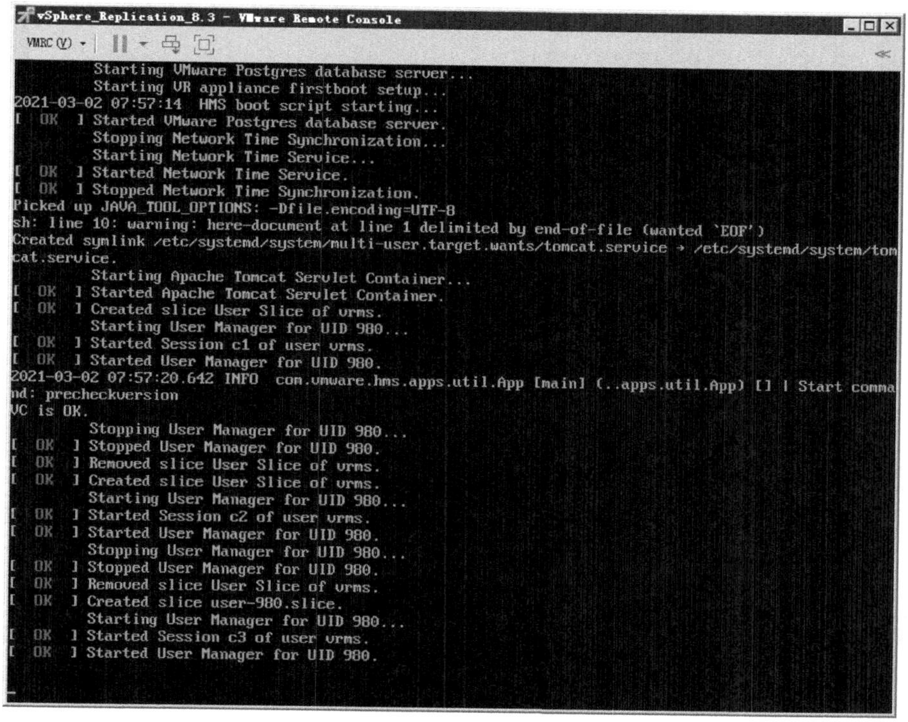

vSphere_Replication_8.3 - VMware Remote Console

```
         Starting VMware Postgres database server...
         Starting VR appliance firstboot setup...
2021-03-02 07:57:14  HMS boot script starting...
[  OK  ] Started VMware Postgres database server.
         Stopping Network Time Synchronization...
         Starting Network Time Service...
[  OK  ] Started Network Time Service.
[  OK  ] Stopped Network Time Synchronization.
Picked up JAVA_TOOL_OPTIONS: -Dfile.encoding=UTF-8
sh: line 10: warning: here-document at line 1 delimited by end-of-file (wanted `EOF')
Created symlink /etc/systemd/system/multi-user.target.wants/tomcat.service → /etc/systemd/system/tom
cat.service.
         Starting Apache Tomcat Servlet Container...
[  OK  ] Started Apache Tomcat Servlet Container.
[  OK  ] Created slice User Slice of vrms.
         Starting User Manager for UID 980...
[  OK  ] Started Session c1 of user vrms.
[  OK  ] Started User Manager for UID 980.
2021-03-02 07:57:20.642 INFO  com.vmware.hms.apps.util.App [main] (..apps.util.App) [] | Start comma
nd: precheckversion
VC is OK.
         Stopping User Manager for UID 980...
[  OK  ] Stopped User Manager for UID 980.
[  OK  ] Removed slice User Slice of vrms.
[  OK  ] Created slice User Slice of vrms.
         Starting User Manager for UID 980...
[  OK  ] Started Session c2 of user vrms.
[  OK  ] Started User Manager for UID 980.
         Stopping User Manager for UID 980...
[  OK  ] Stopped User Manager for UID 980.
[  OK  ] Removed slice User Slice of vrms.
[  OK  ] Created slice user-980.slice.
         Starting User Manager for UID 980...
[  OK  ] Started Session c3 of user vrms.
[  OK  ] Started User Manager for UID 980.
```

图 8-1-12

第 13 步，完成 vSphere Replication 虚拟机的部署，如图 8-1-13 所示。

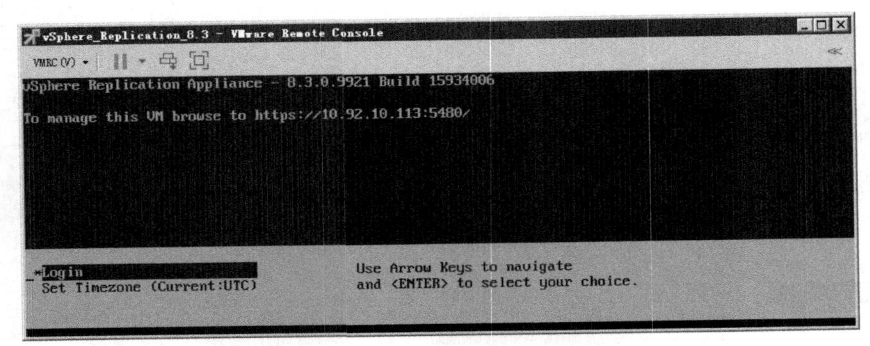

图 8-1-13

第 14 步，vSphere Replication 虚拟机部署完成后需要进行一些配置才能使用。使用浏览器登录 vSphere Replication，输入用户名和密码，如图 8-1-14 所示，单击“Login”按钮。

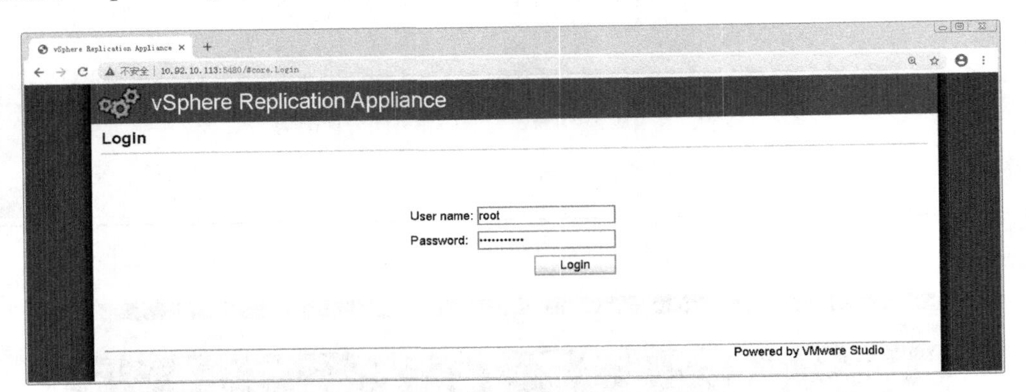

图 8-1-14

第 15 步，登录 vSphere Replication 控制台，如图 8-1-15 所示，选择“VR”中的“Configuration”选项卡。

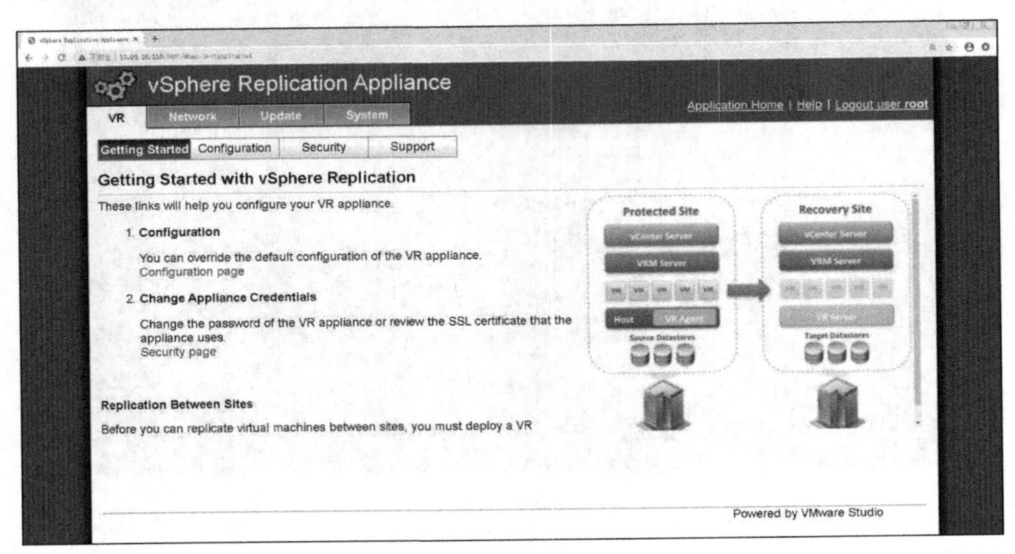

图 8-1-15

第16步，输入关联vCenter Server相关信息，如图8-1-16所示，单击“Save and Restart Service”按钮保存并重启服务。

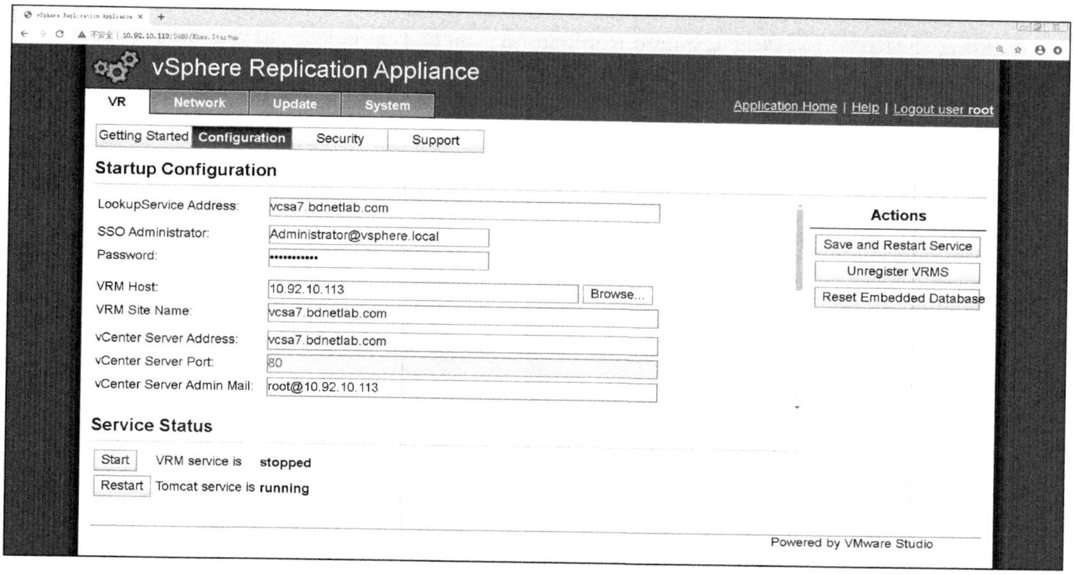

vSphere Replication Appliance

VR | Network | Update | System

Application Home | Help | Logout user root

Getting Started | Configuration | Security | Support

Startup Configuration

LookupService Address: vcsa7.bdnetlab.com

SSO Administrator: Administrator@vsphere.local

Password: ••••••••••••

VRM Host: 10.92.10.113 Browse...

VRM Site Name: vcsa7.bdnetlab.com

vCenter Server Address: vcsa7.bdnetlab.com

vCenter Server Port: 80

vCenter Server Admin Mail: root@10.92.10.113

Actions

Save and Restart Service

Unregister VRMS

Reset Embedded Database

Service Status

Start VRM service is stopped

Restart Tomcat service is running

Powered by VMware Studio

图8-1-16

第17步，配置保存成功，可以发现服务处于running状态，如图8-1-17所示。

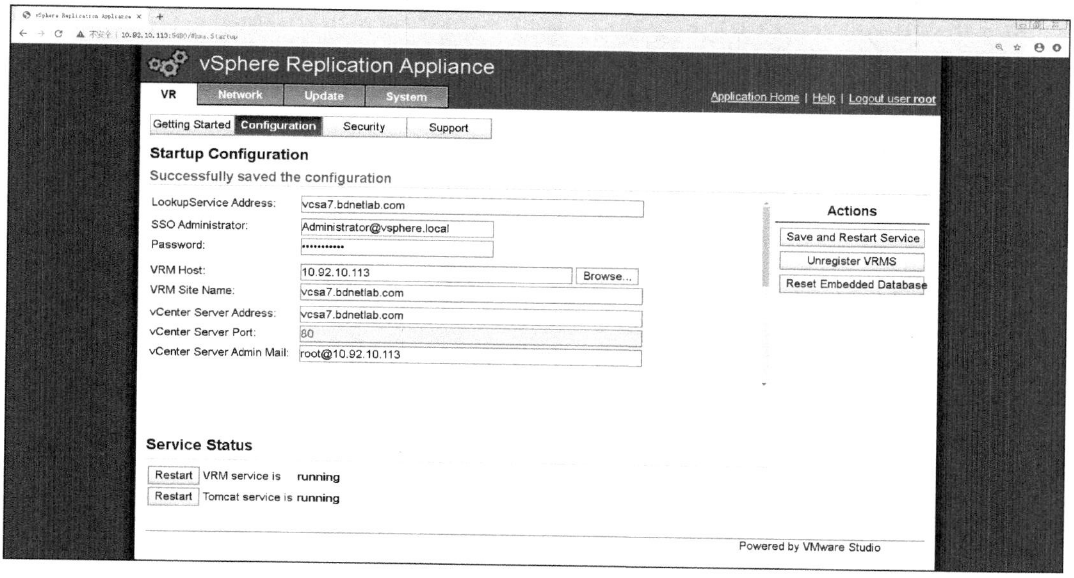

vSphere Replication Appliance

VR | Network | Update | System

Application Home | Help | Logout user root

Getting Started | Configuration | Security | Support

Startup Configuration

Successfully saved the configuration

LookupService Address: vcsa7.bdnetlab.com

SSO Administrator: Administrator@vsphere.local

Password: ••••••••••••

VRM Host: 10.92.10.113 Browse...

VRM Site Name: vcsa7.bdnetlab.com

vCenter Server Address: vcsa7.bdnetlab.com

vCenter Server Port: 80

vCenter Server Admin Mail: root@10.92.10.113

Actions

Save and Restart Service

Unregister VRMS

Reset Embedded Database

Service Status

Restart VRM service is running

Restart Tomcat service is running

Powered by VMware Studio

图8-1-17

至此，vSphere Replication虚拟机部署完成。其重点在于与vCenter Server的关联配置，配置必须出现Successfully及服务处于running提示信息才代表部署成功，否则无法备份和恢复虚拟机。

8.1.2　使用 vSphere Replication 备份虚拟机

完成 vSphere Replication 部署后，就可以备份虚拟机了。本节将介绍如何备份虚拟机。

第 1 步，使用浏览器登录 vSphere Replication，注意不是管理控制台，如图 8-1-18 所示，选择“复制”选项卡。

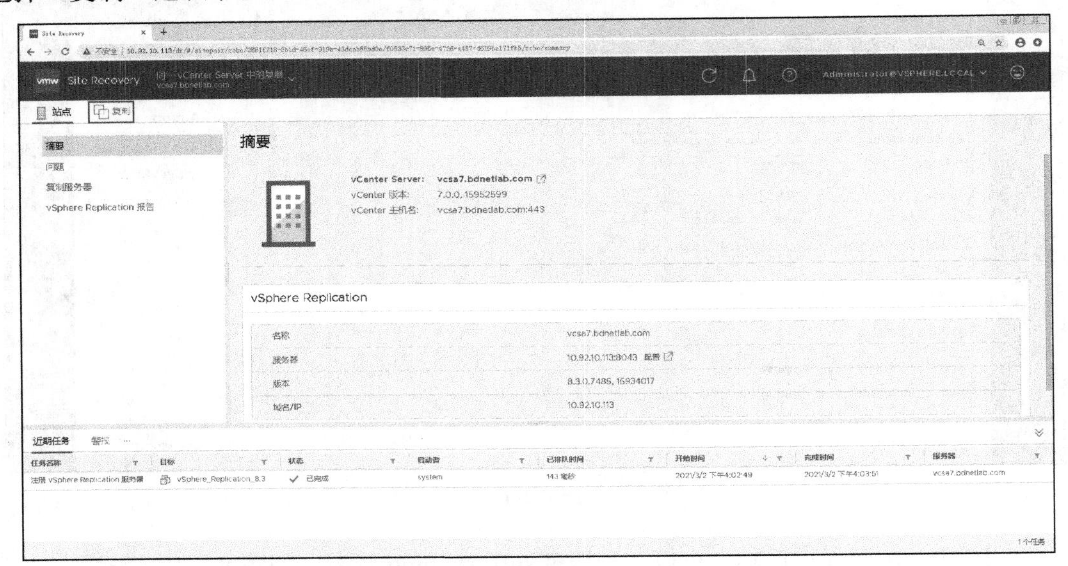

图 8-1-18

第 2 步，因为没有新建虚拟机复制项，所以“复制”菜单为空，如图 8-1-19 所示，单击“新建”按钮。

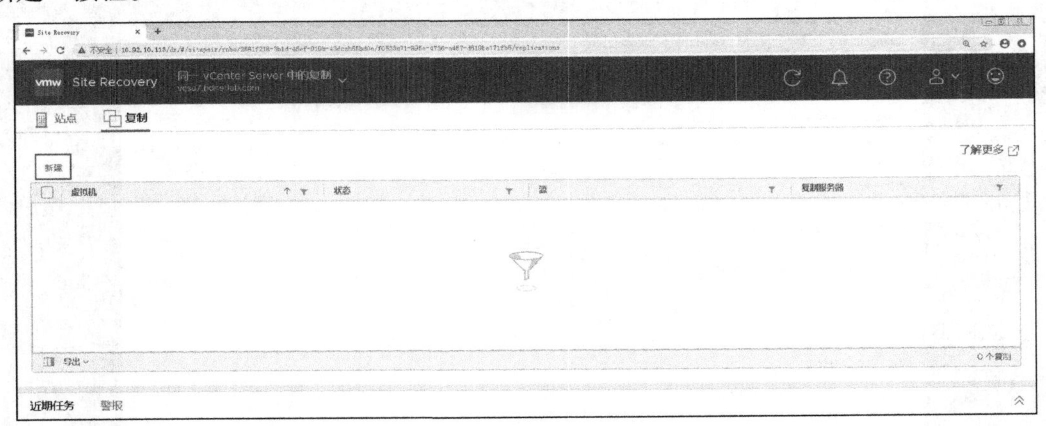

图 8-1-19

第 3 步，选择 vSphere Replication 服务器。如果生产环境中有多台可以进行指定，可以实现负载均衡，此处只有一台 vSphere Replication 服务器，选择自动分配，如图 8-1-20 所示，单击“下一步”按钮。

第 4 步，勾选需要备份复制的虚拟机，如图 8-1-21 所示，单击“下一步”按钮。

第 5 步，为备份复制的虚拟机选择数据存储，如图 8-1-22 所示，单击“下一步”按钮。

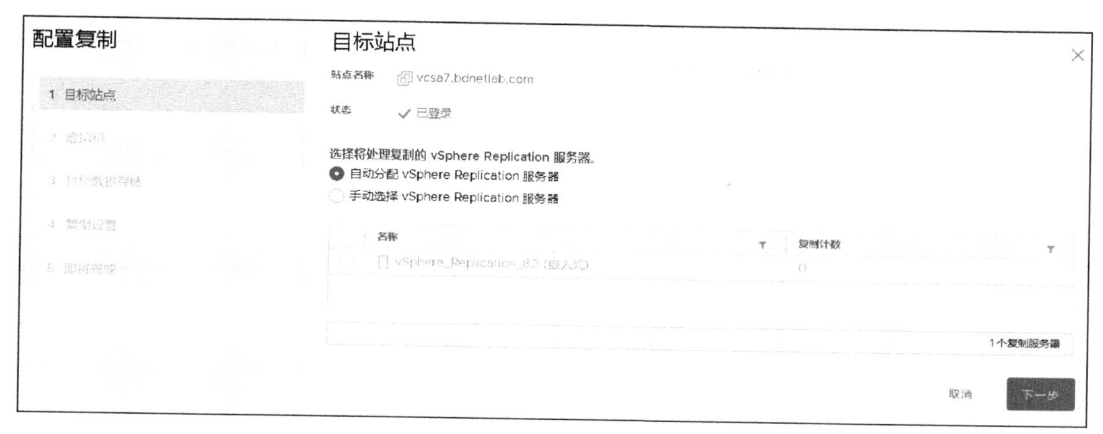

图 8-1-20

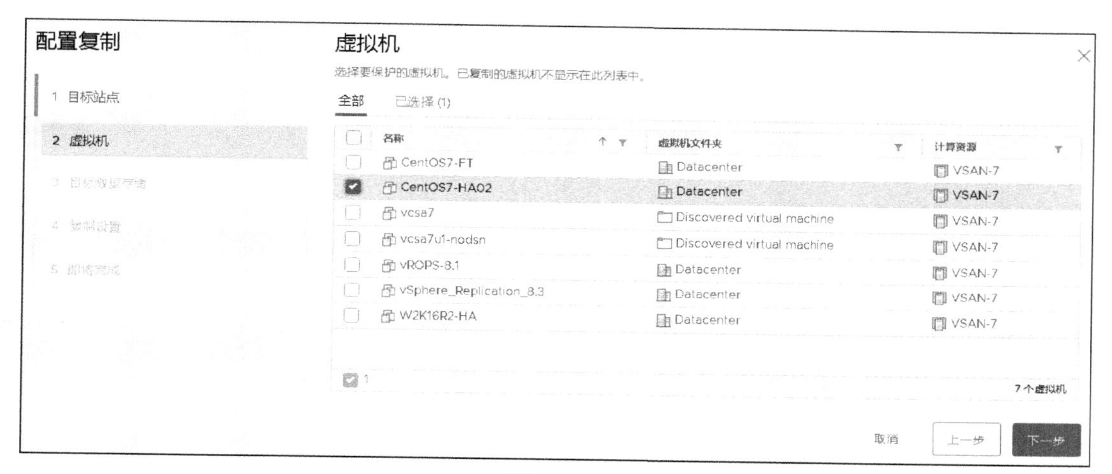

图 8-1-21

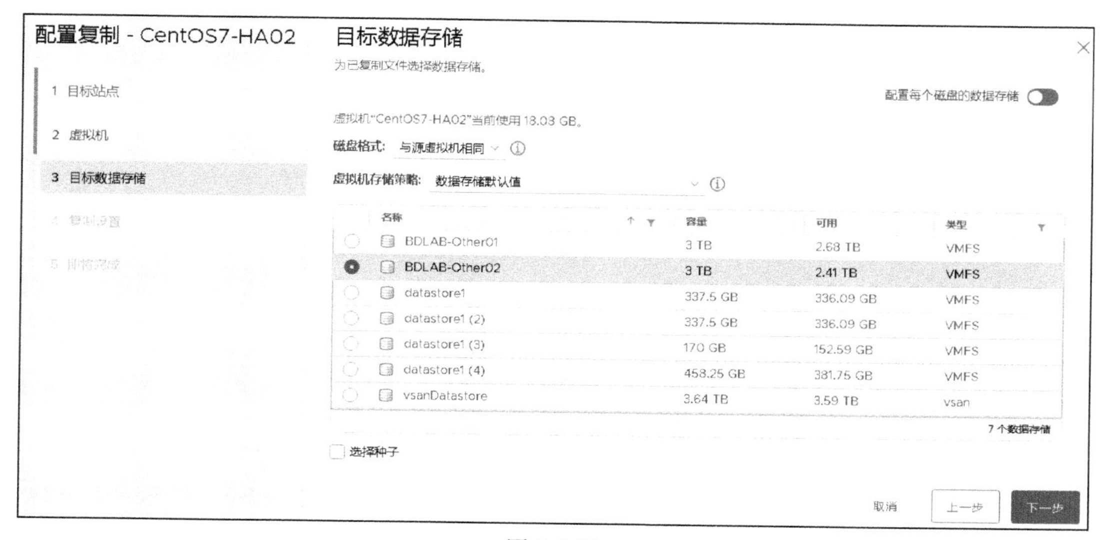

图 8-1-22

第 6 步，为备份复制的虚拟机指定恢复时间，最低 5 分钟，最长 24 小时，如图 8-1-23 所示，生产环境中可以根据虚拟机的重要性进行配置，单击“下一步”按钮。

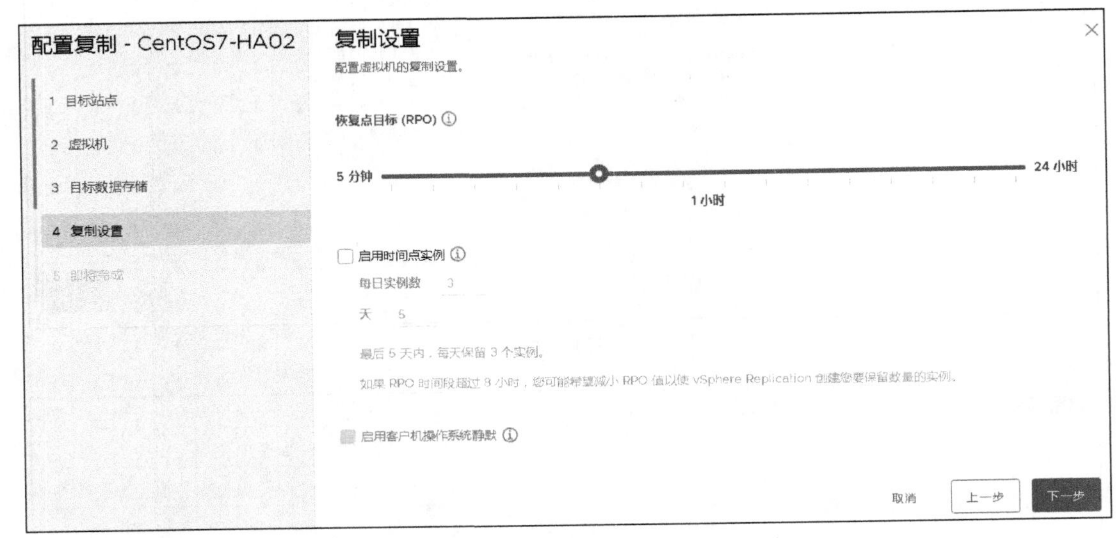

图 8-1-23

第 7 步，确认虚拟机备份复制参数是否正确，如图 8-1-24 所示，若正确则单击“完成”按钮。

配置复制 - CentOS7-HA02

1 目标站点
2 虚拟机
3 目标数据存储
4 复制设置
5 即将完成

即将完成

查看选定设置。

目标站点	vcsa7.bdnetlab.com
复制服务器	自动分配
虚拟机存储策略	数据存储默认值
目标数据存储	BDLAB-Other02
静默	已禁用
网络压缩	已禁用
加密	已禁用
恢复点目标	1 小时
时间点恢复	已禁用

取消 上一步 完成

图 8-1-24

第 8 步，创建虚拟机备份复制完成，如图 8-1-25 所示，系统开始复制虚拟机。

第 9 步，等待一段时间后，虚拟机备份复制完成，状态为良好，RPO 时间为 1 小时，如图 8-1-26 所示。也就是说，每小时会进行一次备份复制。

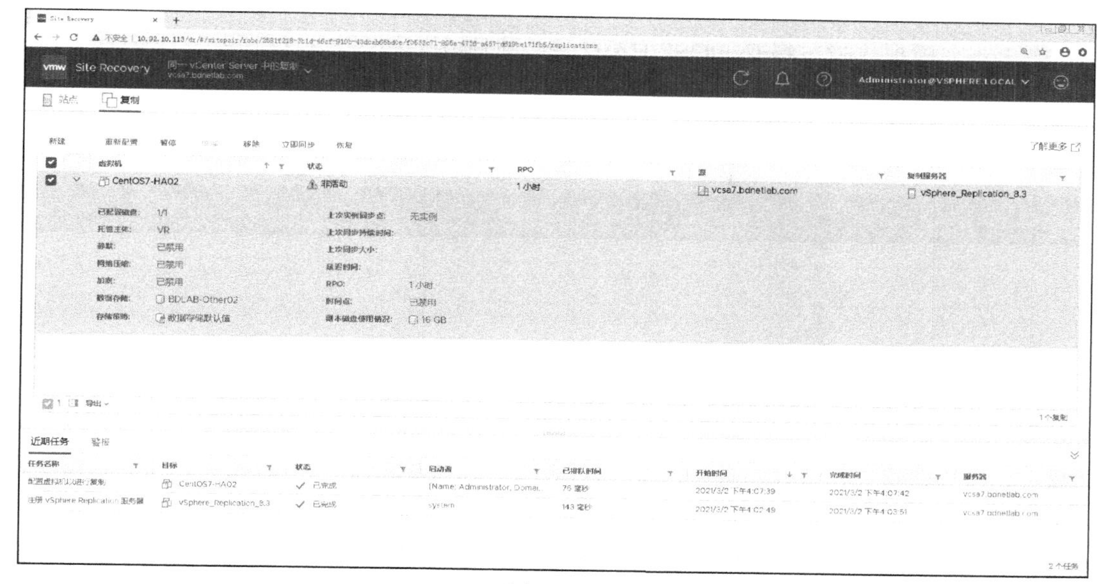

图 8-1-25

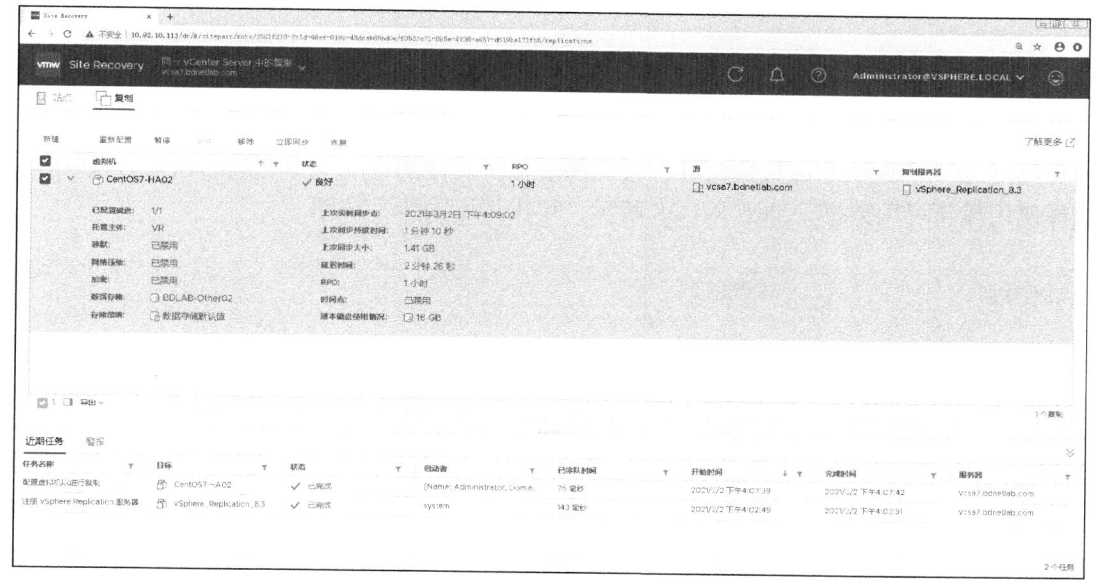

图 8-1-26

至此，使用 vSphere Replication 备份复制虚拟机完成，对虚拟机形成了保护，如果多台虚拟机需要备份复制，可以重复上述操作。需要注意的是 RPO 时间的设定，生产环境一般仅将非常重要的虚拟机 RPO 时间设置为 5 分钟，如果设置为 5 分钟，需要注意存储空间是否能满足备份复制。

8.1.3 使用 vSphere Replication 恢复虚拟机

使用 vSphere Replication 备份复制虚拟机后，可以结合生产环境的具体情况进行恢复操作。本节将介绍如何使用 vSphere Replication 恢复虚拟机。

第 1 步，模拟故障，将 CentOS7-HA02 虚拟机删除，如图 8-1-27 所示，已经看不到该虚拟机。

图 8-1-27

第 2 步，进入恢复虚拟机向导，根据源虚拟机具体的情况选择相应的恢复方式，本节选择使用最新可用数据，如图 8-1-28 所示，单击“下一步”按钮。

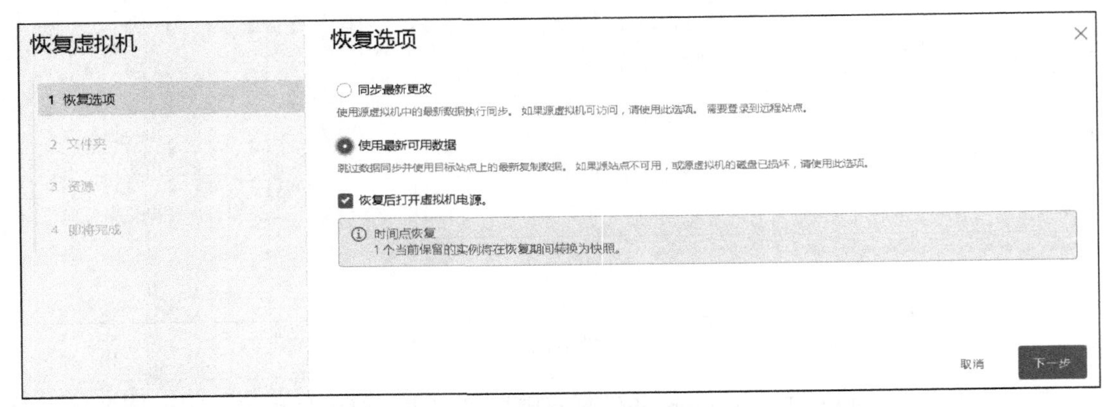

图 8-1-28

第 3 步，选择恢复虚拟机存放的文件夹，如图 8-1-29 所示，单击“下一步”按钮。

第 4 步，选择恢复虚拟机运行的主机，如图 8-1-30 所示，单击“下一步”按钮。

第 5 步，确认恢复参数是否正确，如图 8-1-31 所示，若正确则单击“完成”按钮。

图 8-1-29

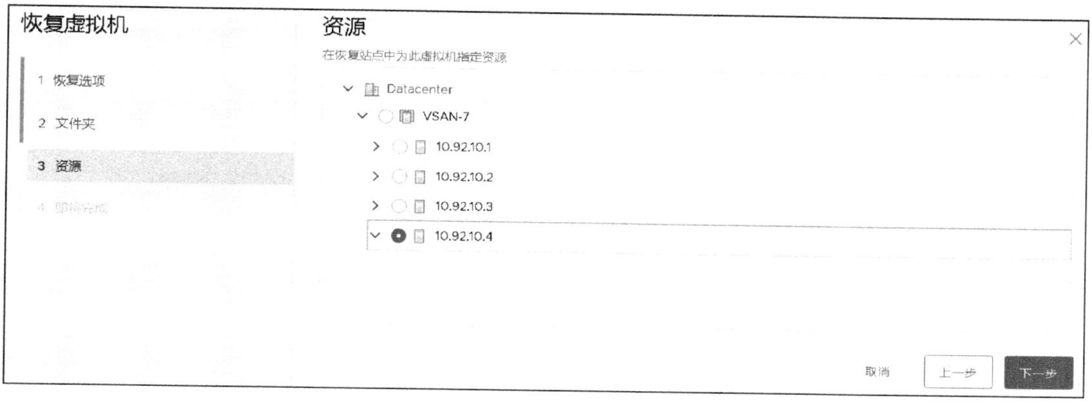

图 8-1-30

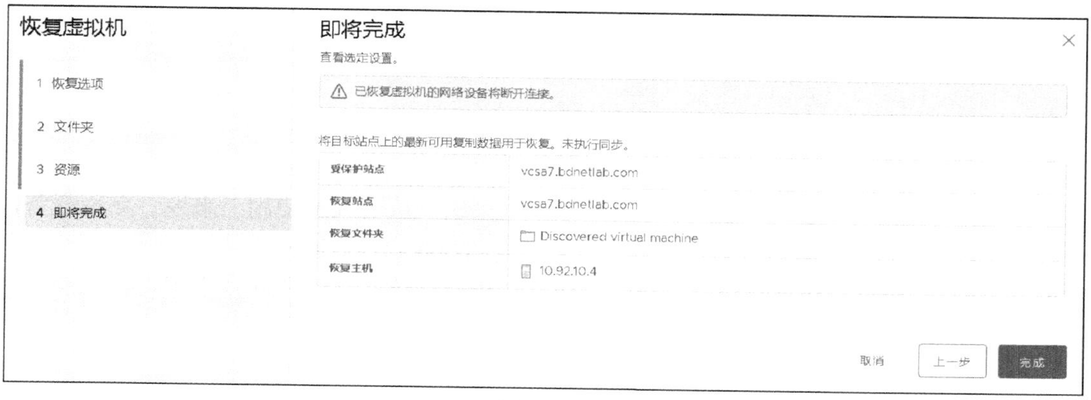

图 8-1-31

第 6 步，完成虚拟机的恢复，如图 8-1-32 所示。

第 7 步，登录 vCenter Server 查看虚拟机恢复情况，如图 8-1-33 所示，删除的虚拟机 CentOS7-HA02 已成功恢复。

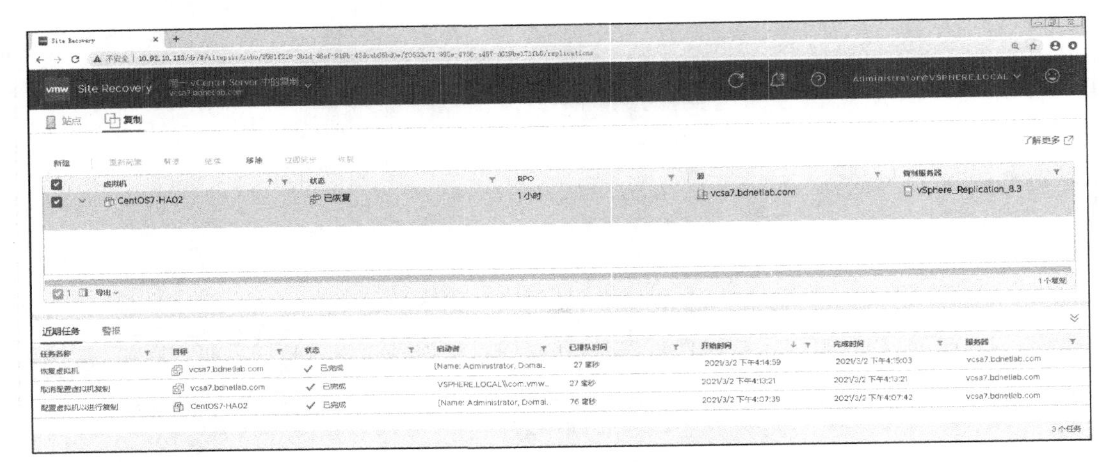

图 8-1-32

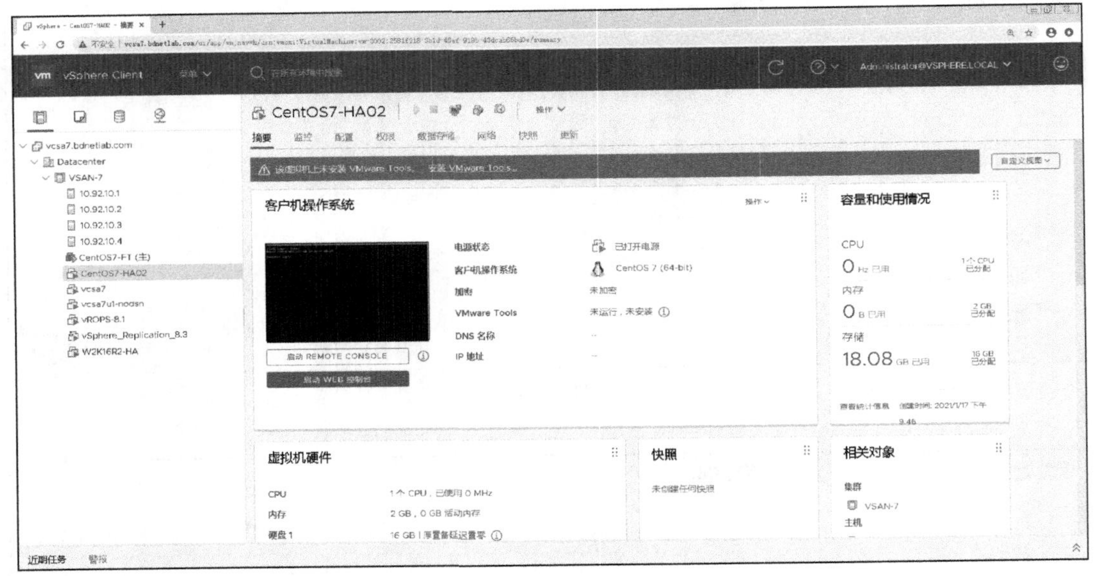

图 8-1-33

至此，使用 vSphere Replication 恢复虚拟机完成。从配置及使用上来说，无论是备份复制还是恢复，相对都非常简单。需要注意的是，vSphere Replication 与 vCenter Server 深度集成，如果 vCenter Server 出现故障，vSphere Replication 备份和恢复虚拟机也可能出现问题。

8.2　使用 Veeam Backup & Replication 备份和恢复虚拟机

在 VMware vSphere 环境中进行虚拟机备份，第三方备份工具推荐使用 Veeam Backup & Replication。写作本章的时候其最新版本是 V11，支持 vSphere 7.0 及 vSphere 7.0 U1 版本备份和恢复虚拟机，本节操作使用 Veeam Backup & Replication V10 版本。

8.2.1 部署 Veeam Backup & Replication

第 1 步，Veeam Backup & Replication 支持虚拟机或物理服务器的部署。运行安装程序，如图 8-2-1 所示，单击“Install”按钮开始部署。

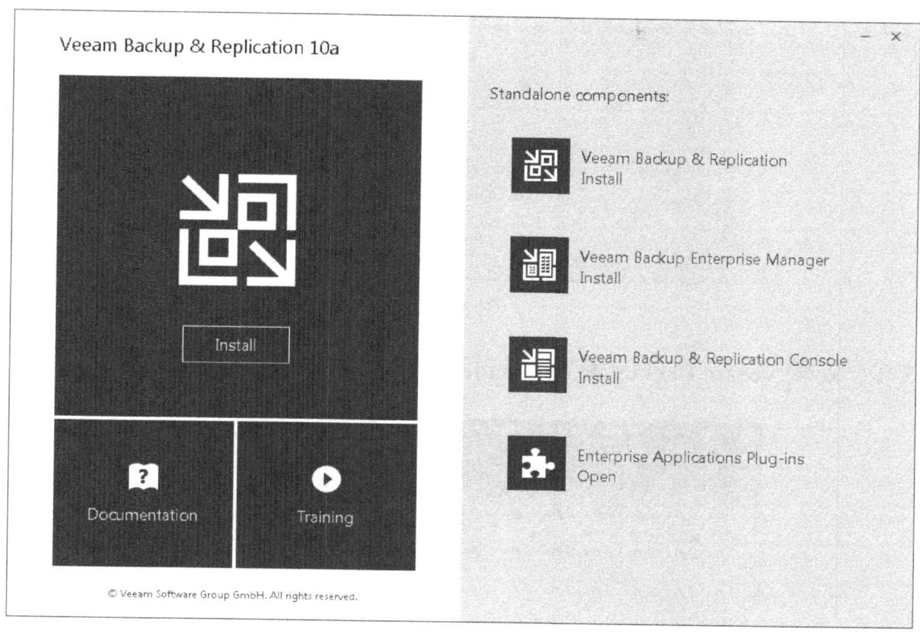

图 8-2-1

第 2 步，部署 Veeam Backup & Replication 需要.NET Framework 4.7.2 的支持，如图 8-2-2 所示，单击“确定”按钮下载安装。

第 3 步，接受许可协议，如图 8-2-3 所示，单击“Next”按钮。

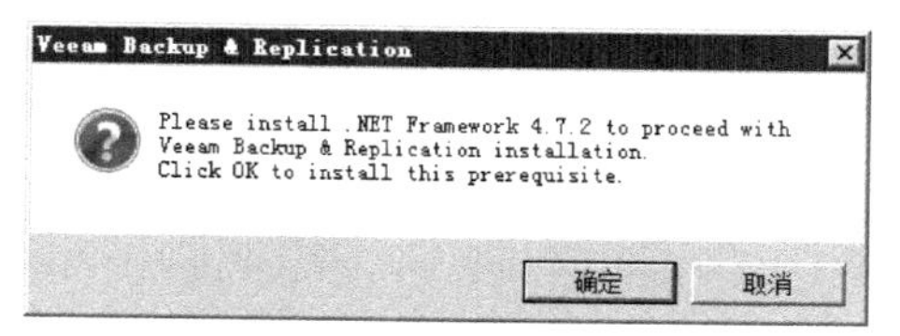

图 8-2-2

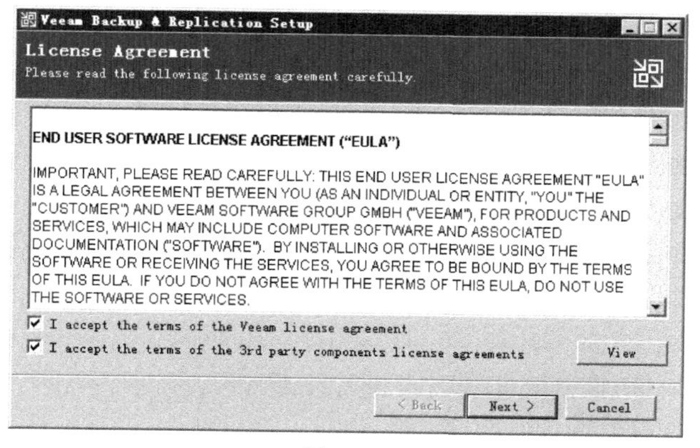

图 8-2-3

第 4 步，导入 Veeam Backup & Replication 许可文件，如果不导入，Veeam Backup &

Replication 使用 FREE 模式（功能受限制），如图 8-2-4 所示，单击“Next”按钮。

Veeam Backup & Replication Setup
Provide License
Provide license file for Veeam Backup & Replication
License file for Veeam Backup & Replication:
Browse...
If you don't have a license, just click Next to install the Community Edition.
Veeam EULA prohibits using Community Edition to provide any services to third parties. In particular, you may not install, configure or manage such servers at your client's
< Back
Next >
Cancel

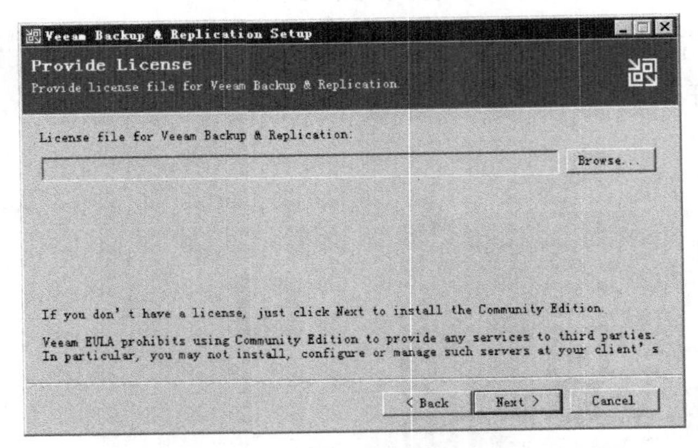

图 8-2-4

第 5 步，安装 Veeam Backup & Replication 组件，如图 8-2-5 所示，单击“Next”按钮。

Veeam Backup & Replication Setup
Program features
Select the program features you want to be installed
Veeam Backup & Replication
Veeam Backup Catalog
Veeam Backup & Replication Console
Component
Veeam Backup & Replication is enterprise-ready solution that combines backup and replication in a single product for fast recovery of your VMware vSphere and Microsoft Hyper-V
Install to:
Browse...
< Back
Next >
Cancel

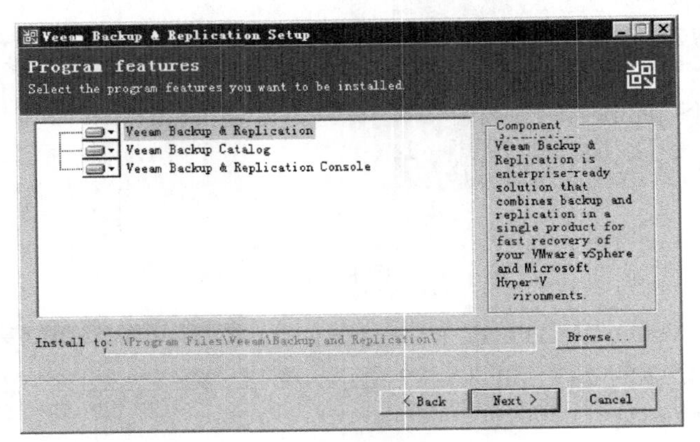

图 8-2-5

第 6 步，安装程序对环境进行校验，对于失败的组件可以通过单击“Install”按钮进行安装，如图 8-2-6 所示，单击“Install”按钮。

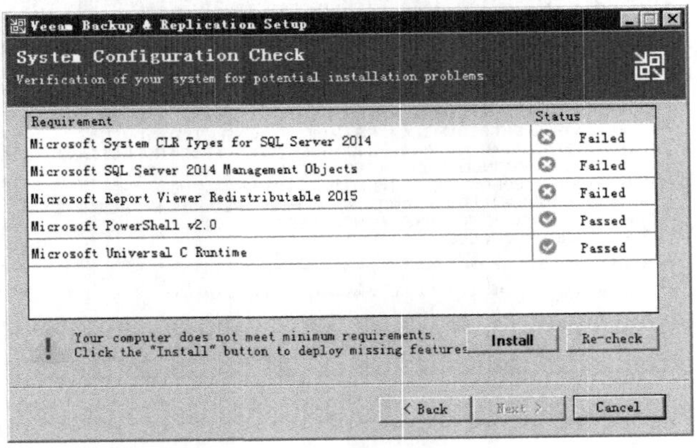

Veeam Backup & Replication Setup
System Configuration Check
Verification of your system for potential installation problems
Requirement
Status
Microsoft System CLR Types for SQL Server 2014
Failed
Microsoft SQL Server 2014 Management Objects
Failed
Microsoft Report Viewer Redistributable 2015
Failed
Microsoft PowerShell v2.0
Passed
Microsoft Universal C Runtime
Passed
Your computer does not meet minimum requirements. Click the "Install" button to deploy missing features
Install
Re-check
< Back
Next >
Cancel

图 8-2-6

第 7 步，安装完成后状态为“Passed”，如图 8-2-7 所示，单击“Next”按钮。

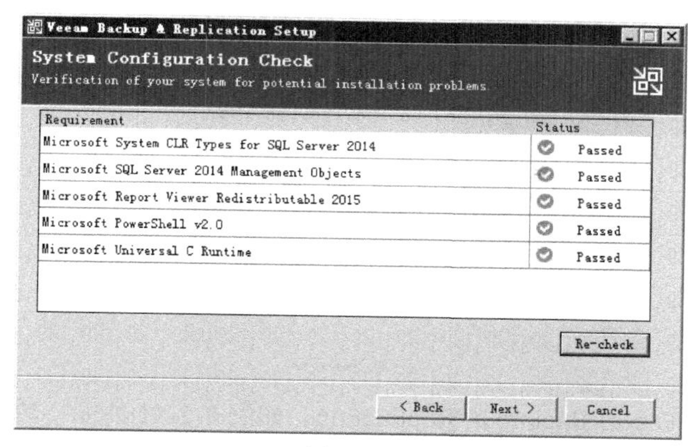

图 8-2-7

第 8 步，确认参数是否正确，如图 8-2-8 所示，若正确则单击“Install”按钮。

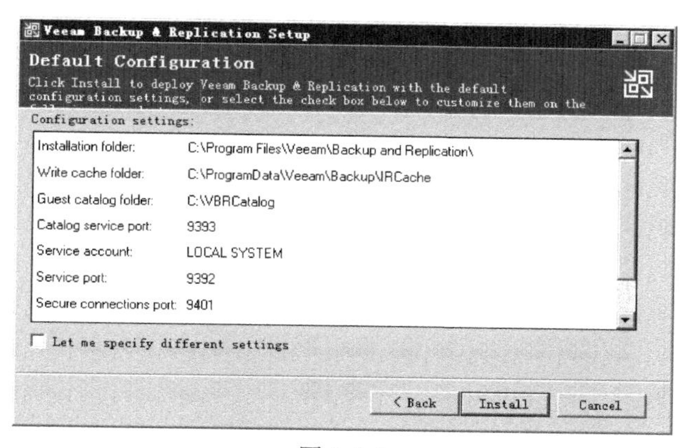

图 8-2-8

第 9 步，开始安装 Veeam Backup & Replication，如图 8-2-9 所示。

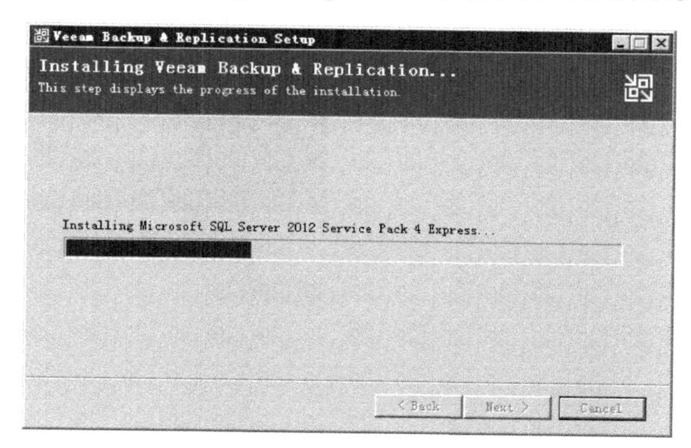

图 8-2-9

第 10 步，完成 Veeam Backup & Replication 的安装，如图 8-2-10 所示，单击“Finish”按钮退出安装界面。

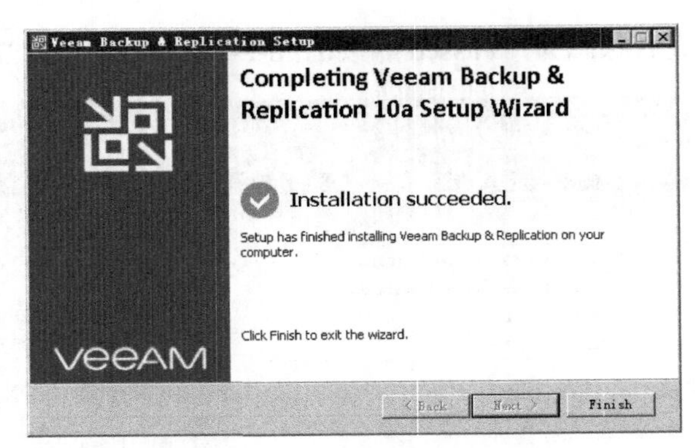

图 8-2-10

第 11 步，登录 Veeam Backup & Replication，如图 8-2-11 所示，单击“Connect”按钮。

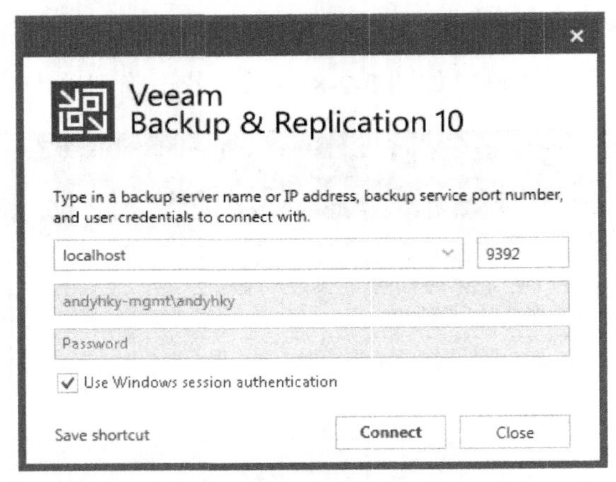

图 8-2-11

第 12 步，进入 Veeam Backup & Replication 主界面，如图 8-2-12 所示。

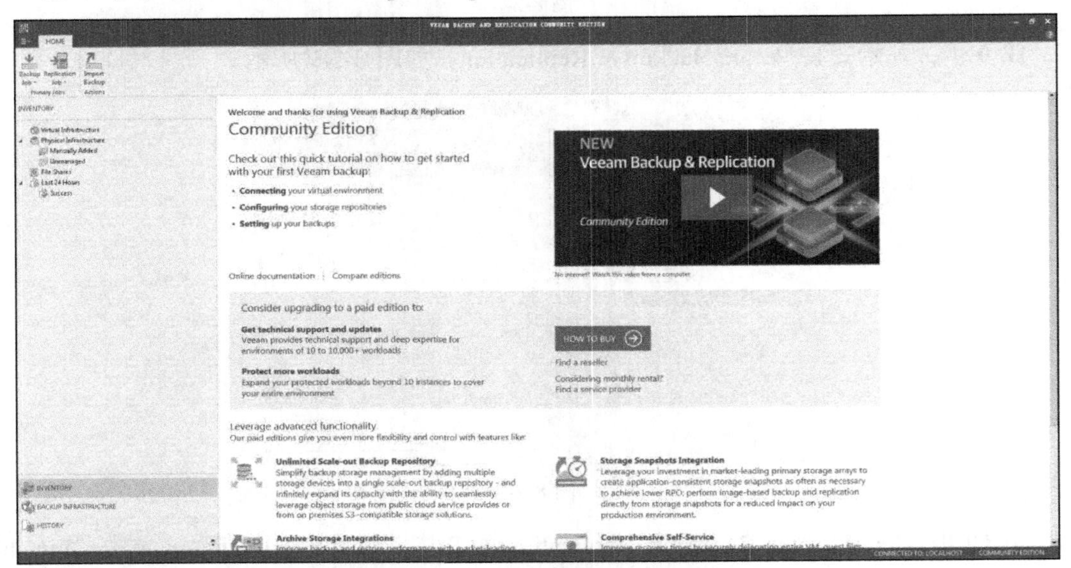

图 8-2-12

第 13 步，选择“Virtual Infrastructure”中的“ADD SERVER”选项，添加备份服务器，如图 8-2-13 所示。

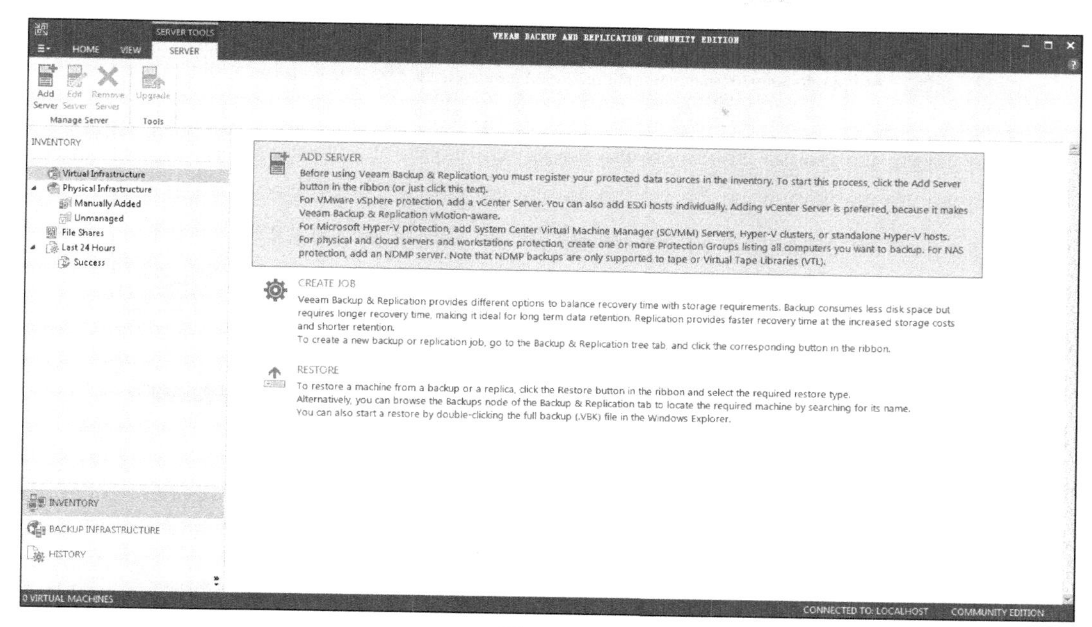

图 8-2-13

第 14 步，选择“VMware vSphere”选项，如图 8-2-14 所示。

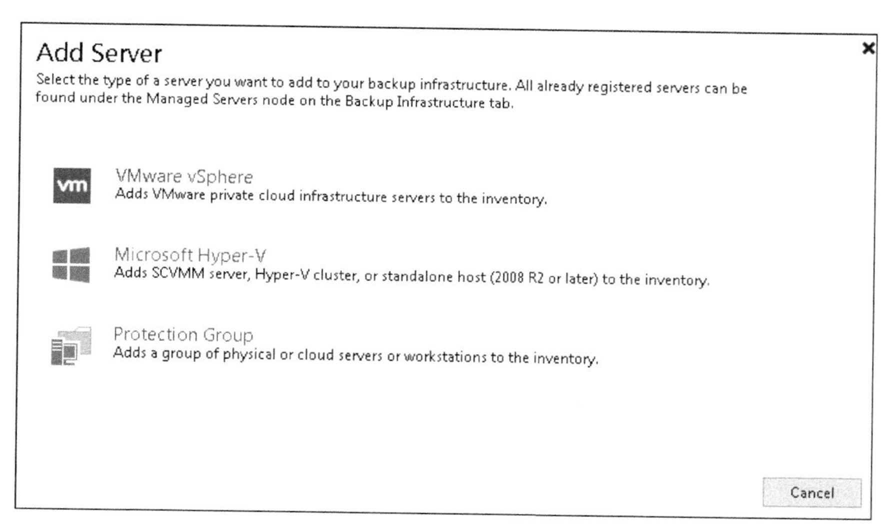

图 8-2-14

第 15 步，选择“vSphere”选项，如图 8-2-15 所示。

第 16 步，添加 vCenter Server 地址，如图 8-2-16 所示，单击“Next”按钮。

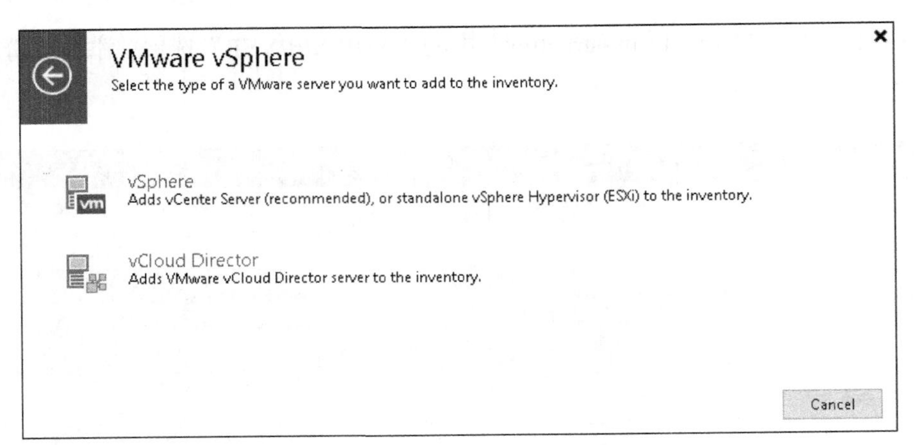

图 8-2-15

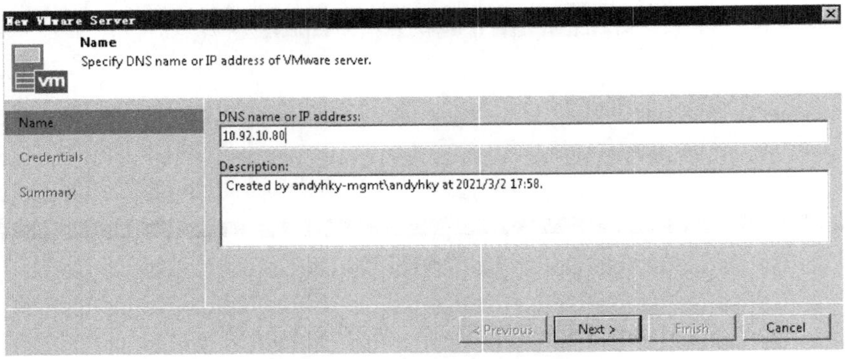

图 8-2-16

第 17 步，选择连接 vCenter Server 的账户，可以通过“Manage accounts”超链接创建，创建后选择使用即可，如图 8-2-17 所示，单击“Apply”按钮。

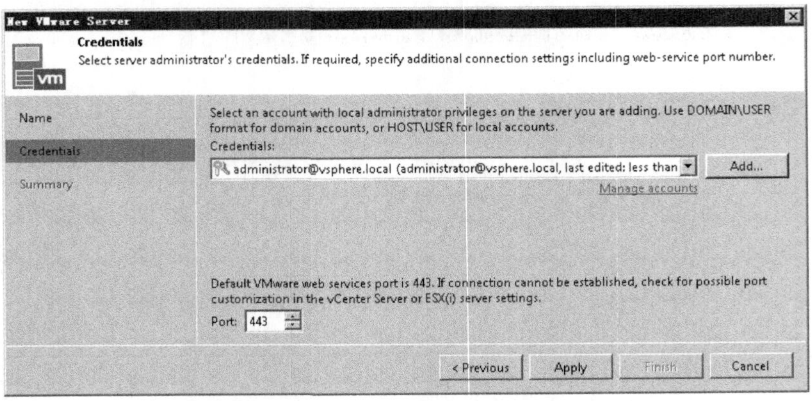

图 8-2-17

第 18 步，添加 vCenter Server 账号完成，如图 8-2-18 所示，单击“Finish”按钮。

第 19 步，Veeam Backup & Replication 获取到 vCenter Server 虚拟机信息，如图 8-2-19 所示。

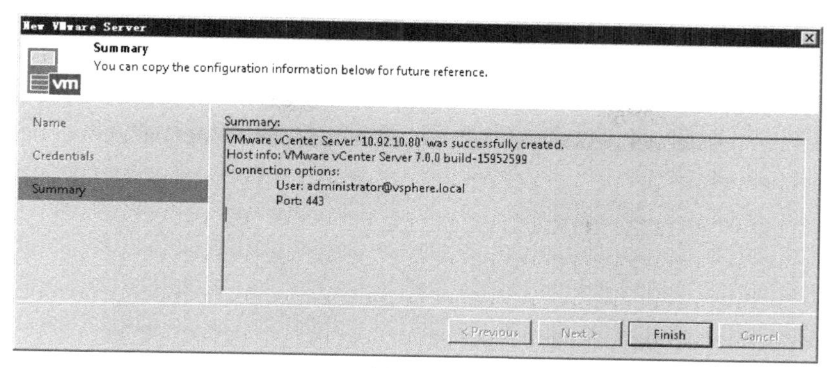

图 8-2-18

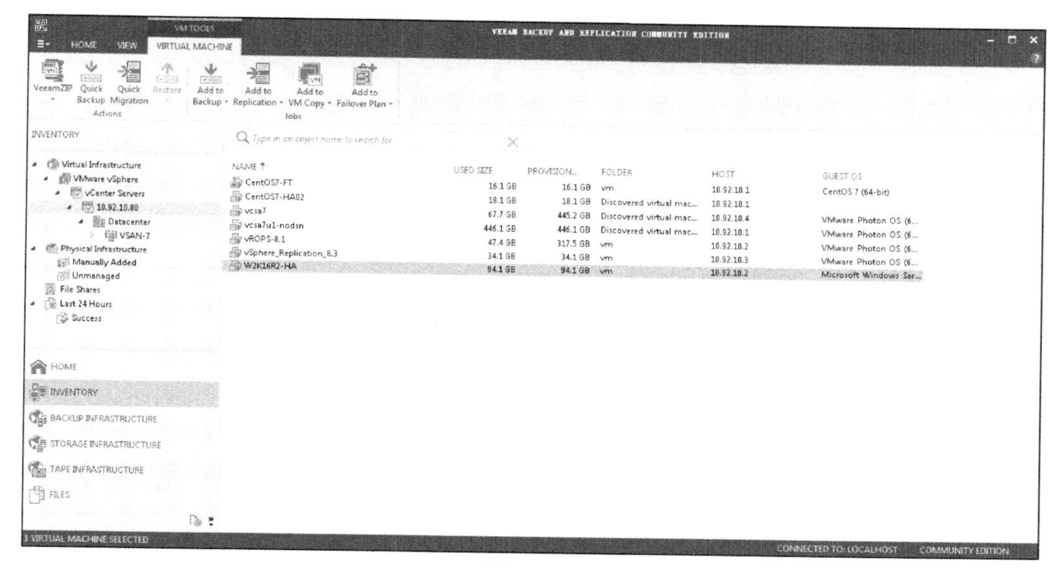

图 8-2-19

至此，Veeam Backup & Replication 软件安装完成，整体来说，安装部署没有难度。

8.2.2 使用 Veeam Backup & Replication 备份虚拟机

安装完 Veeam Backup & Replication 后，就可以备份虚拟机了。

第 1 步，选择要备份的虚拟机，单击“Veeam ZIP”按钮，如图 8-2-20 所示。

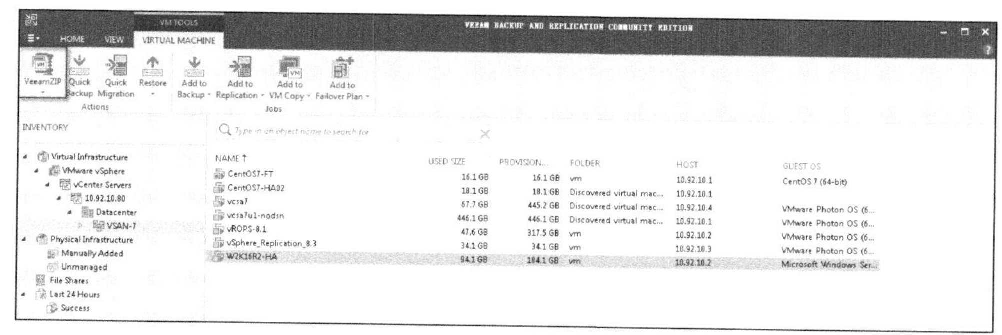

图 8-2-20

第 2 步，在弹出的对话框中设置备份路径及备份级别，一般选择“Optimal(recommended)”选项，推荐使用优化选项，如图 8-2-21 所示，单击“OK”按钮。

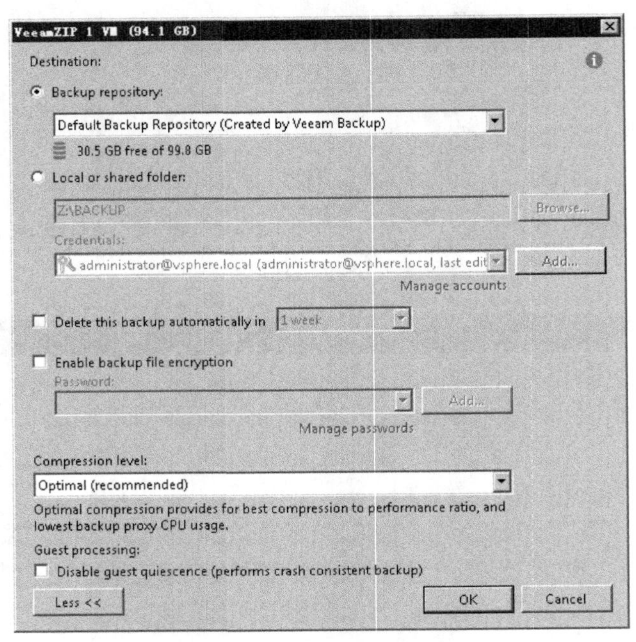

图 8-2-21

第 3 步，开始备份虚拟机，如图 8-2-22 所示。

图 8-2-22

第 4 步，虚拟机备份成功，如图 8-2-23 所示。注意，没有任何错误提示才能代表备份成功。

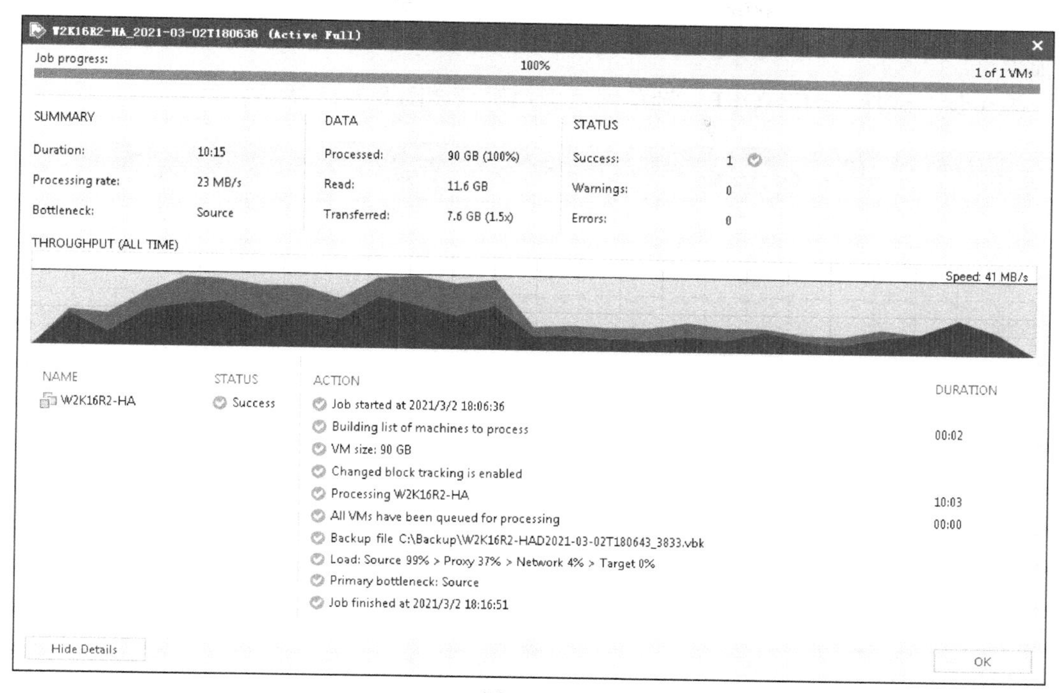

图 8-2-23

第 5 步，查看备份虚拟机的备份文件，如图 8-2-24 所示。

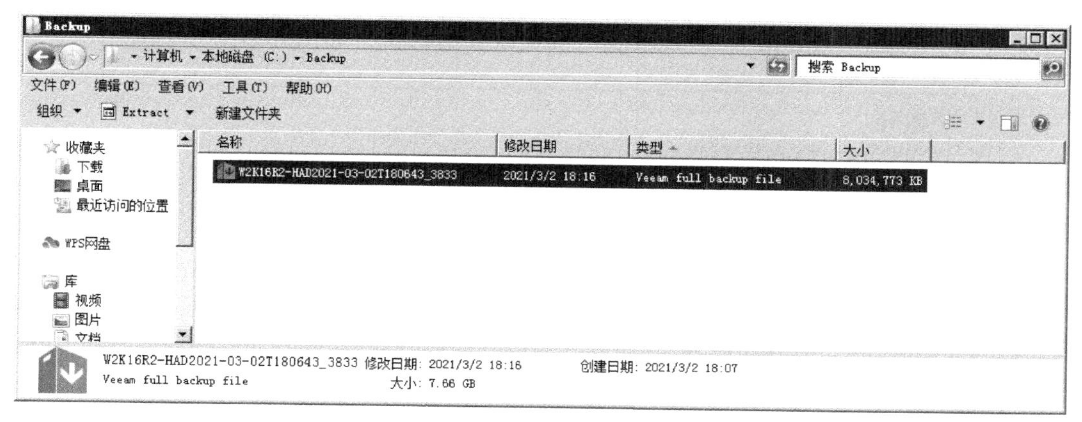

图 8-2-24

至此，使用 Veeam Backup & Replication 备份虚拟机完成。生产环境中使用时一定要注意其版本兼容的 vSphere 版本，同时建议在虚拟机非访问高峰时进行备份，以降低备份对性能造成的影响。另外，还需要注意备份不成功时出现的错误提示，应根据提示找出原因再对虚拟机进行备份。

8.2.3　使用 Veeam Backup & Replication 恢复虚拟机

备份虚拟机后，当发现虚拟机出现问题时就可以及时恢复虚拟机。本节将介绍如何恢复虚拟机。

第 1 步，选择“RESTORE”选项恢复虚拟机，如图 8-2-25 所示。

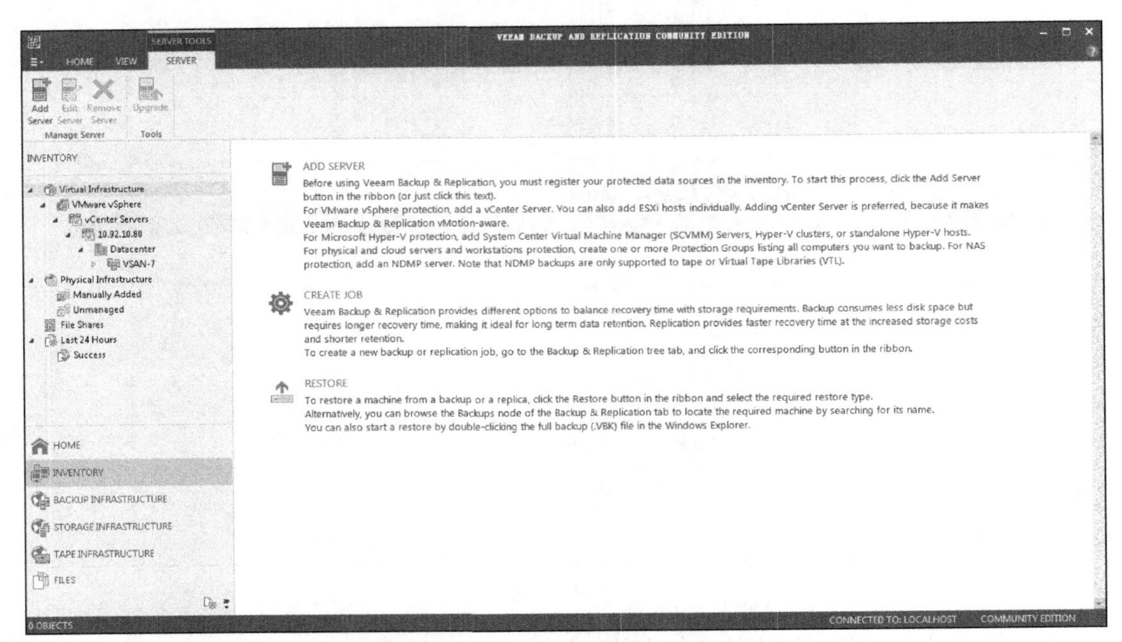

图 8-2-25

第 2 步，选择“Restore from backup”选项恢复虚拟机，如图 8-2-26 所示。

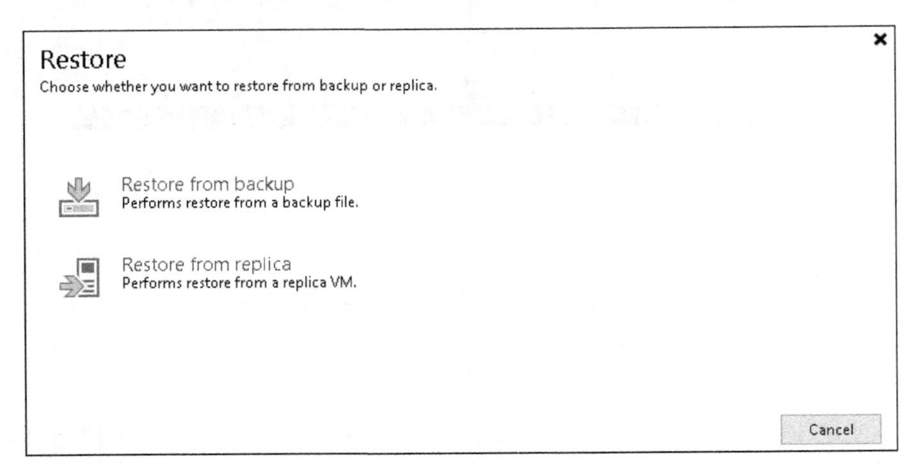

图 8-2-26

第 3 步，选择“Entire VM restore”选项恢复虚拟机，如图 8-2-27 所示。

第 4 步，选择“Instant VM recovery”选项进行恢复，如图 8-2-28 所示。

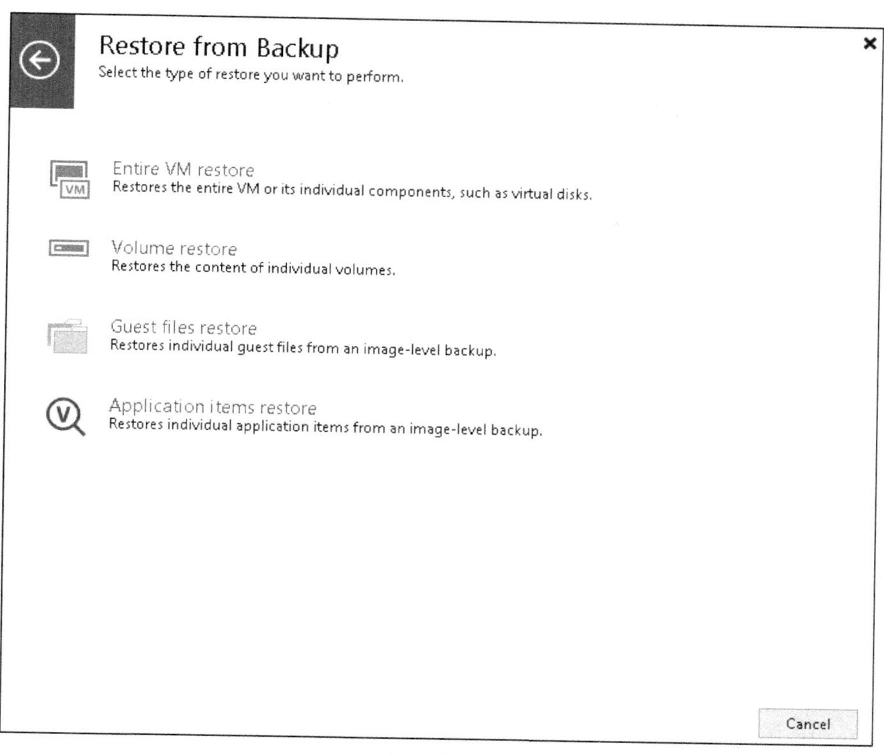
Restore from Backup
Select the type of restore you want to perform.
Entire VM restore
Restores the entire VM or its individual components, such as virtual disks.
Volume restore
Restores the content of individual volumes.
Guest files restore
Restores individual guest files from an image-level backup.
Application items restore
Restores individual application items from an image-level backup.
Cancel

图 8-2-27

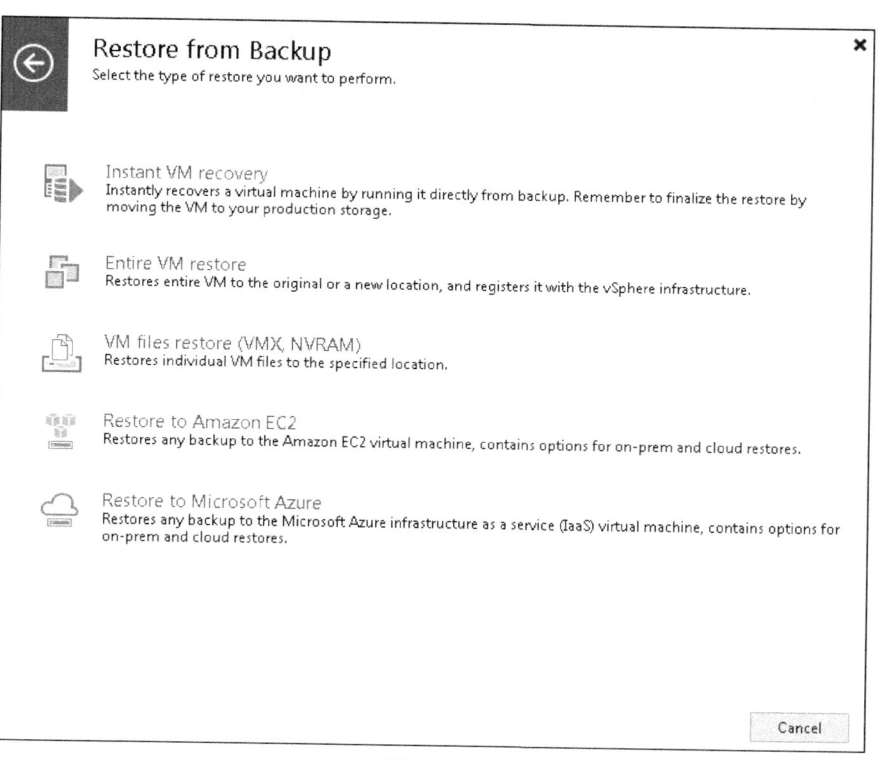
Restore from Backup
Select the type of restore you want to perform.
Instant VM recovery
Instantly recovers a virtual machine by running it directly from backup. Remember to finalize the restore by moving the VM to your production storage.
Entire VM restore
Restores entire VM to the original or a new location, and registers it with the vSphere infrastructure.
VM files restore (VMX, NVRAM)
Restores individual VM files to the specified location.
Restore to Amazon EC2
Restores any backup to the Amazon EC2 virtual machine, contains options for on-prem and cloud restores.
Restore to Microsoft Azure
Restores any backup to the Microsoft Azure infrastructure as a service (IaaS) virtual machine, contains options for on-prem and cloud restores.
Cancel

图 8-2-28

第5步，选择虚拟机备份文件，如图8-2-29所示，单击“Add”按钮。

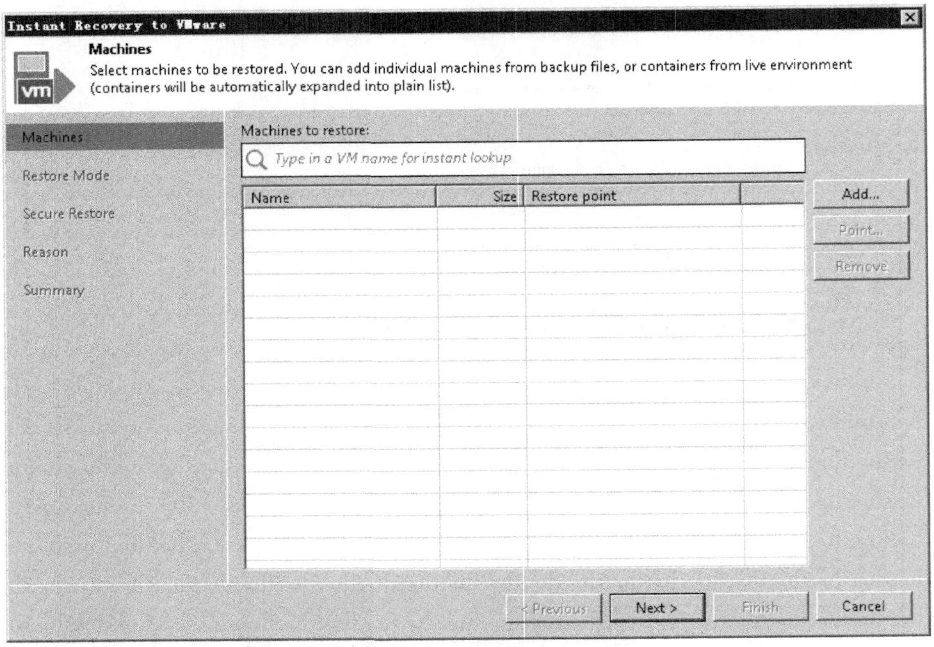

图 8-2-29

第6步，选择备份好的虚拟机文件，如图8-2-30所示，单击“Add”按钮。

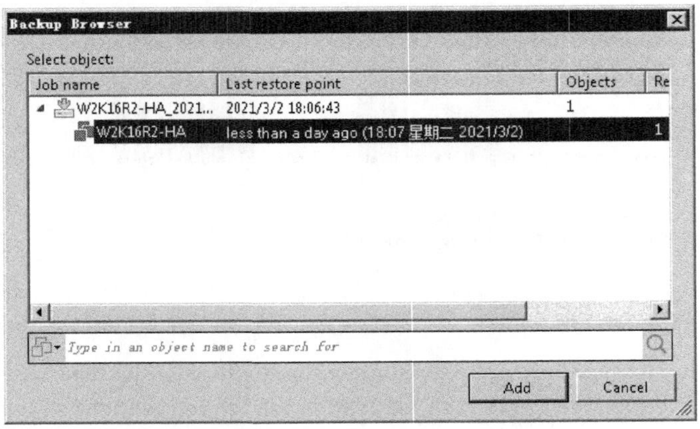

图 8-2-30

第7步，添加好恢复的虚拟机，如图8-2-31所示，单击“Next”按钮。

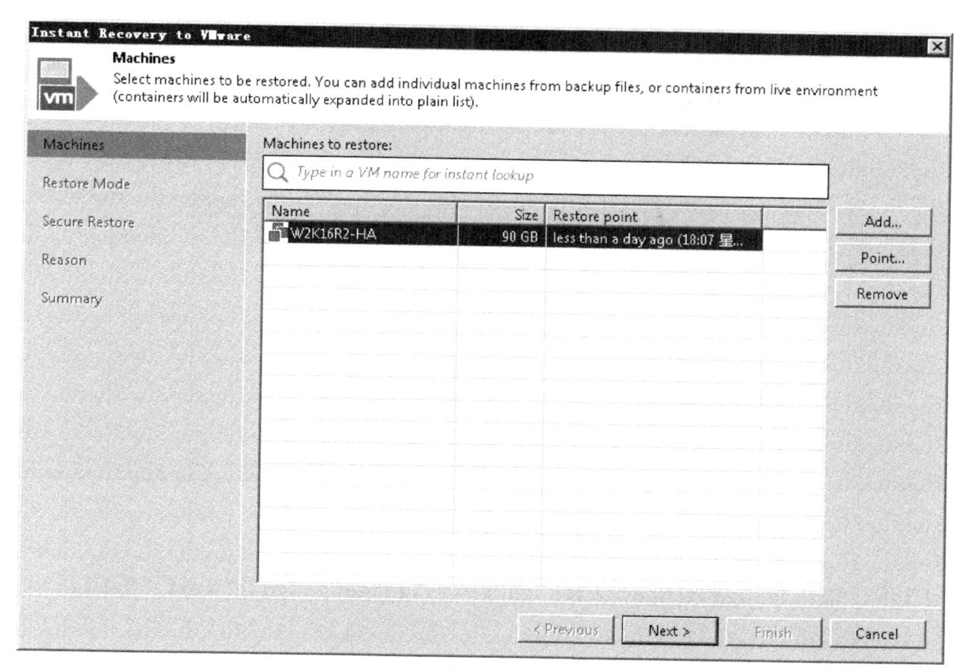

图 8-2-31

第 8 步，选择恢复模式，选项“Restore to the original location”将虚拟机恢复到原始位置，选项“Restore to a new location，or with different settings”将虚拟机恢复到新的位置并使用不同的设置，如图 8-2-32 所示，生产环境中应结合实际情况进行选择，单击“Next”按钮。

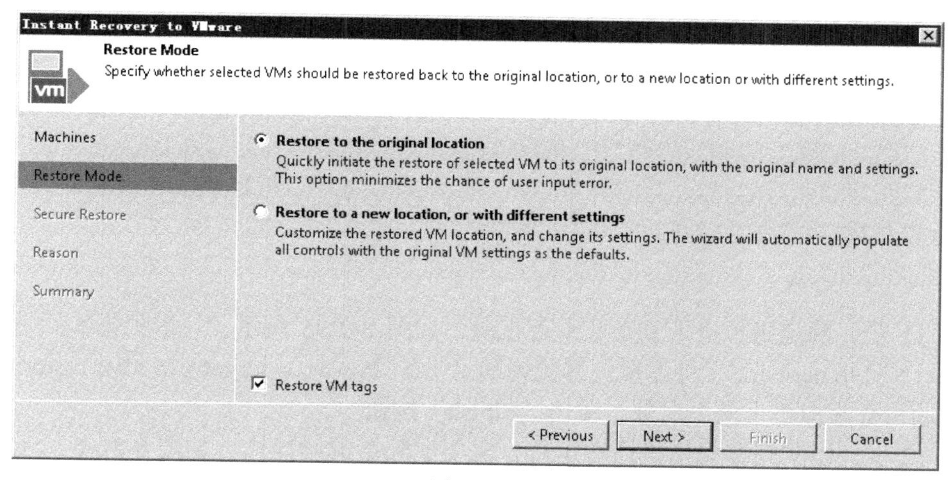

图 8-2-32

第 9 步，选择是否扫描虚拟机进行恢复，该选项能够对虚拟机文件进行校验，如图 8-2-33 所示，生产环境中应结合实际情况决定是否勾选，单击“Next”按钮。

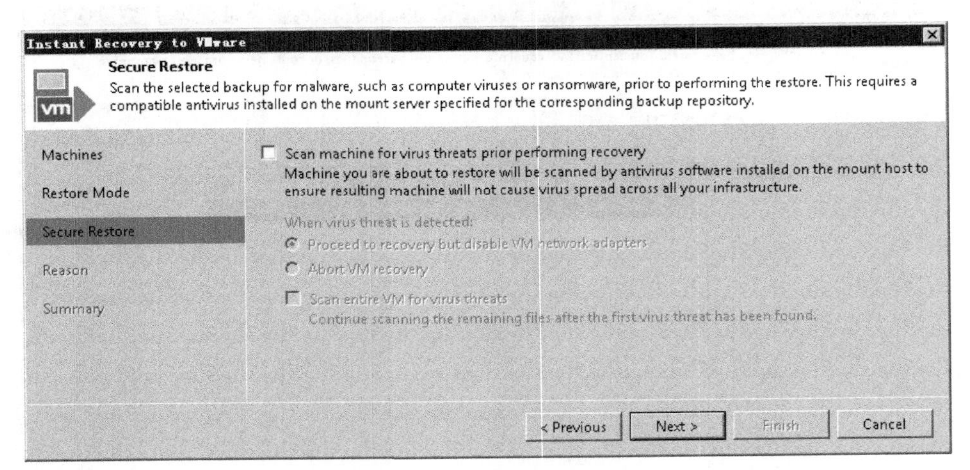

图 8-2-33

第 10 步，输入恢复虚拟机的原因，如图 8-2-34 所示，单击“Next”按钮。

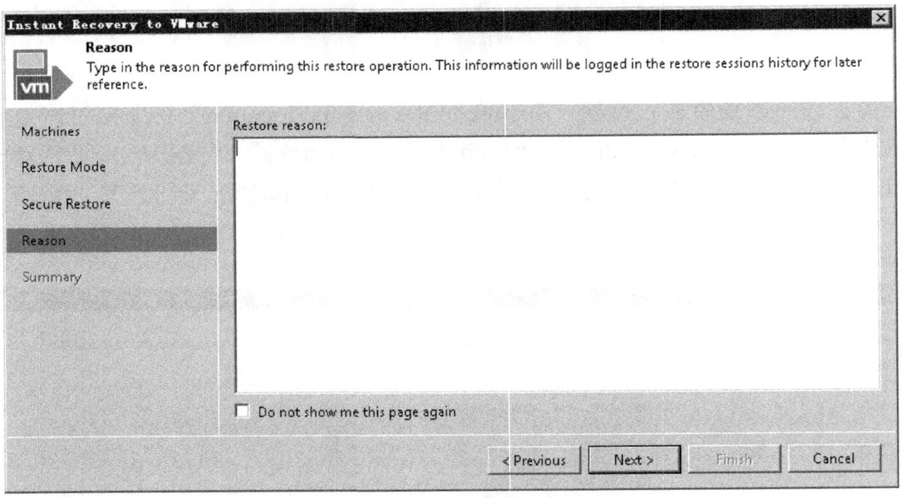

图 8-2-34

第 11 步，确定虚拟机恢复参数是否正确，如图 8-2-35 所示，可以根据实际情况勾选“Connect VM to network”(将虚拟机连接到网络)或“Power on target VM after restoring”(恢复后启动目标虚拟机)两个参数，单击“Finish”按钮。

第 12 步，检测到源虚拟机还在运行，需要删除后继续操作，如图 8-2-36 所示，单击“Yes”按钮。

第 13 步，开始虚拟机恢复，如图 8-2-37 所示。

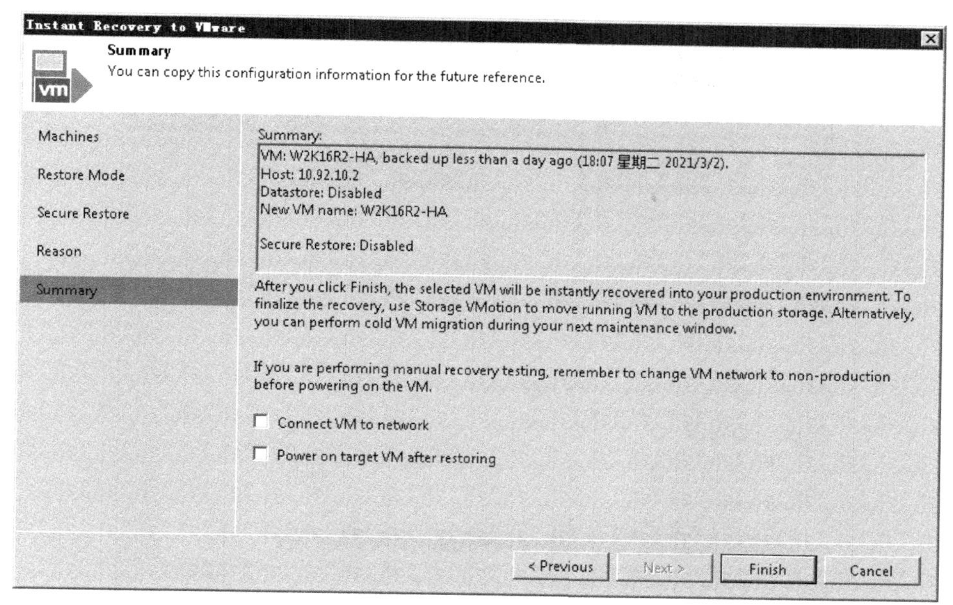

图 8-2-35

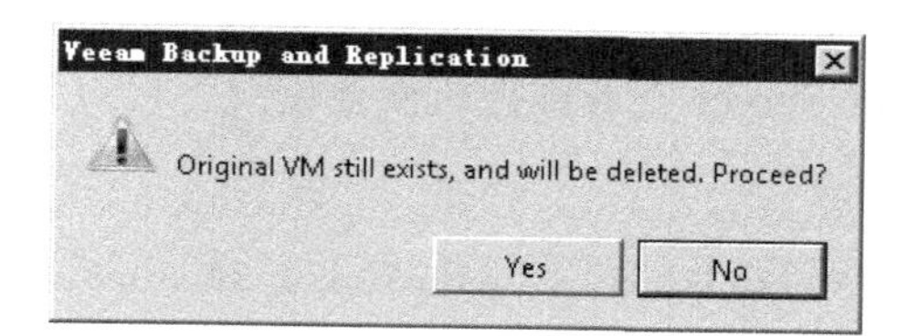

图 8-2-36

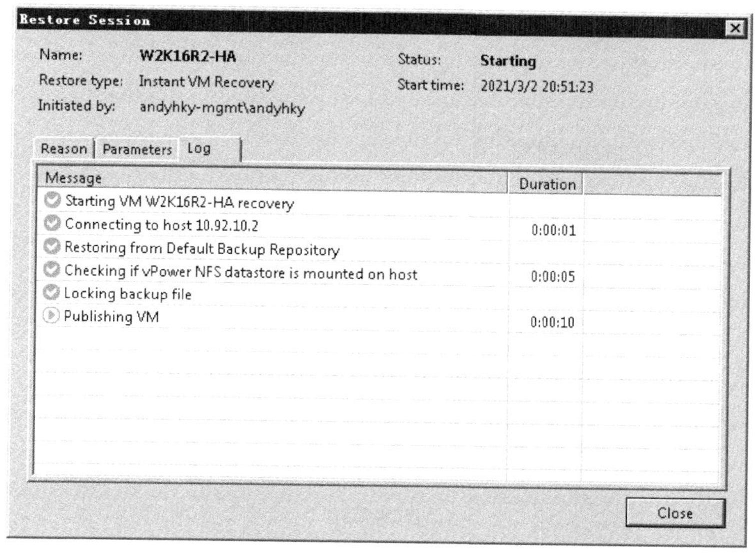

图 8-2-37

第 14 步，完成虚拟机恢复操作，恢复的时间与虚拟机大小、存储、网络等有关，如图 8-2-38 所示。恢复状态一定要处于 Successfully 才能说明虚拟机恢复成功。

Restore Session

Name: W2K16R2-HA　Status: In progress
Restore type: Instant VM Recovery　Start time: 2021/3/2 20:51:23
Initiated by: andyhky-mgmt\andyhky

Reason | Parameters | Log

Message	Duration
Checking if vPower NFS datastore is mounted on host	0:00:05
Locking backup file	
Publishing VM	0:00:10
Updating VM configuration	0:00:08
Checking free disk space available to vPower NFS server.	
Removing original VM from disk	0:00:12
Registering VM	0:00:09
No VM tags to restore	0:00:01
Creating VM snapshot	0:00:02
Updating session history	
W2K16R2-HA has been recovered successfully	
Waiting for user to start migration	

Open console　Close

图 8-2-38

第 15 步，登录 vCenter Server 查看虚拟机恢复情况，可以发现虚拟机恢复后电源处于关闭状态，如图 8-2-39 所示。

图 8-2-39

第 16 步，打开虚拟机电源，虚拟机工作正常，如图 8-2-40 所示。

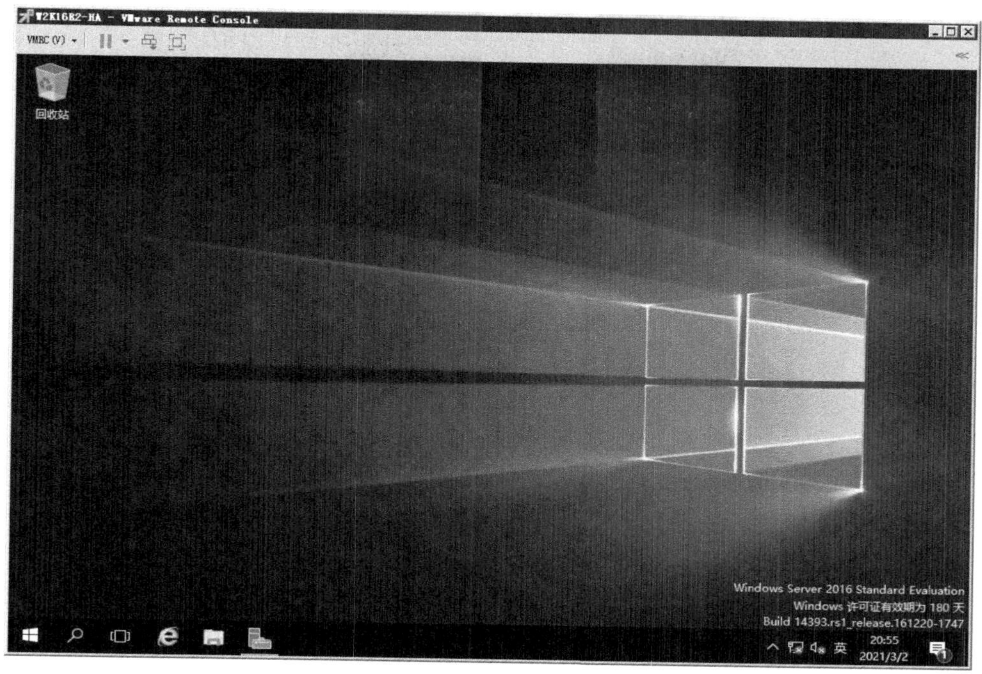

图 8-2-40

至此，恢复虚拟机完成，因为恢复虚拟机是原始状态，不涉及参数调整，整体恢复没有难度。也可以选中“Restore to a new location，or with different settings”单选按钮恢复虚拟机，使用该模式恢复虚拟机更加灵活，可以调整主机、存储、网络等多种参数，生产环境中可以结合实际情况进行选择。

8.3 本章小结

本章介绍了如何使用 vSphere Replication 及 Veeam Backup & Replication 备份和恢复虚拟机，从部署及使用过程上看，两个工具都没有问题，备份恢复操作相对简单。对于中小企业及小微企业来说，可以使用 FREE 版本的 Veeam Backup & Replication，这样可以大大降低企业购买备份软件的开销，如果想使用 Veeam Backup & Replication 的高级功能，需要单独购买授权。

8.4 本章习题

1. vSphere Replication 可以实现什么功能？
2. 如果将 RPO 值设置为 5 分钟，是否对存储有影响？
3. 使用 vSphere Replication 备份和恢复虚拟机，是否需要 vCenter Server 支持？

4. 需要备份复制的虚拟机较多，能否多部署 vSphere Replication 进行负载均衡？
5. Veeam Backup & Replication 是否能部署在物理服务器或虚拟机上？
6. Veeam Backup & Replication 是否需要授权？
7. Veeam Backup & Replication 能否做增量备份？